普通高等学校规划教材

酶工程

Enzyme Engineering

吉林大学分子酶学工程教育部重点实验室　组织编写

◉ 罗贵民　主编

◉ 高仁钧　李正强　副主编

化学工业出版社

·北京·

图书在版编目（CIP）数据

酶工程/罗贵民主编．—3版．—北京：化学工业出版社，2016.3（2020.10重印）

ISBN 978-7-122-25760-4

Ⅰ．①酶…　Ⅱ．①罗…　Ⅲ．①酶工程　Ⅳ．①Q814

中国版本图书馆CIP数据核字（2015）第282458号

责任编辑：傅四周　孟　嘉　　　装帧设计：韩　飞

责任校对：王素芹

出版发行：化学工业出版社（北京市东城区青年湖南街13号　邮政编码100011）

印　　装：北京盛通商印快线网络科技有限公司

787mm×1092mm　1/16　印张25　字数630千字　2020年10月北京第3版第2次印刷

购书咨询：010-64518888　　　售后服务：010-64518899

网　　址：http：//www.cip.com.cn

凡购买本书，如有缺损质量问题，本社销售中心负责调换。

定　　价：60.00元

本书编写人员

主　　编： 罗贵民

副 主 编： 高仁钧　李正强

编写人员（以姓氏汉语拼音为序）：

高仁钧　吉林大学分子酶学工程教育部重点实验室

郭　轶　吉林大学分子酶学工程教育部重点实验室

姜大志　吉林大学分子酶学工程教育部重点实验室

郎　超　吉林大学超分子结构与材料国家重点实验室

李正强　吉林大学分子酶学工程教育部重点实验室

刘俊秋　吉林大学超分子结构与材料国家重点实验室

罗贵民　吉林大学分子酶学工程教育部重点实验室

罗　毅　德克萨斯大学西南医学研究中心

吕绍武　吉林大学分子酶学工程教育部重点实验室

盛永杰　吉林大学分子酶学工程教育部重点实验室

王　磊　吉林大学分子酶学工程教育部重点实验室

王　智　吉林大学分子酶学工程教育部重点实验室

解桂秋　吉林大学药学院

徐　力　吉林大学分子酶学工程教育部重点实验室

张应玖　吉林大学分子酶学工程教育部重点实验室

前 言

《酶工程》第1版于2002年5月问世，6年后，为介绍酶工程领域的进展而再版。如今又过去7个年头，生物技术在这期间得到了高速发展，酶工程领域同样日新月异，并且工业应用领域越来越多，许多酶工程技术已经成为维系当今社会发展进步不可或缺的动力。因此，我们有责任向读者介绍酶工程的新进展，撰写《酶工程》第3版。这次再版保留了第2版的编排结构，重点介绍最近几年的新动向，因此在内容编排上再次压缩了一些经典内容，重点突出新方法、新技术、新动向和研究热点，以反映酶工程领域当前的实际情况。

在章节安排上做了调整。第3版同样为十一章：第一章为经典酶学基础知识，增加了酶的调控和表达。酶表达技术的进步是酶得到广泛应用的关键，由于表达技术的进步，酶的来源更广，成本也大幅度下降，许多工业过程才得以实现。第二章（原第五章）为非水酶学，增加了该领域的最新研究进展。第三章为经典的酶化学修饰，内容做了适当的压缩。第四章为人工酶，增加了近年的研究进展。第五章为纳米酶，这是新增的一章，重点讲述纳米技术在酶学领域的应用，不少方法和策略非常新颖，是酶工程领域新的亮点之一。第六章为酶的非专一性催化，是新增的全新一章，本章以传统观点认为可能与酶催化毫不相干的反应为出发点，研究如何拓展酶的应用范围。此领域同样是当前酶工程领域的热点和新增长点，目前越来越受到重视，并直接影响到新酶筛选策略等方面。第七章为酶的稳定化和固定化，此研究领域一直是酶工程的重点内容，并直接和酶应用相关，近年出现了不少新方法和新手段。原第二章酶的固定化作为一节并入本章。第八章为抗体酶，加入了新的研究进展。第九章为核糖核酶和脱氧核糖核酶，本章按新进展重新编写。由于基因治疗和分子机器等领域的兴起，本领域也越来越受到重视。第十章为分子进化酶，从基因水平改造酶分子，这是创造新酶的重要手段，许多公司都已经将其自动化和规模化。原第十章杂合酶本质上也是分子水平改造酶，作为一节并入本章，不单独列出。第十一章为酶制剂的应用，在原来的基础上进行了内容补充。

参加本书第3版编写工作的有罗贵民（第一章），高仁钧（第一、三、十一章），王智（第二章），李正强（第三章），郎超（第四章），郭轶（第五章），徐力（第五章），王磊（第六章），吕绍武（第七章），刘俊秋（第八章），盛永杰、姜大志（第九章），张应玖（第十章），解桂秋、罗毅（第十一章）。

由于时间有限，难免会有疏漏之处，敬请广大读者批评指正。

高仁钧

2015年12月

第一版前言

应焦瑞身先生之邀，承担编写“现代生物技术丛书”中《酶工程》一书的任务，感到十分荣幸。在最近这十多年期间，生命科学，尤其是生物技术的发展极为迅猛，日新月异。这不仅表现在研究内容的深入与拓宽，而且在概念上也有相应的更替和创新，因此本书在编写上尽力包容酶工程领域的最新进展。

当前，生命科学正处于大综合、大发展时期。生物学将成为自然科学的领头学科，各学科间双向渗透、相互促进，同时引起许多边缘学科的蓬勃发展，酶工程是其中较突出者。酶鲜明地体现了生物体系的识别、催化、调节等奇妙功能。酶的研究无疑会深刻影响酶工程乃至整个生物学领域，而且还会刺激许多其他学科研究，成为灵感的源泉。组合化学在生物学中的应用就是一个生动的例子。酶及其模拟体系应用于有机合成及工业上药物、化学品和精细化工产品的生产，有许多优点；在快速和高选择性、高灵敏度分析上，也极有用；在可再生资源、能源、环境保护等一些根本性重大问题上，也有引人入胜的前景。化学与生物技术的结合有可能使酶工程焕发出勃勃生机。

本书分四部分。第一部分即第一章，酶与酶工程，概括介绍酶学基本知识、酶学与酶工程的关系及工业上常用的大规模酶纯化方法。

第二部分讲的是化学酶工程，包括5章（第二章至第六章）。第二章固定化酶与固定化细胞介绍了酶及细胞的固定化技术、固定化后其性质的改变、表征及在实际应用上的新进展；第三章介绍酶化学修饰的原理和应用，在改善现有酶与创造新酶方面，与基因操纵技术相比，化学修饰法具有简单易行、经济实用的特点，常能完成基因操纵技术不能做的事情，因而有它的独到之处；第四章讲述了酶失活的原因，酶稳定化的方法、原理和应用，解决酶稳定性差的问题，无疑会扩大酶的应用潜力；第五章详细介绍了酶在有机溶剂中起催化作用的相关问题，酶能在非水介质中起催化作用，无疑是酶学史上的革命，它打破了酶只能在水相中起催化作用的传统观念，大大扩展了酶的应用范围，这显然是酶工程的一个新的生长点；第六章讲的是酶的人工模拟，重点介绍合成酶、抗体酶和分子印迹酶及其最新进展，本章与后面的进化酶、杂合酶一起构成了人工模拟酶的全貌，可以说，模拟酶研究生动地体现了各学科的相互渗透、相互促进以及各种技术的综合运用，相信会在基础理论研究和应用上发挥更大的作用。

第三部分是生物酶工程，包括三章（第七章至第九章）。这部分主要介绍生物酶工程的新进展，舍弃了酶基因的克隆和表达及酶基因的遗传修饰等基本的常识性内容。第七章核酶工程介绍了核酶的体外筛选、催化潜能、进化策略及其应用。核酸具有催化性能，突破了酶的本质是蛋白质的传统观念，为酶工程开辟了一个新的研究领域。第八章介绍了酶的定向进化的策略、基因文库技术及其应用。这是人为创造新酶的强有力工具，近年受到越来越多的关注。第九章介绍杂合酶。将一种酶的功能域，通过基因操纵技术（蛋白质工程技术等）转移到另一种蛋白质骨架上，或者将两种酶的功能基因组合在一起，从而产生新酶，用以改变酶催化性质、底物专一性，改善酶的稳定性或创造其他所期望的特性等，这是近年发展起来的一种人工模拟酶的新策略。

第四部分即第十章，介绍了酶技术在各行各业的应用情况。虽然在前面的有关章节里介绍过酶技术的相关应用，这里则着重于工业规模的新进展，希望能对感兴趣的读者有所帮助。

本书由吉林大学分子酶学工程教育部重点实验室的几位教授及其学生，在繁忙工作中抽空编写的，由我统编整理，因此，这是集体创作成果。本书的第一章、第四章由罗贵民编写；第二章由牟颖、罗贵民编写；第三章由曹淑桂、罗贵民编写；第五章由曹淑桂、王智编写；第六章由罗贵民、刘俊秋编写；第七章由张今、孔祥铎、张红缨编写；第八章由张今、苟小军、张红缨编写；第九章由牟颖、罗贵民编写；第十章由冯雁、王智编写。由于时间紧，加上涉及的内容广泛，书中难免出现错误和不足，敬请学术界同仁和广大读者批评和指正。

罗贵民
吉林大学分子酶学工程教育部重点实验室
2001 年 10 月　于长春

第二版前言

自《酶工程》第1版2002年5月问世以来，已经过去近6年了。这期间，随着生物技术的迅猛发展，酶工程这一领域也取得了令人瞩目的进展。我们认为有责任向读者介绍这些进展，开展《酶工程》再版工作。这次再版，力求保持原版的结构和体系，继续秉承第1版系统性、科学性、先进性、新颖性的特点，体现基础理论-技术-应用三结合，重点介绍5年来的最新进展。因此，在内容选择上，必然要压缩一些经典的方法，重点突出新兴的、具有发展潜力的研究领域和热点。每章均介绍了研究进展方面的内容。

在章节结构上稍有变动。第1版共有10章，抗体酶包含在酶的人工模拟一章中；第2版共有11章，将抗体酶单列一章，因为抗体酶属于生物酶工程范畴。第5章有机溶剂中的酶催化作用更名为非水酶学，因为这个名称不仅简捷，而且更能恰当地涵盖这个领域的研究内容。

参加本书第2版编写工作的有：曹淑桂（第3、5章），冯雁（第11章），龚平生（第8章），刘俊秋（第6、7章），吕绍武（第2、4章），罗贵民（第1、2、3、4、6、7、10章）。牟颖（第2、10章），王琳琳（第10章），王智（第3、5、11章），张应玖（第9章）。虽然各作者精心撰写，尽了最大努力，但书中难免出现错误和不足，敬请学术界同仁和广大读者批评和指正。

罗贵民

2008年3月

目 录

第一篇 基础酶学

第二篇 实践酶学

第三篇　应用酶学

第一篇

基础酶学

第一章 酶学与酶工程

第一节 酶工程概述

一、酶与酶工程

传统概念的酶是细胞产生的具有催化能力的蛋白质，大部分位于细胞内，部分分泌到细胞外。新陈代谢是生命活动最重要的特征，而生物体代谢中的各种化学反应都是在酶的作用下进行的。酶是促进一切代谢反应的物质，没有酶，代谢就会停止，生命也将消亡。因此，研究酶的性质及其作用机制，对于阐明生命现象的本质具有重要意义。现代生物科学的发展已深入到分子水平，从生物大分子的结构与功能的关系来说明生命现象的本质和规律，从分子水平去探讨酶与生命活动、代谢调节、疾病、生长发育等的关系，无疑有重大的科学意义。

酶还是分子生物学研究的重要工具，正是由于某些专一性工具酶的出现，才使核酸一级结构的测定有了重要突破。1970 年，Smith 等从细菌中分离出能识别特定核苷酸序列且切点专一的限制性内切酶，命名为 *Hin*dⅡ。Nathans 用该酶降解病毒 SV40 的 DNA，排列了酶切图谱，从此，*Hin*dⅡ成为分子克隆技术中不可缺少的工具酶，Smith 等因此荣获 1979 年的诺贝尔生理学或医学奖。限制性内切酶的发现促进了 DNA 重组技术的诞生，推动了基因工程的发展。

酶鲜明地体现了生物体系的识别、催化、调节等奇妙的功能。酶研究不仅深刻影响生物化学乃至整个生物学领域，而且激发了许多化学研究，成为灵感的源泉。酶及其模拟体系应用于有机合成以及工业上药物、农业化学品和精细化工产品的生产，有许多优点；在快速和高选择性、高灵敏度的分析上也极其有用；至于联系到再生性资源、能源、环境保护等一些较远期的根本性重大问题，也有引人入胜的前景。可以说，要保证世界经济健康发展和生态环境之间的平衡，酶工程技术是一个关键技术。当今，酶学研究的任务是要从分子水平更深入地揭示酶和生命活动的关系；阐明酶的催化机制和调节机制，探索作为生物大分子的酶蛋白的结构与性质、功能间的关系。

当前，生命科学正处在大综合大发展的时期，生物学将成为自然科学的领头学科。各学科间双向渗透，相互促进，同时带动许多边缘学科的蓬勃发展。20 世纪以来，在化学与生物学之间的接触地带先后形成了生物化学、生物技术、生物有机化学、生物无机化学以及仿生化学等。其中生物技术占据了相当重要的位置，而酶工程是它的一个重要分支。生物技术已在工业、农业、医药食品等方面得到广泛应用，并在解决当代资源、能源、环保等多种问题方面起着举足轻重的作用，几个新兴的生物技术产业已成为当前优先发展的高科技领域之一。作为生物工程的重要组成部分，酶和酶工程不但受到生化工作者的重视，也日益受到广大工农业、医药保健工作者的重视。

二、 酶工程简介

生物技术（Biotechnology）也叫生物工程学或生物工艺学，是20世纪70年代初在分子生物学和细胞生物学的基础上发展起来的一个新兴技术领域。酶工程（Enzyme Engineering）是生物技术的重要组成部分，是随着酶学研究的迅速发展，特别是酶的应用推广使酶学和工程学相互渗透结合，发展而成的一门新的技术科学，是酶学、微生物学的基本原理与化学工程、环境科学、医学、药学和计算机科学有机结合而产生的综合科学技术。它是从应用的目的出发研究酶，拓展酶在多个领域的应用和推广。

酶是生物体进行自我复制、新陈代谢所不可缺少的生物催化剂。因为酶能在常温、常压、中性pH等温和条件下高度专一有效地催化底物发生反应，所以酶的开发和利用是当代新技术革命中的一个重要课题。酶工程主要指天然酶和工程酶（经化学修饰、基因工程、蛋白质工程改造的酶）在国民经济各个领域中的应用，内容包括：酶的生产；酶的分离纯化；酶的改造；生物反应器。

一般认为，酶工程的发展历史应从第二次世界大战后算起。从20世纪50年代开始，由微生物发酵液中分离出一些酶，制成酶制剂。60年代后，由于固定化酶、固定化细胞的崛起，酶制剂的应用技术面貌一新。70年代后期以来，微生物学、遗传工程及细胞工程的发展为酶工程进一步向纵深发展带来勃勃生机，酶的制备方法、酶的应用范围到后处理工艺，都有了巨大的进展。尽管目前业已发现和鉴定的酶有8000多种，但大规模生产和应用的商品酶非常有限。天然酶在工业应用上受到限制的原因主要有：①大多数酶脱离其生理环境后极不稳定，而酶在生产和应用过程中的条件往往与其生理环境相去甚远；②酶的分离纯化工艺复杂；③酶制剂的成本较高。因此，根据研究和解决上述问题的手段不同把酶工程分为化学酶工程和生物酶工程。前者指天然酶、化学修饰酶、固定化酶及化学人工酶的研究和应用；后者则是酶学和以基因重组技术为主的现代分子生物学技术相结合的产物，主要包括3个方面：①用基因工程技术大量生产酶；②修饰酶基因产生遗传修饰酶（突变酶）；③设计新的酶基因合成自然界不曾有的新酶。

1971年，第1次国际酶工程会议在Hennileer召开，当时酶制剂已广泛用于工业和临床。如千钿等人将固定化氨基酰化酶拆分氨基酸技术用于工业化生产L-氨基酸，开创了固定化酶应用的局面，千钿也因而成为1983年酶工程会议的受奖人。此后，固定化天冬氨酸酶合成L-天冬氨酸、固定化葡萄糖异构酶生产高果糖浆等的工业化生产取得成功。固定化酶较游离酶具有很多优点：稳定性高；可反复使用；产物纯度高，副产物少，从而有利于提纯；生产可连续化、自动化；设备小型化，节约能源等。相对游离酶而言，固定化酶更适合于工业化应用，因此，固定化酶研究是酶工程的中心任务。除应用于传统的食品工业外，在如有机合成反应、分析化学、医疗、废液处理、亲和色谱等领域的应用也越来越广泛。

在固定化酶的基础上又逐渐发展固定化细胞的技术。在工业应用方面，利用固定化酵母细胞发酵生产乙醇、啤酒的研究较引人注目。日本Toshio Onaka等用海藻酸钙凝胶包埋酵母细胞，可在一天内获得质量优良的啤酒。法国Corriell等将酵母细胞固定在聚氯乙烯碎片和多孔砖等载体上进行啤酒发酵中型试验，可连续运转8个月。中国上海工业微生物研究所等单位也从20世纪70年代后期进行过类似的研究工作，用固定化酵母发酵啤酒的规模不断扩大，已实现大规模生产。

酶制剂的应用并不一定都需要固定化，而且用于固定化的天然酶也仍有必要提高其活性，改善其某些性质，以便更好地发挥酶的催化功能。由此而提出了酶分子的改造和修饰。通常将改变酶蛋白一级结构的过程称为改造，而将酶蛋白侧链基团的共价变化称为修饰。酶分子经加工改造后，可导致有利于应用的许多重要性质与功能的变化。如德重等利用蛋白水解酶的有限水解作用，已将L-天冬氨酸酶的活力提高3～6倍。美国Davis等还利用蛋白质侧链基团的修饰作用，研究降低或解除异体蛋白的抗原性及免疫原性。以聚乙二醇修饰治疗白血病的特效药L-天冬酰胺酶，使其抗原性完全解除。

在酶工程研究中，与酶分子本身不直接有关的有两项重要内容：酶生物反应器的研究和酶抑制剂的研究。酶生物反应器往往可以提高催化效率、简化工艺，从而增加经济效益。结合固定化技术，业已发展成酶电极、酶膜反应器、免疫传感器及多酶反应器等新技术。这在化学分析、临床诊断与工业生产过程的监测方面成为很有价值的应用技术。酶抑制剂，尤其是微生物来源的酶抑制剂多是重要的抗生素。酶抑制剂还可在代谢控制、生物农药、生物除草剂等方面发挥特殊的作用，其低毒性备受人们的欢迎。酶抑制剂的开发已受到国际产业部门的重视。

从酶工程的进展和动态中可以预料，今后应用领域的酶将以基因工程表达的酶制剂为主，亲和色谱技术仍将得到广泛的应用，并且应用经过分子改造与修饰的酶制剂将成为必然选择。异体酶的抗原性将得到解决。在酶活性的控制方面将会有较大的突破，其中酶抑制剂与激活剂仍将受到极大的重视，并在临床及工农业生产中发挥重要作用。在化学合成工业中，酶法生产将逐步取代部分高污染、高能耗的传统化学工业过程，模拟酶、酶的人工设计合成、抗体酶、杂交酶、进化酶和由核酸构成的酶将成为活跃的研究领域。非水系统酶反应技术（反向胶团中的酶促反应，有机溶剂中的酶反应）也仍将是研究热点之一；酶催化底物的拓展，特别是酶的非特异性催化也成为近年来的新热点。

第二节　酶的分类、组成、结构特点和作用机制

一、酶的分类

1961年国际生化联合会酶学委员会提出将酶分成6类。许多酶是由它们的底物名称加上后缀“-ase”命名的。例如尿酶（urease）是催化尿素（urea）水解的酶。果糖1,6-二磷酸酶（fructose-1,6-diphosphatase）是水解果糖1,6-二磷酸的酶。然而，有些酶，如胰蛋白酶和胃蛋白酶的命名并未表示它的底物名称，而强调的是它们的来源。有些酶有多种不同的名称。为了使酶的名称合理，国际上已公认一种酶的命名（enzyme nomenclature）系统，这个系统将所有的酶根据其反应催化的类型安置到六种主要类型的某一种中（表1-1）。此外，每种酶各有一个独自的4个数字的分类编号，例如胰蛋白酶由国际生化联合会酶委员会公布的酶分类（用EC标示）编号为3、4、21、4：这里第一个数字“3”表示它是水解酶；第二个数字“4”表示它是蛋白酶水解肽键；第三个数字“21”表示它是丝氨酸蛋白酶，在活性部位上有一至关重要的丝氨酸残基；第4个数字“4”表示它是这一类型中被指认的第四个酶。作为对照，胰凝乳蛋白酶的EC编号为3、4、21、1，弹性蛋白酶的编号为3、4、21、36。

（1）氧化还原酶　在体内参与产能、解毒和某些生理活性物质的合成。重要的有各种脱氢酶、氧化酶、过氧化物酶、氧合酶、细胞色素氧化酶等。

表 1-1 酶的国际分类

分类	名称	反应催化的类型		实例
1	氧化还原酶	电子的转移	$A^- + B \longrightarrow A + B^-$	醇脱氢酶
2	转移酶	转移功能基团	A—B+C ⟶ A+B—C	己糖激酶
3	水解酶	水解反应	A—B+H_2O ⟶ A—H+B—OH	胰蛋白酶
4	裂合酶	键的断裂通常形成双键	A—B ⟶ A=B+X—Y |　| X　Y	丙酮酸脱羧酶
5	异构酶	分子内基团的转移	A—B ⟶ A—B |		| X　Y　　Y　X	顺丁烯二酸异构酶
6	连接酶(或合成酶)	键形成与 ATP 水解偶联	A+B ⟶ A—B	丙酮酸羧化酶

(2) 转移酶　在体内将某基团从一个化合物转移到另一个化合物，参与核酸、蛋白质、糖及脂肪的代谢和合成。重要的有一碳基转移酶、酮醛基转移酶、酰基转移酶、糖苷基转移酶、含氮基转移酶、含磷基转移酶、含硫基转移酶等。

(3) 水解酶　在体内外起降解作用，也是人类应用最广的酶类。重要的有各种酯酶、糖苷酶、肽酶等。水解酶一般不需要辅酶。

(4) 裂合酶　这类酶可脱去底物上的某一基团而留下双键，或可相反地在双键处加入某一基团。它们分别催化 C—C、C—O、C—N、C—S、C—X（F，Cl，Br，I）和 P—O 键。

(5) 异构酶　此类酶为生物代谢需要而对某些物质进行分子异构化，分别进行外消旋、差向异构、顺反异构、醛酮异构、分子内转移、分子内裂解等。

(6) 连接酶（合成酶）　这类酶关系着很多生命物质的合成，其特点是需要三磷酸腺苷等高能磷酸酯作为结合能源，有的还需要金属离子辅助因子。分别形成 C—O 键（与蛋白质合成有关）、C—S 键（与脂肪酸合成有关）、C—C 键和磷酸酯键。

二、 酶的组成和结构特点

酶分子要发挥其功能必须要依赖特定的空间结构形式，其中蛋白酶的一级结构是指具有一定氨基酸顺序的多肽链的共价骨架，二级结构是在一级结构中相近的氨基酸残基间由氢键的相互作用而形成的带有螺旋、折叠、转角、卷曲等的细微结构，三级结构是在二级结构的基础上进一步进行分子盘曲以形成包括主侧链的专一性三维排列，四级结构是指低聚蛋白中各折叠多肽链在空间的专一性三维排列。具有低聚蛋白结构的酶（寡聚酶）必须具有正确的四级结构才有活性。酶蛋白有三种组成形式。①单体酶：仅有一个活性部位的多肽链构成的酶，分子量为几万，且都是水解酶。②寡聚酶：由若干相同或不同亚基结合而组成的酶，亚基一般无活性，必须相互结合才有活性，分子量为几万以上到数百万不等。③多酶复合体：指多种酶进行连续反应的体系。前一个反应产物为后一反应的底物。仅有少部分酶是由单一蛋白质所组成的，而大部分酶则为复合蛋白质，或称全酶，是由蛋白质部分（酶蛋白）和非蛋白质部分所组成的，即酶蛋白本身无活性，需要在辅因子的存在下才有活性。辅因子可以是无机离子，也可是有机化合物。有的酶仅需其中一种；有的酶则二者都需要。它们都属于小分子化合物。约有 25%的酶含有紧密结合的金属离子或在催化过程中需要金属离子，包括铁、铜、锌、镁、钙、钾、钠等。它们在维持酶的活性和完成酶的催化过程中起作用。有机辅因子可依其与酶蛋白结合的程度分为辅酶和辅基。前者为松散结合；后者为紧密结合，但有时把它们统称为辅酶。大多数辅酶为核苷酸和维生素或它们的衍生物（表 1-2）。它经常是生物体食物的必需成分，因此，当供应不足时，即引起缺乏性疾病。上述六类酶中，除水解酶和连接酶外，其他酶在反应时通常需要特定的辅酶。

表 1-2 某些通用辅酶及其维生素前体和缺乏性疾病

辅 酶	前 体	缺乏性疾病
辅酶 A	泛酸	皮炎
FAD,FMN	核黄素(维生素 B_2)	生长阻滞
NAD^+,$NADP^+$	烟酸	糙皮病
焦磷酸硫胺素	硫胺素(维生素 B_1)	脚气病
四氢叶酸	叶酸	贫血症
脱氧腺苷	钴胺素(维生素 B_{12})	恶性贫血症
胶原中脯氨酸羟化作用的辅助底物	维生素 C(抗坏血酸)	坏血病
磷酸吡哆醛	吡哆醇(维生素 B_6)	皮炎

三、 酶的作用机制

酶一般是通过其活性中心（通常是其氨基酸侧链基团）先与底物形成一个中间复合物，随后再转变成产物，并放出酶。酶的活性部位（active site）是它结合底物和将底物转化为产物的区域，通常是整个酶分子相当小的一部分，它是由在一级序列中可能相隔很远的氨基酸残基形成的三维实体。活性部位通常在酶的表面空隙或裂缝处，形成促进底物结合的优越的非极性环境。在活性部位，底物被多重的弱的作用力结合（静电相互作用、氢键、范德华键、疏水相互作用），在某些情况下被可逆的共价键结合。酶键合底物分子，形成酶-底物复合物（enzyme-substrate complex）。酶活性部位的活性残基与底物分子结合，首先将它转变为过渡态，然后生成产物，释放到溶液中。这时游离的酶又与另一分子底物结合，开始它的再一次循环。

现有两种经典模型解释酶如何和底物结合。1894 年 Emil Fischer 提出锁和钥匙模型（lock-and-key model），底物的形状和酶的活性部位被认为彼此相适合，像钥匙插入它的锁中［图 1-1(a)］，两种形状被认为是刚性的（rigid）和固定的（fixed），当正确组合在一起时，正好互相补充。诱导契合模型（induced-fit model）是 1958 年由 Daniel E. Koshland 提出的，底物的结合在酶的活性部位诱导出构象变化［图 1-1(b)］。此外，酶可以使底物变形，迫使其构象近似于它的过渡态。例如，葡萄糖与己糖激酶的结合，当葡萄糖刚刚与酶结合后，即诱导酶的结构产生一种构象变化，使活化部位与底物葡萄糖形成互补关系。不同的酶表现出两种不同的模型特征，某些是互补性的，某些是构象变化。

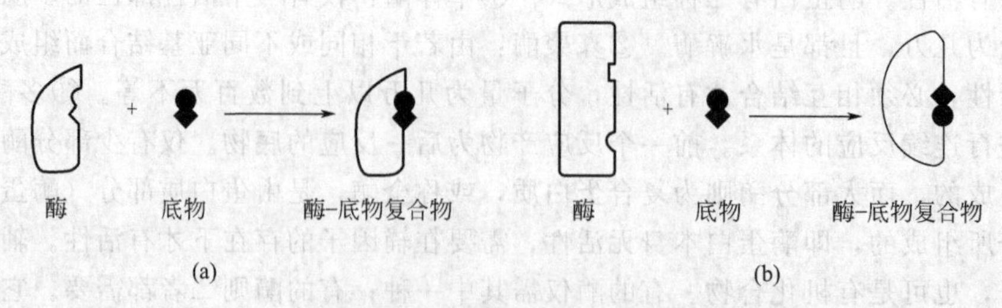

图 1-1 底物与酶的结合

(a) 锁和钥匙模型；(b) 诱导-契合模型

氨基酸残基的性质和空间排布形成酶的活性部位，它决定哪种分子能成为酶的底物与之结合。底物专一性（substrate specificity）通常是由活性部位相关的少数氨基酸的变化所决定的，在胰蛋白酶、胰凝乳蛋白酶和弹性蛋白酶这 3 种消化酶中可清楚地看到（图 1-2）。这 3 种酶属于丝氨酸蛋白酶（serine proteases）家族。“丝氨酸”的含义是因为它们在活性部位上有一丝氨酸残基，它在催化进程中是至关重要的。“蛋白酶”的含义是它们催化蛋白质的肽键使之水解。3 种酶都断裂蛋白质底物的肽键，作用在某些氨基酸残基的羧基端。

胰蛋白酶切断带正电荷的 Lys 或 Arg 残基的羧基侧，胰凝乳蛋白酶切断庞大的芳香族氨基酸和疏水氨基酸残基的羧基侧，弹性蛋白酶切断具有小的不带电荷侧链残基的羧基侧。它们不同的专一性由它们的底物结合部位中的氨基酸基团的性质所决定，它们与其作用的底物互补。像胰蛋白酶，在它的底物结合部位有带负电荷的 Asp 残基，它与底物侧链上带正电荷的 Lys 和 Arg 相互作用［图 1-2(a)］。胰凝乳蛋白酶在它的底物结合部位有带小侧链的氨基酸残基，如 Gly 和 Ser，使底物的庞大侧链得以进入［图 1-2(b)］。相反，弹性蛋白酶有相对大的 Val 和 Thr，不带电荷的氨基酸侧链凸出在它的底物结合部位中，阻止了除 Gly 和 Ala 小侧链以外的所有其他氨基酸［图 1-2(c)］。

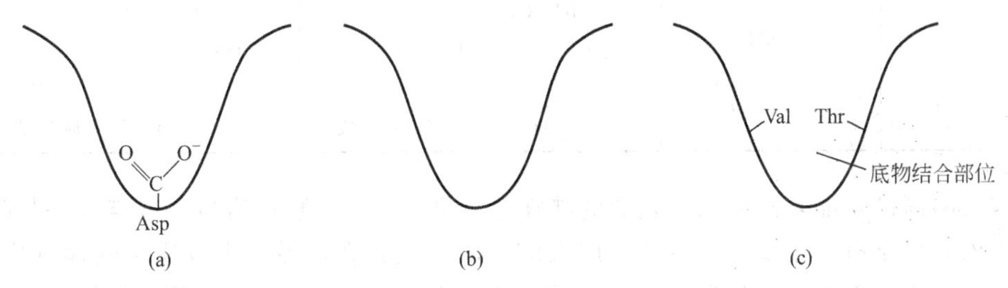

图 1-2 丝氨酸蛋白酶底物-结合部位的图形

(a) 胰蛋白酶；(b) 胰凝乳蛋白酶；(c) 弹性蛋白酶

研究酶的催化作用一般采用两种方法：一种方法是从非酶系统模式获得催化作用规律，其优点是反应简单，易于探究，而其缺点是非酶系统与酶系统不同，其实验结果不一定完全适合于阐明酶的催化作用。另一种方法是从酶的结构与功能研究中得到催化作用机制的证据。

根据两种方法的研究结果，目前已知酶的催化作用来自 5 个方面，即广义的酸碱催化、共价催化、邻近效应及定向效应、变形或张力以及活性中心为疏水区域。

1. 广义的酸碱催化

在酶反应中起到催化作用的酸与碱，在化学上应与非酶反应中酸与碱的催化作用相同。酸与碱，在狭义上常指能离解 H^+ 与 OH^- 的化合物。狭义的酸碱催化剂即是 H^+ 与 OH^-。广义的酸碱是指能供给质子（H^+）与接受质子的物质。例如 $HA \rightleftharpoons A^- + H^+$。在狭义上 HA 是酸，因为它能离解 H^+，但在广义上，HA 也为酸，是由于它供给质子。在狭义上，A^- 既不是酸，也不是碱，但在广义上，它能接受质子，因此它就是碱。由此可见，在广义上酸与碱可以存在成相关的或共轭的对，如 CH_3COOH 为共轭酸，而 CH_3COO^- 则为共轭碱。

虽然酸离解时释放 H^+，但是 H^+ 是质子，实际上在水溶液中是不会自由存在的。它常与溶剂结合成水化质子，即 H_3O^+。不过，在一般情况下，为了方便起见，仍把 H_3O^+ 看成 H^+。

在酸催化反应中，H^+ 与反应物结合。其结合物更有反应性，因而反应速率大为加速。

$$HA + X \rightleftharpoons XH + A^-$$

$$XH \rightleftharpoons Y + H^+$$

上式中，X和Y代表酸催化前后的底物和产物。依同理，当碱为催化剂时，从反应物中移去 H^+，反应速率也大为加快。许多反应既受酸的催化，也受碱的催化，即在反应中有质子的供给，也有质子的减移，例如X转变为Y的反应主要靠酸与碱的催化。

$$HA(\text{酸}) + X \rightleftharpoons AXH(\text{酸催化})$$

$$AXH + B^-(\text{碱}) \rightleftharpoons Y + BH + A^-(\text{碱催化})$$

酸碱催化剂是催化有机反应中普遍的、有效的催化剂。它们在酶反应中的协调一致可能起到特别重要的作用。由于生物体内酸碱度偏于中性，因而在酶反应中起到催化作用的酸碱不是狭义的酸碱，而是广义的酸碱。在酶蛋白中可以作为广义酸碱的功能基团见表1-3。

表1-3 酶蛋白中作为广义酸碱的功能基团

质子供体（广义酸）	质子受体（广义碱）	质子供体（广义酸）	质子受体（广义碱）
—COOH	$—COO^-$	—SH	$—S^-$
$—NH_3^+$	$—NH_2$	HC═CH, HN, N^+H, C, H（咪唑环）咪唑基（酸）	HC═CH, HN, N:, C, H（咪唑环）咪唑基（碱）
—C_6H_4—OH	—C_6H_4—O^-		

在广义酸碱的功能基团中以组氨酸的咪唑基特别重要，其理由有以下两点：一是咪唑基在中性溶液条件下有一半以质子供体（广义酸）的形式存在，另一半以质子受体（广义碱）的形式存在。它可在酶的催化反应中发挥重要的作用。二是咪唑基供给质子或接受质子的速度十分迅速，而且两者的速度几乎相等，因此，咪唑基是酶的催化反应中最有效最活泼的一个功能基团。

2. 共价催化

有一些酶促反应可通过共价催化来提高反应速率。所谓共价催化就是底物与酶以共价的方式形成中间物。这种中间物可以很快转变为活化能大为降低的转变态，从而提高催化反应速率。例如糜蛋白酶与乙酸对硝基苯酯可结合成为乙酰糜蛋白酶的复合中间物，同时生成对硝基苯酚。在复合中间物中乙酰基与酶的结合为共价形式。乙酰糜蛋白酶与水作用后，迅速生成乙酸并释放出糜蛋白酶。乙酰糜蛋白酶是共价结合的ES复合物。能形成共价ES复合物的酶还有一些，详见表1-4。

表1-4 某些酶-底物共价复合物

酶	与底物共价结合的酶功能基团	酶-底物共价复合物
葡萄糖磷酸变位酶	丝氨酸的羟基	磷酸酶
乙酰胆碱酯酶	丝氨酸的羟基	酰基酶
糜蛋白酶	丝氨酸的羟基	酰基酶
磷酸甘油醛脱氢酶	半胱氨酸的巯基	酰基酶
乙酰辅酶A-转酰基酶	半胱氨酸的巯基	酰基酶
葡萄糖-6-磷酸酶	组氨酸的咪唑基	磷酸酶
琥珀酰辅酶A合成酶	组氨酸的咪唑基	磷酸酶
转醛酶	赖氨酸的ε-氨基	Schiff碱
D-氨基酸氧化酶	赖氨酸的ε-氨基	Schiff碱

共价催化的常见形式是酶的催化基团中亲核原子对底物的亲电子原子的攻击。它们类似亲核试剂与亲电试剂。所谓亲电试剂就是一种试剂具有强烈亲和电子的原子中心。带正电离

子如 Mg^{2+} 与 NH_4^+ 是亲电子的，含有—C ═O 及—C ═N—基团的化合物也是亲电子的，其中—C ═O 的 O 及—C ═N—的 N 都有吸引电子的倾向，因而使得邻近的 C 原子缺乏电子。为了表示这种状态，可以用 δ^+ 表示，而吸引电子的 O 与 N 则可以用 δ^- 表示。其电子移动的方向则以从 δ^+ 至 δ^- 的弯曲箭头线表示，如下式：

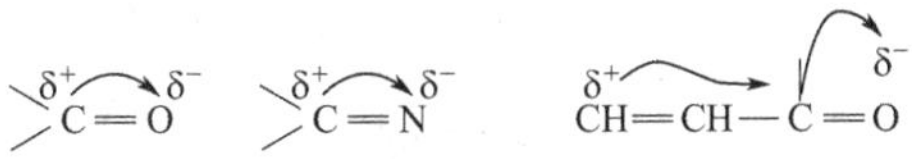

$$\overset{\delta^+}{>C}=\overset{\delta^-}{O} \qquad \overset{\delta^+}{>C}=\overset{\delta^-}{N} \qquad \overset{\delta^+}{CH}=CH-C=\overset{\delta^-}{O}$$

所谓亲核试剂就是一种试剂具有强烈供给电子的原子中心。如 H—N(H)： 的 N：，O(H)： 的 O：，C(=O)—O^-： 的 O：及 S(H)： 的 S：。酶的催化基团如丝氨酸的—OH 基团、半胱氨酸的—SH 基团及组氨酸的—CH—N ═CH—基团都是亲核的。

亲核催化剂之所以能发挥催化作用是由于它能对底物供给一对电子。这种倾向是催化反应速率的部分或全部决定因素。由于给予电子，催化剂就可与底物共价结合，而这种共价结合的中间物可以很快地分解，结果反应速率大大加快。

亲电催化剂正好与亲核催化剂相反，它从底物移去电子的步骤才是反应速率的决定因素。事实上，亲电步骤与亲核步骤常常是相互在一起发生的。当催化剂为亲核催化剂时，它就会进攻底物中的亲电核心。反之亦然。在酶促反应中，酶的亲核基团对底物的亲电核心起作用要比酶的亲电基团对底物的亲核中心起作用的可能性大得多。

3. 邻近效应及定向效应

化学反应速率与反应物浓度成正比。假使在反应系统的局部，底物浓度增高，则反应速率也相应增高；如果溶液中底物分子进入酶的活性中心，则活性中心区域内底物浓度可以大为提高。例如某底物在溶液中浓度为 0.001mol/L，而在酶活性中心的浓度竟达到 100mol/L，即其浓度为溶液中浓度的 10^5 倍，也就是反应速率可大为提高。

底物分子进入酶的活性中心，除因浓度增高使反应速率增快外，还有特殊的邻近效应及定位效应。所谓邻近效应，就是底物的反应基团与酶的催化基团越靠近，其反应速率越快。以双羧酸的单苯基酯的分子内催化为例，当—COO^- 与酯键相靠较远时，酯水解的相对速率为 1，而两者相隔很近时，酯水解速率可增加 53000 倍，详见表 1-5。

表 1-5 双羧酸的单苯基酯的分子构造与酯水解的相对速率关系

酯	酯水解的相对速率	酯	酯水解的相对速率
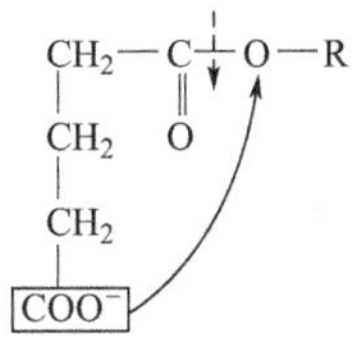 $CH_2-C(=O)-O-R$ / CH_2 / CH_2 / COO^-	1	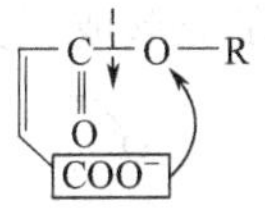 $-C(=O)-O-R$（顺式双键）/ COO^-	1000
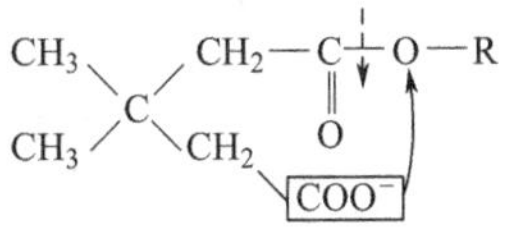 $(CH_3)_2C<$ $CH_2-C(=O)-O-R$ / CH_2 COO^-	20	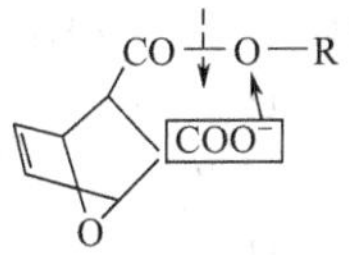 $CO-O-R$ / COO^-（双环，含 O 桥）	53000
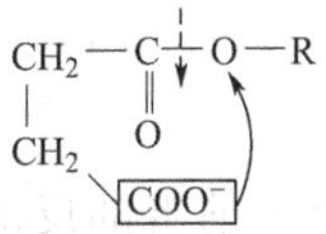 $CH_2-C(=O)-O-R$ / CH_2 COO^-	230		

严格来讲，仅仅靠近还不能解释反应速率的提高。要使邻近效应达到提高反应速率的效果，必须是既靠近又定向，即酶与底物的结合达到最有利于形成转变态，使反应加速（图1-3）。有人认为，这种加速效应可能使反应增加 10^8 倍。要使酶既与底物靠近，又与底物定向，就要求底物必须是酶的最适宜底物。当特异底物与酶结合时，酶蛋白发生一定的构象变化，与底物发生诱导契合。

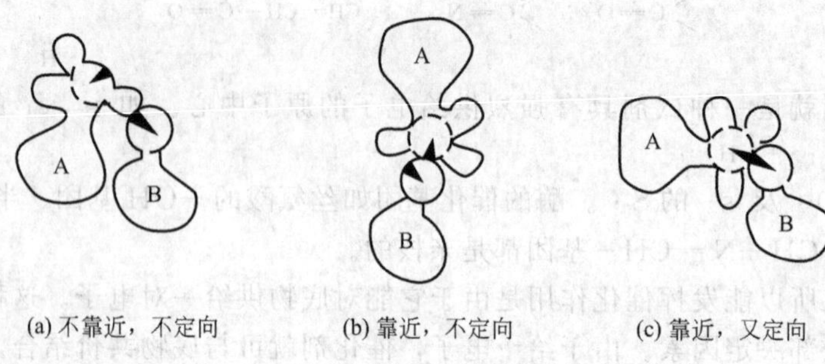

(a) 不靠近，不定向　(b) 靠近，不定向　(c) 靠近，又定向

图 1-3　底物与酶的临近效应的三种情形

4. 变形或张力

酶使底物分子中的敏感键发生变形或张力，从而使底物的敏感键更易于破裂，详见图1-4。

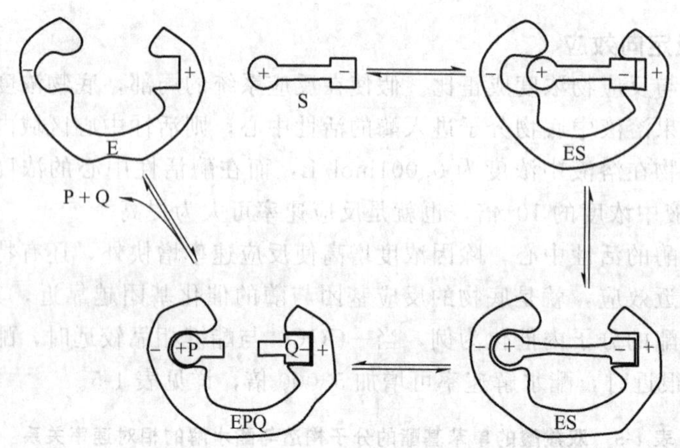

图 1-4　变形或张力示意图

E—酶；S—底物；P、Q—产物

下面是在非酶系统中存在变形或张力加速反应速率的实例：

化合物Ⅰ　（环状磷酸酯：O、O 成环连于 P，P 上另有 O^- 与 =O）$+H_2O \longrightarrow$ HO—…—O—$P(=O)(O^-)$—O^-

化合物Ⅱ　$(CH_3O)_2P(=O)O^- + H_2O \longrightarrow CH_3OH + O{=}P(OCH_3)(O^-)O^-$

化合物Ⅰ的水解反应速率快，而化合物Ⅱ的水解反应速率小，这是因为前者的反应物中的环状结构存在张力，而后者的反应物却无环状结构，两者的反应速率常数的比值为 10^8，这表明，张力或变形可使反应速率常数增加 10^8 倍。

5. 酶的活性中心为疏水区域

酶的活性中心常为酶分子的凹穴。此处常为非极性或疏水性的氨基酸残基。疏水区域的特点是介电常数低，并排出极性高的水分子。这使得底物分子的反应键和酶的催化基团之间易发生反应，有助于加速酶的催化反应。

第三节 酶催化剂的特点

酶与化学催化剂相比具有显著的特性。最重要的有三方面：高催化效率，强专一性及酶活性可以调控。

一、 高效性

酶加快反应速率可高达 10^{17} 倍（如 OMP 脱羧酶）。但酶催化的反应速率和在相同 pH 值及温度条件下非酶催化的反应速率可直接比较的例子很少，这是因为非酶催化的反应速率太低，不易观察，对那些可比较的反应，可发现反应速率大大加速，如乙酰胆碱酯酶接近 10^{13} 倍，丙糖磷酸异构酶为 10^9 倍，分支酸变位酶为 1.9×10^6 倍，四膜虫核酶接近 10^{11} 倍（表 1-6）。在其他可比较的反应中，酶促反应速率相当高，而反应温度可能很低。酶催化的最适条件几乎都为温和的温度和非极端 pH 值。以固氮酶为例，NH_3 的合成在植物中通常是 25℃和中性 pH 下由固氮酶催化完成的。酶是由两个解离的蛋白质组分组成的一个复杂的系统，其中一个含金属铁，另一个含铁和钼，反应需消耗一些 ATP 分子，精确的计量关系还未知，但工业上由氮和氢合成氨时，需在 700～900K、10～90MPa 下，还要有铁及其他微量金属氧化物作催化剂才能完全反应。

表 1-6 天然酶催化能力举例

酶	非催化半衰期 $t_{1/2}^{uncat}$	专一性因子 $k_{cat}/K_m/(S^{-1}\cdot L\cdot mol^{-1})$	反应加速倍数 k_{cat}/k_{uncat}
OMP 脱羧酶	7.8×10^7 年	5.6×10^7	1.4×10^{17}
乙酰胆碱酯酶	约 3 年	$>10^8$	约 10^{13}
丙糖磷酸异构酶	1.9d	2.4×10^8	1.0×10^9
分支酸变位酶	7.4h	1.1×10^6	1.9×10^6
四膜虫核酶	约 430 年	1.5×10^6	约 10^{11}

二、 专一性

大多数酶对所作用的底物和催化的反应都是高度专一的。不同的酶专一性程度不同，有些酶的专一性很低（键专一性），如肽酶、磷酸（酯）酶、酯酶，可以作用很多底物，只要求化学键相同。例如它们可分别作用于肽、磷酸酯、羧酸酯。生物分子降解中常见到低专一性的酶，而在合成中则很少见到，这是因为前者是起降解作用的，低专一性可能更为经济。具有中等程度专一性的为基团专一性，如己糖激酶可以催化很多己醛糖的磷酸化。大多数酶呈绝对或几乎绝对的专一性，它们只催化一种底物进行快速反应，如脲酶只催化尿素的反应，或以很低的速率催化结构非常相似的类似物。

基团专一性和绝对专一性对低分子量的底物来说容易理解。对大分子底物而言，由于酶的活性中心只与大分子的一部分相互作用，因此情形有点不同，限制性核酸内切酶一般可识别 DNA 上四对到六对碱基，然后切除双链间的磷酸二酯键，一般切成黏性末端。现已知道有 400 多种不同专一性的这类酶，虽然酶对含有合适序列的任何 DNA 分子或片段都能作用，但每一个酶的活性中心接触底物的特定区域具有绝对的专一性。

酶的另一个显著特点就是催化反应的立体专一性，以 NAD^+ 和 $NADP^+$ 为辅因子的脱氢酶为例，用适当标记的底物做实验，发现脱氢酶催化底物上的氢转移到尼克酰胺环特异的一面，称为 A 型和 B 型脱氢酶（图 1-5）。几乎所有的脱氢酶作用时都需要 NAD^+ 或 $NADP^+$。对那些已知立体结构的脱氢酶，如肝乙醇脱氢酶、乳酸脱氢酶，其专一性机制已经搞清。在酶催化反应中，还存在潜手性的例子，虽然底物本身不具有手性，但反应却是立体专一性的。以延胡索酸水合酶催化延胡索酸生成苹果酸为例，在 ^3H_2O 溶液中，^3H 以立体专一性的方式加入到底物上（图 1-6）。

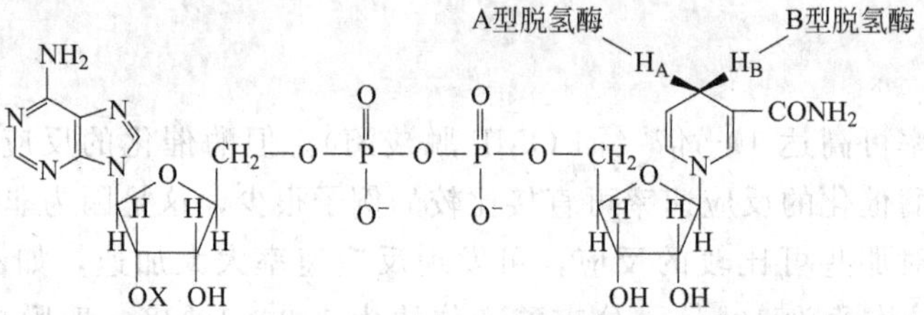

图 1-5 需要 NAD^+ 和 $NADP^+$ 的酶的立体专一性

还原型尼克酰胺腺嘌呤二核苷酸（NADH），X＝H；还原型尼克酰胺腺嘌呤二核苷酸磷酸（NADPH），X＝磷酸

A 型脱氢酶	B 型脱氢酶
乙醇脱氢酶（NAD^+）	甘油醛-3-磷酸脱氢酶（NAD^+）
乳酸脱氢酶（NAD^+）	3-羟丁酸还原酶（NAD^+）
苹果酸脱氢酶（NAD^+）	葡萄糖脱氢酶（NAD^+）

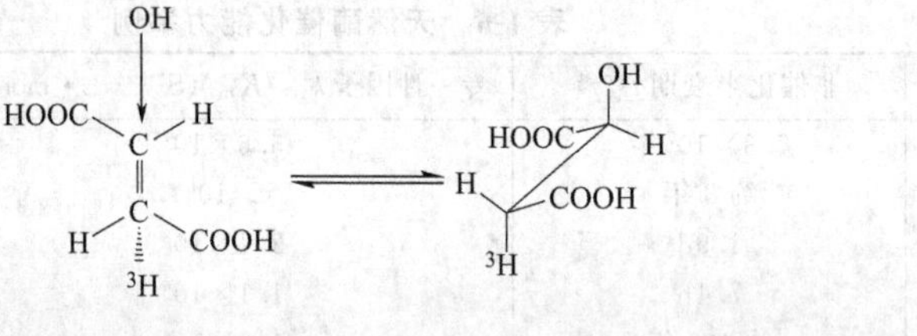

图 1-6 延胡索酸转化为苹果酸时 ^3H 以立体专一性的方式进行反应

酶专一性在蛋白质合成和 DNA 复制时具有重要意义。生物体内 DNA 复制的错误比率非常低，在聚合核苷酸时，只有 $1/10^8 \sim 1/10^{10}$ 的错误率，转录 DNA 且转译 mRNA 为蛋白质的整个过程中氨基酸的参入错误的比率只有 $1/10^4$。从结构相似的氨基酸和氨酰-tRNA 合成酶之间的相互作用的能量差异来看，酶的专一性远比预计的要高，这是由于酶存在着校读功能。这里简要介绍一下氨酰-tRNA 合成酶作用机制的要点。氨酰-tRNA 合成酶催化的 tRNA转运过程包括以下两个步骤：

氨基酸＋ATP＋酶⟶酶-氨酰-AMP＋焦磷酸

酶-氨酰-AMP＋tRNA⟶氨酰-tRNA＋AMP＋酶

酶需要识别专一性的氨基酸和 tRNA，后者因分子较大，与酶的接触位点多，因而可准确识别。而氨基酸分子很小，准确选择较难，跟踪反应第一步、第二步，发现形成氨酰-腺苷酸中间物时会发生明显的错误，但氨酰-tRNA合成却不会出错，错误的氨酰-腺苷酸会被水解。有证据表明酶分子上存在着与合成部位不同的校读部位，它可以水解错配的氨基酸。DNA复制过程也有类似的情形，DNA聚合酶Ⅲ在校读DNA复制时同样具有外切核酸酶的活力，以保证DNA准确的复制。

三、 可调节性

生命现象表现了它内部反应历程的有序性。这种有序性是受多方面因素调节和控制的，而酶活性的控制又是代谢调节作用的主要方式。酶活性的调节控制主要有下列七种方式。

1. 酶浓度的调节

酶浓度的调节主要有两种方式，一种是诱导或抑制酶的合成；另一种是调节酶的降解。例如，在分解代谢中，β-半乳糖苷酶的合成平时被葡萄糖阻遏，当葡萄糖不足而乳糖存在时，酶经乳糖诱导而合成。

2. 激素调节

这种调节也和生物合成有关，但调节方式有所不同。如乳糖合成酶有两个亚基，催化亚基和修饰亚基。催化亚基本身不能合成乳糖，但可以催化半乳糖以共价键的方式连接到蛋白上形成糖蛋白。修饰亚基和催化亚基结合后，改变了催化亚基的专一性，可以催化半乳糖和葡萄糖反应生成乳糖。修饰亚基的水平是由激素控制的，修饰亚基于妊娠时在乳腺生成，分娩时，由于激素水平急剧的变化，修饰亚基大量合成，它和催化亚基结合，大量合成乳糖。

3. 共价修饰调节

这种调节方式本身又是通过酶催化进行的。在一种酶分子上，共价地引入一个基团从而改变它的活性。引入的基团又可以被第三种酶催化除去。例如，磷酸化酶的磷酸化和去磷酸化、大肠杆菌谷氨酰胺合成酶的腺苷酸化和去腺苷酸化就是以这种方式调节它们的活性的。

4. 限制性蛋白酶的水解作用与酶活性调控

限制性蛋白酶水解是一种高特异性的共价修饰调节系统。细胞内合成的新生肽大都以无活性的前体形式存在，一旦生理需要，才通过限制性水解作用使前体转变为具有生物活性的蛋白质或酶，从而启动和激活以下各种生理功能：酶原激活、血液凝固、补体激活等。除了参与酶活性调控外，还起着切除、修饰、加工等作用，因而具有重要的生物学意义。

酶原激活是指体内合成的非活化的酶的前体，在适当的条件下，受到H^+或特异的蛋白酶限制性水解，切去某段肽或断开酶原分子上某个肽键而转变为有活性的酶。如胰蛋白酶原在小肠里被其他蛋白水解酶限制性地切去一个六肽，活化成为胰蛋白酶。

5. 抑制剂的调节

酶的活性受到大分子抑制剂或小分子抑制剂的抑制，从而影响活力。前者如胰脏的胰蛋白酶抑制剂（抑肽酶），后者如2,3-二磷酸甘油酸，是磷酸变位酶的抑制剂。

6. 反馈调节

许多小分子物质的合成是由一连串的反应组成的。催化此物质生成的第一步反应的酶，往往可以被它的终端产物所抑制，这种对自我合成的抑制叫反馈抑制。这在生物合成中是常见的现象。例如，异亮氨酸可抑制其合成代谢通路中的第一个酶——苏氨酸脱氨酶。当异亮氨酸的浓度降低到一定水平时，抑制作用解除，合成反应又重新开始。再如合成嘧啶核苷酸时，终端产物 UTP 和 CTP 可以控制合成过程一连串反应中的第一个酶。反馈抑制就是通过这种调节控制方式调节代谢物的流向，从而调节生物合成的。

7. 金属离子和其他小分子化合物的调节

有一些酶需要 K^+ 活化，NH_4^+ 往往可以代替 K^+，但 Na^+ 不能活化这些酶，有时还有抑制作用。这一类酶有 L-高丝氨酸脱氢酶、丙酮酸激酶、天冬氨酸激酶和酵母丙酮酸羧化酶。另有一些酶需要 Na^+ 活化，K^+ 起抑制作用。如肠蔗糖酶可受 Na^+ 激活，二价金属离子如 Ca^{2+}、Zn^{2+}、Mg^{2+}、Mn^{2+} 往往也为一些酶表现活力所必需，它们的调节作用还不是很清楚，可能和维持酶分子一定的三级、四级结构有关，有的则和底物的结合和催化反应有关。这些离子的浓度变化都会影响有关的酶的活性。

丙酮酸羧化酶催化的反应为：ATP＋丙酮酸＋HCO_3^- $\rightleftharpoons$ 草酰乙酸＋ADP＋Pi，这是从丙酮酸合成葡萄糖途径中限速的一步。丙酮酸的浓度影响酶的活力，而丙酮酸的浓度是由 NAD^+ 和 NADH 的比值决定的，NAD^+ 和 NADH 的总量在体内差不多是恒定的。NADH 的浓度相对地提高了，丙酮酸的浓度就要降低。

与此相类似的 ATP、ADP、AMP 的总量在体内也是差不多恒定的，其中 ATP、ADP、AMP 的相对量的变化也可影响一些酶的活性。Atkinson 提出能荷（energy charge）作为一个物理量，这个物理量数值的变化和某些酶的活力变化有一定的关系。

$$能荷=\frac{[ATP]+[ADP]/2}{[ATP]+[ADP]+[AMP]}$$

能荷的数值是 0～1，当腺苷酸全部以 AMP 的形式存在，能荷数值等于零，全部以 ATP 的形式存在，能荷数值等于 1。细胞内的能荷数值一般在 0.8～0.9 之间，在这个范围内，能荷数值的增加可使和 ATP 再生有关的酶（如糖磷酸激酶、丙酮酸激酶、丙酮酸脱氢酶、异柠檬酸脱氢酶和柠檬酸合成酶等）的反应速率降低；而使另一类和利用 ATP 有关的酶（如天冬氨酸激酶、磷酸核糖焦磷酸合成酶等）的反应速率增加。

此外，酶的区室化（compartmentation）和多酶复合体等都和酶活力的调节控制有密切的关系。

第四节 影响酶活性的因素

一、酶活测定方式

酶的存在量可以根据它催化所产生的效应即把底物转化为产物来进行测定。为了测定酶活力，必须了解酶催化反应总的反应式，而且分析程序必须能够测定底物的消失或产物的生成。此外，还必须考虑酶是否需要某种辅助因子（cofactors）、酶的最适 pH 和最适温度。对哺乳动物来源的酶，最适温度通常在 25～37℃。最后，测定的反应速率是酶的活性，它必须不受底物供应不充分的限制。因此，一般要求非常高的底物浓度以使实验测定的起始反应速率与酶浓度成正比。

酶活力最方便的测定是测量产物出现的速率或底物的消失速率。如果底物（或产物）在特殊波长下吸收光，根据它们在此波长下吸收光的变化即可测得这些分子的浓度变化。这可用分光光度计（spectrophotometer）来完成。因为光吸收与浓度成正比，吸收光改变的速率与酶活力，即每单位时间底物用去的物质的量（或产物形成的物质的量）成正比。

在酶活测定中利用吸收光测量的两个最常用的分子是还原型辅酶烟酰胺腺嘌呤二核苷酸（NADH）和还原型烟酰胺腺嘌呤二核苷酸磷酸（NADPH）。它们在紫外线（UV）区的吸收波长为340nm，因此，如果NADH或NADPH在反应过程中产生，那么在340nm处的光吸收将相应地增加。当反应是NADH或NADPH分别氧化为NAD^+或$NADP^+$时，吸收将会相应地降低，因为它们的氧化型在波长340nm处不吸收光。

二、 酶联测定法

许多反应的底物和产物在可见光波长不产生光吸收。在这种情况下测定催化此反应的酶，可将其与第二个具有特殊吸收光变化的酶反应相连接（linking）（或偶联，coupling）。例如，利用葡萄糖氧化酶（glucose oxidase）的作用，可用于测量糖尿病患者血液中葡萄糖的浓度，由底物转化为产物没有吸收光的变化。但是，在此反应中产生的过氧化氢能被过氧化物酶作用，并把一个无色化合物转化为有色化合物——色素原（chromogen），它的光吸收很容易被测量。如要对第一个酶（葡萄糖氧化酶）的活性作精确的测量，第二个酶（过氧化物酶）和它的共底物或辅酶必须过量，使酶联测定不属于限速步骤。这可保证色素原的产生速率与H_2O_2的产生速率成正比，它的产生又与葡萄糖氧化酶的活性成正比。

三、 酶反应速率

酶催化反应的速率通常称作它的速率（velocity）。酶反应速率通常记录为时间为0时的值（符号V_0，μmol/min），因为产物尚未出现，在这点上速率是最快的。这是因为在任何底物转化为产物之前底物浓度是最大的。还因为酶可能受到它本身产物的反馈抑制（feedback inhibition），而且反应产物将刺激逆反应。酶促反应形成的产物对时间的典型的图表明，产物迅速形成的起始期，构成图形的线性部分（图1-7），随后，酶速率缓慢下降，因为底物被消耗或酶逐渐失去活性；V_0的获得是以零时点（time-point）为起点作一与曲线的线性部分相切的直线，这一直线的斜率即等于V_0。

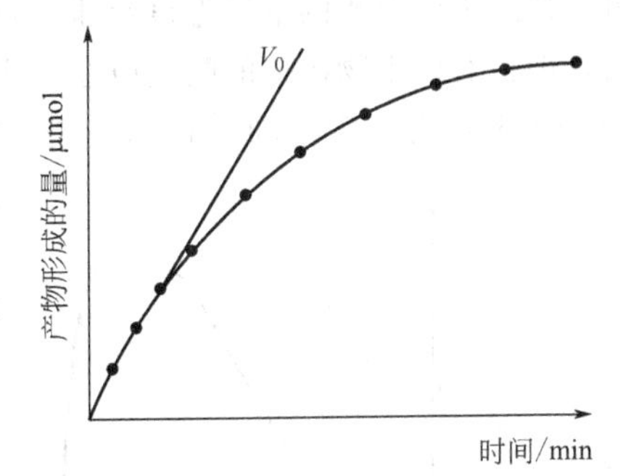

图1-7 酶促反应产物形成和时间之间的关系

酶活力单位（enzyme units）可以用许多方式表示。最普通的是被催化的反应的起始速率（V_0）（如每分钟底物转换的物质的量；μmol/min）。也有两种酶活力的标准单位，即酶单位和“开特”（kat）。酶的1个活力单位是在该酶的最适条件下，在25℃、1min内催化1μmol的底物转化为产物的酶量。“开特”是酶活力的国际单位（SI），它规定：在特定体系下，反应速率为每秒转化1mol底物所需的酶量。在两种不同的酶活力单位之间可用1μmol/min＝1U＝16.67nanokat换算。活力这名称（或总活力）涉及在样品中酶的总单位，而比活力是每毫克蛋白质酶单位的数目（U/mg）。比活力是酶纯度的量度，在酶的纯化过程中它的比活力增高，当酶提纯时，其比活力值成为极大和恒定。

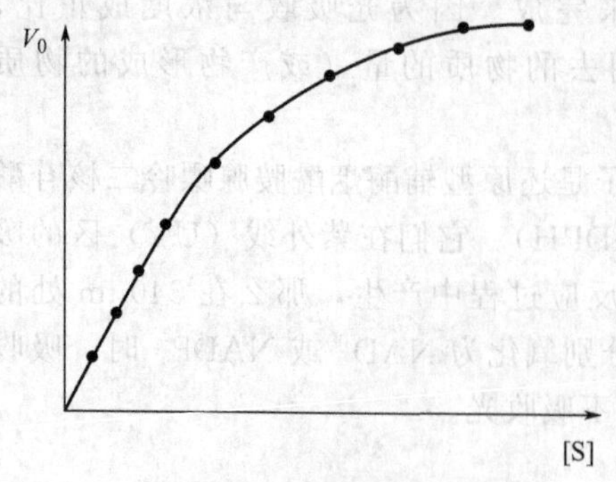

图 1-8 底物浓度［S］和起始反应速率 V_0 之间的关系

四、底物浓度

酶速率对底物浓度（［S］）的依赖关系的正常模式是在低的底物浓度下，［S］增加 1 倍，将导致起始速率（V_0）也增加 1 倍。然而，在较高的底物浓度下，酶被饱和（saturated），进一步增高［S］，只导致 V_0 的微小变化。这是因为在有效的饱和底物浓度下，所有的酶分子已有效地与底物结合，这时，总的酶速率依赖于产物自酶解离下的速率，若进一步加入底物也将不发生影响。V_0 对［S］的关系图形称为双曲线（hyperbolic curve）（图 1-8）。

五、酶浓度

在底物浓度为饱和的情况下（即所有的酶分子都与底物结合），酶浓度的加倍将导致 V_0 的加倍。V_0 与酶浓度的关系图为直线图形。

六、 温度

温度从两方面影响酶促反应的速率。首先，升高温度增加底物分子的热能（thermal energy），增高反应的速率。然而较高的温度会带来第二种效应，增加构成酶本身蛋白质结构的分子热能，也就增加了多重弱的非共价键相互作用（氢键、范德华引力等）破裂的机会。这些相互作用维系着整个酶的三维结构，最终将导致酶的变性（解折叠，unfolding）。酶的三维构象甚至微小的变化都会改变活性部位的结构，导致催化活性的降低。升高温度以提高反应速率的总效应是这两个相反效应之间的平衡。因此，温度对 V_0 关系的图形将为一条曲线，它可清楚地表示出酶的最适温度范围（图 1-9）。多数哺乳动物来源的酶，其最适温度为 37℃左右，但也有些生物机体的酶适应在相当高或相当低的温度下工作。例如，用于聚合酶链式反应的 Taq 聚合酶（Taq polymerase）是在温泉中的高温细菌中发现的，因此适于在高温下工作。

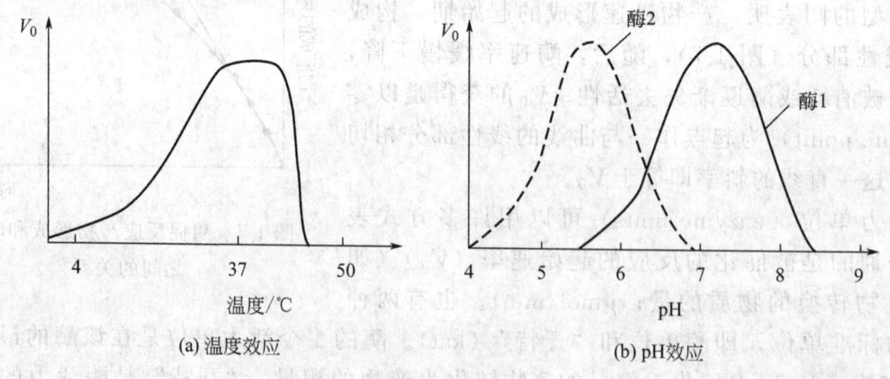

图 1-9 酶活性

七、pH

每个酶都有最适 pH，在此 pH 下催化反应的速率是它的最高值。最适 pH 值的微小偏离，会使酶活性部位的基团离子化发生变化而降低酶的活性。pH 发生较大偏离时，维护酶三维结构的许多非共价键受到干扰，会导致酶蛋白自身的变性。V_0对 pH 的关系图形通常将得到钟形曲线（图 1-9）。许多酶的最适 pH 在 6.8 左右，但是各种酶的最适 pH 是多种多样的，甚至同一种酶针对不同底物的最适 pH 也不同，因为它们要适应不同环境进行工作。例如，消化酶胃蛋白酶（pepsin）要适应在胃的酸性 pH 下工作（大约 pH2.0）。

第五节 酶反应动力学和抑制作用

一、 米-曼氏模式

米-曼氏模式（Mchaelis-Menton model）使用如下的酶催化概念：

$$E+S \underset{k_2}{\overset{k_1}{\rightleftharpoons}} ES \xrightarrow{k_3} E+P$$

这里的速率常数（rate constants）k_1、k_2和k_3是描述与催化过程的每一步相联系的反应速率。酶（E）与它的底物（S）结合形成酶-底物复合物（ES）。ES 复合物能重新解离形成 E+S，或能继续进行化学反应形成 E 和产物 P。假设：酶与产物（E+P）的逆向反应形成 ES 复合物的速率并不明显。对许多酶的性质的观察得知，在低的底物浓度［S］下，起始速率（V_0）直接与［S］成正比，而在高底物浓度［S］下，速率趋向于最大值，此时反应速率与［S］无关［图 1-10(a)］。此最大速率（maximum velocity）称为V_{max}（μmol/min）。

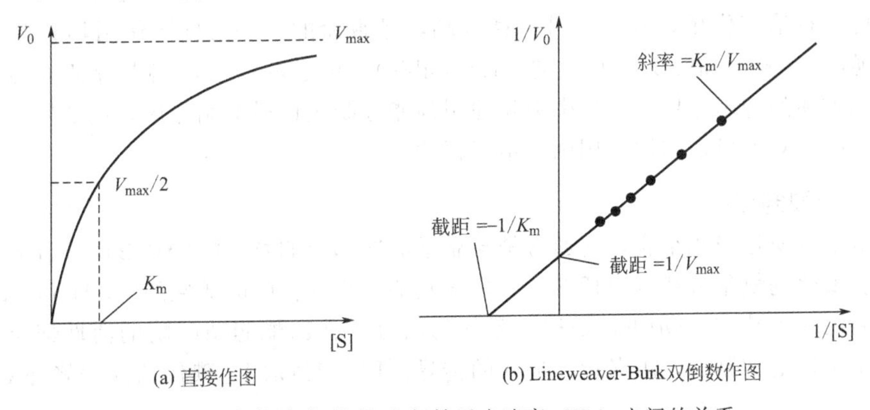

图 1-10 底物浓度［S］和起始反应速率（V_0）之间的关系

米-曼氏推导的公式描述出实验观察的结果。米-曼氏公式如下：

$$V_0=\frac{V_{max}\cdot[S]}{K_m+[S]}$$

此公式描述的双曲线形式，由实验数据在图 1-10(a) 中表明。Michaelis 和 Menton 在推导此公式时，规定一新的常数即 K_m，称为米氏常数（其单位为物质的量浓度，用 mol/L 表示）：

$$K_m=\frac{k_2+k_3}{k_1}$$

K_m是 ES 复合酶的稳定性的量度，等于复合物的分解速率的总和，它大于生成速率。对许多酶而言，k_2比k_3大得多。在这些情况下 K_m变为酶对它的底物的亲和力（affinity）的量度。因为它的值分别依赖于 ES 生成和解离的k_1和k_2的相关值。高的 K_m表示弱的底物结合（k_2大大超过k_1），低的K_m表示强底物结合（k_1大大超过k_2）。K_m值可由实验取得，根据这一事实，即 K_m 值等于当反应速率达到最大值 V_{max} 一半时的底物浓度。

二、 Lineweaver-Burk 作图

因为 V_{max} 是在极大的底物浓度下获得的，它不可能从双曲线图测得［K_m 也是如此，见图 1-10(a)］，但是 V_{max} 和 K_m 可用实验求得，即在不同底物浓度下测定 V_0 值，然后即可根据 $1/V_0$ 对 1/[S] 的双对数（double reciprocal）或 Lineweaver-Burk 制图［图 1-10(b)］。此种作图是从米-曼公式衍生得出的：

$$V_0=\frac{V_{max}\cdot[S]}{K_m+[S]}$$

由此公式得出一条直线，在 Y 轴上截距等于 $1/V_{max}$，X 轴上截距等于 $-1/K_m$。直线的斜率等于 K_m/V_{max}［图 1-10(b)］。Lineweaver-Burk 图也是测定抑制剂如何与酶结合的有用方法（见下文）。

虽然米-曼氏模式对许多酶提供了很好的实验数据模式，但还有少数酶与米-曼氏的动力学不相符合。这些酶如天冬氨酸转氨甲酰酶（ATCase），称为变构酶（allosteric enzyme）。

三、 酶的抑制作用

许多类型的分子有可能干扰个别酶的活性。任何分子直接作用于酶使它的催化速率降低即称为抑制剂（inhibitor）。某些酶的抑制剂是正常细胞代谢物，它抑制某一特殊酶，作为代谢途径中正常调控的一部分。其他抑制剂可以是外源物质，如药物式毒物。这里，酶的抑制效应既可以有治疗作用，或者是另一种极端，是致命的。酶的抑制作用具有两种主要类型：不可逆的（irreversible）或可逆的（reversible）。可逆的抑制作用本身又可再分为竞争性的和非竞争性的抑制作用。从酶中去除抑制剂能够制止可逆抑制作用，例如使用透析，但这是有限度的，对不可逆抑制作用则是不可行的。

1. 不可逆抑制作用

抑制剂不可逆地与酶结合，它通常是与靠近活性部位的氨基酸残基形成共价键，永久地使酶失活。敏感的氨基酸残基包括 Ser 和 Cys 残基，具有相应的活性的—OH 和—SH 基团。化合物二异丙基氟磷酸（DIPF）是神经毒气的组分，在乙酰胆碱酯酶的活性部位与 Ser 残基作用，不可逆地抑制酶，阻滞神经冲动的传导［图 1-11(a)］。碘代乙酰胺修饰 Cys 残基，

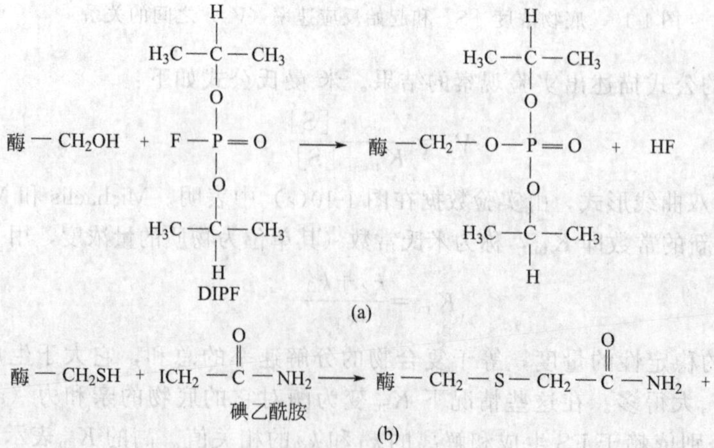

酶—CH_2OH + DIPF（F—P(=O)[—O—CH(CH_3)$_2$]$_2$）⟶ 酶—CH_2—O—P(=O)[—O—CH(CH_3)$_2$]$_2$ + HF

(a)

酶—CH_2SH + ICH_2—C(=O)—NH_2（碘乙酰胺）⟶ 酶—CH_2—S—CH_2—C(=O)—NH_2 + HI

(b)

图 1-11 二异丙基氟磷酸（DIPF）(a) 和碘代乙酰胺 (b) 的结构和作用机制

因此，确定酶活性所必需的 Cys 残基是一个或多个作为判断的工具［图 1-11(b)］。抗生素青霉素不可逆地抑制糖肽转肽酶（glycopeptide transpeptidase），它与细菌细胞壁上的酶活性部位的 Ser 残基结合，形成交联结构。

2. 可逆的竞争性抑制

典型的竞争性抑制剂与酶的正常底物有近似的结构，因此，它与底物分子竞争地结合到活性部位［图 1-12(a)］。酶既可以结合底物分子也可以结合抑制剂分子，但不能两者同时结合［图 1-12(b)］。竞争性抑制剂可逆地结合到活性部位，在高底物浓度下竞争性抑制剂的作用被压倒，因为充分的高底物浓度可以成功地将结合到活性部位的抑制剂分子竞争地排出。因此，酶的 V_{max} 没有变化，但在竞争性抑制剂的存在下，酶对其底物的表观亲和力降低，因此 K_m 增加。

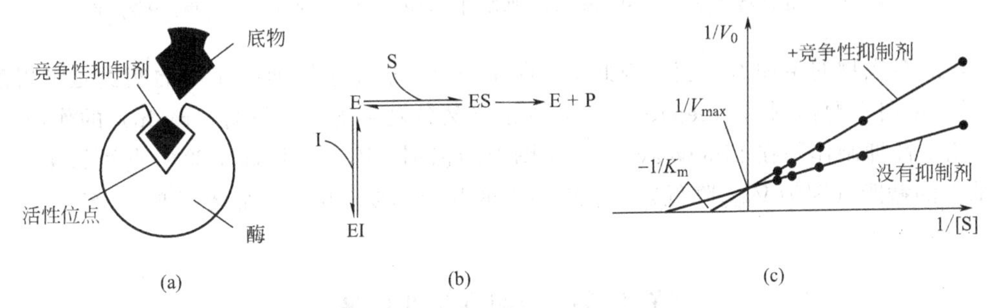

图 1-12　竞争性抑制作用的特性

(a) 结合到活性部位上的竞争性抑制剂与底物的竞争；(b) 酶既能结合底物又能结合竞争性抑制剂，但不能两者同时结合；(c) Lineweaver-Burk 图表示竞争性抑制剂对 K_m 和 V_{max} 的效应

琥珀酸脱氢酶（succinate dehydrogenase）的竞争性抑制作用是个好例子。该酶以琥珀酸（succinate）为底物，它可被丙二酸（malonate）竞争性地抑制，后者与琥珀酸的区别是只有一个而不是两个亚甲基（图 1-13）。许多药物是模拟目标酶底物的结构，因此作为酶的竞争性抑制剂而起作用。竞争性抑制作用可用 Lineweaver-Burk 图加以识别，把抑制剂的浓度固定，测定不同底物浓度下的 V_0。在 Lineweaver-Burk 图上，竞争性抑制剂增加直线的斜率，改变 X 轴上的截距（因为 K_m 增高），但 Y 轴的截距不变（因为 V_{max} 维持不变）［图 1-12(c)］。

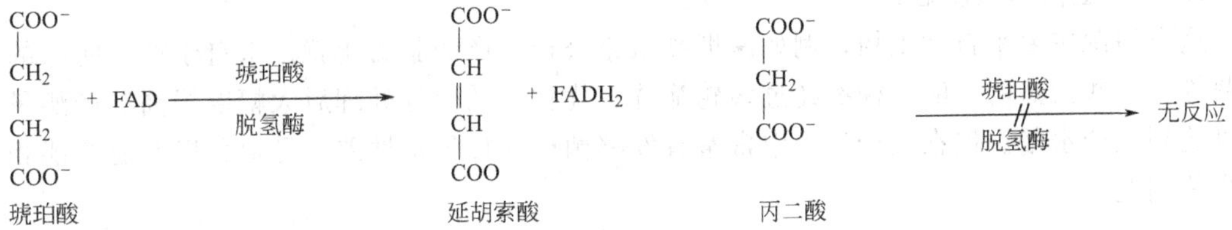

COO^-—CH_2—CH_2—COO^-（琥珀酸）+ FAD $\xrightarrow[\text{脱氢酶}]{\text{琥珀酸}}$ COO^-—CH═CH—COO（延胡索酸）+ $FADH_2$

COO^-—CH_2—COO^-（丙二酸）$\xrightarrow[\text{脱氢酶}]{\text{琥珀酸}}$（//）无反应

图 1-13　丙二酸对琥珀酸脱氢酶的抑制作用

3. 可逆的非竞争性抑制

非竞争性抑制剂不与活性部位结合，而是可逆地结合到其他的位点上［图 1-14(a)］，它使酶总的三维形状改变，导致催化活性降低。因为抑制剂结合到底物的不同部位，酶可以结合抑制剂、底物或抑制剂加底物二者一起［图 1-14(b)］。

非竞争性抑制剂的效应不能由增高底物浓度而克服，所以 V_{max} 降低。在非竞争性抑制

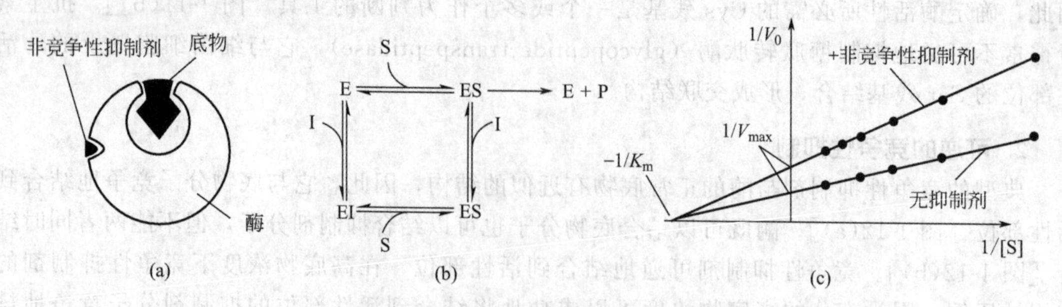

图 1-14 非竞争性抑制作用的特性

(a) 非竞争性抑制剂结合的位点与活性部位截然不同；(b) 酶既能结合底物又能结合非竞争性抑制剂或者两者均能结合；(c) Lineweaver-Burk 图表示非竞争性抑制剂对 K_m 和 V_{max} 的效应

E—酶；ES—酶-底物复合物；ESI—酶-底物-抑制剂复合物；EI—酶-抑制剂复合物；P—产物

作用中，酶对底物的亲和力不变，因此 K_m 保持一致。非竞争性抑制作用的实例是抑胃酶肽[又名胃（蛋白）酶抑制剂，pepstatin] 对肾素（又名血管紧张肽原酶，renin）的作用。

非竞争性抑制作用在 Lineweaver-Burk 图上能识别，因为它提高实验的直线斜率，改变在 Y 轴上的截距（因为 V_{max} 降低），而 X 轴上的截距不变（因 K_m 维持不变）[图 1-14(c)]。

第六节 酶的制备

一、 酶的来源

目前酶蛋白主要包括三个来源。

1. 器官组织等的直接提取

如商品酶猪胰脂肪酶是直接提取自猪胰脏，木瓜蛋白酶提取自木瓜。但直接由器官和组织提取酶有不少不足，器官和组织需要及时处理，而且产能受到样品来源的限制，一些植物来源的酶蛋白还受到时令的制约。因此，这类来源的酶在总酶源中的比重在不断下降。但其好处是可以同时获取多个不同种类的酶。

2. 产酶生物的直接培养

这类酶源主要来自微生物，例如深圳绿微康公司生产的脂肪酶就是来自于产脂肪酶的青霉菌等。这些天然的产酶菌株都经过多轮筛选、优化、诱变等处理后大幅度提高其产酶量后方可达到生产水平。但在生产过程中常常有发酵菌株遗传稳定性差、易退化以及总产能相对不高等问题。

3. 基因工程异源表达

这是目前酶工程发展最快的方向之一，也将是今后酶蛋白制备的关键。随着生物技术的全面发展，通过基因组提取技术、反转录技术、新一代测序技术和多功能 PCR 技术可以获得任意生物的基因组，得到相关的酶基因，甚至一些无法培养的微生物的酶基因资源也可以通过宏基因组技术获得。目前用于异源表达的表达体系有如下几大类，分别对应于不同的应用领域和使用范围。

(1) 细菌表达体系 大肠杆菌是使用范围最广的表达体系，目前已表达的蛋白质中大约有70%是采用大肠杆菌表达的。大肠杆菌作为表达宿主有以下优点：易转化；在简单的培养基中能快速生长；生长和保存条件要求简单；易表征；可高密度培养；遗传学背景清晰。大肠杆菌作为表达系统的主要缺点包括：不能像真核蛋白那样进行翻译后修饰，缺乏将蛋白质有效释放到培养基中的分泌机制和充分形成二硫键的能力。由于含有热源等物质，不适合表达药用蛋白质。且重组蛋白在大肠杆菌中高水平表达时，易发生积聚或者形成包含体。虽然有种种不足，但大肠杆菌依然是今后酶异源表达的主要工具，其表达速度快、易于后处理等，使其在酶的筛选和定向进化等领域有着独特的优势。枯草杆菌表达体系由于其生物安全性，比大肠杆菌更适合作为食品工业、药用酶和蛋白质的表达，因此也受到充分重视，但其在操作流程和蛋白质表达效率方面都不如大肠杆菌，需要做大量的后续工作以提高其表达效率。

(2) 酵母菌表达体系　由于细菌表达体系没有糖基化功能，因此，大量带有糖基化修饰的真核生物来源蛋白转而采用酵母表达体系。目前最常用的酵母菌表达体系为毕氏酵母（*Pichia*），通过向培养基中添加一定浓度的甲醇可以诱导目标蛋白的表达，并且蛋白的表达水平也很可观。现已有成熟的商业化酵母表达体系出售。但由于毕氏酵母在表达过程中需要添加甲醇，因而也限制了其在许多领域的应用。与之对应的是酿酒酵母表达体系，酿酒酵母是人类使用具有几千年历史的安全菌株，非常适合于食品和药用领域。但其蛋白质表达效率与毕氏酵母体系有不少差距，另外还有其他数种酵母作为表达体系也得到了应用。

(3) 霉菌表达体系　霉菌表达体系是目前最重要的商业酶表达体系，由于其可以直接使用大麦、小麦和豆类等作为发酵原料，酶的生产成本可以降得非常低。目前广为采用的是米曲霉和黑曲霉，但由于相关专利大都掌握在诸如诺维信和杰能科等酶制剂巨头手中，其在大规模酶工业化生产时受到限制，随着一些专利的到期，酶的应用会得到更大的发展。

(4) 真核细胞表达体系　酵母表达体系虽然能够进行糖基化，但通常会过糖基化，而且糖链成分过于单一，因而对于一些生物医药领域的酶和蛋白质不适合。真核表达系统分瞬时表达体系和持续表达体系。瞬时表达体系的代表为非洲绿猴肾细胞（COS），将外源基因转染表达细胞后可以快速得到大量蛋白，用于快速鉴定基因的功能，宿主细胞没有遗传学改变。持续表达体系适合于工业生产，代表体系是中国仓鼠卵巢细胞（Chinese Hamster Ovary，CHO），由于CHO细胞没有一般真核细胞的传代次数限制，适合大规模培养。并且其属于成纤维细胞，内源蛋白质少，有利于后期纯化，而且其蛋白质糖基化修饰和人源蛋白质最接近。因此，CHO细胞已经成为生物医药领域最重要的表达体系。但由于CHO细胞的培养条件复杂，培养基成本高，不适合用于生产工业用酶，只适合用于生产高附加值的医药用酶和蛋白质。其他真核表达体系还包括昆虫细胞和植物细胞。

(5) 无细胞表达体系　由于一些特殊的需要和原因，如一些蛋白质具有细胞毒性，向蛋白质中引入非天然氨基酸，无细胞表达体系应运而生。但目前无细胞表达体系大多应用在高通量筛选、结构蛋白质组学和功能蛋白质组学等少数领域。目前使用较多的包括兔网织红细胞体系、麦芽提取物体系和大肠杆菌体系等。由于其使用成本过高，不适合大规模推广。

二、蛋白质表达常见问题及解决方式

理论上通过基因工程异源表达可以获得任何需要的酶蛋白质，但实际上外源蛋白质的表达经常碰到各种各样的问题而导致表达效率不高，目前常常采取如下一系列手段提高蛋白质的表达效率。

提高大肠杆菌中可溶蛋白的比例需要考虑的问题和策略有：

1. 降低蛋白质的合成速度

如：①降低培养温度。最适合大肠杆菌生长的温度在37～39℃之间，在此温度下表达外源蛋白极易生成包含体。低温培养条件下表达外源蛋白能有效地增加可溶蛋白的比例，培养温度的下限一般为8～10℃，因为在此温度以下，大肠杆菌将停止生长，蛋白也基本上停止表达。②用弱启动子。③用低拷贝数的质粒作为表达载体。④降低诱导物的浓度。

2. 改变培养基条件

如：①加入能帮助折叠的蛋白质因子；②在培养基中添加甘氨酸能增强外周质蛋白释放到培养基中，且不引起明显的细菌裂解；③在山梨糖醇和甘氨酰甜菜碱存在的渗透压力下培养细菌，可以使可溶性的活性蛋白产量提高多达400倍。

3. 与相关蛋白共表达

分子伴侣，如GroES-GroEL、DnaK-DnaJ-DrpE、CIpB；折叠酶，如PPI'S（肽酰脯氨酰顺反异构酶）、DsbA（二硫化物氧化还原酶类）、DsbC（二硫化物异构酶）、PDI（蛋白质二硫键异构酶）。

目前普遍认为，有效的蛋白质翻译后折叠、多肽装配成寡聚体结构以及蛋白质的转位都是由一种被称为分子伴侣的蛋白来介导的。但是，利用分子伴侣所得到的实验结果并不一致，且伴侣分子的共表达对基因表达的影响似乎都具有蛋白质特异性。有报道表明，将人或鼠的蛋白质二硫键异构酶（PDI）与靶基因共表达，能提高在*E. coli*细胞质中正确折叠蛋白质的产量。*E. coli*细胞质中二硫键的形成是由维持氧化还原电势的一组蛋白质来促进的。有人认为DsbA（一种可溶性的细胞外周质蛋白）直接催化蛋白质中二硫键的形成，而DsbB（一种内膜蛋白）则参与DsbA的再氧化。真核生物的PDI能够补充DsbA缺失突变株的表型，但其功能在DsbB突变株中完全丧失。另外，通过额外添加谷胱甘肽可以提高PDI增强靶蛋白产生的能力。这些证据表明，PDI有赖于细菌氧还蛋白来完成自身的再氧化。因此，应根据外源蛋白的特点有选择性地共表达分子伴侣和折叠酶。

4. 细胞外周质表达和分泌表达

(1) 细胞外周质表达　在外周质只有4%的总细胞蛋白，这显然有利于目的蛋白的纯化，外周质的氧化环境有利于二硫键的形成，使蛋白质正确折叠，而胞内则是还原性的环境。周质空间有折叠酶DsbA和DsbC，可以帮助蛋白质的正确折叠，且很少有蛋白酶存在，目的蛋白不会被水解，对细胞有毒性的蛋白可大量存在。

蛋白质通过内膜转运到外周质需要信号肽，在起始密码子和目的基因之间加入信号肽，可以引导目的蛋白穿越细胞膜，避免表达产物在细胞内的过度累积而影响细胞生长，或者形成包含体，而且表达产物是可溶的活性状态，不需要复性。通常这种分泌只是分泌到细胞膜和细胞壁之间的周质空间。

(2) 分泌表达　将蛋白质分泌到细胞外易于纯化目的蛋白质，减少细菌的蛋白酶对目的蛋白质的裂解。但是，*E. coli*在正常情况下只有很少量的蛋白质分泌到细胞外。要解决蛋白质外泌方面的难题，必须弄清*E. coli*的分泌途径。在*E. coli*中将蛋白质分泌到培养基中的方法大致分为两类：①利用已有的“真正”的分泌蛋白所采用的途径；②利用信号肽序列、融合伴侣和具有穿透能力的因子。第一种方法具有将目的蛋白质特异性分泌的优点，并最小限度地减少了非目的蛋白的污染。第二种方法依赖于有限渗透的诱导而导致蛋白质的分泌。通常情况下，外泌蛋白质的产量是中等的。

5. 表达载体的选择和设计

目前已有多种用于大肠杆菌系统的表达载体，从开始涉及表达的时候可以根据是否要用基因本身的起始密码子进行选择，可选用 pET-21(+)、pET-24（+）等载体。如果打算利用载体的起始密码子，那么就有更多的选择。亦可根据是否要可溶性表达，选择加有不同标记的载体。一般说来，在大肠杆菌中不加标记，外源蛋白都会以不溶的包含体形式表达。为了让外源蛋白融合表达，一般说来有三个策略：①与一个高度可溶的多肽联合在一起表达，比如：谷胱甘肽 S 转移酶（glutathione S transferase，GST）、硫氧还蛋白（thioredoxin，Trx）。②转入一个酶催化二硫键的形成，如：硫氧还蛋白、DsbA、DsbC。③插入一个定位到周质空间的信号序列。不同载体提供不同的标记，有的可以同时带有多个标记。如果不希望在蛋白的 N 末端加入任何的多肽，可以直接从起始密码子后插入外源片段，或者在得到表达产物后利用蛋白氨基酸的酶切位点把多余的多肽切除。

表达双外源蛋白的载体有 pCDFDuet-1 DNA、pETDuet™-1 DNA、pRSFDuet-1 DNA。这些载体含有两个不同的多克隆位点，可以插入两个外源蛋白基因，利用单独的 T7 启动子、乳糖操纵子和核糖体结合位点进行表达。载体转化进入合适的菌株中最多可以同时表达 8 个外源蛋白。

质粒上的元件包括启动子、多克隆位点、终止密码子、融合 Tag（如果有的话）、复制子、筛选标记/报告基因等，在进行表达工作之前要做充分的分析，以确认所选载体是否合适。通常表达载体都会选用高拷贝的复制子。pSC101 类质粒是以严谨方式复制的，拷贝数低，pCoE1、pMBI（pUC）类的复制子的拷贝数高达 500 以上，是表达载体常用的。通常情况下质粒拷贝数和表达量是非线性的正相关，当然也不是越多越好，超过细胞的承受范围反而会损害细胞的生长。如果碰巧需要 2 个质粒共转化，就要考虑复制元是否相容的问题。

氨苄青霉素抗性是最常见的筛选标记，卡那霉素次之，而四环素、红霉素和氯霉素等已经很少使用。抗性基因的选择要注意是否会对研究对象产生干扰，比如代谢研究中要留意抗性基因编码的酶是否和代谢物相互作用。在表达筛选中要注意的问题应该就是 LB 倒板前加抗生素的温度，温度过高容易导致抗生素失效。

启动子的强弱是对表达量有决定性影响的因素之一，能在 *E. coli* 中发挥作用的启动子很多。这些启动子必须具有适合高水平蛋白质合成的某些特性。首先启动子的作用要强，待表达基因的产物要占或超过菌体总蛋白的 10%～30%；其次，它必须表现最低水平的基础转录活性。若要求大量的基因表达，最好选用高密度培养细胞和表现最低活性的可诱导和非抑制启动子。如果所表达的蛋白质具有毒性或限制宿主细胞的生长，选用可抑制的启动子则至关重要。

转录终止子对外源基因在大肠杆菌中的高效表达有重要作用——控制转录的 RNA 长度以提高稳定性，避免质粒上的异常表达导致质粒的稳定性下降。在启动子上游的转录终止子还可以防止其他启动子的通读，降低本底。

在原核生物中，转录终止有两种不同的机制，一种是依赖六聚体蛋白 rho 的 rho 依赖性转录终止，rho 蛋白能使新生 RNA 转录本从模板解离。另一种是 rho 非依赖性转录终止，它特异性依赖于模板上编码的信号，即在新生 RNA 中形成发卡结构的一回文序列区和位于该回文序列下游 4～9bp 处的 dA、dT 富含区。

6. 特殊表达菌

大致分为以下几个种类。

（1）蛋白酶缺陷型 所有B菌株的衍生株都是lon蛋白酶和ompT蛋白酶缺陷型的，这包括B834、BL21、BLR、Origami™ B、Rosetta™和Tuner™。因此，在纯化时可以保持蛋白的稳定不被降解。BL21（DE3）是应用最多的表达菌株。另外，它的衍生株BLR（DE3）是$recA^-$，RecA是大肠杆菌中介导同源重组的重要蛋白之一。它的缺失，可以保证质粒的稳定。

（2）保证所有细胞以同样的量进行表达 Tuner™株及它的衍生株（Origami™ B和Rosetta™）是BL21菌株的*lac*Y1缺失突变型，在这些菌株中可以使蛋白以同样的水平在所有细胞中表达。Lac渗透酶的突变使进入每个细胞的IPTG量都是一致的，这样使蛋白表达浓度可以随着IPTG浓度而改变。通过对IPTG浓度的控制可以使细胞微量表达或者大量表达。一般说来，低浓度表达有利于蛋白的可溶性和活性。

（3）二硫键的形成与溶解性增强 二硫键的形成对某些蛋白的可溶性起到重要的作用，有一些菌株是谷胱甘肽还原酶（gor）和/或硫氧还蛋白还原酶（trxB）缺陷型的，包括AD494、BL21trxB、Origami、Origami B和Rosetta-gami™。在这些菌株中表达蛋白，可以更大程度地促进二硫键的形成，并使蛋白以可溶形式和有活性形式出现的可能性增加。

（4）稀有密码子的补给 不同物种有不同的密码子偏爱性，如果外源蛋白中含大量大肠杆菌的稀有密码子，特别是当这些稀有密码子呈连续分布的时候，就会造成蛋白表达量极低，或者翻译提前终止。Rosetta™是为了表达真核蛋白而特别设计的，它含有大肠杆菌稀有的密码子tRNA，包括AUA、AGG、AGA、CUA、CCC和GGA。它们以氯霉素抗性的质粒形式存在。Rosetta系列来自BL21lacY1，所以它具有BL21lacY1的所有特性。

（5）硒蛋氨酸标记 B834是来源于BL21的甲硫氨酸（met）营养缺陷型菌株。它在高度特异活性35S-met标记和晶体成像甲硫氨酸标记中非常有用。

7. 融合表达

表达载体的多克隆位点上有一段融合表达标签（Tag），表达产物为融合蛋白（分N端或者C端融合表达），方便后续的纯化步骤或者检测。对于特别小的分子，建议用较大的Tag（如GST）以获得稳定表达；而一般的基因多选择小Tag以减少对目的蛋白的影响。His-Tag是最广泛采用的Tag。

8. 基因或者蛋白的大小

一般说来分子量小于5000或者大于100000的蛋白都是难以表达的。蛋白越小，越容易被降解。在这种情况下可以采取串联表达，在每个表达单位（即单体蛋白）间设计蛋白水解或者是化学断裂位点。如果蛋白较小，那么加入融合标签GST、Trx、MBP或者其他较大的促进融合的蛋白标签就较有可能使蛋白正确折叠，并以融合形式表达。对于另一个极端，大于60000的蛋白建议使用较小的标签，如6×组氨酸标签。

9. 密码子的偏爱性优化

原核生物和真核生物的基因对同义密码子的使用均表现非随机性。对*E. coli*中密码子的使用频率进行系统分析得到以下结论：①对于绝大多数的简并密码子中的一个或两个具有偏好；②无论蛋白质的含量多少，某些密码子对所有不同的基因都是最常用的，例如CCG是脯氨酸最常用的密码子；③高度表达的基因比低表达的基因表现更大程度的密码子偏好；④同义密码子的使用频率与相应的tRNA含量有高度相关性。这些结果暗示，富含*E. coli*不常用密码子的外源基因有可能在*E. coli*中得不到有效的表达。研究表明，通过用常用密码子替换稀有密码子或与“稀有”tRNA基因共表达可以提高外源基因在*E. coli*中的表达水平。已知序列的绝大部分（91%）*E. coli* 基因的翻译起始区均含有起始密码子 AUG，GUG 的利用率为 8%，而 UUG 的利用率则为 1%。

枯草芽孢杆菌作为基因工程表达系统发展迅速，其优点为：安全，序列已知，便于操作，无明显的密码子偏爱性和易于表征。枯草芽孢杆菌表达系统的构成涉及了启动子的选择，核糖体结合位点及信号肽的设计。影响外源基因在枯草芽孢杆菌系统中表达的因素主要包括表达载体的选择以及蛋白分泌能力的影响。①选择分子量小、有唯一的酶切位点、较高的拷贝数和适合筛选的抗性标记的载体，其中使用广泛的有 Pub110、Pc164 和 pE194 等。②选择可以在菌体中进行穿梭的质粒进行起始克隆，方便基因操作。③选择稳定性好的质粒载体。比如 pHB201 是由枯草杆菌隐性质粒 pTA1060 和 pUC19 构成的穿梭质粒，其在连续传代和发酵罐培养中都比较稳定，许多用于构建大肠杆菌载体的方法也被用于芽孢杆菌载体的构建。这些技术的应用使得芽孢杆菌质粒载体更加完善。影响蛋白分泌能力的因素主要有：①有效分子伴侣的缺乏影响蛋白的分泌，甚至在胞质中形成包含体；②一些信号肽的合成受到时序调节，使得某些外源蛋白的分泌和信号肽酶的合成一致而造成信号肽的切除；③连接在膜外促蛋白折叠因子 PrsA 的数量影响外源蛋白的高分泌；④蛋白酶的降解导致外源蛋白的低产率；⑤细胞壁成为某些蛋白的分泌屏障。

影响酵母表达系统外源蛋白表达水平的因素及解决办法如下。

甲醇酵母表达系统的优点：它是一种真核表达系统，可对表达的蛋白进行加工折叠和翻译后修饰；具有很高的表达量；节省成本，只需简单的含盐培养基即可；适合于高密度培养；背景杂蛋白少，表达产物较易纯化。

1. 外源基因序列的内在特性

为了获得最佳蛋白表达量，应维持外源基因 mRNA 5′-UTR 尽可能和 AOX1 mRNA 5′-UTR 相似，并且最好是保持两者一致。此外，5′-UTR 中应避免 AUG 序列以确保 mRNA 从实际翻译起始位点开始翻译，并且可以通过密码子的替换使起始密码子 AUG 周围不形成二级结构。（A+T）含量高的基因在甲醇酵母中表达时有时会造成转录提前终止，因此，对（A+T）含量丰富的基因，最好是重新设计序列，使其（A+T）含量在 30%～55%的范围内。

外源基因在宿主中的表达会受到酵母偏爱的密码子的影响，通过对外源基因的密码子进行优化可以提高其表达水平。

2. 基因拷贝数

一般情况下，甲醇酵母中外源基因整合的拷贝数愈高，则蛋白表达量愈大。事实上，高的基因拷贝数和高的蛋白表达量之间并无必然的联系。因此，有必要在筛选出高拷贝转化子鉴定表达的同时，也显示出单拷贝转化子作为对照，比较两者的表达量。

3. 菌株的表型

外源基因转化甲醇酵母后，能够整合到染色体上。整合的不同方式会导致转化子的两种表型。一种方式是插入，即整合后 *AOX 1* 基因是完整的，没有被破坏掉。这样转化子代谢甲醇的能力正常，能在甲醇培养基上正常生长，这种表型称为 Mut^+。另外一种方式是替换，即整合后外源基因取代了受体菌染色体上的 *AOX 1* 基因，造成 *AOX 1* 基因的丢失。这样转化子代谢甲醇的能力很弱，在甲醇培养基上生长很慢，这种表型称为 Mut s。对于胞内表达蛋白，优先考虑用 Mut s 表型。因为它们有一个低水平的乙醇氧化酶蛋白，表达的蛋白更容易纯化；对于分泌表达，则 Mut^+ 和 Mut s 都可使用。

4. 分子伴侣

分子伴侣在细胞内帮助其他蛋白完成正确的组装但不参与这些蛋白所行使的功能，在组装完成后即与之分离。大量的研究报道，分子伴侣与靶基因共表达可显著提高靶蛋白的表达量。

5. 信号肽

在毕赤酵母中重组蛋白分泌到胞外必须经过信号肽的引导，由于信号肽与目的蛋白融合表达，从而使目的蛋白在加工折叠后被引导分泌到胞外。常用的酵母信号肽有 α 因子信号肽（MF-α）、酸性磷酸酯酶信号肽（PHO1）、蔗糖酶信号肽（SUCZ）、Killer 毒素信号肽和菊粉酶信号肽（INU）等。

6. 糖基化修饰

研究表明，通过对糖基化位点进行改造或引入新的糖基化位点可提高分泌蛋白在毕赤酵母中的表达量及重组蛋白的活性。

7. 发酵工艺

高密度发酵是提高毕赤酵母重组蛋白表达量的一种重要策略。毕赤酵母表达外源蛋白时，温度、pH、碳源、溶氧等培养条件对目的蛋白的完整性及产量都有较大的影响，优化培养条件可有效提高外源蛋白的表达量。对培养基的优化主要包括碳源的优化、氮源的优化、基础盐和 PTM1 微量盐的优化。有多种培养基，如 BMGY/BMMY、BMG/BMM、MGY/MM 等都可用来表达。BMGY/BMMY、BMG/BMM 培养基成分中含有缓冲液，常用来表达分泌蛋白，可在一个广泛的范围内获得最佳的蛋白产量，尤其是当 pH 值对外源蛋白活力很重要的情况下。甲醇浓度对目的蛋白的表达起着重要的作用，诱导期间培养基中每天应补加甲醇，以弥补甲醇的消耗和蒸发，一般每天添加到培养基中的甲醇含量为培养基体积的 0.5%。毕赤酵母可以在较宽泛的 pH 范围内表达外源蛋白，因此可以通过调节 pH 值抑制蛋白酶，使降解程度减至最低，提高外源蛋白的产量。此外，在培养基中添加 1%酪氨酸蛋白水解物也可减弱蛋白的降解作用。一般发酵罐较摇瓶培养表达量更高。这是因为在发酵罐中，溶解氧水平、通气量、pH 值、搅拌速率、营养补给等方面更容易得到优化，导致更高效的表达。

第七节　蛋白质、酶和重组蛋白的分离纯化

蛋白质分离纯化技术无论是对酶工程还是对基因工程的发展都是至关重要的。DNA 重组技术的问世，遗传工程的蓬勃发展，推动了蛋白质工程的兴起。今天，生物化学家们不仅可以利用各种先进的、灵活的蛋白质化学技术纯化、分离获得天然的蛋白质和酶，而且也可以结合分子生物学技术，改造和设计生产出那些自然界不存在、或存在量甚微、或使之具有人们所期望的新性质的酶与蛋白质。蛋白质工程产品的面市，尤其是对应用于临床医学中高纯度、高生物活性的蛋白质药物的纯化技术，变性蛋白的复性，正确折叠，二硫键配对，功能蛋白的糖基化修饰、加工及对一系列下游工艺的技术发展要求既高又迫切。

一、蛋白质纯化的一般考虑

纯化蛋白质、酶与重组蛋白所进行的战略设计最主要的考虑是应用。从量上考虑，为测定序列或克隆目的只要几微克；而为工业和医药用途考虑则可达几千克。从纯度标准的要求

上看也是相差很远的，为临床治疗需要的生物药品，其纯度应达到99.9%以上。因此，考虑的战略也有着诸多不同，下列各点是应认真遵循的。

1. 分离纯化用的原料来源要方便，成本要低

目的蛋白含量、活性相对要高；可溶性和稳定性要好；基因分子生物学性质的背景知识要有更多的了解，是否有cDNA序列？同源性如何？重组蛋白的表达系统、表达水平及表达方式均要确定。

2. 不能破坏酶活性

生物活性分子一旦离开它赖以生存的生态环境则易破坏天然构象，易变性。因此，破碎细胞的条件要尽可能十分温和，尽早尽可能多地去除各种杂质、脂质、核酸及毒素，近年来发展起来的双液相蛋白萃取技术可同时去除这些杂质的干扰。使用极性条件要以目的蛋白的活性和功能不受损害为原则。低温和洁净的环境必不可少，要设法避免和防止过酸、过碱、重金属离子、变性剂、去污剂、高温、剧烈的机械作用和自身酶解等诸因素。器皿以聚乙烯塑料代替玻璃制品，尤其是在稀溶液的操作中更应如此。

3. 分离纯化的大部分操作是在溶液中进行的

各种参数，如：pH、温度、离子强度等，以及溶液中各组分对生物活性分子的综合影响常常无法固定，以致分离、纯化操作带有很大的经验成分，因此，操作缓冲液中的物质成分要审慎地思考，避免随意性。除去对可溶性及缓冲容量的考虑之外，蛋白水解酶和核酸酶的抑制剂、抑制微生物生长的杀菌剂、稳定蛋白构象和酶活性的还原剂及金属离子等均应依不同蛋白和酶的性质、结构予以周全考虑。

4. 有效的酶活力检测手段

建立灵敏、特异、精确的检测手段是评估纯化方法，判断目标蛋白产率、活性、纯度的前提。因此，建立灵敏特异性的检测方法是绝对重要的。酶活性检测可根据特异性底物的反应；其他目标蛋白的检测在未能建立特异性的免疫学检测方法之前不仅要测定它的总生物活性，还要有相应的判定指标，保证检测的特异性。重组表达的目标蛋白，在稀溶液中含量很低，因此要保证有足够灵敏的检测方法。无破坏性UV检测装置的灵敏度要高，吸收波长选取适当，如选取215nm监测。破坏性的检测手段可建立诸如荧光法或飞克（fg）水平的蛋白浓度测定方法。

5. 纯化策略的选择

表1-7概述了在蛋白质、酶与重组蛋白纯化中，依其蛋白性质选用的各种纯化技术。常用的有凝胶过滤、离子交换、色谱聚焦、疏水作用、亲和分离等。

表1-7 常用的蛋白质、酶和重组蛋白纯化技术

分离原理	分离方法	特 点	用 途
分子大小	凝胶过滤	分级分离，分辨率适中，适于脱盐，分级分离时流速较慢（>8h/循环），脱盐时流速快（30min/循环），容量受限于样品体积	大规模纯化的最后一步，用于去除杂质，脱盐，可用于任何阶段，特别是步骤衔接时的缓冲液更换
电荷	离子交换	分辨率通常较高，流速较快（合适的填料），容量很大，样品体积不受限	最适于早期纯化，即大体积样品且蛋白纯度较低时使用
等电点	色谱聚焦	分辨率较高 流速快 容量很大，样品体积不受限	纯化最后阶段

续表

分离原理	分离方法	特点	用途
疏水特性	疏水作用	分辨率较高 流速大 容量大,样品体积不受限	适于任何阶段 特别适于样品离子强度较高,如沉淀、离子交换后
	反相	分辨率较高 流速很快 容量大	适于最后阶段 特别适于分子量较小的肽
生物亲和性	亲和	分辨率极高 流速大 容量大,样品体积不限	适于任何阶段,特别是样品浓度小、杂质含量多时使用

工艺次序的选择策略包括：应选择不同机制的分离单元组成一套工艺；应将含量多的杂质先分离去除；尽早采用高效分离手段；将最昂贵、最费时的分离单元放在最后阶段。也就是说，通常先运用非特异的、低分辨的操作单元，如沉淀、超滤和吸附等，这一阶段的主要目的是尽快缩小样品体积，提高产物浓度，去除最主要的杂质（包括非蛋白类杂质）；随后是高分辨的操作单元，如具有高选择性的离子交换色谱和亲和色谱，而将凝胶过滤色谱这类分离规模小、分离速度慢的操作单元放在最后，这样可使分离效益提高。

色谱分离次序的选择同样重要，一个合理组合的色谱次序能够克服某些方面的缺点，同时很少改变条件即可进行各步骤间的过渡。离子交换、疏水和亲和色谱通常可起到蛋白质的浓缩效应，而凝胶过滤色谱常常使样品稀释。在离子交换色谱之后进行疏水作用色谱，不必经过缓冲液的更换，因为多数蛋白质在高离子强度下与疏水介质的结合能力较强，凝胶过滤色谱放在最后一步又可以直接过渡到适当的缓冲体系中以利于产品成形保存。但在包含体重组蛋白的纯化中，因为分离纯化的是变性蛋白，与纯化天然蛋白的性质不同，凝胶过滤色谱有时可作为首选的步骤。例如，原核基因工程重组细胞因子的分子量大多在15000～20000，而包含体中的杂蛋白分子量通常大于30000，因此选用凝胶过滤色谱能很容易获得高纯度的产品。

最后需要提出的是近年来出现的集色谱分离与膜分离于一体的径向色谱柱（radial flow chromatographic column）分离技术，它采用径向流动技术，样品和流动相是从柱的周围流向圆心，故可在较小的柱床层高度下使用较大的流动相流速，而反压降却较低，样品出峰快。由于它改变了传统的长轴流向的柱体设计和具有多层键合功能基团的交换膜，因此色谱分离的流量和负荷量大大提高，同时又由于柱体的设计可在长轴上加长、缩短和并联，因此分离规模可在基本类似的色谱条件下不断放大，适合于生物工程产品的初级分离纯化。

二、 蛋白质的粗分离

1. 材料的选择和细胞抽提液的制备

（1）材料的选择　分离精制蛋白质最重要的是选择适当的原料。蛋白质的来源无非是动物、植物和微生物。选择的原则是，原料所含有的目的蛋白质含量要高，而且容易获得。当然，由于研究目的不同，有时只能使用特定的原料。应当注意的是，蛋白质含量在种属间有意想不到的差别，在不同个体中也有明显的不同。由于性别、年龄、季节、饲养条件、生理或病理状态及培养条件的不同，也会有量和质的差异。从动物组织或体液中分离蛋白质时，取到材料后要迅速处理，充分脱血后立即使用或在冷库（－10～－50℃）里冻结保存备用。用植物材料分离蛋白质时要注意植物的细胞壁比较坚厚，要采取有效的方法使其充分破碎，同时，植物组织中含有大量的多酚物质，在提取过程中会被氧化成褐色产物，干扰蛋白质的进一步纯化，必须防止。另外，植物细胞的液泡内含物有可能改变抽提液的 pH 值，因此，对植物组织常使用较高浓度的缓冲液作为提取液。应用微生物来提取蛋白质，由于微生物可大规模培养，原料来源一般不受限制。通过基因工程技术，将某些蛋白质的基因克隆到微生物中，从而可以大量表达这些蛋白质，这对稀有珍贵蛋白质的获得有重要的实际意义。选择什么材料为好，只有从实用角度上来考虑。

（2）细胞破碎方法及细胞抽提液的制备　大多数蛋白质存在于细胞内，结合于细胞器上，所以，必须将细胞破碎，释放其中的蛋白质。要根据不同情况采用不同的破碎方法，最常用的是机械法。

为了确保可溶性细胞成分全部抽提出来，应当使用类似于生理条件下的缓冲液。常用 20～50mmol/L 的磷酸缓冲液（pH7.0～7.5），或 0.1mol/L Tris-HCl(pH7.5)，或用含少量缓冲液的 0.1mol/L KCl。必要时，缓冲液中可加入 EDTA（1～5mmol/L）、巯基乙醇（3～20mmol/L）或蛋白质稳定剂等。动物组织和器官要尽可能除去结缔组织和脂肪，切碎后放入捣碎机中。每克组织加 2～3 倍体积的冷的抽提缓冲液，匀浆几次，直至无组织块为止，然后离心倾出上清，即得细胞抽提液。制备植物细胞抽提液时，缓冲液中加入聚乙烯吡咯啉酮（PVP）常可减少褐变，因为它可吸附多酚化合物。

完全破碎酵母和细菌细胞，可用法兰西压榨机（French press），此仪器适用于少量细胞的破碎；破碎大量细胞可用 Manto-Gaulin 匀浆器。每千克细胞加 2L 缓冲液。这两种设备可使细胞在非常高的压力下（约 800kPa）通过一小孔，利用产生的剪切力破碎细胞。另一种方法是用振动研磨机，细胞与直径 0.5～1mm 的玻璃球一起剧烈振荡，此法非常有效迅速。对少量微生物（几百毫升）可用超声波破碎细胞法。还应提到生物学方法。革兰氏阳性菌细胞壁易被溶菌酶消化，在 37℃短时间（如 15min）即可溶解细胞壁。对革兰氏阴性菌，则预先用非离子去污剂（如 TritonX-100）、巯基乙醇和甘油处理细胞，可加强溶菌酶作用的有效性。如果同时加入脱氧核糖核酸酶Ⅰ（10μg/mL），可使溶液黏度降低，从而提高抽提液的质量。

（3）膜蛋白的释放　膜蛋白存在于细胞膜或有关细胞器（线粒体、叶绿体、内质网或核等）的膜上。按其所在位置大体可分为外周蛋白和固有蛋白两种类型。外周蛋白通过次级键和外膜脂质的极性头部螯合在一起，可以用含乙二胺四乙酸（EDTA）的适当缓冲液将其抽提出来。外周蛋白被抽提后，膜一般仍保持完整的双层结构。固有蛋白嵌合在双层中。抽提固有蛋白时，既要削弱它与膜脂的疏水性结合，又要使它仍保持疏水基暴露在外的天然状态，这个过程称为增溶作用。比较理想的增溶剂是去污剂，它既有亲水部分也有疏水部分，当浓度高于临界胶团浓度时形成胶团，胶团内部为疏水核，外部为亲水层。增溶时，膜蛋白疏水部分嵌入胶团的疏水核中而与膜脱离，同时又保住了膜蛋白表面的疏水结构。被增溶出来的膜蛋白通过透析等方法除掉去污剂，再进一步用其他方法分离纯化。所用去污剂按结构可分为四种：阴离子去污剂（脱氧胆酸盐）、阳离子去污剂（溴化十二烷基三甲铵）、两性离子去污剂（二甲基十二烷基甘氨酸）和非离子型去污剂（Triton X-100）。近年，非离子型去污剂辛基葡萄糖苷应用广泛，因为它的临界胶团浓度高（达 25mmol/L），同时易于透析，也有利于膜蛋白的重组。释放膜蛋白的其他方法有：①用磷酸酯酶 A 消化膜脂肪，从而使膜蛋白释放出来；②在高 pH 和较高温度下进行超声作用，也能释放膜蛋白；③在低温（−20℃）下，用丙酮处理组织和细菌，可以抽提出大部分脂肪，所得无水的丙酮干粉可以储存很长时间。将丙酮干粉溶于水溶性缓冲液后，则可得可溶性蛋白质，留下不溶性的残渣。这是一种经典的现在仍在使用的方法。

(4) 胞外酶的分离 胞外酶是在微生物发酵时分泌到发酵液中的。发酵后可通过离心或过滤将菌体从发酵液中分离弃去，所得发酵清液通常要适当浓缩，然后再作进一步纯化。目前常用的浓缩方法是超滤法。粗抽提液往往由于脂肪微粒、细胞器碎片或其他固体物的存在而比较浑浊，可采用高速离心法或过滤法（添加适当的助滤剂）使其澄清。粗提液中如有大量核酸，会使溶液黏度增加而影响进一步的分离纯化，可用核酸酶消化核酸，或用鱼精蛋白将核酸沉淀。

2. 蛋白质的浓缩和脱盐

经硫酸铵沉淀的蛋白质在作进一步提纯以前，常要除盐，即降低离子强度。常用的除盐方法有透析法、纤维过滤透析法和分子筛色谱法，这些方法的优缺点列于表1-8中。

表1-8 蛋白质的脱盐方法

方 法	处 理 量	操作时间	操作难易
透析	少量或数十毫升	5h以上	容易
纤维过滤透析	大量样品	0.5h	稍难
分子筛色谱	少量或数十毫克	数小时	稍难

透析法简单，只需玻璃纸或透析袋，但每次平衡时间较长；而且要特别注意透析袋的清洁。用前要在含EDTA的溶液中煮几次，除掉污染在袋上的核酸酶和蛋白水解酶。纤维过滤透析法（fiber filter dialysis）是用泵使蛋白质溶液不断流经超滤膜制成的空心管，管的外部与透析缓冲液相连，用另一泵让缓冲液不断在管外流动。这样由于透析的有效表面积大增，使透析时间大为缩短，缺点是中空纤维超滤膜的价格昂贵。分子筛色谱法常用Sephadex G-25或Bio-gel P30柱色谱法。蛋白质在柱中不被滞留，直接流出，盐等小分子则滞留在载体中。样品量大时，可适当增加色谱柱的直径。

除盐后的样品往往体积变大，样品浓度降低。在进一步提纯时（如用凝胶过滤色谱法），要求较小体积的样品溶液。为操作方便，也要减少样品体积，因此，必须建立浓缩蛋白质溶液的方法。浓缩方法有下列几种。①沉淀法：用盐析法或有机溶剂将蛋白质沉淀，再将沉淀溶解在小体积溶液中。②吸附法：吸附到离子交换剂上，然后用少量盐溶液洗脱下来。③干胶吸附法：如向蛋白质溶液中加入固体Sephadex G-25等吸水剂，吸去水及一些小分子物质，但蛋白质的收率较低。此外，还有冻干法和真空干燥法也可用于蛋白质浓缩。这些方法不能除盐。④渗透浓缩法：将蛋白质溶液放入透析袋中，然后在密闭容器中缓慢减压，水及无机盐流向膜外，蛋白质即被浓缩。也可将聚乙二醇（PEG）涂于装有蛋白质溶液的透析袋上，置于4℃下。干PEG粉末吸收水和盐类，大分子溶液即被浓缩。PEG吸水很快。100mL蛋白液在较短时间内就能浓缩到几毫升。为防止PEG进入蛋白质溶液，最好用分子量大的PEG（如PEG20000）。⑤超滤浓缩法：这是浓缩蛋白质的重要方法。近年国内外已生产出各种不同型号的超滤膜，可以用来浓缩分子量不同（350～300000）的物质，每种膜都有一定的分子量截留值。超滤法不仅有浓缩的作用，而且有除盐、分级和纯化的作用，但分辨率远不及分子筛色谱法。此法操作方便、迅速、温和、处理样品量可大可小（从2～3mL到几百升）。超滤器有封闭式和管道式两大类。封闭式的缺点是超滤膜的孔易被大分子堵住，影响流速。管道式超滤器则可克服这个缺点，因为液体在管膜中以一定的速度流动，可避免极化（膜被堵住）现象。由于管膜的总面积很大，所以效率很高。随着样品溶液的不断循环，样品浓度逐渐增大，最终浓度可高达10%～50%，浓缩效率是封闭式超滤器的几倍。大型管式超滤器越来越多地应用于生物制品工业、食品工业以及“三废”处理等方面。

3. 沉淀法分级蛋白质

水溶性蛋白质分子表面带有亲水性基团，因此很容易进行水合作用，顺利进入水溶液中。如果溶液的pH偏离于等电点，则所有分子会带相同的电荷，这进一步增进了它们的分散能力。因此，凡能破坏蛋白质分子水合作用或者减弱分子间同性相斥作用的因素，都可能降低蛋白质在水中的溶解度，使其沉淀。常用的方法有盐析法和有机溶剂法。

（1）盐析法　向蛋白质水溶液中加入中性盐，可以产生两种影响：一是盐离子与蛋白质分子中的极性和离子基团作用，降低蛋白质分子的活度系数，使其溶解度增加。在盐浓度较低时以这种情形为主，蛋白质表现为易于溶解，称为盐溶现象。二是盐离子也与水这种偶极子分子作用，使水分子的活度降低，导致蛋白质水合程度的降低，使蛋白质的溶解度减少。在盐浓度较高时这种情形起决定性作用，蛋白质便会沉淀，称为盐析现象。采用加入中性盐的方法使各种蛋白质依次分别沉淀的方法称为盐析法。

对于同一种蛋白质，盐离子的价数越高，盐析能力也越强。各种离子盐析能力的强弱可用Hofmeister序列表示：

$$PO_4^{3-} > SO_4^{2-} > C_2O_4^{2-} > CH_3COO^- > Cl^- > NO_3^-$$

$$K^+ > Rb^+ > Na^+ > CS^+ > Li^+ > NH_4^+$$

蛋白质浓度影响盐析界限。蛋白质浓度高，盐析界限宽，即低浓度无机盐便可使蛋白质析出；反之，蛋白质浓度低，需要无机盐的浓度就高，盐析界限变窄。因此，可以通过稀释作用来调节盐析浓度的界限，从而有助于蛋白质的分离。蛋白质溶液太浓时应当稀释，否则会与其他蛋白质发生共沉淀作用。蛋白质浓度通常在2.5%～3.0%之间比较合适。

实际工作中，常用的盐析剂是硫酸铵，因为它的盐析能力强，在水中的溶解度大（25℃时为4.1mol/L），价格便宜，浓度高时也不会引起蛋白质生物活性的丧失。硫酸铵浓溶液的pH约为5.5，配制硫酸铵饱和溶液时，可在水中加过饱和量的硫酸铵，加温至50℃，至大部分盐溶解，室温放置过夜后，再用15mol/L NaOH或12mol/L硫酸调至所需pH。

盐析法的优点是操作简便，中性盐对易变性的蛋白质有一定的保护作用，使用范围广泛，同时，盐析能除去较多的杂质，有纯化作用。盐析还有浓缩蛋白质溶液的作用，有利于进一步纯化时的操作。缺点是分辨能力差，纯化倍数低。

（2）有机溶剂沉淀法　由于有机溶剂有较低的介电常数，会使溶液的介电常数减小，增强偶极离子之间的静电引力，从而使分子集聚而沉淀。另外，有机溶剂本身的水合作用会破坏蛋白质表面的水合层，也促使蛋白质分子脱水而沉淀。

选用有机溶剂的原则是：①必须能与水完全混溶；②不与蛋白质发生反应；③要有较好的沉淀效应；④溶剂蒸气无毒。丙酮和乙醇符合上述要求，因此是使用最为广泛的两种有机溶剂。

在低介电常数的环境中，蛋白质分子上基团间的作用力会受到影响，超过限度时会使蛋白质变性。因此，有机溶剂沉淀法一般都要在低温（0℃±1℃）下进行。中性盐的加入能增加蛋白质在有机溶剂中的溶解度，并能防止蛋白质变性。但含盐过多会使蛋白质过度析出，不利于分级沉淀。一般采用0.05mol/L以下的稀盐溶液。蛋白质本身是多价离子，对溶液的介电常数有相当大的贡献。当蛋白质浓度太低时，如添加有机溶剂过度会产生变性现象，若这时加入介电常数大的物质（如甘氨酸），可避免蛋白质变性。蛋白质浓度高时，溶液的介电常数也相应提高，可以减少蛋白质变性。但若蛋白质浓度过高会引起共沉淀现象而影响分离效果，所以必须选择恰当的蛋白质浓度才能得到好的分级效果。用有机溶剂沉淀蛋白质时，如果溶液的pH处在等电点条件下，蛋白质的溶解度最低。因此，按各种蛋白质的等电点来调节pH值，有利于它们的分离。有机溶剂沉淀法比盐析法的分辨率高，使用恰当时提纯效果好。此法已广泛用于生产蛋白质制剂。

(3) 有机聚合物沉淀法　除了盐和有机溶剂能使蛋白质沉淀外，水溶性中性高聚物也能沉淀蛋白质。分子量高于4000的PEG可以非常有效地沉淀蛋白质。最常使用的是分子量6000和20000的PEG。PEG可看作是聚合的有机溶剂，其作用原理可能与有机溶剂类似。PEG难于从蛋白质分级物中除去。因为是聚合物，使用透析法和分子筛法除PEG都不理想，特别是对分子量20000的PEG更是如此。但残余的少量PEG对蛋白质无害。盐析、离子交换、亲和色谱、凝胶过滤常可在不除去PEG的情况下进行。其他带电聚合物（多价电解质）也可用于蛋白质纯化，而且特别适用于工业规模应用。

(4) 选择性变性沉淀法　有些蛋白质相当稳定，可忍受极端环境条件。因此，如果所要的蛋白质很稳定，那就可将不纯混合物暴露于极端条件，使不想要的蛋白质变性，并从溶液中沉淀出来，从而使所要的蛋白质得到进一步纯化。选择性变性有三种：热变性，pH变性和有机溶剂变性。这三种方法，一般来说，不是独立的，因为温度变性对pH的依赖性很强，反之亦然，而有机溶剂变性蛋白质时，则要小心控制温度、pH和离子强度。等电点沉淀法是pH变性法的一种变体。若已知待沉淀蛋白质的等电点，则可通过调节pH，将其沉淀下来。

三、蛋白质的大规模分离纯化

经过粗分级后的蛋白质，为了获得更高的纯度，还要进行细分级，这主要是通过各种色谱方法来实现的。关于蛋白质的色谱分离技术在一般的生化实验书中都有较详细的介绍，兹不赘述。这里主要讲与酶工程关系密切的蛋白质的大规模分离纯化的有关问题。近年来，对大规模纯化蛋白质的需求日益增加，这是因为作为临床治疗药物和工业上的应用日益广泛，尤其是生物技术的发展，如发酵工程、酶工程与基因工程技术的发展和生物技术产品的开发，使蛋白质制品的大规模分离纯化已成为当前生物技术工程中的关键技术问题。

“大规模”指的是作为商业出售的蛋白质制品，至少要有数十克或数百克，乃至达千克以上。这里讨论的方法适于使用10～50kg的起始材料，因为这个规模正好反映出实验室规模和工业规模的主要差别。事实上，这个规模足以满足对很多蛋白质制品的需求。

作为商业目的，以工业规模分离蛋白质和酶制品，需要设备、材料、人力上的大量投资，因此主要的考虑是生产价格。这与最终产品的价值有关，所以纯化产品的收率特别重要。有些在实验室规模上能用的技术可能不适于大规模使用，特别是抽提方法更是如此。虽然大多数工业纯化方法所依据的原理与实验室采用的方法相同，但实际应用时要考虑的因素则稍有不同。下面我们从放大和工业生产酶的角度来讨论抽提、纯化蛋白质和酶制品的各种方法。

1. 酶蛋白的来源及释放

这个问题我们在前面已经提及，对于大规模纯化来说，还是以微生物作为来源为好，这是因为微生物含有很多哺乳动物中没有的有用蛋白质和酶制品，而且可以采用微生物遗传较容易地筛选出新的高活力蛋白质和酶制品；细菌可以任何规模生产，这就保证了供应的连续性；利用遗传工程的方法足可在细菌中高水平表达所需要的蛋白质和酶，随着酶技术的不断进步，从原始动植物组织中提取酶的方法逐渐淘汰，因此，酶大规模生产基本上都是处理微生物样品。胞外酶可以很容易地从发酵液中分离出来，并能用最少的步骤纯化成便于使用的状态。它们通常是非常稳定的接近球状的水溶性蛋白质。然而，很多有用的酶是在胞内的，要用较复杂的技术才能纯化它们。

随着表达水平的提高，遗传工程将对酶纯化产生深刻的影响。然而，当某种蛋白质在细胞内的浓度过高时，会形成缠在一起的不溶物，难于分离。尽管遗传工程的发展令人鼓舞，但仍不能忽视发酵条件的重要性，因为发酵条件与蛋白质纯化有关。培养基的性质和所用抗泡沫剂会影响蛋白质的抽提，而收获细胞的时间长短常取决于细胞壁的强度和蛋白水解酶的含量。

从哺乳动物细胞中释放蛋白质较简单，标准的实验室组织捣碎法很易放大。大规模释放细菌蛋白质则困难得多。最常用的是剪切法。既可用 Manton-Gaulin 匀浆器，也可使用 Dyno-Mill 球磨机。前者类似于压榨机，后者是连续流动装置。二者每小时均可破碎 100kg 细菌细胞糊。球磨机的显著优点是，可在封闭体系中安全破碎致病菌或遗传工程菌。调查表明，使用 Manton-Gaulin 匀浆器大规模破碎细胞是最普及的。

2. 分离和浓缩

细胞破碎后，纯化胞内酶的第一步是除掉细胞碎片。固-液分离是酶分离的中心环节，可用离心、过滤、双水相体系萃取、超滤和沉淀法分离、浓缩目标蛋白。

(1) 离心　大规模纯化需要工业用连续流离心机。这类离心机分离固液的能力不如实验室用离心机，因为它所达到的 g 值较低，物质在离心机中停留的时间较短，但连续流离心机可以不间断地持续处理样品，所以适合用于大规模生产。转筒形离心机（tubular-bowl centrifuge）所能达到的最高 g 值为 16000，设计的沉降途程短，可容纳 60kg 固体。也可采用间歇卸料的圆盘式离心机（disc centrifuge）。

(2) 过滤　过滤是从细胞抽提物中除掉固体的另一种方式。然而，微生物抽提液常有凝胶化的趋向，难于用传统方法有效过滤，常发生严重的堵塞，除非加大过滤面积，但这是一个花钱多的解决办法。目前涡流膜过滤法（cross-flow membrane filtration）可以代替离心法。用此法所得的滤液的比活比用离心法得到的上清液的比活要高，而且所需时间短，投资也显著降低。此法中，抽提液以直角流向过滤方向，使用足够高的流速，可以通过自我冲洗作用而防止堵塞，但自我冲洗作用产生的剪切力有可能引起酶活力丧失。已用此法成功地将细胞碎片与羧肽酶、芳基酰胺酶分离。关于膜的性能的研究还在继续之中。各向同性膜易产生极化现象；具有不对称结构的膜则不易堵塞，而且可处理浓度较高的物质。

(3) 双水相体系萃取法　该技术是近年涌现出来的具有工业开发潜力的各种新型分离技术之一，特别适用于直接从含有菌体等杂质的酶液中提取纯化目的酶。此法不仅可以克服离心和过滤中的限制因素，而且可使酶与多糖、核酸等可溶性杂质分离，具有一定的提纯效果，有相当大的实用价值。

① 双水相的形成　将两种不同的水溶性聚合物的水溶液混合时，当聚合物的浓度达到一定值时，体系会自然地分成互不相溶的两相，构成双水相体系。双水相体系的形成主要是由于聚合物的空间位阻作用，相互间无法渗透，而具有强烈的相分离倾向，在一定条件下即可分为两相。

② 萃取原理　一般认为，双水相体系萃取技术能分离物质的原理在于利用生物物质在双水相体系中的选择性分配。当生物分子进入双水相体系后，由于其表面性质、电荷作用以及各种力（疏水键、氢键、离子键等）的存在，使其在上相和下相之间进行选择性分配，表现出具有一定的分配系数。在很大的浓度范围内，要分离物质的分配系数与浓度无关，而与被分离物质本身的性质及特定的双水相体系的性质相关。

③ 影响分配的主要因素　生物分子在双水相体系中的分配系数并不是一个确定的量，它要受许多因素的影响，如双水相体系的性质（构成双水相体系的物质的种类、结构、平均分子量、浓度）、要分离物质的性质（电荷、大小、形状）、离子的性质（种类、浓度、电荷）和环境因素（温度、pH）等，不同物质在特定体系中有不同的分配系数。对于某个生物分子，只要选择合适的双水相体系，控制一定的条件，通过对上述因素的系统研究，确定最佳操作条件，即可得到合适的分配系数，达到分离纯化的目的。

(4) 浓缩技术　发酵液或粗提液的体积往往很大，而有效蛋白质的浓度又十分低，为了更好地与后续工艺衔接，浓缩是十分必要的。常用的适于大规模操作的浓缩技术有两种：沉淀法和超滤法，这两种方法都有一定的提纯效果。

① 沉淀法　沉淀技术，特别是使用硫酸铵的盐析法是实验室中广泛采用的方法，但容易使离心机腐蚀。对大规模操作来说，沉淀法不那么吸引人，因为固-液难于分离；特别是用硫酸铵沉淀时更是如此，而且分辨率低。但优点是所需费用较低。在低 pH 下的等电点沉淀在某些例子中是澄清细菌抽提液的有用方法，因为可除去很多细胞壁物质，但使用并不普遍。用有机溶剂沉淀蛋白质，由于温度控制及有机溶剂易燃等问题，很少用于大规模操作。但用乙醇可分级人血浆，乙醇在医药上是可接受的这个优点抵消了它的缺点。

用非离子聚合物可以工厂规模选择性沉淀蛋白质。聚合物的作用类似于有机溶剂，其特点是无毒、不易燃，而且对大多数蛋白质有保护作用，所以特别有用。另一个用于蛋白质沉淀的聚合物是聚丙烯酸，已用它成功地以工业规模从 *Aspergillus* spp. 中纯化淀粉葡萄糖苷酶，从大豆中生产淀粉酶。聚丙烯酸的主要优点是浓度较低时就能起沉淀作用。

② 超滤法　超滤已是浓缩蛋白质溶液的标准实验室方法。常用具有单一膜的搅拌式超滤器。对于大规模浓缩有两种方法，一是使用湍流式超滤器，膜装在狭窄盘绕式通道内，用泵使蛋白质溶液在通道内高速循环，以使膜上的浓度极化作用降至最低。这类装置的膜面积可达 $0.07m^2$，超滤速度可达 10L/h。二是使用中空纤维膜超滤器。膜是涂在直径 0.5～1.0mm 的中空纤维内壁上的，许多根细纤维（多达千根）捆成一束，用泵使蛋白质溶液在中空纤维腔内高速循环，以降低浓度极化作用。工业规模使用的中空纤维超滤装置的膜面积可达 $6.4m^2$，超滤流速最高可达 200L/h。

3. 大规模色谱技术

实验室常用的普通色谱技术都可以大得多的规模用于纯化数十克乃至千克级的蛋白质制品。表 1-9 列举了这些色谱法，但使用的顺序要仔细考虑。第一步必须能处理大体积溶液，并能减少样品的总体积。

表 1-9 用于大规模纯化蛋白质的色谱方法

色谱类型	分离基础	特点			应用
		分辨力	容量	速度	
凝胶过滤	分子大小	中等	受样品体积限制	慢	适用于纯化的后期阶段
离子交换	电荷	高	大且不受样品体积限制	视支持物速度可很快	适于纯化的早期阶段，可处理大体积样品，也可分批操作
疏水作用	极性	高	很大，且不受样品体积限制	快	适用于纯化的任何阶段，特别适于离子交换和盐沉淀之后
亲和作用	生物亲和作用	很高	视配体可大可小，不受样品体积限制	快	一般不适于提纯的早期阶段，可以分批吸附
聚焦色谱	等电点	高	大，且不受样品体积限制	快	最适用于纯化的最后阶段

(1) 离子交换色谱　离子交换色谱是大规模纯化中最有用的一步，因为它的分辨率高，纯化规模也易于扩大。当样品体积很大时，分批吸附和洗脱常能获得成功。例如，从胡萝卜软腐欧文菌（*Erwinia carotovora*）中纯化天冬酰胺酶，若用CM-纤维素分批吸附并洗脱，可使样品纯化6倍，体积减小为1/100。梯度洗脱也可用于大规模离子交换色谱，例如，从20kg嗜热脂肪芽孢杆菌中纯化甘油激酶，使用柱体积为40L（80cm×25cm）的DEAE-Sephadex，用200L磷酸盐浓度线性增加的梯度进行洗脱。Atkinson等人用体积86L的DEAE-Sephadex柱（80cm×37cm）从嗜热脂肪芽孢杆菌中同时纯化出5种酶。

纤维素和Sephadex离子交换色谱的缺点是床体积易被压缩，同时，随着pH的变化，床体积也变。为避免这些缺点，近年将离子交换基团引入到交联琼脂糖（如Sepharose Fast Flow）或大孔合成凝胶（如Trisacryl、Fractogel）上。这类离子交换材料既坚硬，吸附容量又大；其颗粒为小球形，既能保持高流速，又具有高分辨力，适于大规模色谱。由于材料坚硬，所以色谱结束后，可用NaOH在柱中使色谱材料再生。最近有人将纤维素与聚苯乙烯结合成procell，所得到的DEAE-procell和CM-procell也可保持高流速，已用于从牛血浆中大规模提纯免疫球蛋白和白蛋白。用5L柱，线性流速可达900cm/h，可提纯数克的蛋白质。

(2) 凝胶过滤　传统的凝胶过滤介质（Sephadex、Bio-gel）由于机械强度差，不适于大规模操作。介质颗粒坚硬、耐压对大规模操作来说特别重要，因为它决定能否获得高流速。近年开发了各种类型的坚硬凝胶，如Sephacryl、Ultrogel AcA、Trisacryl、Fractogel、Superose、Cellulofine等。

(3) 疏水色谱　接有辛基和苯基的琼脂糖是最常用的疏水吸附剂，这些材料吸附蛋白质的容量很大。现在疏水色谱的应用日益广泛，特别是在大规模纯化上更是如此。与离子交换色谱比，虽然疏水色谱的选择性较低，但不同类型的疏水吸附剂之间却存在着选择性。对某种待提纯的蛋白质，可选用不同的疏水吸附剂进行试验，看纯化效果。这类差别色谱（differential chromatography）显然有巨大的潜力。对于在疏水柱上吸得很牢的脂质和其他疏水配体，可用亲和洗脱法成功地将它们从柱上洗下。最近有人用超氧化物歧化酶为模型蛋白，将疏水色谱扩大成工厂规模。100L发酵罐生产的物料，可用15L疏水柱一次纯化。经用SDS-PAGE等鉴定产品纯度表明，所有数据都与实验室规模相同，分辨率也可与小规模使用时相比拟，而且在负载过量的情况下也不影响分辨率。疏水色谱柱还有清除DNA和热原的作用，适用于生产人用药物。

(4) 亲和色谱 亲和色谱是从复杂混合物中纯化蛋白质的最好方法；虽然此法在实验室中已广泛采用，但以工业规模纯化蛋白质还未普及。这里的关键是亲和配体的选择。使用固定化核苷酸的亲和色谱很少用于工业规模，这是因为它不稳定，价格贵，吸附容量低，难于连到支持物上。然而，用固定化染料为配体的亲和色谱已用于很多酶的大规模纯化上，这是因为染料便宜、稳定、吸附容量高，又易于连到载体上。

(5) 高效液相色谱（HPLC） 所有普通的色谱技术都可以 HPLC 的形式加以利用。但用 HPLC 纯化蛋白质的报告大多局限于实验室规模（数毫克到数十毫克）。然而 HPLC 用于大规模纯化蛋白质是有潜力的。已经开发出以克量级纯化蛋白质的 HPLC 技术。目前发表的唯一例子是用三嗪染料亲和纯化乳酸脱氢酶。每次色谱可处理 1.8g 蛋白质，得到 97mg 均一的酶，收率为 46%，耗时 1h。由于 HPLC 的柱体积可以加大，加上仪器操作自动化，可以在同一柱上反复负载样品，所以，用 HPLC 大规模制备的潜力是很大的。多家公司的 HPLC 已备有大规模制备的色谱柱。

高效液相亲和色谱（HPLAC）将亲和色谱的高分辨力和 HPLC 的快速结合起来，因此，无论是在分析上还是在制备上都可作为生物工程的新工具。例如，最近开发出制备规模用的亚微米无孔硅胶纤维。此纤维的渗透性好，可保持高流速。在此纤维上涂一层连有 NAD 配体的葡聚糖，这种亲和材料的色谱性质非常好，可能是由于无孔而能与动相迅速达到平衡。用 100g NAD-纤维材料装的短柱在 30min 内，可从部分纯化的牛心抽提液中吸附 1.5g 乳酸脱氢酶，然后用盐洗脱 30min，即可得到纯度大于 99% 的酶产品。柱再生后，又可进行下一次循环。这个结果表明，用 HPLAC 大规模纯化酶已处于商业突破的边缘，特别是在用传统色谱技术（如离子交换色谱）不能得到满意结果时，更显出它的优越性。

总结与展望

本章主要介绍酶学基础知识，了解酶的概念、分类和组成、基本性质、催化机制及活性调节，这对学习酶工程，了解酶学与酶工程的关系必不可少。特别是酶的表达和分离纯化技术是酶工程的基础。手中没有酶，谈何酶学和酶工程研究？所以，这部分也是酶工程的重要组成部分，本章也用较多的篇幅介绍这部分内容。和其他生物技术一样，酶的表达、制备和分离纯化技术也不断地有所创新、有所发展、有所完善。多种不同的表达宿主和体系也在开发和不断完善之中，而超临界萃取、微波提取、超声波提取等酶分离纯化手段都有应用。一些新技术的不断涌现，如台锥型制备液相色谱柱、特异性填料、超大孔单体冷凝胶亲和吸附剂和超薄多孔纳米晶体硅膜等，为酶学及酶工程研究奠定了基础。

参考文献

[1] Klaus Buchholz, Volker Kasche, Uwe Theo Bornscheuer. Biocatalysts and Enzyme Technology. KCaA Weinheim: Wiley-VCH Verlag GmbH & Co, 2005.

[2] 陈石根，周润崎．酶学．上海：复旦大学出版社，2001.

[3] 袁勤生．现代酶学．上海：华东理工大学出版社，2001.
[4] 陆健．蛋白质纯化技术及应用．北京：化学工业出版社，2005.
[5] 李校堃，袁辉．现代生物技术制药丛书——药物蛋白质分离纯化技术．北京：化学工业出版社，2005.
[6] 黑姆斯 B D，胡珀 N M，霍顿 J D．生物化学．王镜岩等译．北京：科学出版社，2000：53.
[7] 陶慰孙，李惟，姜涌明．蛋白质分子基础．第 2 版．北京：高等教育出版社，1995.
[8] 方允中，陈乾能．医学酶学．北京：人民卫生出版社，1984.
[9] Ivo Safarik，Mirka Safarikova. Magnetic techniques for the isolation and purification of proteins and peptides. BioMagnetic Research and Technology，2004，2：7.
[10] Kumara A，Bansa V，Andersson J，Roychoudhury P K，Mattiasson B. Supermacroporous cryogel matrix for integrated protein isolationImmobilized metal affinity chromatographic purification ofurokinase from cell culture broth of a human kidney cell line. Journal of Chromatography A，2006，1103：35-42.
[11] Striemer C C，Gaborski T R，McGrath J L，Fauchet P M. Charge- and size-based separation of macromolecules using ultrathin silicon membranes. NATURE，2007，445：749-753.
[12] Suck K，Walter J，Menzel F，Tappe A，Kasper C，Naumann C，Zeidler R，Scheper T. Fast and efficient protein purification using membrane adsorber systems. Journal of Biotechnology，2006，121：361-367.
[13] Donovan R S，Robinson C W，Glick B R. Optimizing the Expression of a Monoclonal Antibody Fragment under the Transcriptional Control of the *Escherichia coli* Lac Promoter. Can J Microbiol，2000，46 (6)：532-541.
[14] Houry WA. Chaperone-assisted protein folding in the cell cytoplasm. Curr Protein Pept Sci，2001，2 (3)：227-244.
[15] de Marco A. Strategies for successful recombinant expression of disulfidebond-dependent proteins in *Escherichia coli*. Microb Cell Fact，2009，8：26.
[16] Kadokura H，Katzen F，Beckwith J. Protein disulfide bond formation inprokaryotes. Annu Rev Biochem，2003，72：111-135.
[17] Baca AM，Hol WG. Overcoming codon bias：a method for high-level overexpression of *Plasmodium* and other AT-rich parasite genes in *Escherichia coli*. Int J Parasitol，2000，30 (2)：113-118.
[18] Tomohiro Makinol，Georgios Skretas，George Georgioul，et al. Strain engineering for improved expression of recombinant proteins in bacteria. Microbial Cell Factories，2011，10：32.
[19] Song Yafeng，Jonas M Nikoloffl，Zhang Dawei. Improving Protein Production on the Level of Regulation of both Expression and Secretion Pathways in *Bacillus subtilis*. J Microbiol Biotechnol，2015，25 (7)：963-977.
[20] Siegei RS，et al. Methylot rophic yeast *Pichia* pasteur produced in high-cell-density fermentation with high cell yields as vehi clef or recombinant protein production. Biotechnology and Bioengineering，1989，34：403-404.
[21] 韩雪清，刘湘涛，张永国，张涌，谢庆阁．猪瘟病毒流行毒株 E2 基因密码子优化及在酵母中的高效表达．微生物学报，2003，43：560-568.
[22] Sha C，Yu XW，Lin NX，et al. Enhancement of lipase r27RCL production in *Pichia pastoris* by regulating gene dosage and co-expression with chaperone protein disulfide isomerase. Enzyme Microb Technol，2013，53：438-443.
[23] Damasceno LM，Anderson KA，Ritter G，et al. Cooverexpression of chaperones for enhanced secretion of a single-chain antibody fragment in *Pichia pastoris*. Appl Microbiol Biotechnol，2007，74：381-389.
[24] Guerfal M，Ryckaert S，Jacobs PP，et al. Research The HAC1 gene from *Pichia pastoris*：characterization and effect of its overexpression on the production of secreted，surface displayed and membrane proteins. Microb Cell Fact，2010，9：49-60.
[25] 覃晓琳，刘朝奇，郑兰英．信号肽对酵母外源蛋白质分泌效率的影响．生物技术，2010，20：95-98.
[26] Kang HA，Nam SW，Kwon KS，et al. High-level secretion of human-antitrypsin from *Saccharomyces cerevisiae* using inulinase signal sequence. J Biotechnol，1996，48：15-24.
[27] Vervecken W，Kaigorodov V，Callewaert N，et al. In vivo synthesis of mammalian-like，hybrid-type N-glycans in *Pichia pastoris*. Appl Environ Microb，2004，70：2639-2646.
[28] Li H，Sethuraman N，Stadheim TA，et al. Optimization of humanized IgGs in glycoengineered *Pichia pastoris*. Nat Biotechnol，2006，24：210-215.
[29] Liu Y，Xie W，Yu H. Enhanced activity of Rhizomucor miehei lipase by deglycosylation of its propeptide in

Pichia pastoris. Curr Microbiol, 2014, 68: 186-191.

[30] WANG Qing-hua, GAO Li-li, LIANG Hui-chao, GONG Ting, YANG Jin-ling, ZHU Ping. Research advances of the influence factors of high level expression of recombinant protein in *Pichia pastoris*. Acta Pharmaceutica Sinica, 2014, 49 (12): 1644-1649.

（罗贵民 高仁钧）

第二篇

实践酶学

第二章　非水酶学

第一节　概　　述

在活体细胞中，大约70%是对生命活动不可缺少的水，而传统的酶学研究也就自然而然地在水溶液介质中进行。因此就产生了一种错误的观念：酶只有在水中才是有活性的，在有机溶剂中会立即失活。其实早在100多年以前就有报道说酶可以在有机介质中使用，但这一报道并未引起科学家的广泛关注。直到1984年，Klibanov A M在《Science》上发表了一篇关于酶在有机介质中的催化条件和特点的文章。他们在仅含微量水的有机介质（microaqueous media）中成功地酶促合成了酯、肽、手性醇等许多有机化合物。并且明确指出，只要条件合适，酶可以在非生物体系的疏水介质中催化天然或非天然的疏水性底物和产物的转化，酶不仅可以在水与有机溶剂互溶体系，也可以在水与有机溶剂组成的双液相体系，甚至在仅含微量水或几乎无水的有机溶剂中表现出催化活性，这无疑是对酶只能在水溶液中起作用这一传统酶学思想的挑战。在这以后，非水溶剂中酶催化的研究才开始活跃起来，并取得了突破性的进展。现已报道，酯酶、脂肪酶、蛋白酶、纤维素酶、淀粉酶等水解酶类，过氧化物酶、过氧化氢酶、醇脱氢酶、胆固醇氧化酶、多酚氧化酶、多细胞色素氧化酶等氧化还原酶类和醛缩酶等转移酶类中的十几种酶在适宜的有机溶剂中具有与水溶液中可比的催化活性。非水相酶催化的主要优点包括：①增强反应物的溶解度；②在有机介质中改变反应平衡；③酶制剂易于分离；④在有机溶剂中可增强酶的稳定性；⑤在有机溶剂中可改变酶的选择性；⑥不会或很少发生微生物污染。

目前非水酶学的研究主要集中在以下3个方面：第一，非水酶学基本理论的研究，它包括影响非水介质中酶催化的主要因素以及非水介质中酶学性质；第二，通过对酶在非水介质中结构与功能的研究，阐明非水介质中酶的催化机制，建立和完善非水酶学的基本理论；第三，利用上述理论来指导非水介质中酶催化反应的应用。

第二节　传统非水酶学中的反应介质

通常所说的非水反应介质是指那些以有机物质（溶剂、底物、产物等）为主的介质（有机介质），以区别于那些以水为主的常规介质，它们不同于标准的水溶液体系，在这类反应体系中水含量受到不同程度的控制，因此又称为非常规介质（nonconventional media）。

一、水-有机溶剂单相系统

增加亲脂性底物溶解度的一个最简单的办法是向反应混合物中加入与水互溶的有机溶剂，通常被称为有机助溶剂或共溶剂（organic co-solvent）。常用的助溶剂有二甲基亚砜

(DMSO)、二甲基甲酰胺（DMF)、四氢呋喃（THF)、二氧六环（dioxane)、丙酮和低级醇等。由于形成的是均相系统，因此通常不会发生传质阻碍。一般来讲，该系统中与水互溶的有机溶剂的量可达总体积的10%～20%（体积分数)，在一些特殊的条件下，甚至可高达90%以上。有些酶（如酯酶和蛋白酶）在水-有机溶剂均相系统中的反应选择性会增强。如果该系统中有机溶剂的比例过高，有机溶剂将夺取酶分子表面的结构水使酶失活。也有少数稳定性很高的酶，如南极假丝酵母脂肪酶（CALB)，只要在水互溶有机溶剂中有极少量的水，就能保持它们的催化活性。此外，当酶催化反应在0℃以下进行时，与水互溶的有机溶剂还能降低反应系统的冰点温度，这是低温酶学的重要研究内容之一。

二、 水-有机溶剂两相系统

水-有机溶剂两相系统是指由水相和非极性有机溶剂相组成的非均相反应系统，酶溶解于水相中，底物和产物则主要溶解于有机相中。两相的体积比可以在很宽的范围内变动，而经常使用的水不溶性溶剂有烃类、醚、酯等，这样可使酶与有机溶剂在空间上相分离，以保证酶处于有利的水环境中，而不直接与有机溶剂相接触。水相中仅存在有限的有机溶剂，从而减少了它对酶的抑制作用。在反应过程中若能及时将产物从酶表面移去的话，将会推动反应朝着有利的产物生成方向进行。由于两相系统中酶催化反应仅在水相中进行，因而必然存在着反应物和产物在两相之间的质量传递，很显然振荡和搅拌将会加快两相反应系统中生物催化反应的速率。水-有机溶剂两相系统已成功地用于强疏水性底物（如甾体、脂质、烯烃类和环氧化合物）的生物转化。

三、 含有表面活性剂的乳液或微乳液系统

反相胶束系统是含有表面活性剂与少量水的有机溶剂系统。反相胶束体系能够较好地模拟酶的天然环境，在反相胶束系统中，大多数酶能够保持催化活性和稳定性，甚至表现出“超活性”。自1974年Wells发现磷脂酶A2在卵磷脂-乙醚-水反相胶束系统中具有催化卵磷脂水解活性以来，胶束酶学的研究和应用已在国内外引起广泛的关注。

表面活性剂分子由疏水性尾部和亲水性头部两部分组成，在含水有机溶剂中，它们的疏水性基团与有机溶剂接触，而亲水性头部形成极性内核，从而组成许多个反相胶束，水分子聚集在反相胶束内核中形成“微水池”，里面容纳了酶分子，这样酶被限制在含水的微环境中，而底物和产物可以自由进出胶束。表面活性剂可以是阳离子型、阴离子型或非离子型，常用AOT［丁二酸二（2-乙基）己酯磺酸钠］、CTAB（十六烷基三甲基溴化铵)、卵磷脂和吐温等。在反相胶束体系中，水与表面活性剂的摩尔比（W_o）是个重要的参数，对“微水池”中水分子的结构和酶的催化性能具有深刻的影响。水含量少（$W_o<15$）的聚集体通常被称为反相胶束，水含量多（$W_o>15$）的聚集体则被称为微乳状液。

反相胶束系统作为反应介质具有以下优点：①组成的灵活性，大量不同类型的表面活性剂、有机溶剂甚至是不同极性的物质，都可用于构建适宜于酶反应的反相胶束系统；②热力学稳定性和光学透明性，反相胶束是自发形成的，因而不需要机械混合，有利于规模放大，反相胶束的光学透明性便于使用UV、NMR、量热法等方法跟踪反应过程，有利于研究酶的动力学和反应机制；③反相胶束有非常高的比界面积，远高于有机溶剂-水两相系统，对底物和产物在相间的转移极为有利；④反相胶束的相特性随温度而变化，这一特性可以简化产物和酶的分离纯化。例如马肝醇脱氢酶在AOT或$C_{12}E_5$反相胶束系统中催化4-甲基环己酮还原生成4-甲基环己醇，反应后通过温度改变可将产物回收到有机相中，而酶、辅酶在水

相中，并可多次循环反复使用，每一次循环酶活性损失很小。

反相胶束中的酶催化反应可用于油脂水解、辅酶再生、外消旋体拆分、肽和氨基酸合成以及高分子材料合成。色氨酸合成可采用色氨酸酶催化吲哚和丝氨酸缩合而成，由于吲哚在水中的溶解度很低且对酶有抑制作用，Eggers 运用 Brij-Aliguat336-环已醇作为反相胶束系统，建立了膜反应器中反相胶束酶法合成色氨酸的生产工艺。

除了反相胶束（微乳状液）体系之外，在一些疏水性底物的生物转化反应中，还经常使用表面活性剂稳定的乳状液系统。例如，在脂肪酶催化拆分酮洛芬酯的水解反应中，发现添加适量的非离子表面活性剂 Tween-80 不但有助于难溶底物（酯）的分散，使酶反应的速率提高 13 倍，而且酶反应的对映选择性也大幅度提高（最多可提高两个数量级）。类似地，在环氧水解酶催化的反应中，也发现添加乳化剂 Tween-80 比添加助溶剂 DMSO 的效果要好，不仅改善了酶的活性和选择性，而且提高了酶的稳定性。

四、 微水有机溶剂单相系统

实验证明，与水互溶的亲水性溶剂，如甲醇、丙酮，并不是酶促反应的合适介质，相反，甲苯、环已烷等水不溶的疏水性溶剂是更适的反应介质。据推测，其原因是由于水在酶表面与在有机溶剂主体相中的分配不同引起的，酶分子表面上的少量水是酶保持活性所必需的，而亲水性强的溶剂如甲醇、丙酮等能夺取酶分子表面的水，容易导致酶失活。

有机溶剂作为生物催化反应的介质，其优点表现在以下几个方面。

① 主要优点是增强不溶或微溶于水的反应物的溶解度，而在水中，即使对一些有一定水溶性的反应物，也会因溶解度低而限制其反应速率。

② 在接近无水的介质中，水解反应平衡会向缩合反应方向移动。

③ 多数情况下，酶只悬浮于疏水有机溶剂中而不溶解，在反应结束后酶的分离回收容易。

④ 酶在无水有机溶剂中比在水中稳定得多。据报道，在水中溶菌酶在 100℃、pH8.0、30s 后或者 pH4.0、100min 后，酶活就损失 50%；而在环已烷中，干粉状的酶经过 140h 甚至 200h 后才损失 50%的酶活。

⑤ 由于反应介质对酶的影响，酶的底物专一性和选择性不同于在水中，在操作参数的控制下，可对酶的底物专一性和选择性进行调控。

⑥ 有机溶剂比水容易回收，这是由于水具有较高的蒸发焓。

五、 无溶剂或微溶剂反应系统

在许多情况下，反应系统的最佳选择可能是根本不用溶剂（solvent-free system，无溶剂系统），或者只用很少量的溶剂（little solvent system，微溶剂系统）。在至少有一种反应物为液体的情况下，反应物之间的质量传递可以通过流体相进行。例如，在用脂肪酶催化各种手性醇的对映选择性转酯化反应中，经常使用过量的乙酸乙烯酯或乙酸异丙烯酯作为酰基供体，同时兼作反应介质（无需外加溶剂），一般效果非常好，已在工业规模广泛应用。如果能将反应温度稍微提高一点的话，那么传质问题就更容易解决。由于在较低的水活度条件下，酶的热稳定性要比在普通水溶液中高出许多，因此，在无溶剂系统中适当提高反应的温度，可以促进反应物分子的扩散和混合，从而提高酶促反应的速率。当反应物均为固体颗粒时，也不一定非要用溶剂使其溶解不可。反应完全可以在含酶的液相中进行，尽管该液相有可能完全隐藏在反应物固体颗粒之间的缝隙中而看不见。为了形成这一隐形液相，一般只需加入很少量（例如反应物质量的10%）的某种“溶剂”，而最好的溶剂可能就是水，因为水通常会使酶产生最高的催化活力。这种主要由固体构成的生物催化系统同样具有有机溶剂介质系统的某些优点，例如，有利于水解酶催化的反应平衡偏向产物的合成，避免不必要的水解，提高目标产品的得率。

六、气相反应介质

酶在气相介质中进行的催化反应。适用于底物是气体或者能够转化为气体的物质的酶催化反应。由于气体介质的密度低，扩散容易，因此酶在气相中的催化作用与在水溶液中的催化作用有明显的不同特点。目前这方面的研究局限性很大，因此研究相对较少，这里不予详细介绍。

近年来随着科技的发展，已经开发出几种新型的反应介质，将在本章后面予以单独介绍。

第三节　非水介质中酶的结构与性质

一、非水介质中酶的结构

传统酶学中，酶分子（固定化酶除外）是均一地溶解于水溶液中的。而在有机溶剂中，酶分子的存在状态有多种形式，主要分为两大类。第一类为固态酶，它包括冷冻干燥的酶粉或固定化酶，它们以固体形式存在于有机溶剂中。最近还有利用结晶酶进行非水介质中催化反应和酶结构的研究，结晶酶的结构更接近于水溶液中酶的结构，它的催化效率也远高于其他类型的固态酶。第二类为可溶解酶，它主要包括水溶性大分子共价修饰酶和非共价修饰的高分子-酶复合物、表面活性剂-酶复合物以及微乳液中的酶等。

酶不溶于疏水性有机溶剂，它在含微量水的有机溶剂中以悬浮状态起催化作用。按着热力学预测，球状蛋白质的构象在水溶液中是稳定的，在疏水环境中是不稳定的。近些年大量的实验结果表明，酶悬浮于苯、环己烷等疏水有机溶剂中不变性，而且还能表现出催化活性。为什么酶在有机溶剂中能表现出催化活性？许多学者对酶在水相与有机相的结构进行了比较，他们的实验证实了在有机相中酶能够保持其结构的完整性，有机溶剂中酶的结构至少是酶活性部位的结构与水溶液中的结构是基本相同的。如Andras Szabo等利用内荧光谱学和圆二谱学研究分析了溶剂诱导木瓜蛋白酶的结构变化情况，发现尽管在乙醇、乙腈浓度为90%时，木瓜蛋白酶的α螺旋的数量增多，但其整体三级结构没有明显改变。Maria Zoumpanioti等通过稳态荧光光谱的方法研究了酶与微环境的相互作用，通过荧光能量迁移的方法确定了不同分散相微环境中酶的定位，通过电子顺磁共振技术（EPR）研究了体系中水和有机相的界面性质，结果指出即使在低水含量的条件下，酶依然呈现出在高水含量下的结构状态。通过增加酶量的方式，作者还观察到当体系中水含量超过2%（体积分数）时，酶维持它的活性不变，此时它被定位在一个小“水池”中，阻止了有机相的破坏。Hiroyasu Ogino等通过圆二谱学对α-胰凝乳蛋白酶、嗜热蛋白酶和枯草杆菌蛋白酶的构象变化进行了研究，发现PST-01蛋白酶和枯草杆菌蛋白酶在甲醇中的稳定性要远高于甲醇不存在时的稳定性。对聚氨基酸的构象变化的检测发现，在有甲醇和无甲醇的时候，聚氨基酸的二级结构有着不同的构象，作者进一步推测认为酶在有机溶剂中的稳定性可能与酶的二级结构的组成有着密切的联系。Teresa De Diego 等在 30℃和 50℃检测了 α-胰凝乳蛋白酶在离子液体 1-乙基-3-甲基咪唑二（三氟甲基酰）酰亚胺中的稳定性，并与在其他液体环境（如水、山梨糖、1-丙醇）中进行比较。动力学分析指出，在 1-丙醇的条件下，胰凝乳蛋白酶有明显的失活，而在 3mol/L 山梨糖和该离子液体存在的情况下，酶呈现出很强的稳定性。通过差示扫描量热法（DSC）、荧光谱学、圆二谱学分析，作者首次指出离子液体对酶的稳定性与蛋白质结构的改变有关。该离子液体相对于其他溶剂体系提高了酶的熔融温度和热容。荧光光谱清晰地表明该离子液体能有效地压缩 α-胰凝乳蛋白酶的结构，防止出现在其他环境下常常出现的蛋白质展开现象。圆二光谱检测发现，在离子液体存在的情况下，β 折叠片的结构增加到 40%，这有效地反映出该离子液体对酶的稳定能力。酶在有机溶剂中结构的直接信息是从蛋白质在有机溶剂中的 X 射线晶体衍射研究中得到的。Fitzpatrick 用 2.3Å 分辨率的 X 射线衍射技术比较了枯草杆菌蛋白酶在水中和乙腈中的晶体结构。发现酶的三维结构在乙腈中与水中相比变化很小，这种变化甚至比两次在水中单独测定结果的变化要小，酶活性中心的氢键结构仍保持完整。Yennawar 等对胰凝乳蛋白酶晶体在正己烷中的 X 射线结构研究与 Fitzpatrick 得到的结果基本相似，即酶在有机溶剂中蛋白分子骨架的构象与水中相比没有明显的变化。目前晶体结构实验证据都支持酶在有机溶剂中蛋白质能够保持三维结构和活性中心的完整。但是有些作者也怀疑这是否是由于结晶的蛋白质比溶解状态的蛋白质更能抵抗有机溶剂的变性。

当然并非所有的酶悬浮于任何有机溶剂中都能维持其天然构象，保持酶活性。Russell 将碱性磷酸酯酶冻干粉悬浮于四种有机溶剂（二甲基甲酰胺、四氢呋喃、乙腈和丙酮）中，密封振荡 5h、20h 和 36h，离心除溶剂，冻干后，重新悬浮于缓冲液中，以对硝基苯磷酸酯为底物，测其酶活性，四种有机溶剂使酶发生了不同程度的不可逆失活。

Burke 用固态核磁共振方法研究了 α-胰凝乳蛋白酶在冷冻干燥、向酶粉中添加有机溶剂等过程中酶活性中心结构的变化，发现干燥脱水和添加有机溶剂冻干能破坏 42% 的活性中心，冻干过程中加入冻干保护剂（如蔗糖）会不同程度的稳定酶的活性中心结构。Klibanov 等利用傅立叶变换红外光谱（FT-IR）研究了蛋白质冻干过程中的结构变化，发现冻干过程会诱导蛋白质二级结构的可逆改变，冻干过程增加了 β 折叠结构的含量而降低了 α 螺旋结构的含量。将蛋白质冻干的粉末或晶体放入有机溶剂并未使其二级结构发生明显的变化；而当将它置入水-有机溶剂的混合体系后，蛋白质的二级结构则发生了明显的改变。这种行为受动力学的控制。Burke 等人的实验发现，7 种有机溶剂导致 0～50% 的活性中心破坏，破坏程度与溶剂的疏水性相关。他们还发现，有机溶剂中酶分子构象部分破坏的原因还与溶剂的介电性有关，在高介电常数的溶剂中，随着溶剂介电常数的增大，酶分子构象将发生去折叠、分子柔性增加。有机溶剂能使酶分子部分地去折叠，但程度远小于冻干的过程。他们试图通过测定酶活性中心的变化，解释溶剂极性对酶活性的影响。但是他们的实验结果表明，不同介质中酶活性中心的完整性差别不大，而酶活性却相差 4 个数量级。因此，他们认为。酶分子活性中心的改变不是导致不同介质中酶活性变化的主要原因，酶分子结构的动态变化很可能是主要因素。

酶作为蛋白质，它在水溶液中以一定构象的三级结构状态存在。这种结构和构象是酶发挥催化功能所必需的“紧密”（compact）而又有“柔性”（flexibility）的状态。紧密状态主要取决于蛋白质分子内的氢键，溶液中水分子与蛋白质分子之间所形成的氢键使蛋白质分子内氢键受到一定程度的破坏，蛋白质结构变得松散，呈一种“开启”（unlocking）状态。北口博司认为，酶分子的“紧密”和“开启”两种状态处于一种动态的（breathing）平衡中，表现出一定的柔性（图 2-1）。因此，酶分子在水溶液中以其紧密的空间结构和一定的柔性发挥催化功能。

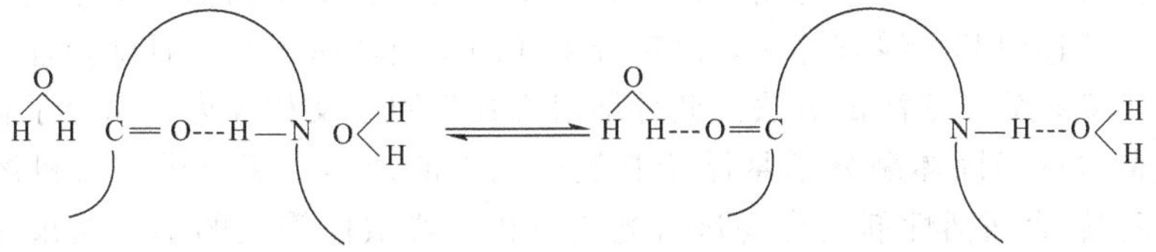

蛋白质分子内氢键　　　　蛋白质分子间氢键

--- 表示氢键

图 2-1　蛋白质分子内氢键和分子间氢键

Zaks 认为，酶悬浮于含微量水（小于 1%）的有机溶剂中时，与蛋白质分子形成分子间氢键的水分子极少，蛋白质分子内氢键起主导作用，导致蛋白质结构变得“刚硬”(rigidity)，活动的自由度变小。蛋白质的这种动力学刚性（kinetic rigidity）限制了疏水环境下的蛋白质构象向热力学稳定状态（thermodynamic stability）转化，能维持和水溶液中同样的结构与构象。Broos J 等用时间分辨荧光光谱（time-resolved fluorescence spectroscopy）研究了酶悬浮于有机溶剂中的结构特点，发现随着水化程度的提高，酶分子的柔性逐渐增加。Affleck 用 EPR 技术，通过酶活性中心上连接的外源探针的运动比较了胰凝乳蛋白酶在不同介质中的动态结构。其实验结果进一步证实，随着溶剂介电常数的增大，酶分子的柔性增加。Deloof 等用计算机模拟研究了有机溶剂中蛋白质动态结构和水化过程。MooreBD 等采用 NMR 技术研究蛋白质柔性与酶活力的关系时，发现在完全无水的疏水介质中增加其他极性溶剂时，即使蛋白质的柔性不增加，酶也具有活力。因此，他认为在有机溶剂中酶分子的水合作用、蛋白质柔性和酶活力之间的关系要比过去人们的普遍认识复杂得多。

酶包埋在反相胶束中，可以在模拟体内环境的条件下，研究酶的结构和动力学性质。因为反相胶束是一种热力学稳定、光学透明的溶液体系，所以光谱学可以作为探测反相胶束中酶的结构、稳定性和动力学行为的一种灵敏技术。吸收光谱通常对生色基团周围的变化并不敏感，只是在测反相胶束中酶活力时有实际应用。圆二色性（circular dichroism）、荧光光谱（fluorescence spectroscopy）和三态光谱（triplet-state spectroscopy）通常用于研究胶束中的酶。圆二色性可以给出胶束中酶的二级结构信息。但是，有些表面活性剂分子在远紫外区有强的吸收，影响在 190～240nm 之间的准确测量。如十六烷基三甲基溴化铵的反相胶束不能在 215nm 下测量，因为溴有强烈吸收。为了测量圆二色性的变化，可用十六烷基三甲基铵的氯化物代替其溴化物。胶束中的水与大量水的性质不同，肽链接近表面活性剂分子的极性头可产生电场，这些是引起胶束中酶的结构变化的重要因素，因此，胶束中酶结构的变化取决于天然酶的结构和它在胶束中的水合程度。溶菌酶与反相胶束结合后，圆二色性发生变化，而乙醇脱氢酶和硫辛酰胺脱氢酶与反相胶束结合后，圆二色性几乎无变化。稳态荧光光谱只能给出荧光最大值的位置和变化。时间分辨荧光光谱可以测出荧光基团的动态详细情况。蛋白质中，报道最多的荧光基团是色氨酸。该方法用于反相胶束中几种多肽类激素和溶菌酶的研究，发现色氨酸残基的转动受到限制，限制的程度依赖于荧光基团是定位于内部水核还是邻近水-表面活性剂界面上。用荧光各向异性衰减方法在研究醇脱氢酶和反相胶束的边缘区域相互作用时，得到了色氨酸残基的快速运动和酶的整个旋转运动的信息。三态光谱可以很方便地测得反相胶束间的交换速率。Srambini 小组将水含量从很小变到可能的最大值，测定了反相胶束中醇脱氢酶和碱性磷酸酶中色氨酸的磷光，证明色氨酸附近的动力学结构发生了变化。光激发的三线态可用作研究蛋白质和反相胶束表面活性剂之间的相互作用的探针，并用电子传递引起三线态猝灭，测定胶束间的交换速率。另一种测定非水介质中酶结构的方法是利用双亲分子增溶的方法。此种增溶方式不同于反相胶束，酶分子在这种情况下所处的微环境最接近于固体酶分子悬浮于有机溶剂中的情形，酶分子在有机溶剂中是均相的，能够对这种酶-表面活性剂复合物进行光谱分析。曹淑桂等人的实验结果表明，双亲分子氯化三辛基甲基铵（TOMAC）增溶的脂肪酶在非水介质中的荧光光谱与水溶液中的荧光光谱相比有很大不同，增溶酶在有机溶剂中的荧光光谱发生了明显的红移，而这种红移现象与增溶过程无关，是由于酶分子从水溶液抽提入有机溶剂后酶所处的微环境的改变造成的，也说明了酶分子在有机介质中的构象与水溶液中的构象不同。

二、非水介质中的酶学性质

酶在有机溶剂中能够保持其整体结构及活性中心结构的完整，因此，它能发挥催化功能，同时，酶催化反应时的底物特异性、立体选择性、区域选择性和化学键选择性等酶学性质在有机溶剂中仍然能够得到体现。但是由于有机溶剂的存在，改变了疏水相互作用的精细平衡，从而影响到酶的结合部位以及在很大程度上也会影响酶的稳定性和酶的底物特异性，另外，有机溶剂也会改变底物存在的状态。因此，酶和底物相结合的自由能就会受到影响，而这些至少会部分地影响到有机溶剂中酶的催化活性、稳定性以及选择性等酶学性质。

1. 酶的催化活性和稳定性

（1）酶在有机溶剂中的催化活性　如果体系中没有水，显然对许多新的酶促反应是很有帮助的。例如，在水中有无数的脂肪酶、酯酶和蛋白酶能将酯催化水解为相应的羧酸和醇。在无水的溶剂中这些反应显然不能进行，但加入其他的亲核试剂，如醇、胺和硫醇，则可使新的酶促反应发生，即转酯化、氨解和转硫酯化反应，这些反应在水溶液中受到极大的抑制。此外，在无水溶剂中由醇和酸逆向合成相应的酯，在热力学上也变得十分有利。一般来说，酶在单纯的有机溶剂中所展示的活力远低于其在水相中的活力，但这种活力的下降也并非是不可避免的。

（2）酶在有机溶剂中的稳定性　对于酶的（热）不稳定性来说，有两种情况需要加以区分：一种是当酶暴露于高温时发生的随时间推移逐渐失去活性的不可逆失活；另一种是由热诱导的瞬间和可逆的协同性去折叠。但无论是哪一种失活方式，水在其中均起着非常关键的作用，包括促进蛋白质分子的构象变化、天冬酰胺/谷氨酰胺的脱氨以及肽键的水解等有害反应。所以，有机溶剂中酶的热稳定性和储存稳定性都比水溶液中高。Klibanov 和 Volkin 认为有机溶剂中酶的热稳定性比水溶液中高的原因是由于有机溶剂中缺少使酶热失活的水分子，因此，由水而引起的酶分子中天冬酰胺、谷氨酰胺的脱氨基作用和天冬氨酸肽键的水解、二硫键的破坏、半胱氨酸的氧化及脯氨酸和甘氨酸的异构化等蛋白质热失活的过程难以进行。另外，酶分子的构象在无水有机溶剂中刚性增强，同时也没有水溶液中普遍存在的导致酶不可逆失活的共价反应。此外，水溶液中引起酶失活的另一个普遍原因——蛋白酶解，在有机溶剂中也不可能会发生，因为无论是混杂在制剂中的蛋白酶，还是可能成为酶解对象的其他酶（蛋白），均因不能溶解而无法相互作用。

2. 酶催化的选择性

（1）底物特异性（substrate specificity）　和水溶液中的酶催化一样，酶在有机溶剂中对底物的化学结构和立体结构均有严格的选择性。例如青霉脂肪酶在正己烷中催化2-辛醇与不同链长的脂肪酸进行酯化反应时，该酶对短链脂肪酸具有较强的特异性，这与它催化三酰甘油水解反应时的脂肪酸特异性是相同的。但是，由于酶与底物的结合能取决于酶与底物复合物的结合能和酶、底物及溶剂相互作用能的差，因此，酶与底物的结合受到溶剂的影响。如胰凝乳蛋白酶等蛋白水解酶在水溶液中催化疏水的苯丙氨酸和亲水的丝氨酸的*N*-乙酰氨基酸酯的水解反应速率，前者比后者快5×10^4倍，而与水溶液中的结果相反，在辛烷中催化转酯反应时，丝氨酸酯比苯丙氨酸酯快3倍。在水溶液中组氨酸酯的反应活性只有苯丙氨酸酯的0.5%，而在辛烷中其反应活性比后者高20倍。其原因是酶在水溶液中，酶与底物的结合主要是疏水作用，而在有机溶剂中，底物与酶之间的疏水作用已不重要。酶能够利用它与底物结合的自由能来加速反应，总的结合能的变化是酶与底物之间的结合能和酶与水分子之间的结合能的差值。因此，介质改变时，酶的底物专一性和催化效率会发生改变。另外，底物在反应介质与酶活性中心之间分配的变化也是影响酶的底物专一性及其催化效率的因素之一，而底物和介质的疏水性直接影响底物在两者之间的分配。

（2）对映体选择性（enantioselectivity） 酶的对映体选择性是指酶识别外消旋化合物中某种构象对映体的能力，这种选择性是由两种对映体的非对映异构体的自由能差别造成的。有机溶剂中酶对底物的对映体选择性由于介质的亲（疏）水性的变化而发生改变，例如胰凝乳蛋白酶、胰蛋白酶、枯草杆菌蛋白酶、弹性蛋白酶等蛋白水解酶对于底物*N*-Ac-Ala-OetCl（*N*-乙酰基丙氨酸氯乙酯）的立体选择因子［即$(k_{cat}/K_m)_L/(k_{cat}/K_m)_D$的比值］在有机溶剂中为10以下，而在水中为$10^3\sim10^4$数量级。许多实验表明，疏水性强的有机溶剂中酶的立体选择性差，因此，某些蛋白水解酶在有机溶剂中可以合成D型氨基酸的肽，而在水溶液中酶只选择L型的氨基酸。一些研究者认为，有机溶剂中酶的立体选择性降低的原因是由于底物的两种对映体把水分子从酶分子的疏水结合位点置换出来的能力不同。反应介质的疏水性增大时，L型底物置换水的过程在热力学上变得不利，使其反应性降低很多；而D型异构体以不同的方式与酶活性中心结合，这种结合方式只置换出少量的水分子，当介质的疏水性增加时，其反应活性降低得不多，因此总的结果是酶的立体选择性随介质疏水性的增加而降低。Klibanov对有些脂肪酶也观察到类似的现象。他们还报道了枯草杆菌蛋白酶对映体选择因子$(k_{cat}/K_m)_S/(k_{cat}/K_m)_R$与介质的偶极矩和介电常数有良好的相关性，并且提出一个新的模型解释上述问题。他们认为在该酶活性中心底物结合部位有一个大口袋和一个小口袋，慢反应异构体是由于它的大基团与小口袋之间有较大的空间障碍，因此反应速率慢。任何降低蛋白质的刚性、减小空间障碍的手段都会提高慢反应异构体的反应速率。蛋白质的刚性主要是由于静电相互作用及分子内氢键的存在，因此，在低介电常数的溶剂中（如二氧六环）催化的选择性要高于高介电常数的溶剂（如乙腈）中催化的选择性。计算机模拟的结果也证实了上述实验结果。虽然上述模型能够解释反应介质对枯草杆菌蛋白酶对映体选择性的影响，但是它并不适用于所有的酶。例如，溶剂的疏水性对猪胰脂肪酶的对映体选择性的影响非常小，*Candida cylindracea* 脂肪酶催化的2-羟基酸与一级醇的酯合成反应的对映体选择性与所用溶剂的lg*P*值也没有关系。

Ottolina报道溶剂的几何形状也影响酶的对映体选择性。如，一些脂肪酶和蛋白酶在（*R*）香芹酮及（*S*）香芹酮中的立体选择性不同。关于酶的立体选择性与反应介质的关系，有许多报道认为，增加体系的水含量会提高酶的对映体选择性。对此虽然并没有明确的解释，但是曹淑桂等认为，增加体系的含水量，在某种程度上可以使酶恢复其天然构象，快反应与慢反应的速率差加大，从而提高了酶的对映体选择性。

(3) 位置选择性 (regioselectivity) 有机溶剂中的酶催化还具有位置选择性，即酶能够选择性地催化底物中某个区域的基团发生反应。Klibanov 用猪胰脂肪酶在无水吡啶中催化各种脂肪酸（C_2脂肪酸、C_4脂肪酸、C_8脂肪酸、C_{12}脂肪酸）的三氯乙酯与单糖的酯发生交换反应，实现了葡萄糖 1 位羟基的选择性酰化。当然不同来源的脂肪酶催化上述反应时，选择性酰化羟基的位置不同。因此，选择合适的酶，能够实现糖类、二元醇和类固醇的选择性酰化，制备具有特殊生理活性的糖脂和类固醇酯。目前对于酶在非水介质中的位置选择性研究得比较少。Rubion 报道了 *P. cepacia* 脂肪酶催化图 2-2 所示的酯交换反应的速率 V_1 与 V_2 显著不同，反应的位置选择性因子 $(k_{cat}/K_m)_1/(k_{cat}/K_m)_2$ 与溶剂的疏水性常数 $\lg P$ 有较好的相关性。为了解释这种现象，作者设想脂肪酶的活性中心附近有一个疏水裂缝，催化过程中如果底物 a 的辛基进入这个疏水口袋，那么丁酰基团就位于催化中心，形成产物 b，如果丁酰基团位于疏水性口袋中，形成产物 c。由于在疏水介质中，从热力学分析，辛基基团不易进入此疏水口袋，因此易生成产物 c，而在亲水性溶剂中则相反。

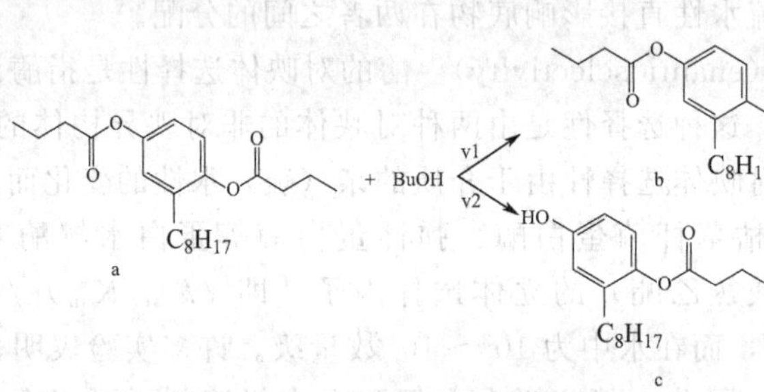

图 2-2 反应介质对酶位置选择性的影响

(4) 化学键选择性 (chemoselectivity) 化学键的选择性也是非水介质中酶催化的一个显著特点。*Aspergillus ninger* 脂肪酶催化 6-氨基-1-己醇的酰化反应时，羟基的酰化占绝对优势，这种选择性与传统的化学催化完全相反。这样就可以在不需基团保护的情况下合成氨基醇的酯。Tawaki 等发现反应介质对某些氨基醇的丁酰化的化学键选择性（*O*-酰化与 *N*-酰化）有很大的影响。例如图 2-3 中化合物与丁酸三氯化乙酯的酰化反应在叔丁醇中和在1,2-二氯乙烷中的酰化程度不同。在 *Pseudomonas* sp. 脂肪酶的催化下，羟基更容易被酰化。有趣的是，在同样的溶剂中，*Mucor meiher* 脂肪酶则更容易使氨基酰化，它对氨基与羟基的选择性差 18 倍。作者还观察到酶的化学键选择性与氢键参数有关，*Mucor meiher* 脂肪酶催化羟基酰化时形成氢键的倾向强，而对于氨基酰化则刚好相反。作者认为，为了实现对酶-底物复合物中间体的进攻，亲核基团应该不易形成氢键，由于羟基基团易于形成氢键，因此不利于亲核进攻，氨基不易形成氢键，有利于亲核进攻，进行催化反应。

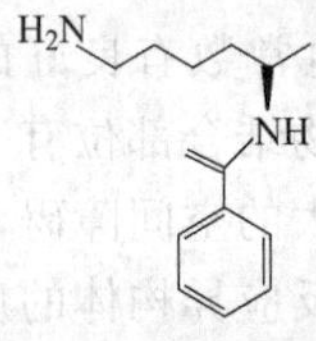

图 2-3 验证脂肪酶化学键选择性的化合物结构

3. 非水相酶催化的其他特征

酶在有机溶剂中一个非常有趣的性质是“分子记忆”效应，这是由于酶在无水环境中具有高度的构象刚性，结果导致酶在有机相中的性质变得与其历史有关。例如，将冻干的 α-凝乳蛋白酶粉先溶于水，再用叔戊醇稀释 100 倍后，其活力比相同酶直接悬浮于含 1%水的相同溶剂中的活力几乎高 1 个数量级。当再加入额外的水时，由于酶的结构变得柔顺，两种形式制备所得酶的差异将变小。

此外，将枯草杆菌蛋白酶从含有各种竞争性抑制剂的水溶液中冻干后，再用无水溶剂萃取除去抑制剂，然后再置于无水溶剂中催化时，与无配基存在下直接冻干的酶相比，不仅活力高100多倍，而且底物专一性和稳定性也明显不同。当酶重新溶于水时，这种配基诱导的酶记忆效应也随之消失。在给定的有机溶剂中，α-凝乳蛋白酶的对映选择性和脂肪酶的底物选择性，受到脱水过程中添加于酶水溶液中配基的显著影响。这些发现是比较容易理解的，如果假定这些配基会引起酶活性中心的构象变化，而且即使在配基除去后，所留下的“印迹(imprint)”在无水介质中也能保持下来。由于配基-印迹酶的结构有别于非印迹酶，因此它们的催化性质也不相同。

第四节 影响非水介质中酶催化的因素以及调控策略

在有机溶剂中酶的催化活性和选择性与反应系统的水含量、有机溶剂的性质、酶的使用形式（固定化酶、游离酶、化学修饰酶、酶粉干燥前所在缓冲液的pH和离子强度等因素）密切相关。控制和改变这些因素，可以提高有机溶剂中的酶活性，调节酶的选择性。蛋白质工程和抗体酶技术也是改变酶在有机介质中的催化活性、稳定性和选择性的重要手段。

一、 有机溶剂

有机溶剂对酶催化活力的影响是非水酶学所要阐明的重要因素，溶剂不但直接或间接地影响酶的活力和稳定性，而且也能够改变酶的特异性（包括底物特异性、立体选择性、前手性选择性等）。通常有机溶剂通过与水、酶、底物和产物的相互作用来影响酶的这些性质。

1. 有机溶剂对酶的结合水的影响

虽然一些有机溶剂对酶的结合水影响较小，但一些相对亲水性的有机溶剂却能够夺取酶表面的必需水，从而导致酶的失活。Dordick等测定了分散于各种有机溶剂中的酶（胰凝乳蛋白酶，枯草杆菌蛋白酶及过氧化酶）释放水的情况，他们发现所有的酶均会在这些溶剂中发生水的脱附现象。酶失水的情况与溶剂的极性参数（$1/\varepsilon$）和疏水性参数（$\log P$）有关。例如甲醇能够夺取60%的结合水而正己烷却只能夺取0.5%的结合水。由于酶与溶剂竞争水分子，体系的最适含水量与酶的用量及底物浓度也有关。Stevenson对木瓜蛋白酶催化的酯合成反应进行了研究，发现最适含水量与溶剂的$\log P$有良好的线性关系。这也进一步证明了有机相中酶的活力主要取决于由酶的结合水与有机溶剂的相互作用。

增加酶表面的亲水性可以限制酶在有机溶剂中的脱水作用。例如，将α-胰凝乳蛋白酶用（1,2,4,5)-苯四二酸酐（pyromellitic dianhydride）共价修饰后，酶在有机溶剂中的稳定性明显地提高了。

2. 有机溶剂对酶分子的影响

(1) 溶剂对酶结构的影响　尽管酶在有机溶剂中整体结构以及活性中心的结构都保持完整，但是酶分子本身的动态结构及表面结构却发生了不可忽视的变化。例如，过氧化物酶内部色氨酸的荧光在有二氧六环存在时与游离的L-色氨酸在二氧六环中的荧光相似，说明酶在二氧六环中有所失活。在水-2,3-丁二醇中，α-胰凝乳蛋白酶也发生变性，这可以从荧光强度和最大发射波长的变化而看出。

（2）溶剂对酶活性中心的影响

酶的活性中心是酶发挥催化功能的主要部位，任何对活性中心的微扰都将导致酶的催化活性的改变。Affleck 等观察到的活性中心柔性的改变而导致的酶活力的变化就是比较直观的说明。溶剂对酶的活性中心的影响主要是通过减少整个活性中心的数量。活性中心的数目可以通过活性中心滴定的方法测得。例如，在水溶液中 α-胰凝乳蛋白酶的活性中心浓度并不受有机溶剂的影响，但当悬浮在辛烷中时，可催化的活性中心数量只剩下 2/3。后来的研究结果证明，活性中心数目的减少并不完全是由有机溶剂造成的。固态 NMR 的结果表明，冻干过程所造成的活性中心的丧失约占整个活性中心损失的 42%，而溶剂则造成另外 0～52%的丧失，活性中心数目丧失的多少取决于溶剂的疏水性大小。例如，辛烷与二氧六环分别会造成 0%和 29%的活性中心的丧失。这种由于溶剂而导致的酶活力的丧失可能是由于酶脱水或蛋白质去折叠造成的。虽然这可以用来解释为什么在有机溶剂中酶活力要低于水中的酶活力，但目前仍不清楚酶活力的丧失是否是由于蛋白质分子的运动性降低造成的。溶剂对酶分子活性中心影响的另一种方式是与底物竞争酶的活性中心结合位点，当溶剂是非极性时，这种影响会更明显，而且溶剂分子能渗透入酶的活性中心，降低活性中心的极性，从而增加酶与底物的静电斥力，因而降低了底物的结合能力。这种竞争抑制能够解释当底物与酶一起在有机溶剂如二噁烷和乙腈中时 K_m 值的增加。

3. 溶剂对底物和产物的影响

溶剂能直接或间接地与底物和产物相互作用，影响酶的活力。溶剂能改变酶分子必需水层中底物或产物的浓度，而底物必须渗入必需水层，产物必须移出此水层，才能使反应进行下去。Yang 等对这种影响进行了较为深入的研究，他们发现溶剂对底物和产物的影响主要体现在底物和产物的溶剂化上，这种溶剂化作用会直接影响到反应的动力学和热力学平衡。曹淑桂等在脂肪酶催化酯合成的实验中发现，该酶在十二烷（$\lg P=6.6$）中的活力只达到苯（$\lg P=2$）中酶活力的 57.5%，酶在 $2.0\leqslant\lg P\leqslant3.5$ 范围内的溶剂中活力较高。这并不完全符合上述的 Laane 等人提出的酶活性与 $\lg P$ 之间的规律。这可能是由于溶剂的疏水性强，使疏水底物不容易从溶剂中扩散到酶分子周围，导致酶活性低。

4. 溶剂对酶活性和选择性的调节和控制（溶剂工程， solvent engineering）

精巧的选择性可以说是酶催化的特征标志。许多文献报道，当从一种溶剂中换到另一种溶剂中时，酶的各种选择性（包括底物选择性、区域选择性、化学选择性、对映选择性和潜手性选择性等）都会发生深刻的变化。

底物选择性是指酶辨别两种结构相似底物的能力，这常常是基于两种底物之间疏水性的差别。例如，许多蛋白酶（如枯草杆菌蛋白酶和 α-凝乳蛋白酶）与底物结合的主要驱动力来自于氨基酸底物的侧链与酶活性中心之间的疏水作用。因此，疏水性的底物比亲水性的底物反应性更强，因为疏水性底物的驱动力更大。但当水被一种有机溶剂代替时（疏水作用不再存在），上述情形将发生显著的变化。实验表明，疏水性底物 *N*-乙酰-L-苯丙氨酸乙酯（*N*-Ac-L-Phe-OEt）在水中对 α-凝乳蛋白酶的反应性比亲水性底物 *N*-乙酰-L-丝氨酸乙酯（*N*-Ac-L-Ser-OEt）高 5 万倍，而在辛烷中苯丙氨酸底物的反应性反而只有丝氨酸底物反应性的 1/3。此外，在二氯甲烷中枯草杆菌蛋白酶对 *N*-Ac-L-Phe-OEt 的反应性比对 *N*-Ac-L-Ser-OEt 的反应性高 8 倍，而在叔丁胺中情况刚好相反。这种底物选择性明显依赖于溶剂的情形也可见于上述两种酶与其他底物的反应。

酶的区域选择性和化学选择性也受到溶剂的控制。区域选择性是指酶对底物分子中几个相同官能团中的一个具有优先反应能力，化学选择性是指酶对底物分子中几个不同官能团之一的偏爱程度。例如，洋葱假单胞菌脂肪酶（PCL）对一种芳香族化合物中两个不同位置的酯基，或者对糖分子中不同位置的羟基的选择性受到溶剂的深刻影响。又如，许多脂肪酶和蛋白酶在催化氨基醇的酰化反应时，对羟基和对氨基的优先选择性也在很大程度上取决于溶剂的选择。

从合成化学的观点来看，酶的几种选择性的类型中应用价值最大的是立体选择性，尤其是对映选择性和潜手性选择性。遗憾的是，酶在一些非天然的、但却有实用价值的重要转化反应中常表现出立体选择性不够理想，使人们不得不费力费时地进行筛选。因此，当科学家们发现溶剂可以显著影响甚至逆转酶的对映选择性和潜手性选择性后，便为酶的筛选找到一种有前途的替代方法。例如，α-凝乳蛋白酶催化医药上重要的化合物3-羟基-2-苯基丙酸甲酯与丙醇转酯化反应的对映选择性在不同的溶剂中的变化幅度达20倍，而且在一些溶剂中优先选择底物的（*S*)-对映体，在另一些溶剂中却优先选择（*R*)-对映体。同样的，当α-凝乳蛋白酶在异丙醚或环己烷中催化潜手性底物2-(3,5-二甲氧苯基)-1,3-丙烷二醇的乙酰化时，优势产物是（*S*)-单酯，而在乙腈和乙酸甲酯中优先生成（*R*)-单酯。以上结果不仅具有普遍性和合理性，而且可以根据不同手性或前手性底物与酶结合形成过渡态时的去溶剂化能量学，进行定量或半定量的理论计算。

迄今为止，关于溶剂影响酶的选择性的例子最有说服力的要数日本Amano公司的Yoshihiko Hirose及其合作者对硝苯地平的研究。硝苯地平是1-取代的二氢嘧啶单酯或双酯，用于心血管疾病的治疗，被称为钙拮抗剂。Y Hirose等人通过研究发现，假单胞菌脂肪酶催化潜手性二氢吡啶二羧基酯类衍生物选择性水解产生二羧酸单酯。在不同的有机溶剂中，酶具有不同的对映体选择性，在环己烷中产生（*R*)-对映体，在异丙醚中产生（*S*)-对映体，相同酶在不同有机溶剂体系中反应所得产物的构型不同。这种拆分已在钙拮抗剂尼群地平的合成中得到应用。

目前尽管溶剂对酶活性和选择性的影响规律和机制并不十分清楚，但是大量的实验结果表明，通过改变溶剂可以调节酶的活性和选择性，改变酶的动力学特性和稳定性等酶学性质。Klibanov首次称这种技术为“溶剂工程”，并认为它有可能发展成蛋白质工程的一种辅助方法，不必改变蛋白质本身，而只要改变反应介质就可以改变酶的特性。这项技术的应用范围及机制的研究，目前正在许多实验室中开展，它在生物催化剂的开发与利用中将起着重要的作用。当然溶剂的选择还应该注意：①溶剂对底物和产物的溶解性要好，能促进底物和产物的扩散，防止由于产物在酶分子周围的积累而影响酶的催化反应；②溶剂对反应必须是惰性的，不参与酶的催化反应；③溶剂的毒性、成本以及产物从溶剂中分离、纯化等问题。

二、水

大量的文献报道表明，在有机溶剂中酶的催化活性与反应系统的含水量密切相关。系统的含水量包括与酶粉水合的结合水，溶于有机溶剂中的自由水以及固定载体和其他杂质的结合水。与酶结合的水量是影响酶的活性、稳定性以及专一性的决定因素。要成功地应用非水介质中的酶催化反应，控制酶结合的水量和水在酶分子中的位置是关键。在基本无水的有机溶剂中，水对于酶催化活性构象的获得与保持是必需的，但水也与许多酶的失活过程有关。

1. 水对酶活性的影响

虽然水含量在一个典型的非水酶体系中通常只占0.01%，但水含量微小的差别会导致酶催化活力的较大改变。酶需要少量的水保持其活性的三维构象状态，即使是共价键合到一个支持物上的酶也不例外。水影响蛋白质结构的完整性，活性位点的极性和稳定性。酶周围水的存在，能降低酶分子的极性氨基酸的相互作用，防止产生不正确的构象结构。有证据表明，酶分子周围的水化层作为酶表面和反应介质之间的缓冲剂，它是酶微环境的主要成分。有机溶剂和酶键合水之间的相互作用影响酶的活性，当加入许多极性添加剂时，因剥夺了酶的水化层而使非水介质中的酶失活。在一个完全“干”的体系中，酶基本是无活性的，随着酶水合程度的增加，酶的活性也不断提高。

Rupley 和 Finney 用 UV、IR、NMR、ESR、Raman、DSC 等方法详细地研究了溶菌酶酶粉在水合过程中酶活性与酶含水量间的关系。当结合水量在 0～7%的范围时每一酶分子周围有 0～60 个水分子，这些水分子大部分在蛋白质侧链可离子化残基附近，有助于侧链残基的离子化。首先是羧基脱质子，其次是氨基质子化。这种状态下蛋白质活动的自由度非常小，没观察到活性。当含水量在 7%～25%的范围时，每个酶分子周围有 60～220 个水分子。含水量在 7%左右时，侧链残基离子化后，水分子在其他极性部位形成簇（cluster)；含水量在 25%时，肽键的 NH 被水合，局部介电率升高，同时蛋白质分子的活动自由度急剧增大，但是蛋白质结构基本不变，构象基本相同，酶显示活性；当含水量在 25%～38%的范围时，每个酶分子周围有 220～300 个水分子，肽键羧基为主的极性部位完全水合，酶活性随着含水量的增加而增加。这是因为水和酶分子之间形成多个氢键，水作为分子润滑剂增大了酶构象的柔性，增加了界面的表面积。然而，太多的水会使酶的活性降低。当含水量在 38%以上时，每个酶分子周围有 300 个以上的水分子，整个酶分子（包括非极性部位）被一层单分子水层包围，酶活性是水溶液中的 1/10。其中一个原因是水分子在活性位点之间形成水束，通过介电屏蔽作用，掩盖了活性位点的极性；另一个原因是太多的水会使酶积聚成团，导致疏水底物较难进入酶的活性部位，引起传质阻力。有机溶剂中酶的含水量低于最适水含量时酶构象过于“刚性”而失去催化活性；含水量高于最适水量时，酶结构的柔性过大，酶的构象将向疏水环境下热力学稳定的状态变化，引起酶结构的改变和失活。只有在最适水量时蛋白质结构的动力学刚性和热力学稳定性之间达到最佳平衡点，酶表现出最大活力。因此，最适水量是保证酶的极性部位水合、表现活力所必需的，即“必需水”。由于水的高介电性，有机溶剂中少量的必需水能够有效地屏蔽有机溶剂与酶蛋白表面某点之间的静电相互作用，酶分子的构象与结晶状态一致，即与水溶液中酶的结构类似。只有当溶剂的极性非常强，水的介电能力不足以屏蔽溶剂与酶蛋白分子之间的静电相互作用，或者溶剂的亲水性大于与水相互作用的蛋白质表面的亲水性，水脱离蛋白质。进入有机溶剂时，酶蛋白分子的结构才会受到溶剂的影响。当水加入到溶剂-酶体系中时，水在溶剂和酶之间分配，与酶紧密键合的结构水是决定酶活性的关键因素，在有机介质中，只要有少量的水与酶结合，那么酶就会保持其活性。但是有时在脱水的酶体系中也观察到了酶的活性，这可能是由于未折叠的蛋白质充当了少量天然酶的稳定剂而产生的结果。

2. 水活度（activity of water，a_w）

当水加入到非水酶催化的反应体系中时，反应系统的含水量分布在酶、溶剂、固定化载体及杂质中。因此，对同一种酶，反应系统的最适水含量与有机溶剂的种类、酶的纯度、固定化酶的载体性质和修饰剂的性质有关。Zaks 和 Klibanov 比较详细地研究了马肝醇脱氢酶、酵母醇氧化酶和蘑菇多酚氧化酶在不同溶剂中水含量对酶活力的影响。发现在水的溶解度范围之内三种酶在有机溶剂中的催化活力随溶剂中水含量的增加而增加。但与亲水有机溶剂相比，在疏水性强的溶剂中酶表现最大催化活力所需要的水量低得多；当溶剂的含水量相同时，酶束缚的水量却不同，酶活性与酶束缚水量之间有很好的相关性，即随着酶束缚水量的增加而增大。在不同溶剂中酶活性对酶束缚水量的依赖是相似的而系统含水量则变化很大。

为了排除溶剂对最适含水量的影响，Halling 建议用反应系统的热力学水活度（Thermodynamic activity of water，a_w）描述有机介质中酶催化活力与水的关系。水活度（a_w）定义为系统中水的逸度与纯水逸度之比，水的逸度在理想条件下用水的蒸气压代替，因此，a_w可以用体系中的水的蒸气压与同样条件下纯水蒸气压之比表示。Halling 提出水活度是确定酶结合水的多少的一个参数。在a_w值较低的情况下，有机溶剂中键合到酶上的水量与在空气中键合到酶上的水量非常相似，表明有机溶剂没有直接影响水与酶紧密的键合。a_w值较高时，极性溶剂（如乙醇）使酶结合的水量有所减少，非极性溶剂也有同样的效果。这可能是由于溶剂与键合位点的水直接竞争的结果，也证明了蛋白-溶剂界面水与溶剂存在直接作用。Halling 在各种有机溶剂中得到六种悬浮蛋白水的吸附等温线，证实了上述结论。因此，建议在不同溶剂中研究酶动力学时为避免水的影响，最好保持一个恒定的水活度，以便确保有一个相似的酶水合水平。

水活度可由反应体系中水的蒸气压除以在相同条件下纯水的蒸气压而测得。在不同有机溶剂中获得恒定的水活度至少可通过三种方式：①用一个饱和盐水溶液分别预平衡底物溶液和酶制剂；②向反应体系中直接加一种水合盐；③向每一溶剂中加入固定的但不同量的水。第二个方法是由 Halling 提出的，他指出一个平衡的水合盐对在一定温度下能提供恒定的蒸汽压。用这个方法有效地控制了α-胰凝乳蛋白酶、脂肪酶以及枯草杆菌蛋白酶的水活度。

3. 微量必需水对酶催化活性和选择性的调节控制

必需水是酶在非水介质中进行催化反应所必需的。它直接影响酶的催化活性和选择性。例如在脂肪酶催化拆分外消旋 2-辛醇的反应中，当溶剂、酶等其他因素相对不变的条件下，可以用系统含水量衡量水对酶活性的影响，反应系统只有在最适含水量时，酶才有高的活力和选择性。在脂肪酶催化丁酸与丁醇的酯合成反应中当溶剂不同时，最适系统含水量随着溶剂 lg$P$ 值的增加而减小［图 2-4(a)］，用水活度（a_w）衡量时，尽管在不同的有机溶剂中反应速率的最高值不同，但是达到最大值的最适水活度却基本相同，均在 0.5～0.6 之间［图 2-4(b)］。因此，用水活度比用系统含水量衡量水对酶活力的影响更为合理和直观。

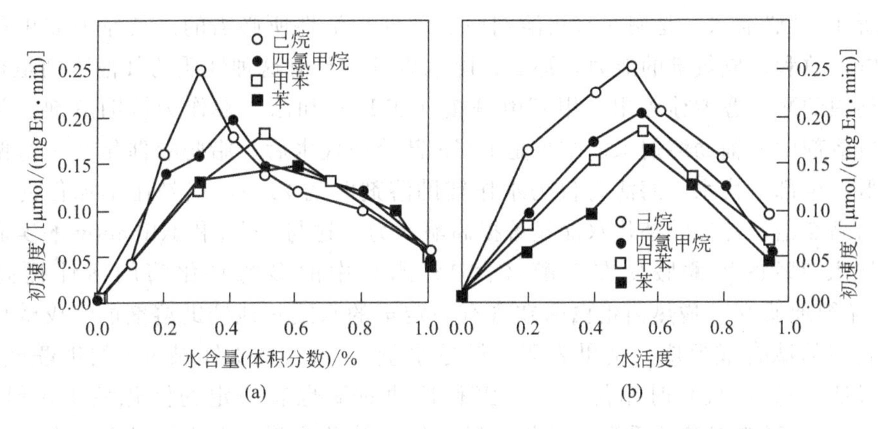

图 2-4 不同溶剂中含水量、水活度对 PSL 催化酯合成活力的影响

(a) 水含量的影响；(b) 水活度的影响

控制 a_w 的方法可以用反应体系的各种组分与不同的盐饱和溶液在反应前平衡。如用下列各种盐的饱和溶液平衡，可以得到一定的 a_w 值（20℃）。

盐	LiCl	$MgCl_2 \cdot 6H_2O$	$Mg(NO_3)_2 \cdot 6H_2O$	$Na_2SO_4 \cdot 10H_2O + Na_2SO_4$	Cl	$ZnSO_4 \cdot 7H_2O$
a_w	0.12	0.32	0.55	0.76	0.86	0.90

酶的 a_w 和整个系统的 a_w 是一样的，系统的 a_w 也可以用相对湿度传感器在平衡气相中测定。向干燥的反应器中直接加入某种高水合盐也可以获得恒定的水活度。Kvittingen 在研究已烷中脂肪酶催化丁酸丁酯的合成反应时，以 $Na_2SO_4 \cdot 10H_2O/Na_2SO_4$ 及 $Na_2HPO_4 \cdot 12H_2O/Na_2HPO_4 \cdot 7H_2O$ 水合盐对作为水缓冲剂，控制水活度，使酶的催化效率明显提高。这种高水合盐在反应初始阶段可放结合水到体系中，供给酶必需水，本身能化为低水合盐；反应后期，低水合盐结合产物水，转化成高水合盐，反应产生的水不能在体系中积累。因此酶在整个反应中能保持高活力。曹淑桂等在脂肪酶催化拆分外消旋 2-辛醇的反应体系中加入 $Na_2P_2O_7$（1%）的水合盐对，酶反应活性明显高于用硅胶、分子筛等其他方式控制水的体系。反应一段时间后，加盐对的反应体系中的酶粉依然保持较好的分散状态，而其他体系的酶已凝聚成块。

对于生成水的反应（如酯合成和肽合成），体系中水的积累导致酶活力降低，不利于合成反应。向该体系加入分子筛、乙基纤维素等除水剂或利用醋酸纤维素无孔聚合膜进行反应全过程蒸发，及时除去反应生成的水，能使酶保持较高的活力，有利于合成反应的进行。

Halling 在物理化学所定义的标准状态下得出以下规律：①利用水活度能准确描述水解反应的平衡位置，只要水活度不变，反应平衡就基本保持不变。当 $a_w<1$ 时，水解反应平衡向合成方向移动，当 a_w 足够高时，水解反应平衡向水解方向移动，若知道水解反应的平衡位置，则可以推算出 a_w；②有机相中酶的最适水活度（即酶活力达到最高时的水活度）与酶量无关，而对于系统含水量则随酶量的增加而增加；③在含有不同底物的各种有机溶剂中，酶的最适水活度都在 0.55 左右，即酶的最适水活度与溶剂的极性、底物的性质及浓度无关。Svensson 也报道了脂肪酶催化酯合成的平衡常数随 a_w 的降低而提高。因此，水活度能被用来控制平衡位点。为解决在低 a_w 水平下反应速率较低的问题，起始反应可在高 a_w 下进行（以获得最佳反应速率），然后到反应快结束时降低水活度，从而可获得一个高产率。

4. 仿水溶剂（water-mimiking solvent）对酶催化活性和选择性的调节控制

如前所述，“必需水”是酶在有机溶剂中表现催化活性所必需的。其原因如果是由于水具有高介电常数和形成氢键的能力，那么，除水以外的具有这种性质的其他溶剂是否也能活化有机溶剂中的酶。曹淑桂等用二甲基甲酰胺（DMF）和乙二醇作为辅助溶剂，部分或全部替代有机溶剂中的辅助溶剂水。结果是 DMF 部分替代水后，脂肪酶催化 2-辛醇酯化的活力显著降低，全部替代水后酶活力仅为水作辅助溶剂时的 21%，但是比不加任何辅助溶剂时的酶活力高 2 倍。乙二醇替代水能显著提高酶活力。这与 Zaks 和 Klibanov 的实验结果类似，他们加入 3% 的甲酰胺使在辛醇（含 1% 水）中的多酚氧化酶的活性提高 35 倍。Kitaguchi 详细地研究了嗜热菌蛋白酶在含有一定量的水或其他辅助溶剂的 *t*-戊醇中催化高疏水性氨基酸的肽合成反应。结果表明，最适水量（4%）的 3/4 被 9% 的甲酰胺替代后，酶活性与最适水量（4%）时相仿；乙二醇和甘油对酶也有一定的活化效果，但比水低；DMF 和乙二醇的醚类对酶几乎没有活化效果。作为辅助溶剂，它应该具有高介电常数和多点形成氢键的能力，如甲酰胺和乙二醇，它们在有机溶剂中对酶的活化机制与水相同。但是只添加甲酰胺而不添加水时，酶完全没有活性。这是因为干燥的酶水合时要经过几个阶段，其中某个阶段（可能是最初的离子化阶段）是不可能被仿水溶剂替代的。用仿水溶剂替代水的意义是可以控制和消除由水而引起的逆反应和副反应，因此，仿水溶剂的应用范围很广，而且可以开发成新的酶催化反应体系。

三、添加剂

在生物催化反应系统中，除了单纯的有机溶剂或水之外，有时还可有目的地引入一些酶反应的调节剂，以改变酶分子所处的微环境条件，进而影响酶的催化性能（包括活性、选择性和稳定性）。其实，许多商品酶制剂中含有一些分散剂或稳定剂（例如糖类），这些添加剂如果不经预处理，就会随酶一起进入反应系统，给酶促反应带来不同程度的正面或负面影响。另外，添加剂的加入也可能影响底物或产物的溶解或分散状况，降低传质阻力，提高反应速率。如果底物或产物对酶有害或存在抑制作用，则添加适当的化学试剂（如吸附剂）可消除或减轻底物或产物对酶的抑制或毒害作用。当然，引入添加剂会增加反应体系的复杂性，并可能给产品分离造成一定的困难。添加剂多种多样，操作简单，效果奇特，给微环境工程调控酶的催化性能（特别是对映选择性）提供一种可供选择的方法，因此仍然值得我们去研究和应用。添加剂的种类繁多，目前还没有统一的分类方法，主要包括无机盐类添加剂、有机助溶剂、多醇类添加剂以及表面活性剂等。

四、生物印迹

利用酶与配体的相互作用，诱导、改变酶的构象，制备具有结合该配体及其类似物能力的“新酶”，这是修饰、改造酶的一种方法。Klibonov 等根据酶在有机溶剂中具有“刚性”结构的特点，巧妙地发展了这种修饰酶的技术。他们将枯草杆菌蛋白酶从含有配体 *N*-AC-$TyrNH_2$（竞争性抑制剂）的缓冲液中沉淀，干燥、除配体后，放在无水有机溶剂中，发现配体印迹酶的活性比无配体存在时冻干的酶高 100 倍；但是“印迹酶”在水溶液中的活性与未印迹酶相同。他们认为，酶在含有其配体的缓冲液中，肽链与配体之间的氢键等相互作用使酶的构象改变，这种新构象除去配体后在无水有机溶剂中仍可保持，并且酶通过氢键能特异地结合该配体。这种方法叫生物印迹（bio-imprinting）。用 FTIR 方法可以定量分析印迹酶的二级结构的变化，如溶菌酶、胰凝乳蛋白酶原和牛血清白蛋白用 L-苹果酸印迹后，二级结构的变化主要表现为 β 折叠含量的降低。通常在冻干过程中，由于酶分子间形成 β 折叠，导致 β 折叠的含量升高，而印迹酶由于配体使酶分子隔开而减小了这种效果，并且在印迹过程中，配体与蛋白质形成氢键，产生了一个空穴并在去除溶剂后仍然保持。Mosbach 等用该方法制备了一系列 L 型和 D 型的 *N*-乙酰氨基酸印迹的 α-胰凝乳蛋白酶，在环己烷中，“D 型印迹酶”可催化合成 *N*-乙酰-D-氨基酸乙酯，“L 型印迹酶”催化合成 *N*-乙酰-L-氨基酸乙酯的活力也比未印迹酶提高 3 倍左右；他们还详细地研究了“印迹酶”的活性与有机溶剂中含水量的关系，对于“D 型印迹酶”水含量在 1mmol/L 时酶活力最高，大于此量时，随着水含量的增加，酶失去催化“D 型”的活力，因为酶的构象又恢复到印迹前的构象。因此，只要控制好“印迹酶”在有机溶剂中的最适含水量，就可以用生物印迹法调节和控制酶在有机溶剂中的催化活性和选择性。

五、化学修饰

酶粉虽然在非水介质中能够催化反应，但是其催化效率比水溶液中的酶低几个数量级，其中原因之一是酶一般不溶于有机溶剂。虽然有些酶能直接溶解在少数有机溶剂中，但是酶的催化效率常常很低。双亲分子共价或非共价修饰酶分子表面，可以增加酶表面的疏水性，使酶均一地溶于有机溶剂，提高酶的催化效率和稳定性。

稻田佑二等用单甲氧基聚乙二醇（PEG）共价修饰了脂肪酶、过氧化氢酶、过氧化物酶等蛋白质分子表面的自由氨基，修饰酶能够均匀地溶于苯和氯仿等有机溶剂，并表现出较高的酶活性和酶稳定性。岗火田惠雄和居城邦治等选用二烷基型脂质，以其分子膜的形式包裹酶分子表面，制成可溶于有机溶剂的酶-脂质复合体。其中酶-中性糖脂复合体在无水苯中催化三酰甘油合成的活性比 PEG 共价修饰的脂肪酶还高，其原因可能是因为酶-脂质复合体没有 PEG 长链对底物接近酶的障碍。脂质包裹酶的制备很简单，即酶的水溶液和脂质的水乳浊液在冰冷条件下混合，并搅拌过夜，离心分离、回收沉淀物、冻干，得到白色粉末。这种粉末不溶于水，溶于苯、氯仿等有机溶剂，阴离子型脂质得不到沉淀物。元素分析、IR、UV 测定结果表明，粉末中每一酶分子包裹 200～400 个脂质，由糖脂质制备的粉末，经 NMR、荧光光谱分析发现，酶分子表面与脂质的亲水基团形成氢键，这些脂质数相当于在脂肪酶分子表面包裹 1～2 层。岗田惠雄等用脂肪酶-脂质复合体在含有高浓度底物的有机溶剂中进行了醇的不对称酯合成反应，他们用同样的方法还制备了可溶于异辛烷的 α-胰凝乳蛋白酶-脂质复合体，并研究了它们在有机溶剂中的底物选择性。用对环境敏感的水凝胶共价修饰酶，并通过调节修饰酶的环境，控制酶的溶解和沉淀行为，达到在反应过程中酶能进入溶液，并且能在均相条件下进行催化；反应结束时，酶又能从反应体系中沉淀出来，有利于酶的回收和重复使用。这是一种兼有可溶性酶均相催化和固定化酶稳定性高可反复使用的修饰酶。

六、固定化酶

酶在绝大多数的有机溶剂中是以固态形式存在的。因此，目前最简单的也是被大多数研究者所采用的非水酶催化的体系是将固态酶粉直接悬浮在有机溶剂中。但是冻干的酶粉在反应过程中常常会发生聚集，导致酶的催化效率降低。酶固定化后，增大了酶与底物接触的表面积，在一定程度上可以提高酶在有机溶剂中的扩散效果和热力学稳定性，调节和控制酶的活性与选择性，有利于酶的回收和连续化生产。常用的比较简单的固定化方法有多孔玻璃和硅藻土等载体吸附法、载体表面共价交联法。

用于有机相的固定化载体和固定化方法的选择与水相有所不同，其中最重要的是，应该满足酶在有机相反应所需要的最适微环境和有利于酶的分散和稳定。Tanaka 等用适当配比的具有不同亲水能力的树脂包埋脂肪酶，很好地控制了脂肪酶在有机相反应所需要的微水环境。Reslow、Mattiasson 和 Adlercreuts 研究了固定化载体的亲水性对固定化酶在有机相中酶活性的影响。他们首次用分配到载体上的水量与溶剂中水量之比（$\lg A_q$）代表载体亲水性，研究了 13 种载体的 $\lg A_q$ 值与这些载体的固定化酶在有机相中催化活力的相互关系，并指出：低 $\lg A_q$ 值的载体有利于固定化酶在有机相中催化活力的表现，即酶活力与载体的亲水性成反比，载体的亲水性越强，与酶争夺水的能力就越强，这将不利于维持酶的微水环境，导致酶活力降低。此外，载体的亲水性强，也会增加疏水性底物向固定化酶扩散的阻力，不利于固定化酶向疏水性有机溶剂中分散，使反应速率降低。因此，选择载体时，除了考虑载体对酶“必需水”的影响，固定化酶在溶剂中的分散情况，还应该考虑底物和溶剂的疏水性。当底物和溶剂的疏水性强时，可选择疏水性固定化载体，当底物和溶剂的亲水性较强时，应该在保持较高酶活力的前提下，降低载体的疏水性以减小底物扩散的阻力。

七、反应温度

由于酶在有机溶剂中的热稳定性好于水溶液，因此，为了提高酶的催化速率可以适当提高反应温度，但是有些酶在某些有机溶剂中也会因温度高而失去活性。温度不仅影响酶的活性，而且还与酶的选择性有关。一般认为酶和其他催化剂一样，温度低，酶的立体选择性高。Philips 从热力学的角度对这一观点进行了详细的论述，他认为在热力学焓的控制下，酶在较低的温度下能表现出较高的立体选择性，而在热力学熵的控制下，酶、底物和一些其他相关因素与较高的温度相匹配时，反应也可获得较高的立体选择性。

在酶催化过程中，通过温度的控制，可以有效地提高产率。曹淑桂等在脂肪酶催化油脂的甘油醇解、制备单酰甘油的反应中，采取两段温度，使单酰甘油的转化率由 30% 提高到 60%。

八、pH 和离子强度

有机溶剂中酶活性与酶干燥前所在的缓冲液的 pH 值和离子强度有关，其最适 pH 值与水相中酶的最适 pH 值一致。因为在有机溶剂中，酶分子表面的必需水维持着酶的活性构象，而且必需水只有在特定 pH 值和离子强度下，酶分子活性中心周围的基团才能处于最佳离子化状态，有利于酶活性的表现。Lohmder-Voge 通过缓冲液中磷原子的核磁共振谱的变化，检测了酶由缓冲液转入微水有机溶剂后的 pH 值的变化。Valiverty 用分子探针研究了微水环境下的 pH 值。他们的实验结果表明，酶由缓冲液经过丙酮沉淀或冻干后，转入微水有机溶剂中时，它能“记忆”原缓冲液中的 pH 值。他们称这种现象为“pH 记忆”。但是 Hilling 和 Buckleg 等人在使用 pH 值指示剂监测冻干过程 pH 值的变化时，发现酵母乙醇脱氢酶在磷酸缓冲液里冻干的过程中，pH 值急剧下降，同时伴有酶活力的大量丧失；还发现该酶在 Tris 缓冲液、Hepes 缓冲液或 *N*-甘氨酰甘氨酸缓冲液中冻干时，pH 指示剂的颜色没有明显的变化，酶也比较稳定。可见各种酶在不同缓冲液中冻干时的 pH 值变化不同，由于缓冲液选择不当而导致的 pH 值急剧下降可能是酶在预处理冻干过程中大量失活的一个重要原因。为了使酶具有催化反应的最佳离子化状态，应该在酶参加反应前的预处理和反应过程中采取某些措施，如选择适当种类和适宜 pH 的缓冲液处理酶，使之不受冻干过程破坏。

第五节 非水介质中酶催化的应用

一、酯的合成

由于酶的来源、有机溶剂以及反应物的不同，脂肪酶催化酯合成反应时的反应体系也各不相同，下面以非水介质中酶促合成短链脂肪酸酯、糖脂以及黄酮类化合物的酶促酰化等为例进行介绍。

1. 短链脂肪酸酯

短链脂肪酸酯是一大类十分重要的香味剂，具有多种天然水果的香味和特殊的风味特征，是重要的香精、香料的组分，广泛用于食品、饮料、酿造、饲料、化妆品及医药行业中。酯类香味剂在国际上有重要的地位和影响。

目前全球短链脂肪酸酯的生产中，除了极少数的酯有很少量的产品是从天然植物中提取以外，其他的几乎全部都是通过传统的化学合成方法生产的。也就是在高温、高压条件下，由化学催化剂，如浓硫酸、对甲苯磺酸等催化合成。化学生产不仅存在着化学催化剂可能带来有毒物质的问题，而且在高温、高压条件下很容易发生副反应，副产物大多有毒副作用。有些化学合成产品由于底物不纯，影响了产品的质量，如化学法合成的己酸乙酯产生的极不自然的“浮香”；有些产品提取后有强烈的气味，如棕榈酸异丙酯。这些都给下游提取带来了许多困难，从而造成产品的质量档次低。除此以外，化工生产给环境带来了许多污染与破坏。化学法生产的产品与生物法生产的产品在安全性和品质等方面存在较大的差异，因此在价格上也存在极大的差异。如国际上化学法生产丁酸乙酯的价格仅为2～5美元/kg，而由生物催化剂催化合成的价格高达180美元/kg。尽管目前有些情况下化学合成还比较经济，但随着人们对天然产物的青睐和对生存环境的重视，而直接从植物中提取又无法满足日益增长的需求，例如水果中芳香酯的含量只有1～100mg/kg，因此，人们把研究目光转向了生物化学、微生物学、化学和生化工程等多学科交叉的生物转化的方法上来。

尽管在20世纪初就有用猪胰脂肪酶提取物合成丁酸乙酯的报道，但长久以来，由于酶品种单调，(可用于生物催化反应的酶制剂更少)，同时由于化学工业的飞速发展，采用酶作为催化剂的方法并没有引起人们的重视。直到20世纪80年代的中后期，随着有机相酶学的出现和酶制剂工业的发展，酶的品种不断增加，酶催化在有机合成中的应用也不断扩大。目前，国际上脂肪酶催化己酸乙酯的合成，一般底物浓度为0.25mmol/L，利用猪胰脂肪酶和皱褶假丝酵母脂肪酶催化酯合成的转化率为68%。

利用具有高酯化能力的脂肪酶，在有机相中酶法转化短链脂肪酸酯不仅具有一般生物催化合成有机化合物的优点，如酶促反应是在常温常压条件下进行的、反应条件温和、节约能源、酶促反应的特异性高、副产物少、产品品质高等，还具有以下一些特点和优势，如有机相中反应的热力学平衡趋向酯合成方向、反应转化率高、酶不溶解于有机相中而容易回收再利用等。

2. 糖脂

糖脂作为一种生物功能分子和化工原料具有重要的价值。高级脂肪酸的糖脂作为一类具有较宽HLB范围的非离子型乳化剂，由于具有无毒、易生物降解及良好的表面活性，被广泛用于食品、医药和化妆品等产品的生产中，是联合国粮农组织推荐使用的食品添加剂。糖脂的来源较广泛，应用面广，安全性高，因此特别适合用作食品乳化剂。另外，糖的衍生物如糖脂、糖蛋白等在体内有重要的作用，近年对糖及其衍生物的研究成为人们研究的热点。Planehon等在1991年发现一些糖脂衍生物具有抗肿瘤的作用，如二丙酮缩葡萄糖的丁酸酯能够抑制肿瘤细胞的生长而不影响正常细胞，同时能够增强干扰素α或干扰素β的抗肿瘤作用。

当前，糖脂的合成方法可以分为两大类：化学合成法和酶促合成法。化学合成法已很成熟并已工业化，多用二甲基甲酰胺（DMF）、酰氯、吡啶等作溶剂以及甲基苯磺酸、金属钠等作催化剂，反应温度一般在140℃左右，能耗大，溶剂毒性大，产品易着色，副反应多，这是因为糖分子上有多个羟基可以被酯化，产生了众多的同分异构体，Fregapane等用气相色谱分析食用山梨醇酯发现其中有65种同分异构体，其中一些成分的致癌性和致敏性也引起了人们的关注。酶作为生物催化剂，具有高度的区域选择性和相对的底物专一性，酯化反应一般只发生在特定的羟基上，并且同一种底物相对于不同来源的酶的酯化位点不同，同一种酶对不同的底物的酯化位点也不同。因此可设计出不同的反应，得到不同的产物，满足人们多方面的需要。为了克服酶法生产糖酯转化率低的问题，科研人员不断探索新方法，如使用介质工程、减压法、减压法除去副产物、固相合成和全蒸发法等完善了糖脂的酶法合成。

3. 黄酮类化合物的酶促酰化

黄酮类化合物是广泛分布于植物界的一类重要的天然产物，已经用于食品、化妆品及其他日用品中。有人对黄酮类化合物的生物学、药理学及医疗特性进行了详尽的阐述。据报道，黄酮类化合物除具有清除自由基和抗氧化等功能外，还具有多种生理活性，包括扩张血管、抗肿瘤、抗炎、抗菌、免疫激活、抗变应性、抗病毒、雌激素样作用等，另外，黄酮类化合物还作为磷酸酯酶 A_2、环氧合酶、脂肪氧化酶、谷胱甘肽还原酶和黄嘌呤氧化酶等多种酶的抑制剂。但黄酮类化合物在脂及水相中的低稳定性和低溶解性限制了它们在这些方面的应用。有人用化学法、酶法及化学-酶法对它们的结构进行修饰，以改善它们的性质。其中糖基化和酰基化两类修饰反应受到特别的关注。前一种修饰通过加入糖基提高黄酮类化合物的亲水性，而第二类反应通过连接脂肪酸使之疏水性更强。应用化学法对黄酮类化合物进行酰基化已经申请了专利，但这些方法无区域选择性，从而使黄酮类化合物起抗氧化作用的酚羟基产生非期望的功能。而用脂肪酶催化黄酮类化合物的酰基化反应，其酚羟基较化学法具有更高的区域选择性，不仅可以提高它们在不同介质中的溶解性，还可以提高它们的稳定性及抗氧化活性。

已经有诸如蛋白酶、酰基转移酶、脂肪酶、枯草杆菌蛋白酶等用于黄酮类化合物的酰基化反应。研究表明，酶的来源及种类对转化率和酰化初速度有很大的影响；而作为糖基配体的黄酮类化合物，其酯化作用的位置主要取决于酶的种类及来源以及黄酮类化合物的主链骨架等。同时可以发现，Novozym 435 和 PCL 脂肪酶似乎分别是合成糖基化酯类和糖苷黄酮酯类的最佳酶。

二、 肽的合成

所谓肽键的酶促合成，在目前来说是指利用蛋白水解酶逆转反应或转肽反应进行肽键合成。在有机介质中酶促肽键的合成，其中包括较大肽段间的缩合，尤其是合成只含几个氨基酸的小肽片段，较传统的化学合成法具有明显的优势。它的主要优点表现在反应条件温和，立体专一性强，不用侧链保护基和几乎无副反应等。最近几年，利用各种来源的蛋白水解酶在非水介质中合成了各种功能的短肽或其前体，其中包括一些具有营养功能的二肽和三肽、低热量高甜度的甜味剂二肽以及具有镇静作用的脑啡肽五肽等；甚至于一些具有生物功能的蛋白质如胰岛素、细胞色素 C 和胰蛋白酶抑制剂等也可以用酶技术进行重合成和半合成。利用酶反应器，连续合成某些功能短肽已接近生产规模。此外，也有研究表明，脂肪酶也可以应用于肽键的形成，而且有一些蛋白酶没有的特性，如没有酰胺酶活性，可以更好地应用于多肽的合成。也有文献报道说在纯水体系中一些蛋白酶也可以进行肽键的合成，其方法原理与有机介质中应用蛋白酶进行肽合成大致相同。

由于酶法合成肽是利用蛋白水解酶的逆反应或转肽反应来进行肽键的合成，因此，酶既可以催化一个化学反应向正方向进行，也可以催化其向逆反应进行，反应平衡点的移动取决于反应条件。有机介质能改变某些酶的反应平衡方向。例如，水解酶类，在水介质中，水的浓度高达 55.5mol/L，使热力学平衡趋向于水解方向。如水含量极低的有机介质，能使热力学平衡向合成方向移动，则这些水解酶行使催化合成反应的功能。

1898 年，Hoff 就提出蛋白酶可以催化肽合成这个概念，他认为胰蛋白酶可能具有催化蛋白水解物的蛋白合成反应。1937 年，Bergmann 和 Fraenkel-Conrat 等人第一次用木瓜蛋白酶酶促合成了硅胺 Z-GlyNHC$_6$H$_5$，产率达 80%；随后他们又先后用木瓜蛋白酶、糜蛋白酶等催化合成了设计好的肽。在此之前，人们相继发现木瓜蛋白酶、糜蛋白酶和胃蛋白酶的转肽作用，并利用它们的转肽作用催化合成了一系列的小肽及其衍生物。20 世纪 70 年代，Morihara、Kullmann 等小组利用蛋白酶合成生物活性肽的工作，再次验证了利用蛋白酶进行肽合成的价值。他们的结果引起了人们对此项技术的兴趣，在此之后合成出了一些重要的生物活性肽。

近三十年的合成工作向人们展示了酶法合成相对化学法的明显优点：①反应条件温和，降低了化学和操作上的危险性。②酶高度的区域选择性允许使用保护程度很低的底物，这样的底物既便宜又易得到。这也使得合成过程中的中间产物的保护、脱保护的步骤得到简化。③肽的酶法合成是立体特异的，并且观察不到外消旋的发生。这样可以使用外消旋的起始反应物，并通过合成反应得到拆分，而回收未反应的异构体。蛋白酶同样也能催化由化学法合成的寡肽片段的无消旋缩合，这一工作用化学法时则效率较低，且产生很高的消旋率。

三、高分子的合成与改性

1. 聚酯类可生物降解高分子的酶促合成

利用线性单体的缩合反应可以合成具有可生物降解性的聚酯，反应的模式主要如下所示：

$$\text{(a)}\quad n\text{AB} \xrightarrow[\text{有机相}]{\text{酶}} \text{+AB+}_n$$

$$\text{(b)}\quad n\text{AA} + n\text{BB} \xrightarrow[\text{有机相}]{\text{酶}} \text{+AA—BB+}_n$$

式中，A 和 B 各代表一种具有反应性的功能基团，如羟基和羧基、羧基和酰氯等。

Klibanov 等人利用黑曲霉脂肪酶在甲苯中以 1,6-己二醇和 2,5-二溴代丁二酸-(2-氯代乙醇）酯为单体，聚合成（+）聚己二醇-2,5-二溴代丁二酸酯，得到的聚合物虽然分子量不大（只有 800），但是寡聚物有光学活性，生物相容性好。Gilboa 利用更易得的底物反丁烯二酸酯与 1,4-丁二醇，以 *Canclida cyclndracaea* 等 10 种来源的脂肪酶作催化剂，在四氢呋喃和乙腈中合成全反式构象的聚酯，它具有生物可降解性。

利用内酯的开环聚合反应也可以合成具有可生物降解性的聚酯。反应模式如下：

$$\text{O—(CH}_2)_n\text{—C(=O)（环）} \xrightarrow[\text{有机相}]{\text{酶}} \text{HO}\left[\text{(CH}_2)_n\text{—C(=O)—O}\right]_m\text{COOH}$$

Gutman 研究了 ε-己内酯的开环聚合反应，他采用 ε-己内酯加入少量甲醇（作为亲核供体）以正己烷为溶剂，在猪胰脂肪酶的催化下，合成了聚己内酯，聚合度为 10。MacDonald 利用猪胰脂肪酶（PPL）催化 ε-己内酯在二氧六环、甲苯、庚烷等溶剂中的开环聚合，反应温度为 65℃，单体的含量为 10%，用正丁醇作为亲核供体，得到聚酯的分子量为 2700。日本的 Kobayashi 等人采用无溶剂体系，用 *Pseudomonos fluorescens* 脂肪酶催化 ε-己内酯的开环聚合，得到了较高分子量的聚合物，数均分子量达 7000。曹淑桂等用 *Pseudomonos fluorescens* 脂肪酶和 *Candida cylindracaea* 脂肪酶在 60℃条件下直接催化 ε-己内酯、β-丁内酯、ε-壬内酯聚合，分子量达 25000。

2. 酚及芳香胺类物质的酶促聚合

辣根过氧化物酶（horseradish peroxidase，HRP）是催化合成聚合物方面很有潜力的一种酶。它能够以过氧化氢作为电子受体，专一地催化酚及苯胺类物质的过氧化反应。Kaplan和Dordick分别对多种底物在不同介质中进行了聚合反应的研究。由于底物的反应性和结构的差别，因而获得的聚合物的分子量有明显的不同。正是由于辣根过氧化物酶具有如此广泛的底物专一性，使其在合成聚酚以及芳香胺类物质方面有极大的应用潜力。为了更好地控制聚合反应的过程，Ruy等对辣根过氧化物酶催化酚类物质的聚合过程进行了Numerical和Monte Carlo模拟，并和试验结果进行了比较，指出采用低浓度的和具有给电子能力强的酚，在反应过程中有益于形成高分子量的聚合物。

聚合物的结构是由该催化反应的机制所决定的，这种聚合反应主要是在酚及芳香胺的邻、对位发生的，因而获得的是一种芳环上碳碳相连的结构。Kaplan等对聚合物的结构及基本的高分子性质做了比较系统的研究，NMR与IR的研究结果表明，在二氧六环体系中催化联苯酚聚合可以获得图2-5中的几种结构。其中图2-5(a)为主要部分，而通过化学法来获得这种碳碳相连的聚酚类结构是十分困难的。这种具有大π共轭体系的聚合物在功能材料方面具有极大的应用前景。

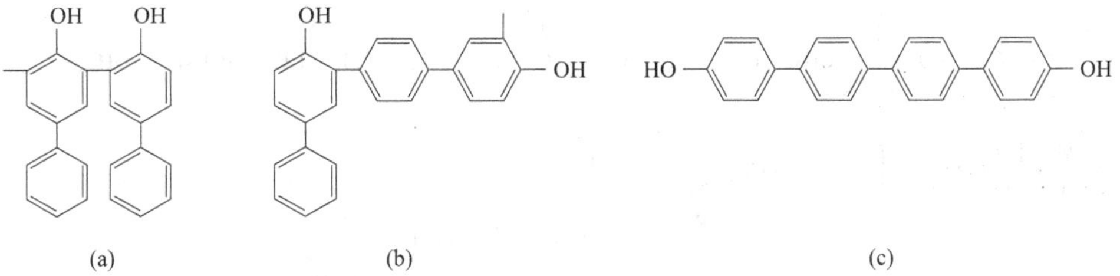

(a) (b) (c)

图2-5 酶法合成的聚对苯基苯酚的三种可能结构

3. 旋光性高分子

聚合物的旋光性来源于两个方面，一方面是单体单元中含有的手性元素，另一方面则是聚合物分子的手性构象，有时则是这两者的共同作用。近年来，人们已逐渐认识到，影响高分子材料物理性能及加工性能的不仅仅在于组成高分子的一级结构，其二级结构和三级结构也是高分子物性及加工业的重要因素，而聚合物的旋光特性也是影响聚合物微观结构的一个主要因素。

旋光性聚合物由于在其分子中存在着构型或构象上的不对称因素，与具有相应结构的非旋光聚合物相比，两者在分子识别和组装上具有明显的区别，从而使两者在熔点、溶解性、结晶特性上存在着较大的差异，但其内在规律尚未明确。另外，在其他光、电、磁等物理特性上也具有一定的差异，尚待深入研究。

不对称合成实例如下：

利用水解酶在非水介质中可以合成多种手性聚合物（图2-6）。这些手性聚合物具有广阔的应用前景。

4. 高分子的酶促改性

（1）天然高分子的酶催化改性　天然高分子，特别是多糖类，因其主链上往往含有大量的羟基而被视为一类难以进行化学加工的材料。然而，用酶法或化学与酶法相结合的方法来进行天然高分子改性的研究，改变了人们传统的观点。例如，在酶的催化作用下，通过对多糖的选择性酰化，可以得到更多、更清洁的亲水亲油的材料、生物可降解材料、生物可侵蚀及生物相容性材料。

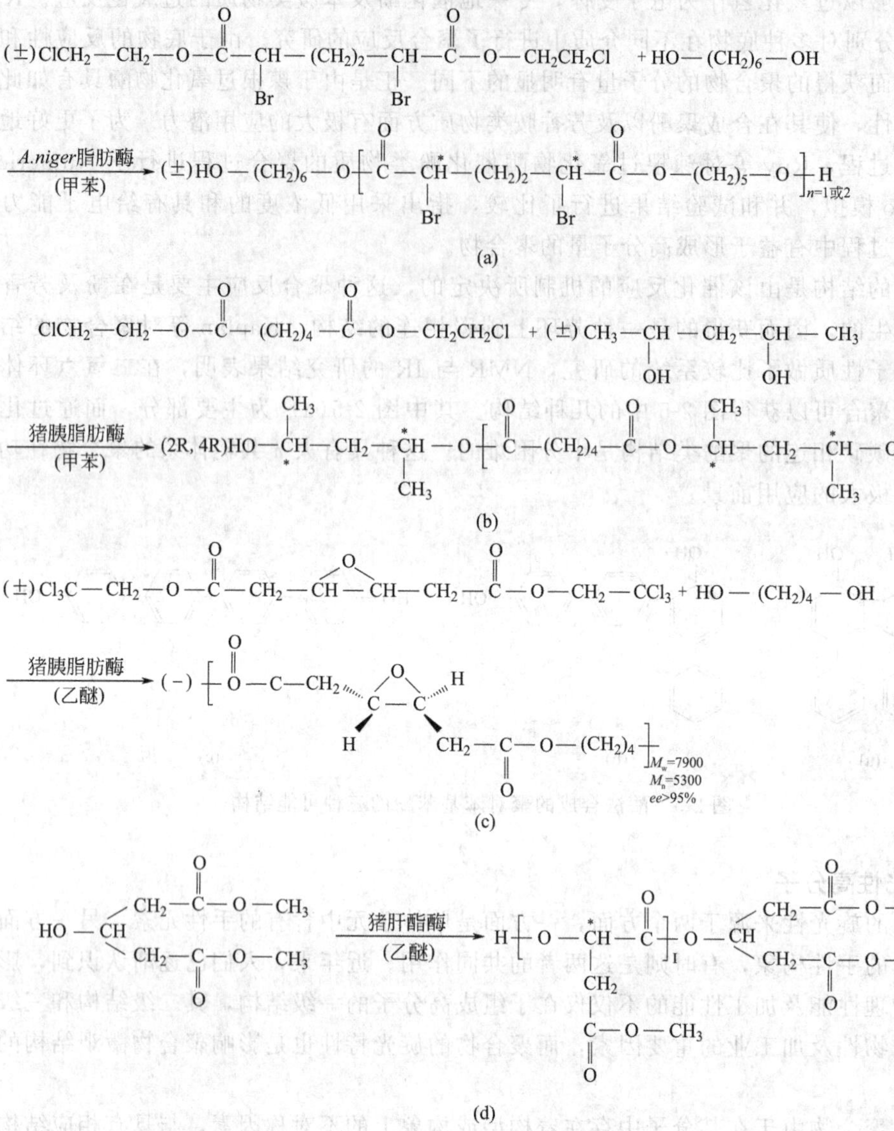

$$(\pm)\,ClCH_2-CH_2-O-\overset{O}{\overset{\|}{C}}-\underset{Br}{\underset{|}{CH}}-(CH_2)_2-\underset{Br}{\underset{|}{CH}}-\overset{O}{\overset{\|}{C}}-O-CH_2CH_2Cl + HO-(CH_2)_6-OH$$

$$\xrightarrow[\text{(甲苯)}]{A.niger\text{脂肪酶}} (\pm)\,HO-(CH_2)_6-O\left[\overset{O}{\overset{\|}{C}}-\underset{Br}{\underset{|}{\overset{*}{C}H}}-(CH_2)_2-\underset{Br}{\underset{|}{\overset{*}{C}H}}-\overset{O}{\overset{\|}{C}}-O-(CH_2)_5-O\right]_{n=1或2}H$$

(a)

$$ClCH_2-CH_2-O-\overset{O}{\overset{\|}{C}}-(CH_2)_4-\overset{O}{\overset{\|}{C}}-O-CH_2CH_2Cl + (\pm)\,CH_3-\underset{OH}{\underset{|}{CH}}-CH_2-\underset{OH}{\underset{|}{CH}}-CH_3$$

$$\xrightarrow[\text{(甲苯)}]{\text{猪胰脂肪酶}} (2R,4R)HO-\underset{*}{\overset{CH_3}{\overset{|}{C}H}}-CH_2-\underset{CH_3}{\underset{|}{\overset{*}{C}H}}-O\left[\overset{O}{\overset{\|}{C}}-(CH_2)_4-\overset{O}{\overset{\|}{C}}-O-\underset{*}{\overset{CH_3}{\overset{|}{C}H}}-CH_2-\underset{CH_3}{\underset{|}{\overset{*}{C}H}}-O\right]_{n=1或2}H$$

(b)

$$(\pm)\,Cl_3C-CH_2-O-\overset{O}{\overset{\|}{C}}-CH_2-\overbrace{CH-CH}^{O}-CH_2-\overset{O}{\overset{\|}{C}}-O-CH_2-CCl_3 + HO-(CH_2)_4-OH$$

$$\xrightarrow[\text{(乙醚)}]{\text{猪胰脂肪酶}} (-)\left[O-\overset{O}{\overset{\|}{C}}-CH_2\cdots\overbrace{\underset{H}{C}-\overset{H}{C}}^{O}-CH_2-\underset{O}{\underset{\|}{C}}-O-(CH_2)_4\right]_{\substack{M_w=7900\\M_n=5300\\ee>95\%}}$$

(c)

$$HO-CH\begin{cases}CH_2-\overset{O}{\overset{\|}{C}}-O-CH_3\\CH_2-\underset{O}{\underset{\|}{C}}-O-CH_3\end{cases}\xrightarrow[\text{(乙醚)}]{\text{猪肝酯酶}} H\left[O-\underset{CH_2-\underset{O}{\underset{\|}{C}}-O-CH_3}{\underset{|}{\overset{*}{C}H}}-\overset{O}{\overset{\|}{C}}\right]_l O-CH\begin{cases}CH_2-\overset{O}{\overset{\|}{C}}-O-CH_3\\CH_2-\underset{O}{\underset{\|}{C}}-O-CH_3\end{cases}$$

(d)

图 2-6 在有机相中酶催化 AA-BB 型［(a)、(b)、(c)］、A-B 型（d）的聚合反应

(a) 脂肪酶催化己二醇与 2,5-2 溴己二酸氯乙酯的聚合反应

(b) 脂肪酶催化 2,5-戊二醇与己二酸氯乙酯的聚合反应

(c) 脂肪酶催化 1,4-丁二醇与 3,4-环氧己二酸 2-三氯乙酯的聚合反应

(d) 脂肪酶催化 3-羟基戊二酸甲酯的聚合反应

* 手性中心；M_w 分子量；M_n 平均分子量；l 高分子聚合度

天然高分子改性中常用的酶有脂肪酶、蛋白酶、半乳糖氧化酶、β-半乳糖苷酶等。应该注意的是，即使是同一种酶，来自于不同的菌种，其性质就会有很大的差异。脂肪酶是高分子改性中应用较多的一种酶，主要用于高分子的酰化、酯化及接枝反应。20 世纪 90 年代初有文献报道，脂肪酶（来自于假单胞菌属）可用于催化侧链含有羟基的梳状的甲基丙烯酸聚合物的酰化反应。近年来，相关的文献逐渐增多。Li 等用脂肪酶 PPL（来自于猪胰脏）催化 ε-己内酯对羟乙基纤维素（HEC）的接枝反应。在这一过程中，PPL 在 HEC 薄膜上催化 ε-己内酯的开环聚合，生成聚 ε-己内酯，并与 HEC 发生接枝反应。产物取代度为 0.10～

0.32（以每个脱水葡萄糖单元计）。关于PPL催化ε-己内酯开环聚合的研究另有报道。脂肪酶PPL催化的另外一个反应是甘油和果胶之间的酯化反应。PPL对这一反应有高度的专一性，产物中甘油仅以单酯形式存在，并无任何交联结构（二酯）存在。

（2）合成高分子的酶催化改性　在相对温和的条件（<45℃，3～5h）下，来自于假丝酵母的脂肪酶Novozym 435能够催化甲基棕榈酸和聚乙二醇（M_w为500～2000）之间的反应，从而得到一种表面活性剂——聚乙二醇的棕榈酰单取代物和少量的双取代物。关于用生物法来有选择性的催化高分子的某一特定的反应也有一些文献报道。Jarvie等用固定化脂肪酶Novozyme 435成功地催化了聚丁二烯（$M_n \approx 1300$）微结构cis-1,4为20%，trans-1,4为35%，trans-1,2为45%的环氧化反应。结果表明，这一酶催化反应对聚丁二烯分子链主链上的双键有较高的选择性，约有60%的双键被环氧化，而侧链上的双键则未被环氧化。

四、光学活性化合物的制备

光学活性化合物是指那些具有旋光性质的化合物，它们的化学组成相同，但是立体结构不同而成为恰如人的左右手一样的对映体，因此也称为手性化合物。光学活性化合物的制备一直是有机合成的难题，至今尚未走出困境。酶作为生物催化剂，可以用于光学活性化合物的合成和拆分。由于它具有高对映体选择性，副反应少，所以产物的光学纯度和收率高。此外，酶催化反应条件温和，无环境污染。酶催化光学活性化合物的合成是将有潜手性的化合物和前体通过酶催化反应转化为单一对映体的光学活性化合物，如氧化还原酶、裂解酶、羟化酶、水解酶、合成酶和环氧化酶等，它们可以催化前体化合物不对称合成得到具有光学活性的醇、酸、酯、酮、胺衍生物，也可以合成含磷、硫、氮及金属的光学活性化合物。酶还可以催化外消旋化合物的拆分反应，如脂肪酶、蛋白酶、腈水合酶、酰胺酶、酰化酶等能够催化外消旋化合物的不对称水解或其逆反应，以拆分制备光学活性化合物。手性药物是一类非常重要的光学活性化合物，下面将列举几个这方面的实例。

1. 普萘洛尔的酶法拆分

Berinakatti等在有机溶剂中，利用PSL（假单胞菌脂肪酶）对外消旋的萘氧氯丙醇酯进行水解，得到了（*R*）-酯的*ee*值大于95%；而利用PSL对消旋的萘氧氯丙醇进行选择性酰化，也得到了*ee*值大于95%的光学活性的（*R*）-醇（图2-7）。

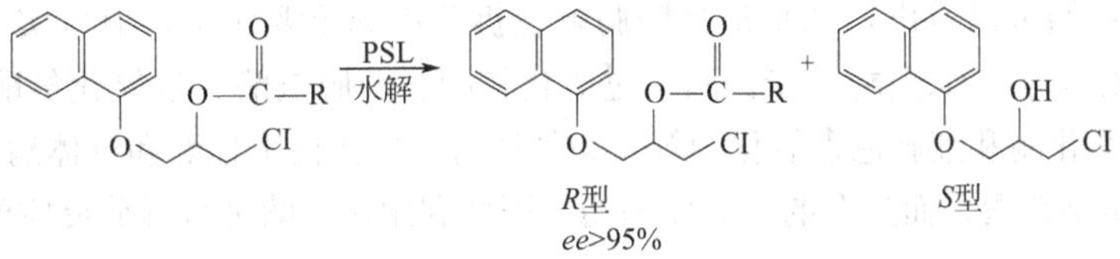

O—C(=O)—R　PSL/水解　→　R型 *ee*>95%　+　OH　S型

图2-7　PSL对外消旋的萘氧氯丙醇酯进行的水解反应路线示意图

2. 非甾体抗炎剂类手性药物

非甾体抗炎剂类手性药物被广泛地用于人联结组织的疾病如关节炎等。其活性成分是2-芳基丙酸的衍生物（$CH_3CHArCOOH$），如萘普生、布洛芬、酮基布洛芬等。

中国台湾的Tsai对有机溶剂中脂肪酶（CCL）催化的酯化反应进行了研究，实验证实在80%的异辛烷与20%的甲苯组成的有机溶剂中，酶反应获得了较高*ee*值的光学活性萘普生（图2-8）。

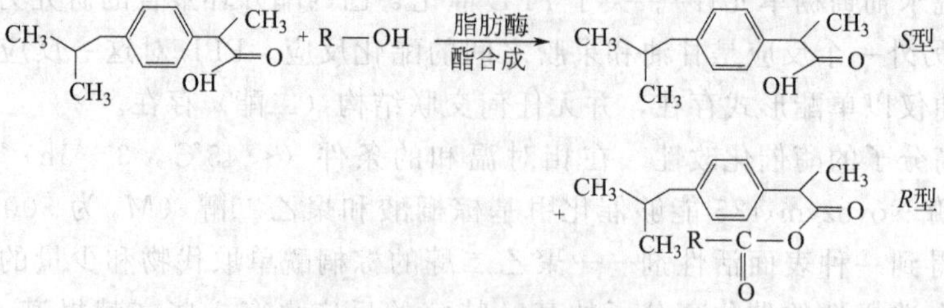

$$\text{布洛芬} + R-OH \xrightarrow[\text{酯合成}]{\text{脂肪酶}} \text{S型} + \text{R型酯}$$

图 2-8 布洛芬的酶法拆分

Duan 等在有机溶剂中对布洛芬进行酶促酯化反应时加入少量的极性溶剂，使酶的选择性有了明显的提高，如加入了二甲基甲酰胺后，最后得到（S)-布洛芬的 *ee* 值从 57.5%增加到了 91%。加拿大的 Trani 等对布洛芬的酶法拆分做到了克级规模。另外，Gradillas 等对布洛芬酯化的反应速率进行了研究，当未加任何添加剂时，反应进行 30h，(*S*)-布洛芬的产率为 43%，而加入了苯并-[18] 冠-6 后，同样的反应时间，产率提高到 68%，而加入内消旋的四苯基卟啉后，其反应产率提高到 79%，而且对映体选择性没有受到大的影响。

3. 5-羟色胺拮抗物和摄取抑制剂类手性药物

5-羟色胺（5-HT）是一种涉及各种精神病、神经系统紊乱，如焦虑、精神分裂症和抑郁症的一种重要的神经递质。现有一些药物的毒性就在于它不能选择性地与 5-HT 受体反应(已发现至少 7 种 5-HT 受体)。事实上，那些具有立体化学结构的药物在很大程度上能影响其与受体结合的亲和力和选择性，其中一种新的 5-HT 拮抗物 MDL 就极好地显示了这一特性。(*R*)-MDL 在体内的活力是（*S*)-MDL 的 100 倍以上，是以前 5-HT 拮抗物酮色林活力的 150 倍，更为重要的是，(*R*)-MDL 对 5-HT 显示了极高的选择性。

在制备 MDL 的过程中，第一次成功地在酶法拆分时实施了同位素标记。其中一个主要的手性中间体的拆分如下：

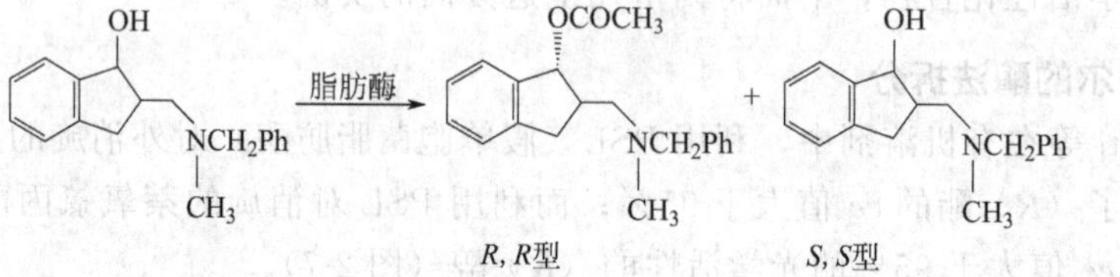

$$\text{OH, } NCH_2Ph, CH_3 \xrightarrow{\text{脂肪酶}} \underset{R,R\text{型}}{OCOCH_3,\ NCH_2Ph,\ CH_3} + \underset{S,S\text{型}}{OH,\ NCH_2Ph,\ CH_3}$$

在转酯化反应中，脂肪酶选择性地催化反应生成了（*R*,*R*)-酯，残留的为（*S*,*S*)-醇。

从以上实例我们可以看出，几乎都是脂肪酶在拆分中起重要作用，但事实上一些其他种类的酶也能进行拆分反应，如酯酶、蛋白酶、过氧化物酶、醇脱氢酶、过氧化氢酶、多酚氧化酶、ATP 酶、胆固醇氧化酶和细胞色素氧化酶等。另外还有一些蛋白工程酶和抗体酶。只不过这些酶有的不易获得，价格昂贵，而且有的还需要辅酶，因此利用这些酶进行拆分反应的研究比较少。

第六节 非水酶学的最新研究技术

一、 非水酶学中的新型反应介质

1. 超临界流体系统

所谓超临界流体（supercritical fluid，SCF)，是指温度和压力处于临界温度和临界压力之上的流体。它兼有气体的高扩散系数和低黏度，又有与液体相近的密度和对物质良好的溶解能力，在临界点附近流体的这些特性对温度和压力的变化非常敏感。

超临界流体状态下的酶催化反应，是近年来生物工程开拓的新领域。超临界流体作为酶催化反应的介质，对其有着重要的影响。超临界流体能够改变酶的底物专一性、区域选择性和对映体选择性，并能增强酶的热稳定性，同时，酶在不同超临界流体中的活性也存在极大的差异，因此对超临界流体的选择就显得特别重要。通常，超临界流体的选择首先遵循两个最基本的原则：一是酶在超临界流体中必须具有较高的活性；二是超临界流体的临界温度与酶的最适反应温度接近，因为操作温度通常与临界温度接近，温度过高会引起蛋白质变性，使酶失活。同时还必须考虑临界温度和临界压力在实际生产操作中是否易达到，反应底物在该流体中的溶解度，超临界流体对底物、产物和酶的惰性以及对食品和药物无毒等因素。

(1) 超临界流体作为酶催化反应介质的优点　酶作为一种催化剂，专一性强，反应条件温和。但工业化较难，没有合适的反应介质是主要问题，因为酶很易失活，反应物和产物又不易分离。目前广泛开展的非水体系酶反应就是为了解决这一难题。超临界流体（如超临界 CO_2，scCO_2）作为一种特殊的非水溶剂，其优点是显而易见的。①超临界体系中传质速率快。底物从主体溶剂向酶活性中心扩散的速度比在有机溶剂中至少大一个数量级。②在临界点附近溶解能力、介质常数对温度和压力敏感，可控制反应速率和反应平衡。③与水相比，脂溶性反应物和产物可溶于其中，而酶不溶，有可能将反应与分离偶合起来。④产品回收时不需处理大量的稀水溶液。

(2) 超临界流体的种类和特性　一些常用的超临界体系主要有 CO_2、水、氨、甲醇、乙醇、戊烷、乙烷、乙烯等。总体而言，超临界流体的属性介于气体和液体之间。其中，超临界 CO_2（scCO_2）作为一种优良的酶催化反应介质是目前研究中最常采用的超临界流体，主要因为其具有以下独特的优点：①CO_2不仅临界点容易实现，而且对人体无害及具有化学惰性的优点，因此特别适于酶催化反应的介质；②scCO_2既具有液体的密度，又具有气体的扩散性和黏度，因此显示出较大的溶解力和较高的传质性能，从而大大降低酶催化反应过程的传质阻力，提高了酶催化反应的速率；③反应底物的溶解性对超临界的操作条件（如压力、温度）特别敏感，通过简单地改变操作条件或其他设备就可以达到反应物和底物的分离；④由于酶在 scCO_2中不溶解，易于实现反应分离一体化，从而使其得到工业化应用的可能性大大增加；⑤scCO_2的临界温度低，不会使产物热分解，温和的温度适合酶催化反应，甚至可用于含热敏性的酶催化反应之中；⑥scCO_2常压下变为气态，不存在溶剂残留问题，而且不易燃、不易爆、廉价易得等等。

(3) 超临界流体中酶的稳定性和失活机制　酶在超临界流体中的稳定性和活性对酶催化反应是至关重要的，因此，超临界流体对酶的稳定性和活性的影响一开始就得到了关注。许多研究表明，在 scCO_2中许多酶具有很高的稳定性和活性。在温度 35℃、压力 14MPa 的 scCO_2中，*Rhizopus arrhizus* 脂肪酶催化三月桂酸甘油酯与豆蔻酸连续酯交换反应达 80h，该酶仍保持 100%的相对活性。Miller 的实验也得到了相似的结果，在温度 35℃、压力 12～16MPa 的 scCO_2中，脂肪酶的操作稳定性至少可保持 3d。脂肪酶在 scCO_2和普通有机介质（如正己烷）中的活性和稳定性基本相类似，在 40℃、13MPa 的 scCO_2和 40℃、常压下的正己烷溶剂中，分别保存脂肪酶 6d，其相对活性都是丧失 10%左右。许多酶制剂，特别是经冷冻干燥制成的，在其他超临界流体中也具有很高的稳定性。

虽然超临界流体一般不会引起酶失活，但仍需要寻求较合适的温度、压力和含水量等条件以利于酶催化反应的进行。如果操作条件不合适，超临界流体的性质发生变化也会引起酶的部分或全部失活。Chen 等人在研究中发现，CO_2能抑制多酚氧化酶的活性，这可能是由于CO_2溶于与酶有关的水层而改变了局部的pH值所致。超临界状态下，系统中的含水量对酶活性有很大的影响。一方面，由于酶本身具有结构上的刚性，在非水环境中活性部位呈锁定状态，酶需要维持其催化活性的必需水使其具有一定的柔性，以便使活性中心能够更好地与底物契合；另一方面，过量的水分会引起酶活性中心的内部水簇的生成，从而改变酶活性中心的结构，酶构象将过于柔软和伸展，最终导致酶活性的下降。因此可以推测$scCO_2$中肯定有一最佳含水量，此时能维持酶分子表面有适量的水。$scCO_2$是酶催化反应的一种非水介质，但是如果用干的$scCO_2$对酶进行处理，酶活力会逐渐下降甚至丧失；如果$scCO_2$中含水量过高或者催化反应生成了水，湿度增加到一定程度，酶活性也会丧失。Kasche 等人报道，$scCO_2$中的湿度为0.03g/mL时，α-胰凝乳蛋白酶和胰蛋白酶会部分失活，这主要是在卸压过程中，由于溶解于酶周围水分子层中的CO_2迅速释放使酶分子结构部分伸展所造成的。

Yoshimuba 等人的研究认为，α-淀粉酶经$scCO_2$处理后的活性丧失与蛋白质中α螺旋的含量有关，因为α螺旋结构经$scCO_2$处理后会发生不可逆的变性。Kamat 的研究认为，CO_2对蛋白质结构的影响主要是高压下由于酶表面的氨基和CO_2形成了氨基甲酸酯络合物，增加了酶的刚性。目前认为酸性蛋白酶经$scCO_2$处理后活性的丧失，不仅是由于pH值下降的作用，而且还与CO_2分子的辅助络合引起蛋白质结构的不可逆变性有关。

(4) 超临界流体中的酶催化反应　用α-淀粉酶和糖化酶可以在超临界流体介质中水解淀粉。传统的淀粉水解包括高温下糊化以及液化、糖化几个步骤。Lee 等在用α-淀粉酶和糖化酶水解淀粉时，使用$scCO_2$，省去了传统工艺过程中的糊化步骤。他们试验了2种方案：①整个液化、糖化过程在$scCO_2$中一步进行；②液化过程在$scCO_2$中，糖化过程则在50℃、常压下两步进行。结果发现，在远低于传统的水解温度的条件下，$scCO_2$中一步水解淀粉所得的还原糖的浓度大约为常压下的5倍。而在两步水解反应中，第一步仅在7.5～8.5MPa的$scCO_2$中水解6h，最终有70%～80%的淀粉转化为还原糖，比用传统的工艺（有糊化过程）水解75h的效果还好，可见使用$scCO_2$具有一定的优越性。

三酰甘油、脂肪酸或者它们的混合物可溶于$scCO_2$中，其溶解度大小与$scCO_2$的密度有关。温度对溶解度的影响是两个竞争因素综合作用的表现，当温度升高后，溶质的蒸气压上升，使溶解度增加；但同时，温度上升引起CO_2的密度下降，从而使物质的溶解度趋向于下降，对一定的溶质而言，存在着一个特定的压力，在此压力点以上，溶质的蒸气压（即温度）对溶解度是主要影响因素；在此压力点以下，CO_2的密度对溶解度的影响是主要因素，此时，温度有很小的增加，溶解度下降却很明显。$scCO_2$中加入适当的改良剂可以促进物质的溶解，月桂酸在$scCO_2$（15MPa、40℃）中的溶解度为22.1g/kgCO_2，但当往$scCO_2$中加入适量的助溶剂乙醇或水后，月桂酸的溶解度明显提高，这是因为乙醇或水的加入提高了$scCO_2$极性的缘故，在三酰甘油混合物中，溶解度较高的三酰甘油也会促进溶解度较低的三酰甘油在$scCO_2$中的溶解。$scCO_2$中酶反应具有很大的优点，特别是酶促酯交换反应进行油脂改性，可望获得高品位的油脂产品，而且产品中不具有溶剂残留的危险，因此它在食品行业中的发展前景良好。近几年来，$scCO_2$中酶促酯交换反应的研究工作已取得长足的进展，但它仍处在基础研究阶段，有关相平衡、反应动力学、传质阻力方面的数据报道还很少，而这些对于工厂的设计和反应条件的控制都极为重要。另外，虽然油脂可溶解于$scCO_2$中，但相对溶解度还很小，如何提高油脂在$scCO_2$中的溶解度也是未来的研究方向之一。

同样的，酶促手性拆分也可以在超临界流体中进行。超临界流体介质下的酶催化反应还可用于手性对映体的合成和拆分。很多的情况下，在超临界流体中进行手性药物的合成比在有机溶剂中的效果更好，有的 *ee* 值甚至达到了 99%。目前合成和拆分手性化合物的研究主要集中在 $scCO_2$ 和脂肪酶。

另外，在超临界流体介质中可以进行酶促糖脂的合成。研究表明，在 $scCO_2$ 中（50℃，65bar，1bar=10^5Pa）加入 3%（体积分数）的丙酮和少量水（0.3%，体积分数）有助于 Novozyme 435 催化葡萄糖和棕榈酸的酯合成反应。

（5）超临界流体中酶催化的影响因素　在超临界流体中预测酶的稳定性和活性是十分困难的。因为除了介质的影响以外，还有多种因素对超临界流体中酶的稳定性和活性有影响，例如含水量、压力、温度、增压-减压、抑制剂等。

反应体系中的含水量是影响酶活性的重要因素之一。水通过多种途径影响酶的催化反应：通过非共价键和氢键断裂影响酶结构；通过促进反应物的分散；通过影响反应平衡等。有人研究了 *N*-乙酰苯基丙氨酸甲酯、*N*-乙酰苯基丙氨酸乙酯、*N*-三氟乙酰苯基丙氨酸甲酯和 *N*-三氟乙酰苯基丙氨酸乙酯在 $scCO_2$ 中由 *Carsberg* 枯草杆菌蛋白酶催化的转酯化反应，重点考察了反应中的含水量对酶活的影响。发现酶需要结合一定量的水分以保持其活性，尤其是在非水相介质的生物催化反应中。而在绝对无水的 CO_2 的超临界流体中，酶分子的结合水可能被夺走。根据温度和压力条件的不同，$scCO_2$ 可以吸收 0.3%～0.5%的水分。如果温度太高就有可能导致酶变性失活。将来自 *Carica papaya* 的凝乳蛋白酶置于超临界流体中，在 30MPa、不同温度的条件下研究其酶活。在高温下，水分被从酶微环境中萃取走并导致酶活降低。粗蛋白酶含水 1.53%（质量分数）。但在 CO_2 超临界流体中，333K 条件下仅含水 0.99%（质量分数）。如果水作为酶促反应的底物，为使反应继续进行，需要足够的水去平衡反应并补偿因超临界 CO_2 吸水而造成的酶分子失水。可是如果在超临界流体中水分充足或者水是其中的一个产物，则过多的水分也可能使酶失活。在酶催化水解反应中有适量的水存在是很重要的，不仅因为水是一种底物，还为了保持酶的催化活力。

在超临界流体反应介质中，酶的催化活性受压力的影响。例如，压力可以通过改变限速步骤或调节酶的选择性来影响酶的催化反应。如果一种酶在超临界流体中稳定，那么这种稳定性不会因压力增加 30MPa 而受到影响。但反应速率可能会受到压力的影响。在大多数情况下压力增加会对酶促反应产生积极的影响，但也可能不产生影响。压力引起的酶失活大多发生在压力超过 150MPa 的情况下，300MPa 压力可引起酶的可逆性变性，压力再高就会引起不可逆性变性。由固定化的米黑毛霉脂肪酶催化的油酸酯合成在 $scCO_2$ 中的初始转化率因压力由 10MPa 升高到 35MPa 而增加，但其在正丙烷和正丁烷混合物中则恒定。使用超临界流体作为酶催化反应介质的优点是可以通过改变流体压力而使反应物轻易地从混合物中分离出来。底物的溶解度随压力的升高而升高。超临界流体的溶解能力可以根据反应的需要而进行调节。产物可以轻松地从反应器中移走。

温度是影响反应的一项重要参数，其影响力要比压力影响高得多。温度的升高会带来两种效应：反应速率随温度的升高而升高；温度升高造成酶的变性失活。在超临界流体中温度还与压力有着密切的关系。底物和产物的溶解度依赖于温度与压力的联合作用。通常，在超临界流体中，较高的溶解度可通过升高温度来达到。但温度太高又会引起酶失活。基于以上原因，酶活的最适温度与反应的最优温度并不需要一致。在 $scCO_2$ 中以 30MPa 压力为条件测定由黑曲霉中提取的脂肪酶的酶活，其酶活最高值出现在 323K 时，当温度进一步上升，酶活会迅速下降。其原因与水分在系统中的分布改变有关。当用同一种酶对葵花籽油进行水解时，其最高酶活同样出现在 323K 时。但有时也会出现在超临界流体中酶活升高的情况。例如，以猪胰脂肪酶为催化剂，催化正丁酸和异戊醇的酯化反应。在大气压条件下，酶活最高值出现在 313K 时，而在接近临界条件的丙烷中则出现在 323K 时。在恒定压力下，升高温度可以增加酶活，这或许只是温度作用，也可能是温度和溶剂的联合作用。酶活受热力因素的影响可能服从 Arrhenius 曲线。当反应速率最高时，酶的活性和非活性形式之间的比率受酶失活常数的影响。如果酶活的熵值高，则表示其受温度的影响大。

在超临界流体中，一种酶通常要在间歇反应器中重复使用好多次，可能直接使用，也可能固定化后使用。增压通常起不到重要的作用，减压才是影响酶活的关键步骤。在增压减压的过程中还要考虑快速减压会不会使酶结构遭到破坏。慢速减压，流体有足够的时间从酶及反应器中流出，但如果减压太快，则会因流体无法及时从酶中流出而在局部造成相对较高的压力。将 *Carica papaya* 凝乳蛋白酶置于二氧化碳超临界流体中，在 30MPa、323K 恒温下研究其酶活。1h 后以 3 种方法将反应条件恢复至常温常压：①快速减压（1min）至 0.1MPa，温度降至 283K；②温度降至 293K（3min）伴随压力快速（1min）减至 0.1MPa；③保持温度 305K 慢速减压（3min），然后降温至 293K。结束后再迅速加压，如此反复数次，观察其对蛋白酶活性的影响。在前 10 次反应中，用 3 种方法处理的蛋白酶活性基本相似。14 次反应后，用前两种方法处理的酶活性显著降低，而以第三种方法处理的蛋白酶其酶活保留时间最长。因为密度的连续变化，所以由超临界状态向常压状态的变化过程对酶来说是“友好”的。从另一方面来说，当酶进入两相区域，由于密度的改变，酶微环境中的液态气体迅速气化而使酶结构展开，从而导致酶失活。

酶在超临界流体中使用的最简单形式是酶粉，但这不利于大规模的工业应用和自动化、连续化生产。将酶固定于比表面积较大的惰性载体表面，可增大酶与底物的接触面积，降低扩散限制，能更充分地发挥酶的高效催化作用，且有利于酶的回收和再利用，增加酶的热稳定性。酶的固定化方法有多种，如吸附法、包埋法、载体偶联法和交联法等。由于超临界流体具有低黏度和高扩散系数的特性，吸附于载体上的酶不易脱落，可使用最简单、最经济的吸附法。选择合适载体的重要性已被充分认识，许多学者对载体的选择作了大量研究。载体的性质可影响被吸附的酶量，并且能改变底物和产物在酶表面的微环境，影响酶分子上的结合水，从而影响酶的活性。因此，可根据底物和载体的疏水性初步选择适当的载体。另外，还应考虑到载体的表面积、颗粒大小和内部孔径等因素。

(6) 展望　超临界流体中研究较多的是脂肪酶，它可用于生物分子的合成与修饰，具有很大的前景。超临界流体中酶反应的另一项感兴趣的应用是通过消旋混合物的拆分或手性合成来生产纯的旋光异构体。相信在不久的将来，作为纯的对映体的药物和农业化肥的生产将大大增加。此外，将开发一些新技术，例如在超临界流体中使用具有更复杂酶体系的完整的细胞。当反应底物和产物必须通过细胞壁输送时，能充分体现超临界流体的高传质能力。超临界流体构建了酶反应介质的又一领域，其开发前景在生化工程中将日益受到重视。

2. 离子液体

(1) 离子液体简介　与传统的液态物质相比，离子液体只有阴阳离子，没有中性分子。离子键强大的库仑力作用使得晶格上的阴阳离子只能振动却不能转动或平动，所以离子液体常温下一般呈固态，并且有较高的熔点、沸点和硬度。但是，如果把阴阳离子做得很大且又极不对称，由于空间阻碍增大使得阴阳离子间的库仑力减小，晶格能减小了，所以这种离子液体不但可以振动，还可以平动和转动，常温下也呈液态形式存在，并且熔沸点都有所降低。离子液体从物理性质上可以分为固态和液态两类；按阳离子母核的结构类型分可以将常见的离子液体分为四大类，即咪唑盐类、吡啶盐类、季铵盐类和季𬭸盐类，如图 2-9 所示。

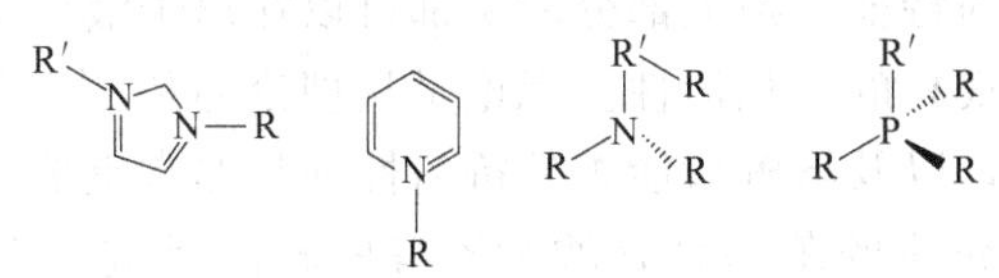

图 2-9 常见离子液体的有机阳离子母体结构
（四种有机阳离子母体依次为咪唑类、吡啶类、季铵类和季鏻类）

离子液体的阴离子种类繁多，主要有 BF_4^-、PF_6^-、$TA^-(CF_3COO^-)$、$HB^-(C_3F_7COO^-)$、$TfO^-(CF_3SO_3)$、$NfO^-(C_4F_9SO_3^-)$、$TfN^-[(CF_3SO_2)_2N^-]$、$Beti^-[(C_2F_5SO_2^-)_2N^-]$、$Tf_3C^-[(CF_3SO_2^-)_3C^-]$、$SbF_6^-$、$AsF_6^-$、$NO_2^-$ 等。离子液体不同的阳离子的物理、化学性质不同，不同的阴离子间理化性质也千差万别，所以不同的阴离子和阳离子组成的不同的离子液体的性质更是各不相同，并且性质种类繁多。通过对组成离子液体的有机离子进行调整和修饰，理论上可以组合成数量巨大的离子液体。

（2）离子液体中蛋白质的构象研究　蛋白质（包括酶分子）在不同离子液体中的空间构象可能会受到影响，目前已经有科研工作者采用一些技术手段研究了离子液体中蛋白质的构象变化（表 2-1）。

表 2-1　用于研究离子液体中蛋白构象变化的技术

技　术	研究目的或研究对象	实验发现
UV-vis	天然和展开状态的蛋白质；蛋白和IL形成的复合物	离子液体的存在导致多肽骨架结构发生变化
Far-UV CD	蛋白质二级结构	离子液体的存在导致多肽骨架结构发生变化
FT-IR	蛋白质二级结构	离子液体的存在导致多肽骨架结构以及氢键模式发生变化
拉曼光谱	蛋白质二级结构	离子液体导致蛋白质酰胺Ⅰ带和Ⅲ带的位置发生改变
Near-UV CD	蛋白质四级结构	离子液体的存在导致芳香氨基酸残基的暴露程度发生改变
DLS	离子液体中蛋白聚集体的尺寸和结构	蛋白质与离子液体相互作用后蛋白的流体力学半径发生改变
SANS	离子液体中蛋白聚集体的形状、尺寸和结构	使用氘化离子液体或蛋白可以获得离子液体或蛋白的有价值的信息
NMR	蛋白在离子液体存在的情况下的空间构象	离子液体的存在导致光谱发生变化

（3）离子液体作为酶促反应介质的优点　水、传统有机溶剂、超临界流体、离子液体等都可以作为酶催化反应的反应介质，但与其他各类反应介质相比，应用于非水酶学酶催化反应领域中的离子液体反应介质有着独特的优点。

首先，离子液体的溶解范围广，溶解度高。因为有机离子和无机离子都可以组成离子液体的阴阳离子，所以它对许多有机物、无机物，甚至高分子材料都具有很好的溶解性，并且有时溶解度很高。其次，离子液体没有显著的蒸气压，被认为是一种绿色溶剂。因为离子液体的正负离子之间有较强的库仑引力，使得即使在较高的温度和真空度下一般也难以挥发。再次，大多数离子液体具有较好的热稳定性，化学稳定性高，一般不可燃，并且可以重复使用多次，易于制备，原料不贵。然后，离子液体对多数催化剂无毒无害，催化剂可以溶解在其中，溶解后若呈单一均相，催化效率会增高；若多相相容，则催化易分离。最后，离子液体使催化剂的活性更高、稳定性更好、选择性更高，使反应产物的转化率提高。因为离子液体多为非质子溶剂，所以溶剂化和溶剂现象大大减少，使得反应的各项指标均有所提高。

(4) 酶在离子液体中的特征　绝大部分的酶都可以在离子液体中催化反应，甚至在几乎无水的情况下酶仍能保持很高的催化活性。无论是从理论还是从实践方面来看，研究各种形式的酶能否溶于离子液体，以及溶解后能否保持活性都是非常重要的。具体来讲，前人曾经研究过离子液体作为反应介质的苯基甘氨酸和乙醇的转酯反应。实验中用到了四种形式的CALB，包括游离酶（Novo SP525）、固定化酶 Novozyme435、交联酶晶体（CLEC）以及交联酶聚集体（CLEA）。实验结果表明，CALB在离子液体［BMIM］［PF_6］和［BMIM］［TfO］中的活性与在叔丁醇中的情况相似，而在［BMIM］［NO_3］、［BMIM］［lactate］、［EMIM］［$EtSO_4$］和［$EtNH_3$］［NO_3］中几乎无反应发生（转化率＜5%）。对于丁酸甲酯和正丁醇的转酯反应的类似研究也出现类似的情况。研究表明，那些酶在其中不表现活性的离子液体一般包含配位能力较强的阴离子，如乳酸根、硝酸根和乙基硫酸根离子。对这一现象的合理解释是这些阴离子与酶（包括游离酶和固定化酶）表面之间的配位引起酶构象的改变，导致其活性的丧失。然而酶溶解于离子液体中引起的结构改变通常是可逆的，故当CALB溶于［BMIM］［lactate］、［EMIM］［$EtSO_4$］或［$EtNH_3$］［NO_3］之中24h后，再用缓冲液稀释50倍，几乎可以恢复全部的催化活性。总的来说，酶溶于离子液体中一般会部分失活（即去折叠），但加入水后即可重新折叠并恢复活性。

酶在大多数的有机溶剂中的稳定性比在含水介质中都高，对离子液体也一样。自Erbeldinger等人证明嗜热蛋白酶能在离子液体中表现很高的热稳定性后，又有一些报道证明了酶在离子液体中比在有机溶剂中有更好的热稳定性，如胰凝乳蛋白酶、CALB脂肪酶和嗜热芽孢杆菌酯酶在离子液体中的热稳定性比在有机溶剂中的热稳定性分别高17倍、3倍和30倍。Sheldon等在研究中发现CALB在离子液体［BMIM］［PF_6］中80℃条件下水浴20h后，酶活性反而增加了20%。作者估计有可能是离子液体形成了一层膜，保护了酶表面水层微环境而使酶稳定，但这个解释还是不能很好地说明酶在与离子液体恒温共浴后活性反而增加。由于水活度也影响酶的热稳定性，Bornseheuer等控制酶和溶剂的水活度后再比较酶在离子液体和有机溶剂中的热稳定性，发现酶在离子液体中的热稳定性仍高于在有机溶剂中的热稳定性。Bornseheuer等人把这种现象归结为离子液体和酶分子间产生电荷作用，而使酶分子呈现刚性结构，从而表现出高稳定性。从已有文献来看，Bomscheuer等的解释似乎更合理一些，但酶稳定性的提高是不是基于离子液体对酶分子的直接作用，还有待对离子液体中酶的构象进行进一步研究。

有关酶在离子液体中进行催化反应时表现出来的催化选择性的报道不尽一致，在一些报道中脂肪酶和蛋白酶在离子液体中表现出比在有机溶剂中高的选择性，有些则报道酶在这两种介质中催化选择性上的区别并不明显，甚至有些在离子液体中表现出有机溶剂中低的催化选择性。Bomscheuer等人用染料的方法评价了一些离子液体的极性，发现酶催化反应的选择性和溶剂极性之间没有任何关联。值得注意的是，除了酶本身具有的对底物的催化选择性外，底物在溶剂中的溶解度也影响了反应的选择性。Kazlauskas等研究了用CALB在离子液体中催化葡萄糖乙酰化的反应，结果发现目标产物6-乙酰葡萄糖与衍生物3,6-二乙酰葡萄糖的比例高达（13～50）∶1，而在有机溶剂如丙酮、四氢呋喃中这个比例为（2～3）∶1，Kazlauskas等人认为产生这种现象的原因在于底物葡萄糖在有机溶剂中的溶解度低，而产物6-乙酰葡萄糖在有机溶剂中的溶解度较高，由此导致了衍生物3,6-二乙酰葡萄糖过多的产生，从而引起反应选择性的下降。

(5) 离子液体中酶催化反应的影响因素　离子液体的纯度影响反应中酶的活性。离子液体中残留其他离子会影响酶活力，卤素、银盐等都是降低其纯度的离子。比如，一个科研小

组认为在 [BMIM] [BF_4] 或 [BMIM] [PF_6] 中南极酵母脂肪酶 B 就会失活，但其他小组则通过实验得出相反的结论，这就可能是由于离子液体的纯度不同引起的。另有研究表明，控制好离子液体的合成温度是减少其生成副产物的关键，丙酮稀释和活性炭吸附等方法是离子液体纯化的有效方法。

酶在离子液体中需要少量的水分子维持脂肪酶的空间构象。在“疏水离子液体-酶”组成的微环境中 [图 2-10(a)]，离子液体的疏水作用导致酶周围的水分子层具有比离子液体更高的介电常数，使得水分子不易与酶分离，空间结构稳定。在一定的范围内，离子液体的疏水性越大，水分子与酶的相互作用力越强，酶的空间结构越稳定；但当离子液体的疏水性超过界限值后，酶活性随着离子液体疏水性的增大而降低，原因在于离子液体的疏水性过高会抑制底物与酶分子的相互接触，降低底物在离子液体中的溶解度，阻碍底物与酶分子的相互作用。而“在亲水性离子液体-酶”组成的微环境中 [图 2-10(b)]，离子液体由于本身具有更高的介电常数，从而取代结合在酶表面的水分子，引起脂肪酶的肽链解折叠，最终表现为酶的活性降低甚至失活。

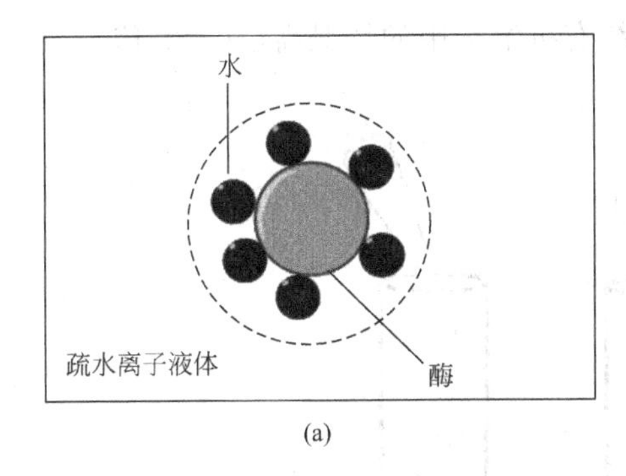

(a)

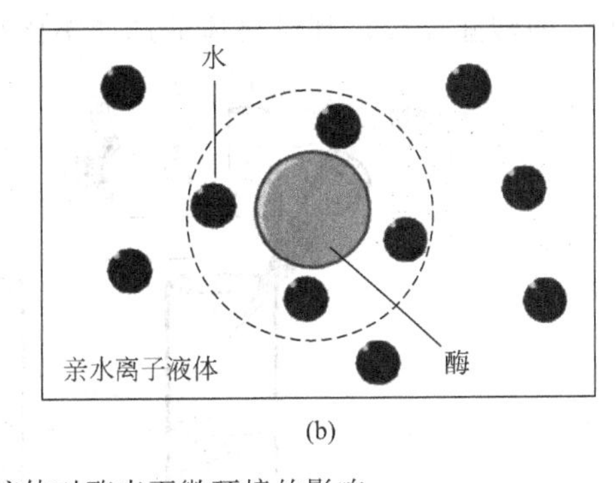

(b)

图 2-10 疏水性和亲水性离子液体对酶表面微环境的影响

溶剂极性（溶剂化电荷的趋势）现在多被认为是溶剂完全独立的特性，和亲水性不能混为一谈。离子液体被认为是高极性溶剂。离子液体的极性可以根据某些特殊染料如尼罗红、赖卡特染料等在不同极性溶剂中的可见光最大吸收值来测定，也可以通过内荧光检测法或分配平衡常数法来测定。用不同方法得到的结果有所不同，但总体来说，离子液体属于高极性物质，其极性范围在水和某些醇类之间。然而高极性的离子液体并不像高极性的有机溶剂一样使酶失活，相反却能够保持酶的活性和稳定性，因此，离子液体可以用于极性亲水性底物的反应，也可以用于非极性疏水性底物的反应。不过强极性的离子液体能使酸类物质离子化增强，电解出的 H^+ 使反应体系的酸性增强，酶在离子液体酸性的环境中比较容易失去活性。由于酶通常以固定化酶或游离态的形式悬浮在离子液体中，因此，这些酶的活性中心的催化作用会受到其内表面和外表面传质速率的控制，而传质速率又取决于反应介质的黏度，因此，离子液体的高黏度是其在生物催化应用中的一个较大的障碍。一般来说，离子液体的黏度要比有机溶剂（如甲苯）以及水的黏度高很多，离子液体的黏度和组成它的阴阳离子相关，另外值得提出的是，离子液体的黏度随温度变化很大。因此，在生物催化反应中可以通过改变反应温度或者振荡速度来减小黏度的影响。

离子液体中的酶催化反应，水含量、反应温度、pH、底物浓度比和酶量等对酶活力也都有一定的影响，另外，不同形式的酶在离子液体中的催化效果也是不同的。

（6）离子液体作为反应介质在酶催化领域中的应用　一般来说，离子液体作为酶催化反应的反应介质的时候，常常是将酶（水溶液、冻干粉、固定化酶或交联酶晶体）直接加入到离子液体中（图 2-11）。与传统的有机溶剂不同，离子液体作为反应介质在许多方面优势明显，如具有几乎可以忽略的蒸气压，很高的热力学和化学稳定性，不挥发，并通过改变阴、阳离子的组成调节其黏度、密度以及与水和一些有机溶剂的混合度。作为传统有机溶剂的替代品，离子液体在生物催化和生物转化研究领域具有很大的潜力，但目前应用于该领域的仅仅包括双烷基咪唑或 *N*-烷基吡啶为阳离子的离子液体。Cull 率先报道了在［BMIM］［PF_6］水两相系统中进行的由完整细胞（*Rhodococcus* R312）催化的 1,3-二氰基苯到 3-氰基苯甲酰胺的生物转化，在该反应体系中离子液体［BMIM］［PF_6］充当了底物和产物的“载体”，降低了底物和产物抑制，从而提高了产率，同时以离子液体代替甲苯减少了溶剂对细胞的伤害。根据 Lau 等的报道，在离子液体［BMIM］［PF_6］和［BMIM］［BF_4］中进行的由 *Candida antactica* 脂肪酶（CALB）催化的醇解、氨解反应，其反应速率大大地超过在传统有机溶剂中的情况，并且当使用固定化的 CALB 作为催化剂时效果更好。Kim 等人报道了在离子液体［BMIM］［PF_6］和［EMIM］［BF_4］中进行的脂肪酶催化的涉及外消旋底物手性拆分的转酯反应，其对映体的选择率比在传统有机溶剂中的情况高至少 25 倍。

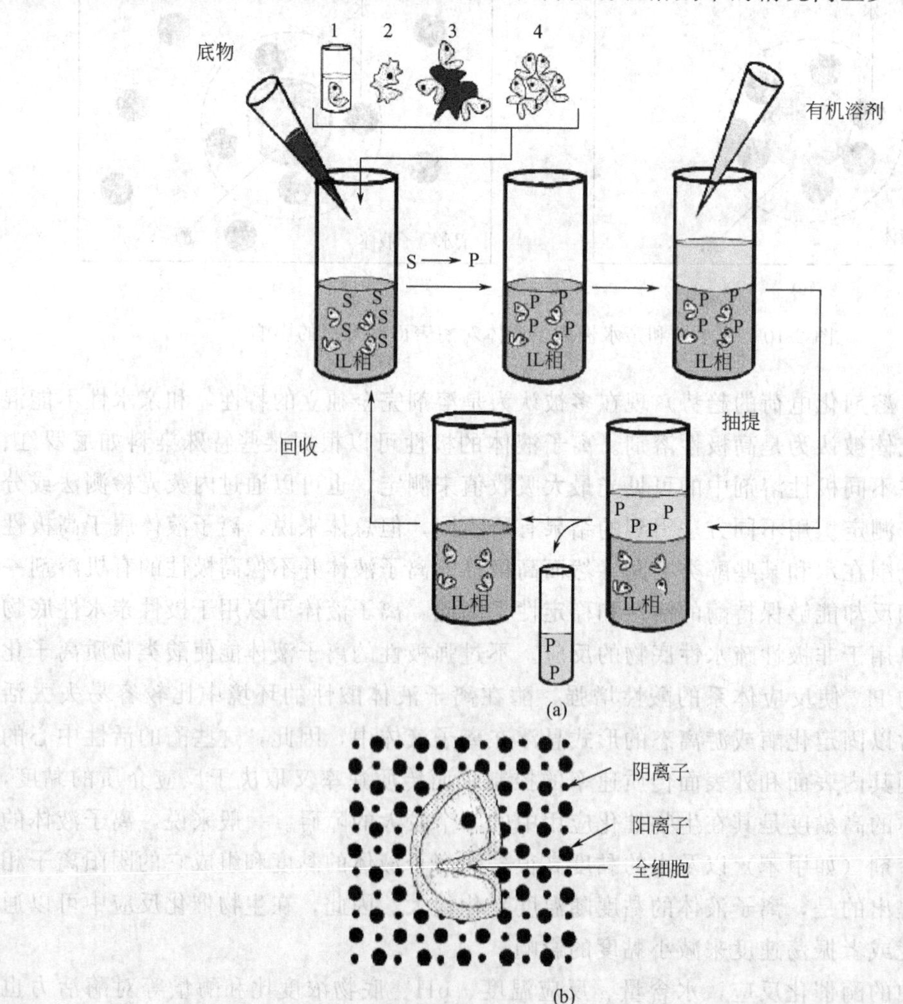

图 2-11 (a) 离子液体中酶促反应示意图（包括回收以及产物分离）和 (b) 酶在水不溶的离子液体中

1—水溶液中的酶；2—冻干酶粉；3—固定化酶；4—交联酶晶体

很多酶都可以在离子液体中进行酶促反应，包括脂肪酶、蛋白酶、糖苷酶以及全细胞生物催化剂等。其中使用最多的是脂肪酶，用脂肪酶催化的反应包括转酯化（醇解）、酯化、动力学拆分手性醇、水解、氨解（酰胺合成）。

用 CALB 在不同的离子液体中催化丁酸乙酯和 1-丁醇的转酯化反应（图 2-12），反应速率在与酶不相溶的离子液体中同在叔丁醇中的相当，而在与酶相溶的离子液体中反应速率至少减慢为原来的 1/10。起初研究者认为离子液体和酶相溶，可能使酶的结构发生改变，从而导致酶的活性降低。但后来研究发现 CALB 在与其相溶的［Et_3MeN］［$MeSO_4$］（其中 Et_3MeN——triethyl methyl ammonium）中并没有使酶的活性降低。由此可见，离子液体是否与 CALB 相溶，与 CALB 是否具有活性并不完全一致。

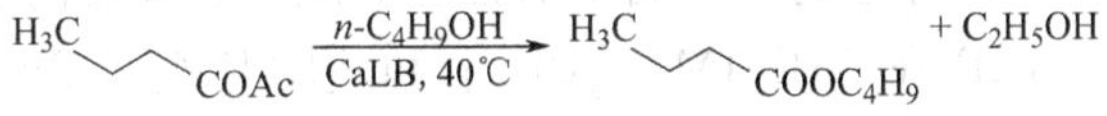

H_3C COAc $\xrightarrow[\text{CaLB, 40℃}]{n\text{-}C_4H_9OH}$ H_3C $COOC_4H_9$ + C_2H_5OH

图 2-12 丁酸乙酯和 1-丁醇的转酯化反应

糖类在反应介质中的低溶解度制约了脂肪酶催化的糖类酯化。在有机介质中，单乙酰代产物较反应物更易溶，使得该产物进一步酰化成二酯。与此不同的是，在［EMIM］［BF_4］中，CALB 催化葡萄糖酯化则具有相当高的选择性，而在另一种［MOEMIM］［BF_4］中反应更快（图 2-13）。这可能是因为 55℃时葡萄糖在［MOEMIM］［BF_4］中的溶解度为 5g/L，是丙酮中的 100 多倍。由此可见，离子液体的溶剂特性可能是影响脂肪酶对糖类酯化反应结果的主要原因。

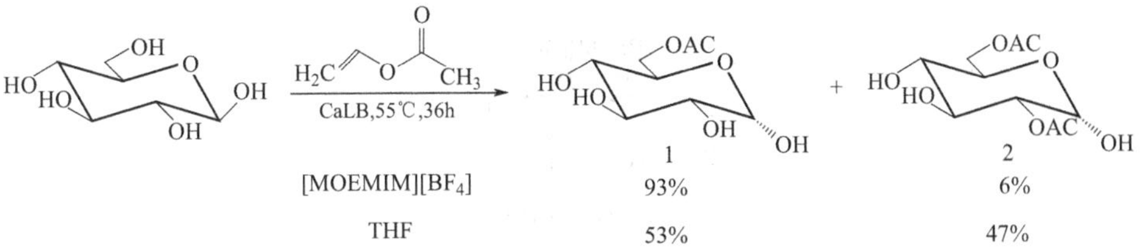

		1	2
$H_2C{=}CH{-}O{-}C(O){-}CH_3$, CaLB,55℃,36h	[MOEMIM][BF_4]	93%	6%
	THF	53%	47%

图 2-13 离子液体和传统介质中葡萄糖的区域选择性酰化反应

脂肪酶催化的手性醇的羧化拆分是脂肪酶的主要工业应用方式之一。例如用 CALB 和 PCL 脂肪酶在离子液体中拆分芳香基链烷醇（图 2-14）。反应中常用乙酸乙烯酯作为酰化剂，常用的离子液体如［BMIM］［PF_6］、［BMIM］［CF_3SO_3］、［BMIM］［Tf_2N］。以脂肪酶在离子液体中的催化动力学拆分外消旋 1-苯基乙醇为例，反应中脂肪酶表现出高的活性，而且通过蒸馏易分离产品，使催化剂可循环使用。

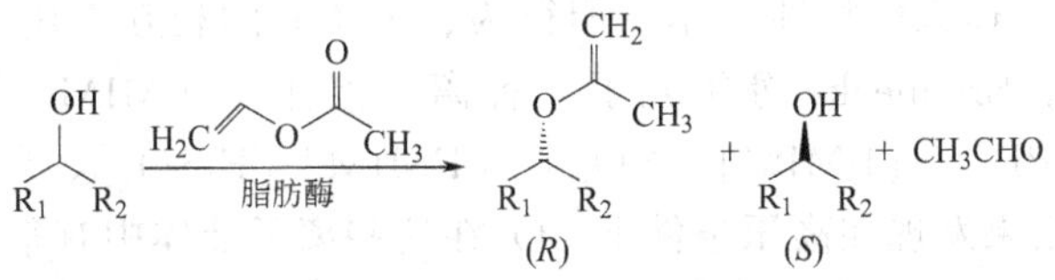

$R_1CH(OH)R_2$ + $H_2C{=}CH{-}O{-}C(O){-}CH_3$ $\xrightarrow{\text{脂肪酶}}$ (R) + (S)-$R_1CH(OH)R_2$ + CH_3CHO

图 2-14 利用脂肪酶动力学拆分手性醇

辛嘉英等人研究了［BMIM］［PF_6］-水及异辛烷-水中皱褶念珠菌假丝酵母脂肪酶催化萘普生甲酯的不对称水解反应（图 2-15）。发现酶的活性在离子液体-水两相体系中与在传统有机相-水两相体系中相比没有明显的变化，但酶的立体选择性有了显著提高。特别是当 IL

相和水相的体积比为1∶1时，酶的活性和立体选择性最好。而且离子液体-水两相体系比传统有机相-水两相体系更安全，同时避免了有机溶剂与水发生乳化。进一步的研究发现，在水饱和的［BMIM］［PF_6］中酶具有更高的操作稳定性。

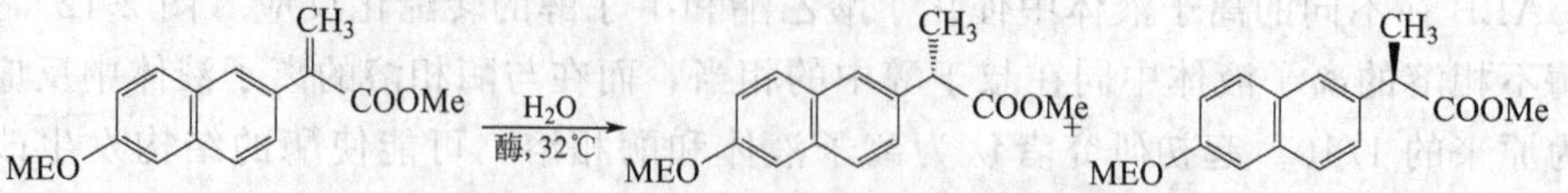

图 2-15 离子液体中萘普生甲酯的水解反应

由上可见，脂肪酶催化的转酯化（醇解）、酯化、手性醇拆分、水解在离子液体中往往较有机溶剂中的反应速率和选择性高。但脂肪酶催化的酰胺合成在离子液体中的产率却比有机溶剂中低。Lau等用CALB在［BMIM］［BF_4］和［BMIM］［PF_6］中催化辛酸乙酯和氨的酰胺化反应（图2-16），辛酸乙酯在离子液体的转化率只有在叔丁醇中的40%～70%。

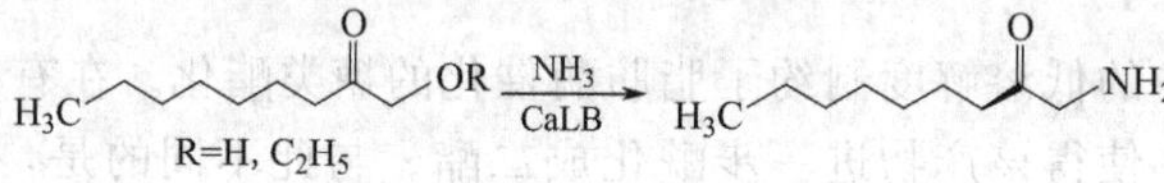

图 2-16 脂肪酶催化辛酸乙酯和氨的酰胺化反应

Lau等在［BMIM］［BF_4］中以CaLB（Nov435）催化辛酸和60%的H_2O_2水溶液原位生成过辛酸对环己烯进行环氧化反应（图2-17），在［BMIM］［BF_4］中能平稳进行，反应24h得到产率为83%，相比在乙腈中为93%。

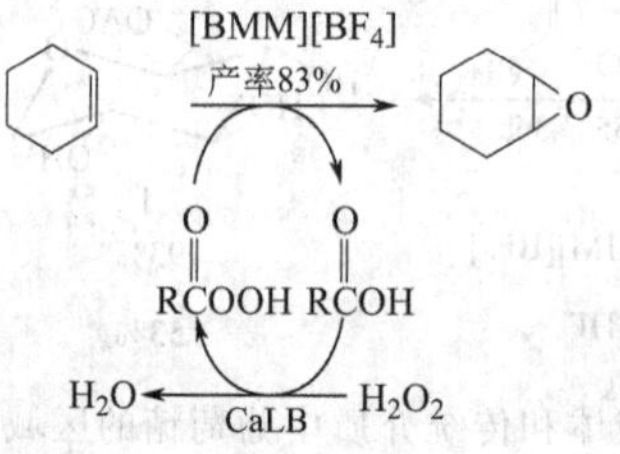

图 2-17 在离子液体中CaLB催化环己烯的环氧化反应

3. 超临界CO_2-离子液体双相体系

超临界流体和离子液体对许多有机物都有较好的溶解度，目前被认为是许多化学反应和物质分离的绿色介质，而且得到了广泛的应用。二者的有机结合也已引起研究者的极大重视，研究者从理论和应用方面开展了一系列的工作。

（1）IL-$scCO_2$两相体系的特性 体系相行为、分子间的相互作用及热力学性质等是该体系应用研究的基础。Brennecke等研究了6种离子液体（［BMIM］［PF_6］、［C_8-MIM］［PF_6］、［C_8-MIM］［BF_4］、［BMIM］［NO_3］、［EMIM］［$EtSO_4$］、［*N*-bupy］［BF_4］）与CO_2的高压相行为。结果发现在高压条件下CO_2在这些离子液体中有很高的溶解度，而离子液体不溶于高压CO_2；CO_2在离子液体中的溶解度随温度和压力的变化而变化。如40℃、8.495MPa时，CO_2在离子液体（［BMIM］［PF_6］）中的溶解度以摩尔分数计高达0.698。随着体系温度的升高，溶解度下降。实验还发现，在低压（$<$8MPa）时，少量水分的存在会大大降低CO_2在IL中的溶解度。例如在40℃、5.7MPa时，CO_2在无水的［BMIM］［PF_6］中的溶解度以摩尔分数计为0.54；在被水饱和的离子液体中的溶解度以摩尔分数计

仅为0.13。随后该小组又研究了9种常见的气体和水汽在［BMIM］［PF_6］中的溶解度、亨利常数及其他热力学（溶解焓和溶解熵）性质。相比较而言，CO_2有较小的亨利常数，其值为5.34MPa，而O_2为800MPa，CO则大于2000MPa。Kamps等也在这方面进行了研究，结果表明：在20～120℃的范围内，CO_2在IL中的质量摩尔浓度随压力（小于9.7MPa）的增大几乎呈线形关系增大，并且通过理论计算作了进一步的说明。

离子液体的结构决定了离子液体在常温条件下具有较大的黏度，这也给离子液体的应用带来了很大的限制，但CO_2溶于离子液体后，可以较大程度地降低离子液体的黏度。因此，在高压条件下，在离子液体中加入CO_2可有效提高离子液体的传质、传热效率。

实际上，IL-scCO_2两相体系无论是应用于物质的分离还是化学反应中，都要涉及到多种物质，如反应物、产物等，那么这些物质对体系的相态影响是一个值得研究的课题。吴卫泽等研究了极性溶剂（甲醇、乙醇、丙酮、乙腈）对IL-CO_2相态的影响，结果表明：虽然IL(［BMIM］［PF_6］、［BMIM］［BF_4］）不溶于scCO_2，但当体系存在极性溶剂、且极性溶剂在CO_2中的含量较高［大于10(mol)%］时，IL在scCO_2中的溶解度不可忽略，溶解度随溶剂极性的增大而显著增大，这可能对scCO_2从IL中萃取分离反应物或产物造成交叉污染；但非极性溶剂（如己烷）的存在对IL在scCO_2中的溶解度可以忽略。Scurto等发现，在一定的温度下，一定组成的［BMIM］［PF_6］和甲醇溶液，在高压CO_2的作用下，该溶液分离为三相，富IL相（下层）和富甲醇相（中层），而最上层为富CO_2相。当CO_2的压力继续上升时，中间相消失，三相体系转变为两相体系。随后他们研究了压力对CO_2和［BMIM］［BF_4］的水溶液的相态的影响，发现存在着类似的规律。Najdanovic-Visak等研究了高压CO_2对水、乙醇、［BMIM］［PF_6］混合溶液的影响，在一定的CO_2压力范围，同样可以观察到三相存在。这一有趣的现象表明用高压CO_2可以将IL和有机溶剂（或水）混合液简单地分离；同时也表明CO_2、IL和有机溶剂（或水）组成的体系相态是复杂的。吴卫泽等对该三相体系的相组成和存在条件进行了详细研究，并对用高压CO_2分离IL(［BMIM］［PF_6］）和甲醇的混合溶液的分离系数进行研究，结果表明：降低温度和提高压力有利于分离。对于高压CO_2、水、［BMIM］［BF_4］三组分体系，存在类似的规律。与前面的体系略有不同的是：前者三相存在的压力范围较小，如40℃、在压力6.95～8.21MPa的范围可以观察到三相；后者在3.0MPa到实验装置承受压力20MPa时，均可观察到三相。

（2）IL-scCO_2两相体系酶催化反应　近年来利用IL-scCO_2两相体系作为酶催化反应介质引起了研究人员的极大兴趣，因为这种两相体系可以充分发挥酶的高活性和绿色分离的特点。IL可以溶解酶从而提高酶的催化活性，超临界CO_2作为流动相可以将反应产物带出，实现了低温分离，既不污染环境，又保持了催化剂的活性。IL-scCO_2两相系统作为酶催化反应介质为非水环境中酶催化反应的绿色工艺发展提供了新机遇。

（3）展望　超临界二氧化碳和离子液体的结合，充分利用了两者在溶解性和催化反应方面的优点，为开发绿色化学过程提供了新的机遇。超临界二氧化碳可以从离子液体中萃取分离出产物，而且两者不会交叉污染，催化剂留在离子中循环利用。另外，IL-scCO_2独特的两相性质可以促使反应的转化率和选择性得到提高。总之，当IL-scCO_2两相体系作为溶剂或介质时，其相行为是复杂的，其相态的复杂性势必对IL-scCO_2两相体系的应用产生影响。正是由于其性质的复杂性，才预示其应用的广泛性，合理的应用，可以变复杂为有利，从而开辟更为广泛的应用，推动绿色化学快速发展。IL-scCO_2两相体系的缺点一是为了使用scCO_2需要耐高压的设备，二是人们目前对离子液体的毒性和其他生理影响还不了解。纵观文献，目前对IL-scCO_2与其他物质共存时两相体系的相态和热力学性质的研究较少，这将制约该体系的进一步应用，是值得深入研究的一个方面。有些气体，如氢气、氧气、CO 等在 IL 中的溶解度很小，可能影响 IL-scCO_2两相体系中均相反应的速率。研究新型离子液体或者给离子液体中加入助溶剂来调整离子液体与不同反应物的溶解性，也将是研究的方向之一。

二、 非水酶学中的新技术

1. 微波技术

“非水酶学”研究领域发现，酶在有机相中催化反应有许多在水相催化中没有的优点，而且许多反应也只能在有机相中实现，这使有机相酶催化反应成为研究热点，但是有机相中的酶催化反应往往反应周期长、速度慢，制约了它在工业上的应用，所以研究者急于寻找一种既不破坏酶活性又能加快反应速率的方法。1986 年，Gedye 等将微波技术应用于有机化学反应领域，发现微波能加快有机反应的反应速率，之后随着研究的深入，人们发现微波辐射还能加快反应速率、改变反应选择性、减少催化剂用量等。20 世纪 90 年代以来，人们将微波辐射应用于有机相酶催化反应中，希望它在不破坏酶生物活性的前提下提高酶促有机反应的反应速率，结果发现适当的微波辐射优于传统的加热方式，它不但加热速度快，而且对酶催化反应还有提高酶活性和反应速率等促进作用。

(1) 微波简介　微波（microwave，MW）是一种频率在 300MHz～300GHz 之间的电磁波，频率比无线电波高，比红外光波低，介于无线电波和红外波谱之间，波长在 1m～1mm 的范围内，具有“波粒二象性”。微波有吸收、反射和穿透三个基本性质，对于介质损耗因数大的物质如水等，它们会吸收微波使自身加热；金属则会反射微波；微波几乎是穿透玻璃、塑料，没有吸收。由于微波的独特性质，使得它在微波加热与催化、微波遥感、现代多路通信系统、物质内部结构探索等领域广泛被应用。目前，生物化学领域主要利用微波的辐射特性对物质及反应进行加热。通常，微波的加热频率是 2.45GHz（波长是 12.12cm），依靠物质吸收微波后将微波的电磁能转化为自身的热能的原理完成加热。生物化学领域中的样品很多都是由水、蛋白质、脂肪、糖类等极性物质组成的，它们在微波高频变化的电磁场作用下，反复快速地改变在电场中的取向从而发生快速转动，分子间摩擦、碰撞的概率增多生热；此外，在微波的作用下，离子会振动加剧，普通分子也会吸收微波能量，增加的动能和微波能随后都会转化为自身的热能，物质热能增加后又不能及时散出，使得物质温度上升从而被加热。

(2) 微波加热的特点　首先，由于微波加热是因为极性分子在高频变化的电磁场内快速转动后将动能和微波能转化成了自身的热能，所以它是内源性热源，不同于外源性热源的加热方式，不需要传导或对流。其次，微波加热有快速、全面、均匀等特点。由于微波加热是内源性加热，介质内部和外部几乎是同时被加热，不需要热传导或对流，所以介质被全面均匀地加热，温度也会迅速上升，省去了由外到内热传导的时间。再次，选择性加热物质。物质吸收微波的能力取决于物质的介质损耗因数，两者成正向关系，因数大则吸收能力强，反之，因数小则吸收能力弱。每种物质的介质损耗因数不同，对微波的吸收性也不同，产热效果也不同，所以微波就表现出选择性加热的特点。对于高分子材料、各种气体等非极性介质，其介质损耗因数微弱或者没有，微波对其没有加热作用；对于水等极性介质，它们的介电损耗因数也较大，有很强的微波吸收能力，能被快速均匀地加热。最后，微波加热还有催化作用。微波的催化作用表现为“非致热效应”，有机反应经过微波辐射后，能加快反应的进行，还能提高催化剂的选择性和活性。虽然微波的催化机制至今尚未清楚，但其催化性能已经被广为认同接受。

(3) 微波辐射对酶蛋白的影响　在酶催化反应中，抑制剂、溶剂、电磁场或者金属离子及配合物对酶的构象都会产生影响，从而影响酶的催化活性。微波辐射可以用来消解蛋白质，也可以用来加速酶催化反应，而后者是在不损伤酶的一级结构的低功率辐射下进行的。由于酶的催化活性与酶的结构密切相关，因此，研究微波辐射对于酶构象的影响将有助于研究微波在微波偶合酶促反应中的非热效应。

有研究发现，微波辐射下酶的稳定性比常规加热下的酶稳定性高，且在极性较强的溶剂中，微波辐射比常规加热更具优势，酶的稳定性可达常规加热下的6倍。微波辐射的时间、功率及酶促反应体系对酶的结构和活性有重要影响。高频电磁场的作用下，酶分子构象的变化使活性部位裸露，易于与底物结合，但过长时间或过高频率的微波辐射会破坏蛋白质的二级结构。热效应达到一定程度时，酶分子动能使基团的振动能增加，破坏酶的立体构象，活性下降。另有研究表明微波辐射可以导致蛋白质二级结构发生变化，使其β折叠的含量增加，α螺旋结构亦变得混乱，使蛋白质的有序结构无序化。通过对比同样温度下经微波辐射预处理过的酶液和经常规热处理的酶液的荧光强度可以发现：经微波辐射或者常规加热预处理过的酶，波峰的位置未变，而其荧光波峰的强度发生了变化。波峰的位置未变说明微波辐射或者常规加热并没有导致酶结构中发色基团结构的改变，荧光强度变化是因为发色基团含量的变化，由此可推测酶的蛋白部分经微波辐射后更加“裸露”。这在一定程度上也可以解释微波辐射后酶活增加的原因之一可能是由于“裸露”的酶蛋白能更好地与底物接触。

微波辐射可以提高固定化米赫根毛霉脂肪酶在有机溶剂中催化辛酸和丁醇的酯化反应初速度，而微波辐射可以增强醇与酶的亲和力，但是对微波辐射下LRI的构象变化不甚明了。众所周知，酶的活性部位与底物的诱导契合是酶催化的先决条件。由于不同底物、溶剂的物理性质不同，受物理场的影响也不同，对酶的作用程度可能也不相同。由于微波对物质极性的敏感性，酶蛋白构象在不同环境下（例如不同功率微波、不同溶剂、不同底物）受到微波辐射的影响也一定不同。酶蛋白分子的内源荧光强度与发射峰位置的变化在一定程度上可揭示酶分子肽链的伸展及构象变化，特别是揭示酶蛋白分子裸露程度的变化；而酶蛋白分子的适度裸露对酶与底物的契合是很重要的：适度的酶蛋白分子更加裸露有利于酶蛋白分子更好地与底物结合，从而加快反应速率；过度的裸露使酶的结构过于松散，可能会破坏酶特有的疏水袋结构，有利于竞争性副反应的发生。

(4) 微波辐射-酶偶合催化技术　微波辐射-酶偶合催化（microwave irradiation-enzyme coupling catalysis，MIECC）技术是一种将微波辐射和酶催化两种催化方法结合起来在生物催化反应中一同使用的新型催化方法，此方法一方面利用了微波的“致热效应”和微波辐射伴随的“非热效应”，另一方面也可以发挥酶独有的催化作用。酶是一种高效催化剂，它具有催化速率快、用量少、反应条件温和等特点，而且一定条件下的微波辐射对酶没有负面影响。微波辐射能改善酶的“微环境”，从而可能提高酶催化的专一性和催化速率。酶分子及其周围的微环境在微波场中经过微波辐射后，被加热的速度比周围介质更快，在酶表面微环境处形成了“活化点”，此外，微波辐射增强了酶的活性中心和底物的诱导和定向作用，底物的反应基团与酶的活性中心更加接近、结合更加紧密，所以微波提高了酶的选择性和酶活力。此外，微波还可以防止催化剂中毒，延长催化剂的寿命，提高催化剂的机械强度。

① 微波辐射对酶稳定性的影响　微波辐射能够影响脂肪酶Novozym435在有机介质中的稳定性。以丁酸乙酯和丁醇的酯交换反应为模型，在酶促反应前（储存条件下）和反应中（反应条件下）分别施行微波辐射和常规加热。两种情况下微波辐射下酶的稳定性均高于常

规加热模式下的。其中不同底物（丁酸乙酯或丁醇）中微波辐射对酶稳定性的影响并不相同，在强极性底物（丁醇）中微波效应更为明显，微波辐射下酶的稳定性是常规加热下的6倍。作者认为极性溶剂能更好地耦合微波能量，改变了酶与其微环境的相互作用，增加了酶的稳定性。而在无底物条件下，微波辐射和常规加热对酶稳定性的影响基本相同。

② 微波辐射对酶催化反应初速度的影响　多聚半乳糖醛酸、木聚糖、羧甲基纤维素经微波预辐射后，其反应初速度提高了1.5～2.3倍。电镜分析显示：微波辐射后，底物形态的改变使其易于与酶结合从而使反应初速度提高。微波辐射下固定化脂肪酶Novozyme 435催化合成脂肪酸酯的反应初速度比常规加热模式下的初速度提高了2.63倍。在微波辐射辅助催化枯草杆菌蛋白酶和α-胰凝乳蛋白酶在不同温度不同溶剂中的酯交换和酯化反应时，反应初速度增加2.1～4.7倍，微波辅助加热和常规加热下的酶促反应初速度都随溶剂的lg$P$的增加而增加。

Parker等考察了角质酶在微波辐射和常规加热下催化丁醇与丁酸乙酯的酯交换反应。结果显示微波加热对酶催化反应初速度的影响与酶所处的微环境有关。在不同温度下，初始水活度为0.58和0.69时，微波辐射增加反应初速度2～3倍；而在初始水活度为0.97时，微波辐射条件下的反应初速度却相应低于常规加热条件；这种微波辐射导致较低反应初速度的效应是可逆的。

将枯草杆菌蛋白酶和α-胰凝乳蛋白酶置于六种不同溶剂中在不同温度下催化酯交换和酯化反应，微波辐射可使得反应初速度增大2.1～4.7倍。两种加热模式下的反应初速度均随溶剂的lg$P$的增加而增大（苯为溶剂时例外），但不同溶剂中两种加热模式的反应初速度比（v_m/v_c）不同，且v_m/v_c与溶剂的lg$P$无明显的相关关系。作者将微波辐射与pH调节和盐活化等方法结合来探讨其综合效应。结果显示这三种方法结合的反应初速度最大，大于单纯pH调节和单纯微波辐射等方式所得的初速度。

与常规加热相比，微波辐射下固定化脂肪酶Novozyme 435催化有机相中合成脂肪酸酯的反应初速度提高了2.63倍。两种加热模式下反应活化能并未改变，作者将微波促进反应归结为微波辐射下分子间的有效碰撞增加。

③ 微波辐射对酶催化反应选择性的影响　微波辐射改善酶周围“微环境”的情况下可能会提高酶催化的专一性。微波辐射会加强酶活性中心与底物的诱导和定向作用，利于酶与底物的结合，提高了酶促反应的专一性和催化效率。微波辐射还可降低某些反应的活化能或熵函数，从而改变了酶的催化专一性和立体选择性。Zarevucka等在微波辐射下，通过反向水解法和转糖基，酶促合成了烷基β-D-吡喃葡萄糖苷和烷基β-D-吡喃半乳葡萄糖苷，发现微波辐射能够提高酶催化的区域选择性。Bradoo等和Vacek等研究了微波辐射和常规加热两种加热模式下不同酶的酶催化反应时发现，两种加热模式下的酶促反应具有相似的底物选择性。微波作为一种化工领域广泛应用的技术，可以大大提高合成速率，加速酶促反应进程，虽然其中的具体原理还有待进一步的研究，但加速反应速率已得到公认，尤其是微波与相关技术的结合，已成为研究的热点。

对微波辐射提高酶催化反应的对映选择性这一行为可初步解释为：微波辐射可以改善酶的“微环境”，从而可能提高酶催化的专一性。酶催化体系经过微波辐射后，增强活性中心的立体结构与相关底物基团的诱导和定向作用，使底物分子中参与反应的基团与酶活性中心更加相互接近，并严格定位，使酶催化反应具有更高效率和专一性。而且微波同时也是一种电磁波。其交变电场对蛋白质等极性分子的洛伦兹力作用，会强迫其按照外加电磁场作用的方式运动，从而迫使反应向生成某一构型产物的方向进行；另外，微波辐射降低了某些反应的活化能或熵函数，从而改变了酶的催化专一性和立体选择性。

Bradoo 等发现不同脂肪酶在催化不同甘油酯和不同甲酯的水解反应以及不同脂肪酸和甲醇的酯化反应时，微波辐射和常规加热下脂肪酶表现出相同的底物选择性。Vacek 等用四种固定化酶催化丁醇和不同脂肪酸的酯化反应，也发现微波辐射条件下的反应产率高于常规加热下的，另外，微波辐射条件下四种酶的底物选择性与常规加热下的并无明显差别。

Zarevucka 在微波辐射条件下通过葡（萄糖）基转移作用和反向水解法，用酶催化选择性合成了烷基 β-D-吡喃葡萄糖苷和烷基 β-D-吡喃半乳葡萄糖苷，发现微波辐射可以提高酶催化的区域选择性。以正辛酸与甘油为底物，利用 1,3 专一性的脂肪酶（Novozyme 435）在无溶剂条件下催化甘油和十辛酸的酯化反应。通过考察不同水含量、不同配比以及不同加热方式下各产物量的变化来探讨微波对该反应的区域选择性的影响。发现实验范围内各种条件下的微波辐射均削弱了 Novozyme 435 的 1,3 专一性。

有人研究了微波辐射条件下酶促葡萄糖基的转移反应。实验结果表明，微波辐射相对于传统加热条件，酶催化有机合成的选择性大大提高，反应时间明显缩短，酶催化效果更好。

（5）微波和离子液体联用技术　目前微波催化是国际上研究辅助催化手段的热点之一，由于其加热速度快、提高反应速率和选择性、节能高、污染小等特性，备受学者关注。在生物体的新陈代谢过程中，作为生物催化剂的酶起着关键作用。在生物体内，酶催化的化学反应十分复杂，但是不同于普通的化学催化剂，酶催化反应时有高度的选择性、反应条件温和、催化效率高。微波和生物催化剂联合使用催化反应的方法即微波辐射-酶耦合催化法在生物化学领域中得到极大的应用。微波技术作为一种新型绿色技术已经广泛应用于化学反应的辅助催化领域，而离子液体也被看作是绿色溶剂，在非水酶学酶催化领域也崭露头角，微波技术和离子液体的联合使用更为非水相酶催化领域开辟了新途径。微波技术要发挥其加热效应和催化效应必须要求介质为电介质，而离子液体有较高的极化潜力、较高的微波能吸收率，这使得微波技术能应用于离子液体。另外，离子液体独特的优点，如没有显著的蒸气压、热稳定性好、物质在其中的溶解度高，使得离子液体优于其他传统的微波吸收介质，可以与微波协同使用。微波辅助离子液体法能发挥两者各自的优点，为非水酶学酶法催化反应开辟新途径。

于等人选择了 Novozym 435 催化拆分（*R*,*S*)-2-辛醇和 Novozym 435 催化合成脂肪酸甲酯这两个酶催化转酯反应作为研究对象，考察了微波和离子液体对酶催化转酯反应的影响。通过比较四种条件下的酶活力和选择性，即无离子液体传统加热、有离子液体传统加热、无离子液体微波加热和有离子液体微波加热四种条件，证明了微波和离子液体对 Novozym 435 催化的转酯反应有协同促进作用。随后又筛选得到了微波和离子液体条件下的最佳反应条件，还研究了该条件下酶的热稳定性和重复利用性，结果表明 Novozym 435 和离子液体在微波条件下均具有较好的稳定性和重复利用性。通过研究，证明了微波和离子液体对 Novozyme435 催化的转酯反应有协同促进作用，为酶催化反应提供了一种新的催化手段。

孙国霞等在成功构建离子液体共溶剂体系的基础上，采用微波辐射代替传统加热方式，考察了微波辐射效应对酶催化芦丁选择性水解产异槲皮苷的酶促效率的影响。微波辐射温度 30℃、微波辐射时间 5min、pH9.0 时，[Bmim][BF_4] 反应体系的芦丁转化率为 89.18%、异槲皮苷得率为 84.74%、槲皮素得率为 2.79%，反应时间从原来的 10h 缩短为 5min，反应效率提高了 120 倍，显著降低了生产成本。他们所构建的微波强化离子液体共溶剂选择性水解芦丁产异槲皮苷的新体系显著地提高了转化率、得率和反应效率。

陈格等考察了微波辐照下离子液体共同冻干的脂肪酶在有机溶剂中催化 α-硫辛酸的

立体选择性的酯化反应。他们发现微波辐射技术能够大幅度地提高酶促拆分 α-硫辛酸的催化效率，并且离子液体共同冻干的脂肪酶在微波下具有良好的重复使用性。他们的实验结果也进一步证明了微波和离子液体联用技术有助于提高非水介质中酶催化反应的催化效率。

2. 超声

超声波作为一种机械能量形式，可以改变物质的组织结构、状态、功能，适宜强度的超声可以在不破坏细胞的情况下提高整个细胞的新陈代谢速率，而高强度的超声作用于细胞时，会使细胞内含物失活或细胞破碎。另外，超声波作为一种能量传播形式，具有效率高、价格低、无污染、易获得等优点，可将能量释放到介质中，从而使介质中的分子产生物理变化和化学变化，因此也可以引发或强化机械、物理、化学、生物等过程，提高这些过程的质量和效率。因此，目前超声技术已经广泛应用于工业、农业和医药等领域。近年来，人们把超声技术与酶催化技术结合起来进行研究，利用超声波产生的物理能量作用于酶分子，使酶分子的构象发生改变，从而影响其催化活性。这在一定程度上反映了声学技术向生物技术领域的积极渗透，使两个研究领域交叉融合，从而对这个边缘学科的发展造就了强大的生命力。

(1) 超声技术在非水酶学中的应用　目前利用超声技术对酶进行处理主要有两种方式：一种是超声预处理，即首先在超声介质中对酶进行超声处理，酶干燥后再在反应介质中催化酶促反应；另一种是直接对反应介质中的酶进行超声处理，超声处理同酶促反应同时进行。

邱树毅等比较了固定化脂肪酶 Lipozyme 经超声作用预处理后，再置于恒温振荡反应器中进行振荡反应与未经超声作用预处理振荡反应两种情况下脂肪酶催化反应的转化率，他们发现超声作用后振荡反应比未经超声作用而直接振荡反应的固定化脂肪酶在反应 12h 的转化率约高了 1.68 倍。显然，经超声作用预处理后固定化脂肪酶的催化活性大大提高。吴虹等在研究超声作用下的酶促废油脂转酯反应的过程中也报道了反应前对酶进行超声预处理能在一定程度上缩短酶被激活所需的时间，并使其充分激活，从而加速酶催化反应。他们推测其作用机制是由于超声预处理一方面促进了 Novozym 435 活性中心三元复合物“盖”或“罩”的打开，减少了酶被激活所需的时间，另一方面疏通了酶内扩散的传质通道，有助于高黏度的油脂扩散到酶的活性位点。同时，他们还发现超声预处理时间对 Novozym 435 催化废油脂转酯反应也有一定的影响，并且认为超声预处理过程需要一定的时间才可以达到激活固定化酶或疏通内扩散的孔道的目的。

大量的研究表明，不管采取何种方式，适宜的超声可以提高酶的催化活性，加速有机相中的酶促反应。林家立等发现超声辐射作用可以使猪胰脂肪酶在催化萘酚衍生物的转酯反应中的反应速率提高 83 倍。宗敏华等发现超声辐照能显著地加速有机相中脂肪酶促有机硅醇与脂肪酸的酯化反应，在超声辐照条件下的固定化酶 Lipozyme 的反应转化率为对比实验的 4.5 倍。他们比较了超声作用对固定化酶和游离酶的促进作用的差别，发现超声辐射对固定化酶的促进作用远远大于对游离酶的作用，他们认为两者的差异是由于固定化酶反应的控制步骤是内扩散，而超声所产生的声流可疏通固定化载体内部的通道，加速底物及产物分子的运动，故强化了内扩散，从而使酶反应速率有较大幅度的提高；超声辐照对悬浮在有机介质中的游离酶粉催化反应的促进作用主要是由于酶粉颗粒的分散度提高，增大了酶与底物接触的比表面积所致。邱树毅等在研究固定化脂肪酶催化正辛烷中 1-三甲基硅-1-丙醇与脂肪酸的酯化反应时，发现当酰基供体为戊酸，超声作用比振荡反应在3h的酯化反应转化率高约4倍，而当酰基供体为辛酸时，超声作用比振荡反应在3h的酯化反应转化率高约3倍。可见超声作用对非水介质中酶催化反应的促进作用是十分明显的。

大量的研究表明有机溶剂的疏水性是影响超声作用下酶稳定性的重要因素，介质疏水性越强，反应体系中的酶分子抗超声变性能力越强。如刘耘等发现，在相同功率的超声处理下，以四氢呋喃作为介质时，脂肪酶的活力损失较大；在甲苯中，酶失活现象不明显；在正己烷和正辛烷中，酶的相对活力反而提高到了106.3%和111.5%。他们推测，可能是由于酶在疏水性强的有机介质中具有较大的刚性，不易发生构象变化而失活的缘故。然而疏水性有机介质并不总是最合适的反应介质，因为溶剂还能够直接或间接地与底物和产物相互作用，影响酶的活力。Yong-mei Xiao等在研究酶促糖脂合成的时候发现在超声辐射的作用下吡啶是最适反应介质，他们推测是由于糖是一种亲水性底物，在疏水性比较强的反应介质中溶解性不理想，从而使酶分子与底物分子相互碰撞的机会大大降低，因此导致酶活性降低。

超声作用下酶在非水介质中的催化活性与体系含水量也有很大的关系。如刘耘等用水含量分别为0%、1%、2%、5%和10%的四氢呋喃作为超声介质，他们发现在脱水的四氢呋喃中，经超声辐照60min，酶活力损失24.6%，随着四氢呋喃含水量的增加，脂肪酶活力急剧下降，当含水量为10%时，酶活力仅存4.8%。因此，当利用超声作用提高酶在有机介质中的催化反应效率时同样需要严格控制反应介质中的含水量。

超声波对反应的影响不仅取决于反应介质的含水量及有机溶剂的性质，而且与超声条件有很大关系。Tadasa等发现反应体系中脂肪酶的催化活性在很大程度上依赖于超声作用强度。邱树毅等的研究结果表明在超声作用频率为20KHz的条件下，一定范围内，超声作用输出功率愈大，则固定化脂肪酶催化酯化反应的催化活性越大。吴虹等发现当超声输出功率小于80W时，酶促转酯反应速率随超声功率的提高而增大；当输出电功率进一步提高到100W时，已经有部分Novozyme 435出现变性失活。目前普遍认为，在较低强度的超声作用下，超声强度同酶活力呈正相关；随着强度的增大，酶逐渐被激活，强度越高，酶的催化活力越高。若进一步加大强度，酶开始变性失活，酶催化活力也开始降低，超声强度越高，失活率越高。刘耘等研究有机相中Lipozyme进行超声辐照处理时，发现连续超声时间对酶活力也有一定的影响。在其他条件相同的情况下采用60s/30s和120s/30s两种作用方式和30s/30s方式进行比较，可以发现Lipozyme的活力随着连续超声辐照时间的延长而大幅度提高，在120s/30s的形式下，相对酶活力高达247.7%。

（2）超声的作用机制　实际上，有关超声对酶促反应的影响的研究还处在萌芽阶段，对超声作用于酶促反应的机制的研究将十分有助于推动超声技术与非水酶学的进一步结合。

目前一般认为，超声对酶促反应的作用主要包括机械传质作用、加热作用和空化作用等三方面的作用。机械传质作用是指超声作为弹性介质中的一种机械波使介质中的质点进入振动状态增加了质点的振动能量。加热作用是指超声在介质中传播时，其能量不断地被介质吸收，转变成热能，从而使介质的温度升高。空化作用则是指超声激活介质中的气泡。酶的反应速率主要取决于两个因素：传质效率和酶分子的构象。超声通过机械传质、加热和空化三种作用影响着这些因素。

胡松青等的研究证实，适宜的超声作用可降低溶液的黏度和表面张力。一般来说，超声产生的机械传质作用和加热作用能够增加底物分子与酶分子的能量，使其运动性加强，相互间碰撞的概率增大；同时也能够加强介质与酶之间的传质扩散过程，所以能够提高酶的催化活性。另外，当超声作用于酶分子时，超声释放的能量可能导致酶分子的空间构象发生变化，从而影响到酶催化活性的变化。较低强度的超声处理可引起酶分子构象的微小变化，使酶分子的超微结构更具柔性、更合理，表现出较高的催化活性。然而在较高强度的超声作用下，酶分子的能量进一步加大，构象进一步改变，趋向不合理的构象，导致酶分子本身的催化活力受到阻碍，表现为酶的失活。

超声作用下产生的振动的气泡的周围界面有利于介质中的底物分子进入酶活性中心，也有利于产物分子进入介质，从而提高了酶促反应速率。另外，超声使反应生成的水再分配，避免了新生成的水在酶分子表面形成较厚的水化层而影响底物分子和产物分子的传质。在较低强度超声下产生稳态空化作用，这种空化作用较为缓和且有规律，形成的空化泡可使其周围的酶分子受到微流产生的切力的作用，也许对疏通酶内外扩散的传质通道有利。较高强度的超声则会产生瞬态空化作用。高强度的超声产生的空化作用激烈而短暂，称为瞬态空化。当瞬态空化产生的空化泡崩裂时，会产生5000℃以上的高温和50000kPa的高压，导致大量自由基的产生，同时在均相液体介质中伴有强大的冲击波，在非均相介质中伴有射流。高能量的自由基将直接攻击酶分子，使酶分子发生化学变化，使酶活力下降甚至失活。而酶分子在强大的冲击波或射流的作用下，分子结构容易被破坏甚至被剪切成小碎片而表现出活力下降甚至失活。超声处理能提高有机溶剂中酶的活力，其原因可能还有：①超声作用使酶的有效表面积增加；②持续的超声作用会导致有机溶剂中少量水分子的重新分布，阻止了酶分子周围水膜的形成。

将超声作用处理过的酶制剂用扫描电镜观察（图2-18），可以发现超声作用可以使悬浮于有机溶剂中的酶制剂更加细小，因此大幅度提高了酶制剂的表面积，不但可以降低底物和产物的扩散限制，也可以大幅度提高酶活。

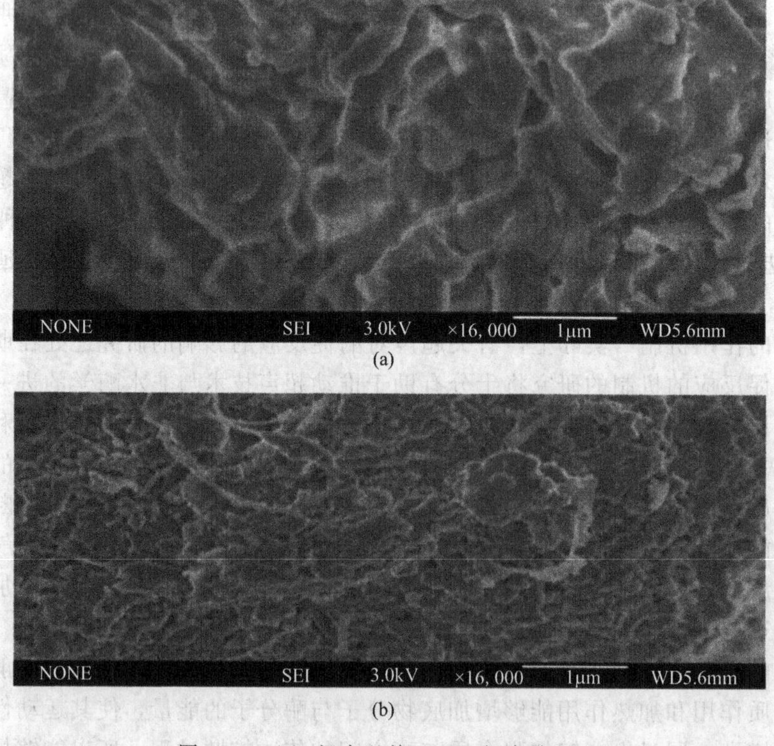

图2-18 (a) 超声以前；(b) 超声处理后

另有研究表明，超声作用可以在一定程度上改变酶制剂的二级结构，从而改变了其空间构象，最终影响了其立体选择性和催化活性。

三、 寻找和改造耐有机溶剂的酶

1. 耐有机溶剂菌的发现

一般认为有机溶剂对微生物具有极大的毒害作用，但 Inoue 和 Horikoshi 发现了一株可以在高浓度甲苯中存活的恶臭假单胞菌，改变了人们对微生物生存能力的认识。耐有机溶剂微生物具有多样性的适应调节机制（如溶剂泵出系统、细胞膜快速修复机制、细胞膜低溶剂渗透性和增加细胞表面亲水性等），因此可以生存于高浓度的有机溶剂中。

目前已报道的耐有机溶剂微生物多为革兰氏阴性菌，其中很大一部分属于假单胞菌属，近年来也报道了不少耐有机溶剂革兰氏阳性菌，如杆菌、葡萄球菌、红球菌和节杆菌等菌属。这些发现不但扩大了耐有机溶剂微生物种类的多样性，也为有机相生物催化剂的选择提供了更为广阔的来源。

2. 非水相耐有机溶剂微生物的全细胞生物催化

非水相耐有机溶剂微生物的全细胞生物催化也属于非水酶学的范畴，具有不需要添加昂贵的辅酶、同时实现多步的偶合催化和制备方法简单等优点。特别是将其应用于有机相生物催化以及有机溶剂污染物的降解上，利用耐有机溶剂微生物进行的全细胞催化具有显著的优势。

（1）水-有机溶剂单相体系中的全细胞生物催化　在水-有机单相体系中，经常使用的有机溶剂多为亲水有机溶剂，包括二甲基亚砜（DMSO）、二甲基甲酰胺（DMF）、乙醇和甲醇等。在反应过程中由于底物能溶解于反应体系中与催化剂（微生物细胞）充分接触，不存在任何传质障碍，可以大大提高反应效率。Wang 等在微生物催化 11-脱氧皮甾醇-21-乙酸酯制备氢化可的松的过程中加入 12.5%（体积分数）1,2-丙二醇以增加底物的溶解度。

（2）水-有机溶剂双相体系中的全细胞生物催化　水-有机溶剂双相体系是目前全细胞生物催化中运用最广泛的方法。与水-有机溶剂单相反应体系相比，微生物细胞在该体系中可以大幅度减少与有机溶剂接触的机会，从而降低有机溶剂对微生物细胞的伤害。理想的水-有机溶剂双相反应体系是高浓度的底物溶解于有机相中，而微生物细胞存在于水相体系中。在反应过程中底物从有机相中缓慢的分配到水相中或在两相界面进行反应，此后生成的产物又被萃取到有机相中，避免产物在水相中的积累，从而大大提高了产物的生成率，同时可以简化产物的纯化方法，但传质速率往往成为限制这种反应的重要因素。

甾体类化合物的水溶性极低，而易溶于有机溶剂，所以采用双相催化体系可以大大提高该类底物的反应浓度。如 Suzuki 等利用一株耐二甲苯的 *Pseudomonas putida* ST-491 菌在 20%（体积分数）二苯醚的双相体系中催化转化石胆酸（lithocholic acid，LCA），生成固醇类激素的前体化合物，其转化效率可以达到 60%，产率比不加有机溶剂的反应体系增加了 9 倍。与单相反应体系相比，水-有机双相更适用于有毒底物或产物的催化转化，因为在反应过程中有毒的底物或产物大多存在于有机相，从而减少了细胞的伤害，同时也可以提高转化的浓度和效率。利用耐有机溶剂微生物双相发酵制备靛蓝（indigo）是一个非常典型的例子。耐有机溶剂 *Acinetobacter* sp. ST-550 能有效转化吲哚制备靛蓝，在全水相体系中，因吲哚的细胞毒性，其添加量必须控制在最小生长抑制浓度（0.3mg/mL）以下，靛蓝产量仅为0.01mg/L，在含10%（体积分数）二苯基甲烷的双相体系中吲哚的细胞毒性显著下降，反应24h后靛蓝在二苯基甲烷相中达到饱和并析出，靛蓝的产量为0.292g/L，比不添加有机溶剂的反应体系提高了近3万倍。

3. 筛选耐有机溶剂的酶

生物催化反应中，使用对有机溶剂耐受的酶可以明显提高底物浓度及生物催化反应速率，在工业生产上具有较大的应用价值。随着耐有机溶剂微生物的发现，人们开始推测这些极端微生物所产生的酶类（特别是一些胞外酶，如脂肪酶、酯酶和蛋白酶等）也具有一定的有机溶剂耐受性。这一推测在后续的实验中得到了证实。1994年，Ogino等首次报道了耐有机溶剂微生物产生的脂肪酶在多种有机溶剂中具有高度催化活性和稳定性，随后又陆续有研究者报道了能够产生耐有机溶剂酶类的菌株。耐有机溶剂微生物的研究推动了这类催化剂越来越广泛的应用。在过去二十年中，通过定向筛选等方法发现了许多具有有机溶剂耐受性的酶，其中包括脂肪酶、酯酶、蛋白酶、糖苷转移酶等。

（1）耐有机溶剂脂肪酶　脂肪酶（lipase）是普遍存在于自然界的酯键水解酶。1992年，Shabtai等报道了一个来自于菌株 *Pseudomonas aeruginosa* YS-7的脂肪酶，该酶在多种亲水有机溶剂如乙醇、DMF、DMSO和异丙醇中能保持很好的稳定性，特别是在DMF和DMSO中不但具有良好的稳定性，而且随着有机溶剂含量的增加，酶活力也不断增加。当DMSO浓度达到90%（体积分数）时，酶活力约为水溶液中的12倍，而当DMF的含量高达80%（体积分数）时，酶活力为水溶液中的4倍。Hun等也报道了 *Bacillus sphaericus* 205y所产的耐有机溶剂脂肪酶在DMSO、甲醇、二甲苯和癸烷中均能增加酶活力。Fang等报道了腐生葡萄球菌 *Staphylococcus saprophyticus* M36脂肪酶在25%的二甲苯、甲苯、苯和正己烷溶液中24h后活力维持不变。Ogino等报道了一株 *Pseudomonous aeruginosa* LST-03耐有机溶剂脂肪酶生产菌，该菌株所产的脂肪酶在多种有机溶剂中显示了良好的稳定性，在含有25%（体积分数）的亲水有机溶剂如DMSO、甲醇和乙醇溶液中的半衰期分别达到36.2d、11.3d和7.6d，而在许多烷烃中的半衰期都大于10d。Zhao等报道了一株 *Serratia marcescens* ECU1010，其所产的脂肪酶在多种有机溶剂中具有良好的有机溶剂耐受性。

（2）耐有机溶剂蛋白酶　耐有机溶剂蛋白酶（protease）是另一类报道较多的水解酶，1995年，Ogino等首次报道了一株耐有机溶剂蛋白酶产生菌 *Pseudomonous aeruginosa* PST-01，该蛋白酶在各种极性的有机溶剂中都表现出良好的稳定性，不但在多种50%（体积分数）有机溶剂体系中的半衰期均大于50d，并且在含有高浓度DMSO（60%，体积分数）和DMF（50%，体积分数）的溶液中能合成多种二肽。Sareen等从突变的地衣芽孢杆菌中筛选到一株能分泌耐有机溶剂蛋白酶的菌株 *Bacillus licheniformis* RSP-09-37，该蛋白酶可以在高浓度的乙腈溶液中保持稳定，其在50%（体积分数）乙腈溶剂中的半衰期大于10h。在90%（体积分数）乙腈的溶剂中，该蛋白酶仍然能够高效催化合成京都肽前体，产率达93%。此外，该蛋白酶还能在有机相中催化酯交换反应，进一步拓宽了该酶的催化类型。何冰芳所在的研究室发现了一株耐有机溶剂蛋白酶菌株 *Pseudomonous aeruginosa* PT121，该菌株所产的蛋白酶不但产量很高，而且在多种含50%（体积分数）有机溶剂的体系中显示出良好的稳定性，该酶在50%（体积分数）的DMSO体系中可以催化阿斯巴甜前体的合成，且转化率高达85%以上，产物从体系中析出直接达到反应分离偶合的效果，该蛋白酶在有机相催化中显示出良好的前景。Akolkar 等发现嗜盐杆菌属 *Halobacterium* sp. SP1 蛋白酶在甲苯、二甲苯、正癸烷、正十二烷及正十一烷中都十分稳定。

(3) 耐有机溶剂氧化还原酶　近年来耐有机溶剂氧化还原酶类也渐渐成为研究的热点。Kosjek 等从 *Rhodococcus rubber* DSM 44541 纯化得到一个耐有机溶剂的醇脱氢酶，该酶可以耐受 50%（体积分数）的丙酮和 80%（体积分数）的异丙醇，更重要的是，该脱氢酶的催化不但具有很强的立体选择性，并且通过调整反应体系中的溶剂含量可以改变反应的平衡。实验表明，该酶在 50%（体积分数）以下的丙酮体系中催化还原苯乙酮（acetophenone）、2-辛酮（2-octanone）和 6-甲基-5-烯基-2-庚酮（6-methyl-5-heptene-2-one）等生成 *S* 构型的仲醇化合物，*ee* 值均大于 99%；而该酶在有机溶剂大于 60%（体积分数）的异丙醇中只能将 *S* 构型的仲醇化合物氧化生成酮类，而不转化 *R* 型的对映体，其反应的对映体比率（*E*）大于 200，从而获得不同构型的产物。Lavandera 等发现了一个来自于 *Paracoccus pantotrophus* 菌株的醇还原酶，15%（体积分数）DMSO 可以促进该酶的活力。该酶也可以催化多种酮类化合物还原生成手性醇化合物，并且产物都具有很高的 *ee* 值。Chen 等使用基因突变的方法从 *Bacillus sphaericus* 菌中获得一个耐有机溶剂苯丙氨酸的脱氢酶，该酶可以在 10%（体积分数）甲醇体系中催化多种苯丙氨酸酮酸化合物生成非天然 L 型苯丙氨酸衍生物。不过，由于多数氧化还原酶类在催化体系中需要添加昂贵的辅酶或辅基，所以人们更倾向于利用可再生辅酶的全细胞体系催化氧化还原反应。

(4) 其他耐有机溶剂酶　Doukyu 等筛选到一个耐有机溶剂的环糊精葡萄糖转位酶，该酶可以用来生产 β-环糊精，它在 10%（体积分数）乙醇体系中可以将 β-环糊精的产量提高 1.6 倍。Castillo 等发现的耐有机溶剂蔗糖 6-果糖基转移酶可用于有机相制备果聚糖。Hao 等利用定向进化技术获得一个耐有机溶剂的果糖二磷酸醛缩酶，而 Fukushima 等筛选到一个耐有机溶剂的 α-淀粉酶。Doukyu 等从耐有机溶剂的 *Brachybacterium* 中获得淀粉酶，该酶在 DMSO 及乙醇体系中，其催化的麦芽寡糖产量和产物选择性均显著提高。这些研究丰富了耐有机溶剂酶催化反应类型的多样性，为拓展酶在有机相中的催化应用提供了新的催化剂来源。

总结与展望

目前，随着非水酶学基础理论的研究不断深入，它使酶的应用领域由“生物圈”扩展到了非生物领域（化学、物理、电子、材料等学科）。生物催化进入到传统的化工领域，给原料来源、能源消耗、经济效益、环境保护等方面带来了根本性的变化。非水酶学是一个多学科交叉的研究领域，相信随着蛋白质工程、结构生物学、微生物学和生物化工等学科的理论研究和实验技术的不断发展，必将促进非水酶学的研究与应用。非水酶学将有助于揭示生物体内疏水环境中的分子识别与相互作用，它在化学品、药品和环保方面的应用也将更为广阔。

参考文献

[1] Zaks A, Klibanov A M. Enzymatic catalysis in organic media at 100℃. Science, 1984, 224 (4654): 1249-1251.
[2] 古练权, 等. 生物有机化学. 北京: 高等教育出版社, 1998.

[3] 罗贵民．酶工程．第2版．北京：化学工业出版社，2008.
[4] Carrea Giacomo, Riva Sergio. Properties and Synthetic Applications of Enzymes in Organic Solvents. Angewandte Chemie International Edition, 2000, 39 (13): 2226-2254.
[5] Hartsough D S, Merz K M. Protein flexibility in aqueous and nonaqueous solutions. J Am Chem SOC, 1992, 114: 10113-10116.
[6] Wu J, Gorenstein D G. Structure and dynamics of cytochrome c in nonaqueous solvents by 2D NH-exchange NMR spectroscopy. J Am Chem SOC, 1993, (15): 6843-6850.
[7] Auh E, Ham S. Characterizing Structure and Activity of Subtilisin Enzyme in Nonaqueous Media with Molecular Dynamics Simulations. Biophysical Journal, 2010, 98 (3): 386a-386a.
[8] Khabiri M, Minofar B, Chaloupková R, et al. Organic solvent effects on protein tertiary structure and enzyme stability: A computational study. Journal of Molecular Modeling, 2013, (11): 4701-4711.
[9] Kim K H. Thermodynamic quantitative structure-activity relationship analysis for enzyme-ligand interactions in aqueous phosphate buffer and organic solvent. Bioorganic & Medicinal Chemistry, 2001, 9 (8): 1951-1955.
[10] Kang Y, Marangoni A G, Yada R Y. Effect of two polar organic-aqueous solvent systems on the structure-function relationships of proteases. I. pepsin. Journal of Food Biochemistry, 2007, 17 (6): 353-369.
[11] Chakravorty D, Parameswaran S, Dubey V K, et al. Unraveling the Rationale Behind Organic Solvent Stability of Lipases. Applied Biochemistry & Biotechnology, 2012, 167 (3): 439-461.
[12] Gupta M N, Tyagi Renu, Sharma Sujata, et al. Enhancement of catalytic efficiency of enzymes through exposure to anhydrous organic solvent at 70°C. Three-dimensional structure of a treated serine proteinase at 2.2 Å resolution. Proteins Structure Function & Bioinformatics, 2000, 39: 226-234.
[13] Trodler P, Pleiss J. Modeling structure and flexibility of *Candida antarctica* lipase B in organic solvents. Bmc Structural Biology, 2008, 8 (2): 9-21.
[14] Iyer P V, Ananthanarayan L. Enzyme stability and stabilization—Aqueous and non-aqueous environment. Process Biochemistry, 2008, 43 (10): 1019-1032.
[15] Ottolina G, Riva S. Enzyme Selectivity in Organic Media//Methods in Non-Aqueous Enzymology. Birkhäuser Basel, 2000: 133-145.
[16] Klibanov A M. Enzyme memory. What is remembered and why? Nature, 1995, 374 (6523): 596-596.
[17] Rich J O, Dordick J S. Imprinting Enzymes for Use in Organic Media//Enzymes in Nonaqueous Solvents. Humana Press, 2001: 13-17.
[18] Lebreton S, Gontero B. Memory and Imprinting in Multienzyme Complexes. Journal of Biological Chemistry, 1999, 274: 20879-20884.
[19] Zhu Lijuan, Yang Wei, Meng Yanyan, et al. Effects of Organic Solvent and Crystal Water on γ-Chymotrypsin in Acetonitrile Media: Observations from Molecular Dynamics Simulation and DFT Calculation. Journal of Physical Chemistry B, 2012, 116 (10): 3292-3304.
[20] Zaks A, Klibanov A M. The effect of water on enzyme action in organic media. Journal of Biological Chemistry, 1988, 263 (17): 8017-8021.
[21] Gorman L A S, Dordick J S. Organic solvents strip water off enzymes. Biotechnology & Bioengineering, 1992, 39 (4): 392-397.
[22] Wangikar P P, Graycar T P, Estell D A, et al. Protein and solvent engineering of subtilisin BPN' in nearly anhydrous organic media. J Am Chem Soc, 1993, 115 (26): 12231-12237.
[23] Cassells J M, Halling P J. Effect of thermodynamic water activity on thermolysin-catalysed peptide synthesis in organic two-phase systems. Enzyme & Microbial Technology, 1988, 10 (8): 486-491.
[24] Bell G, Halling P J, May L, et al. Methods for Measurement and Control of Water in Nonaqueous Biocatalysis//Enzymes in Nonaqueous Solvents. Humana Press, 2001: 105-126.
[25] Ito Yoshihiro, Fujii Hajime, Imanishi Yukio. Modification of Lipase with Various Synthetic Polymers and Their Catalytic Activities in Organic Solvent. Biotechnology Progress, 1994, 10 (4): 398-402.
[26] Yang H, Cao S G, Han S P, et al. Enhancing the stereoselectivity and activity of *Candida species* lipase in organic solvent by noncovalent enzyme modification. Annals of the New York Academy of Sciences, 1996, 799: 358-363.

[27] Lee M Y, Dordick J S. Enzyme activation for nonaqueous media. Current Opinion in Biotechnology, 2002, 13 (4): 376-384.

[28] Serdakowski A L, Dordick J S. Enzyme activation for organic solvents made easy. Trends in Biotechnology, 2008, 26 (1): 48-54.

[29] Klibanov AM. Enzyme-Catalyzed Processes in Organic Solvents. Annals of the New York Academy of Sciences, 1987, 501 (10): 129.

[30] Ballesteros A, Bornscheuer U, Capewell A, et al. Enzymes in Non-Conventional Phases. Biocatalysis & Biotransformation, 2009, 13 (13): 1-42.

[31] Andersson E, Hahn-Hägerdal B. Bioconversions in aqueous two-phase systems. Enzyme & Microbial Technology, 1990, 12 (4): 242-254.

[32] Verma M L, Azmi W, Kanwar S S. Microbial lipases: at the interface of aqueous and non-aqueous media: A review. Acta Microbiol Immunol Hung, 2008, 55 (3): 265-294.

[33] Hendrickson H S. Methods in Enzymology, Volume 286, Lipases, Part B, Enzyme Characterization and Utilization. Edited by Byron Rubin and Edward A. Dennis. Analytical Biochemistry, 1998, 256 (1): 146-147.

[34] Hudson E P, Eppler R K, Clark D S. Biocatalysis in semi-aqueous and nearly anhydrous conditions. Current Opinion in Biotechnology, 2005, 16 (6): 637-643.

[35] GUPTA, Munishwar N. Enzyme function in organic solvents. European Journal of Biochemistry, 1992, 203 (1-2): 25-32.

[36] Linko Y Y, Wang Z L, Seppälä J. Lipase-catalyzed linear aliphatic polyester synthesis in organic solvent. Enzyme & Microbial Technology, 1995, 17 (94): 506-511.

[37] Fu B, Vasudevan P T. Effect of Organic Solvents on Enzyme-Catalyzed Synthesis of Biodiesel. Energy Fuels, 2009, 23 (8): 4105-4111.

[38] Jongejan J A, Van Tol J B A, Duine J A. Enzymes in organic media: new solutions for industrial enzymatic catalysis? Chimica Oggi, 1994, 12: 15-24.

[39] Fischer T, Pietruszka J. Key building blocks via enzyme-mediated synthesis. Topics in Current Chemistry, 2010, 297: 1-43.

[40] Dirk-Jan van Unen, Engbersen J F J, Reinhoudt D N. Large acceleration of α-chymotrypsin-catalyzed dipeptide formation by 18-crown-6 in organic solvents. Biotechnology & Bioengineering, 1998, 59 (5): 553-556.

[41] Željko Knez, Željko Knez, Leitgeb M, et al. Enzymatic Reactions in Supercritical Fluids//High Pressure Fluid Technology for Green Food Processing. Springer International Publishing, 2015: 185-215.

[42] Lozano P, Diego T D, Iborra J L. Immobilization of Enzymes for Use in Supercritical Fluids. Methods in Biotechnology™, 2006: 269-282.

[43] Lozano P, Garcia-Vergudo E, Luis S V, et al. (Bio) Catalytic Continuous Flow Processes in $scCO_2$ and/or ILs: Towards Sustainable (Bio) Catalytic Synthetic Platforms. Current Organic Synthesis, 2011, 8 (6): 810-823.

[44] Taher H, Al-Zuhair S, Al-Marzouqi A, et al. Effectiveness of Enzymatic Biodiesel Production from Microalga Oil in Supercritical Carbon Dioxide//ICREGA' 14 - Renewable Energy: Generation and Applications. Springer International Publishing, 2014: 49-57.

[45] Wimmer Z, Zarevúcka M. A Review on the Effects of Supercritical Carbon Dioxide on Enzyme Activity. International Journal of Molecular Sciences, 2010, 11 (1): 233-253.

[46] Wang S S, Lai J T, Huang M S, et al. Deactivation of isoamylase and β-amylase in the agitated reactor under supercritical carbon dioxide. Bioprocess & Biosystems Engineering, 2010, 33 (8): 1007-1015.

[47] Chrisochoou A, Schaber K, Bolz U. Phase equilibria for enzyme-catalyzed reactions in supercritical carbon dioxide. Fluid Phase Equilibria, 1995, 108 (1): 1-14.

[48] Taher H, Al-Zuhair S, Al-Marzouqi A H, et al. A review of enzymatic transesterification of microalgal oil-based biodiesel using supercritical technology. Enzyme Research, 2011, 2011: 468292-468292.

[49] Senyay-Oncel D, Yesil-Celiktas O. Activity and stability enhancement of α-amylase treated with sub- and supercritical carbon dioxide. Journal of Bioscience & Bioengineering, 2011, 112 (5): 435-440.

[50] Rezaei K, Temelli F, Jenab E. Effects of pressure and temperature on enzymatic reactions in supercritical flu-

ids. Biotechnology Advances, 2007, 25: 272-280.
[51] RAMSEY Edward, SUN Qiubai, ZHANG Zhiqiang, ZHANG Chongmin, GOU Wei. Mini-Review: Green sustainable processes using supercritical fluid carbon dioxide. Journal of Environmental Sciences, 2009, 21: 720-726.
[52] Yang Z, Pan W. Ionic liquids: Green solvents for nonaqueous biocatalysis. Enzyme & Microbial Technology, 2007, 37 (1): 19-28.
[53] Goldfeder M, Fishman A. Modulating enzyme activity using ionic liquids or surfactants. Applied Microbiology & Biotechnology, 2014, 98 (2): 545-554.
[54] Zhao Hua. Methods for stabilizing and activating enzymes in ionic liquids—a review. Journal of Chemical Technology & Biotechnology, 2010, 85 (7): 891-907.
[55] Gorke J, Srienc F, Kazlauskas R. Enzyme-Catalyzed Reactions in Ionic Liquids//Encyclopedia of Industrial Biotechnology. John Wiley & Sons Inc, 2010.
[56] Naushad M, Alothman Z A, Khan A B, et al. Effect of ionic liquid on activity, stability, and structure of enzymes: A review. International Journal of Biological Macromolecules, 2012, 51 (4): 555-560.
[57] Hernandez-Fernandez F J, De l R A P, Lozano-Blanco L J, et al. Biocatalytic ester synthesis in ionic liquid media. Journal of Chemical Technology & Biotechnology, 2010, 85 (11): 1423-1435 (13).
[58] Zhang J, Zou F, Yu X, et al. Ionic liquid improves the laccase-catalyzed synthesis of water-soluble conducting polyaniline. Colloid & Polymer Science, 2014, 292 (10): 2549-2554.
[59] Timmons S C, Hui J P M, Pearson J L, et al. Enzyme-catalyzed synthesis of furanosyl nucleotides. Organic Letters, 2008, 10 (2): 161-163.
[60] Rajan P, Meena K, Abbul Bashar K. Recent advances in the applications of ionic liquids in protein stability and activity: a review. Applied Biochemistry & Biotechnology, 2014, 172 (8): 3701-3720.
[61] Lozano P, Diego T D, Iborra J L. Immobilization of Enzymes for Use in Ionic Liquids//Immobilization of Enzymes and Cells. Humana Press, 2006: 257-268.
[62] Lozano P, Diego T D, Iborra J L. Enzymatic catalysis in ionic liquids and supercritical carbon dioxide biphasic systems. Chimica Oggi, 2007, 25 (6): 76-79.
[63] Lozano P, De D T, Carri é D, et al. Lipase catalysis in ionic liquids and supercritical carbon dioxide at 150 degrees C. Biotechnology Progress, 2003, 19 (2): 380-382.
[64] Lozano P, Diego T, Iborra J L. Biocatalytic processes using ionic liquids and supercritical carbon dioxide//Handbook of Green Chemistry. Wiley-VCH Verlag GmbH & Co KGaA, 2010: 51-73.
[65] Dzyuba S V, Bartsch R A. Recent advances in applications of room-temperature ionic liquid/supercritical CO_2 systems . Angewandte Chemie, 2003, 42 (2): 148-150.
[66] Lozano P, De D T, Carrié D, et al. Continuous green biocatalytic processes using ionic liquids and supercritical carbon dioxide. Chemical Communications, 2002, 7 (7): 692-693.
[67] Lozano P, Diego T D, Vaultier M, et al. Dynamic Kinetic Resolution of Sec Alcohols in Ionic Liquids/Supercritical Carbon Dioxide Biphasic Systems. International Journal of Chemical Reactor Engineering, 2009, 7 (1): 91-97.
[68] Lidström P, Tierney J, Wathey B, et al. Microwave assisted organic synthesis—a review. Tetrahedron, 2001, 57 (45): 9225-9283.
[69] Mazumder S, Laskar D, Prajapati D, et al. Microwave-induced enzyme-catalyzed chemoselective reduction of organic azides. . Chemistry & Biodiversity, 2004, 1 (6): 925-929.
[70] Parker M C, Besson T, Lamare S, et al. Microwave radiation can increase the rate of enzyme-catalysed reactions in organic media. Tetrahedron Letters, 1996, 37 (46): 8383-8386.
[71] Rejasse B, Lamare S, Legoy M D, et al. Influence of microwave irradiation on enzymatic properties: applications in enzyme chemistry. J Enzyme Inhib Med Chem, 2007, 22 (5): 519-527.
[72] Iyyaswami R, Halladi V K, Yarramreddy S R, et al. Microwave-assisted batch and continuous transesterification of karanja oil: process variables optimization and effectiveness of irradiation. Biomass Conversion & Biorefinery, 2013, 3 (4): 305-317.
[73] Barbara, Réjasse, Thierry, Besson, Thierry, BessonEn, et al. Influence of microwave radiation on free

Candida antarctica lipase B activity and stability. Organic & Biomolecular Chemistry, 2006, 4 (19): 3703-3707.

[74] Shi Y G, Li J R, Chu Y H. Enzyme-catalyzed regioselective synthesis of sucrose-based esters. Journal of Chemical Technology & Biotechnology, 2011, 86 (12): 1457-1468.

[75] Nikolai K. Microwave-assisted reactions in organic synthesis--are there any nonthermal microwave effects? Angewandte Chemie, 2002, 33 (37): 1863-1866.

[76] Yu Dahai, Tian Li, Ma Dongxiao, Wu Hao, Wang Zhi, Wang Lei, Fang Xuexun. Microwave-assisted fatty acid methyl ester production from soybean oil by Novozym 435 . Green Chem, 2010, 12: 844-850.

[77] Yu Dahai, Ma Dongxiao, Wang Zhi, Wang Yu, Pan Yang, Fang Xuexun. Microwave-assisted enzymatic resolution of (R, S)-2-octanol in ionic liquid . Process Biochemistry, 2012, 47: 479-484.

[78] Yang Zecheng, Niu Xuedun, Fang Xuedong, Chen Ge, Zhang Hong, Yue Hong, Wang Lei, Zhao Dantong, Wang Zhi. Enantioselective Esterification of Ibuprofen underMicrowave Irradiation . Molecules, 2013, 18: 5472-5481.

[79] Delgado-Povedano M M, Castro L D. A review on enzyme and ultrasound: A controversial but fruitful relationship. Analytica Chimica Acta, 2015, 889 (19): 1-21.

[80] Xiao Y M. A review on effects of ultrasound treatment on the reactions catalyzed by enzymes. Applied Acoustics, 2009, 28 (2): 156-160.

[81] Islam M N, Min Zhang, Benu Adhikari. The Inactivation of Enzymes by Ultrasound—A Review of Potential Mechanisms. Food Reviews International, 2014, 30 (1): 1-21.

[82] Zhao Dantong, Yue Hong, Chen Ge, et al. Enzymatic resolution of ibuprofen in an organic solvent under ultrasound irradiation. Biotechnology & Applied Biochemistry, 2014, 61 (6): 655-659.

[83] Ceni G, Silva P C D, Lerin L, et al. Ultrasound-assisted enzymatic transesterification of methyl benzoate and glycerol to 1-glyceryl benzoate in organic solvent. Enzyme & Microbial Technology, 2011, 48 (2): 169-174.

[84] Batistella L, Ustra M K, Richetti A, et al. Assessment of two immobilized lipases activity and stability to low temperatures in organic solvents under ultrasound-assisted irradiation. Bioprocess & Biosystems Engineering, 2012, 35 (3): 351-358.

[85] Remonatto D, Santin C M T, Valério A, et al. Lipase-Catalyzed Glycerolysis of Soybean and Canola Oils in a Free Organic Solvent System Assisted by Ultrasound. Applied Biochemistry & Biotechnology, 2015, 176 (3): 850-862.

[86] Kwiatkowska B, Bennett J, Akunna J, et al. Stimulation of bioprocesses by ultrasound. Biotechnology Advances, 2011, 29 (6): 768-780.

[87] Mawson R, Gamage M, Terefe N S, et al. Ultrasound in Enzyme Activation and Inactivation. Food Engineering, 2011: 369-404.

[88] Wang Zhi, Wang Ren, Tian Jin, Zhao Bo, Wei Xiao-Fei, Su Ya-Lun, Li Chun-Yuan, Cao Shu-Gui, Ji Teng-Fei, Wang Lei. The effect of ultrasound on lipase-catalyzed regioselective acylation ofmangiferin in non-aqueous solvents . Journal of Asian Natural Products Research, 2010, 12 (1): 56-63

[89] An Baiyi, Xie Xiaona, Xun Erna, Wang Ren, Li Chunyuan, Sun Ruoxi, Wang Lei, Wang Zhi. Ultrasound-promoted lipase-catalyzed enantioselective transesterification of (*R*, *S*)-glycidol . Chemical Research in Chinese Universities, 2011, 25 (7): 845-849.

[90] Wang Feng, Zhang Hong, Wang Jiaxin, Ge Chen, Fang Xuedong, Wang Zhi, Wang Lei. Ultrasound irradiation promoted enzymatic transesterification of (*R*/*S*)-1-chloro-3-(1-naphthyloxy)-2-propanol . Molecules, 2012, 17: 10864-10874.

[91] Li Fuqiu, Zhao Dantong, Chen Ge, Zhang Hong, Yue Hong, Wang Lei, Wang Zhi. Enantioselective transesterification of *N*-hydroxymethyl vince lactam catalyzed by lipase under ultrasound irradiation . biocatalysis and biotransforfation, 2013, 31 (6): 299-304.

[92] Gupta A, Khare S K. Enzymes from solvent-tolerant microbes: Useful biocatalysts for non-aqueous enzymology. Critical Reviews in Biotechnology, 2009, 29 (1): 44-54.

[93] Gaur R, Khare S K. Solvent Tolerant Pseudomonads As A Source Of Novel Lipases For Applications In Non-Aqueous Systems. Biocatalysis & Biotransformation, 2011, 29 (5): 161-171.

[94] Leon R, Hm P, Cabral J F P. Whole-cell biocatalysis in organic media . Enzyme & Microbial Technology, 1998, 23 (7-8): 483-500.

[95] Batra J, Mishra S. Organic solvent tolerance and thermostability of a β-glucosidase co-engineered by random mutagenesis. Journal of Molecular Catalysis B Enzymatic, 2013, 96: 61-66.

[96] Salihu A, Alam M Z. Solvent tolerant lipases: A review. Process Biochemistry, 2015, 50 (1): 86-96.

[97] Taylor M, Ramond J B, Tuffin M, et al. Mechanisms and Applications of Microbial Solvent Tolerance//Microbial Stress Tolerance for Biofuels. Springer Berlin Heidelberg, 2012: 177-208.

（王智）

第三章 酶的化学修饰

从广义上说，凡通过化学基团的引入或除去，使酶分子结构发生改变，从而改变酶的某些特性和功能的技术过程都可称为酶的化学修饰。对酶进行化学修饰可研究酶的结构与功能的关系，在理论上为酶的结构与功能关系的研究提供实验依据。酶的活性中心的存在可以通过酶的化学修饰来证实，酶晶体结构生长时使用的底物类似物即是此类应用。为了考察酶分子中氨基酸残基的各种不同状态和确定哪些残基处于活性部位并为酶分子的特定功能所必需，目前已研制出了许多小分子化学修饰剂，进行了多种类型的化学修饰。细胞内一些酶的磷酸化和去磷酸化本质上也相当于酶的修饰，可使酶在有活性和无活性之间调节。因此，酶的修饰是十分有效的酶调控方式。

酶分子的完整空间结构赋予酶催化效率高、专一性强和反应条件温和等许多优点，但酶分子结构的脆弱使酶具有抗原性和稳定性较差等缺点，使酶的应用受到限制。酶的化学修饰可用于改变天然酶的某些性质，增强其稳定性，创造天然酶所不具备的某些优良特性甚至创造出新的活性，扩大酶的应用范围。酶经过修饰后，会产生各种各样的变化，如提高生物活性、增强在不良环境中的稳定性、产生新的催化能力。通过对酶分子主链的切断或连接的化学修饰，可以使酶结构和功能发生改变，如酶原蛋白质主链的切断可使酶原活化。对酶分子主链的修饰，可以知道酶活性中心在主链上的位置，从而了解主链的不同位置对酶的催化功能的贡献，还有可能改变酶学性质。选择合适的化学修饰剂和修饰方法对酶进行适当地修饰，可以提高酶对热、酸、碱和有机溶剂的稳定性，降低酶的抗原性，改变酶的底物专一性和最适 pH 值等酶学性质，酶的化学修饰可能引起酶催化特性和催化功能的改变，创造出具有优良特性的新酶，提高酶的使用价值。酶的化学修饰是改造酶的快捷、有效的手段。

第一节 化学修饰的方法学

着手蛋白质修饰工作时，首先碰到的是修饰剂和反应条件的选择，以期提高酶的某些特性，获得满意的修饰结果。修饰过程中要建立适当的方法对反应进程进行追踪，获得一系列有关数据。最后对得到的数据进行分析，确定修饰部位和修饰度，提出对修饰结果的合理解释，并进一步获得最佳修饰结果。

一、 修饰反应专一性的控制

如果对与催化活性、底物结合或构象维持有关的功能基一无所知，那就只有通过反复试验去了解。在这样探索性的研究中，修饰剂及修饰反应条件的选择至关重要，直接影响修饰反应的专一性。

1. 试剂的选择

试验目的不同，对专一性的要求也不同，因此，选择试剂在很大程度上要依据修饰目的。修饰的部位和程度一般可用选择适当的试剂和反应条件来控制。如果修饰目的是希望改变蛋白质的带电状态或溶解性，则必须选择能引入最大电荷量的试剂。用顺丁烯二酸酐可将中性的巯基和酸性 pH 下带正电荷的氨基转变成在中性 pH 下带负电的衍生物。如果要修饰的蛋白质对有机溶剂不稳定，必须在水介质中进行反应，则试剂应选择在水中有一定溶解性的。在选择试剂时，还必须考虑反应生成物容易进行定量测定。如果引入的基团有特殊的光吸收或者在酸水解时是稳定的，则可测定光吸收的变化或做氨基酸全分析，这是最方便的。用同位素标记的试剂虽较麻烦，但有其优越性。它可对蛋白质修饰反应进行连续测定，进行反应动力学的研究。试剂的大小也要注意。试剂体积过大，往往由于空间障碍而不能与作用的基团接近。一般来说，试剂的体积小一些为宜，这样既能保证修饰反应的顺利进行，又可减少因空间障碍而破坏蛋白质分子严密结构的危险。

一般地说，选择蛋白质修饰剂要考虑如下一些问题：修饰反应要完成到什么程度；对个别氨基酸残基是否专一；在反应条件下，修饰反应有没有限度；修饰后蛋白质的构象是否基本保持不变；是否需要分离修饰后的衍生物；反应是否需要可逆；是否适合于建立快速、方便的分析方法等。在决定选择某一修饰方法之前，对上述问题必须有一个权衡的考虑。

用于修饰酶活性部位的氨基酸残基的试剂应具备以下一些特征：选择性地与一个氨基酸残基反应；反应在酶蛋白不变性的条件下进行；标记的残基在肽中稳定，很容易通过降解分离出来，进行鉴定；反应的程度能用简单的技术测定。当然，不是单独一种试剂就能满足所有这些条件。一种试剂可能在某一方面比其他试剂优越，而在另一方面则较差。因此，必须根据实验目的和特定的样品来决定使用什么样的试剂。

2. 反应条件的选择

蛋白质与修饰剂作用所要求的反应条件，除允许修饰能顺利进行外，还必须满足如下要求：一是不造成蛋白质的不可逆变性。为了证明这一点，必须做对照试验。二是有利于专一性修饰蛋白质。为此，反应条件应尽可能在保证蛋白质特定空间构象不变或少变的情况下进行。反应的温度、pH 都要小心控制。反应介质和缓冲液组成也要有所考虑。缓冲液可改变蛋白质的构象或封闭反应部位，因而影响修饰反应，如，磷酸盐是某些酶的竞争性抑制剂，因而该离子的结合可能封闭修饰部位。碳酸酐酶的酯酶活力能被氯离子抑制，因而修饰反应所用的缓冲液不应含有氯离子。

3. 反应的专一性

在蛋白质化学修饰研究中，反应的专一性非常重要。若修饰剂的专一性较差，除控制反应条件外，还可利用其他途径来实现修饰的专一性。

(1) 利用蛋白质分子中某些基团的特殊性　活性蛋白质特殊的空间结构能影响某些基团的活性。蛋白水解酶分子中的活性丝氨酸是一个很突出的例子。二异丙基氟磷酸酯（DFP）能与胰凝乳蛋白酶的活性丝氨酸作用，结果迅速导致酶失活。但 DFP 在同样条件下却不能与胰凝乳蛋白酶原及一些简单的模拟化合物作用。在蛋白质分子中特别活泼的基团，如上述活性丝氨酸在适当条件下只是其本身发生作用，而其他基团皆不作用，这种现象称为“位置专一性”，因为这是由它在蛋白质分子中所处的位置环境所决定的。

(2) 选择不同的反应 pH　蛋白质分子中各功能基的解离常数（pK_a）是不同的。所以控制不同的反应 pH，也就控制了各功能基的解离程度，从而有利于修饰的专一性。例如，用溴（碘）代乙酸（或它的酰胺）对蛋白质进行修饰时，试剂可与半胱氨酸、甲硫氨酸、组氨酸的侧链及 α-氨基、ε-氨基发生作用。当反应 pH 为 6 时，只专一地与组氨酸的咪唑基作用；当反应 pH 为 3 时，则专一地与甲硫氨酸的侧链作用。在这样的酸性 pH 下，比较活泼的巯基和氨基都以带质子的形式存在，而变成不活泼状态。

（3）利用某些产物的不稳定性　在高 pH 下，用氰酸、二硫化碳、*O*-甲基异脲和亚氨酸等，可将氨基转变成脲和胍的衍生物。虽然巯基也能与上述试剂作用，但因 pH 高，与巯基形成的产物迅速被分解。

（4）亲和标记　亲和标记是实现专一性修饰的重要途径。亲和标记试剂除了能与蛋白质作用外，还要求试剂的结构和与蛋白质作用的底物或抑制剂相似。因此，在作用前，试剂先以非共价形式结合到蛋白质的活性部位上，然后再发生化学作用，将试剂挂在活性部位基团上。这种方法在研究酶的活性部位时特别有用。例如，对甲基苯磺酰氟能作用于胰凝乳蛋白酶的活性丝氨酸上。

（5）差别标记　在底物或抑制剂存在下进行化学修饰时，由于它们保护着蛋白质的活性部位基团，使这些基团不能与试剂作用。然后将过量的底物或抑制剂除去，所得到的部分修饰的蛋白质再与含同位素标记的同样试剂作用，结果只有原来被底物或抑制剂保护的基团是带放射性同位素标记的。用这一方法可直接得到蛋白质发挥功能作用的必需基团。

（6）利用蛋白质状态的差异　有时在结晶状态下进行反应，可以提高修饰的专一性。例如，核糖核酸酶在晶体状态下进行羧甲基化时，反应主要集中在 119 号组氨酸上，对第 12 号组氨酸的修饰很少，两者之比为 60∶1。但在水溶液中进行同样的修饰时，两者之比为 15∶1，换言之，在晶体状态下羧甲基化反应的专一性比溶液状态下提高 3 倍。

二、 修饰程度和修饰部位的测定

1. 分析方法

测定修饰基团和测定修饰程度的实验方法在文献中已有详细的讨论。这里只能简述概况。用光谱法追踪检查最简单、最有用，而且还能很容易地计算出修饰速度。此法要求修饰后的衍生物具有独特的光谱或它的光谱与修饰剂的不同，但能符合这个条件的试剂不多。

最常使用的是间接法。被修饰的蛋白质经总降解和氨基酸分析后鉴定修饰部位。被修饰的残基经分离纯化后，可通过它含有的同位素标记量或通过有色修饰剂的光谱强度、顺磁共振谱、荧光标记量、修饰剂的可逆去除等来测定反应程度。测定一个被修饰氨基酸的出现，要比测定多个相同氨基酸中有一个消失更准确。理想的情况是被修饰的氨基酸在水解条件下是稳定的，而且在色谱图谱中有一独特的位置。使用蛋白水解酶降解，一般可避免不稳定问题。但有些修饰了的残基，即使在酶解条件下也不稳定，或者其他残基阻碍蛋白水解酶对临近肽键的进攻。这时常进行残基部位的第二次修饰，以产生另外一种更稳定的修饰。由第二次修饰的结果，可以得到第一次修饰的程度。例如，已经乙酰化的蛋白质再经二硝基苯酰化，然后酸水解，测定 DNP-氨基酸和回收氨基酸的数目，再与总数进行比较，则能知道修饰程度。

2. 化学修饰数据的分析

化学修饰中，可以测定许多实验参数，这些参数是与修饰残基的数目及其对蛋白质生物活性的影响相关联的。这里只介绍表示化学修饰数据的最常用的方法以及从这类数据分析中所能得到的信息。

（1）化学修饰的时间进程分析　时间进程分析数据是化学修饰的基本数据之一。如果修饰过程中有光谱变化，可直接追踪个别侧链的修饰。但常常是追踪修饰对蛋白质某些酶学参数（活性、变构配体的调节作用等）的影响来监测修饰过程。根据获得的时间进程曲线，可以了解修饰残基的性质和数目、修饰残基与蛋白质生物活性之间的关系等。时间进程曲线的测定实际上是蛋白质失活速率常数的测定。在大多数修饰实验中，修饰剂相对于可能修饰的残基是大大过量的，此时可以认为是假一级反应。从残余活力的对数对时间所做的半对数图可求出失活的速率常数。

若蛋白质中有两个以上的残基与活力有关，且与修饰剂的反应速率很不相同，则所得残余活力对数对修饰时间的半对数图为多相的。

有时修饰剂在修饰反应过程中本身又发生水解作用（如焦碳酸二乙酯），可先在同样条件下实验测定试剂水解的速率常数，然后再求出表观一级失活速率常数（K_{obs}）值。在修饰剂与靶蛋白不形成特殊复合物的情况下，K_{obs}对修饰剂浓度所做的图应为一直线，且通过原点。在有些例子中，如用亲和试剂修饰蛋白质时，在亲和试剂和蛋白质之间先形成可逆的特殊复合物，然后再发生失活作用。这时，由K_{obs}对试剂浓度作图，则得一双曲线。

（2）确定必需基团的性质和数目　蛋白质分子中某类侧链基团在功能上虽有必需和非必需之分，但它们往往都能与某一试剂起反应。长期以来，人们没有找到生物活力与必需基团之间的定量关系，也就无法从实验数据中确定必需基团的性质和数目。1961 年，Ray 等提出用比较一级反应动力学常数的方法来确定必需基团的性质和数目，但此法的局限性很大。

1962 年，邹承鲁提出更具普遍应用意义的统计学方法，建立了所谓的邹氏作图法。用此法可在不同的修饰条件下，确定酶分子中必需基团的数目和性质。邹氏方法的建立不仅为蛋白质修饰研究由定性描述转入定量研究提供了理论依据和计算方法，而且确定蛋白质必需基团也是蛋白质工程设计的必要前提。感兴趣的读者可参考有关文献。

三、 化学修饰结果

1. 蛋白质功能改变

在确证试剂已经作用于蛋白质的基础上，除用物化方法（如旋光色散、圆二色性）验证修饰蛋白质在溶液中的构象是否发生了显著的变化外，还必须进一步证明，修饰作用是否发生在活性部位上，常用的方法有：

①如果修饰发生在活性部位或必需基团上，则蛋白质活性的丧失与修饰程度一定成某种化学计量关系（计算的比例关系），而且底物（或已确定是与活性部位结合的抑制剂）必然能降低修饰蛋白的失活程度，而与活性部位不能结合的分子则没有这种影响。

②当采用可逆保护试剂时，修饰失活的蛋白质随保护基的去除可重新恢复活力，而且活力恢复程度应与保护基去除量成一定的比例关系。

当然，修饰剂也可能修饰远离活性部位的氨基酸，结果使蛋白质构象发生改变，扰乱了活性部位的精巧结构，从而造成蛋白质活力丧失。引入带电基团或庞大基团时有可能出现这种情况。使用部位专一试剂则可避免这个弊病。酶经化学修饰后，一般活力要有所下降，但也有例外，如细胞色素 C 分子中 5 个氨基都用三硝基苯磺酸修饰后，导致活力丧失。但若用 O-甲基异脲作用，将氨基转变成碱性更强的胍基时，却能增加其活力。这说明不是氨基本身，而是正电荷是它表现活力所必需的。修饰后酶活力的最适 pH、对底物的专一性都可能发生改变，对金属的需要在性质和程度上也会有所不同。酶活力的改变可能是由于米氏常数的改变或最大反应速率的改变引起的，因此，应作适当的测量区分这两种现象。

2. 修饰残基的不稳定性

原始修饰以后，还可能发生共价改变。如酰基转移、巯基转移、卤素转移及二硫键交换过程可能自发地或在纯化、降解过程中发生。蛋白质中的碘代酪氨酸相当不稳定，除对光和氧敏感外，在色谱过程中，或在弱酸性介质中，有碘离子存在时，能发生脱碘化作用。光氧化的组氨酸，经酸水解后，产生许多未知产物，但这些未知产物峰的位置与正常氨基酸的峰位重叠。

3. 没有被发现的修饰

咪唑基、巯基、羧基甚至苯酚的酰化产物在反应条件下不稳定或在以后的纯化中被水解，因而检测不出。这种暂时性的修饰对构象的影响无疑会改变其他功能基的反应性和可接近性。C 端的羧基能与一定强度的酰化剂作用，暂时形成混合酸酐，结果使羧肽酶不能除去 C 端残基。非末端羧基（特别是天冬氨酸的非末端羧基）也能产生环化亚酰胺和 β-天冬氨酸肽键。

有些修饰反应不能检测出来，只是由于它们在蛋白质化学中不占优势地位，如汞盐常用于修饰巯基，但它也能裂解二硫键。色氨酸虽能形成各种络合物，并能进行加成反应，但由于修饰不产生显著的光谱变化，或因色氨酸的光谱常被酪氨酸光谱所掩盖，故从光谱上可能看不到修饰产物。

第二节 酶蛋白侧链的修饰

蛋白质侧链上的功能基主要有氨基、羧基、巯基、咪唑基、酚基、吲哚基、胍基、甲硫基等。修饰上述每一种功能基都有好多种试剂可供利用，这里不能详细介绍，只介绍那些应用广泛，又能达到某种特殊目的的试剂。好多试剂不是特别专一的。

根据化学修饰剂与酶分子之间反应的性质不同，修饰反应主要分为酰化反应、烷基化反应、氧化和还原反应、芳香环取代反应等类型。下面介绍化学修饰氨基酸残基的主要常用试剂。

一、 羧基的化学修饰

目前有几种修饰剂与羧基的反应，其中水溶性的碳二亚胺类特定修饰酶的羧基已成为最普遍的标准方法（如图 3-1 所示），它在比较温和的条件下就可以进行。但是在一定条件下，丝氨酸、半胱氨酸和酪氨酸也可以反应。

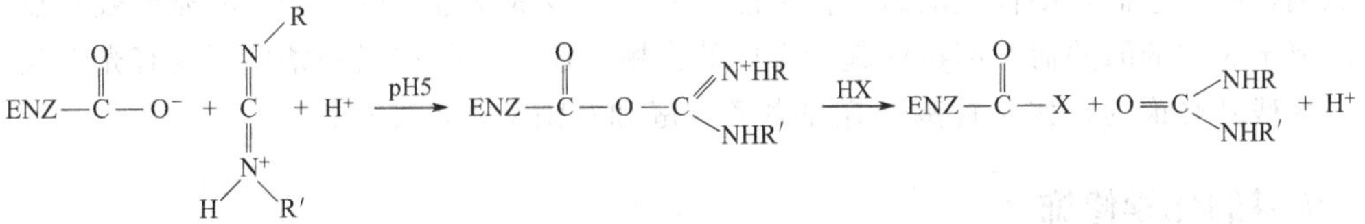

$$\mathrm{ENZ{-}\overset{\overset{\displaystyle O}{\|}}{C}{-}O^-} + \mathrm{R{-}N{=}C{=}N^+(H)R'} + \mathrm{H^+} \xrightarrow{\mathrm{pH5}} \mathrm{ENZ{-}\overset{\overset{\displaystyle O}{\|}}{C}{-}O{-}C({=}N^+HR)(NHR')} \xrightarrow{\mathrm{HX}} \mathrm{ENZ{-}\overset{\overset{\displaystyle O}{\|}}{C}{-}X} + \mathrm{O{=}C(NHR)(NHR')} + \mathrm{H^+}$$

图 3-1 通过水溶性碳二亚胺进行酯化反应进行的羧基修饰

（式中 R，R′为烷基；HX 为卤素、一级或二级胺）

二、 氨基的化学修饰

赖氨酸的 ε-NH_2 以非质子化形式存在时亲核反应活性很高，因此容易被选择性修饰，方法较多，可供利用的修饰剂也很多，如图 3-2 所示的部分修饰方法。

氨基的烷基化已成为一种重要的赖氨酸修饰方法，修饰剂包括卤代乙酸、芳基卤和芳香

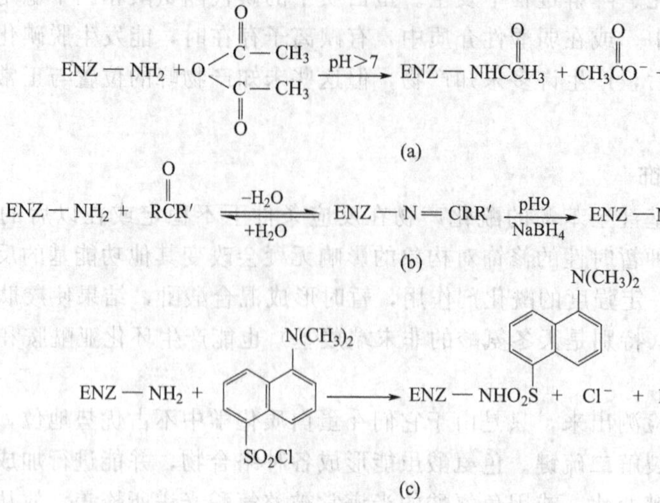

$$\mathrm{ENZ{-}NH_2 + O(COCH_3)_2 \xrightarrow{pH>7} ENZ{-}NHCOCH_3 + CH_3COO^- + H^+}$$

(a)

$$\mathrm{ENZ{-}NH_2 + RCOR' \underset{+H_2O}{\overset{-H_2O}{\rightleftharpoons}} ENZ{-}N{=}CRR' \xrightarrow[NaBH_4]{pH9} ENZ{-}NH{-}CHRR'}$$

(b)

$$\mathrm{ENZ{-}NH_2 + (CH_3)_2N{-}C_{10}H_6{-}SO_2Cl \longrightarrow ENZ{-}NHO_2S{-}C_{10}H_6{-}N(CH_3)_2 + Cl^- + H^+}$$

(c)

图 3-2 氨基的化学修饰

(a) 乙酸酐；(b) 还原烷基化；(c) 丹磺酰氯（DNS）

族磺酸。在硼氢化钠等氢供体存在下酶的氨基能与醛或酮发生还原烷基化反应，所使用的羰基化合物取代基的大小对修饰结果有很大的影响。

氰酸盐使氨基甲氨酰化形成非常稳定的衍生物是一种常用的修饰赖氨酸残基的手段，该方法的优点是氰酸根离子小，容易接近要修饰的基团。

磷酸吡哆醛（PLP）是一种非常专一的赖氨酸修饰剂，它与赖氨酸残基反应，形成希夫碱后再用硼氢化钠还原，还原的 PLP 衍生物在 325nm 处有最大吸收，可用于定量。在蛋白质序列分析中氨基的化学修饰非常重要。用于多肽链 N 末端残基的测定的化学修饰方法最常用的有 2,4-二硝基氟苯（DNFB）法、丹磺酰氯（DNS）法、苯异硫氰酸酯（PITC）法。其中三硝基苯磺酸（TNBS）是非常有效的一种氨基修饰剂，它与赖氨酸残基反应，在 420nm 和 367nm 能够产生特定的光吸收。

三、精氨酸胍基的修饰

具有两个临位羰基的化合物，如丁二酮、1,2-环己二酮和苯乙二醛是修饰精氨酸残基的重要试剂，因为它们在中性或弱碱条件下能与精氨酸残基反应（图 3-3）。精氨酸残基在结合带有阴离子底物的酶的活性部位中起着重要的作用。还有一些在温和条件下具有光吸收性质的精氨酸残基修饰剂，如 4-羟基-3-硝基苯乙二醛和对硝基苯乙二醛。

四、 巯基的化学修饰

巯基在维持亚基间的相互作用和酶催化过程中起着重要的作用。因此，巯基的特异性修饰剂种类繁多。如图 3-4 所示。巯基具有很强的亲核性，在含半胱氨酸的酶分子中是最容易反应的侧链基团。烷基化试剂是一种重要的巯基修饰剂，修饰产物相当稳定，易于分析。目前已开发出许多基于碘乙酸的荧光试剂。马来酰亚胺或马来酸酐类修饰剂能与巯基形成对酸稳定的衍生物。*N*-乙基马来酰亚胺是一种反应专一性很强的巯基修饰剂，反应产物在 300nm 处有最大吸收。有机汞试剂，如对氯汞苯甲酸对巯基的专一性最强，修饰产物在 250nm 处有最大吸收。5,5′-二硫-2-硝基苯甲酸（DTNB）（Ellman 试剂）也是最常用的巯

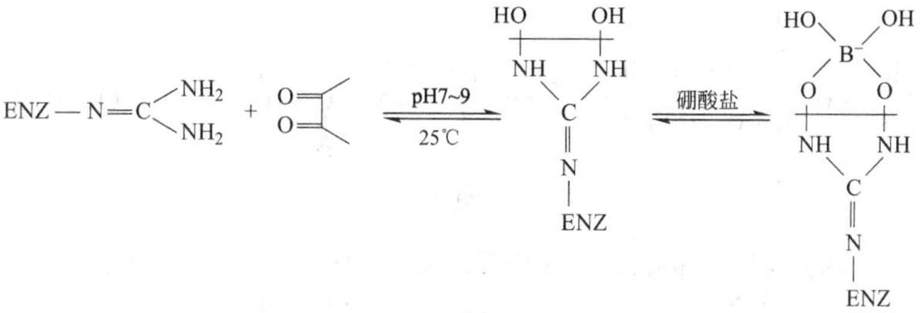

ENZ—N=C(NH$_2$)$_2$ + 丁二酮 $\xrightleftharpoons[25℃]{pH7\sim9}$ (HO, OH; NH, NH; C; N; ENZ) $\xrightleftharpoons{硼酸盐}$ (HO, OH, B$^-$, O, O; NH, NH; C; N; ENZ)

(a)

ENZ—N=C(NH$_2$)$_2$ + 2 苯乙二醛 $\xrightarrow[25℃]{pH7\sim8}$ (C, O, O; NH, NH; C; N; ENZ)

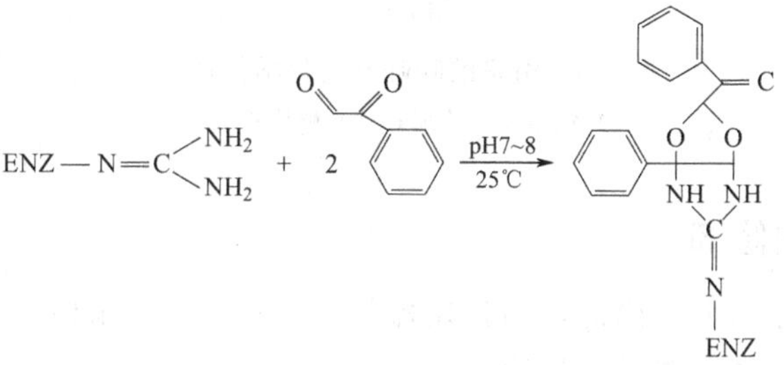

(b)

图 3-3 胍基的化学修饰

(a) 丁二酮（在硼酸盐存在下）；(b) 苯乙二醛

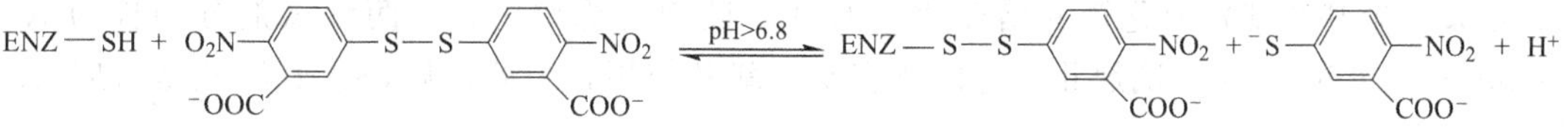

ENZ—SH + O_2N–(C$_6$H$_3$)(COO$^-$)–S—S–(C$_6$H$_3$)(COO$^-$)–NO_2 $\xrightleftharpoons{pH>6.8}$ ENZ—S—S–(C$_6$H$_3$)(COO$^-$)–NO_2 + $^-$S–(C$_6$H$_3$)(COO$^-$)–NO_2 + H^+

(a)

ENZ—SH $\xrightarrow{[O]}$ ENZ—S—S—ENZ $\xrightarrow{[O]}$ ENZ—S—S(O)(O)—ENZ $\xrightarrow{[O]}$ ENZ—SO_3H

ENZ—SH $\xrightarrow{[O]}$ ENZ—SOH $\xrightarrow{[O]}$ ENZ—SO_2H $\xrightarrow{[O]}$ ENZ—SO_3H

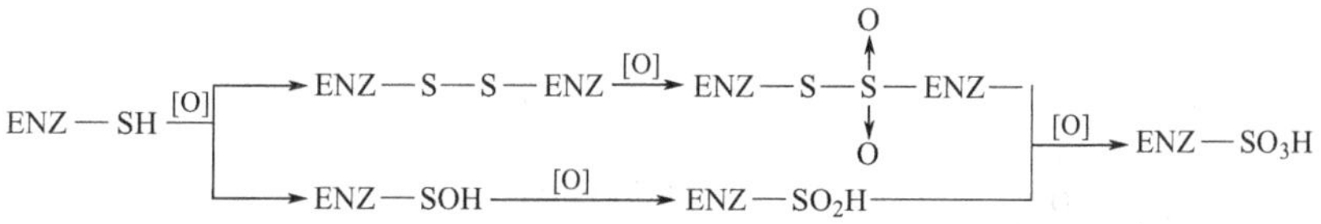

(b)

图 3-4 巯基的化学修饰

(a) 5,5′-二硫-2-硝基苯甲酸（DTNB）；(b) 过氧化氢氧化

基修饰剂，它与巯基反应形成二硫键，释放出 1 个 2-硝基-5-硫苯甲酸阴离子，此阴离子在 412nm 处有最大吸收，因此能够通过光吸收的变化跟踪反应程度。虽然目前在酶的结构与功能研究中半胱氨酸的侧链的化学修饰有被蛋白质定点突变的方法所取代的趋势，但是 Ellman 试剂仍然是当前定量酶分子中巯基数目的最常用试剂，用于研究巯基改变程度和巯基所处环境，最近它还用于研究蛋白质的构象变化。

五、 组氨酸咪唑基的修饰

组氨酸残基位于许多酶的活性中心，常用的修饰剂有焦碳酸二乙酯（DPC，diethylpyrocarbonate）和碘乙酸（图 3-5），DPC 在近中性 pH 下对组氨酸残基有较好的专一性，产物在 240nm 处有最大吸收，可跟踪反应和定量。碘乙酸和焦碳酸二乙酯都能修饰咪唑环上的两个氮原子，碘乙酸修饰时，有可能将 *N*-1 取代和 *N*-3 取代的衍生物分开，观察修饰不同氮原子对酶活性的影响。

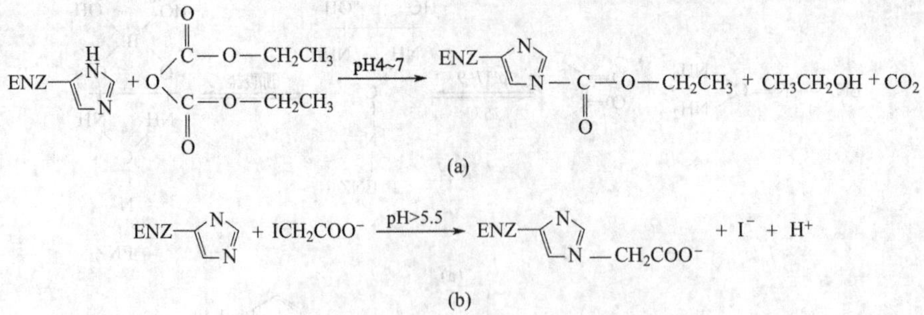

$$\text{ENZ}-\text{Im(H)} + O(\text{COOCH}_2\text{CH}_3)_2 \xrightarrow{\text{pH4\sim7}} \text{ENZ}-\text{Im}-\text{N}-\text{C(=O)}-\text{O}-\text{CH}_2\text{CH}_3 + \text{CH}_3\text{CH}_2\text{OH} + \text{CO}_2$$

(a)

$$\text{ENZ}-\text{Im} + \text{ICH}_2\text{COO}^- \xrightarrow{\text{pH>5.5}} \text{ENZ}-\text{Im}-\text{N}-\text{CH}_2\text{COO}^- + \text{I}^- + \text{H}^+$$

(b)

图 3-5 组氨酸咪唑基的化学修饰

(a) 焦碳酸二乙酯；(b) 碘代乙酸

六、 色氨酸吲哚基的修饰

色氨酸残基一般位于酶分子内部，而且比巯基和氨基等一些亲核基团的反应性差，所以色氨酸残基一般不与常用的一些试剂反应。

N-溴代琥珀酰亚胺（NBS）可以修饰吲哚基，并通过 280nm 处光吸收的减少跟踪反应，但是酪氨酸存在时能与修饰剂反应干扰光吸收的测定。2-羟基-5-硝基苄溴（HNBB）和 4-硝基苯硫氯对吲哚基的修饰比较专一（图 3-6）。但是 HNBB 的水溶性差，与它类似的二甲基(-2-羟基-5-硝基苄基）溴化锍易溶于水，有利于试剂与酶作用。这两种试剂分别称为 Koshland 试剂和 Koshland 试剂Ⅱ，它们还容易与巯基作用，因此，修饰色氨酸残基时应对巯基进行保护。

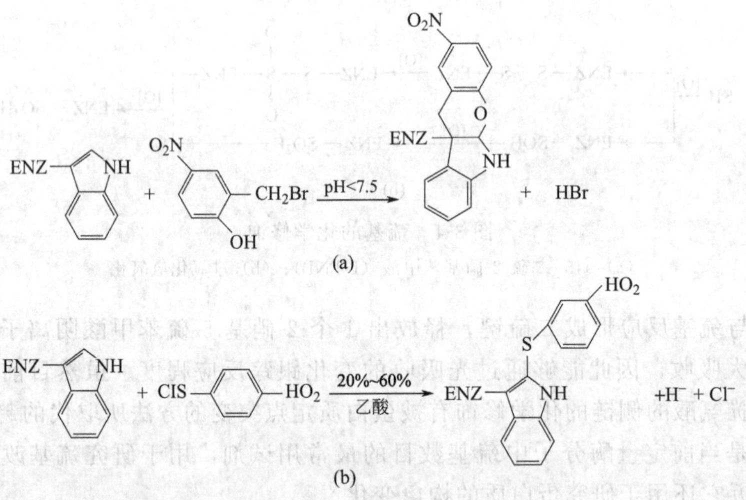

$$\text{ENZ-Indole(NH)} + \text{O}_2\text{N-C}_6\text{H}_3(\text{OH})-\text{CH}_2\text{Br} \xrightarrow{\text{pH<7.5}} \text{product} + \text{HBr}$$

(a)

$$\text{ENZ-Indole(NH)} + \text{ClS}-\text{C}_6\text{H}_4-\text{HO}_2 \xrightarrow[\text{乙酸}]{20\%\sim60\%} \text{ENZ-Indole(S-C}_6\text{H}_4\text{-HO}_2\text{)} + \text{H}^- + \text{Cl}^-$$

(b)

图 3-6 吲哚基的化学修饰

(a) 2-羟基-5-硝基苄基或 Koshland 试剂（HNBB）；(b) 4-硝基苯硫氯

七、 酪氨酸残基和脂肪族羟基的修饰

酪氨酸残基的修饰包括酚羟基的修饰和芳香环上的取代修饰。苏氨酸和丝氨酸残基的羟基一般都可以被修饰酚羟基的修饰剂修饰，但是反应条件比修饰酚羟基严格些，生成的产物也比酚羟基修饰形成的产物更稳定（图 3-7）。

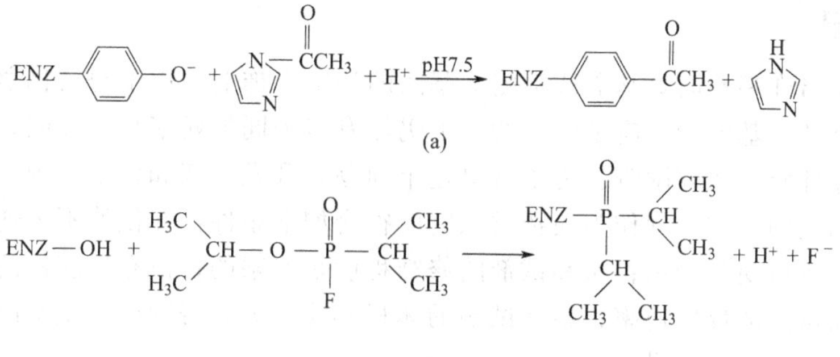

$$\text{ENZ}-\text{C}_6\text{H}_4-\text{O}^- + \text{C}_3\text{H}_3\text{N}_2-\overset{\text{O}}{\overset{\|}{\text{C}}}\text{CH}_3 + \text{H}^+ \xrightarrow{\text{pH7.5}} \text{ENZ}-\text{C}_6\text{H}_4-\overset{\text{O}}{\overset{\|}{\text{C}}}\text{CH}_3 + \text{C}_3\text{H}_4\text{N}_2$$

(a)

$$\text{ENZ}-\text{OH} + (\text{H}_3\text{C})_2\text{CH}-\text{O}-\overset{\text{O}}{\overset{\|}{\text{P}}}(\text{F})-\text{CH}(\text{CH}_3)_2 \longrightarrow \text{ENZ}-\overset{\text{O}}{\overset{\|}{\text{P}}}(\text{CH}(\text{CH}_3)_2)-\text{CH}(\text{CH}_3)_2 + \text{H}^+ + \text{F}^-$$

(b)

图 3-7 酚基和羟基的化学修饰

(a) *N*-乙酰咪唑；(b) 二异丙基氟磷酸（DFP）

四硝基甲烷（TNM）在温和条件下可高度专一性地硝化酪氨酸酚基，生成可电离的发色基团 3-硝基酪氨酸，它在酸水解条件下稳定，可用于氨基酸的定量分析。苏氨酸和丝氨酸残基的专一性化学修饰相对比较少。丝氨酸参与酶活性部位的例子是丝氨酸蛋白水解酶。酶中的丝氨酸残基对酰化剂，如二异丙基氟磷酸酯，具有高度反应性。苯甲基磺酰氟（PMSF）也能与此酶的丝氨酸残基作用，在硒化氢的存在下，能将活性丝氨酸转变为硒代半胱氨酸，从而把丝氨酸蛋白水解酶变成了谷胱甘肽过氧化物酶。

八、 甲硫氨酸甲硫基的修饰

虽然甲硫氨酸残基的极性较弱，在温和的条件下，很难选择性修饰。但是由于硫醚的硫原子具有亲核性，所以可用过氧化氢、过甲酸等氧化成甲硫氨酸亚砜。用碘乙酰胺等卤代烷基酰胺使甲硫氨酸烷基化（图 3-8）。

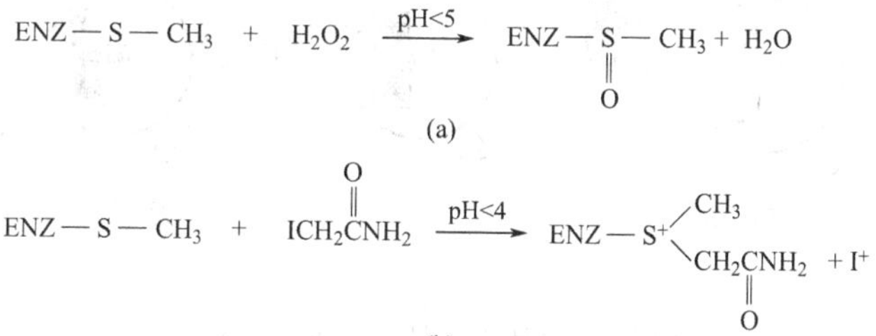

$$\text{ENZ}-\text{S}-\text{CH}_3 + \text{H}_2\text{O}_2 \xrightarrow{\text{pH<5}} \text{ENZ}-\underset{\text{O}}{\underset{\|}{\text{S}}}-\text{CH}_3 + \text{H}_2\text{O}$$

(a)

$$\text{ENZ}-\text{S}-\text{CH}_3 + \text{ICH}_2\overset{\text{O}}{\overset{\|}{\text{C}}}\text{NH}_2 \xrightarrow{\text{pH<4}} \text{ENZ}-\text{S}^+(\text{CH}_3)\text{CH}_2\overset{\text{O}}{\overset{\|}{\text{C}}}\text{NH}_2 + \text{I}^+$$

(b)

图 3-8 甲硫基的化学修饰

(a) 过氧化氢；(b) 碘代乙酰胺

第三节 酶的亲和修饰

酶的位点专一性修饰是根据酶和底物的亲和性，修饰剂不仅具有对被作用基团的专一性，而且具有对被作用部位的专一性，即试剂作用于被作用部位的某一基团，而不与被作用部位以外的同类基团发生作用。这类修饰剂也称为位点专一性抑制剂。一般它们都具有与底物相类似的结构，对酶活性部位具有高度的亲和性，能对活性部位的氨基酸残基进行共价标记。因此，这类专一性化学修饰也称为亲和标记或专一性的不可逆抑制。

一、 亲和标记

虽然已开发出许多不同氨基酸残基侧链基团的特定修饰剂并用于酶的化学修饰中，但是这些试剂即使对某一基团的反应是专一的，也仍然有多个同类残基与之反应。因此，对某个特定残基的选择性修饰比较困难。为了解决这个问题，开发了亲和标记试剂。

用于亲和标记的亲和试剂作为底物类似物应符合如下条件：在使酶不可逆失活以前，亲和试剂要与酶形成可逆复合物；亲和试剂的修饰程度是有限的；没有反应性的竞争性配体的存在应减弱亲和试剂的反应速率；亲和试剂的体积不能太大，否则会产生空间障碍；修饰产物应当稳定，便于表征和定量。

亲和试剂可以专一性地标记于酶的活性部位上，使酶不可逆失活，因此也称为专一性的不可逆抑制。这种抑制又分为 K_s型不可逆抑制和 K_{cat}型不可抑制。K_s型抑制剂是根据底物的结构设计的，它具有和底物结构相似的结合基团，同时还具有能和活性部位氨基酸残基的侧链基团反应的活性基团。因此也可以和酶的活性部位发生特异性结合，并且能够对活性部位的侧链基团进行修饰，导致酶不可逆失活。这类修饰的特点是：底物、竞争性抑制剂或配体应对修饰有保护作用；修饰反应是定量定点进行的。这种修饰作用不同于基团专一性的作用方式（图 3-9）。

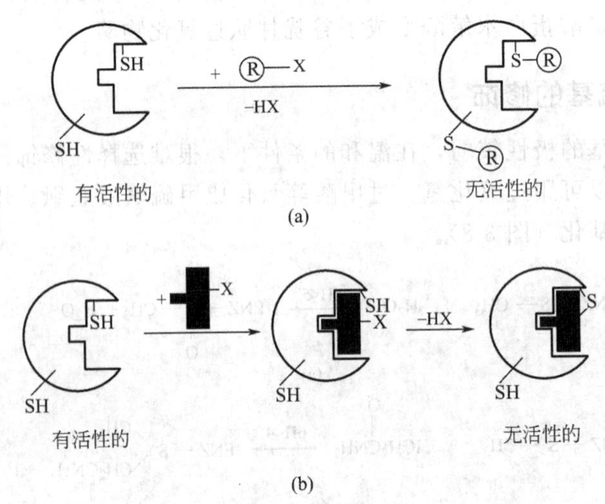

图 3-9 基团专一性与位点专一性

(a) 基团专一性修饰；(b) 位点专一性修饰——亲和标记

K_{cat}型抑制剂的专一性很高，因为这类抑制剂是根据酶的催化过程设计的，它具有酶的底物性质，还有一个潜在的反应基团在酶的催化下活化后，不可逆地抑制酶的活性部位。所以 K_{cat}型抑制剂也称为“自杀性抑制剂”。自杀性抑制剂可以用来作为治疗某些疾病的有效药物。

二、 外生亲和试剂与光亲和标记

亲和试剂一般可分为内生亲和试剂和外生亲和试剂，前者是指试剂本身的某部分通过化学方法转化为所需要的反应基团，而对试剂的结构没有大的扰动；后者是把反应性基团加入到试剂中去，如将卤代烷基衍生物连到腺嘌呤上（图 3-10），氟磺酰苯酰基连到腺嘌呤核苷酸上（图 3-11）。

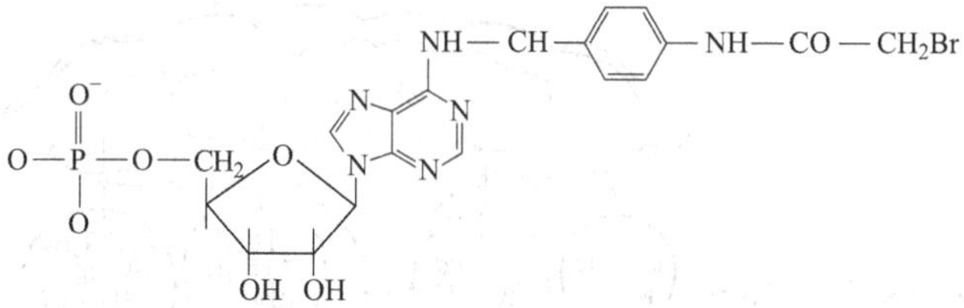

图 3-10 *N*-6-对-溴乙酰胺-苄基-ADP 的结构

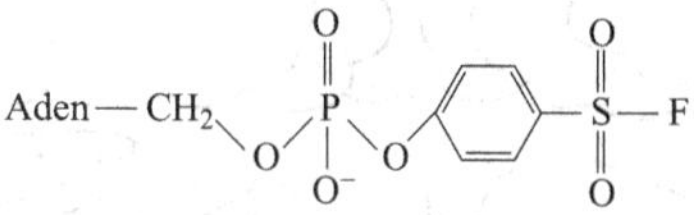

图 3-11 腺苷-5′-(对-氟磺酰苯酰磷酸) 的结构（Aden—为腺苷）

光亲和试剂是一类特殊的外生亲和试剂，它在结构上除了有一般亲和试剂的特点外，还具有一个光反应基团。这种试剂先与酶活性部位在暗条件下发生特异性结合，然后被光照激活后，产生一个非常活泼的功能基团，能与它们附近几乎所有的基团反应，形成一个共价的标记物。

第四节 酶化学修饰的应用

20 世纪 50 年代末期，化学修饰酶的目的主要是用来研究酶的结构与功能的关系，是当时生物化学领域的研究热点。它在理论上为酶的结构与功能关系的研究提供实验依据。如酶的活性中心的存在就是可以通过酶的化学修饰来证实的。为了考察酶分子中氨基酸残基的各种不同状态和确定哪些残基处于活性部位并为酶分子的特定功能所必需，研制出许多小分子化学修饰剂，进行了多种类型的化学修饰。自 70 年代末以来，用天然或合成的水溶性大分子修饰酶的报道越来越多。这些报道中的酶化学修饰的目的在于人为地改变天然酶的某些性质，创造天然酶所不具备的某些优良特性甚至创造出新的活性，扩大酶的应用范围。酶经过修饰后，会产生各种各样的变化，概括起来有：①提高生物活性（包括某些在修饰后对效应物的反应性能改变）；②增强在不良环境中的稳定性；③针对特异性反应降低生物识别能力，解除免疫原性；④产生新的催化能力（图 3-12）。

一、 化学修饰在酶的结构与功能研究中的应用

化学修饰在研究酶的结构与功能方面应用的比较多，研究的也比较细，特别是可逆的化学修饰在酶结构与功能的研究中能提供大量信息。

1. 研究酶空间结构

酶分子中氨基酸侧链的反应性与它周围的微环境密切相关，用具有荧光性质的修饰剂修饰后，通过荧光光谱的研究，可以了解溶液状态下的酶分子构象；研究酶分子的解离-缔合现象。通过荧光偏振技术还可以测酶分子的旋转弛豫时间，由此推算出酶分子大小、形态及构象变化。用化学修饰法确定某种氨基酸残基在酶分子中所存在的状态是一常用的方法。通常情况下酶分子表面基团能与修饰剂反应，而不能与修饰剂反应的基团一般是埋藏在分子内

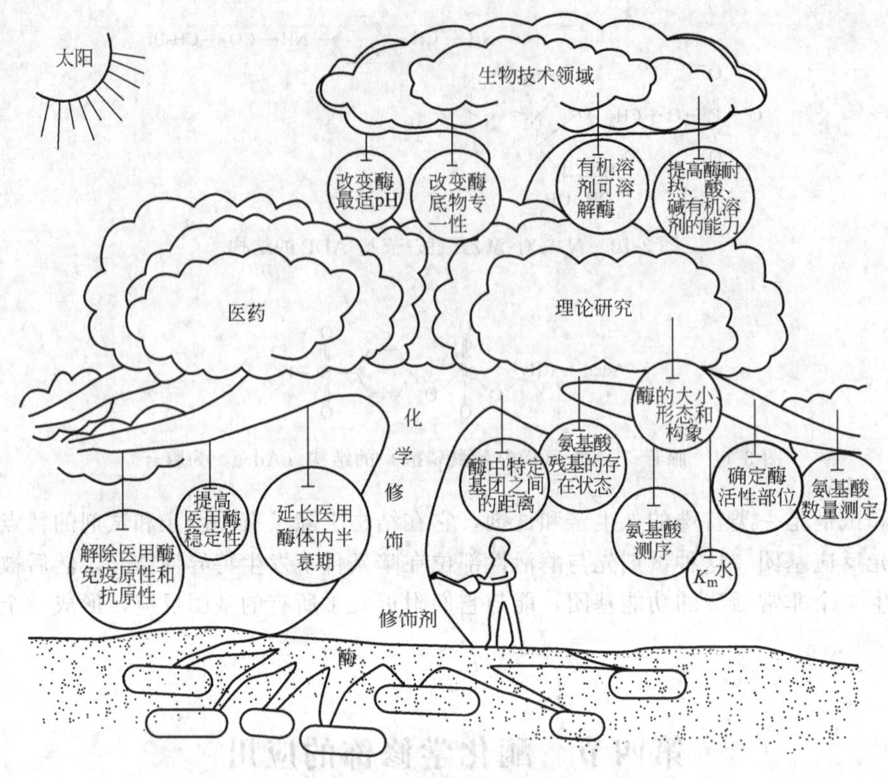

图 3-12 酶化学修饰应用

或形成次级键。

通过双功能试剂交联修饰可以测定酶分子中特定基团之间的距离。在酶的晶体结构分析中，有时需要用化学修饰方法制备含重原子的酶分子衍生物，这将有利于晶体结构分析。

2. 确定氨基酸残基的功能

化学修饰与底物保护相结合，可用于研究底物对修饰速度和修饰程度的影响。如果修饰反应的可逆性对应着生物功能的改变，则可以为确定某一残基的可能功能提供一定的证据。如在丙酮酸激酶中精氨酸残基的修饰反应过程中，伴随着精氨酸残基的修饰，酶分子可逆地失活，底物保护作用说明酶分子在底物磷酸烯醇式丙酮酸的磷酸结合位点具有一个必需的精氨酸残基。

H. Tavakoli 等用化学修饰的方法研究了维生素 B 复合体氧化酶（ChOx）活性部位的组氨酸和丝氨酸的作用。他们用二乙基焦碳酸盐（DEPC）和苯甲基磺酰氟（PMSF）对组氨酸和丝氨酸的残基进行了化学修饰，实验结果表明，组氨酸位于酶的活性中心，而丝氨酸则存在于酶活性中心的附近。

化学修饰能够用于酶变构部位必需氨基酸残基的分析和协同相互作用所必需残基的表征。

3. 测定酶分子中某种氨基酸的数量

虽然氨基酸分析法也可以测酶分子中氨基酸的数量，但是如果只需测定某一种氨基酸的数量时，就可以用定量的化学修饰方法，因为这样既快速又灵敏。如用三硝基苯磺酸测定氨基；用对氯汞苯甲酸测巯基等。其他氨基酸残基也有相应的试剂用于定量测定，见表 3-1。

表 3-1 一些常用来进行蛋白质定量的化学修饰

反应基团	试剂	参考文献
氨基（$—NH_2$）	①三硝基苯磺酸 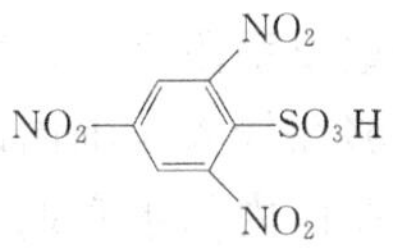 NO_2、NO_2、NO_2、SO_3H ②茚三酮 ③荧光胺	Anal Biochm,1996,14:328. 生物化学与生物物理进展,1976,3:19. J Biol Chem,1954,211:907. Science,1962,135:441. Science,1972,178:8781
羟基（—COOH）	水溶性碳二亚胺	J Biol Chem,1967,242:2447.
胍基（$—NH—C(=NH)—NH_2$） 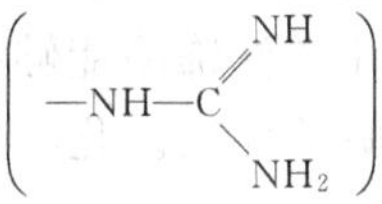	8-羟基喹啉＋次溴酸钠	J Biochem,1961,49:566.
咪唑基  和酚基（—OH） 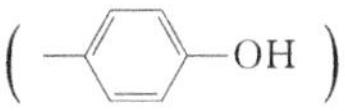	四唑重氮盐（$—N{=}N^{\oplus}$） 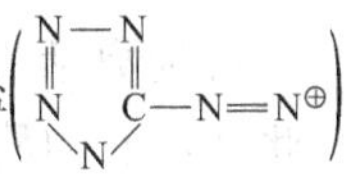	Biochm Biophys Acta,1969,194:293. Biochem,1966,5:3574.
吲哚基 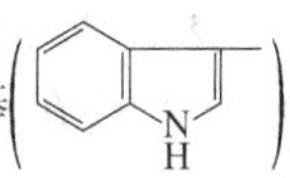	①对-二甲氨基苯甲醛＋硫酸 ②2-羟基-5-硝基溴化苄 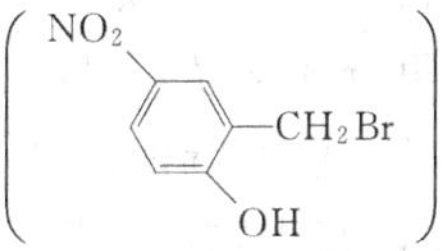 （NO_2、CH_2Br、OH）	Anal Chem,1969,39:1412. J Biol Chem,1967,242:5771.
巯基（—SH）	①对氯汞苯甲酸 ②5,5′-二硫双硝基苯甲酸 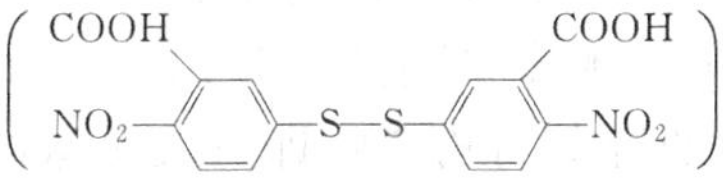 （COOH、NO_2、—S—S—、COOH、NO_2） DTNB	J Am Chem Soc,1954,76:4331. Arch Biochem Biophys,1959,82:70.

化学修饰在酶的结构与功能研究中的应用除上述三个方面以外，在测定酶的氨基酸序列和研究变构酶时，许多方法也都是以化学修饰为基础的。如胰蛋白酶对精氨酸和赖氨酸具有高度特异性，通常用此酶水解酶分子，以制备肽碎片。为了防止精氨酸和赖氨酸相互干扰，可选择性地化学修饰赖氨酸和精氨酸，使水解局限在其中一种残基的肽键上。

二、 化学修饰酶在医药和生物技术中的应用

酶作为生物催化剂，其高效性和专一性是其他催化剂所无法比拟的。因此，愈来愈多的酶制剂已用于疾病的诊断治疗和预防，食品发酵和化工产品的生产，环境保护和监测以及基因工程等生物技术领域。但是酶作为蛋白质，其异体蛋白的抗原性受蛋白水解酶的水解和抑制作用，在体内的半衰期短，不稳定，不能在靶部位聚集，不合适的最适 pH 等缺点严重影响医用酶的使用效果，甚至无法使用。工业用酶常常由于酶蛋白抗酸、碱和有机溶剂变性能力差，不耐热，容易受产物和抑制剂的抑制，工业反应要求的 pH 和温度不在酶反应的最适 pH 和最适温度范围内，底物不溶于水或酶的 pK 值高等缺点，限制了酶制剂的应用范围。

如何提高酶的稳定性，解除抗原性，改变酶学性质（最适 pH，最适温度 K_m 值，催化活性和专一性），扩大酶的应用范围的研究越来越引起人们的重视。分子酶工程（Molecular Enzyme Engineering）可以从分子水平改造酶，弥补天然酶的缺陷，并赋予它们某些新的机能和优良特性。化学修饰是分子酶工程的重要手段之一。事实证明，只要选择合适的修饰剂和修饰条件，在保持酶活性的基础上，能够在较大范围内改变酶的性质。如在医药方面，化学修饰可以提高医用酶的稳定性，延长它在体内的半衰期，抑制免疫球蛋白的产生，降低免疫原性和抗原性。如今对医用酶的修饰是 Landsteiner 和 Vander Scher 的早期工作的发展，他们研究偶联于蛋白质的短肽对抗原特异性的影响，随后 Sela 等人做了大量的工作，他们通过使用游离的或者与蛋白质结合的合成多肽来阐明免疫反应，他们发现将一定的多聚氨基酸结合到蛋白质上能降低它们的免疫原性和抗原性。在生物技术领域，化学修饰酶能够提高酶对热、酸、碱和有机溶剂的耐性；改变酶的底物专一性和最适 pH 等酶学性质。化学修饰酶还可以创造新的催化性能。

酶的活性部位是酶进行催化反应之所在。对远离活性部位的氨基酸残基进行化学修饰，做较大的改变，但又不使酶失活是可能的。此外，有的酶需要辅因子，辅因子的改变或转移会使酶的性质发生很大的变化。

1. 酶的表面化学修饰

（1）大分子修饰　可溶性大分子，如聚乙二醇（PEG）、聚乙烯吡咯烷酮（PVP）、聚丙烯酸（PAA）、聚氨基酸、葡聚糖、环糊精、乙烯/顺丁烯二酰肼共聚物、羧甲基纤维素、多聚唾液酸、肝素等可通过共价键连于酶分子表面，形成一覆盖层。其中分子量在 500～20000 范围内的 PEG 类修饰剂的应用最广，它是既能溶于水又可以溶于绝大多数有机溶剂的两亲分子，它一般没有免疫原性和毒性，其生物相容性已经通过美国 FDA 认证。PEG 分子末端有两个能被活化的羟基，但是化学修饰时多采用单甲氧基聚乙二醇（MPEG）。

MPEG 只带有一个可被活化的羟基，按不同的活化剂，可将 MPEG 类修饰剂分为：

① MPEG 均三嗪类衍生物　这类修饰剂包括 MPEG（甲氧基聚乙二醇）和 $MPEG_2$（二甲氧基聚乙二醇三嗪），MPEG 的羟基与均三嗪即三聚氯氰的氯反应，控制不同的反应条件，可以分别制得活化的 MPEG 和 $MPEG_2$。被三聚氯氰活化的修饰剂引入了活泼的氯，可以与酶的氨基反应。因为 MPEG 在一个三聚氯氰环上只连一个 MPEG 分子，$MPEG_2$ 在一个三聚氯氰环上连两个 MPEG 分子，所以在氨基修饰程度相同时，$MPEG_2$ 修饰酶所引进的 MPEG 分子数是 $MPEG_1$ 的两倍，$MPEG_2$ 的修饰效果好于 $MPEG_1$（图 3-13、图 3-14）。

② MPEG 的琥珀酰亚胺类衍生物　MPEG 琥珀酰亚胺琥珀酸酯（ss-MPEG）、MPEG 琥珀酰亚胺琥珀酰胺（SSA-MPEG）、MPEG 琥珀酰亚胺碳酸酯（SC-MPEG）等 MPEG 的琥珀酰亚胺类衍生物可以在 pH 7～10 的范围内修饰酶的氨基。

③ MPEG 氨基酸类衍生物　MPEG 与亮氨酸的 α-氨基或赖氨酸上的 α-氨基和 ε-氨基反应，制备出的 MPEG 的氨基酸类衍生物可以通过 *N*-羟基琥珀酰亚胺活化。

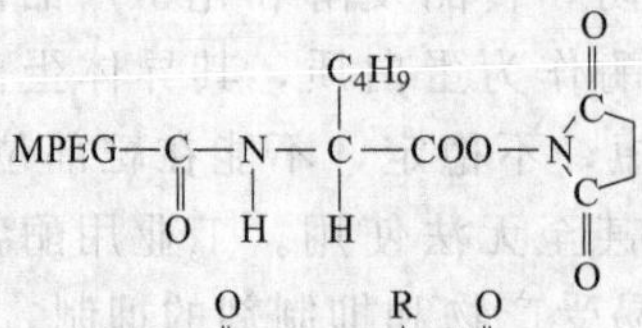

MPEG—C(=O)—N(H)—CH(C_4H_9)—COO—N(succinimide ring, two C=O)　MPEG-N/e

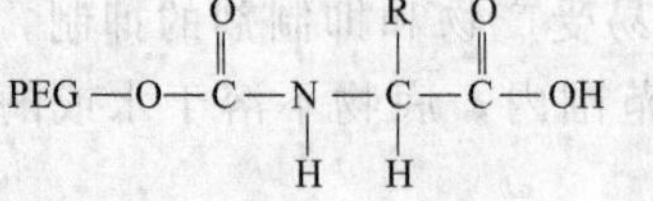

PEG—O—C(=O)—N(H)—CH(R)—C(=O)—OH　PEG-AA

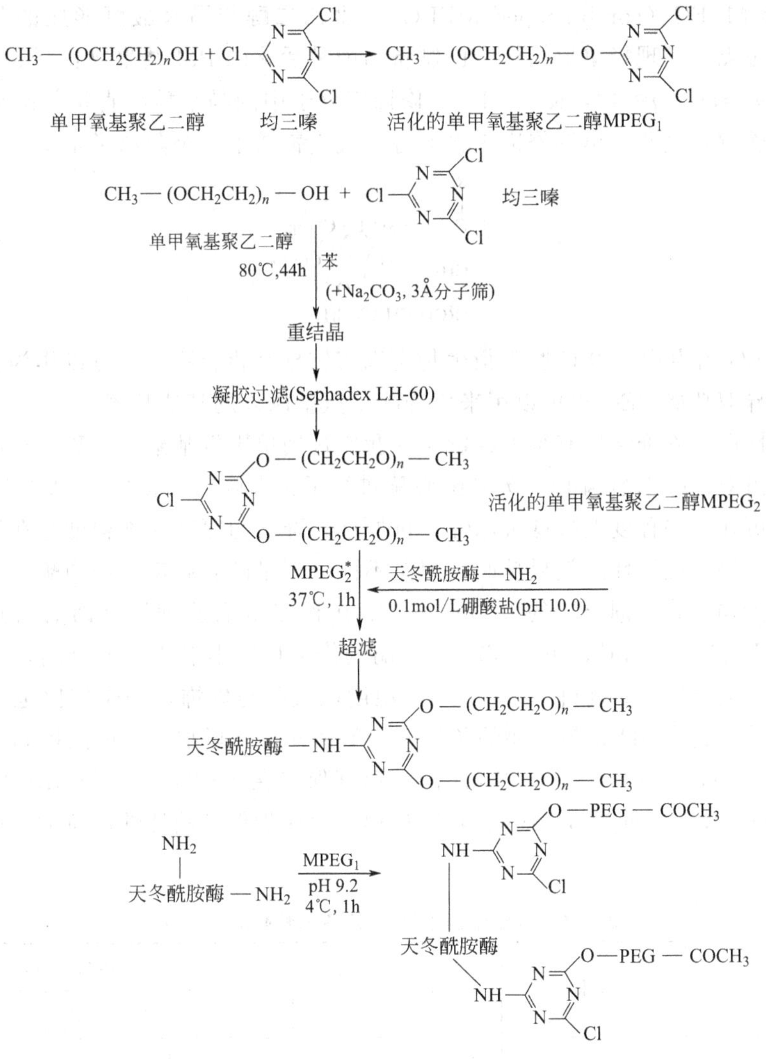

$CH_3-(OCH_2CH_2)_nOH + Cl-C_3N_3Cl_2 \longrightarrow CH_3-(OCH_2CH_2)_n-O-C_3N_3Cl_2$

单甲氧基聚乙二醇 均三嗪 活化的单甲氧基聚乙二醇$MPEG_1$

$CH_3-(OCH_2CH_2)_n-OH + Cl-C_3N_3Cl_2$ 均三嗪

单甲氧基聚乙二醇

↓ 苯，80℃,44h（$+Na_2CO_3$, 3Å分子筛）

重结晶

↓

凝胶过滤(Sephadex LH-60)

↓

$Cl-C_3N_3[O-(CH_2CH_2O)_n-CH_3]_2$ 活化的单甲氧基聚乙二醇$MPEG_2$

↓ $MPEG_2^*$，37℃, 1h ← 天冬酰胺酶—NH_2，0.1mol/L硼酸盐(pH 10.0)

超滤

↓

天冬酰胺酶—$NH-C_3N_3[O-(CH_2CH_2O)_n-CH_3]_2$

H_2N—天冬酰胺酶—NH_2 $\xrightarrow[\text{pH 9.2, 4℃, 1h}]{MPEG_1}$ 天冬酰胺酶$[NH-C_3N_3(Cl)-O-PEG-COCH_3]_2$

图 3-13 $MPEG_1$和$MPEG_2$修饰L-天冬酰胺酶

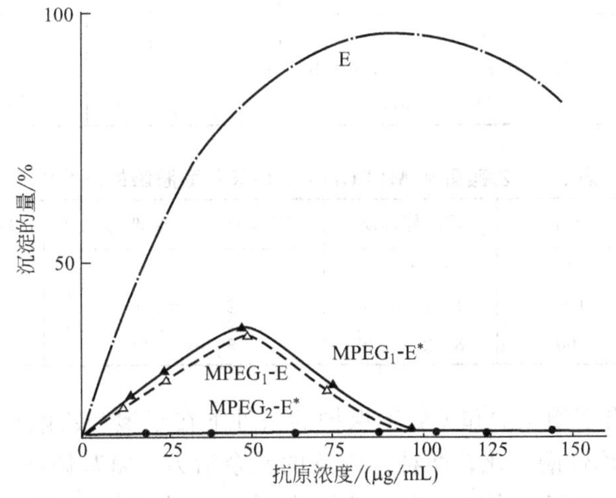

图 3-14 天然酶和修饰酶的免疫沉淀曲线

* 有底物保护的修饰酶；E—天然酶

④ 蜂巢形 MPEG（comb-shaped MPEG） 聚乙二醇与马来酸酐形成的共聚物（PM）具有多个反应位点，呈现蜂巢形结构。已制备出两种活化的 PM 共聚物：活化 PM13（分子量≈100000；m≈50，n≈40，R=CH_3）。修饰剂分子中的马来酸酐直接与酶分子上的氨基酸反应形成酰胺键。这些蜂巢形修饰剂将酶分子表面覆盖上一个阴离子基团。

$$\left[-\overset{\substack{R\\|}}{\underset{\substack{|\\CH_2\\|\\O(CH_2CH_2O)_nCH_3}}{C}}-CH_2\cdot\underset{\substack{\diagup\\OC}}{CH}\cdot\underset{\substack{\diagdown\\CO}}{CH}-\right]_m \quad (OC-O-CO)$$

⑤ 其他 PEG 衍生物 PEG 胺类衍生物可以修饰羰基化合物，还可以作为合成其他修饰剂的中间体。异双功能 PEG 也可以用来修饰除了氨基以外的其他基团。

修饰剂的性质对修饰结果有很大的影响。我们选用单甲氧基聚乙二醇、右旋糖酐、肝素及小分子乙酸酐对治疗白血病的 L-天冬酰胺酶进行了化学修饰。表 3-2、表 3-3 的结果表明，不同的修饰剂可在不同程度上降低抗原性，抗原性的降低与氨基修饰程度存在正相关，氨基修饰程度越高，解除抗原性的效果越好。但是不同分子量的右旋糖酐修饰酶其抗原性的降低和酶活性的减少均与修饰剂分子的大小有关。T70 和 T40 右旋糖酐修饰酶当其氨基修饰程度分别是 47.5%和 69.8%时，虽然 T70 修饰酶的修饰程度小于 T40 修饰酶，但是抗原性降低程度却是前者大于后者。此外，反应 pH、温度以及酶与修饰剂的摩尔比也影响修饰程度和修饰酶的性质，其中 pH 是最重要的条件，一般情况下，增加 pH 可以提高反应速率。在 MPEG 修饰反应中，反应 pH 在 8～10 之间，温度保持在 4～8℃。酶与 MPEG 的摩尔比一般为 1∶(3～5)，反应时间为 8～16h。修饰过程采取底物保护酶活性部位的措施可以减少酶活力的损失。

表 3-2 右旋糖酐修饰 L-天冬酰胺酶的抗原性

样品	$-NH_2$修饰率/%	酶活	抗原-抗体结合能力							
			2^0	2^1	2^2	2^3	2^4	2^5	2^6	2^7
天然酶	0	100	+++	+++	+++	++	++	++	++	++
右旋糖酐 T40 修饰酶	69.8±0.28	21.3±0.26	+++	++	++	++	++	++	+	+
右旋糖酐 T70 修饰酶	32.0±0.60	80.0±0.39	+++	++	++	+	+	+	—	—
	47.5±0.75	49.0±0.40	+++	++	++	+	+	—	—	—
	70.3±0.33	37.9±0.36	++	++	+	+	—	—	—	—

表 3-3 乙酸酐和 $MPEG_1$ 修饰 L-天冬酰胺酶的抗原性

项　目	天然酶	乙酰修饰酶	$MPEG_1$(5000)修饰酶(Ⅰ)	$MPEG_1$(5000)修饰酶(Ⅱ)
$-NH_2$修饰率/%	0	29.1±0.71	56.0±0.90	71.7±0.65
酶活/%	100	15.1±0.40	25.0±0.30	17.2±0.43
抗原-抗体结合能力/%	100	80.2±2.30	68.5±2.41	26.6±1.51

L-天冬酰胺酶在有底物保护和无底物保护的条件下在半饱和乙酸钠溶液中 pH7.5、0℃反应 1h，制备乙酸酐修饰酶。比较两种修饰酶的残余活力、氨基修饰程度及抗原-抗体结合能力，发现两种修饰酶在氨基修饰程度和抗原-抗体结合能力相差无几的情况下，底物保护修饰酶的活力却是无底物保护修饰酶的 3 倍（表 3-4）。

表 3-4 乙酸酐修饰底物保护酶的抗原性

样品	乙酸酐/酶/(mol/mol)	反应体积/mL	—NH_2修饰率/%	酶活/%	抗原-抗体结合能力/%
天然酶			0	100	100
无底物保护的修饰酶	6059/1	1	29.1±0.71	15.1±0.4	80.2±2.30
底物保护的修饰酶	6059/1	1	26±0.47	43.0±0.38	86.2±1.18

L-天冬酰胺酶在有底物保护和无底物保护的条件下用 $MPEG_1$ 和 $MPEG_2$ 修饰，结果见表 3-5。由表 3-5 可见，底物保护下的 $MPEG_1$ 修饰酶和 $MPEG_2$ 修饰酶均比无底物保护下的修饰酶活力高。当 $MPEG_2$ 修饰酶在有底物保护和无底物保护下其氨基修饰分别为 51 个和 52 个时，抗原性完全解除，但是酶活力前者却是后者的 3 倍。

表 3-5 乙酸酐和 MPEG 修饰底物保护酶的抗原性

项目	天然酶	无底物保护的修饰酶		底物保护的修饰酶	
		$MPEG_1$-E	$MPEG_2$-E	$MPEG_1$-E	$MPEG_2$-E
—NH_2修饰数	0	66±0.59	52±0.68	64±0.51	51±0.61
酶活/%	100	16.4±0.37	11±0.45	51±0.41	30±0.35
抗原-抗体结合能力/%	100	26.9±0.86	0	27.8±1.0	0

从表 3-4 及表 3-5 还可以看出无底物保护的乙酸酐修饰酶和 MPEG 修饰酶，虽然抗原性有所降低，但是酶活力损失严重。其原因可能是氨基与酶的活性部位有关。在修饰参与抗原决定簇的氨基的同时，无选择地修饰了酶活性部位的氨基，导致酶失活；也可能是修饰了参与维持酶活性部位天然构象的有关氨基，导致酶失活。采用底物保护酶活性部位的方法，可以使与活性相关的氨基不被修饰，而有效地修饰与抗原决定簇有关的氨基，以此达到降低或解除抗原性的同时，尽可能保持酶活力的目的。

除液相修饰法外，还可以采用固相修饰法，即酶吸附在离子交换柱上，在一定时间内 PEG 修饰剂循环不断地流过柱子。反应结束后，用缓冲液冲洗掉其他副产物和过量的 PEG。改变缓冲液中盐的浓度可以将修饰酶洗脱下来。为了保持相同的蛋白浓度，柱子用相同量的未修饰酶再生，PEG 再一次循环修饰、洗脱、分离修饰酶。

迄今，已有 100 多种蛋白质（其中许多是酶）被修饰后在临床应用中显出许多优良的特性。如稳定性提高；体内半衰期延长；免疫原性和毒性降低或消除；提高膜渗透性；改善在体内的生物分布与代谢行为，提高疗效；增加在有机溶剂中的溶解度和耐有机溶剂变性的能力等。

聚乙二醇、右旋糖酐、肝素等可溶性大分子制备的修饰酶具有许多有利于应用的新性质。如，聚乙二醇修饰的天冬酰胺酶不仅可降低或消除酶的抗原性，而且可以提高酶的抗蛋白水解的能力，延长酶在体内的半衰期，提高药效。L-天冬酰胺酶（L-asparaginase）(EC3.5.1.1) 具有较强的抗肿瘤作用。它能将肿瘤细胞生长所需的 L-天冬酰胺水解为天冬氨酸和氨，从而特异并有效地抑制肿瘤细胞的恶性生长。目前，大肠杆菌 L-天冬酰胺酶作为治疗淋巴性白血病、恶性淋巴肿瘤的酶制剂已在国外应用于临床，并且是治疗急性淋巴性白血病治疗指数最高的药物。但由于它来源于微生物，对人而言是一种外源性蛋白，有较强的免疫原性，临床上常见进行性免疫反应和全身性过敏反应，限制了其临床应用。近年来，许多研究结果表明，用聚合物修饰能较好地克服这些缺陷。目前主要采用 PEG 和右旋糖酐这两种修饰因子进行修饰。人体血浆中含有少量的蛋白酶，能使外源性 L-天冬酰胺酶逐渐水解失活。只有当 L-天冬酰胺酶具有较强的抗蛋白酶水解作用时，它才能在人体内停留较长的时间，起到抗癌作用。L-天冬酰胺酶经修饰后，与天然酶相比具有较强的抗蛋白酶水解能力。当羧甲基壳聚糖的平均分子量大于 1×10^4 时，L-天冬酰胺酶经修饰后可以降低其抗原性，且分子量越大降低抗原性的效果越好。这是由于 IgG 抗体可以在蛋白表面的多糖链中移动而与蛋白起抗原抗体反应。将天然酶和羧甲基壳聚糖修饰的 L-天冬酰胺酶分别静注至新西兰白兔体内，在一定时间间隔取血检测，天然酶和修饰酶在血浆中的清除基本上满足一级动力学反应，其半衰期分别为 1.2h 和 40h，修饰酶比天然酶提高了 33 倍。

PEG 修饰的腺苷脱氨酶经腹腔注射后，在血液循环中可以测出 50%的酶活力，而且这种酶活力在血液循环中可以保留 72h，相反，注射天然腺苷脱氨酶后，在血液循环中最多可测出只有 7%的酶活力，而且在 2h 以内被清除。

多聚物修饰酶，可能提高在生理 pH 条件酶活力很低的某些医用酶的医疗价值。如色氨酸分解酶和 3-烷基吲哚 α-羟化酶有抗肿瘤的活性，由于它的最适 pH 是 3.5，所以限制了它的临床应用。Schmer 和 Roberts 用聚丙烯酸或聚顺丁烯二酸修饰这种酶，使其最适 pH 向中性提高，结果使其在 pH7.0 的活力增加了 3 倍。

超氧化物歧化酶（SOD）是一类广泛存在于生物体内的金属酶，它具有抗衰老和消炎的效果，但是由于它有半衰期短和异体蛋白抗原性的缺点，限制了其临床应用。PEG 修饰超氧化物歧化酶活性保持 51%，在血液中的停滞时间延长，抗炎活性提高。SOD 和低抗凝活性肝素（low anticoagulant activity heparin，LAAH）都具有抗炎作用，并且肝素可以提高外源性 SOD 在体内的作用。用溴化氰活化 LAAH 对 SOD 进行化学修饰，通过 Sephadex G-75很好地将修饰酶与天然酶分离。LAAH 经修饰反应后，其已糖醛酸、氨基己糖、总硫酸基和抗凝血活性均降低；而修饰后的 SOD 的抗原性明显降低。重组人铜锌 SOD 制品仍存在半衰期短的问题。化学修饰是解决这一问题的有效方法，如聚苯乙烯马来酸丁酯（SMA）作为修饰剂，将 SMA 的二甲基亚砜（DMSO）溶液滴加于 rh Cu/Zn SOD 硼酸钠溶液（0.5mol/L，pH8.0）中，SMA 与 rh Cu/Zn SOD 的摩尔比为 10∶1。该体系在 37℃水浴中振摇反应 1h，于不同时间取样监测 SOD 活性及交联度。随着修饰剂用量的增大，修饰程度加大，残留酶活力降低。由于参与交联反应的基团为酶分子中非活性部位赖氨酸残基的 ε-NH_2，检测也显示，交联前后酶蛋白主链结构改变不大，因此推测导致酶活力降低的主要原因是空间位阻效应。实验中还发现修饰程度对半衰期长短有影响，所以为了获得具有较高残留酶活力和较长生物半衰期的修饰酶，选择适当的修饰剂浓度是至关重要的。在大鼠实验中测得修饰酶的生物半衰期约为 3.7h，为修饰前的 22 倍。

酶的化学修饰被认为是寻找新型的生物催化剂的一个有效的工具。如辣根过氧化物酶用 MPEG 共价修饰后，在极端 pH 条件下抗变性能力提高，耐热性也有所增加。用右旋糖酐修饰 α-淀粉酶、β-淀粉酶、胰蛋白酶和过氧化氢酶有效地提高了酶的热稳定性。α-淀粉酶在 60℃ $t_{1/2}$是 3.5min，用右旋糖酐修饰后增加到 175min。用右旋糖酐修饰胰蛋白酶，不仅增加了热稳定性，而且也使自水解降低。该酶右旋糖酐修饰后在 pH8.1、37℃保温 2h，活力没有丧失，而未修饰酶则丧失 85%的活力。化学修饰酶热稳定性提高的原因可能是由于修饰剂共价连接于酶分子后，使酶的天然构象产生一定的“刚性”，不易伸展失活，并减少了酶分子内部基团的热振动。而且这种稳定化效果与酶和修饰剂之间交联点的数目有关。PEG 和酶以单点交联时热稳定性提高不明显。过氧化氢酶用右旋糖酐修饰后能保持 100%的酶活力，这可能是因为这个酶的底物很小，它不能被结合的多聚物修饰剂所阻碍，能很容易地进入酶的活性部位。右旋糖酐修饰的过氧化氢酶表现出较高的热稳定性，在 52℃ 10min 酶活丧失 10%，而未修饰酶则丧失 60%的活力。修饰酶的失活温度比天然酶高得多。但是 PEG

修饰的过氧化氢酶热稳定性与未修饰酶比几乎没有改变，在不同的温度下两者都表现出非常相近的活力，失活温度也没有改变。这是因为一个单一的右旋糖酐分子上有多个结合位点，而 PEG 只有一个结合位点，它与酶不能发生多位点结合。增加交联点的方法是制备与酶分子表面互补的聚合物，即先用单体类似物修饰酶表面，然后再与单体共聚合，则可实现酶与聚合物的多点交联，使酶的稳定性明显提高。MPEG 共价修饰的过氧化氢酶在有机溶剂中的溶解性和酶活性也得到提高，在三氯乙烷中酶活是天然酶的 200 倍，在水溶液中酶活是天然酶的 15～20 倍。荧光假单胞菌脂肪酶偶联于 MPEG 后，可溶于苯中，修饰酶在苯中的储存稳定性很好，140d 后仍有原酶合成活力的 40%，而且酯交换的最适温度为 70℃，大大高于未修饰脂肪酶在水乳相中催化酯水解的最适温度。念珠菌属脂肪酶（CRL）修饰后（图 3-15），在异辛烷中的稳定性和活性提高许多。脂肪酶和蛋白酶被 MPEG 修饰后，可溶于有机溶剂，并具有催化酯合成、酯交换和肽合成的能力。

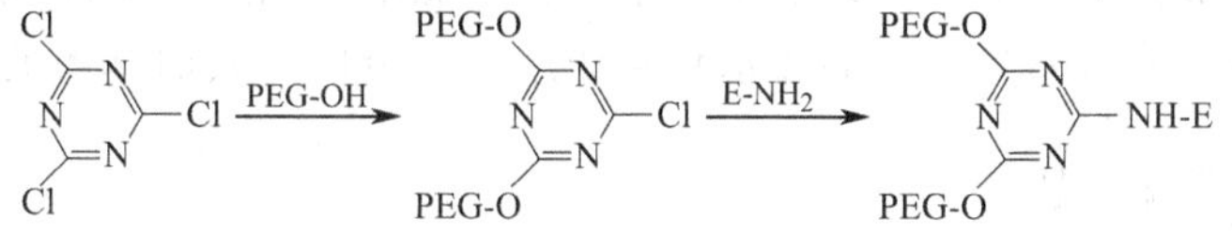

(a)

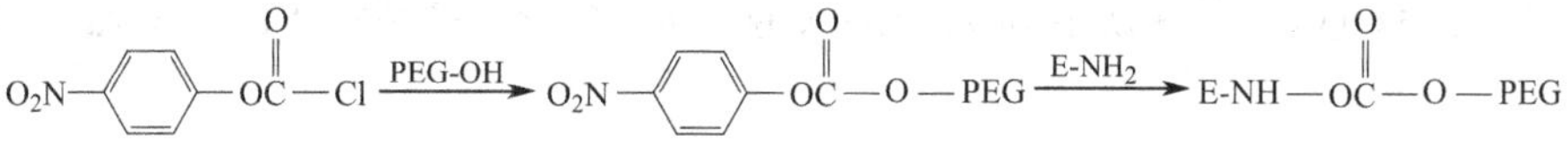

(b)

图 3-15　氰尿酰氯（a）和对硝基苯氯甲酸酯（b）活化的 PEG 对酶的修饰

（2）小分子修饰　利用小分子化合物对酶的活性部位或活性部位之外的侧链基团进行化学修饰，以改变酶学性质。已被广泛应用的小分子化合物主要有氨基葡萄糖、醋酸酐、硬脂酸、邻苯二酸酐、醋酸-*N*-丁二酯亚胺酯、辛二酸-二-*N*-羟基丁二酰亚胺酯［suberic acid bis (*N*-hydroxy succinimide ester)］等。未糖基化的核糖核酸酶 A 与 D-葡萄胺进行化学偶联，得到单糖基化酶和双糖基化酶（图 3-16）。其中，53 位的天冬氨酸和 49 位的谷氨酸被认为可能是糖基化位点。经过修饰的单糖基化核糖核酸酶 A 的活力比天然酶降低 80%，但是热稳定性大大提高。CRL 经二已基-对-硝基-磷酸苯酯化学修饰后，改变了水解酶的特性。

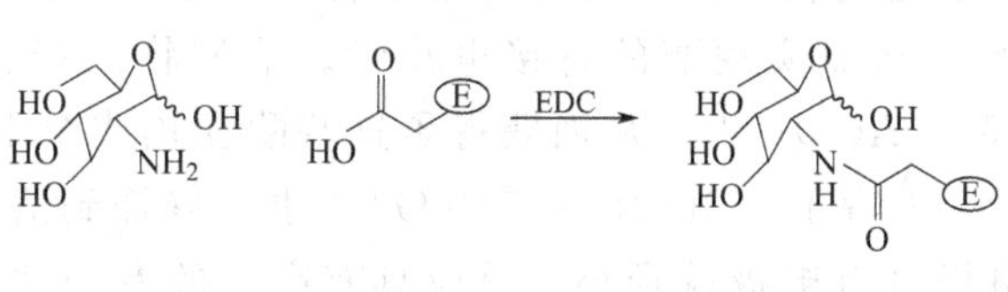

图 3-16　通过 EDC 的糖基化作用使未糖基化的核糖核酸酶 A 与 D-葡萄胺进行化学偶联

K. Sangeetha 等选用几种酸酐对木瓜蛋白酶进行了化学修饰，这些酸酐与酶分子中 5～6 个赖氨酸残基发生了反应，使酶分子的净电荷由正变为负，同时，酶分子的最适 pH 由 7 变为 9，最适温度由 60℃变为 80℃，而且修饰后的酶具有较高的热稳定性。这些酶学性质的改变使木瓜蛋白酶更加适用于洗涤剂应用领域。

氧化还原酶中的谷胱甘肽过氧化物酶是不稳定的，但人们对它很感兴趣。通过使用化学修饰的方法，用不稳定的氧化型硒原子取代胰蛋白酶中 195 位丝氨酸 γ 位的氧原子，将胰蛋白酶转变为硒代胰蛋白酶（图 3-17），硒化胰蛋白酶失去了还原酶的活性，而表现出较强的谷胱甘肽过氧化物酶的活性。它催化谷胱甘肽的氧化还原反应：

$$2GSH + ROOH \longrightarrow GS\text{-}SG + H_2O + ROH$$

用亚硝酸修饰天冬酰胺酶，使其氨基末端的亮氨酸和肽链中的赖氨酸残基上的氨基产生脱氨基作用，变成羟基。经过修饰后，酶的稳定性大大提高，使其在体内的半衰期延长2倍。α-胰凝乳蛋白酶表面的氨基修饰成亲水性更强的—$NHCH_2COOH$后，该酶抗不可逆热失活的稳定性在60℃可提高1000倍。在更高温度下稳定化效应更强。这种稳定的酶能经受灭菌的极端条件而不失活。马肝醇脱氢酶（HLADH）的Lys的乙基化、糖基化和甲基化都能增加HLADH的活力。其中甲基化使酶活力增加最大，同时酶稳定性也提高许多。更有意义的是，糖的手性影响糖基化酶的性质，糖基化酶和甲基化酶的底物专一性有所改变，这种操纵底物专一性的能力在立体专一性有机合成中特别有用。共价修饰酶稳定化的原因有：①修饰后有时会获得不同于天然蛋白质构象的更稳定的构象；②由于修饰“关键功能基团”而达到稳定化；③由化学修饰引入到酶分子中的新功能基可以形成附加氢键或盐键；④用非极性试剂修饰可加强酶蛋白分子中的疏水相互作用；⑤蛋白质表面基团的亲水化。

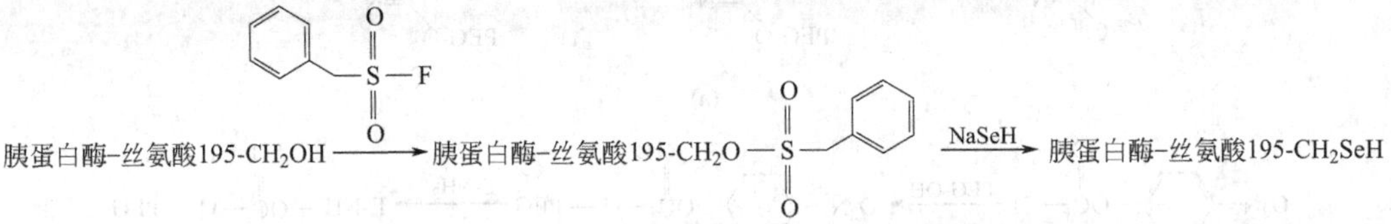

胰蛋白酶-丝氨酸195-CH_2OH ⟶ 胰蛋白酶-丝氨酸195-$CH_2O-SO_2-CH_2C_6H_5$ $\xrightarrow{NaSeH}$ 胰蛋白酶-丝氨酸195-CH_2SeH

图3-17 胰蛋白酶催化位点中的丝氨酸被苯甲基磺酰基氟化物激活后在NaSeH的作用下生成硒代胰蛋白酶

酶的化学修饰也在生物传感器方面发挥越来越大的作用。酶作为一类典型的生物大分子和特殊的催化剂，在生命过程中扮演着极其重要的角色。尤其是在呼吸链中生物氧化和新陈代谢是靠多种酶的共同作用才完成的，研究酶的直接电化学无论是在理论上还是在实用上都具有重要的意义。在理论上，酶与电极之间直接的电子传递过程更接近生物氧化还原系统的原始模型，这就为揭示生物氧化还原过程的机制奠定了基础。另外，酶直接电化学的研究可望为推断澄清生物氧化还原系统中电子传递反应的特异性提供一定的依据。从应用方面而言，酶直接电化学的实现可用于研制第三代生物传感器和发展人工心脏用的生物燃料电池。Degani和Heller等提出了通过化学修饰酶形成电子转移中继体（electron-transfer relays），便可缩短电子隧道距离，从而实现酶的直接电化学。他们将二茂铁衍生物共价连接到GOD和D-氨基酸氧化酶（AOD）上。从而获得了这些酶在铂或金电极上的直接电化学，证明其设想可行。此后又发现了$[Ru(NH_3)5H_2O]^{2+}$也可修饰到酶分子上形成有效的电子转移中继体。微酶电极具有电极端径小，反应具有高度的专一性和催化性，可以测定多种生化物质和有机物质等优点，现已成为生物传感器研究领域中的热点。由于葡萄糖在生物体内的作用重大，医学领域对发展微型葡萄糖生物传感器研究的需求在不断增加。用铂、碳纤维为基体电极的葡萄糖微型生物传感器的报道较多。而用碳糊为基体电极制作微酶传感器，制作方法简单。但由于碳糊颗粒本身体积较大，很难做成端径很小的微电极，所以该类微酶电极的报道很少。Shea等利用碳糊-二甲基二茂铁-葡萄糖氧化酶（GOD）制作了微酶电极。

（3）反相胶束修饰　反相胶束是由两性化合物在占优势的有机相中形成的。根据溶剂和表面活性剂的组成，可在与水不混溶的溶剂中得到微乳化的反相胶束。反相胶束提供了包埋酶的口袋，使酶微囊化，可以保护酶，使其能在不利环境下有效地发挥作用。反相胶束还能提高酶活力，改变酶的专一性。例如，包埋在由 SDS 和苯等组成的反相胶束中的蔗糖酶的活力比其在水介质中的活力高 4 倍多，而且维持活力的时间由 48h 延长至 4d。

2. 酶分子内部修饰

对酶工程而言，酶化学修饰的目的是系统改变酶的专一性，改变酶作用的最适 pH，改变底物抑制和活化的形式，甚至改变酶催化反应的类型。已有一些动力学性质发生改变的例子，也有一些引入新催化活力的例子，修饰结果不可预测。但现在，借助 X 射线结晶学和计算机图示技术有可能以和药物设计大致相同的方式，原则上设计修饰剂，而且随着今后用蛋白质工程法修饰酶，而对蛋白质结构理解的增加，也应当有可能预测有限化学修饰的效应。

(1) 非催化活性基团的修饰　最经常修饰的残基既可是亲核的（Ser，Cys，Met，Thr，Lys，His)，也可是亲电的（Tyr，Trp)，或者是可氧化的（Tyr，Trp，Met)。对这类非催化残基的修饰可改变酶的动力学性质，改变酶对特殊底物的束缚能力。研究得较充分的例子是胰凝乳蛋白酶。将此酶 Met-192 氧化成亚砜，则使该酶对含芳香族或大体积脂肪族取代基的专一性底物的 K_m 提高 2～3 倍，但对非专一性底物的 K_m 不变，这说明对底物的非反应部分的束缚在酶催化作用中有重要作用。

(2) 蛋白主链的修饰　迄今，主链修饰主要靠酶法。将猪胰岛素转变成人胰岛素就是一个成功的例子。猪和人的胰岛素，仅在 B 链羧基端有一个氨基酸的差别。用蛋白水解酶将猪胰岛素 B 链末端的 Ala 水解下来，再在一定条件下，用同一酶将 Thr 接上去，即可将猪胰岛素转变成人胰岛素。丹麦的 Novo 公司仅用两年的时间，就把这项成果扩展到工业生产中。

用胰蛋白酶对天冬氨酸酶进行有限水解切去 10 个氨基酸后，酶活力提高 5.5 倍。活化酶仍是四聚体，亚单位分子量变化不大，说明天然酶并不总是处于最佳构象状态。

(3) 催化活性基团的修饰　酶学家的梦想之一是能任意改变酶的氨基酸顺序。蛋白质工程的出现已使这个梦想变成现实。然而，通过选择性修饰氨基酸侧链成分来实现氨基酸取代更为简捷。这种将一种氨基酸侧链化学转化为另一种新的氨基酸侧链的方法叫做化学突变法。这种方法显然受到是否有专一性修饰剂及有机化学的工艺水平的限制。尽管如此，Bender 等人还是成功地将枯草杆菌蛋白酶活性部位的 Ser 残基转化为半胱氨酸残基。新产生的巯基枯草杆菌蛋白酶对肽或酯没有水解活力，但能水解高度活化的底物如硝基苯酯。进行过化学突变的酶有胰蛋白酶、木瓜蛋白酶等，但突变后的酶都没有活力。有用的修饰要求保持酶的催化活力。修饰前，保护酶的活性部位是可行的办法。对胰凝乳蛋白酶的修饰就采取了这种办法。这里显然有潜力。虽然化学修饰所获得的花样，由于可用试剂的限制，没有蛋白质工程法来得多，但可进一步研制有用的试剂。例如，羟胺-*O*-硫酸酯是万能的胺化试剂，在水溶液中也有效。胺化反应可以把疏水氨基酸突变成非天然碱性氨基酸。光化学可能产生更成熟的修饰。另外，通过巴顿反应可以将反应性引入蛋白质中。总之，化学修饰通过它的产生非蛋白质氨基酸的能力，可以有力地补充蛋白质工程技术的不足。

(4) 与辅因子相关的修饰

① 对依赖辅因子的酶可用两种方法进行化学修饰。第一，如果辅因子与酶的结合不是共价的，则可将辅因子共价结合在酶上。将 NAD 衍生物共价结合到醇脱氢酶上后，酶仍具

有催化活性构象。活力大约是使用过量游离 NAD 时活力的 40%，而且能抵抗 AMP 的抑制。这是解决合成中昂贵的辅因子再循环问题的重要进展。第二，引入新的或修饰过的具有强反应性的辅因子。巯基专一试剂能改变某些依赖黄素的氧化酶所催化的反应。例如，用 disulphiram 处理黄嘌呤脱氢酶，可将其转化为黄嘌呤氧化酶。这类为某一反应而使化合物的氧化作用发生改变，在经济上颇具吸引力。

② 最有创造性的修饰方法是将新的辅酶引入结构已弄清的蛋白质上。这要求对辅酶本身的化学结构要有清楚的了解。在实验上则是如何让辅酶更好地适应新的环境。迄今最好的例子是 Kaiser 的黄素木瓜蛋白酶。黄素的溴酰衍生物可与木瓜蛋白酶的 Cys-25 共价结合成为黄素木瓜蛋白酶，其动力学行为可与老黄酶相比拟。这类半合成酶的开发虽然刚开始，但已可预见其许多的实际应用。酚类的羟化和硫醇酯立体专一性地氧化成手性亚砜，都可用依赖黄素的半合成酶来完成。用黄素血红蛋白可以模拟细胞色素 P450 的某些有意义的化学性质。半合成酶的优点来自它的多样性。只要简单地改变蛋白质模板，就可能调节反应的底物专一性和立体选择性。利用半合成酶还可获得关于蛋白质结构和催化活性间的详细信息，最终，这些信息可用于构建更有效的第二代、第三代催化剂。其他的辅酶，如维生素 B_1、吡哆醛、卟啉、酞菁，甚至金属离子都可以加入到蛋白质的束缚部位，产生新的实用催化剂。

Kaiser 等人证明利用辅助因子与酶进行共价结合可以产生新的酶活性。最近，使用固相合成技术，将核糖核酸酶 S 的 C 肽链中第 8 残基苯丙氨酸用一种天然氨基酸——磷酸吡哆胺（维生素 B_6）取代。经过化学修饰重新构成的核糖核酸酶 S 催化反应的速率提高 7 倍。

许多酶都含有辅酶或辅基，这些基团都是酶的活性基团。由于种类有限，限制了酶的功能。如果能够利用化学方法在这些基团中接上一些辅因子，再经修饰，便可创造出多种多样的新型酶。

③ 金属酶中的金属取代。酶分子中的金属取代可以改变酶的专一性、稳定性及其抑制作用。例如，酰化氨基酸水解酶活性部位中的锌被钴取代时，酶的底物专一性和最适 pH 都有改变。锌酶对 *N*-氯-乙酰丙氨酸的最适 pH 是 8.5，而钴酶的最适 pH 是 7.0；钴酶对 *N*-氯-乙酰蛋氨酸等三种底物的活力降低。因此，在使用上，对不同的底物可选用锌酶与钴酶。

天然含铁超氧化物歧化酶中的铁原子被锰取代后，酶的稳定性和抑制作用发生显著改变；重组含锰酶对 H_2O_2 的稳定性显著增强，对 NaH_3 的抑制作用的敏感性显著降低。虽然金属酶中活性部位上的金属交换这一修饰技术尚处于幼年时期，但上述例子足以说明这种技术在实用上的巨大意义，应当给予足够的重视。

(5) 肽链伸展后的修饰　为了有效地修饰酶分子的内部区域，Mozhaev 等提出，先用脲或盐酸胍处理酶，使酶分子的肽链充分伸展，这就提供了化学修饰酶分子内部疏水基团的可能性。然后，让修饰后的伸展肽链，在适当的条件下，重新折叠成具有某种催化活力的构象。遗憾的是，到目前为止，这只是一个想法，还没有成功的例子。然而十分有意义的是，他们用这种构象重建法，使不可逆热失活的固定化胰蛋白酶和 α-胰凝乳蛋白酶重新活化，活力基本上完全恢复到酶失活前的水平，而且这种热失活-重新活化的过程可连续重复四次之多。这种失活酶的再活化，显然具有重大的经济效益。

Saraswathi 等描述了一种新奇的原则上可能普遍适用的改变酶底物专一性的方法。先让酶变性，然后加入相应于所希望的活性构象时，用戊二醛交联。他们用丙酸作竞争性抑制剂，从核糖核酸酶出发，制得一种“酸性酯酶”，从而改变了酶的底物专一性，创造了新的酶活力。

综上所述，可以清楚地看出酶化学修饰在酶工程中显示的潜力。显示潜力的最好证明是，酶修饰开发了新反应。下面的例子更能说明简单化学修饰的威力。许多重要的生物活性肽含有D-氨基酸。由于肽酶对L-氨基酸酯正常底物的专一性，因此不可能在肽酶的催化作用下合成含D-氨基酸的肽，但是，如果将胰凝乳蛋白酶上的Met-192修饰成亚砜则可使这类反应能够实际应用来修饰酶没有催化肽合成的能力，而修饰酶在合成Z-L-Tyr-D-Met-Ome中的活力保持92%，收率为80%。

3. 结合定点突变的化学修饰

通过一些可控制的方法在酶或蛋白质的特殊位点引入特定的分子来修饰酶或蛋白质，结合定点突变引入一种非天然氨基酸侧链来进行化学修饰，从而得到一些新颖的酶制剂。它的策略是利用定点突变技术在酶的关键活性位点引入一个氨基酸残基，然后利用化学修饰法将突变的氨基酸残基进行修饰，引入一个小分子化合物，得到一种称为化学修饰突变酶（chemically modified mutant enzyme，CMM）的新型酶。DeSantis G等利用定点突变法在*Bacillus lentus*枯草杆菌蛋白酶（SBL）的特定位点中引入半胱氨酸，然后用甲基磺酰硫醇（methanethiosulfonate）试剂进行硫代烷基化，得到一系列新型的化学修饰突变枯草杆菌蛋白酶（图3-18）。酶的k_{cat}/K_m值随疏水基团R的增大而增大，而且绝大部分CMM的k_{cat}/K_m值都大于天然酶，有些甚至增加了2.2倍。因此，CMM能够改进酶的专一性及扩大催化底物的范围。

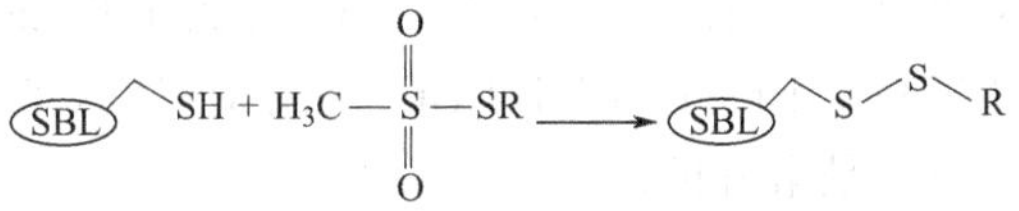

$$\text{SBL}-CH_2-SH + H_3C-S(=O)_2-SR \longrightarrow \text{SBL}-CH_2-S-S-R$$

图3-18 枯草杆菌蛋白酶（SBL）经定点突变与化学修饰后得到一系列新型的枯草杆菌蛋白酶

三、 酶化学修饰的局限性

① 某种修饰剂对某一氨基酸侧链的化学修饰专一性是相对的，很少有对某一氨基酸侧链绝对专一的化学修饰剂。因为同一种氨基酸残基在不同酶分子中所存在的状态不同，所以同一种修饰剂对不同酶的修饰行为也不同。

② 化学修饰后酶的构象或多或少都有一些改变，因此，这种构象的变化将妨碍对修饰结果的解释。但是，如果在实验中控制好温度、pH等实验条件，选择适当的修饰剂，这个问题可以得到解决。

③ 酶的化学修饰只能在具有极性的氨基酸残基侧链上进行，但是X射线衍射结构分析结果表明，其他氨基酸侧链在维持酶的空间构象方面也有重要的作用，而且从种属差异的比较分析，它们在进化中是比较保守的。目前还不能用化学修饰的方法研究这些氨基酸残基在酶结构与功能关系中的作用。

④ 酶化学修饰的结果对于研究酶结构与功能的关系能提供一些信息，如某一氨基酸残基被修饰后，酶活完全丧失，说明该残基是酶活性所“必需”的，为什么是必需的，还得用X射线和其他方法。因此，化学修饰法研究酶结构与功能的关系尚缺乏准确性和系统性。

⑤ 酶化学修饰的修饰率受反应进程的影响比较大，因此，不同批次制备的修饰酶存在

性质和品质上的差异，不像酶表达的产物，因此，对于修饰酶的大规模生产是个问题。严格控制酶修饰条件和修饰方法以及修饰剂的品质将在一定程度上减少这种差别。

第五节　酶化学修饰的研究进展

一、非特异性的化学修饰

通过与醛的还原烷基化作用或与酸酐反应，对赖氨酸残基进行非特异性的修饰，可以将疏水基团和亲水基团引入α-胰凝乳蛋白酶，这两种方法可以使修饰酶在水-有机混合物中的有机助溶剂浓度范围加宽，在水-有机混合物中，酶的活性至少与未修饰的酶在水中的活性一样。

用1-乙基-3（-二乙基氨丙基）-碳二亚胺（EDCI）将α环糊精、β环糊精或γ环糊精（CDs）偶联到胰蛋白酶中，修饰酶抗自水解的能力是未修饰酶的5～8倍，并且显示出更高的酯酶活性。这可能是由于CD的疏水结合位点处通过对底物的包含使局部浓度增高所引起的。类似的研究是用不同臂长的EDCI将CDs偶联到胰蛋白酶上，除丙基-空间的CD修饰外，修饰酶的酯酶活性一般都提高两倍，并且热水解和自水解的稳定性都有所提高。

葡萄糖氧化酶（GOX）可通过酚噻嗪-聚环氧乙烷（PT-PEO）与酶表面的赖氨酸残基随机的共价结合形成一系列聚合物。这些聚合物能够在电极间发生直接的电子转移，电子转移的速度与PEO链的长度（分子量0～8000）和PT基团的数目有关，用五个PT-PEO基团修饰的GOX（分子量为3000）具有从$FADH_2$/FADH到PT^+的电子转移的最大速率常数（$130S^{-1}$）。在类似的研究中，EDCI和PT-PEO也用于GOX表面的Glu/Asp基团的修饰，该研究也说明了PEO3000是最好的。

用苄氧羰基（Z）、Z-NO_2、月桂酰和乙酰对*Candida rugosa*脂肪酶（CRL）的氨基进行非特异性修饰后，修饰酶在丙醚中催化正丁醇与2-(4-取代苯氧基）丙酸的酯合成反应的对映选择性有所提高，而且对映体选择性（E值）随各种有机溶剂$\lg P$的增加而降低。根据圆二色谱和电子自旋的研究推测，带电的Lys侧链发生了酰基化，使CRL表现出一种更加紧密、柔性较低的结构。这种改变使两种对映异构体的反应速率都降低了，但是对不太适合的S对映异构体的影响更大。对半纯化的CRL、*Pseudomonas cepacia*脂肪酶（PCL）和*Alcaligenes*属脂肪酶的氨基进行修饰，用TNBS测定表明，在CRL中，有84%的氨基被Z基团修饰了，它在2-(4-乙基苯氧基)-丙酸丁酯的水解反应中的对映体选择性（E值）提高了15倍，但是总体活力至少下降了10倍。*Candidaa arctia*脂肪酶B（CAL-B）59%的氨基被聚乙二醇修饰后，在乙烷中催化3-甲基-2-丁醇的酯化反应的对映选择性提高了（E值从214提高到277），同时伴随着反应速率的下降。

用癸酰基对胰凝乳蛋白酶的非特异性修饰后观察到了与脂肪酶类似的结果。酶修饰后对D-N-十二酰基-Phe-pNP和L-N-十二酰基-Phe-pNP水解反应的活性有所下降，但是对映体选择性有了明显的提高。

一般可用硒代半胱氨酸作为催化基团，采取化学修饰的方法制备含硒谷胱甘肽过氧化物酶。这类过氧化物酶用传统的重组DNA技术是很难对其进行修饰的。用Hilvert的方法修饰谷胱甘肽转移酶（GST），修饰后的Se-GST可高效率地催化过氧化氢的还原。在这个例子中，化学修饰不仅特异地修饰活性位点的侧链，其他侧链羟基也被修饰。

二、 位点专一性的化学修饰

向蛋白质中引入功能基团，虽然有很多的方法可以保证位点选择性化学修饰，但是对一个特定的蛋白质而言，在不同的环境下，同种类型的功能团之间的活性也存在不同，因而要探索有效的修饰方法（如对映体选择性修饰）。作为亲核催化剂的活性位点残基能与适合的亲电体发生快速的反应，Polgar 与 Bender 和 Neet koshland 首次利用了这一点修饰了丝氨酸蛋白酶的亲核—CH_2OH 侧链，但是最近这种方法仅应用于催化抗体上。Janda 研究组用了一种巧妙的方法向醛缩酶引入了金属 Cu^{2+}，Cu^{2+} 可以在修饰前或修饰后引入。通过醛缩酶活性的抑制作用和 Cu 分析可以对修饰进行评价，通过羟胺处理可以忽略羟基乙酰化的潜在竞争反应。产生的含铜金属蛋白不能催化氧化反应，但是表现出了类似金属蛋白酶的水解活性。

根据 α 和侧链氨基的 pK_a 的不同，将单个巯基基团（由 Ellman 滴定测定）引入到枯草杆菌蛋白酶 Carlsberg 的 N 末端后，酶不能进行 Edman 降解，与 2-亚氨基硫杂环戊烷盐酸盐（Traut 试剂）在 pH8 的条件下反应，证明了修饰的位点是在 N 末端。

三、 结合定点突变和化学修饰的位点选择性化学修饰

大多数生物催化剂具有精确的底物专一性，对底物缺乏普遍的适用性，这对于它们的应用常常成为一个限制因素。源自变形链球菌的葡聚糖 α-葡萄糖苷酶（SmDG）可催化异麦芽寡糖或葡聚糖的非还原端 α-1,6-糖苷键水解。该酶具有 Asp194 亲核残基及两个催化不相关的 Cys 残基：Cya129 与 Cys532。Wotoru Saburi 报道了构建无 Cys（2CS）突变体酶（C129S/C532S），发现其与野生型酶的活力几乎相同，进而将 2CS 中的亲和残基 Asp194 突变为 Cys（D194-2CS），发现该突变体的水解活力大幅下降至 2CS 的 $8.1\times10^{-4}\%$。之后使用 KI 联合氧化法将 D194C-2CS 中的 Cys194 氧化，将其水解活力提高了近 330 倍。通过对氧化态的 D194C-2CS（Ox-D194C-2CS）进行肽谱质量分析表明，Cys 被氧化成了半胱亚磺酸残基。性质表征发现，Ox-D194C-2CS 与 2CS 的性质如最适 pH、pI 值、底物特异性等均极为相似，但 Ox-D194C-2CS 比 2CS 的转苷活力更高。亚磺酸基团对羧基的替换可增强转苷活力。对半胱亚磺酸作为亲和残基的研究，可能为增加转苷活力开辟新的方向。Ox-D194C-2CS 的高效转苷不仅对芳基糖苷底物有效，对天然的 α-1,6-糖苷键底物也有效。它不需要采用含有易于离去基团活化的底物，如氟代基团、二硝基酚之类的糖配基。这对工业生产寡糖十分有利，因为使用合成底物用作生产难度很大。因此，该基因突变结合化学修饰法开辟了构建具有高效转苷活力酶的新策略。亲核羧基与广义酸碱对的距离变化会造成糖苷酶活力的大幅损失，也因此，本方法预计只限于改造以 Asp 作为亲核残基的保留型糖苷酶，因为以 Glu 作为亲核残基的翻转型糖苷酶中，将 Glu 替换为半胱亚磺酸会造成催化残基间距缩短，从而大幅影响活力。

总结与展望

酶具有催化效率高、专一性强和作用条件温和等许多优点，但也存在酶蛋白稳定性较差和免疫原性等缺点，限制了酶的应用，对酶蛋白的化学修饰是解决这些问题的重要方法之一。通过对酶分子主链和侧链基团的修饰，不仅可以知道酶活性中心在主链上的位置，了解

主链的不同位置对酶的催化功能的贡献，研究各种侧链基团对酶分子的结构与功能的影响，而且还可能引起酶学性质和酶功能的变化，人为地改变天然酶的某些性质，提高酶活性，增强酶在不良环境中的稳定性，解除免疫原性，创造天然酶所不具备的某些优良特性，甚至创造出新的活性，扩大酶的应用范围，提高酶的使用价值。除酶分子主链和侧链基团的修饰外，酶的亲和修饰和化学交联修饰也是酶化学修饰的重要手段。

用蛋白质工程技术可以获得修饰酶。然而，这些方法只局限于 20 种能产生蛋白质的氨基酸。目前虽然已经开发出了一些巧妙的分子生物学技术，可以将非天然的氨基酸引入到蛋白质中，但是在这项技术中，更多复杂氨基酸的使用受到限制。对酶的化学修饰而言，氨基酸侧链的化学修饰可以引入更多的几乎是无限定的各种基团，但是它们引入的反应都是非特异性的。因此，尽管酶的化学修饰具有简单、多样等很多潜在的优势，今后还是应该开发有选择性的、高效的酶化学修饰的新策略。蛋白质化学修饰技术与分子生物学技术相结合，给酶的修饰带来美好的前景。

参考文献

[1] 周海梦，等．蛋白质化学修饰．北京：清华大学出版社，1998.

[2] 陶慰孙，等．蛋白质分子基础．第 2 版．北京：高等教育出版社，1995.

[3] 武忠亮，郭亚利，唐云明．烟草叶片蔗糖酶的化学修饰．西南师范大学学报（自然科学版），2006，31（4）：148-152.

[4] 栾兴社，张长铠，黄俊，祝磊．生物絮凝剂产生菌节杆菌 LF-Tou2 葡萄糖基转移酶的性质与化学修饰．化工科技，2006，14（4）：16-20.

[5] 郝建华，王跃军，袁翠，孙谧．海洋假单胞杆菌 QD80 低温碱性蛋白酶的化学修饰．应用与环境生物学报，2006，12（3）：371-375.

[6] Gote M M，Khan M I，Khire J M，Active site directed chemical modification of alpha-galactosidase from *Bacillus stearothermophilus*（NCIM 5146）：Involvement of lysine，tryptophan and carboxylate residues in catalytic site. Enzyme and Microbial Technology，2007，40：1312-1320.

[7] Kazunori Nakashima，Jun Okada，Tatsuo Maruyama，Noriho Kamiya，Masahiro Goto. Activation of lipase in ionic liquids by modification with comb-shaped poly（ethylene glycol）. Science and Technology of Advanced Materials，2006，7：692-698

[8] Srimathi S，Jayaraman G，Narayanan P R. Improved thermodynamic stability of subtilisin Carlsberg by covalent modification. Enzyme and Microbial Technology，2006，39：301-307.

[9] Sangeetha K，Emilia Abraham T. Chemical modification of papain for use in alkaline medium，Journal of Molecular Catalysis B：Enzymatic，2006，38：171-177.

[10] Tavakoli H，Ghourchian H，Moosavi-Movahedi A A，Saboury A A. Histidine and serine roles in catalytic activity of choline oxidase from Alcaligenes species studied by chemical modifications. Process Biochemistry，2006，41：477-482.

[11] Chen Hong-Tao，Xie Li-Ping，Yu Zhen-Yan，Xu Guang-Rui，Zhang Rong-Qing. Chemical modification studies on alkaline phosphatase from pearl oyster（Pinctada fucata）：a substrate reaction course analysis and involvement of essential arginine and lysine residues at the active site. The International Journal of Biochemistry & Cell Biology，2005，37：1446-1457.

[12] Michael Fernandez，Alex Fragoso，Roberto Cao，Reynaldo Villalonga. Stabilization of alpha-chymotrypsin by chemical modification with monoamine cyclodextrin. Process Biochemistry，2005，40：2091-2094.

[13] Samia A Ahmed，Nefisa M A El-Shayeb，Abdel-Gawad M Hashem，Shireen A A Saleh，Ahmed F Abdel-Fattah. Chemical modification of Aspergillus niger beta-glucosidase and its catalytic properties. Brazilian Journal of Microbiology，2015，46：23-28.

[14] Concepción González-Bello，Lorena Tizón，Emilio Lence，Jose M Otero，Mark J van Raaij，Marta Martinez-

Guitian, Alejandro Beceiro, Paul Thompson, Alastair R Hawkins. Chemical Modification of a Dehydratase Enzyme Involved in Bacterial Virulence by an Ammonium Derivative: Evidence of its Active Site Covalent Adduc. J Am Chem Soc, 2015, 137: 9333-9343 DOI: 10. 1021/jacs. 5b04080.

[15] Wataru Saburi, Momoko Kobayashi, Haruhide Mori, Masayuki Okuyama, Atsuo Kimura. Replacement of the Catalytic Nucleophile Aspartyl Residue of Dextran Glucosidase by Cysteine Sulfinate Enhances Transglycosylation Activity. The Journal of Biological Chemistry, 2013, 288: 31670-31677.

（高仁钧　李正强）

第四章 人工酶

第一节 引言

在自然界长期的发展和进化过程中，生命体实现了无与伦比的神奇功能。具有高效催化、专一识别等绝妙的生物机能的酶分子就是生命体进化的杰作之一。20 世纪的大部分时期，科学家一直将模拟手段作为阐明自然界中生物体行为的基础。早在 20 世纪中叶，人们就已认识到学习大自然，研究和模拟生物体系是开辟新技术的途径之一，并自觉地把生物界作为各种技术思想、设计原理和发明创造的源泉。通过对生物体系的结构与功能的研究，为设计和建造新的技术提供新思想、新原理、新方法和新途径。

受自然的启发引导，科学工作者通过探索，实现了高效化学反应、产品检测以及反应后处理等，其中酶催化扮演着极其重要的角色。酶是具有催化功能的蛋白质，是自然界经过长期进化而产生的生物催化剂，它有着所有催化剂的共性：少量酶的存在即可大大加快反应速率。同时，酶也有着不同于其他催化剂的特性，如反应条件温和、更高的催化效率和反应专一性等。有些酶还需要辅酶或辅基参与催化，具有奇特的酶活性调节能力。因此，设计一种像酶那样的高效催化剂一直是科学家们追求的目标，而对酶功能的模拟也是当今自然科学领域中的前沿课题之一。虽然天然酶作为高效的催化剂得到了日趋广泛的应用，但由于其价格昂贵、提纯与储藏困难、易变性失活等缺点又限制了它的规模开发和利用。于是，新的催化剂——人工模拟酶被研制和开发，并逐渐受到人们的重视，为可持续化学的发展提供了新的切入点。20 世纪 80 年代以来，化学家对利用简单的分子模型构建酶的特征进行了深入的研究。这除了它的应用前景之外，另一个主要原因是化学模型可以帮助我们认识酶的作用机制，即理解酶为什么具有如此高的催化效率，其生物体内研究使许多酶催化的反应得到了详细的解释。除此之外，实际需要同样也促使人们研究开发具有酶功能的人工酶体系用于实际生产。

有关生物酶模拟的研究大致分为以下三个层次：①简单模拟。模拟物只含有与天然酶分子相同的功能因子。如超氧化物歧化酶（SOD）是以铜离子或其他离子为辅基的蛋白质配合物，而螯合铜的某些氨基酸或羟基配合物即可用作模拟物，它们具有一定程度的 SOD 活性。尽管模拟物的作用机制、选择性及反应效率不同于天然酶，但因其可大量合成，仍有实用价值。②模拟天然酶活性中心的结构。人们利用环糊精等大环化合物空腔作为底物识别部位，在其边缘修饰衍生催化基团，进行诸如酶催化机制等研究。③整体模拟。这种模拟是酶的高级模拟形式，需要考虑底物识别部位与催化部位之间的协同性，其活性中心设计在一个特定的微环境和整体结构之中，模拟酶具有包括微环境在内的整个类天然酶的活性部位。

诺贝尔奖获得者 Cram、Pederson 与 Lehn 相互发展了对方的经验，创造性地提出了主-客体化学和超分子化学，为模拟酶的研究奠定了重要的理论基础。根据酶的催化反应机制，若合成出具有酶活性部位催化基团的主体分子，同时它又能识别结合底物，并与之发生特异性分子间相互作用，就能有效地模拟天然酶分子的催化过程。随着生命科学与化学的相互交叉和渗透，模拟酶的研究成果已在生化分析中得到广泛应用。本章对人工酶的理论基础、概念、分类和设计人工酶的基本要素进行介绍，重点阐述合成酶和印迹酶的成功例子和人工模拟酶的发展前景，以期推动它们在分析、有机合成及酶学工程等领域的进一步深入研究与应用。

第二节 人工酶概述

一、 人工酶的概念

人工酶又称模拟酶或酶模型，它属于生物有机化学的一个分支，是化学生物学的重要组成部分。由于天然酶的种类繁多，模拟的途径、方法、原理和目的不同，对模拟酶至今没有一个公认的定义。一般说来，它的研究就是吸收酶中那些起主导作用的因素，利用有机化学、生物化学等方法设计和合成一些较天然酶简单的非蛋白质分子或蛋白质分子，以这些分子作为模型来模拟酶对其作用底物的结合和催化过程，也就是说，人工模拟酶是在分子水平上模拟酶活性部位的形状、大小及其微环境等结构特征，以及酶的作用机制和立体化学等特性的一门科学。可见，人工酶是从分子水平上模拟生物功能的一门交叉科学。

20 世纪 70 年代以来，随着蛋白质结晶学、X 射线衍射技术及光谱技术的发展，人们对许多酶的结构有了较为深入的了解，并能在分子水平上对酶的结构及其作用机制作出解释。动力学方法的发展以及对酶的活性中心、酶抑制剂复合物和催化反应过渡态等结构的描述促进了酶作用机制的研究进展，为人工模拟酶的发展注入了新的活力。目前，较为理想的小分子仿酶体系有环糊精、冠醚、环番、环芳烃和卟啉等大环化合物等；大分子仿酶体系主要有合成高分子仿酶体系和生物高分子仿酶体系。合成高分子仿酶体系有聚合物酶模型、分子印迹酶模型和胶束酶模型等，而生物高分子仿酶体系则是利用化学修饰和基因突变等手段改造天然蛋白质产生具有新的催化活性的大分子人工酶，例如抗体酶的出现和快速发展为人工酶的模拟开辟了一条新的道路。

二、 人工酶的理论基础

1. 人工酶的酶学基础

酶是如何发生效力的？对酶的催化机制，人们提出了很多理论，试图从不同角度阐述酶发挥高效率的原因。在众多的假说中，Pauling 的稳定过渡态理论获得了人们广泛的认可。因此，目前对酶的催化机制的解释是酶先对底物结合，进而选择性稳定某一特定反应的过渡态（TS），降低反应的活化能，从而加快反应速率。

设计模拟酶一方面要基于酶的作用机制，另一方面则基于对简化的人工体系中识别、结合和催化的研究。要想得到一个真正有效的模拟酶，这两方面就必须统一结合。在实际设计过程中，催化基团的定向引入对催化效率的提高至关重要。除此之外，还要考虑模拟酶与底物的定向结合能力，它应与天然酶一样，能在底物结合过程中通过底物的定向化、键的扭曲及变形来降低反应的活化能。此外，酶模型的催化基团和底物之间必须具有相互匹配的立体化学特征，这对形成良好的反应特异性和催化效力是相当重要的。

2. 超分子化学

Pederson 和 Cram 报道了一系列光学活性冠醚的合成方法。这些冠醚可以作为主体而与伯胺盐客体形成复合物。Cram 把主体与客体通过配位键或其他次级键形成稳定复合物的化学领域称为“主-客体”化学（host-guest chemistry）。本质上，主-客体化学的基本意义来源于酶和底物的相互作用，体现为主体和客体在结合部位的空间及电子排列的互补，这种主-客体互补与酶-底物结合的情况近似。另一位法国的著名科学家 Lehn 也在这方面做出了非凡的贡献，他在研究穴醚和大环化合物与配体络合过程中，提出了超分子化学（supramolecular chemistry）的概念，并在此理论的指导下，合成了更为复杂的主体分子。他在发表的《超分子化学》一文中阐明：超分子的形成源于底物和受体的结合，这种结合基于非共价键的相互作用，如静电作用、氢键和范德华力等。当接受体与络合离子或分子结合成具有稳定结构和性质的实体，即形成了“超分子”，它兼具分子识别、催化和选择性输出的功能。

由于 Cram、Pederson 和 Lehn 在人们长期寻求合成与天然蛋白质功能一样的有机化合物方面取得了开拓性的成果，由此获得 1987 年的诺贝尔化学奖。主-客体化学和超分子化学已成为人工模拟酶研究的重要理论基础。根据酶的催化反应机制，若合成出能识别底物又具有酶活性部位催化基团的主体分子，就能有效地模拟酶的催化过程。

在设计模拟酶之前，应对天然酶的结构和酶学性质进行深入的了解：①酶活性中心-底物复合物的结构；②酶的专一性及其同底物结合的方式与能力；③反应的动力学及各中间物的知识。设计人工酶模型应考虑如下因素：非共价键相互作用是生物酶柔韧性、可变性和专一性的基础，故理想的酶模型需为底物提供良好的微环境，便于与底物，特别是反应的过渡态以离子键、氢键等结合；精心挑选的催化基团必须相对于结合点尽可能同底物的功能团相接近，以促使反应定向发生；模型应具有足够的水溶性，并在接近生理条件下保持其催化活性。

应该指出的是，在设计人工酶方面尽管有上述理论作指导，但是，目前尚缺乏系统、定量的理论作指导。令人欣喜的是，大量的实践证明酶的高效性和高选择性并非天然酶所独有，人们利用各种策略发展了多种人工酶模型。目前，在众多的人工模拟酶中，已有部分非常成功的例子，它们的催化效率和高选择性可与生物酶相媲美。

第三节　合　成　酶

根据 Kirby 分类法，人工模拟酶可分为：①模拟酶活性中心为基础的酶模型（enzyme-based mimics），即以化学方法通过天然酶活性的模拟来重建和改造酶活性；②机理酶模型（mechanism-based mimics），即通过对酶作用机制诸如识别、结合和过渡态稳定化的认识来指导酶模型的设计和合成；③单纯合成的酶样化合物（synzyme），即一些化学合成的具有酶样催化活性的简单分子。

Kirby 分类法基本上属于合成酶的范畴。按照人工模拟酶的属性，人工模拟酶可分为：①主-客体酶模型，包括环糊精、冠醚、穴醚、杂环大环化合物和卟啉类等；②胶束酶模型；③肽酶；④半合成酶；⑤分子印迹酶模型；⑥抗体酶等。近年来又出现了杂化酶和进化酶。对酶的模拟已不仅限于化学手段，基因工程和蛋白质工程等分子生物学手段也正在发挥着越来越大的作用。化学和分子生物学方法的结合使酶模拟更加成熟。本章重点介绍合成酶和分子印迹酶。抗体酶、杂化酶和进化酶将在生物酶工程篇中介绍。

一、 主-客体酶模型

1. 环糊精酶模型

环糊精（cyclodextrin，简称 CD）是由多个 D-葡萄糖以 1，4-糖苷键结合而成的一类环状低聚糖（图 4-1）。根据葡萄糖数量的不同，可分为 6 个、7 个及 8 个单元的环糊精 3 种，它们均是略呈锥形的圆筒，其伯羟基和仲羟基分别位于圆筒较小和较大的开口端。这样，CD 分子外侧是亲水的，其羟基可与多种客体形成氢键，其内侧是 C_3、C_5 上的氢原子和糖苷氧原子组成的空腔，故具有疏水性，因而能选择性地包结多种客体分子，很类似酶对底物的识别。作为人工酶模型的主体分子虽有若干种，但迄今被广泛采用且较为优越的当属环糊精。

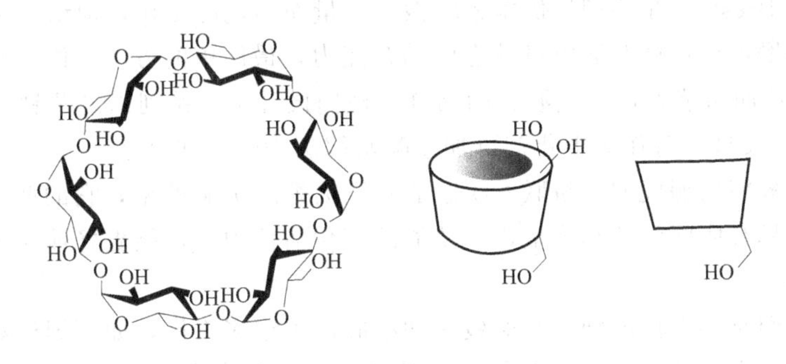

图 4-1 环糊精结构示意图

CD 分子和底物的结合常数为 $10^2 \sim 10^4\ mol^{-1} \cdot L$，不及某些酶对底物的结合常数大，因此，以 CD 为主体的仿酶研究工作过去主要集中在对 CD 的修饰上，即在 CD 的两面引入催化基团，通过柔性或刚性加冕引入疏水基团，改善 CD 的疏水结合和催化功能，这样得到的修饰 CD 通常只有单包结部位和双重识别作用。由于酶是通过对底物的多部位包结并具有多重识别位点来实现酶促反应的高效性和高选择性的。为了增加环糊精的仿酶效果，近年来相继出现了桥联环糊精和聚合环糊精，以它们为仿酶模型可以得到双重或多重疏水结合作用和多重识别作用，其结合常数可达 $10^8\ mol^{-1} \cdot L$ 或更高，这样的结合常数已超过了单一 CD 仿酶模型和一些酶对底物的结合常数，而且相当于中等亲和力的抗体对抗原的结合常数，为环糊精的仿酶研究创造了条件。

目前，利用环糊精为酶模型，已成功地对多种酶的催化功能进行了模拟。在水解酶、核糖核酸酶、转氨酶、氧化还原酶、碳酸酐酶、硫胺素酶和羟醛缩合酶等方面都取得了很大的进展。

（1）水解酶的模拟　α-胰凝乳蛋白酶是一种蛋白水解酶。它具有疏水性的环状结合部位，能有效包结芳环，催化位点中包含有 57 号组氨酸咪唑基、102 号天冬氨酸羧基及 195 号丝氨酸羟基，三者共同组成了所谓的“电荷中继系统”，在催化底物水解时起关键作用。Bender 等将实现了将电荷中继系统的酰基酶催化部位引入 CD 的第二面，成功制备出了人工酶 β-Benzyme［见图 4-2(a)］，它催化对叔丁基苯基乙酸酯（p-NPAc）水解的速率比天然酶快一倍以上，k_{cat}/K_m 也与天然酶相当。β-Benzyme 曾以实现了天然酶的高效催化作用机制而闻名于世。

组氨酸咪唑基在酶催化中起着重要的作用，将咪唑与环糊精连接会获得更理想的人工模

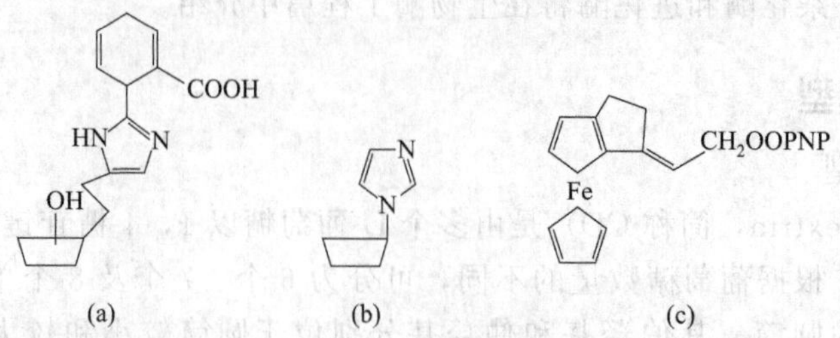

图 4-2 水解酶模型

拟酶。Rama 等人将咪唑在 N 上直接与 CD 的 C_3 相连，所得的模型催化 p-NPAc 的水解比天然酶快一个数量级。

著名科学家 Breslow 在环糊精仿酶领域做了大量而出色的工作，他认为模拟酶增加催化效率的关键是要增加环糊精对底物过渡态的结合能力，最简单的方法是修饰底物来增加底物同 CD 的结合，从而可能增加对过渡态的结合。他们设计了一系列以二茂铁、金刚烷为结合位点的硝基苯酯，CD 本身作为催化剂可加速酯水解达 10^5～10^6 倍。

（2）桥联环糊精仿酶模型　桥联 CD 也是一类优秀的仿酶模型，它的两个 CD 及桥基上的功能基构成了具有协同包结和多重识别功能的催化活性中心，能更好地模拟酶对底物的识别与催化功能。

近年来，人们对环糊精识别氨基酸残基和小肽做了很多工作，如环糊精对苯丙氨酸、酪氨酸和色氨酸的识别及其衍生物的催化。但对潜在的小肽作为底物的研究却很少。Breslow 研究小组最近发展了一种新方法，试图利用组合化学技术筛选与环糊精客体具有高选择性结合的小肽分子，以便获得高活性的催化水解肽酶模型。他们制备了含镍的水杨酚环糊精复合物 A、B（图 4-3），以它们为受体在三肽库中进行筛选。此库含有氨基酸编码 AA3-AA2-AA1-NH$(CH_2)_2$-TentaGel，库容量为 29^3（24389）。筛选结果表明，含有 L-Phe-D-Pro-X 和 D-Phe-L-Pro-X 结构的三肽对环糊精具有非常显著的选择性结合能力，这为获得高活力的肽催化水解酶模型开辟了一条新路。

细胞色素是机体内重要的抗氧化酶。人们对它进行了多种模拟。以环糊精为主体分子合

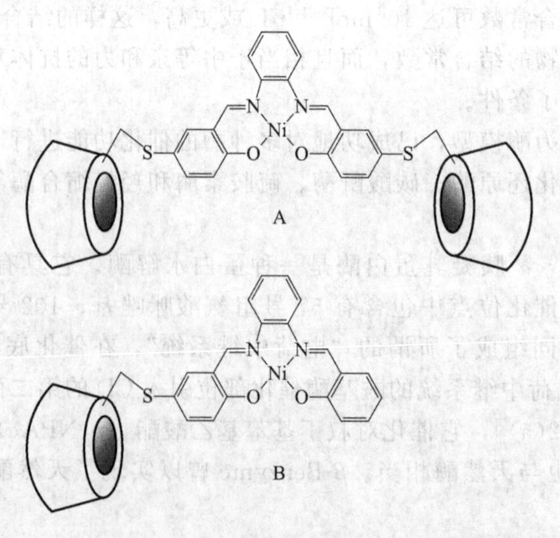

图 4-3 在肽库中筛选特异性小肽的环糊精受体

成了很多模型系统。其中最主要的模型系统是Breslow研究小组合成的四桥联环糊精模拟P-450酶模型。它的设计别具匠心，它将P-450酶活性中心的金属卟啉分子与4个环糊精分子相连构成了既具有底物结合部位又有催化基团的小分子酶模型。为了催化甾体C_9的特异性羟化，他们设计了与环糊精空腔特异性结合的底物。此底物分子是经甾体与叔丁基苯衍生物酯化，引入与环糊精特异结合的叔丁基苯。研究发现，在亚碘酰基苯（PhIO）的氧化下，四桥联环糊精酶模型将底物Ⅰ完全转化为C_6羟基Ⅳ，表现出相当高的立体选择性。计算机分子模型系统研究显示，甾体的C_6正好与四桥联环糊精酶模型中的卟啉环接近。结合计算机模拟，如果引入第三个结合部位，使甾体环与卟啉环面对面接近，则底物的C_9正好与卟啉金属中心定向。他们将6位羟基引入了第三个叔丁基苯，这样3个叔丁基苯基与酶模型中的3个环糊精形成三点结合复合物。结果酶模型空间选择催化甾体C_9位氢氧化为羟基。由于羟化后的甾体可转化成重要的药物烯烃中间体，因而此催化酶模型具有很大的应用潜力。

（3）环糊精仿硒酶模型　谷胱甘肽过氧化物酶（GPx）为含硒酶，是生物体内重要的抗氧化物酶，能有效地消除体内的自由基，与超氧化物歧化酶和过氧化氢酶共同作用，防止脂质过氧化。因而在治疗和预防克山病、心血管病、肿瘤等疾病具有明显的效果。但是，此酶的来源有限、稳定性差以及分子质量大等缺点限制了它的实际应用，因此，人们把注意力集中在对此酶的人工模拟上。为克服以往GPx模拟物如PZ51无底物结合部位的缺点，罗贵民研究组利用环糊精的疏水腔作为底物结合部位，硒巯基为催化基团，制备出系列双硒桥联环糊精。首例以环糊精为基础的硒酶模型为模型化合物A（图4-4），它是通过在环糊精第一面引入双硒基团得到的。当以GSH为底物时，这个模型化合物表现出较高的还原H_2O_2的能力，其GPx活力是国际上最好的GPx模拟物PZ51的4.3倍。硒化环糊精均表现很高的GPx活力，二位和六位硒化环糊精的GPx活力分别为4.3U/μmol和7.4U/μmol，研究表明：在环糊精第二面引入双硒桥联的酶模型比第一面引入表现出更高的酶活力。这种高活力可能是由于底物GSH更倾向于优先与β-环糊精中相对开放的第二面结合。

在GPx模型的设计中，亦可以碲作为催化基团。将双碲基团引入环糊精得到了GPx模型A（6-TeCD）和B（2-TeCD）（图4-4）。在以GSH为底物催化氢过氧化物还原的反应中，2-TeCD的催化效率高于其他以环糊精为基础的GPx模拟物。2-TeCD可以容纳各种结构上截然不同的硫醇化合物和氢过氧化物为底物，而催化活力则取决于硫醇和氢过氧化物两者自身的特性。2-TeCD以GSH为底物催化H_2O_2还原的能力是PZ51的46倍。为了提高环糊精体系的催化效率，刘俊秋研究小组选择芳香硫醇3-羧基-4-硝基苯硫酚（ArSH）作为硫醇底物代替GSH，结果发现2-TeCD表现出极高的底物特异性和显著的催化效率，其还

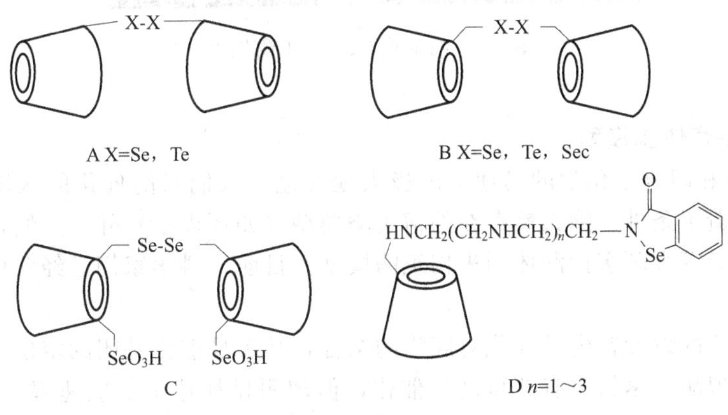

图4-4　环糊精硒酶模型

原 t-BuOOH 的效率达 GPx 模拟物二苯二硒的 350000 倍。稳态动力学表明二级速率常数 k_{max}/K_{ArSH} 为 $1.05\times10^7 L\cdot mol^{-1}\cdot min^{-1}$，同天然 GPx 相近。通过紫外光谱，$^1H$ NMR 以及分子模拟等手段研究 ArSH 同 β-环糊精的复合，研究结果表明，ArSH 同 β-环糊精的空腔在尺寸上能很好地契合。而且，动力学数据表明 2-TeCD 的催化效率很大程度上取决于两个底物的尺寸和形状，以及 2-TeCD 对于两个底物的竞争性识别。2-TeCD 的催化机制同天然 GPx 一样，均符合乒乓机制，并且通过碲醇、亚碲酸、碲硫化物的形式发挥酶活力。通过 PZ51 与环糊精的偶联，刘育等人合成出一系列的具有 PZ51 基团的有机硒环糊精 D（图 4-4）。这些模型的 GPx 活力较低（0.34～0.86U/μmol），但却展现出很高的 SOD 活力（121～330U/mg）。对于环糊精衍生物酶模型的研究表明，在硒酶模拟物设计中应考虑底物识别在构建人工酶方面的重要作用。小分子硒酶和碲酶模拟物的成功制备为新型抗氧化药物的开发奠定了坚实的基础。

近些年来，通过两亲性分子自组装形成的超分子纳米管引起了广泛的兴趣。人们使用这些自组装的纳米管作为骨架构建了人工酶模型。例如，刘俊秋等人借助分子印迹的方法将酶的功能体有序地组装在超分子纳米管的表面构建了一类人工的 GPx 模拟酶（见图 4-5）。研究者通过将亲水的环糊精和疏水的长链复合可以形成两亲性的组装基元，随后在水中使其进行自组装时就可以得到均匀的纳米管结构，其直径可以达到 500nm。随后，他们以 GSH 作为模板，通过印迹的方法在组装体系中加入催化中心硒代环糊精和底物结合位点胍基化环糊精，可以得到预定位的有序结构。这种纳米管结构具有动态稳定性，并且在体外表现出了较高的 GPx 酶活性。

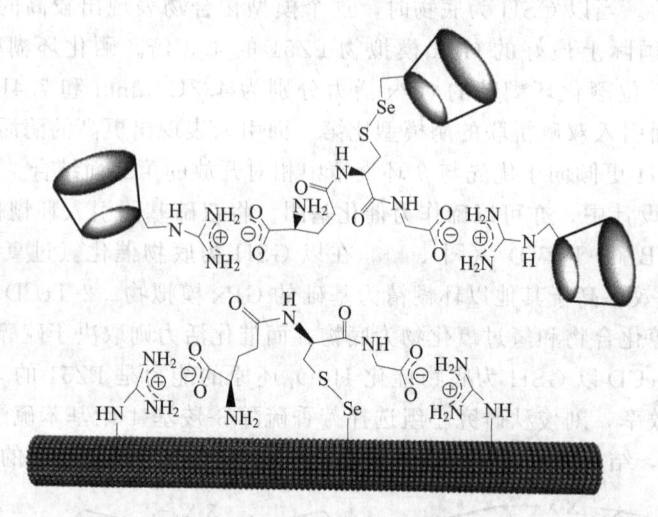

图 4-5 纳米管 GPx 人工酶模型

2. 合成的主-客体酶模型

主-客体化学和超分子化学的迅速发展极大地促进了人们对酶催化的认识，同时也为构建新的模拟酶创造了条件。除天然存在的宿主酶模型（如环糊精）外，人们合成了冠醚、穴醚、环番、环芳烃等大环多齿配体用来构筑酶模型。目前，科学家们已经获得了很多较成功的人工模拟酶。

合理的人工酶的设计首先是优化对底物的结合，其次是催化基团的定位。早期以冠醚和环番为宿主的模拟酶，尽管没有获得高效催化，但却明显加速了反应速率。日本学者 Koga 等人采用冠醚为主体，合成了带有巯基的仿酶模型（图 4-6）。利用此模型可在分子内实行

"准双分子反应"以合成多肽。此模型具有结合两个氨基酸的能力。

Lehn 等人制备了一个含有半胱氨酸残基的大环手性模拟酶（图 4-7），它具有与伯铵盐的络合能力，分子内的巯基将结合的二肽酯巯解。例如它对甘氨酰苯甲氨酸对硝基苯酯盐 L 型异构体有较大的选择催化能力。伯铵盐在冠醚孔穴中的络合以及半胱氨酸巯基的参与可以生成 S-酰化中间体，致使酯的水解速率提高 $10^3\sim10^4$ 倍。这种人工模拟酶兼具分子络合作用、手性识别作用和催化作用，与天然酶十分类似。

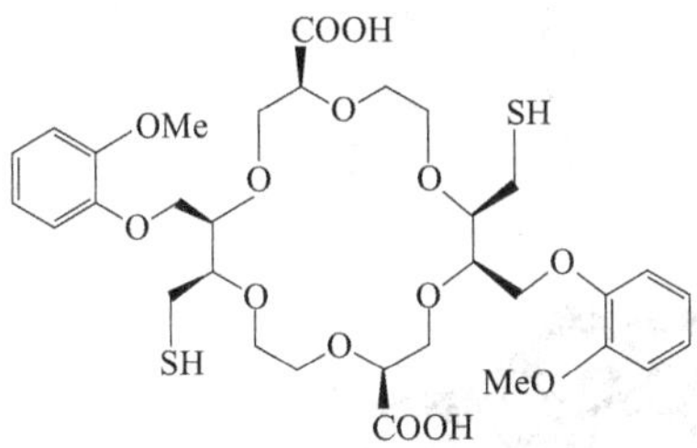

图 4-6　带巯基的仿酶模型

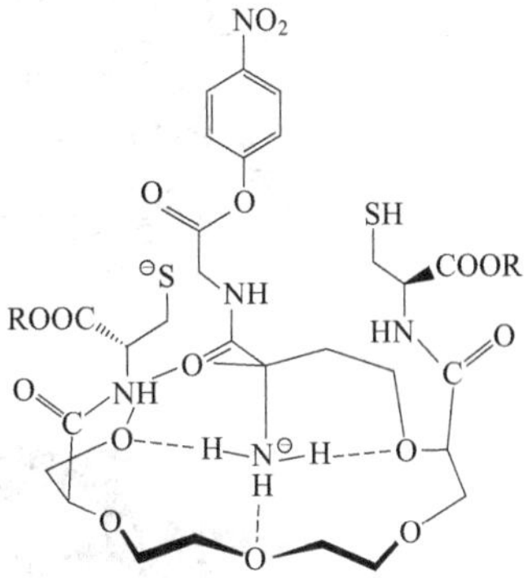

图 4-7　大环手性模拟酶

在受限空间内的催化反应具有良好的专一性和立体选择性，因而利用合成的笼状分子构建人工酶可以有效地重现酶的特异选择性。目前制备笼状分子常用的方法主要包括化学合成和分子自组装。

Thordarson 等人介绍了一种卓越的进行性酶模拟物，其具有以聚丁二烯为底物的空腔（图 4-8）。该酶可以在催化聚丁二烯上的双键转化为相应的环氧基团时沿着聚合物的主链进行移动。其底物的结合方向由螯合位点的大小决定，而且在其空腔内外的催化反应速率有着巨大的差异。同时，抑制空腔的实验显示，当该人工酶的空腔被占据时，其活性会产生 40％的降低，从而证明了这是一个优良的进行性酶模拟物。

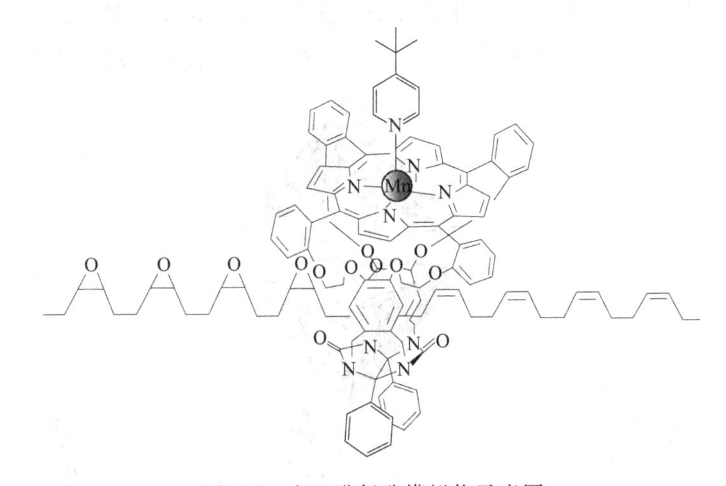

图 4-8　人工进行酶模拟物示意图

除了纯粹的有机合成，利用氢键相互作用和金属配位，对合成配体进行自组装可以得到复杂度不同的容器分子进行酶的模拟。这一方法的难点在于如何将催化位点包含到容器骨架中。Rebek 研究组开发了一系列利用氢键使互补的配体自组装而形成的胶囊分子（图 4-9）。这些胶囊分子不仅可以对多种底物产生识别作用，同时具有酶的催化活性。这个研究组的工作还证明了分子在溶液中和在胶囊中的性质有很大的不同，这种新奇现象的发现为了解生物法则和酶的作用机制提供了新的视角。

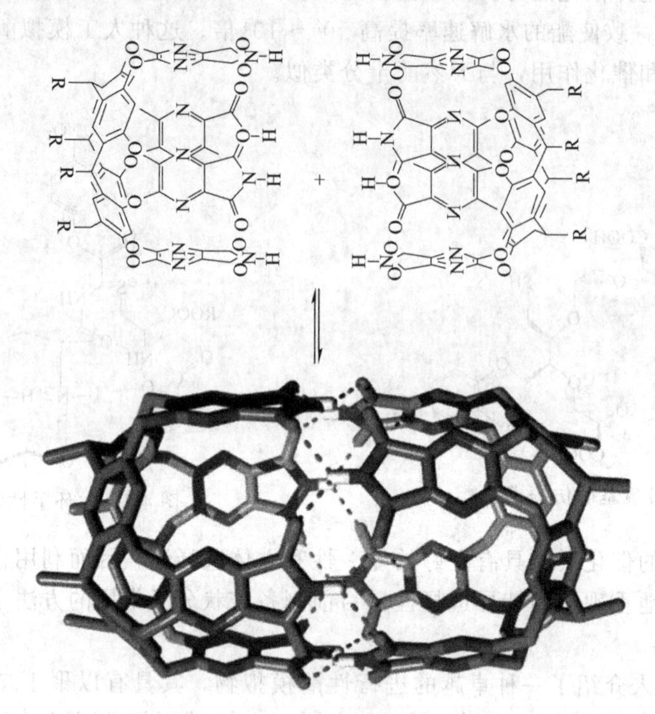

图 4-9 胶囊酶示意图

最近，通过利用金属配位作用设计构建容器分子的人工酶模型取得了巨大的进步。Fujita 研究组通过利用金属配位和自组装开发了一大类笼状主体。由于这些分子具有封闭的疏水空腔，其作为酶模型时可以选择性地控制化学反应，甚至可以稳定反应的过渡态。例如，该研究组将经典的蒽与马来酰亚胺之间的双烯加成反应在自组装仿生体系中进行了测试（图 4-10）。

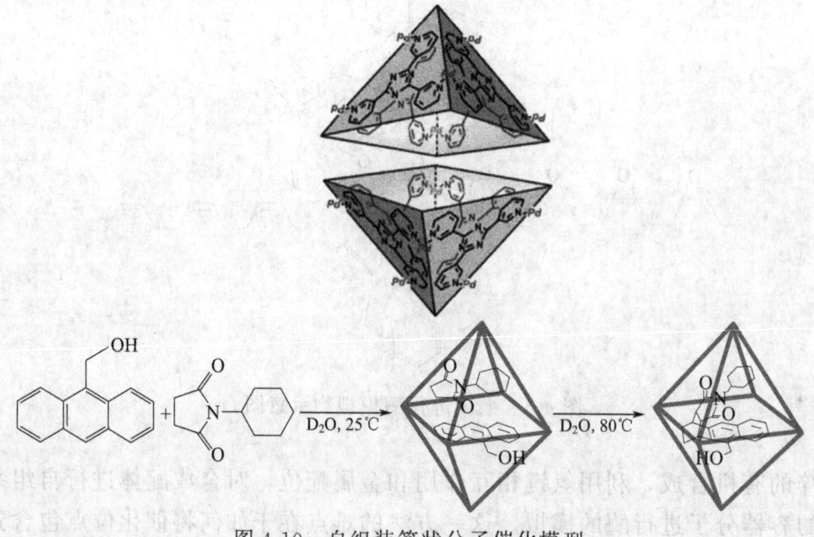

图 4-10 自组装笼状分子催化模型

9-蒽醇和 N-苯基马来酰亚胺在溶液中发生双烯加成反应时通常会产生 9,10-位的中心环加成产物。但是当笼子分子存在时，该反应的选择性会发生巨大的改变，从而得到 1,4-位的加成产物。这项研究展示了一个非同寻常的通过拓扑结构控制反应立体选择性的例子。这种 1,4-位的双烯加成反应还被进一步的应用在其他的底物上，包括羧基、氰基、乙烯取代蒽与 N-环己基马来酰亚胺的加成反应。他们的 1,4-加成产物的产率可以分别高达 92%、88%以及 80%。而对于没有形成笼子的半碗状结构，也能有效地催化双烯加成反应，但是得到的是传统的 9,10-位加成产物。这种催化选择性的差别主要源自于空间几何固定的封装效应。

在设计各种各样的催化主体分子时，使其能拥有和天然酶一样的高催化活性一直都是一个首要的目标。Raymond 等人在这方面取得了实质性的进展（图 4-11）。例如他们合成了自组装的主体分子 A，通过催化纳扎罗夫环化反应来实现具有立体选择性的碳碳键合。底物分子 B 的三种立体异构体可以被 A 选择性地催化形成环戊二烯产物 C。对照的抑制实验显示主体分子 A 独特的内腔结构在催化过程当中起到了关键性的作用。产物的积累会导致催化效率的降低，因此，通过和马来酰亚胺反应，产物 C 被进一步转化为不具有空腔亲和力的 D。令人吃惊的是，该催化反应的速率因此提高了 10^6 倍。这也是人们报道的首个其活性可以和天然酶相媲美的由主体分子介导的超分子催化仿酶体系。研究显示，分子 A 的高活力源自于三方面的结合：①被封装的底物分子的有效预定位；②主体分子空腔对于催化反应过渡态的稳定；③封装导致的醇基碱性的增强。主体分子 A 在酶催化过程中的行为遵循米氏方程。

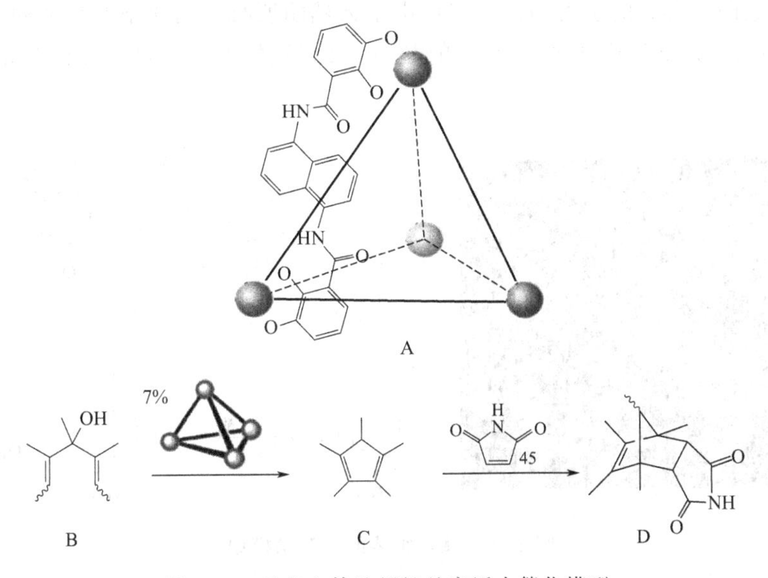

图 4-11 具有立体选择性的高活力催化模型

二、肽酶

肽酶（pepzyme）就是模拟天然酶活性部位而人工合成的具有催化活性的多肽，这是多肽合成的一大热点。

Johnsson 等为克服苯丙氨酸工业合成的关键步骤草酰乙酸脱羧反应所用的酶中需金属辅酶的不便，想探寻与此不同反应机制的不需金属辅酶的脱羧酶。可借鉴的认识只有胺可以催化草酰乙酸脱羧，其历程是先形成烯胺，进而脱去 CO_2。然而尚未发现采用烯胺历程的天然脱羧酶，全新合理的设计就成了唯一可行的方法。他们基于胺催化脱羧的6大特征和α螺旋在催化活性中的重要性的认识，以烯胺机制设计出两个多肽。结果发现，其催化效率比丁胺高3～4个数量级，但比天然酶的活性低得多。

Atassi和Manshouri利用化学和晶体图像数据所提供的主要活性部位残基的序列位置和分隔距离，采用“表面刺激”合成法将构成酶活性部位位置相邻的残基以适当的空间位置和取向通过肽键相连，而分隔距离则用无侧链取代的甘氨酸或半胱氨酸调节，这样就能模拟酶活性部位残基的空间位置和构象。他们所设计合成的两个29肽ChPepz和TrPepz分别模拟了α-胰凝乳蛋白酶和胰蛋白酶的活性部位，二者水解蛋白的活力分别与其模拟的酶相同；在水解2个或2个以上串联的赖氨酸和精氨酸残基的化学键时，TrPepz比胰蛋白酶的活力更强。对于苯甲酰酪氨酸乙酯的水解，ChPepz比α-胰凝乳蛋白酶的活力稍小，而TrPepz则无活力。对于对甲苯磺酰精氨酸甲酯的水解，TrPepz比胰蛋白酶的活力稍小，而ChPepz则无催化活力。

刘俊秋研究组报道了一个精彩的利用短肽自组装构建的酶模型（如图4-12所示）。他们通过自组装的方法，利用合成的三肽分子（Fomc-Phe-Phe-His）得到纳米管结构。而组装体中的咪唑基团作为催化中心展示出了较高的对硝苯基醋酸酯水解活性。当加入具有相似结构的短肽（Fomc-Phe-Phe-Arg）使两种构筑单元进行共组装时，就可以将具有稳定反应过渡态功能的胍基引入到组装体内。定位基团的引入使其催化活性达到了极高的水平。这种高的活力源自于三个催化要素，即催化中心、结合位点和过渡态稳定位点的合理分布而形成的共同组装体。他们所得到的水解酶模型展示出了天然酶所具有的典型的饱和动力学行为。这项研究也显示利用肽作为构筑基元形成的超分子组装体可以作为一种极具潜力的酶模型框架。

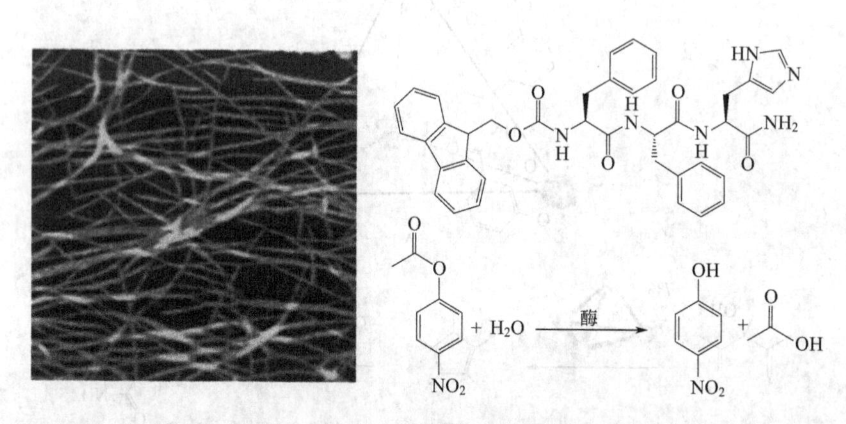

图4-12 肽自组装的水解酶模型

随后，刘俊秋、邹国漳和梁兴杰等又共同报道了利用具有更多氨基酸的十四肽作为构筑基元的水解酶模型体系。研究中选择的多肽可以通过自组装形成淀粉样的纳米纤维。当催化活性中心的咪唑基团结合位点和过渡态稳定位点的胍基通过合适的比例分散时所得到的组装体表现出了优异的水解酶活性。同时，该肽组装体还展示了极佳的生物相容性。实验结果显示，在和人体细胞共同培养时，这种新型的人工酶体系几乎没有表现出细胞毒性。

三、半合成酶

近年来，以大分子为骨架的模拟酶的催化功能备受关注。大分子可以在分子层面上蕴涵底物识别和有效催化等方面足够充分的信息，比如天然酶选择多肽链为骨架。因此，蛋白质成为设计催化剂最重要的一类分子。通过基因工程和化学方法改造蛋白质，是开发蛋白质新功能的极为有效的策略之一。至今为止主要有三种研究途径：基因改造、化学修饰以及前两者的有机结合。半合成酶的出现，是近年来模拟酶领域中的又一突出进展。它是以天然蛋白质或酶为母体，用化学或生物学方法引进适当的活性部位或催化基团，或改变其结构，从而形成一种新的“人工酶”。

近年来的研究表明，尽管酶工程对于阐明酶的反应机制和生产具有工业用途的酶而言都是非常有价值的手段，但是通过这种方法获得含硒酶却极为困难。因此，利用化学方法引入硒并获得 GPx 功能成为行之有效的途径之一。我们高兴地看到近年来在这一领域取得了显著的成果。利用天然酶、普通蛋白质和抗体为骨架，已经成功地通过生物和化学手段构筑了多种有效的硒酶模型。

这一研究领域中的首个成功例子是半合成硒代枯草杆菌蛋白酶模型的合成。研究证实，细菌丝氨酸蛋白酶——枯草杆菌蛋白酶（EC 3.4.21.14）是一个十分理想的模型蛋白。枯草杆菌蛋白酶活性中心的天冬氨酸、组氨酸和 221 位丝氨酸构成了所谓的“催化三联体”，它可以提高催化活力并提高 221 位丝氨酸羟基的亲核性。因此，丝氨酸 221 位的羟基可以被选择性修饰，从而在枯草杆菌蛋白酶的活性部位引入不同的功能基团，以产生新的活力。在首例半合成酶——硫代枯草杆菌蛋白酶的启发下，Hilvert 等利用类似的方法，将枯草杆菌蛋白酶结合部位的特异性 Ser 突变为硒代半胱氨酸。此硒化枯草杆菌蛋白酶既表现出转氨酶的活性，又表现出含硒谷胱甘肽过氧化物酶的活性。化学诱变的方法为：首先，221 位丝氨酸的羟基被苯甲基磺酰氟选择性活化为磺酰化酶，然后再同 NaHSe 反应，从而使硒引入其中。将过氧化氢加入得到的硒醇形式的酶中会得到硒代枯草杆菌蛋白酶的次硒酸形式（图 4-13）。这个半合成酶展现了极高的 GPx 氧化还原活力。以芳香性化合物 ArSH 为底物时，硒代枯草杆菌蛋白酶催化还原多种氢过氧化物，其催化叔丁基过氧化物 *t*-BuOOH 还原的活力至少为人们所熟知的抗氧化物二苯二硒的 70000 倍。以 ArSH 为底物时，硒代枯草杆菌蛋白酶催化 *t*-BuOOH 还原的反应速率比以简单的烷基次硒酸催化时高至少 3 个数量级，但其并非酶的最适底物。虽然硒代枯草杆菌蛋白酶可以利用 ArSH 为底物催化多种过氧化物的还原反应，它对天然 GPx 的底物 GSH 却表现出很弱的催化能力。硒代枯草杆菌蛋白酶晶体结构的研究表明，化学修饰并未改变蛋白质的结构和催化三联体，表明利用化学修饰策略在蛋白质骨架上定点改造的可行性。

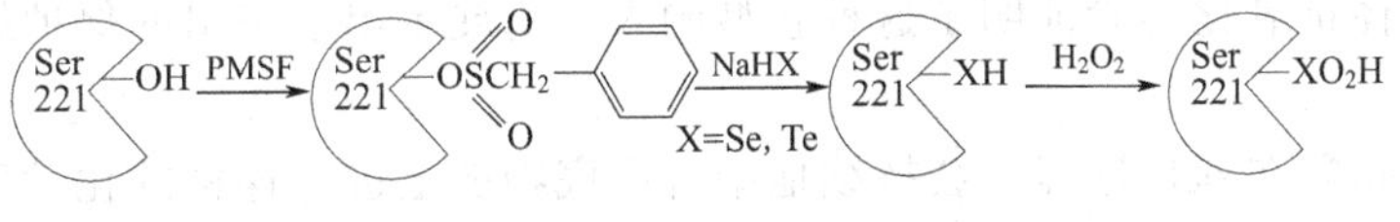

Ser 221—OH →(PMSF) Ser 221—$OSO_2CH_2C_6H_5$ →(NaHX, X=Se, Te) Ser 221—XH →(H_2O_2) Ser 221—XO_2H

图 4-13　转化枯草杆菌蛋白酶为硒酶模型制备过程

采用同构建硒化枯草杆菌蛋白酶相似的方式，罗贵民研究小组通过转变活性部位的丝氨酸为硒代半胱氨酸制备出硒代胰蛋白酶。这项研究表明谷胱甘肽并非硒代胰蛋白酶的特异性底物，该研究显示，将其他丝氨酸蛋白酶中的活性丝氨酸转化为硒代半胱氨酸是可行的。最近的研究表明，在 GPx 模型的构建中以碲元素代替硒的效果更好。尽管到目前为止，人们合成了系列以碲为基础的小分子硒酶模型，但将碲引入蛋白质对于硒酶设计而言则是全新的挑战。因为至今为止，并未在天然蛋白质中发现碲的存在。借鉴硒代枯草杆菌蛋白酶的成功经验，刘俊秋研究组发展了一种新方法，他们将碲引入到枯草杆菌蛋白酶的结合口袋，首次成功获得了半合成的碲酶——碲代枯草杆菌蛋白酶。同硒代枯草杆菌蛋白酶的合成方式相似，半合成的GPx模拟物碲代枯草杆菌蛋白酶也是通过三步法从枯草杆菌蛋白酶起始制备得到的（图4-13）。首先，枯草杆菌蛋白酶的221位丝氨酸的羟基被对甲苯基磺酰氟选择性活化，磺酰化酶再同NaHTe反应，所得到的碲蛋白在空气中氧化后通过交联葡聚糖G-25的凝胶筛选作用和巯丙基琼脂糖6B的亲和色谱作用进行纯化。同天然GPx类似，碲代枯草杆菌蛋白酶被证明是非常好的GPx模拟物，它可以借助硫醇有效地催化ROOH的还原。

除了使用单一的蛋白质，由蛋白质通过有序组装形成的聚集体也是一种有效的酶骨架。蛋白质有序组装体具有优良的生物相容性和生物降解性，同时又具有较好的耐用性，因此被认为是一种极具有潜力的仿生材料。借助分子识别、金属配位作用、静电作用以及超分子相互作用等多种弱相互作用，人们可以构建各种各样的蛋白质组装体，包括蛋白纳米管、蛋白纳米纤维、蛋白环、蛋白球等各种结构。这些形状各异的结构为构建新型的人工酶模型提供了丰富的选择。

葫芦脲（CB）是一系列形状坚固的大环主体分子。由于葫芦脲在水相中优良的客体分子复合能力，其被广泛用于构建纳米结构。其中，葫芦脲［8］（CB［8］）可以对于三肽分子FGG以1∶2的比例高效的复合，结合常数可以高达10^9～10^{11} $L^2 \cdot mol^{-2}$。刘俊秋等人首次通过利用CB［8］和FGG之间的相互作用，以硒代的谷胱甘肽巯基转移酶（GST）为基元构建了具有催化活力的蛋白纳米线。他们首先通过基因工程的方法，将一个FGG的标签添加到GST单体蛋白的末端。由于GST蛋白以二聚体的形式存在，每一个GST蛋白上就拥有了两个FGG标签。这样，当向体系中加入CB［8］分子时，GST蛋白之间就可以通过主客体复合的作用相互串联起来，形成完美的纳米线。体外的光谱实验和线粒体抗氧化实验证明了这种纳米线具有极高的抗氧化酶活，而且其组装体的抗氧化能力比单体更强。

刘俊秋领导的研究组首先利用烟草花叶病毒（TMV）衣壳蛋白形成的天然纳米管组装体构建了人工的谷胱甘肽过氧化物酶（GPx）模型。他们首先通过计算机模拟在TMV蛋白质的表面寻找到一个合适的催化口袋，可以作为硒代半胱氨酸理想的结合空腔。随后根据理论计算的结果，他们将空腔中一个丝氨酸（Ser142）用基因工程的方法变为半胱氨酸。在半胱氨酸缺陷型体系中对这种突变蛋白进行表达后，GPx的催化中心硒代半胱氨酸即被构建在TMV蛋白单体上。然后通过定向的自组装作用，多个GPx中心就被均匀地安装在纳米盘或纳米管的蛋白质组装体上（图4-14）。在这些催化中心的协同作用下，所得到的组装体表现出了极其卓越的酶活性。其最优的蛋白质组装体的活性比天然的GPx活力还要高。亚细胞层面的线粒体抗氧化实验证明了这种新型的人工酶展示出了杰出的保护细胞免受氧化损伤的能力。

进行性酶是指酶在催化过程中会持续地结合在底物链上进行连锁的化学反应，生物界中的典型例子是DNA聚合酶。进行性酶在自然界中至关重要，通常是由钳状结构完成的。2013年，Rowan和Nolte在《自然》化学期刊上报道了一项开创性的人工构建进行性酶模拟物的工作（图4-15）。在这项研究中，Rowan等人利用T4滑动钳蛋白和锰卟啉形成的化学交联物作为一个新颖的DNA进行性酶模型。噬菌体T4的gp45钳状蛋白是一种广受关注的DNA结合蛋白，这种三聚体环状蛋白可以包裹在双链DNA上并在其主链上发生滑动。当对DNA具有催化活力的锰卟啉被连接到gp45蛋白上之后，这一仿生杂交酶即可选择性地对DNA进行氧化。为了能够对氧化后的DNA产物进行检测，研究者使用了一种新型的链霉亲和素单分子标记的方法。首先，DNA氧化后的产物被用辣根过氧化物酶进行处理，

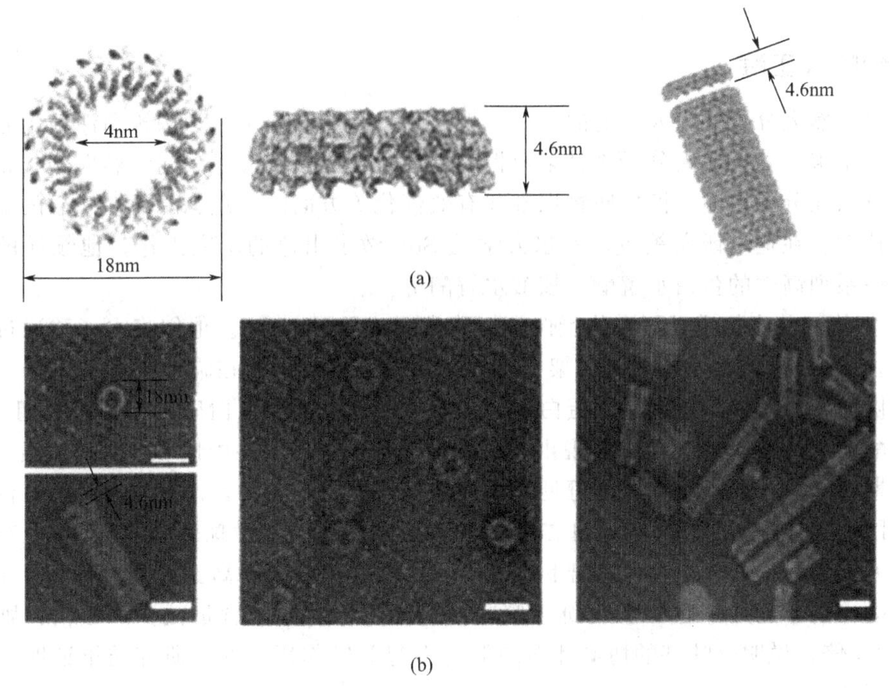

(a)

(b)

图 4-14 烟草花叶病毒衣壳蛋白组装体

（a）理论模型；（b）透射电子显微镜图片

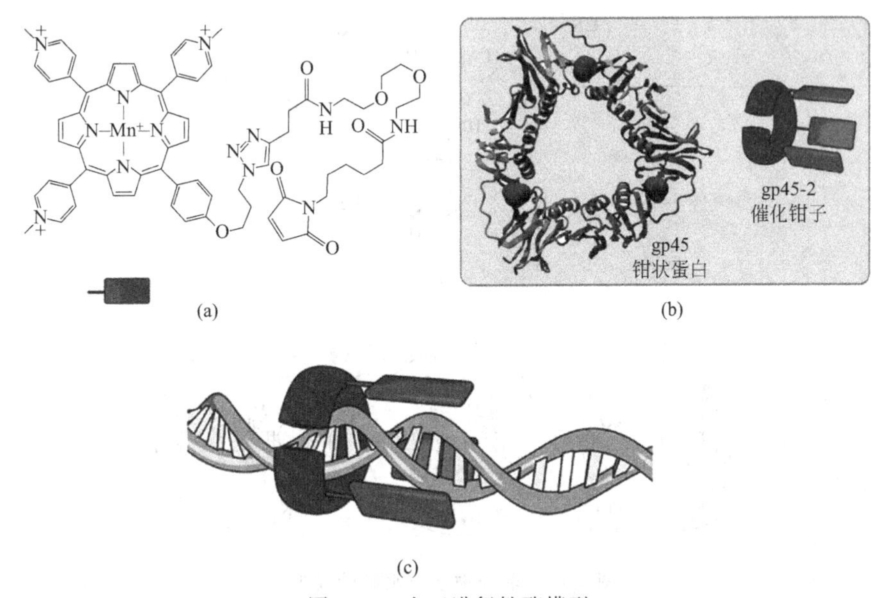

(a) (b)

(c)

图 4-15 人工进行性酶模型

（a）锰卟啉催化中心；（b）杂交酶模型；（c）酶和底物 DNA 结合模型

随后再依次用生物素和链霉亲和素对其进行标记。由于标记后的蛋白质具有较大的体积，因此可以用原子力扫描显微镜（AFM）进行观察，从而能够得到 DNA 被氧化的清晰位点。此外，通过改变实验条件，这个人工酶可以在进行性催化和分布性催化两种模式之间切换。这个例子展示了通过应用仿生的概念，人们可以将催化反应加以改善，使之更高效，更加符合需求。

四、聚合物人工酶

除了以天然大分子作为人工酶的合适骨架之外，合成高分子成为构筑酶活性中心的有效支撑物。近年来，以合成大分子为骨架模拟酶的催化功能受到关注。同天然大分子相比，合成大分子可以在分子层面上模拟底物识别和有效催化等方面的信息、酶活性中心的柔性和诱导契合等特性。在这一研究领域，首尔大学的 Suh 做了出色的研究工作。他领导的研究小组合成了一系列高效的蛋白水解酶、核酸水解酶等。

1998 年他们首次报道了聚合物蛋白水解酶模型（见图 4-16）。他们将水杨酸通过与铁离子的复合，以聚乙二胺（PEI）为骨架，将三个水杨酸分子固定在临近位置。由于三个水杨酸分子的协同作用，强烈地促进了蛋白质的水解能力，将催化蛋白质水解的半衰期降到 1h。而将水杨酸无规连接在 PEI 上则表现出微弱的催化活性。通常在中性 pH 值和室温下肽键水解的半衰期为 500～1000 年。由此可见人工酶催化能力的强大。紧接着他们将具有催化活力的咪唑基团连接在聚氯甲基苯乙烯和二乙烯基苯交联的聚合物微球表面（见图 4-17）。合成的聚合物人工酶在中性 pH 值和室温下将血清的水解催化能力提高到半衰期仅为 20min。聚合物人工酶中的苯乙烯基有 24%修饰上咪唑基。如将咪唑基的含量减少 4.4 倍，则催化活力将减少 24 倍，说明咪唑基的协同性在酶催化中起关键作用。这一研究结果证明了酶中心基团的协同效应。

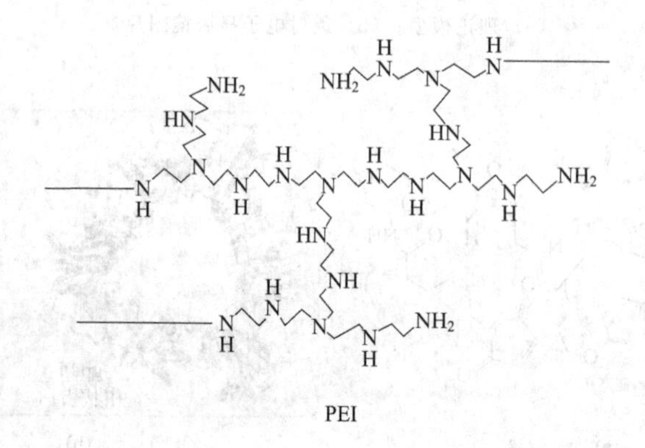

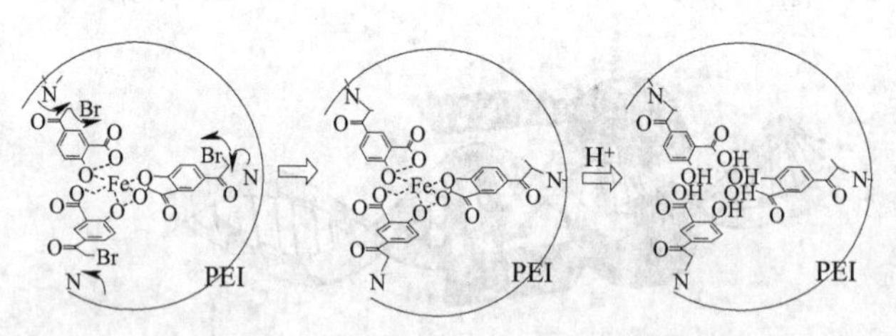

图 4-16 聚合物蛋白水解酶模型

多金属活性中心是多种金属酶的主要特征，活性中心金属离子的协同性促进酶的催化。比较有趣例子是以聚合物为基础的三核金属离子活性中心的构筑。将多胺三铜复合物［图 4-18(a)］与氯甲基苯乙烯反应，制得苯乙烯修饰的复合物［图 4-18(b)］，用 NaH 还原获得了三核铜催化中心［图 4-18(c)］。研究表明此人工酶催化肽水解的能力超过相应的抗体酶。

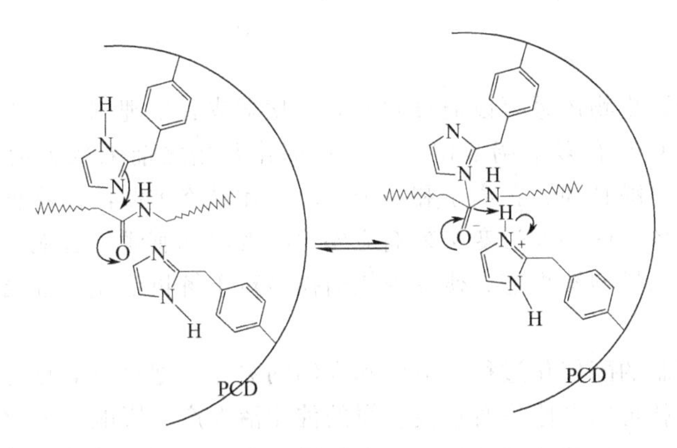

图 4-17　含咪唑基的聚合物水解酶模型

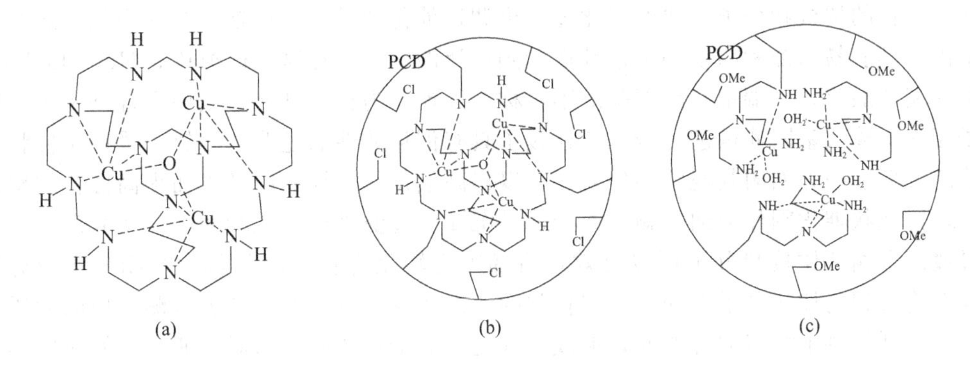

图 4-18　聚合物三核金属中心模型

酶的进化经历了几十亿年的时间。在这个过程中，酶的分子组成在不断地变化，而新的、更有效的酶会通过“适者生存”的方式得以保存。受到酶进化的启发，Menger 和他的合作者成功地建立了以筛选为基础的组合法。现在，组合聚合物已经发展成为优秀的人工酶骨架。例如，Menger 等人开发了一类聚丙烯酰胺的组合衍生物具备磷酸酶的催化活性（见图 4-19）。他们将 8 种功能性的基团通过酰胺键随机地连接到聚丙烯酰胺的骨架上，然后在 Zn^{2+}、Fe^{3+} 或者 Mg^{2+} 之一的存在下进行催化活力的筛选。如此一来，数百种潜在的聚合物催化剂被迅速的合成，每种的性质和功能基团的数量都各不相同。对于同一个磷酸水解反应来说，这种组合聚合物的催化速率可以比抗体酶高 3000 倍。虽然组合聚合物是由多种混合物组成的，但是只从催化的目的来看，这个体系是非常成功的。

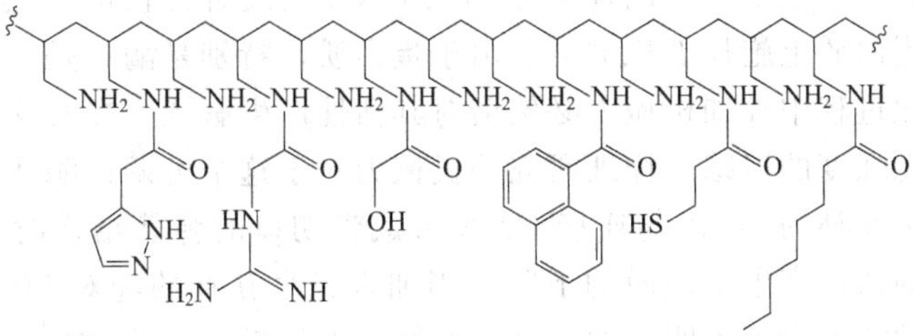

图 4-19　聚合物的人工磷酸酶模型

五、智能人工酶

人们早就认识到，生物体系可以通过对外界的化学或者生理刺激做出响应来实现智能调控。例如，蛋白激酶C具有多个调节位点，其在催化开始之前采取失活的构象，在依次结合三个催化要素，即二酰甘油、钙离子和一个磷脂后才最终被激活。这种令人惊叹的生物学体系驱使化学家设计各种能够通过变构来响应外部或者内部刺激的智能人工酶模型。迄今为止，已经有多种智能酶模型被报道。研究智能酶模型对于解析催化过程当中的构效关系也有着重要的意义。

研究氧化还原控制的酶催化过程日益受到人们的关注。把具有氧化还原敏感性的功能体整合到配体框架当中就可以在原位对过渡金属的催化活性产生影响。氧化和还原会影响配体的电负性，从而进一步改变催化的选择性或者效率。在这一领域的终极目标是催化剂能够针对具有不同电性的底物表现出正交的催化活力。最近，Hey-Haqkins等报道了使用二茂铁基磷酸盐功能化的树枝状分子构建的氧化还原可调控催化体系。二茂铁作为一个氧化还原敏感的基团由于其容易修饰和高度的可逆性而受到广泛的应用。在这项研究中，Hey-Haqkins等使用了一端磷酸化，一端带有酚羟基的不对称二茂铁作为构建基元。其中酚羟基用于和树枝状分子相连，磷酸基团通过进一步反应连接了具有催化活性的过渡金属钌。采用树枝状分子作为酶的骨架，一方面因其规整的外表面可以提高催化剂的局部浓度进而提高催化效率；另一方面，树枝状催化剂作为纳米颗粒便于通过沉淀和过滤进行提纯和回收。研究发现，这种带有过渡态金属的树枝状分子可以有效地将烯丙醇转化为相应的羰基化合物。作为对照试验，没有连接到树枝状分子上的单体催化剂的活性相较之下要低。作者推测其原因为树枝状分子为催化剂提供了稳定的骨架或是形成了催化剂的富集效应。随后，研究者们对所得到的催化剂进行了调控，发现其催化活力会伴随着氧化剂和还原剂的加入产生明显的开关效应。虽然这种效应在树枝状酶和单体酶中都被观察到，但是因树枝状酶模型明显较高的活力因而具有更好的应用前景。

用机械力激活酶也是一种有趣的思路。对机械力响应的酶有可能被应用于机械力探针的开发，机械力信号的传导和放大，以及自修复材料的构建等等。2009年，Sijbesma等人报道了一种利用机械力破坏金属和配体间的相互作用从而激活酶的新方法。研究者提供了两个例子，一个是利用银复合物和聚合物功能化的*N*-杂环的碳烯体系在超声中可以用于催化酯基转移反应。另一个是连有聚合物链的钌复合物可以在超声激活后用于催化烯烃复分解反应。通过对化学反应物的检测，研究者发现这些人工催化模型表现出了清晰的开关效应。

随后，Tseng和Zocchi等人又报道了利用机械力控制海肾荧光素活力的例子（见图4-20）。他们合成了一个海肾荧光素与单链DNA寡聚物的复合体，其中DNA被共价地连接在酶的两个特殊表面位点上。当向体系中加入DNA的互补片段时，会使连接DNA片段发生僵化，从而在蛋白质上施加上机械力。由于蛋白质，特别是酶，是一个可变形的生物大分子，因此，在催化过程中外加机械力必然会对其活性产生影响。在实验当中，研究者通过对海肾荧光素发冷光强度的追踪，详细研究了机械力对于这个可调控酶体系活力的影响。他们发现当加入不完全互补的DNA与连接DNA形成带切口的弹簧结构时，也即对酶施加一个小的压力时，酶的活性产生了轻微的下降。当加入完全互补的配对DNA使连接DNA形成双链结构时，酶的活性产生了明显的下降。而在对照试验中，当连接DNA被切断后，也即外加DNA并不能对酶施加外界压力时，酶的活力完全不受影响。在这项研究的设计中，

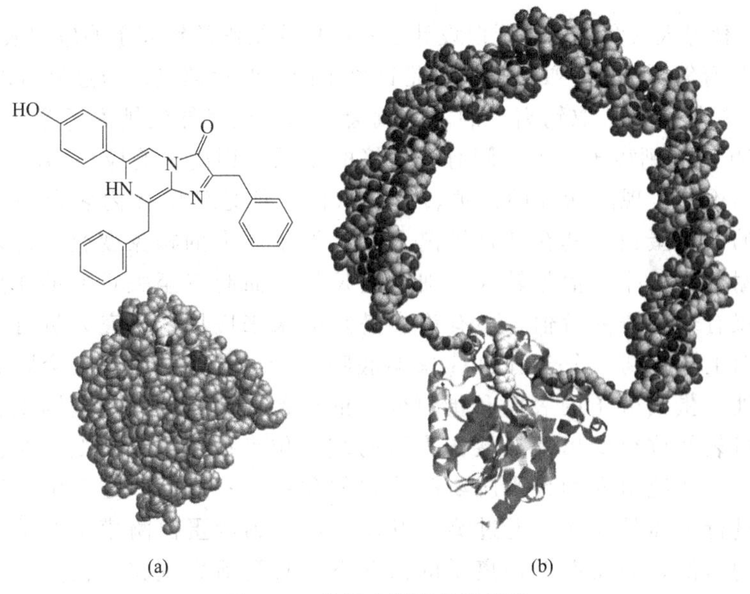

图 4-20 机械力调控的酶模型

（a）海肾荧光素；（b）海肾荧光素 DNA 复合物

由于 DNA 和机械力刺激之间的关系是正比例相关的，这个体系还可被应用于 DNA 序列和错配的检测。

GPx 等抗氧化酶通过清除机体内的 ROS 来保护细胞膜和其他细胞器免受氧化损伤。但是只有过量的 ROS 才会对人体造成危害，通常情况下 ROS 对人体是友好的，并且还是代谢途径当中有用的信号分子。因此，理想的人工 GPx 酶模拟物应该具有能对周围环境做出响应的智能特性。在这方面，刘俊秋研究组首次报道了通过利用温度响应的嵌段共聚物（PAAm-b-PNIPAAm-Te）构建的智能人工 GPx 酶模型（图 4-21）。这种人工酶模型不仅表现了典型的饱和动力学行为和高的催化活力，同时，其活力也会随着温度的变化发生改变。研究表明，在这个人工酶活力的温度响应过程中，嵌段共聚物的组装形貌变化起着非常重要

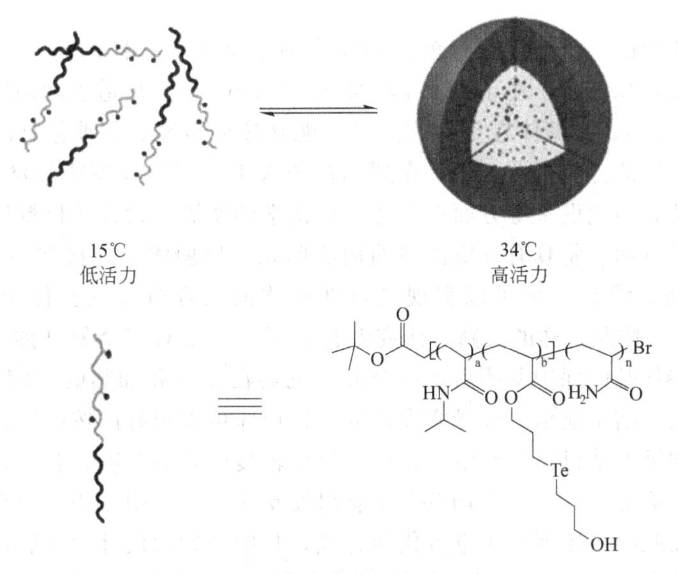

图 4-21 温度响应的聚合物酶模型

的作用。

随后，刘俊秋等人又利用钙调蛋白设计了一种更为精细的钙离子响应型人工智能酶（图4-22）。线粒体是有氧呼吸的主要场所，也是钙离子的临时存储点。当过氧自由基ROS进攻线粒体膜时，线粒体快速摄取钙离子的能力就会下降，最终导致钙离子流回细胞质内。因此，细胞内的ROS和钙离子浓度之间有着直接的联系。钙离子响应型GPx人工酶可以依据钙离子浓度的不同实现酶活性的开关转变，从而智能地清除体内多余的ROS。钙调蛋白是一种典型的变构蛋白，其在结合钙离子时会发生巨大的构象变化。许多变构酶在调控生物体内代谢反应速率、信号转导、细胞生长等方面起着至关重要的作用。设计改造天然变构酶不仅有理论研究价值，还有许多潜在的未来应用。研究人员首先通过计算机模拟在钙调蛋白上寻找到一个合适的GPx酶底物结合口袋，这个口袋会随着钙调蛋白加钙和去钙分别处于蛋白分子的表面和蛋白分子的内部。随后，利用基因工程的方法，研究者在选定的口袋部位突变出精氨酸作为酶的结合位点；随后又突变出半胱氨酸，再通过营养缺陷型表达系统引入硒代半胱氨酸构建催化中心；最后，在细菌体系中对突变完成的蛋白分子进行了体外表达。通过测试发现，这一钙调蛋白酶模型在结合钙离子的条件下具有较高的酶活。而在没有钙离子的情况下，其酶活力则完全消失。这种活性的开关变化可以达到两个数量级。这项令人耳目一新的工作为人们如何利用丰富的天然变构蛋白构建刺激响应型智能仿酶提供了新思路。

图 4-22 钙离子响应的人工智能酶模型

设计人工智能酶的一个终极目标就是构建类似于细胞器一样的具有生物功能的智能机器。2013年，David A. Leigh领导的研究小组在《Science》上报道了利用轮烷构建的人工核糖体的研究（图4-23）。核糖体在生物体内的功能是按照RNA序列合成相应的多肽，其本质上是一个序列调控的分子机器。设计序列调控的人工酶可以在原子经济性、分子准确度、生化性质微调以及微型化设备等方面有力地促进化学的发展。设计仿核糖体的智能人造机器的关键有以下几个方面：将具有反应活性的构建单元（核糖体中连接在tRNA上的氨基酸）按照序列依次运送；设计一个可以实现进行性催化的大环分子（类似于使核糖体附着在mRNA上的钳子）。按照这样的思路，研究者合成了一个带有三个氨基酸的长链分子1。随后，当用酸切去催化基的保护基团后，这个分子机器在超声和加热的驱使下即可开始工作。串联质谱和核磁表征结果显示，该研究设计的类核糖体可以很好的按照设计的序列合成三肽分子。虽然这一初级人造机器具有诸多缺点，包括较慢的合成速度、合成过程中序列信息的消失以及尺寸限制等等，这一工作仍然非常有启发意义。其证明了相对较小的、高度模块化的人造机器可以按照指定序列自主进行化学合成，其中巧妙的设计为今后构建更多的人工智能机器提供了新的思路。

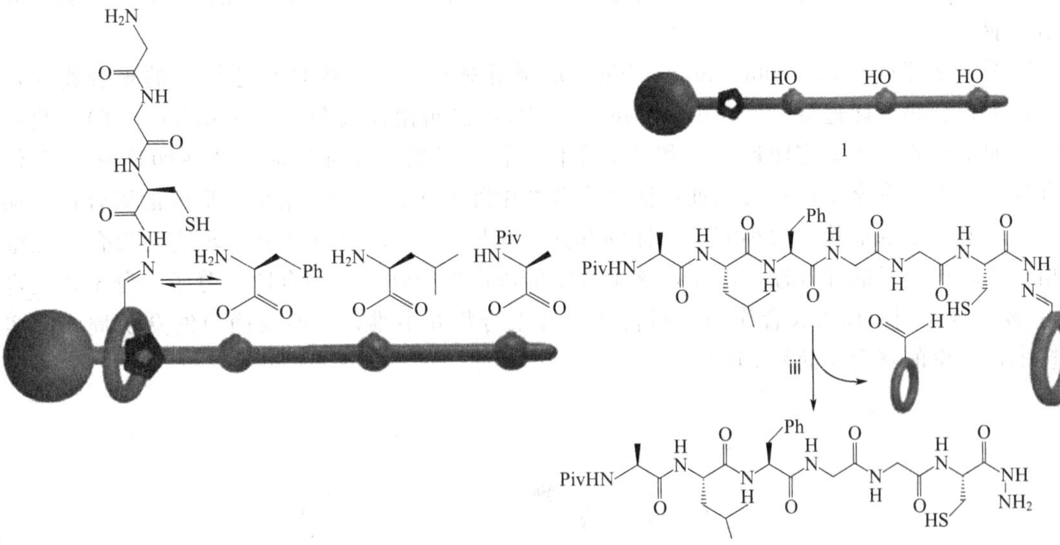

图 4-23 基于轮烷的人造核糖体

第四节 印 迹 酶

一、 分子印迹技术概述

自然界生物体中，分子识别普遍存在。它在生物分子如酶、受体和抗体的生物活性方面发挥着重要的作用。为获得这样的结合部位，科学家们应用环状小分子或冠状化合物如冠醚、环糊精、环芳烃等来模拟生物体系。那么，这样的类似于抗体和酶的结合部位能否在聚合物中产生呢？如果以一种分子充当模板，其周围用聚合物交联，当模板分子除去后，此聚合物就留下了与此分子相匹配的空穴。如果构建合适，这种聚合物就像“锁”一样对钥匙具有选择性识别作用，这种技术被称为分子印迹。早期，科学家对分子印迹进行过各种尝试，但直到 20 世纪 70～80 年代，这一技术才真正有所突破。Wulff 研究小组在 1972 年首次报道成功地制备出分子印迹聚合物。后来经过二三十年的努力，分子印迹技术趋于成熟，并在分离提纯、免疫分析、生物传感器，特别是人工模拟酶方面显示出广泛的应用前景。

1. 分子印迹原理

在生物体中，分子复合物通常是通过非共价键如氢键、离子键或范德华力的相互作用而形成的。同共价键相比，非共价键的相互作用较弱，但几个或多个相互作用的合力却很强，这使复合物具有很高的稳定性。

早在 60 年前，Pauling 就试图解释抗体产生的原因，Pauling 理论的基本点是抗体在形成时其三维结构尽可能地同抗原形成多重作用点，抗原作为一种模板就会被“铸造”在抗体的结合部位。后来“克隆选择”理论否定了 Pauling 的抗体形成学说，但这种学说却为分子印迹奠定了理论基础。由 Pauling 理论出发，当模板分子（印迹分子）与带有官能团的单体分子接触时，会尽可能同单体官能团形成多重作用点，待聚合后，这种作用就会被固定下来，当模板分子被除去后，聚合物中就形成了与模板分子在空间上互补的具有多重作用位点的结合部位，这样的结合部位对模板分子可产生多重相互作用，因而对此模板分子具有特异性结合能力。

所谓分子印迹（molecular imprinting）是制备对某一化合物具有选择性的聚合物的过程。这个化合物叫印迹分子（print molecule，P），也叫做模板分子（template，T）。此技术包括如下内容：①选定印迹分子和功能单体，使二者发生互补反应；②在印迹分子-单体复合物周围发生聚合反应；③用抽提法从聚合物中除掉印迹分子。结果，形成的聚合物内保留有与印迹分子的形状、大小完全一样的孔穴（见图 4-24），也就是说，印迹的聚合物能维持相对于印迹分子的互补性，因此，该聚合物能以高选择性重新结合印迹分子。分子印迹也叫主-客聚合作用或模板聚合作用。制备选择性聚合物并不难，仅涉及简单的众所周知的实验技术，制得的聚合物简称 MIP。

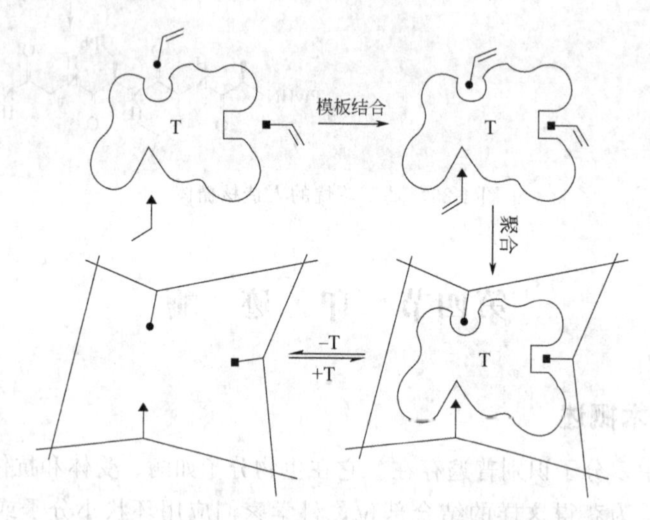

图 4-24　分子印迹原理图（T 为印迹分子）

通常，作为模板的印迹分子被恰当地包围在印迹空穴里。如果用一种纯对映体作为印迹分子，就能产生有效手性拆分外消旋物的印迹聚合物。此时，该印迹空穴具有不对称结构，而这种不对称是由于被固定的聚合物链的不对称构象所产生的。一般来说，聚合物空穴对印迹分子的选择性结合作用来源于空穴中起结合作用的官能团的排列以及空穴的形状。大量的研究表明，官能团的排列在空穴特异性结合中起决定性作用，而空穴的形状在某种程度上是次要因素。

（1）印迹分子与单体相互作用的类型　应用分子印迹时可遵照两种方法：一是印迹分子与单体是共价可逆结合的；二是单体与印迹分子之间的最初反应是非共价的。这两种方法都使用了基于苯乙烯、丙烯酸和二氧化硅的聚合物。

用可逆共价结合可得到能拆分糖的外消旋混合物的聚合物（见图 4-25）。1 个分子苯基-*α*-D-甘露吡喃糖苷作为印迹分子，与 2 个分子单体 4-乙烯基苯基硼酸作用，形成模板结合基共价复合物，共价复合物在过量交联剂乙二醇二甲丙烯酸酯（EDMA）的存在下发生共聚反应（以四氧呋喃∶乙腈=1∶1 为惰性溶剂），得到印迹聚合物。经酸水解除掉印迹分子苯基-*α*-D-甘露吡喃糖苷后，则所得的聚合物中留有与印迹分子形状一样的孔穴，孔穴内还带有硼酸基团。由于该聚合物可以可逆地选择性地结合印迹分子，所以可拆分这个糖的外消旋混合物，而且选择性很高。用类似的方法还能从外消旋混合物中拆分游离糖的对映体。拆分外消旋物本是酶的功能，所以，印迹聚合物实际上模拟了酶的功能。

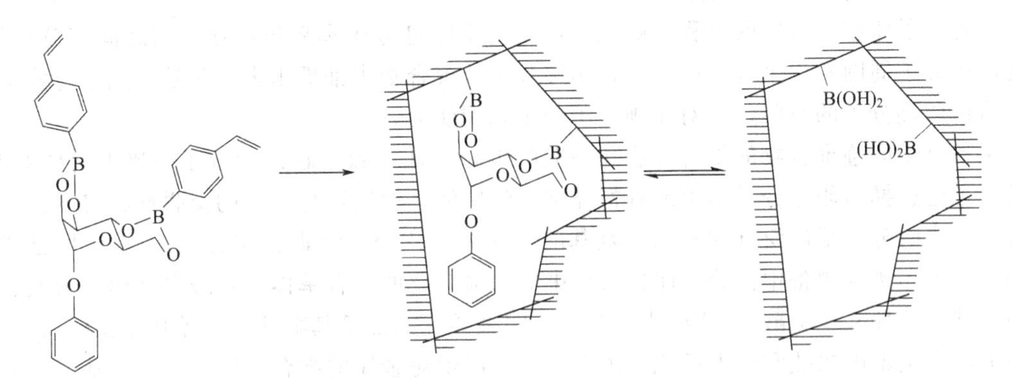

图 4-25 利用可逆共价结合进行的分子印迹

另一系统对特定的芳香酮有选择性。芳香酮起“间隔臂”的作用，在两个芳香二醇单体间形成一个共价结合桥。聚合后，除掉酮间隔臂，两个1,3-二醇留下来，其间的距离使聚合物对那种芳香酮有选择性。用类似的方法，硼类基团（用于结合核苷酸）和氨基（用于结合二醛）也可按要求配置在聚合物中。

然而，由于携带适当结合基团的化合物的数目不多，在不破坏聚合物条件下能可逆地进行反应的数目也有限，因此，可逆共价结合法的应用受到了限制。

在聚合物中引入金属离子，也可产生类似于可逆共价结合的相互作用。Dhal 等最新报告，含 Cu（二价）-*N*-(4-乙烯基）苄基亚氨二乙酸在印迹分子双咪唑的存在下与交联剂 EDMA 共聚后，再除掉印迹分子，则得到聚合物的孔穴中含有两个结合 Cu（二价）的部位，这两个部位间有特定的距离和适当的取向。在重结合双咪唑印迹分子的实验中显出突出的选择性。

分子印迹概念的提出最早是由 Wulff 于 1972 年提出的。早期的分子印迹实验多是利用印迹分子单体间的共价相互作用。后来，主要由 Mosbach 小组开发了印迹分子单体间的非共价结合法，大大促进了分子印迹技术的发展。非共价法的优点是可以使用不同单体的“合剂”，所以扩大了分子印迹的使用范围。很多相互作用可使本方法简化，这些相互作用可以是离子的、氢键的、疏水的和电荷转移的等，而且可用简单的抽提法除去印迹分子，不必使用任何剧烈的条件。

人们研究分子印迹的出发点之一是想从合成的聚合物出发，构建人工酶模型。为了产生酶的活性中心模型，我们需要一种方法，它能产生与反应底物相应的形状，特别是与被催化的反应过渡态互补的孔穴。另外，这种技术能诱导功能基团以预先排列的方式进入孔穴。显然，分子印迹技术可以产生对底物的特异性结合部位，并可以将催化官能团以确定的排列引入结合部位，从而制备出催化活性聚合物。

(2) 影响 MIP 选择性识别的因素　印迹了的聚合物（MIP）的对映体选择性可用分离因子 α（separation factor α）来表示。它是 D 型和 L 型对映体在溶液和聚合物之间的分配系数的比值。此值一般在 1.20 以上。α 值越大，选择性越强。其影响因素包括底物结构和印迹分子的互补性、聚合物与印迹分子间的作用力、交联剂的类型和用量、聚合条件等。

2. 分子印迹聚合物的制备方法

制备分子印迹聚合物的过程一般包括：①选定印迹分子和单体，让它们之间充分作用；②在印迹分子周围发生聚合反应；③将印迹分子从聚合物中抽提出去。于是，此聚合物就产生了恰似印迹分子的空间，并对印迹分子产生识别能力。

制备分子印迹聚合物的聚合方法和一般的聚合方法一致。在设计分子印迹聚合体系时，关键要考虑选择与印迹分子尽可能有特异结合的单体，然后选择适当的交联剂和溶剂。可用于分子印迹的分子很广泛（如药物、氨基酸、糖类、核酸、激素、辅酶等），它们均已成功地用于分子印迹的制备中。分子印迹聚合中应用最广泛的聚合单体是羧酸类（如丙烯酸、甲基丙烯酸、乙烯基苯甲酸）、磺酸类以及杂环弱碱类（如乙烯基吡啶、乙烯基咪唑），其中最常用的体系是聚丙烯酸和聚丙烯酰胺体系。若要产生对金属的配合作用则应用氨基二乙酸衍生物，其他可能的体系为聚硅氧烷类。分子印迹聚合物要求的交联度很高（70%～90%），因此，交联剂的种类受到限制。预聚溶液中交联剂的溶解性减少了对交联剂的选择。最初，人们用二乙烯基苯作为交联剂，但后来发现丙烯酸类交联剂能制备出更高特异性的聚合物。在肽类分子印迹中三或四官能交联剂如季戊四醇三丙烯酸酯和季戊四醇四丙烯酸酯已用于聚合体系中。

溶剂在分子印迹制备中发挥着重要的作用，这种作用在自组织体系中尤为重要。聚合时，溶剂控制着非共价键结合的强度，同时也影响聚合物的形态。一般来说，溶剂的极性越大，产生的识别效果就越弱，因此，最好的溶剂应选择低介电常数的溶剂（如甲苯和二氯甲烷等）。另外，聚合物印迹空穴的形态学也受溶剂的影响，溶剂使聚合物溶胀，从而导致结合部位三维结构的变化，产生弱的结合。通常，识别所用溶剂最好与聚合用溶剂一致，以避免发生溶胀问题。

分子印迹聚合物的形态有聚合物块、珠、薄膜、表面印迹以及在固定容器内的就地聚合等。目前最常规的工艺是制备整块聚合物，然后粉碎过筛，获得不同粒径的颗粒；应用乳液聚合、悬浮聚合和分散聚合获得粒径均一的颗粒，可用于层析和模拟酶；浇铸膜等聚合物薄膜可用于制造传感器。

按印迹分子与聚合单体的结合方式可分为如下两种分子印迹方法。①预组织法，主要由Wulff及其同事创立。在此方法中，印迹分子预先共价联结到单体上，待聚合后共价键可逆打开，去除印迹分子。在此方法中结合部位的官能团预先与印迹分子定向排列。②自组织方法，主要由Mosbach研究小组首先开发。在此方法中，印迹分子与功能单体之间预先自组织排列，以非共价键的形式形成多点相互作用，聚合后这种作用保存下来。

预组织分子印迹法中印迹分子与单体间可产生可逆共价结合，因此又称为可逆共价结合法。例如印迹分子苯基-α-D-甘露吡喃糖苷的羟基与乙烯基苯基硼酸可形成可逆共价结合。在大量交联剂的存在下，经自由基聚合就产生了具有大量内表面积的微孔聚合物，用酸水解则可除去印迹分子。该印迹聚合物由于对D型糖苷具有选择性识别能力，在适当的溶剂中，此聚合空腔只与D型对映体建立平衡并与之结合，从而产生拆分糖苷对映体的能力（图4-26）。但是，应该指出的是，尽管这种分子印迹制备方法是最先被采用的，但由于携带适当结合基团的聚合单体数量有限，此法的应用范围受到很大的限制。

同可逆共价结合法相比，基于非共价相互作用的自组织分子印迹法则优越得多，而且在聚合中可使用不同的单体共聚。印迹分子可通过非共价作用（如离子键、氢键、疏水作用和电荷转移等）与聚合物结合。例如以苯丙氨酸衍生物为印迹分子，甲基丙烯酸为聚合单体

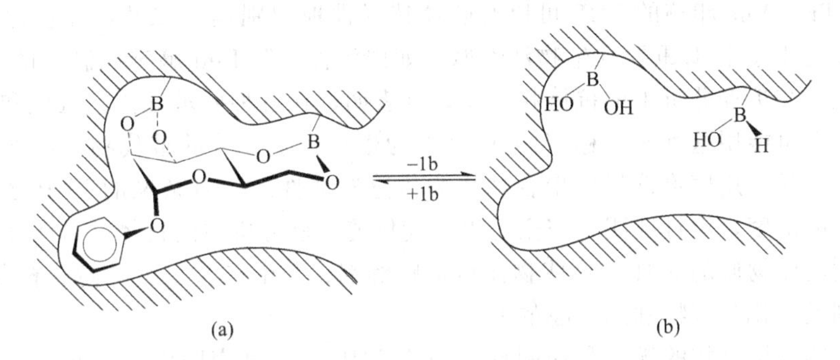

图 4-26 预组织分子印迹中印迹分子与聚合物的结合方式

时，所制备的印迹聚合物的结合部位可通过离子键、氢键和疏水作用与印迹分子结合。此印迹聚合物对印迹分子具有相当高的选择性。

3. 表面分子印迹

(1) 无机物为载体的表面印迹　在大孔硅胶表面，应用通常的分子印迹法可产生具有分子识别能力的微孔聚合薄层。类似这样在某些载体表面产生分子印迹空腔或进行表面修饰产生印迹结合部位的过程称为表面分子印迹。例如在硅胶球表面的分子印迹：首先将3-(三甲氧基硅烷基）甲基丙烯酸通过共价键结合到硅胶表面，引入聚合单体甲基丙烯酸酯，待印迹分子与单体共同包被在硅胶表面后，采用常规的聚合方式聚合，然后去除印迹分子后，就产生了具有一定粒度的不溶胀的表面印迹微粒。这种印迹方法特别适于制备拆分对映体的聚合物。

(2) 固体材料的表面修饰　在典型的聚合物分子印迹中，印迹聚合物的选择性依赖于印迹空腔的形状和其中功能基团的排列。那么某些材料表面一定距离的两个结合基团是否能产生对相应分子的选择性结合呢？如果将含双西佛碱的二硅氧烷分子与硅胶表面的硅羟基缩合，其他硅羟基用戊基甲基硅烷保护起来以防止产生非特异性吸附作用。待用硼氢化钠还原除去联苯二醛后，就产生了两个有一定距离的氨基。这样的双氨基对恰当长度的二醛具有很好的选择结合能力。

(3) 蛋白质的表面印迹　三维结构的 MIP 不能分离生物大分子，特别是蛋白质，因为大分子不能自由出入 MIP 的空隙，用二维表面印迹可解决这个问题。最近已有用大分子作模板生产选择性吸附剂的报告。开发选择性识别蛋白质的系统是很重要的目标，应用不同方法达到这一目标，其中包括系统地使用小分子来控制蛋白质 MIP 识别部位的几何形状，例如以双咪唑作为模拟蛋白质的模板，即在识别双咪唑的过程中采用金属离子络合物。

(4) 分子印迹聚合物在对映体分离上的应用　分子印迹聚合物（MIP）能分离的化合物越来越多，已经不局限于早期的染料、简单氨基酸和糖。β-受体阻滞药噻吗心安、心得安和氨酰心安及非类固醇抗炎药甲氧萘丙酸，最近已用 MIP 实现了对映体拆分，同时还可利用 MIP 从结构相关的异丁丙氨酸和酮苯丙酸中分出甲氧萘丙酸。

半乳糖和果糖衍生的 MIP 可识别立体异构体化合物，这预示着不仅可以选择性分离糖的复杂混合物，而且可以用 MIP 作为细胞识别因子的模拟物。类似地，一系列类固醇印迹的聚合物证明具有区域选择性，而且通过识别功能基的活化，可用这些系统进行区域选择性反应。

有几个报告讨论了肽的印迹，开发识别系统的识别能力比以前的 MIP 要好得多。例如，用 Ac-L-phe-Trp-Ome 印迹的 MIP 可以对映体选择性地识别模板二肽，在色谱柱上的对映体分离因子 α 为 18。针对重要的生物活性肽，如内源神经肽 Leu-脑啡肽制备的 MIP 的区域和立体选择性可与免疫分析中的抗体相媲美。这表明，在各种要求立体、区域和对映体选择性的应用中，有可能用这种非常稳定的 MIP 作为生物识别成分的替代物，例如用抗体替代物选择性富集样品，用底物选择性聚合物作为传感器部件。针对茶碱的 MIP 已用于测定病人血清中的茶碱浓度，而且证明它完全可以取代传统免疫分析中的抗体。分子印迹可应用于制备针对不同功能物质的 MIP，这些物体包括麻醉剂、苯甲二氮、黄嘌呤、核苷酸和苄脒。寡核苷酸识别是生化学家特别感兴趣的领域。

(5) 分子印迹聚合物的优点和局限性　由于 MIP 是高度交联的聚合物，所以它具有相当好的化学稳定性、热稳定性和机械稳定性，这是生物识别系统无可比拟的。良好的稳定性使 MIP 能长期重复使用并使其适用于需要极端条件（如高温、低温和非水介质）的应用。另外，制备 MIP 的费用相对于蛋白质识别系统和合成手性识别系统来说是相当便宜的，而且印迹分子可以回收、重复使用。在开发具有催化活力聚合物方面，分子印迹法可以创造自然界不存在的具有全新催化活力的催化剂。所有这些优点表明，分子印迹聚合物是值得认真开发、研究的领域。

分子印迹技术毕竟是刚刚出现的技术，还有许多问题有待解决，当前最大的问题是 MIP 的容量相当低。这是由于动力学上可接近的识别位点数目有限（扩散限制）造成的。不过，最近通过使用新型交联剂，如 3-甲基丙烯酰赤藓糖和 4-甲基丙烯酰赤藓糖，MIP 的容量大大改善（大于 10 倍），这为 MIP 在制备规模的色谱中的应用开辟了道路。迄今报告的 MIP 拆分外消旋物的最大容量按每克干重聚合物计算为 1mg。利用印迹分子-单体间的非共价和可逆共价作用相结合，也使 MIP 的容量得到类似的改善。MIP 的颗粒大小和孔度的均一性对改善负载容量和柱效是有用的。目前商业规模的 MIP 的柱容量已达 50L。

MIP 技术应用于水溶液中的选择性识别只是刚刚开始。虽然已有较有希望的报告，但要完全理解还需进一步研究。还有一个问题是，印迹前要有纯的对映体作为印迹分子。解决的办法是，印迹分子可以循环使用，或者小心选择具有相关结构的化合物，再就是利用部分纯化的对映体作为印迹分子来部分纯化外消旋物。

二、分子印迹酶

分子印迹技术一出现，人们就意识到可以应用此技术制备人工模拟酶。通过分子印迹技术可以产生类似于酶的活性中心的空腔，对底物产生有效的结合作用，更重要的是，利用此技术可以在结合部位的空腔内诱导产生催化基团，并与底物定向排列。分子印迹酶同天然酶一样，一般遵循米-曼氏动力学，其催化活力依赖于 k_{cat}/K_m，这里 k_{cat} 是催化反应速率常数，而 K_m 通常代表米氏常数，它可用于描述底物与酶的亲和性。产生底物的结合部位并使催化基团与底物定向排列对于产生高效人工模拟酶来说是相当重要的两个方面。

在人工酶的研究中，印迹被证明是产生酶结合部位最好的方法。以 Pauling 的酶催化理论即稳定过渡态理论为指导，通过生物体免疫系统诱导产生具有过渡态结合部位的抗体，抗体表现出很高的催化活性，称为抗体酶。抗体酶的成功实践证明印迹某一反应的过渡态，产生与之互补的过渡态结合部位，会选择性地催化此反应。类似于抗体酶，分子印迹技术产生了新的机会，形成类似于酶结合部位的印迹空腔，因此，通过分子印迹技术人们可以模拟并深入了解复杂的酶体系。

在人工模拟酶的研究领域，分子印迹面临的最大的挑战之一是如何利用此技术来模拟复杂的酶活性部位，使其最大程度地与天然酶相似。要想制备出具有酶活性的分子印迹酶，选择合适的印迹分子是相当重要的。目前，所选择的印迹分子主要有底物、底物类似物、酶抑制剂、过渡态类似物以及产物等。

1. 印迹底物及其类似物

酶的催化是从对底物的结合开始的，产生对底物的识别可促进催化。为此，人们做了很多尝试。如 Mosbach 等应用分子印迹法制备具有催化二肽合成能力的分子印迹酶。所合成的二肽为 Z-L-天冬氨酸与 L-苯丙氨酸甲酯缩合的产物，它们分别以底物混合物（Z-L-天冬氨酸与 L-苯丙氨酸以 1∶1 混合）以及产物二肽为印迹分子，以甲基丙烯酸甲酯为聚合单体，二亚乙基甲基丙烯酸甲酯为交联剂，经聚合产生了具有催化二肽合成能力的二肽合成酶。研究表明，以产物为印迹分子的印迹聚合物表现出最高的酶催化效率，在反应进行 48h 后，其二肽产率达到 63%，而以反应物为印迹分子的印迹聚合物催化相同的反应时二肽的产率却较低。

将催化基团定位在印迹空腔的合适位置对印迹酶发挥催化效率相当重要。通常引入催化剂基团的方法为诱导法，即通过相反电荷等的相互作用引入互补基团。如 Shea 等以苯基丙二酸为印迹分子，利用酸和胺的相互作用将胺基定位在印迹空腔的适当位置上，除去印迹分子后，含胺印迹聚合物催化 4-氟-4-硝基苯基丁酮的 HF 消除反应，其催化速率提高了 8.6 倍。

Morihara 等利用硅胶表面印迹制备印迹酶，他们用 Al^{3+} 与硅发生置换后，在硅胶表面就形成了路易斯酸官能团。将其表面用含有路易斯碱的印迹分子为模板进行表面印迹，路易斯酸 Al^{3+} 就被诱导在路易斯碱的邻近。除去印迹分子后，此表面印迹聚合物具有催化酯交换的能力。如果以底物类似物为模板，所产生的印迹酶对底物的结合能力增加，k_{cat} 相应变小，但二级反应速率常数比非印迹时增大 2～8 倍。如果以含四面体磷酸酯的过渡态类似物为印迹分子，所产生的印迹酶对底物的结合能力和催化速率 k_{cat} 都有所增大，其二级速率常数 k_{cat}/K_m 比非印迹时增大 22 倍。

Bystrom 等应用预组织共价分子印迹法将催化基团定位在印迹空腔的合适位置。他们以含有甾体分子的乙烯基单体与二乙烯基苯共聚，洗去未反应的单体后，以 $LiAlH_4$/四氢呋喃（THF）除去印迹分子，如此多次处理，就得到了不同膨胀率的模板聚合物，其分子空腔内带有游离的羟基。如果以 $LiAlH_4$ 的 THF 溶液活化，洗去未反应的 $LiAlH_4$ 就可分别获得定向甾 17 位或甾 3 位官能团化的模板聚合物珠。将它们悬浮于 THF 中，可高选择还原甾体酮（17 位或 3 位），其 α 型羟基产物明显增加。

构建人工酶时，酶的辅因子是一个重要的因素。用吡哆醛和苯丙氨酸酰苯胺之间希夫碱的稳定类似物作印迹分子制备 MIP 时发现，可以适当加强吡哆醛催化的 α-质子在 ^3H 标记的苯丙氨酸酰苯胺上的交换速度。

2. 印迹过渡态类似物

用分子印迹可以模拟抗体（或酶）的结合部位这一重要结果使人很自然地想到可以利用同一技术研制在结合部位具有催化功能的聚合物系统。用过渡态类似物作印迹分子制备的印迹聚合物也能结合反应过渡态，降低反应活化能，从而加速反应。这类研究中最早的一个例子是用对-硝基苯乙酸酯水解反应的过渡态类似物对-硝基苯甲基磷酸酯作印迹分子制备聚合物。

人们借鉴抗体酶印迹过渡态类似物的成功经验，试图用印迹过渡态类似物产生印迹聚合物的方法模拟酶的行为。与以过渡态类似物法制备抗体酶的原理相同，若用过渡态类似物作为印迹分子，则所得的聚合物应具有相应的催化活性，只不过以人工合成的聚合物代替了抗体。Mosbach 等从过渡态类似物法制备抗体酶中得到启示，首次将过渡态类似物法应用于分子印迹中。他们以羧酸酯水解的过渡态类似物——磷酸酯作为印迹分子，将含水解功能基团的 4(5)-乙烯咪唑作单体和双功能交联剂 1,4-二溴丁烷进行分子印迹聚合，制备出具有相应酯水解能力的印迹酶，其催化水解乙酸对硝基苯酯的活性比未用印迹分子的相应聚合物高出 60%。

在分子印迹酶研究领域，产生低催化效率的另一主要原因是底物分子在大块的印迹聚合物中扩散很慢，这引起了慢的催化动力学，从而降低了酶活力。为了克服这一问题，发展分子印迹聚合物微胶和纳米胶是现实的。微胶和纳米胶具有优良的通透性去克服由扩散引起的慢的催化动力学。Kulkarni 研究小组试图将胰蛋白酶活性中心的催化基团引入印迹微胶产生的底物结合部位，他们采用金属离子复合技术，利用 Co^{2+} 与模板中的吡啶基和功能单体中的羟基、羧基、咪唑基形成复合物，在印迹产生的结合部位上设计产生酶催化的功能基团，并使这些功能基团与底物在氢键范围内相互靠近。此酶模型表现出典型的胰蛋白酶水解能力，催化行为与天然酶一致。

自 1989 年 Mosbach 小组报道了首例印迹过渡态类似物制备印迹酶以来，人们做了很多尝试，可是初步的实验结果令人失望，印迹过渡态类似物产生的印迹聚合物只表现出有限的催化效率，其催化效率仅提高 10 倍以下。大量的研究表明，仅仅印迹产生过渡态结合部位不能引起高效的催化效率，在结合部位的适当位置定向引入催化基团对提高催化效率至关重要。Wulff 研究小组充分考虑了过渡态结合和定向引入催化基团对催化的作用，利用分子印迹技术印迹磷酸单酯，此磷酸单酯充当了酯水解过渡态类似物，通过含脒基的功能单体与印迹分子形成稳定的复合物，将功能基团引入印迹的过渡态结合部位中。所产生的印迹聚合物表现出很强的酯水解活性，其催化效率仅比相应的抗体酶低 1～2 个数量级。2004 年他们用同样的体系印迹碳酸酯和碳酸酰胺，获得了与相应抗体酶活力相当的分子印迹酶模型(图 4-27)。他们把过渡态识别与催化基团的定位效应结合起来，将铜和锌离子催化中心成功地引入过渡态识别部位。此模型是目前分子印迹模拟酶中催化活性最高的。看来，适当地设计印迹分子和具有催化基团的功能单体，将稳定过渡态和催化基团的准确定向结合起来是提高模拟酶活力的关键。

三、 生物印迹酶

生物印迹是分子印迹中非常重要的内容之一，它的优势亦在酶的人工模拟。利用此技术人们首先获得了有机相催化印迹酶，并做了系统的研究，近年来，人们利用此技术制备出水相生物印迹酶。

1. 有机相生物印迹酶

近 20 年来，非水相酶学有了长足的发展。这不仅是因为其拓宽的识别优势，更主要的是因为酶在非水环境中表现出特殊的特征，如构象刚性、增加的热稳定性及改变的底物特异性。一个特别令人感兴趣的研究热点是在水相介质中受体诱导的非酶蛋白质或酶产生“记忆”效应。如果将水相中受体诱导的蛋白质或其他生物大分子冷冻干燥，然后将其置于非水介质中，则其构象刚性保持了诱导产生的结合部位。如果所用的受体是酶底物、酶抑制剂或过渡态类似物，则此生物印迹蛋白表现出酶的性质。

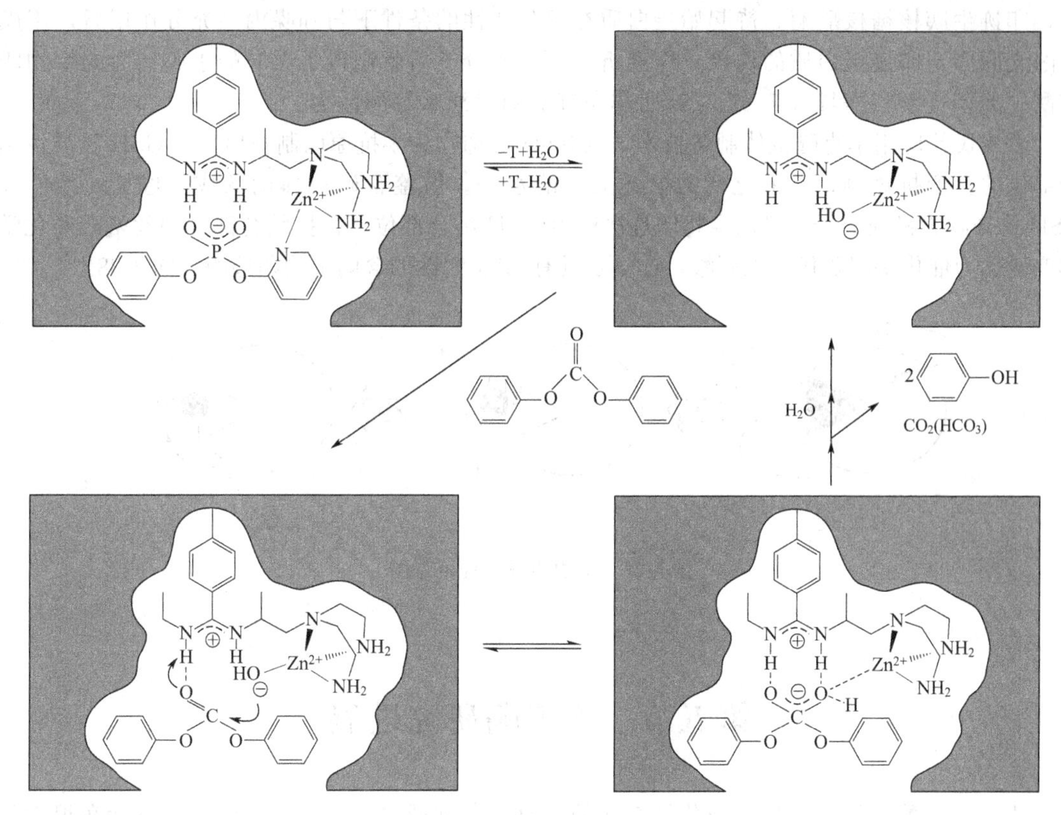

图 4-27 识别与催化协同的分子印迹酶模型

以脂肪酶的生物印迹为例，水溶性脂肪酶在通常状况下是非活性的，其结合部位有一个“盖子”，当底物脂肪以脂质体的形式接近酶时，盖子打开，脂肪的一端与结合部位结合。为了获得高效的非水相脂肪酶，Braco 等将适当两亲性的表面活性剂与酶印迹，待表面活性剂分子与酶充分接触后，将酶复合物冷冻干燥，用非水溶剂洗去表面活性剂后，脂肪酶的活性中心的“盖子”被去除，形成了活性中心开启的活性酶。选择不同结构的两亲性表面活性剂诱导产生的非水相脂肪酶，其结合部位的构象发生了新的变化，它更适合相应的底物，因此，催化效率比非印迹的酶提高了 2 个数量级。

显然，生物印迹可以改变酶结合部位的特异性。由于特异性是高效酶高效性的基础，因此可以说生物印迹技术能够改变酶的活性部位，从而改造酶。Dordick 最近利用生物印迹方法改造枯草杆菌蛋白酶，并成功地制备出活性较高的核苷酸酰基化酶。他们的制备思路同上，即选择与底物相关的核苷酸作为印迹分子，其催化效率比非印迹的酶提高了 50 倍。目前，应用此方法已制备出相当数量的生物印迹酶。

在有机相中，生物印迹蛋白质由于保持了对印迹分子的结合构象而对相应的底物产生了酶活力，那么这种构象能否在水相中得以保持，从而产生相应的酶活力呢？Keyes 研究小组的研究结果告诉我们，采用交联剂完全可以固定印迹分子的构象，在水相中产生高效催化的生物印迹酶。利用这种方法已成功地模拟了许多酶（如酯水解酶、HF 水解酶、葡萄糖异构酶等），有的甚至达到了天然酶的催化效率。

2. 水相生物印迹酶

1984 年，Keyes 等报道了首例用这种方法制备的印迹酶，他们选择吲哚丙酸为印迹分子，印迹牛胰核糖核酸酶，待起始蛋白质在部分变性的条件下与吲哚丙酸充分作用后，用戊二醛交联固定印迹蛋白质的构象，经透析去除印迹分子后就制得了具有酶水解能力的生物印迹酶。此印迹酶粗酶具有 7.3U/g，而非印迹酶则无酯水解酶活力。

罗贵民等应用单克隆抗体制备技术，以 GSH 修饰物为半抗原已制备出具有 GSH 特异性结合部位的含硒抗体酶，其催化活力已达天然酶水平。借鉴含硒抗体酶的成功经验，他们以 GSH 修饰物为模板分子，又用生物印迹法产生 GSH 结合部位，再把结合部位的丝氨酸经化学诱变转化为催化基团硒代半胱氨酸，产生了具有 GPx 活性的含硒生物印迹酶（图 4-28）。

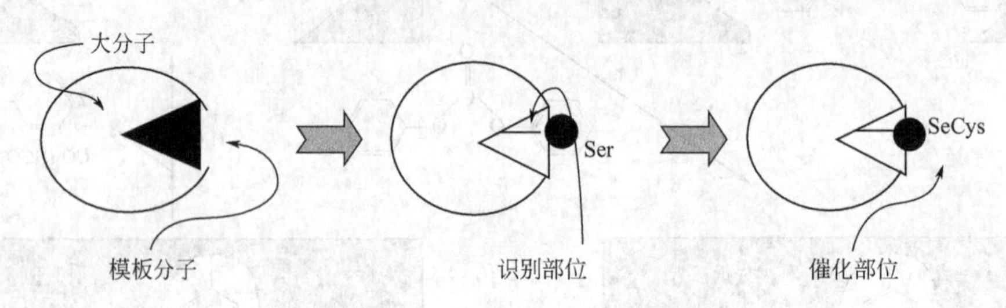

图 4-28 生物印迹过程示意图

第五节 人工酶研究进展

人工模拟酶的研究是生物与化学交叉的重要研究领域之一。人工酶的分子设计在很大程度上反映了对酶的结构以及反应机制的认识。研究人工酶模型可以较直观地观察与酶的催化作用相关的各种因素，如催化基团的组成、活性中心的空间结构特征、酶催化反应的动力学性质等。人工模拟酶的研究，是实现人工合成具有高性能模拟酶的基础，在理论和实际应用上都具有重要的意义。

由于对酶的结构及其作用机制取得了重大的进展，对许多酶的结构及其作用机制都能在分子水平上得到解释，大大促进了人工模拟酶的发展。人工模拟酶这一研究领域已引起各国科学家的极大关注。世界发达国家（如美、德、日、英、法等）都把模拟酶作为重点课题列入未来的研究计划，我国也将对模拟酶的研究列入国家自然科学基金重点资助的高技术、新概念、新构思探索性课题。

在模拟酶研究初期，由于对酶结构认识的局限性，以及研究者只注意催化功能，忽略底物的结合功能，因而很难制备出具有天然酶活力的人工酶。近年来，人们以酶结构知识、酶动力学研究为基础，采用多种新型技术如抗体酶制备技术，在分子水平上模拟酶对底物的结合催化，取得了许多重要的成果。人工模拟酶的实践证明，利用环糊精、大环化合物、抗体、印迹蛋白质等为基质已制备出大量的人工酶，少量人工酶的催化效率及选择性已能与天然酶相媲美。但也应该看到，大多数人工酶的催化活性并不高，这主要是由于目前尚缺乏系统的、定量的理论为指导，另外的原因是，大多数人工酶模型过于简单，缺乏对催化因素的全面考虑。

运用分子印迹技术对酶的人工模拟是最富挑战的研究课题之一。目前，应用此技术已成功地制备出具有酶水解、转氨、脱羧、酯合成、氧化还原等活性的分子印迹酶。虽然用分子印迹法制备的聚合物印迹酶的催化效率同天然酶相比普遍不高，但它们却具有明显的优点：

制备过程简单、易操作；印迹分子的选择范围广，不像抗体酶的半抗原设计主要依赖于反应过渡态；具有明显的耐热、耐酸碱和稳定性好等优点。随着分子印迹技术的不断发展，新型聚合单体的不断出现，会创造出更高催化效率的分子印迹酶。

近年来，生物印迹技术的出现为分子印迹酶的发展注入了新的活力，尽管用此方法制备的生物印迹酶的种类不多，但其高效的催化活性显示它是一种很有前途的人工模拟酶制备技术。用此技术制备生物印迹酶时，印迹分子的选择范围广，被印迹的宿主蛋白也不仅限于有活性的天然酶，而且可用无活性的普通蛋白。利用蛋白质等为骨架印迹酶的活性中心使生物印迹酶更接近于天然酶。

目前，生物印迹酶的研究还处于初级阶段，除进一步制备多种类型的生物印迹酶外，研究印迹分子的结构与印迹的活性中心结构的关系、印迹分子的结构与酶活力的关系，寻找印迹酶高活力的理论基础则相当重要。生物印迹酶与分子印迹酶的发展，为人工酶的发展开辟了又一新的研究方向，这一新技术与酶的作用机制、酶的结构知识、酶动力学联系起来，会创造出高效率的人工酶。在这一新领域里，有许多未知方面需要进一步的研究和探索。

人工模拟酶的研究属于化学、生物学等领域的交叉点，属交叉学科。化学家利用酶模型来了解一些分子的复合物在生命过程中的作用，并研究如何将这些仿生体系应用于有机合成，这就是近年来开展的微环境与分子识别的研究。对于高效率、有选择性进行的生化反应这一生命现象的探索是充满魅力的课题，而开发具有酶功能的人工模拟酶是化学领域的主要课题之一。仿生化学就是从分子水平模拟生物体的反应和酶功能等生物功能的边缘学科，是生物学和化学相互渗透的学科。对生物体反应的模拟就是模仿其机制，进而开发出比自然界更优秀的催化体系，主-客体酶模型、胶束酶模型、肽酶、分子印迹酶和半合成酶就是这一研究的重要成员，已取得长足的进展，近年来又出现了抗体酶、分子印迹酶、杂化酶和进化酶。目前，对酶的模拟已不是仅限于化学手段，基因工程、蛋白质工程等分子生物学手段正在发挥着越来越大的作用。化学和分子生物学以及其他学科的结合使酶模拟更加成熟起来。随着酶学理论的发展，人们对酶学机制的进一步认识，以及新技术、新思维的不断产生，理想的人工酶将会不断涌现。

总结与展望

本章从人工酶的概念出发，概括了人工酶的理论基础和分类。在此基础上，对近年来人工酶领域的研究进展进行了介绍。在小分子模型化合物研究方面，着重介绍了利用合成大环化合物如环糊精等构筑人工酶的研究思路。大分子仿酶则侧重介绍分子印迹酶、聚合物人工酶、半合成酶等。通过本章的学习，应当能够了解人工酶、主-客体化学、超分子化学等概念；了解人工酶的理论基础、分类和设计人工酶的基本要素；叙述合成酶的成功例子及合成酶的优缺点；掌握分子印迹技术的原理及影响分子印迹聚合物选择性识别的因素；评论人工模拟酶的发展前景。

人工模拟酶的研究，从合成简单模型到构筑复杂模型，经历了近 30 年的历程，无论是人工酶的品种还是催化的反应，都有长足的进展，人工酶的催化活性在不断地提高。经过人工酶研究领域科学工作者不断的努力，人们已经制备出了可与天然酶相媲美的人工酶。随着酶模拟化学的发展，对酶结构及作用机制的进一步了解，在化学家及生物学家的共同协作下，不断改进合成手段和采用新技术，必将有更多更好的人工酶问世。预计今后国内外有关人工模拟酶的研究的主要动向为：①由简单模拟向高级模拟发展。既模拟天然酶活性中心的催化部位，又模拟其结合部位，使两者达到完美结合，以提高模拟酶的催化活性。②运用新的技术和手段创造酶的识别部位，如运用组合库技术、分子印迹等现代手段产生底物特异性识别部位，用于构造人工模拟酶体系。③充分利用天然酶现有的结构和进化优势，将其改造成新酶。④开发出更多可多部位结合且具有多重识别功能的模拟酶，研究生物体内酶催化信息，探讨生物体系的生命现象的真谛。⑤人工酶在分析、医药、工业上的实际应用。如研制各种选择性强、灵敏度高且易于制备的模拟酶传感器等器件以适用于苛刻条件、复杂体系中重要生化组分的快速检测。开发以人工酶为基础的实用药物，并探讨代替天然酶的工业应用。

总之，通过化学手段或化学和生物结合手段研究生命科学，揭示生命的奥秘是目前发展的重要趋势。在生物学、仿生学及计算机等学科的推动下，有关人工模拟酶的研究及其应用将日臻完善。综合运用化学、分子生物学等多学科交叉的优势将会大大加强人工催化剂设计方法的威力和适用性，从而产生在医药、工业上有用的高效人工催化剂。显然，只要在分子工程这个令人激动的前沿领域里持续工作，就会越来越接近这样的目标：能为任何一种化学转化设计类酶催化剂。

参考文献

[1] Artificial Enzymes. Edited by Ronald Breslow (Columbia University). Weinheim: Wiley-VCH Verlag GmbH & Co KGaA, 2005.

[2] Motherwell W B, Bingham M J, Six Y. Recent progress in the design and synthesis of arti®cial enzymes. Tetrahedron, 2001, 57: 4663.

[3] Benjamin G D. Chemical modification of biocatalysts. Current Opinion in Biotechnology, 2003, 14: 379.

[4] Qi D F, Tann C M, Haring D, Distefano M D. Generation of New Enzymes via Covalent Modification of Existing Proteins. Chem Rev, 2001, 101: 3081.

[5] Tann C M, Qi D F, Distefano M D. Enzyme design by chemical modification of protein scaffolds. Curr Opin Chem Biol, 2001, 5: 696.

[6] Oshikiri T, Takashima Y, Yamaguchi H, Harada A. Kinetic Control of Threading of Cyclodextrins onto Axle Molecules. J Am Chem Soc, 2005, 127: 12186.

[7] Penning T M. Enzyme Redesign. Chem Rev, 2001, 101: 3027.

[8] Mugesh G, Mont W, Sies H. Chemistry of Biologically Important Synthetic Organoselenium Compounds. Chem Rev, 2001, 101: 2125.

[9] Breslow R, Dong S D. Biomimetic Reactions Catalyzed by Cyclodextrins and Their Derivatives. Chem Rev, 1998, 98: 1997.

[10] Suh J. Synthetic Artificial Peptidases and Nucleases Using Macromolecular Catalytic Systems. Acc Chem Res, 2003, 36: 562.

[11] Ren X J, Jemth P, Board P G, et al. Semisynthetic Glutathione Peroxidase with High Catalytic Efficiency: Selenoglutathione Transferase. Chem Biol, 2002, 9: 789-794.

[12] Luo G, Ren X, Liu J, et al. Towards More Efficient Glutathione Peroxidase Mimics: Substrate Recognition and Catalytic Group Assembly. Curr Med Chem, 2003, 10: 1151.

[13] Liu J, Luo G, Ren X, et al. Artificial imitation of glutathione peroxidase with 2-selenium bridged β-cyclodextrin. Biochim Biophys Acta, 2000, 1481: 222.

[14] Mao S Z, Dong Z Y, Liu J Q, et al. Semisynthetic tellurosubtilisin with glutathione peroxidase activity. J Am Chem Soc, 2005, 127: 11588.

[15] Yu H J, Liu J Q, Bock A, et al. Engineering glutathione transferase to a novel glutathione peroxidase mimic

with high catalytic efficiency-Incorporation of selenocysteine into a glutathione-binding scaffold using an auxotrophic expression system. J Biol Chem, 2005, 280: 11930 .

[16] Dong Z Y, Liu J Q, Mao S, et al. Cyclodextrin-derived mimic of glutathione peroxidase exhibiting enzymatic specificity and high catalytic efficiency. J Am Chem Soc, 2004, 126: 16395.

[17] Liu J Q, Wulff G. J Functional Mimicry of the Active Site of Carboxypeptidase A by a Molecular Imprinting Strategy: Cooperativity of an Amidinium and a Copper Ion in a Transition-State Imprinted Cavity Giving Rise to High Catalytic Activity. Am Chem Soc, 2004, 126: 7452.

[18] Liu J Q, Wulff G. Novel molecularly imprinted polymers with strong caboxypapetase-like activity. Angew Chem Int Ed, 2004, 43: 1287.

[19] Alexander C, Davidson L, Hayes W. Imprinted polymers: artificial molecular recognition materials with applications in synthesis and catalysis. Tetrahedron, 2003, 59: 2025-2057.

[20] Bruggemann O. Catalytically active polymers obtained by molecular imprinting and their application in chemical reaction engineering. Biomol Engng, 2001, 18: 1-7.

[21] Yamazaki T, Yilmaz E, Mosbach K, Sode K. Towards the use of molecularly imprinted polymers containing imidazoles and bivalent metal complexes for the detection anddegradation of organophosphotriester pesticides. Anal Chim Acta, 2001, 435: 209-214.

[22] Carter S R, Rimmer S. Molecular recognition of caffeine by shell molecular imprinted core-shell polymer particles in aqueous media. Adv Mater, 2002, 14: 667-670.

[23] Rick J, Chou T C. Imprinting unique motifs formed from protein-protein associations. Anal Chim Acta, 2005, 542: 26-31.

[24] Baggiani C, Giovannoli C. Bioimprinting// Piletsky S, Turner A. In Molecular Imprinting of Polymers. Austin: Landes Bioscience, 2004.

[25] Dong Z Y, Luo Q, Liu J Q. Artificial enzymes based on supramolecular scaffolds. Chem Soc Rev, 2012, 41: 7890-7908.

[26] Hou C X, Li J X, Zhao L L, Zhang W, Luo Q, Dong Z Y, Xu J Y, Liu J Q. Construction of Protein Nanowires through Cucurbit [8] uril-based Highly Specific Host-Guest Interactions: An Approach to the Assembly of Functional Proteins. Angew Chem Int Ed, 2013, 52: 5590-5593.

[27] Huang Z P, Guan S W, Wang Y G, Shi G N, Cao L, Gao Y Z, Dong Z Y, Xu J Y, Luo Q; Liu J Q. Self-assembly of amphiphilic peptides into biofunctionalized nanotubes: a novel hydrolase model. J Mater Chem B, 2013, 1: 2297-2304.

[28] Hou C X, Luo Q, Liu J L, Miao L, Zhang C Q, Gao Y Z, Zhang X Y, Xu J Y, Dong Z Y, Liu J Q. Construction of GPx Active Centers on Natural Protein Nanodisk/Nanotube: A New Way to Develop Artificial Nanoenzyme. ACS Nano, 2012, 6: 8692-8701.

[29] Yin Y Z, Dong Z Y, Luo Q, Liu J Q, Biomimetic catalysts designed on macromolecular scaffolds. Progress in Polymer Science, 2012, 37: 1476-1509.

[30] Zhang C Q, Xue X D, Luo Q, Li Y W, Yang K N, Zhuang X X, Jiang Y G, Zhang J C, Liu J Q, Zou G Z, Liang X J, Self-Assembled Peptide Nanofibers Designed as Biological Enzymes for Catalyzing Ester Hydrolysis. ACS Nano, 2014, 8: 11715-11723.

[31] Tang Y, Zhou L P, Li J X, Luo Q, Huang X, Wu P, Wang Y G, Xu J Y, Shen J C, Liu J Q. Giant Nanotubes Loaded with Artificial Peroxidase Centers: Self-Assembly of Supramolecular Amphiphiles as a Tool To Functionalize Nanotubes. Angew Chem Int Ed, 2010, 49: 3920-3924.

[32] Zhang C Q, Pan T Z, Salesse C, Zhang D M, Miao L, Wang L, Gao Y Z, Xu J Y, Dong Z Y, Luo Q, Liu J Q. Reversible Ca^{2+} Switch of An Engineered Allosteric Antioxidant Selenoenzyme. Angew Chem Int Ed, 2014, 53: 13536-13539.

[33] van Dongen S F M, Clerx J, Nørgaard K, Bloemberg T G, Cornelissen J J L M, Trakselis M A, Nelson S W, Benkovic S J, Rowan A E, Nolte R J M. A clamp-like biohybrid catalyst for DNA oxidation. Nat Chem, 2013, 5: 945-951.

[34] Piermattei A, Karthikeyan S, Sijbesma R P. Activating catalysts with mechanical force. Nat Chem, 2009, 1: 133-137.

[35] Tseng C-Y, Mechanical G Z. Control of Renilla Luciferase. J Am Chem Soc, 2013, 135: 11879-11886.
[36] Neumann P, Dib H, Caminade A-M, Hawkins E H. Redox Control of a Dendritic Ferrocenyl-Based Homogeneous Catalyst. Angew Chem Int Ed, 2015, 54: 311-314.
[37] Lewandowski B, De Bo G, Ward J W, Papmeyer M, Kusche S, Aldegunde M J, Gramlich P M E, Heckmann D, Goldup S M, D' Souza D M, Fernandes A E, Leigh D A. Sequence-Specific Peptide Synthesis by an Artificial Small-Molecule Machine. Science, 2013, 339: 189-193.

（郎超）

第五章 纳 米 酶

自然界一切生命现象都与酶有关。酶具有催化效率高、对底物专一性好的优点。但由于多数天然酶的本质是蛋白质，在遇热、酸、碱时极易发生结构变化而失去催化活性。同时，天然酶在生物体内的含量低，很难大量获得，价格非常昂贵，这就限制了它的应用。科研工作者为了提高酶的稳定性并降低成本，一直在寻求通过全化学合成或半合成方法制备人工模拟酶的途径。自从四氧化三铁纳米材料具有类辣根过氧化物酶活性被发现以来，纳米酶研究被广泛关注，目前人工模拟酶的研究取得了一系列的进展。不同尺寸及材料的纳米酶相继出现，同时其催化机制也逐渐被认识。由于纳米酶具有催化效率高、稳定性好等特点，使得它在医学、食品、环境等领域具有广泛的应用。纳米酶的发现，不仅推动了纳米科技的发展，还增加了对纳米材料的运用。纳米酶的发展必将为人类科研带来更多的灵感和创新。

第一节 概 述

酶体系研究的一个重要方面是对酶催化本质的认识。天然酶是自然界长期进化得到的具有高催化活性的生物微体系之一。科学家结合前人对酶催化的新认识，提出了“产生底物或过渡态特异性结合部位，合理装配诸多催化因素设计高效人工酶”的新思路。纳米酶就是这一新思路的产物之一。

一、 纳米酶的概念

纳米（nm），是长度的度量单位，$1nm=10^{-9}m$，而纳米酶是一类既具有纳米材料独特性能又具有催化功能的人工模拟酶，是一类新型模拟酶，其催化活性高的特点是之前许多传统模拟酶所不及的。

二、 纳米酶的理论基础

纳米酶的发现是基于材料在纳米尺度（1～100nm）展现出与宏观尺度不同的新特性。一般情况下，纳米材料不具备生物效应。如 CuO 纳米材料通常被认为是一种无机惰性物质，其构成的纳米酶有望被广泛应用于蛋白质与核酸的分离纯化、细胞标记、肿瘤治疗等领域。若想赋予纳米材料更多的功能，如催化活性，往往要在其表面修饰一些酶或其他催化基团，那么这个材料的催化活性来自于表面修饰的酶或催化基团，而不是纳米材料本身。但也有例外，如四氧化三铁纳米颗粒本身具有类辣根过氧化物酶活性，无需在其表面修饰任何催化基团。图 5-1 为四氧化三铁纳米酶与天然酶催化显色对比。

金元素比较贵重，一般情况下化学性质稳定，不易发生电化学等腐蚀。它除可被应用于珠宝、造币等领域，其分子形式还可被用作催化剂、载体等。自三个多世纪前金胶体第一次被合成，金纳米粒子（gold nanoparticles，GNPs/AuNPs）被广泛应用于生物、医药等领

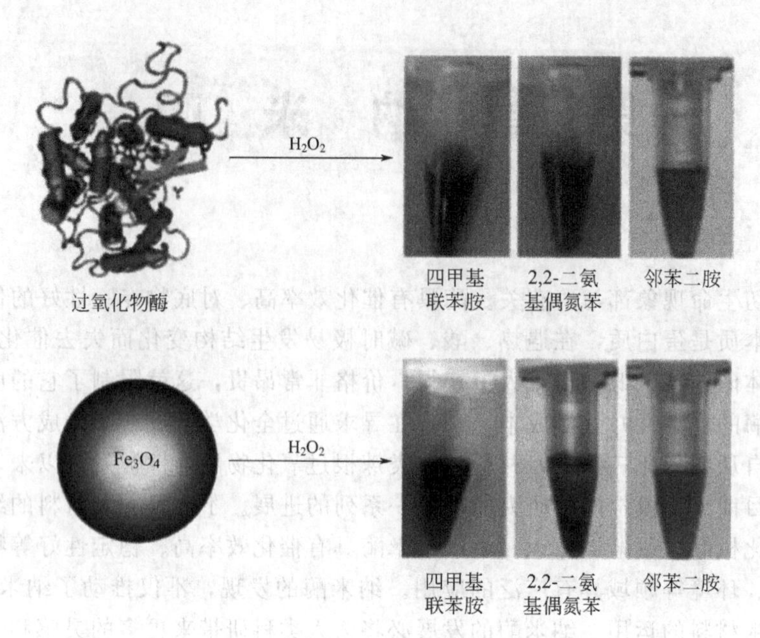

图 5-1　四氧化三铁纳米酶类似天然蛋白酶能够催化底物被过氧化氢氧化并产生相应的颜色

域。金纳米粒子是指粒度在 1～100nm 之间的金粒子，其性质稳定、制备简单、粒径均匀、亲和力强、生物相容性好，并且其表面有许多活性中心，易于固定修饰生物分子。图 5-2 为几种不同形态的金纳米粒子。

图 5-2　几种不同形态的金纳米粒子

金纳米粒子在尺寸上与核酸、蛋白质等生物大分子相类似，结构复杂，具有多价态，可以与多种分子发生自组装，因此被认为是模拟、催化和识别的良好材料。有研究表明，金纳米粒子经过某些生物活性小肽修饰后，会变为具有天然酶活性（如辣根过氧化物酶活性、谷胱甘肽过氧化物酶活性）的人工模拟酶——纳米酶。

图 5-3 为金纳米粒子被含硒五肽修饰构建纳米酶模型，用于模拟谷胱甘肽过氧化物酶的过程。首先设计一个含硒五肽（URGDC），其—COOH 端的 Cys 含有—SH，可以通过 Au—S 配位键以自组装的方式对 AuNPs 进行修饰；而—NH_2端的—SeH 则是天然的谷胱甘肽过氧化物酶（GPx）的催化基团，因此判断其可能具有 GPx 活性，并能够催化底物 GSH 和 H_2O_2的反应。修饰后得到 Au@SeH 分子，AuNPs 限定了其周围小肽分子的伸展方向，使得活性基团—SeH 暴露于纳米粒子的球形表面，这种结构有可能优于游离的 URGDC。根据 GPx 活性的大小，确定 Au 与 URGDC 的最适比例，并以此作为 Nanozyme 1 的构建条件。在 Nanozyme 1 体系中引入巯基乙胺分子，将巯基乙胺分子修饰到 AuNPs 表面，进而调节 AuNPs 上 URGDC 的间距和构象以期获得更好活性的 Nanozyme 2，由于巯基乙胺的—NH_2是带正电荷的，它能够与 GSH 上的—COOH 形成静电相互作用，这样就更容易结合底物，从而增大与底物的亲和性，提高催化反应的速率。

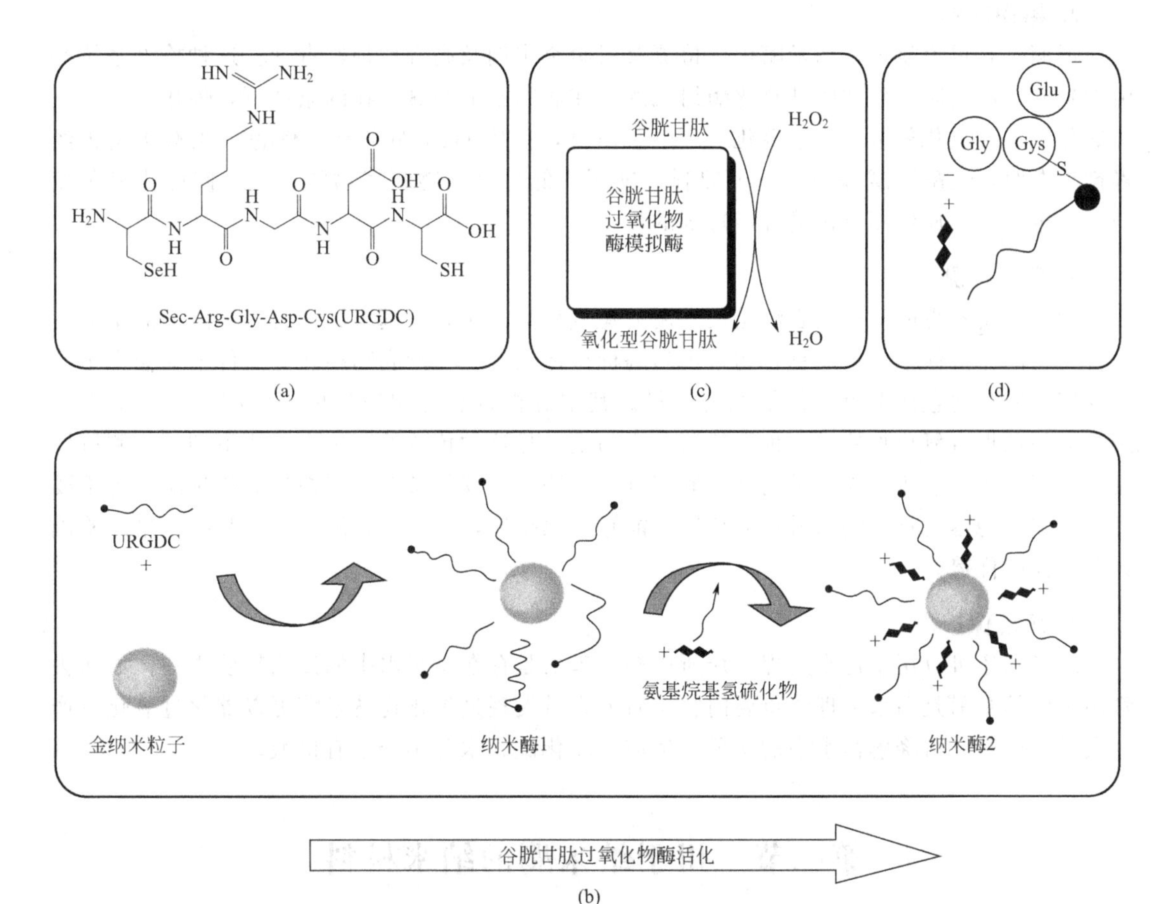

图 5-3 金纳米粒子被含硒五肽修饰构建纳米酶模型，用于模拟谷胱甘肽过氧化物酶

（a）URGDC 的结构示意图；（b）人工模拟酶的构建过程；（c）金纳米粒子和纳米酶的作用；（d）金纳米粒子与 URGDC 的自组装示意图

三、 纳米酶的应用领域

与传统的人工模拟酶相比，纳米酶的催化效率高，并且具备对热、酸和碱稳定等特点。因此，纳米酶具有广泛的潜在应用价值。纳米酶的出现，为肿瘤诊断与治疗、血糖和尿酸的检测、免疫检测、生物传感等提供了新思路，同时，也使其在生物、医学、农林、环境等领域得到广泛应用。以下列举了纳米酶的四个应用领域。

1. 肿瘤诊断与治疗

有研究指出，绿色荧光蛋白修饰金纳米粒子自组装形成纳米酶，可以用来辨别人体或者哺乳动物细胞系的正常细胞、癌细胞和转移性细胞。在自组装过程中，吸附于金纳米粒子表面的绿色荧光蛋白发生荧光淬灭。在细胞表面，绿色荧光蛋白又恢复荧光。整个过程由金纳米粒子对细胞的亲和力驱动，由配体上起主要作用的基团的微小变化控制。同样的，金纳米粒子经聚乙二醇（PEG）包覆构建新型人工纳米模拟酶后，能通过 EPR 效应促进肿瘤组织的被动靶向。聚乙二醇等聚合物对金纳米粒子的功能化可避免被血浆蛋白吸收，增加其在肿瘤组织的富集，且有些聚合物修饰的金纳米粒子可以降低或者消除金纳米粒子的细胞毒性。

2. 毒物检测

近期，有报道显示，纳米酶可以检测有机磷杀虫剂及高毒性神经毒剂。这种检测系统是由纳米酶、乙酰胆碱酶和胆碱氧化酶组成的。在底物乙酰胆碱存在的条件下，催化分解产生过氧化氢，过氧化氢进一步被催化，产生自由基，催化 HRP 底物产生颜色。当有机磷神经毒剂存在时，乙酰胆碱酶的活性被抑制，进而降低过氧化物酶底物的产生，使催化显色变弱，通过颜色反应判断有机磷神经毒剂的多少。

3. 免疫检测

为大家所熟悉的双抗夹心法是最常用的免疫检测方法，其基本原理是：待测样品中的抗原首先与固相抗体结合形成复合物，再与酶标抗体结合，在酶底物存在的条件下即会产生颜色反应，通过比色法即可测得抗原的含量。其中辣根过氧化物酶是免疫检测中常用的工具酶。但是辣根过氧化物酶是一种天然酶，容易变性且这种传统的双抗夹心法不利于待测抗原富集。而基于四氧化三铁粒子的纳米酶双抗夹心法，不仅能够取代辣根过氧化物酶，更重要的是，纳米酶本身具有纳米材料的特性，能够富集抗原，对提高检测灵敏度和痕迹量的检测具有较大的优势。

4. 环境保护

纳米酶还可以用于污水处理。众所周知，苯酚是存在于污水中的致癌物质之一，如何去除污水中的苯酚是污水治理的重要内容。研究人员发现过氧化物纳米酶可以催化过氧化氢产生大量自由基，可降解污水中的苯酚，生成二氧化碳、水和小分子有机酸。

第二节 用于纳米酶的纳米材料

纳米材料是纳米科技的主要内容和发展的重要基础。本节将对纳米酶常用的纳米材料进行简要概述。总体来说，纳米材料有多种特异性效应：小尺寸效应、表面效应、界面效应与宏观量子隧道效应。而不同的纳米材料又具有各自不同的特性。这些特性的探究对纳米酶的发展起着至关重要的作用。

一、 金属纳米材料

彩色玻璃窗中的金胶体纳米颗粒呈红色，而银粒子通常是黄色的。几个世纪以来，关于金属纳米粒子的颜色、性质等问题受到了科学工作者们广泛的关注。而随着人们对金属纳米粒子各种性质了解的逐渐深入，金属纳米粒子也被越来越多的应用于包括纳米酶在内的各个领域。其中金纳米粒子是研究较早的一种纳米材料。

由于在普通载体上很难得到高分散态的 Au 催化剂，所以长期以来人们都认为 Au 不具有催化活性。直到 1989 年，Haruta 第一次证明了将直径小于 4nm 的高分散的金纳米粒子负载在一些氧化物（如 Fe_2O_3 或 TiO_2 等）上对于 CO 低温完全氧化反应、丙烯环氧化反应和水煤气转移反应具有很高的催化活性。

金纳米粒子在纳米酶催化方面的应用前景广泛，并且已经被应用于纳米反应器的研究当中。通常，纳米金在 10nm 以下的活性最好，要制备颗粒小、分散度高、稳定性强的金催化剂难度很高。金粒子的团聚会降低催化活性。在纳米反应器的研究中，这个问题得到了有效解决。在纳米反应器中，金纳米颗粒处于一种金氧化物形成的空腔内，空间相对独立。这不但保证了纳米粒子所处的环境相对一致，而且金氧化物形成的壳有效地抑制了纳米粒子间的相互聚集，避免了团聚的发生。同时，用于催化的金纳米粒子跟载体之间的相互作用也能使催化剂的活性得到提高。由于其独特的物理化学性质，金纳米粒子也被广泛应用于临床免疫诊断。1971 年，Faulk 和 Taylor 首先将胶体金作为标记物引入到免疫学研究中，通常称为免疫金标记。免疫金标记法具有灵敏度高、特异性强等优点。目前，国际上艾滋病的检测就应用了金纳米粒子。另外，免疫金银染色法（immunogold-silver taining，IGSS），即在原有的免疫金染色法的基础上，增加银为显影液，以达到结果放大的目的，使检测结果更清晰，更容易被观察到，提高了检测的灵敏度。

其他纳米粒子在纳米酶方面的应用也很广泛。早在 1943 年，Nord 等就通过对催化乙烯加氢实验的研究，发现了 Pd、Pt 等纳米粒子具有很高的催化活性，并且确定了纳米粒子的物理性质对反应中加氢的速率有显著的影响。

二、 磁性纳米材料

Gao 等利用 Fe_3O_4 纳米粒子催化氧化 H_2O_2 产生 O_2 进而使 3，3，5，5-四甲基联苯胺（TMB）变色。实验中发现并证明 Fe_3O_4 纳米粒子自身具有过氧化酶活性，能催化氧化某些有机染料，可用于废水处理或充当检测元件。这种快速的比色法可以代替昂贵的辣根过氧化物酶等用于商业酶联免疫法（ELISA）。

磁性纳米粒子除了具有前面提及的小尺寸效应、表面效应、界面效应与宏观量子隧道效应外，还具有一些独特的性质，如超顺磁性（superparamagnetic）。超顺磁性是小尺寸效应派生出的特性，当铁磁体和亚铁磁体的尺寸小至纳米级别，在热扰动的作用下表现出超顺磁性。铁磁体在高于居里温度时都存在顺磁效应，而居里温度随着粒径的减小而降低，小于临界尺寸时即表现超顺磁性。

磁性纳米粒子的合成方法主要有以下几种。

（1）共沉淀法　共沉淀法是获得磁性纳米粒子的最简便和最有效的化学法。这种方法的主要过程为在室温或升温条件下，向惰性气体保护的亚铁盐和铁盐混合物中加入碱，以生成氧化铁纳米粒子。这种方法易于操作，反应条件较温和，但是其获得的纳米粒子的稳定性差，并且易发生聚集。

（2）高温分解法　在表面活性剂的存在下，在高沸点有机溶剂中加热分解有机金属化合物以制备磁性纳米粒子。与共沉淀法相比，通过这种方法制备的纳米粒子的稳定性较好，而且通过对反应条件的调节，可以定向改变产物的尺寸等。但是产物的高疏水性使其在很多领域的应用被限制。

（3）微乳液法　微乳液是一种热力学稳定的分散体系，其中一种或两种液体的微区被表面活性剂形成的界面膜稳定下来。表面活性剂可以阻止纳米粒子的聚集并控制粒子的尺寸。微乳液可作为纳米微反应器来制备纳米颗粒。应用该法可制备尺寸相对均一的超顺磁性氧化铁纳米粒子。该方法所合成的纳米粒子的尺寸和形状相对均一，但是产率相对较低，成本高。

（4）水热合成法　该法基于合成过程中存在的液体、固体和溶液相的界面发生的相转移和分离机制。反应在含水介质的反应器或高压釜中进行，压力可高于 2000psi（1psi＝6894.76Pa），温度可高于 200℃。该法获得的纳米粒子的形状尺寸较均一，便于控制。

（5）多元醇方法　这是一种合成具有明确结构和可控尺寸纳米粒子及微米粒子的通用方法。与水相方法相比，该法制备的磁性 Fe_3O_4 纳米粒子可以很容易地分散进含水介质或其他极性溶剂中。该反应的温度相对较高，有利于形成具有更高结晶度和磁化强度的磁性纳米粒子，且该方法获得的纳米粒子的尺寸分布较窄。

此外，磁性纳米粒子的合成方法还可以有超声化学法、电化学法、流动注射合成法等。

Yeon Seok Kim 等将磁性纳米粒子与可以和目标检测物发生反应的 ssDNA 偶联，利用磁性纳米粒子的类过氧化物酶活性和氧化前后颜色的变化来实现目标金属离子的检测，如图 5-4 所示。该方法可以实现目标金属离子的快速检测，结果呈现明确。

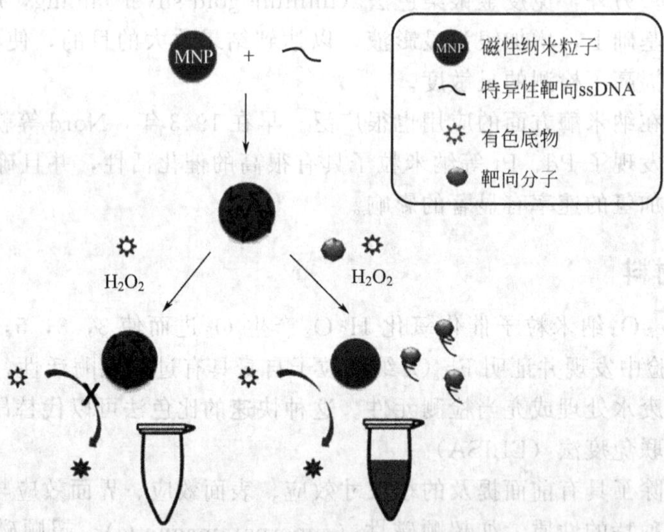

图 5-4　基于磁性纳米粒子的类过氧化物酶活性以及靶向特异 ssDNA 实现比色法检测目标金属离子的示意图

三、碳基纳米材料

碳以石墨、金刚石和无定形碳这几种同素异形体存在于自然界中。对于每种同素异形体，碳基材料展现出各种各样的微观结构，按照其在微观空间所处的维度可分为零维碳纳米材料，如 C_{60}、纳米金刚石等；一维碳纳米材料，如碳纳米管、碳纳米纤维等；二维碳纳米材料，如石墨烯、碳纳米薄膜等。这些碳基材料在吸附、分离、电化学、锂离子电池和催化等领域均有广泛的应用。最近的研究中已经展示了这其中的许多研究成果。在此我们只探讨碳基纳米材料在催化方面的作用。

零维碳纳米材料中的C_{60}是一个由12个五元环和20个六元环组成的外形酷似足球的32面体，其直径大约为0.7nm。其制备方法主要有石墨激光气化法、石墨电弧放电法、太阳能加热石墨法、石墨高频电炉加热蒸发法、苯火焰燃烧法、有机合成法等。目前，C_{60}及其衍生物在催化材料领域的研究主要包括以下三个方面：①C_{60}直接作为催化剂；②C_{60}及其衍生物作为均相催化剂使用；③C_{60}及其衍生物在多相催化剂中的应用。

C_{60}具有催化功能的原因是：由于其具有缺电子烯烃的性质，具有一定的亲电性，可以稳定自由基使之吸附在C_{60}的表面，因此能够促进强化学键的断裂与生成，从而实现对反应的催化。此外，除了可以直接作为催化剂使用外，还可以通过组装和共价接枝的方法担载在各种载体上，得到特殊结构和性能的催化材料。

一维碳纳米材料中的典型代表有碳纳米纤维和碳纳米管（CNFs）。碳纳米纤维是由多层石墨片卷曲而成的纳米纤维，一般而言，碳纳米纤维的直径在50～200nm之间，但目前许多工作也把100nm以下的中空状纤维称为碳纳米管。由于直径介于碳纳米管和气相生长碳纤维之间，碳纳米纤维不仅具有气相生长碳纤维所具有的特性，而且在结构、性能和应用方面又与碳纳米管相似，从而引起许多科学家对这种新型碳纳米材料的兴趣。制备碳纳米纤维的方法有很多，如电化学方法、热灯丝辅助溅射法、CVD增强等离子体法等。其中尤以CVD催化裂解碳氢气法最为普遍。图5-5是碳纳米纤维三种形式的结构示意图。

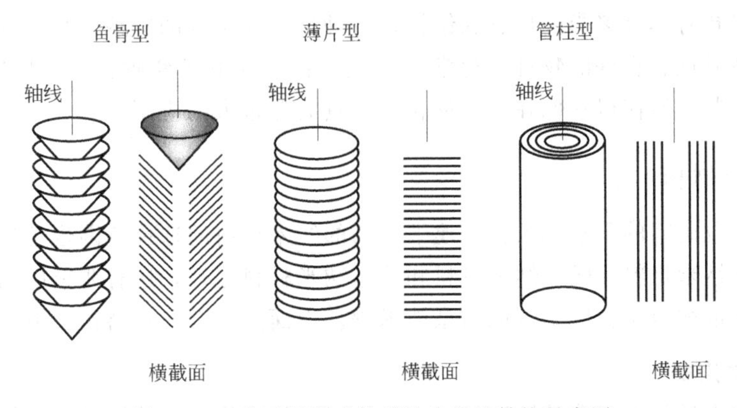

图5-5 三种不同形式的碳纳米纤维结构示意图

碳纳米纤维由于具有优异的力学性质、良好的导热性和导电性、卓越的热和化学稳定性以及特殊的表面性能，使其在新能源以及多相催化领域具有十分广泛的应用前景。

碳纳米管是另一种重要的碳基纳米材料。单壁碳纳米管是由旋转的单壁石墨无缝连接形成的圆柱状物，而多壁碳纳米管是由同轴的内管距离约为0.34nm的单壁碳纳米管形成的。这种特殊的结构赋予了碳纳米管特殊的性质，如低密度、高稳定性、显著的抗张强度和抗逆力等等。碳纳米管可以通过多种多样的方法制得。弧放电激光烧蚀和化学气相沉积（CVD）是最广泛使用的技术。然而，大规模生产高质量的碳纳米管仍然是一个挑战。与其他两种方法相比，化学气相沉积是一种经济、简单的途径。甲烷、乙烷、乙烯、乙炔和乙醇都可以用作碳源。碳源可以在催化剂存在时经等离子体辐照（plasma-enhanced CVD，PECVD）或热（thermal CVD）催化分解后由纳米粒子形成碳纳米管。

普遍认为碳纳米管的生长是通过气-液-固（VLS）机制。催化剂在CVD法合成碳纳米管中具有重要的作用。产物的产量和品质很大程度上取决于催化剂的组成、形态和性质。铁、钴、镍及其合金是传统使用的催化剂。最近发现，铜、钯、金、铅，甚至铝和镁都可以用来催化碳纳米管的生长。同时，化学气相沉积过程的设计也非常重要。

此外，碳纳米管已经被用作具有分散和稳定作用的催化剂载体，这是由于它具有高的比表面积、导电率和化学稳定性。含有金属纳米粒子如Pt、Pd、Au、Ag、Rh、Ru、Co和Ni的碳纳米管的催化已被广泛研究，在对许多有机反应的催化中展示出了非常高的催化活性。这种催化应用最早出现在1994年，Ajayan等描写的应用Ru/多壁碳纳米管复合体催化多相反应，Ru纳米粒子分散在碳纳米管的表面催化肉桂醇的液相加氢反应比分散在Al_2O_3上显示出了更高的选择性。

碳纳米管内狭小的空间可以限制在其里面生长的粒子大小，这样有利于维持产物的最佳粒径。而且它独特的电子结构、管状形态和巨大的高宽比，为反应提供了特殊的反应环境。管内通道对捕获的气体或者液体有限制效应，这可以增加反应物的密度，在局部创造较高的压力，这种效应可以显著提高对反应的催化活性。碳纳米管没有小孔，这样反而有利于其作为催化剂载体。比如，与Pd/活性炭相比，Pd/多壁碳纳米管对C═C有更高的选择性。

二维碳纳米材料中的石墨烯是指由碳原子形成的单层二维片层。虽然目前还没有太多的报道说明石墨烯在催化方面的应用，但由于石墨材料具有极特殊的电子性质、表面性质、吸附性质、导电导热性质以及高的化学和热稳定性，使其成为一种非常具有潜力的催化剂和催化剂载体材料。

碳纳米材料具有丰富多彩的形态和结构，每种形态和结构的碳纳米材料都具有自身独特的性质：结构特异性、良好的物理和化学稳定性、特殊的电子性质、表面性质、吸附特性、限域效应等。这些特性使得它们在多相催化领域具有非常大的应用。

四、 其他纳米材料

近年来，随着研究的不断深入，构建纳米酶的纳米材料的选择范围也越来越广泛。除了之前提到的金属纳米材料、磁性纳米材料和碳基纳米材料之外，还有非金属纳米材料、聚合物纳米材料等其他纳米材料用于合成新型纳米酶。下面对这部分材料作一下简单的介绍。

1. 非金属纳米材料

在非金属纳米材料中，碳基纳米材料占了相当大的比重，如碳纳米管、氧化石墨烯、碳纳米点等。除此之外，许多其他非金属，如第六主族的元素硒、碲等，它们拥有独特的化学性质，同样能够作为很好的纳米材料，用于纳米酶的合成。

2. 硒纳米材料

硒是人体中具有抗氧化性能的重要微量元素。由于硒的电负性和原子半径，含硒化合物具有独特的键能（C—Se键能244kJ/mol；Se—Se键能172kJ/mol）。这些性质让C—Se或Se—Se共价键具有动态特性，并使它们对轻微刺激也能做出反应。因此，硒纳米材料在对生理条件下发生的变化也能做出很好的回应。这使得它在纳米酶的合成方面具有广阔的前景。

谷胱甘肽过氧化物酶（GPx）是哺乳动物细胞的抗氧化硒酶，以谷胱甘肽作为还原底物，催化多种氢化过氧化物（ROOH），过程如图5-6所示，从而保护细胞膜和其他细胞组分不受氧化损伤。

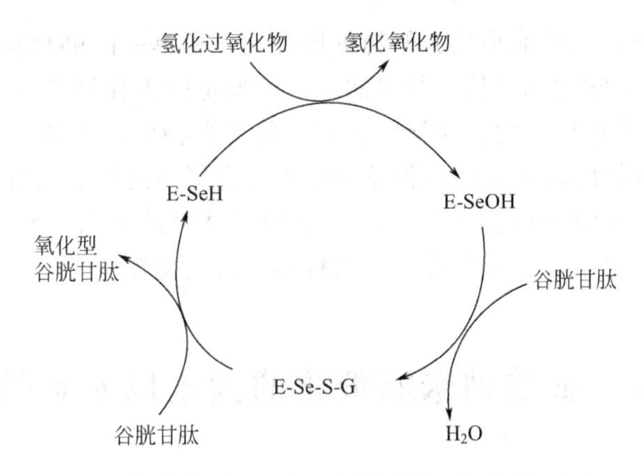

图 5-6 谷胱甘肽过氧化物酶（GPx）还原多种过氧化物（ROOH）示意图

3. 聚合物纳米材料

聚合物纳米材料从发现以来，一直活跃在科学界的各个领域。在化学工程、材料科学、生物技术方面都得到了相当广泛的应用。聚合物纳米材料不仅可以成为优秀的药物载体，而且在模拟酶方面也体现出相当好的活性，这为高效纳米酶的合成提供了可能。

多孔聚合物纳米材料自身可能就具有模拟酶的活性。当然，在更多的情况下，用聚合物修饰各种金属或非金属纳米粒子，如 Fe_3O_4 纳米粒子或者硒纳米粒子，从而获得更高的纳米酶活性也是科学家经常运用的手段。

随着科技的发展，不断有各种各样的新型纳米酶涌现而出，由于篇幅问题，这里就不作赘述，仅举一个具有代表性的实例。

超支化含硒聚合物 HBPSe 按 1∶1 的比例，直接聚合 NaHSe（作为 AA 单体）和 1,3,5-三溴甲基-2,4,6-三甲基-苯（作为 B3 单体），可以获得这种新型的超支聚合物 HBPSe。如图 5-7 所示，由于分支上具有很多的催化位点，新型的超支化含硒聚合物 HBPSe 作为谷胱

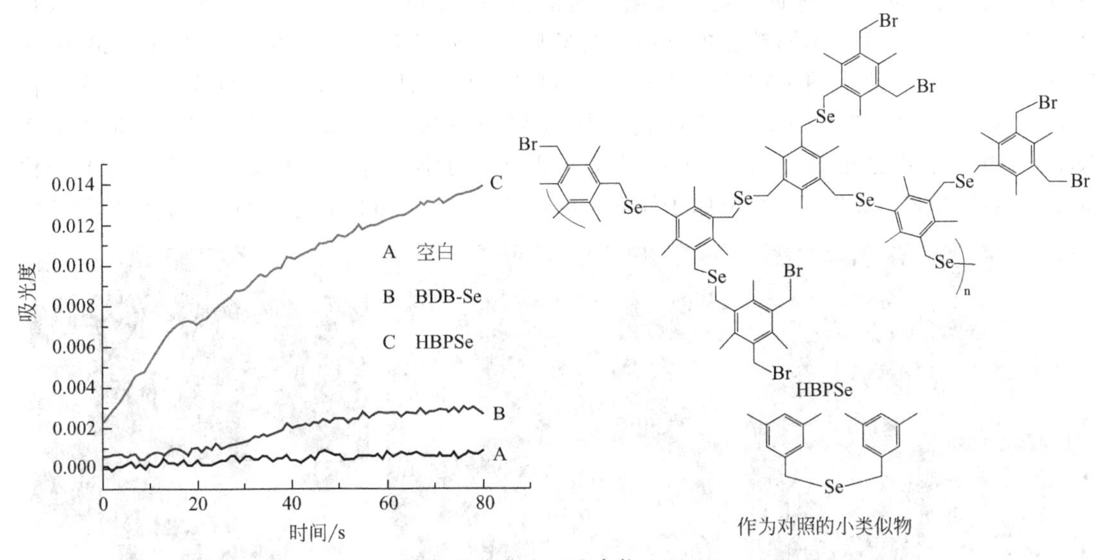

图 5-7 超支化含硒聚合物（HBPSe）

在 305nm 处，H_2O_2（0.25mmol/L）和苯硫酚（1mmol/L）在催化还原过程中，吸光度随时间的变化，溶剂为 1∶9 氯仿∶甲醇混合溶剂。催化剂如下：A 为对照组；B 为 BDB-Se 1.32mg/100mL；C 为 HBPSe 1. 32mg/100mL

甘肽过氧化物酶模拟物，比其他小型类似物更加有效。和单一的硒化物 BDB-Se 相比，初始还原速率 HBPSe 大约是它的 3.7 倍。很显然，引入大量的催化活性位点对于超支化聚合物而言（HBPSe），能够获得更高的催化活性。超支化聚合物中，硒的含量是非常高的。可以认为，含硒超支化聚合物的高催化活性得益于底物能有更多的机会与催化活性位点相结合。

总而言之，以上所介绍的内容依然只是其他纳米材料的冰山一角。相信随着科学的进步，以后还会有更多、更新颖和更优秀的纳米材料被人们发现。

第三节 影响纳米酶催化的因素以及调控策略

与天然酶一样，纳米酶的活性也受很多因素调控，如纳米材料的尺寸、形貌、表面包覆和修饰、活化和抑制，除了这四点之外，纳米酶也受温度和 pH 等的调控。以下逐一说明以供参考。

一、纳米材料的尺寸

纳米材料广义上来讲是指结构单元尺寸在 1～100nm 之间的物质，包括原子团簇、纳米微粒等。狭义上说是指从三维空间上来讲，至少在一维处于 1～100nm 之间的物质或由它们构成的材料。该尺寸处于原子、分子为代表的微观世界与宏观物质交界的过渡区域，即非典型的微观系统亦非宏观系统。当粒子尺寸进入纳米量级时，其本身具有表面效应、体积效应、量子尺寸效应、宏观量子隧道效应等，导致了纳米材料的力学性能、磁性、介电性、超导性光学乃至力学性能发生改变。

纳米材料的催化功能与其本身的纳米效应有关，如尺寸效应和表面效应。研究显示，多数纳米材料都表现出了尺寸依赖性，可以通过控制纳米材料的尺寸调控纳米材料的活性。一般相同单位质量的纳米酶，粒径越小，催化效率越高。这可能是由于粒径较小的粒子具有更大的比表面积。例如，类过氧化物酶活性的 Fe_3O_4 磁性纳米粒子即具有尺寸依赖性，图 5-8 展示了几种不同粒径的 Fe_3O_4 纳米粒子。通过对比不同直径（11nm、20nm 和 150nm）的 Fe_3O_4 磁性纳米粒子，见表 5-1，可知其催化活性随着粒径的减小而增大。再例如，纳米金催化剂不同寻常的催化活性是粒径效应的结果。通过扫描隧道显微镜（STM）和扫描隧道光谱（STS）表征以及单晶与动力学实验的结果表明，Au/TiO_2 催化剂中当金纳米粒子以金簇（2 个原子厚度）的形式存在于 TiO_2 上时，Au/TiO_2 的催化活性

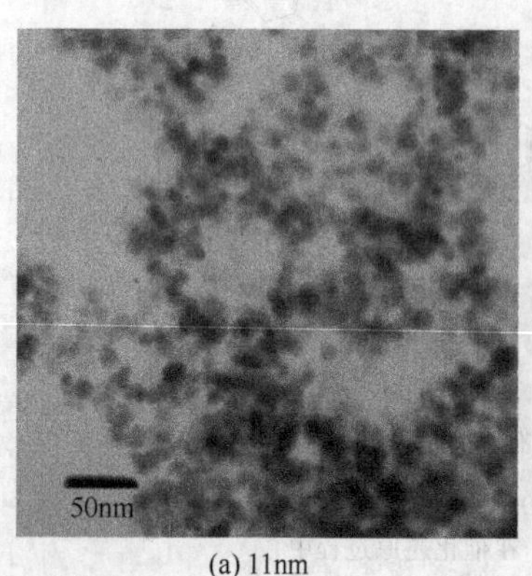

(a) 11nm

50nm
(b) 20nm

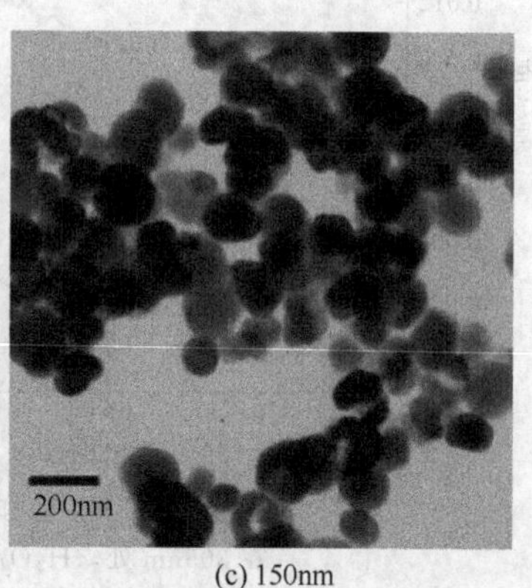

(c) 150nm

图 5-8 几种不同粒径的 Fe_3O_4 纳米粒子

最为优异，此时金的电子特性介于金属特性和离子特性之间的过渡态，这是纳米粒子的量子尺寸效应产生的结果。

表 5-1 不同粒径的金纳米粒子的比表面积

粒子粒径 d/mm	包含原子数	表面原子所占比例/%	比表面积/(m^2/g)
10	3×10^4	20	～90
4	4×10^3	40	～200
2	2.5×10^2	80	～450
1	30	99	＞600

二、 纳米材料的形貌

纳米材料的形貌对于其催化活性也起着至关重要的影响。研究者对不同形状（纳米片层、纳米球、纳米线、纳米复合物、纳米管）的锰氧化物的类氧化酶活性进行比较发现，其中锰氧纳米球和纳米线展现了很高的活性。再以 Fe_3O_4 纳米晶为例，研究人员对比了不同结构的过氧化物纳米酶的催化活性，包括 Fe_3O_4 纳米颗粒结构、三角片状纳米结构、八面体纳米结构，如图 5-9 所示，发现在相似的纳米尺度下，这三类纳米结构的催化能力如下：纳米颗粒＞纳米三角片层＞纳米八面体，其中纳米颗粒具有最大的催化活性可能是因为其特殊的比表面积，而对于拥有相似尺寸和表面积的纳米三角片层与纳米八面体，导致它们的催化能力不同的原因可能是由于不同的纳米结构其表面铁原子晶格的排列方式不同所致。

图 5-9 (a)～(c) Fe_3O_4 纳米颗粒结构；(d)～(f) 三角片状纳米结构；(g)～(i) 八面体纳米结构

三、 表面包覆和修饰

纳米酶的催化活性受到其表面微环境的影响，包括表面电荷、亲水、疏水及其他弱相互作用等。因此，对纳米酶进行表面修饰不仅能提高它的稳定性，还可以通过不同的表面修饰基团进一步提高纳米酶的活性。

通常，纳米酶表面经过一些修饰后将改变对底物的亲和力。例如，氧化铁纳米酶表面引入氨基后，提高了对底物ABTS的亲和力，而引入巯基则提高了对H_2O_2的亲和力。根据此原理，研究者们成功地在金纳米粒子上引入巯基，如十二巯基醇等，提高了金纳米粒子的过氧化物酶活性。Yu等比较了柠檬酸、甘氨酸、聚赖氨酸、聚乙烯亚胺、羧甲基葡聚糖、肝素等修饰氧化铁纳米粒后对两种底物TMB和ABTS的催化活性。他们发现，用柠檬酸、羧甲基葡聚糖和肝素修饰后其表面电势为负的纳米酶催化底物TMB的活性较高。相反，用甘氨酸、聚赖氨酸和聚乙烯亚胺修饰后其表面电势为正的纳米酶催化底物ABTS的活性较高。

也可以通过使用不同的包覆剂种类、包覆剂厚度、包覆剂尺寸和包覆率等来调整纳米材料的活性。例如，当Fe_3O_4磁性纳米粒子被二氧化硅、3-氨丙基三乙氧基硅烷、聚乙二醇或葡聚糖包覆时，其过氧化物酶活性会受到抑制。以上包覆剂中，仅右旋糖酐可使Fe_3O_4磁性纳米粒子具有最高活性。对于一个确定的包覆剂，其包覆剂的分子量和包覆厚度与纳米酶活性成负相关。但是，有些包覆剂也可能增强纳米酶活性，例如普鲁士蓝包覆的Fe_2O_3磁性纳米粒子，见图5-10，随着普鲁士蓝分子的包覆率的增加，Fe_2O_3磁性纳米粒子的磁性仍然保持在一个高水平状态下，并且过氧化物酶活性持续增长，相同尺寸下的普鲁士蓝包覆的

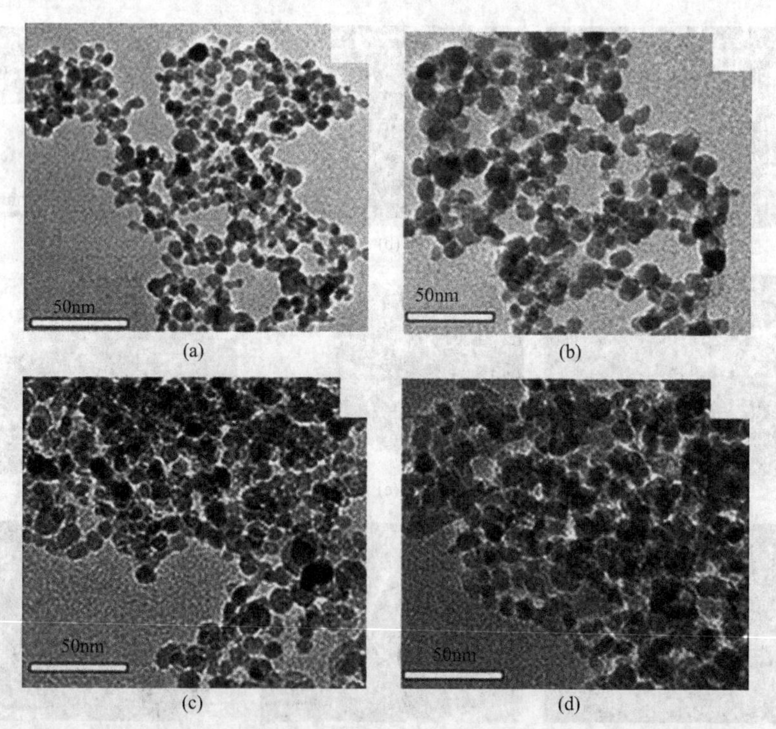

图5-10 (a) γ-Fe_2O_3纳米粒子；(b) 普鲁士蓝包覆的Fe_2O_3纳米粒子1；(c) 普鲁士蓝包覆的Fe_2O_3纳米粒子2和 (d) 普鲁士蓝包覆的Fe_2O_3纳米粒子3
[(b)、(c)、(d) 为不同包覆率的普鲁士蓝包覆的Fe_2O_3纳米粒子]

Fe_2O_3磁性强度是未包覆的磁性纳米粒子的三倍，并且Fe_2O_3磁性纳米粒子普鲁士蓝的包覆率与纳米酶活性成正相关。即包覆率越高，纳米酶活性越强。许多研究工作表明，负载型纳米金催化剂的催化性能要远远高于非负载的金催化剂，纳米金催化剂的催化性能因其负载于载体上而大大改变，或从无到有，或从一般到优异。由此可见，纳米金催化剂中的载体效应对其催化性能的影响不可忽视。研究表明，不同的载体负载的纳米金催化剂表现出的催化性能对粒径的要求显示出很大的不同。如以过渡金属氧化物作为载体的金催化剂，金纳米粒子的粒径即使大于2nm，也能够显示出良好的活性；而以碱土金属氢氧化物作为载体时，金纳米粒子的粒径必须小于2nm才能达到类似的催化活性。

以上研究表明，相比天然酶，纳米酶可以通过调整表面修饰进而调节其纳米酶活性，如通过调整包覆剂类型、包覆剂尺寸、包覆剂厚度、包覆率等。

除此之外，通过表面修饰还可以赋予纳米酶新的功能，如不同的表面修饰也可以使模拟酶展现出不同的催化活性。例如，金纳米粒子修饰半胱氨酸后表现出过氧化物酶活性，而修饰柠檬酸后则表现出葡萄糖氧化酶活性。

四、 活化和抑制

对于天然酶来说，激活剂可以增加酶的活性，而抑制剂可以降低酶的活性。同样，纳米酶是不是也有这样的特性，有自己的激活剂和抑制剂呢？有研究显示确实如此。例如，研究表明磷酸盐阴离子可以检测+3价的Ce，从而增加纳米酶的类过氧化氢酶活性。又如研究者筛选可以抑制Au@Pt纳米棒的类氧化酶活性的抑制剂时发现，Cu^{2+}和NaN_3为Au@Pt纳米棒的类氧化酶活性的可逆抑制剂，而Fe^{2+}为不可逆抑制剂，如图5-11所示。激活剂和抑制剂对于研究纳米酶的作用机制有很大帮助，同时也对纳米酶向医药方向发展起到积极的作用。

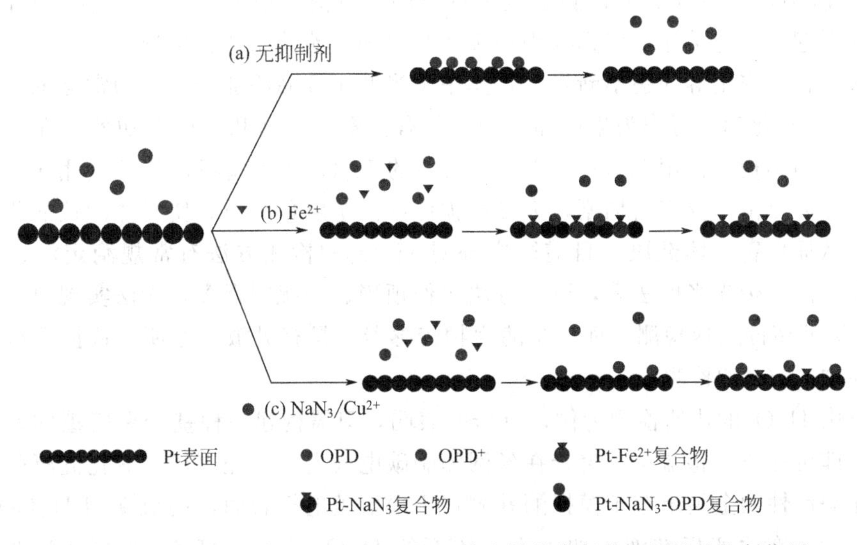

图5-11 Fe^{2+}、Cu^{2+}/NaN_3对Au@Pt纳米棒的类氧化酶活性的抑制作用

五、 其他因素

研究发现，除了以上几种因素外，纳米酶的催化活性还受pH值、温度等调控。通过制

备纳米金-赖氨酸复合体系，引入氨基己酸、四聚赖氨酸进行对比分析，结果表明，对于AuNP-赖氨酸体系，在低 pH 时，赖氨酸上的 α-NH_2、s-NH_2 均与纳米金结合；随着 pH 的升高，赖氨酸仅有 α-NH_2 与纳米金结合，体系保持稳定，当 pH>10 时，赖氨酸不能修饰到纳米金表面。对于 AuNP-氨基己酸体系，仅在低 pH 值时，氨基己酸上的氨基可与纳米金结合。这为通过调节 pH 控制纳米酶的催化作用提供了可能。有趣的是，同一种纳米酶在不同条件下可以表现出不同的催化活性。例如，Fe_3O_4 纳米酶在酸性环境中具有过氧化物酶活性，而在中性时则呈现过氧化氢酶的催化活性。例如，与以往只能在酸性环境下工作的模拟酶不同，带正电的聚甲基 Au@Ag 复合物可以在较宽的 pH 环境下展现出较高的类过氧化物酶活性。

第四节 纳米酶的应用进展

纳米酶技术的发展目前仍处于基础研究阶段，但它们已经显示出了巨大的产业化潜力，有很大的发展空间。在纳米水平上构建的新型酶分子——纳米酶，最终使酶达到智能化，在工业生产、医疗卫生特别是肿瘤治疗领域实现最优化的应用和新突破。近年来，纳米酶在 H_2O_2 检测、葡萄糖检测、DNA 检测、生物传感器、免疫分析等方面的应用有了很大的进展。

一、H_2O_2 检测

H_2O_2 是一种常见的化学物质，广泛应用于医疗、环境、食品等相关领域。H_2O_2 的检测可以作为某种参照指标，用来鉴定组织是否病变、水质是否达标、食品是否安全等。尤其是在食品安全问题中，H_2O_2 的检测是至关重要的。目前，纳米酶在 H_2O_2 检测方面的应用在国内外均引起了广泛关注，但迄今为止主要是以纳米酶传感器为主导。

近年来，食品安全等问题不断发生，其中不当使用食品添加剂已成为常见的食品安全问题。H_2O_2 属于氧化剂，可作为生产加工剂，具有消毒、杀菌和漂白等功效，在食品加工中被广泛使用。但不规范使用 H_2O_2，造成食品中的 H_2O_2 残留超标，长期食用 H_2O_2 含量超标的食品，体内自由基反应会加剧，大量耗损体内的抗氧化物质，使机体的抗氧化能力、抵抗力下降，从而危害人体健康。目前国内外对 H_2O_2 的检测方法有常规滴定法、分光光度法、化学发光法、荧光光度法等，以上方法操作烦琐、干扰因素多，无法实现对大批量食品样品中 H_2O_2 残留的快速检测。而纳米酶生物传感器则具有灵敏、方便、快捷等特点，非常适用于食品中 H_2O_2 的检测。

以牛奶中 H_2O_2 的快速检测为例，有研究表明，只需构建一种基于聚硫堇的丝网印刷纳米酶传感器即可完成。将硫堇电聚合在丝网印刷碳电极上，用壳聚糖二氧化硅凝胶包埋具有辣根过氧化酶活性的金纳米粒子模拟酶并固定于聚硫堇电极表面，制成新型 H_2O_2 生物传感器。结果显示：在牛奶标准液中加入不同浓度的 H_2O_2 后，在 H_2O_2 的浓度为 $3\times10^{-5}\sim1.5\times10^{-3}$ mol/L 的范围内，该酶传感器的响应电流与 H_2O_2 的浓度呈良好的线性关系（$R=0.9964$），最低检出限为 1.675×10^{-5} mol/L。该传感器应用于牛奶中 H_2O_2 的检测与国标碘量法基本一致，加样回收率范围为 85.6%～89.4%。

另外，还有研究显示，用铂、钯、铜等纳米粒子构建的纳米酶可以用于检测 H_2O_2，其中铂纳米粒子模拟酶可以检测活细胞中的 H_2O_2，这为抗氧化方面的研究提供了新的思路和方法。

二、 葡萄糖检测

与 H_2O_2 的检测类似，葡萄糖检测往往也是一种参照指标。血液、体液中的葡萄糖检测是判断人体机能是否正常的重要参考标准。临床上现在最常用的葡萄糖检测方法是葡萄糖氧化酶（GOx）分析法，其专一性好，反应速率快，能抗尿酸、抗坏血酸干扰。近年来纳米材料已应用于葡萄糖检测。如金、银等纳米粒子具有高比表面积、强吸附力及良好的生物相容性，可增加酶的吸附量和稳定性，进而提高 GOx 的催化效率和响应灵敏度。目前，综合国内外的学术成果，纳米酶在葡萄糖检测中的应用已经相对成熟，并且不仅仅是以纳米酶传感器为主导。其中，纳米酶荧光分析法检测葡萄糖具有操作简单、检测线性范围宽和检出限低等特点。

众所周知，普鲁士蓝纳米粒子具有良好的电化学可逆性，常被用于电化学研究。而有研究者发现普鲁士蓝纳米粒子具有过氧化物模拟酶的性质，可以催化 H_2O_2 氧化过氧化物酶底物 ABTS 产生绿色的溶液以及氧化鲁米诺产生强的化学发光，该发现为普鲁士蓝纳米粒子在纳米酶方面的应用提供了新思路。利用普鲁士蓝纳米粒子的过氧化物模拟酶活性，构建了灵敏的 H_2O_2 分光光度法和化学发光法，将上述反应与葡萄糖氧化酶催化氧化葡萄糖生成过氧化氢的酶促反应相偶合，进一步发展了高灵敏度葡萄糖检测的分光光度法和化学发光法。图 5-12 为过氧化氢和葡萄糖测定的原理示意图。

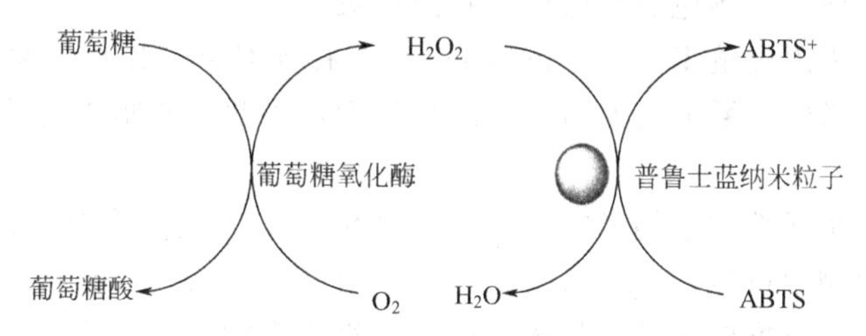

图 5-12 过氧化氢和葡萄糖测定的原理示意图

ABTS 2,2-联氮-二（3-乙基-苯并噻唑-6-磺酸）二铵盐

金、Fe_3O_4、Fe_2O_3 等纳米粒子构建的纳米酶同样可以作为葡萄糖检测方法中的重要组成部分发挥不可替代的作用。一般情况下，葡萄糖的检测都可以和 H_2O_2 检测进行偶联，实现两种物质的同时检测，大大提高了检测效率和准确度。

三、 DNA 检测

在 DNA 检测方面，纳米酶在定位、高灵敏度、可视化以及多重检测方面显示出其超越传统 PCR 技术的优越性。纳米粒子标记 DNA 检测的方法是现阶段研究较多的方向，其方法有比色法、荧光法、共振光散射法、拉曼光谱法、电化学法、压电检测法、MALDI-TOF 质谱分析法和元素分析法等。

在 DNA 检测中使用金纳米粒子后，检测方法的灵敏度及检测范围有了明显的提高。Elghanian 等以分别连接两种带不同序列寡聚核苷酸的金纳米粒子为探针，同时含有两种探针的溶液呈现红色。由于一个纳米金上有多个 DNA 探针，当加入目标 DNA 后，在熔链温度以下，两种不同的探针与目标 DNA 以头-尾或尾-尾排列的方式杂交形成聚集物，导致金纳米粒子相互靠近，使其质谱共振带移动，溶液颜色由红色变为紫色。通过颜色变化检测目标DNA既快速又简单廉价，检出限可达10nmol/L。Thompson等以同样的方法，利用寡核苷酸修饰的银纳米粒子作为探针，通过杂交熔链的颜色变化实现对目标DNA的检测。实验分别实现了两种银探针以头-头、头-尾以及尾-尾的排列方式和目标DNA进行杂交，检出限比用金纳米粒子的低50倍。Willner研究小组以磁性纳米粒子为DNA载体以及复制放大的模板，采用电化学方法利用化学发光技术成功地实现了对目标DNA分子以及含有一个错配碱基对DNA的检测，灵敏度可达8.3×10^{-18}mol/L。

一些采用石墨烯或碳纳米管的DNA检测方法是基于DNA对纳米酶的亲和力不同而分辨的。经氯高铁血红素修饰的石墨烯有更高的亲和力，且在盐诱导聚合下能够保持稳定。因此，经过离心分离后，大多数氯高铁血红素修饰的石墨烯仍分布在上清液中，显现出很高的纳米酶活性。结合这项原则与DNA杂交，目标DNA能够很容易地被区分出来。以两种不同的量子点为探针检测DNA，量子点与待测DNA形成三明治结构，由于它们在空间上形成共定位作用，光学图像呈现出混合色，由此可通过比色法达到DNA的多重检测。对量子点-抗体-DNA复合物的激光诱导荧光进行检测也能实现对DNA的分析。

四、生物传感器

纳米技术整合生物学引发了设计功能化纳米材料的大量研究计划，并展现出了各种各样酶类的固有属性。各种纳米级材料，如氧化铈纳米粒子、磁性纳米粒子、金纳米粒子、V_2O_5、PtPd-Fe_3O_4、氧化石墨烯和碳纳米管等均被开发以期获得独特的纳米酶催化活性，运用其催化活性可以使物质颜色变化或产生和湮灭荧光。

在金衍射光栅上吸附金纳米粒子，依据DNA互补配对杂交形成三明治结构，利用表面等离子共振以控制纳米粒子增强衍射信号的波长范围，由此能够制成超灵敏表面生物亲和传感器。

利用类过氧化物酶活性的金纳米粒子制成三螺旋分子比色传感器以检测Pb^{2+}的方法已经被开发出来。其检测限可达602pmol/L，且在水溶液与血清中都有很好的检测效果。由于其简便性与高亲和力，已推广至其他临床应用的药物或生物分子的检测中。

作为天然的金属卟啉，氯高铁血红素可通过π-π键被组装在石墨烯表面，而这种纳米复合材料能够高效催化过氧化物酶底物的氧化反应。与DNA导向的标靶结合后，成为几乎是普适性的生物传感器。借助这种性质可以广泛检测金属离子、DNA和小分子。

氧化铈纳米粒子所显现出的氧化酶活性被用于设计成比色生物传感器。氧化铈纳米粒子以静电引力吸附蛋白分子，它的表面电荷变化由pH值和表面吸附的无机离子共同决定，由于纳米铈的荧光淬灭效应，其在生物传感器方面的应用需待进一步研发。

五、免疫分析

由于可进行多样化的修饰与自身特有的物理化学性质，在纳米酶的应用中，很多时候能够同时检测多种物质，并且除了催化作用与纳米材料的自身特性之外，纳米酶还能够应用于信号开关和特异性免疫检测与靶向定位。利用金纳米粒子的类过氧化物酶活性以及适当的配体可以高灵敏度地检测一些模型小分子，如卡那霉素等。

在肿瘤诊断中，也会用到纳米酶。表面偶联抗体的磁性纳米粒子可以实现识别与肿瘤显色双重功能。人铁蛋白H亚基自组装形成外壳牢笼包裹磁铁内核，外壳可特异性识别肿瘤标志分子转铁蛋白受体，内核则能催化底物发生颜色反应，使肿瘤显色。此方法无需标记任何抗体即能同时实现对肿瘤的定位和显色。

利用纳米酶进行免疫检测可对很多抗原实现快速检测，这其中包括蛋白质、核酸、小分子抗原、病毒、细菌和细胞等。利用纳米酶进行酶联免疫检测，能够提高检测的速度和灵敏度，在临床诊断上有极高的应用价值。

免疫分析方法中最常用的是双抗夹心法，而辣根过氧化物酶则是其中常用的重要工具酶。若以纳米酶代替，不仅能够取代天然酶，而纳米材料本身能够富集抗原的特征使得其在提高灵敏度和痕量检测上占有极大的优势。

运用 Fe_3O_4 纳米粒子的过氧化物酶活性和超顺磁性，可以将分离、富集和检测三种功能集于一体。纳米粒子的表面偶联抗体形成免疫磁珠，可结合待测样品中的抗原分子，附加外加磁场时可迅速分离捕获的抗原，并富集抗原-抗体复合物。然后将复合物与固定化的另一抗体共同孵育形成三明治结构。当加入底物时，Fe_3O_4 纳米酶催化显色并产生信号，从而实现抗原的痕量检测，解决了现阶段免疫检测灵敏度低以及难以检测痕量抗原的问题。

Fe_3O_4 连接不同抗体能够检测 HBV preS1、Tn1、CEA、Her2，轮状病毒等分子，Pd@Au 双金属纳米结构能够检测除草剂，氧化锰纳米线、氧化铈纳米颗粒和氧化铁纳米颗粒分别在检测硫酸盐还原细菌、EpCAM 和表皮生长因子受体（EGFR）上也有不俗的表现。

第五节　纳米酶研究进展

随着纳米科学的高速发展，越来越多的纳米材料被发现。由于纳米材料独特的结构和尺寸等特征，它所具有的一些特殊的“本领”也逐渐被发现。2007 年，科学家发现无机纳米材料 Fe_3O_4 本身具有内在类似辣根过氧化物酶的催化活性，可催化 HRP 的多种底物发生氧化反应，且其具有与天然酶相似的催化效率和作用机制。辣根过氧化物纳米酶的出现，引起物理、材料、化学、生物和医学等多个领域科学家的高度重视，开启了纳米酶研究的新领域。

目前纳米酶的研究主要集中在以下三个方面：①发现新的蕴含催化活性的纳米材料；②揭示纳米酶的催化机制，优化其催化效率和底物专一性；③继续发掘和拓展纳米酶在生物、医学、环境、化工等领域的应用。

在发现 Fe_3O_4 本身具有与 HRP 相似的催化活性后，科学家又系统地研究了纳米酶的催化效率、反应动力学和催化机制，并发现纳米酶的催化活性可通过控制纳米酶的尺度来调节。研究表明，相同质量的纳米酶，粒径越小，催化效率越高，证明了纳米酶的尺度效应可以影响催化效率。同时，除了尺度效应外，纳米酶的形貌也会影响其催化活性。

与天然酶相比，纳米酶对催化条件的要求更低。纳米酶的催化反应如同天然酶一样，依赖于 pH、温度和底物浓度。以 Fe_3O_4 纳米酶为例，它的最适反应温度为 40℃，最适反应 pH 为 3.5。低浓度 H_2O_2 促进 Fe_3O_4 纳米酶的催化反应，而随着 H_2O_2 浓度的升高，催化活性受到抑制。然而，与 HRP 天然酶不同的是，Fe_3O_4 纳米酶更稳定，能适应较大范围的 pH 和温度变化，即使在 pH 为 10 或温度为 80℃ 的条件下，仍然保持 80% 的催化活性。

图 5-13 纳米酶种类

不同尺度（a）与结构（b）的 Fe_3O_4 纳米酶；（c）FeS 纳米片；（d）CuS 纳米粒；（e）CuO 纳米粒；（f）Mn_2 纳米线；（g）V_2O_5 纳米线；（h）CeO_2 纳米粒；（i）Au@Pt 纳米棒；（j）碳纳米管；（k）氧化石墨烯（graphene oxide）

在发现纳米酶有着比天然酶更低的催化条件等要求后，研究者更通过化学修饰的方法制备出环境响应性纳米酶催化剂。Asuri 等将过氧化物酶连接在单壁碳纳米管上，实现了酶在两相界面的组装，使酶的界面活性提高了 3 倍。Zheng 等将谷氨酸脱氢酶、葡萄糖脱氢酶和辅酶 NAD（H）分别固定于硅包覆的磁性纳米颗粒上，在高频磁场作用下可提高酶活，经过 33 次循环使用仍保持约 46％的酶活。Ito 等制备了一种蛋白酶-紫外光敏性聚合物的结合物，在甲苯中酶活可提高一百多倍，而调节紫外线可以改变结合物在有机溶剂中的溶解性，从而实现结合物的分离回收利用。Grotzky 等成功地将过氧化物歧化酶及辣根过氧化物酶连接在同一个支状聚合物分子上，实现了高效催化级联反应。Yan 等通过丙烯酰胺的原位聚合制备了辣根过氧化物酶纳米凝胶，其催化活性与天然酶相当，而热稳定性及有机溶剂稳定性得到了显著的提高。在此基础上，Liu 等制备了多酶复合纳米凝胶，提高了酶的稳定性及多酶催化串联反应的总效率。

目前，越来越多的纳米酶被报道。按照这些具有催化功能的纳米材料的特点，可归为三类，见图 5-13：铁基纳米酶；非铁金属纳米酶；非金属纳米酶。这些新型纳米酶的发现具有重要意义，进一步表明许多纳米材料具有潜在的过氧化物酶催化活性，并在此基础上拓展它们的应用范围。通过组装不同材料的纳米酶可以提高其催化活性或者使其具备多种催化活性，形成复杂高效的纳米催化体系。

总结与展望

纳米酶的发现不仅推动了纳米科技的基础研究，还拓展了纳米材料的应用。

纳米材料的出现极大地推动了纳米酶的研究进展。具有催化作用的纳米材料接连被发现，自 2007 年发现四氧化三铁纳米材料具有类似辣根过氧化物酶的催化特性以来，纳米酶研究领域迅速崛起。不同形貌、尺度和材料各异的金属纳米材料、磁性纳米材料、碳基纳米材料等相继出现，而后发现了更多的具有催化作用的纳米酶，同时其催化机制也逐渐被认识。

纳米酶催化过程中，其催化效率受自身的尺寸效应、纳米材料的形貌、表面修饰等因素的调控。如对无机纳米材料 Fe_3O_4 催化辣根过氧化物的研究中发现，相同质量的纳米酶，粒径越小，催化效率越高，证明了纳米酶的尺度效应可以影响催化效率；同时发现，在相似的纳米尺度下，不同的纳米结构形状表现出了不同的催化能力，证明了纳米材料的形貌会对催化效率造成影响等。

由于纳米酶具有催化效率高、稳定、经济和规模化制备的特点，它在医学、化工、食品、农业和环境等领域的应用研究便应运而生。目前在葡萄糖检测、生物大分子 DNA 检测、生物传感器、免疫分析等方面，纳米酶都有着广泛的应用。与天然酶相比，纳米酶对检测环境的要求更低，同时，可通过对纳米材料进行修饰等方式，研究出性能更好地纳米酶而更好地应用于各领域。相信在以后，在纳米科技发展的带动下，纳米酶的应用将对人类社会的发展和进步产生更加重大而深远的影响。

参考文献

[1] Gao L Z，Zhuang J，Nie L，et al. Intrinsic peroxidase-like activity of ferromagnetic nanoparticles. Nat Nanotechnol，

2007，2（9）：577-583.

[2] Wei H，Wang E K. Nanomaterials with enzyme-like characteristics（nanozymes）：next-generation artificial enzymes. Chem Soc Rev，2013，42（14）：6060-6093.

[3] Liu S H，Lu F，Xing R M，et al. Structural effects of Fe_3O_4 nanocrystals on peroxidase-like activity. Chem-Eur J，2011，17（2）：620-625.

[4] Erik C Dreaden，Alaaldin M Alkilany，Xiaohua Huang，Catherine J Murphy，Mostafa A El-Sayed. The golden age：gold nanoparticles for biomedicine. Chem Soc Rev，2012，（41）：2740-2779.

[5] Fan K，Cao C，Pan Y，et al. Magneto ferritin nanoparticles for targeting and visualizing tumour tissues. Nat Nanotechnol，2012，7（12）：833.

[6] Gao L Z，Wu J M，Lyle S，et al. Magnetite nanoparticle-linked immunosorbent assay. J Phys Chem C，2008，112（44）：17357-17361.

[7] Woo M A，Kim M I，Jung J H，et al. A novel colorimetric immunoassay utilizing the peroxidase mimicking activity of magnetic nanoparticles. Int J Mol Sci，2013，14（5）：9999-10014.

[8] Haruta M，Yamada N，et al. Gold catalusts prepared by coprecipitation for low-temperature oxidation of hydrogen and of carbon monoxid. J Catal，1989，115：301-309.

[9] Nord F F，et al. RELATIONSHIP BETWEEN PARTICLE SIZE AND EFFICIENCY OF PALLADIUM-POLYVINYL ALCOHOL（Pd-P VA）CA TALYSTS. CHEMISTR Y：RAMPINO，ET AL，1943，29（8）：246-256.

[10] Kim Y，et al. A simple colorimetric assay for the detection of metal ions based on the peroxidase-like activity of magnetic Nanoparticles. SENSORS AND ACTUATORS B-CHEMICAL，2013，176：253-257.

[11] Flandrois S，Simon B. Carbon，1999，37（2）：165.

[12] 沈曾民．新型碳材料．北京：化学工业出版社，2003．225-231.

[13] Wang Y，Chen K S，Mishler J，Cho S C，Adroher X C. Review of Polymer Electrolyte Membrane Fuel Cells：Technology，Application，and Needs on Fundamental Research. Appl Energy，2011，88：981-1007.

[14] Saito R，Dresselhaus M S，Dresselhaus G. Physical Properties of Carbon Nanotubes. Singapore：World Scientific Publishing，1998.

[15] Bower C，Zhou O，Zhu W，Werder D J，Jin S H. Appl Phys Lett，2000，77：2767.

[16] Su M，Zheng B，Liu J，Chem Phys Lett，2000，322：321.

[17] Zhou W W，Han Z Y，Wang J Y，Zhang Y，Jin Z，Sun X，Zhang Y W，Yan C H，Li Y. Nano Lett，2006，6：2987.

[18] Planeix J M，Coustel N，Coq B，Brotons V，Kumbhar P S，Dutartre R，Geneste P，Bernier P，Ajayan P M，J Am Chem Soc，1994，116：7935.

[19] Gubbins K E，Santiso E E，George A M，Turner C H，Kostov M K，Buongiorno-Nardelli M，Sliwinska-Bartkowiak M. Appl Surf，Sci，2005，252：766.

[20] Tessonnier J P，Pesant L，Ehret G，Ledoux M J，Pham-Huu C. Appl Catal A，2005，288：203.

[21] Song Y J，Wang X H，Zhao C，et al. Label-free colorimetric detection of single nucleotide polymorphism by using single-walled carbon nanotube intrinsic peroxidase-like activity. Chem-Eur J，2010，16（12）：3617-3621.

[22] Song Y J，Qu K G，Zhao C，et al. Graphene oxide：intrinsic peroxidase catalytic activity and its application to glucose detection. Adv Mater，2010，22（19）：2206-2210.

[23] Tao Y，Lin Y H，Huang Z Z，et al. Incorporating graphene oxide and gold nanoclusters：A synergistic catalyst with surprisingly high peroxidase-like activity over a broad pH range and its application for cancer cell detection. Adv Mater，2013，25（18）：2594-2599.

[24] Xu H，Cao W，Zhang X，et al. Selenium-containing polymers：promising biomaterials for controlled release and enzyme mimics. Acc Chem Res，2013，46（7）：1647-1658.

[25] Zhang X Q，Gong S W，Zhang Y，et al. Prussian blue modified iron oxide magnetic nanoparticles and their high peroxidase-like activity. J Mater Chem，2010，20（24）：5110-5116.

[26] Peng F F. Size-dependent peroxidase-like catalytic activity of Fe_3O_4 nanoparticles Chin. Chem. Lett.，2008，19：730-733.

[27] 高利增，阎锡蕴．纳米酶的发现与应用．Progress in Biochemistry and Biophysics，2013，40 (10)：892-902.

[28] Yu F Q，Huang Y Z，Cole A J，et al. The artificial peroxidase activity of magnetic iron oxide nanoparticles and its application to glucose detection. Biomaterials，2009，30 (27)：4716-4722.

[29] Jv Y，Li B X，Cao R. Positively-charged gold nanoparticles as peroxidiase mimic and their application in hydrogen peroxide and glucose detection. Chem Commun，2010，46 (42)：8017-8019.

[30] Luo WJ，Zhu C F，Su S，et al. Self-catalyzed，self-limiting growth of glucose oxidase-mimicking gold nanoparticles. Acs Nano，2010，4 (12)：7451-7458.

[31] Singh S，Dosani T，Karakoti A S，Kumar A，Seal S，Self W T，A phosphate-dependent shift in redox state of cerium oxide nanoparticles and its effects on catalytic properties. Biomaterials，2011，32：6745-6753.

[32] Wei H，Wang E. Fe_3O_4 magnetic nanoparticles as peroxidase mimetics and their applications in H_2O_2 and glucose detection. Anal Chem，2008，80 (6)：2250-2254.

[33] Liu Jian，Bo Xiangjie，Zhao Zheng，Guo Liping. Highly exposed Pt nanoparticles supported on porous graphene for electrochemical detection of hydrogen peroxide in living cells. Biosens Bioelectron，2015，15 (74)：71-77.

[34] Liu S，Wang L，Zhai J F，et al. Carboxyl functionalized mesoporous polymer：A novel peroxidase-like catalyst for H_2O_2 detection. Anal Methods-Uk，2011，3 (7)：1475-1477.

[35] Liu Qingyun，Zhang Leyou，Li Hui，Jia Qingyan，Jiang Yanling，Yang Yanting，Zhu Renren. One-pot synthesis of porphyrin functionalized γ-Fe_2O_3 nanocompositesas peroxidase mimics for H_2O_2 and glucose detection. Materials Science and Engineering C，2015，55 (1)：193-200.

[36] Yang L Q，Ren X L，Tang F Q，et al. A practical glucose biosensor based on Fe_3O_4 nanoparticles and chitosan/nafion composite film. Biosens Bioelectron，2009，25 (4)：889-895.

[37] Shi Yun，Huang Jun，Wang Jiangning，Su Ping，Yang Yi. A magnetic nanoscale Fe_3O_4/P_β-CD composite as an efficient peroxidase mimetic for glucose detection. Talanta，2015，143：457-463.

[38] Elghanian R，Storhoff J J，Mucic R C，Letsinger R L，Mirkin C A. Science，1997，277：1078-1081.

[39] Thompson D G，Enright A，Faulds K，Smith E W，Graham D. Anal Chem，2008，80 (8)：2805-2810.

[40] Patolsky F，Weizmann Y，Katz E，Willner I. Angew Chen Int Ed，2003，42：2372.

[41] Park K S，Kim M I，Cho D Y，Park H G，Small，2011，7：1521-1525.

[42] Liu M，Zhao H M，Chen S，Yu H T，Quan X. ACS Nano，2012，6：3142-3151.

[43] Guo Y J，Deng L，Li J，Guo S J，Wang E K，Dong S J，ACS Nano，2011，5：1282-1290.

[44] Ho Y P，Kung M C，Yang S，Wang T H. Nano Lett，2005，5 (9)：1693-1697.

[45] Wang Z X，Lu M L，Wang X L，Yin R C，Song Y L，Le C X，Wang H L. Anal Chem，2009，81 (24)：10285-10289.

[46] Wark A W，Lee H J，Qavi A J，Corn R M. Anal Chem，2007，79 (17)：6697-6701.

[47] Gopinath S C B，Lakshmipriya T，Awazu K. Biosens Bioelectron，2014，51：115-123.

[48] Seyed Mohammad Taghdisi，Noor Mohammad Danesh，Parirokh Lavaee，Ahmad Sarreshtehdar Emrani，Mohammad Ramezani，Khalil Abnous. RSC Adv，2015，5：43508-43514.

[49] Tao Y，Lin Y，Ren J，Qu X. Self-assembled，functionalized graphene and DNA as a universal platform for colorimetric assays. Biomaterials，2013，34：4810-4817.

[50] Patil S，Sandberg A，Heckert E，Self W，Seal S. Biomaterials，2007，28：4600-4607.

[51] Tarun Kumar Sharma，Rajesh Ramanathan，Pabudi Weerathunge，Mahsa Mohammadtaheri，Hemant Kumar Daima，Ravi Shuklaa，Vipul Bansal. Chem Commun，2014，50：15856-15859.

[52] Asuri P，Karajanagi S S，Dordick J S，Kane R S. Directed assembly of carbon nanotubes at liquid-liquid interfaces：nanoscale conveyors for interfacial biocatalysis. J Am Chem Soc，2006，128：1046-1047.

[53] Zheng M，Su Z，Ji X，Ma G，Wang P，Zhang S. Magnetic field intensified bi-enzyme system with in situ cofactor regeneration supported by magnetic nanoparticles. J Biotechnol，2013，168：212-217.

[54] Ito Y，Sugimura N，Kwon O，Imanishi Y. Enzyme modification by polymers with solubilities that change in response to photoirradiation in organic media. Nat Biotechnol，1999，17：73-75.

[55] Grotzky A，Nauser T，Erdogan H，Schluter A D，Walde P. A fluorescently labeled dendronized polymer-enzyme conjugate carrying multiple copies of two different types of active enzymes. J Am Chem Soc，2012，134：

11392-11395.

[56] Yan M，Ge J，Liu Z，Ouyang P K. Encapsulation of single enzyme in nanogel with enhanced biocatalytic activity and stability. J Am Chem Soc，2006，128：11008-11009.

[57] Liu Y，Du J，Yan M，Lau M，Hu J，Han H，Yang O，Liang S，Wei W，Wang H，Li J，Zhu X，Shi L，Chen W，Ji C，Lu Y. Biomimetic enzyme nanocomplexes and their use as antidotes and preventive measures for alcohol intoxication. Nat Nanotechnol，2013，8：187-192.

（郭铁　徐力）

第六章　酶非专一性催化

一、 酶非专一性简介

一直以来，酶分子作为具有生物催化功能的大分子物质，是一种快速、温和且只对一定底物或一类反应具有高度识别的生物催化剂。在自然界中，酶通过进化选择了其最适反应类型和底物范围，然而随着近代生物化学研究的不断发展，许多酶表现出了不同于其天然催化功能的活性或能够催化非天然底物，人们将这种现象称为酶的非专一性或酶的多功能性（enzyme promiscuity）。

2007 年，Hult 和 Berglund 首次对酶的非专一性的类型进行了定义和分类。酶的非专一性分为以下三种：第一种类型是酶反应条件非专一性，主要指酶在不同于它本身的天然环境下表现出不同的催化性质，例如现在有些实验采用固相气相生物反应器、高温反应釜、极端 pH 值等；第二种类型是酶反应底物非专一性，主要指酶在一定条件下能够催化与天然底物具有相似结构的多种底物发生反应；第三种类型是酶催化非专一性，主要指酶不仅能够催化天然反应，还可以在不同条件下催化其他类型的反应。比如氨基肽酶 P 通常水解的是氨基键（C—N），但是它却同样能水解磷酸酯（P—O）键（图 6-1）。

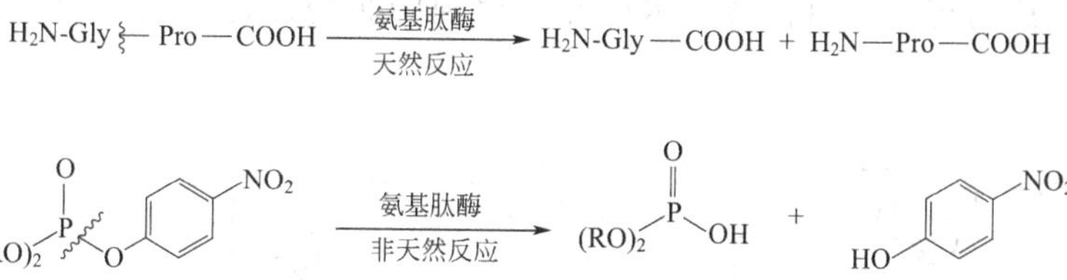

H_2N-Gly—Pro—COOH —氨基肽酶／天然反应→ H_2N-Gly—COOH + H_2N—Pro—COOH

$(RO)_2P(O)$—O—C_6H_4—NO_2 —氨基肽酶／非天然反应→ $(RO)_2P(O)OH$ + HO—C_6H_4—NO_2

图 6-1　氨基肽酶 P 的催化非专一性

二、 酶反应条件非专一性

在酶促反应中，酶分子能在多种不同的反应条件下展现出催化活力，例如有机介质或超临界流体中酶催化，无溶剂反应，极端温度、pH 值或压力等。这种酶的反应条件非专一性已经得到了广泛的应用。

1. 非水介质中酶催化

传统酶学认为酶分子只能在水溶液中发挥作用，但是自从 20 世纪 80 年代初期 Klibanov 报道了在纯度为 99％的有机溶剂中猪胰脂肪酶催化合成三丁酸甘油酯与一系列伯醇、仲醇之间的酯交换反应，这一发现彻底改变了人们对酶的认识。这一报道打破了酶只能在水作介质时催化化学反应的传统观念，初步揭示了酶可以在非天然反应环境中仍然具有催化活性的事实。随后，Knibanov 又用脂肪酶在有机溶剂中催化反应实现了肽、手性醇、羧酸、羧酸酯以及胺的合成。随着研究的不断深入，不同的酶催化体系被报道。Arnold 等对丝氨酸蛋

白酶在极性溶剂 N,N-二甲基甲酰胺（DMF）中的稳定性和活力进行了研究，发现通过随机诱变得到的突变酶催化多肽合成的能力大幅度提升，在 60%DMF 中突变酶催化活力比野生型提高了 256 倍。

随着生物物理学技术的发展，科学家们开始尝试用多种手段证明酶能够在有机溶剂中保持结构的完整性。1991 年，Fitzpatrick 和 Klibanov 用 X 射线衍射技术比较了枯草杆菌蛋白酶在水中和有机溶剂中的结构特征，结果发现该酶在有机溶剂中的活性部位与在水中的活性部位的结构基本相同。这表明酶的活性中心在有机溶剂中依然能够保持不变。同年，Guinn 和 Clark 通过电子顺磁共振技术研究了马肝醇脱氧酶在有机溶剂中的构象，发现马肝醇脱氢酶在有机溶剂中依然能够保持构象，且具有催化活力。这些研究表明酶分子能够在有机溶剂中维持稳定的三维结构，从理论上证明了酶在非天然反应环境中仍然具有催化活性的原因。

到目前为止，除了在有机溶剂中进行的酶促反应外，还发展多种酶促催化反应体系，如胶束介质、微乳液、离子液体和超临界流体等。这些发现也极大地丰富了非水酶学的研究内容。

2. 气固相生物反应器

气固相生物反应器是条件非专一性中具有代表性的应用。气固相反应的优势在于反应物与催化剂的接触时间可以调整，优化反应的条件，反应过程中生成的产物以气相存在，不会造成酶失活。此外，气固相反应可以连续化操作，失活的催化剂可在线进行再生使得气固相酶反应器在工业中具有极大的应用潜力。利用固定化酶技术将酶固定化于固体载体上，而酶催化的底物与产物都是以气相存在的，此体系使得底物分子与水分子的热力学性质的微调成为可能。目前该技术已经应用到脂肪酶催化合成工业规模的酯类物质。如图 6-2 所示。

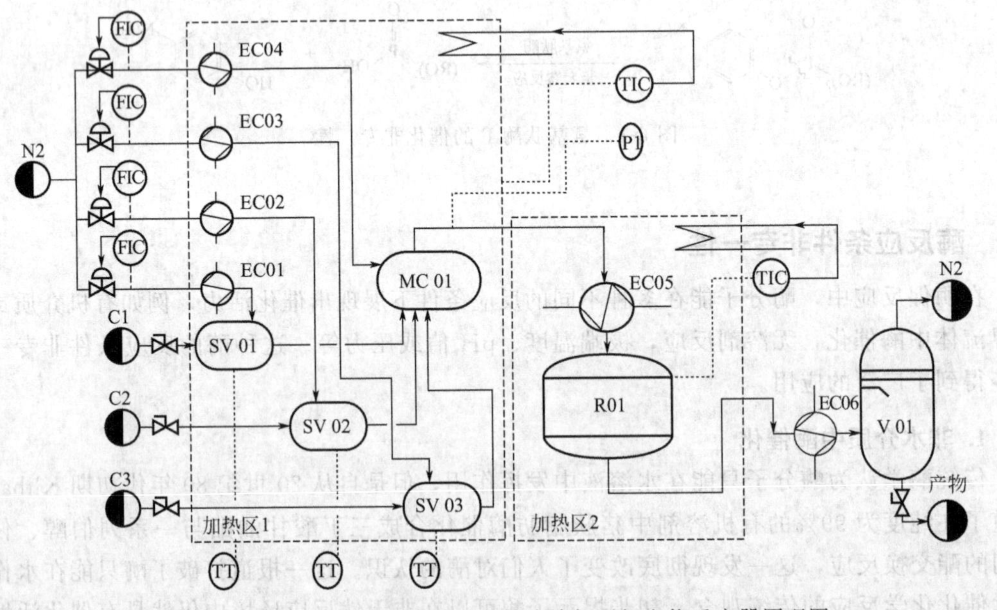

图 6-2 用于生产天然酯类的工业级连续气固相生物反应器原理图

SV01/02/03：载气饱和池；EC01/02/03/04：载气加热器；MC01：气体混合室；EC05：原料气加热/冷却器；R01：填充床生物反应器；EC06：废弃冷却器；V01：相分离器

3. 无溶剂酶促反应

无溶剂酶促反应是另一种较为常用的非水介质中酶催化的反应体系。在无溶剂体系中，酶直接作用于底物，能大大提高酶的催化效率。例如汤鲁宏等研究了一种维生素 A 棕榈酸酯的合成新途径。实验结果表明，棕榈酸甲酯作为酰基供体，在固定化酶的催化下，在无溶剂体系中与维生素 A 醋酸酯通过酯交换反应生成维生素 A 棕榈酸酯（图 6-3）。同有溶剂体系相比，无溶剂体系具有反应速率快、底物浓度高、产物浓度高以及短时间内可达到较高的转化率等诸多优点，并且还免除了溶剂去除的诸多工艺，低污染、低能耗，使维生素 A 棕榈酸酯的绿色生产成为了可能。

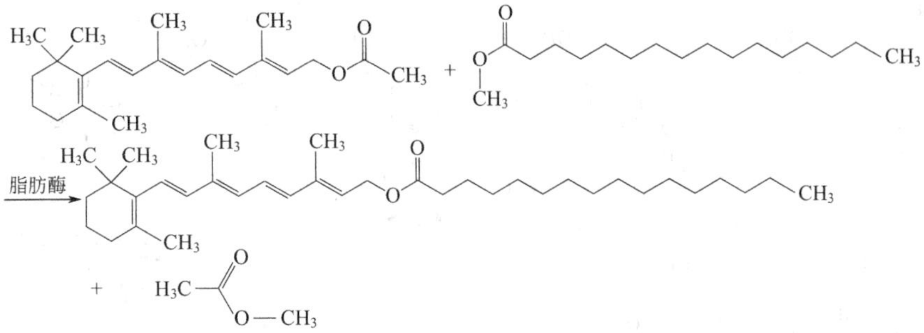

图 6-3 无溶剂体系中维生素 A 醋酸酯和棕榈酸甲酯酶促合成维生素 A 棕榈酸酯

4. 极端条件下的酶促反应

来源于极端环境的酶由于其在有机溶剂、强酸、强碱或高温条件的高度稳定性，在工业生化中有着广泛的应用前景。极端环境酶是指从极端环境条件下生长的微生物中获得的酶，主要包括嗜热微生物（Thermophiles）、嗜冷微生物（Psychrophiles）、嗜盐微生物（Halophiles）、嗜酸微生物（Acidophiles）、嗜碱微生物（Alkalophiles）和嗜压微生物（Barophiles）等。例如嗜热酶由于其独特的高温反应活性，以及对有机溶剂、去污剂和变性剂的超强抗性而备受研究人员的关注，其作为生物催化剂有如下的优点：①酶在 70～100℃ 能稳定保持活性，在常温下可以更长时间地保持活性。②酶制剂的制备成本降低。由于嗜热酶的稳定性高，因而可以在室温下分离提纯和包装运输，并且能长久地保持活性。③加快动力学反应。随着反应温度的提高，分子运动速度加快，酶催化能力加强。④对反应器冷却系统的要求标准降低，减少了能耗。由于嗜热酶有耐高温的特性，所以生产中不需要复杂的冷却装置。一方面节省了开支，另一方面也降低了冷却过程对环境所造成的污染。⑤提高了产物的纯度。在嗜热酶的催化反应条件下（超过 70℃），很少有杂菌生存，从而减少了细菌代谢物对产物的污染。冯雁等利用来自嗜热古菌 *Archaeoglobus fulgidus* 的酯酶 AFEST 催化 ε-己内酯开环聚合反应，在最适催化条件下（酶浓度为 25mg/mL，甲苯为有机溶剂，最适反应温度为 80℃，反应时间为 72h，最适体系水活度为 0.75），酶促聚合获得了 100% 的单体转化率，合成产物为数均分子量 1400g/mol 左右的聚合物。

三、 酶的底物非专一性

一般来说，酶催化作用的重要特点就是具有高度的底物专一性，即一种酶只能对某一种底物或一类底物起催化作用，对其他底物无催化能力。但是随着酶催化研究的不断深入，人们发现有些酶可以作用于多种不同结构的底物分子。Barcellos 等报道南极假丝酵母菌脂肪酶 B 能催化动力学拆分带有硼基的手性醇（图 6-4），研究中选用了多种含有硼酸酯或者硼酸结构单元的外消旋醇作为底物，其中 *S* 型的带有硼基的醇不与醋酸乙烯酯发生反应，*R* 型的带有硼基的醇能与醋酸乙烯酯发生酯交换，拆分效果极好（$E>200$），这也是脂肪酶反应底物非专一性的代表性研究。

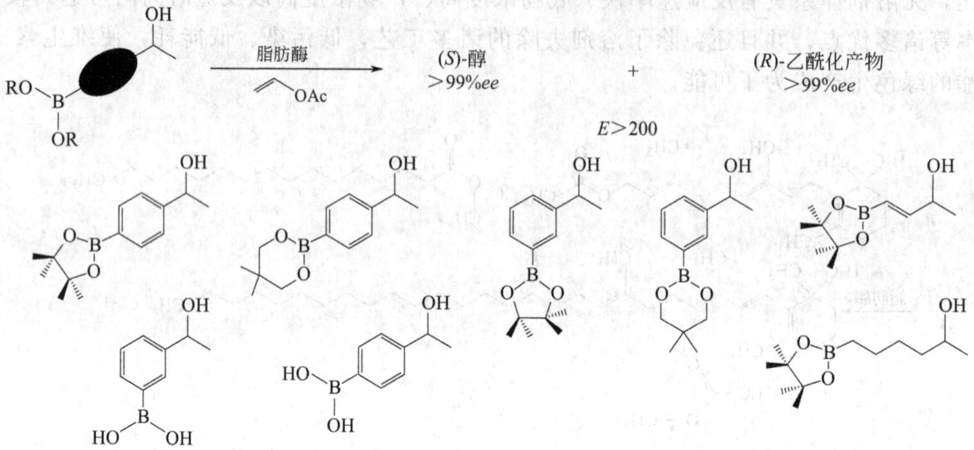

图 6-4　脂肪酶催化动力学拆分带有硼基的手性醇

通过定点突变等生物学技术对酶分子进行改造后使得其具有较为宽泛的底物非专一性。Withers 等通过对来源于 *Agrobacteri* 的 β-半乳糖苷酶活性位点的一系列改造，最终将糖苷水解酶转变成了糖苷合成酶。实验表明，将 β-半乳糖苷酶的 358 位的亲核催化残基谷氨酸突变为丙氨酸后，酶具有了新的合成能力，它可以催化 α-氟代半乳糖与不同底物的合成。Hua 等对来源于 *Sporobolomyces salmonicolor* 的羰基还原酶 Q245 进行饱和突变，以 4′-甲氧基苯乙酮为底物进行筛选，不仅改变了产物的构型，且有效提高了产物的光学纯度（图 6-5）。

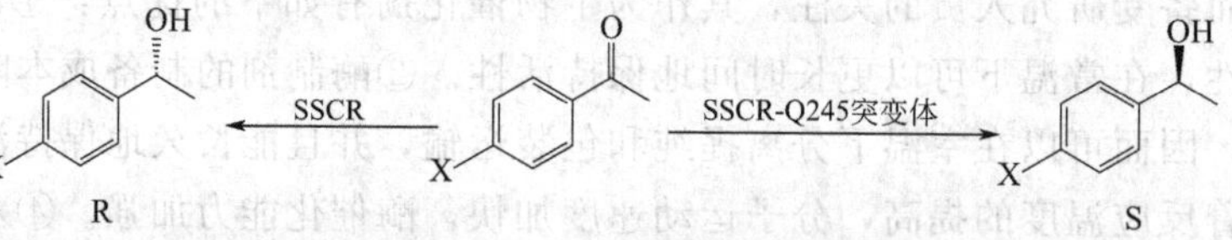

图 6-5　羰基还原酶（SSCR）及突变体还原 4′-甲氧基苯乙酮

四、酶催化非专一性

随着生物催化领域的不断发展，科学家们发现酶除了可以催化其天然反应以外，还能够催化第二种甚至更多类型的反应，也就是酶催化非专一性（多功能性）。酶的催化非专一性在酶的进化及其二级代谢产物的生物合成上具有极其重要的意义，对它的研究能为确定酶与酶之间的进化关系提供重要的线索。同时，酶的催化非专一性研究丰富了酶促有机合成的反应类型，拓展了酶在有机合成领域的应用。进一步将酶的催化非专一性研究与基因工程手段相结合，更可以极大地扩展生物催化剂的应用领域。酶的催化非专一性又可以分为天然催化非专一性（accidental catalytic promiscuity）和诱导催化非专一性（induced catalytic promiscuity）两种。

酶的天然催化非专一性是指未经基因工程改造的天然酶表现出的催化非专一性。例如大肠杆菌青霉素酰基转移酶（PGA）在 DMSO 中催化嘌呤醇和一系列的乙烯酯类的 Markovnikov 加成反应（图 6-6）。

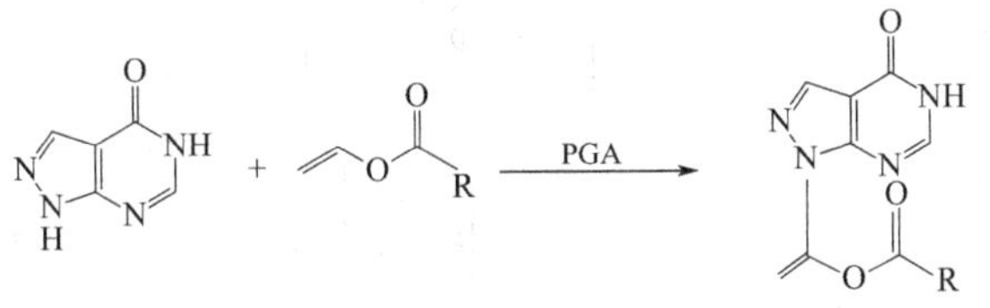

图 6-6 有机溶剂中青霉素酰基转移酶催化 Markovnikov 加成反应

酶的诱导催化非专一性是指酶分子经过改造后具有的催化非专一性。酶工程技术的发展使酶的利用价值大大提高，酶的某些部位经过定点突变，或者几个部位用不同的氨基酸替代都可能会使酶具有新的性质。例如 Hilvert 研究小组将吡哆醛磷酸盐依赖的丙氨酸消旋酶的第 265 位酪氨酸换成丙氨酸就使得一个消旋酶变成了醛缩酶，同时该突变酶还可以催化 Retroaldol 反应。像这种酶活性部位的一个氨基酸被别的氨基酸取代而具有了新的催化能力是诱导催化非专一性的重要表现。

此外，Berglund 等报道了南极假丝酵母脂肪酶 B 催化 1,3-二羰基化合物与 α,β-不饱和化合物的 Michael 加成反应（图 6-7）。当脂肪酶的活性部位丝氨酸被丙氨酸替代后，其催化 Michael 加成反应的活力大约提高了 60 倍，同时，这也证明了酶分子活性中心在催化非专一性中具有重要的作用。

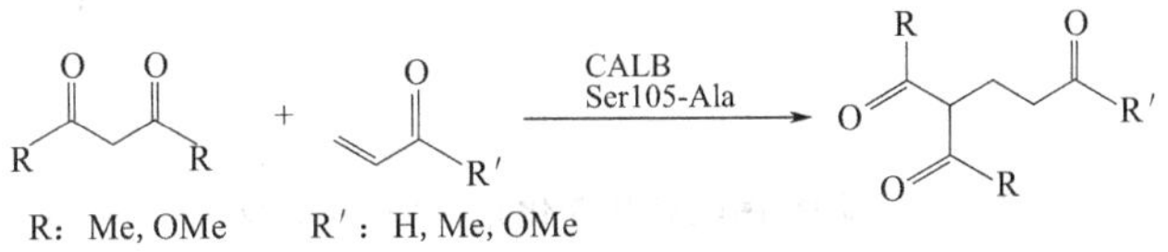

R：Me, OMe　R′：H, Me, OMe

图 6-7 脂肪酶 CALB 突变体催化 Michael 加成反应

五、 酶催化非专一性的应用实例

酶催化非专一性作为酶催化新领域的出现，大大拓展了酶的应用范围。这类环境友好、经济可行、操作简便、底物范围广且选择性好的生物催化剂已经受到越来越多的化学家的关注。作为酶学领域发展最迅速的分支，酶催化非专一性研究不仅丰富了已有的催化剂类型，更提供了一种新颖的、可行的催化方法，同时也为绿色化学提供了新的思路和途径。下面将对以往的酶催化非专一性研究的一些研究实例进行简要的归纳与总结。

1. Aldol 加成反应

Aldol 反应作为有机合成中合成 C—C 键的重要方法之一，而利用 Aldol 加成反应选择性地合成不对称性产物已经成为广大有机合成工作者的研究热点。到目前为止，能够催化 Aldol 加成的酶主要有醛缩酶、脂肪酶、蛋白酶、核酸酶和酰化酶。而除了醛缩酶外，其他的酶来催化 Aldol 加成反应都是酶催化非专一性的应用范畴。

Ohta 等报道了芳基丙二酸酯脱羧酶可以催化 Aldol 反应，他们在试验中发现酶的催化新功能与天然活性都经历了烯醇负离子的中间体，而酵母丙酮酸酯脱羧酶能够催化乙醛和苯甲醛的 Aldol 反应，生成（*R*）-苯基乙酰基甲醇（图 6-8）。

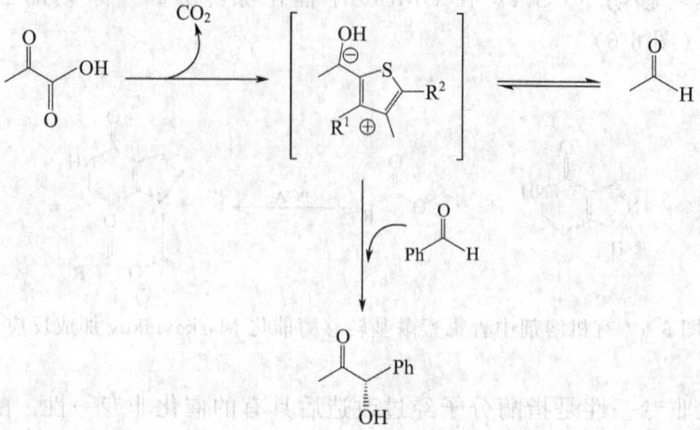

图 6-8 丙酮酸酯脱羧酶催化乙醛和苯甲醛的 Aldol 反应

Berglund 等发现南极假丝酵母脂肪酶 B 具有催化 Aldol 反应的活性，并通过量子力学计算初步探讨了 CALB 催化 Aldol 加成的反应机制（图 6-9）。该反应是通过酶上活性位点的氧负离子形成烯醇式中间体，同时催化三联体上的组氨酸夺取另外一分子底物 α-碳上的质子，从而引发反应。为了印证此催化机制，他们利用基因工程手段表达出 CALB 的突变体 (Ser105Ala)，发现该突变体催化该反应具有更高的催化速率。

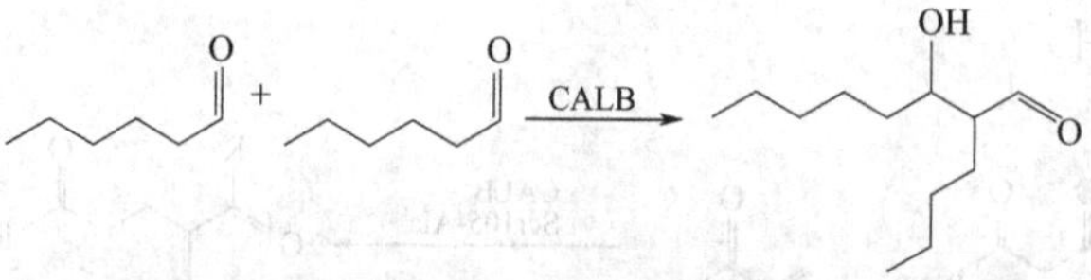

图 6-9 脂肪酶 CALB 催化正己醛 Adol 反应

林贤福等研究了有机溶剂中 *N*-杂环化合物作为 D-氨基酰化酶的催化助剂催化芳香醛与酮的 Aldol 加成/脱水串联反应（图 6-10）。对照试验的结果表明，单独使用 *N*-杂环化合物或 D-氨基酰化酶都无法催化该串联反应。在正辛烷中，当使用咪唑作为 D-氨基酰化酶的催化助剂时，酰化酶展现了最高的催化活性，能够催化多种芳香醛与酮的 Aldol 缩合/脱水串联反应，产物收率高达 99.6%。

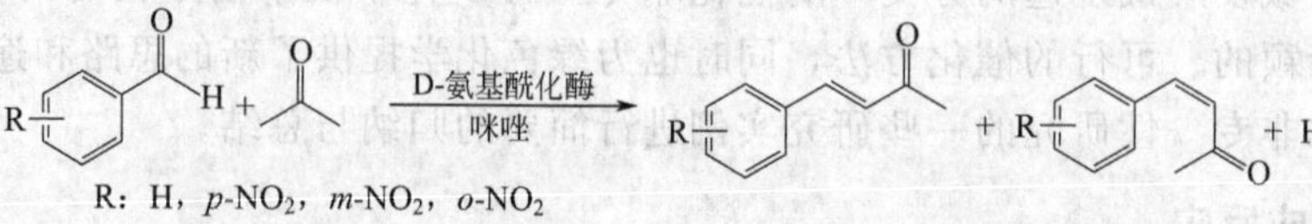

图 6-10 D-氨基酰化酶催化 Aldol 加成/脱水串联反应

余孝其等报道了利用猪胰脂肪酶催化丙酮和芳香醛的不对称 Aldol 反应（图 6-11），并研究了影响反应速率和立体选择性的各方面因素。发现水对反应起到重要的作用，当体系溶剂是丙酮，水含量增加到 20%时，酶的催化活性达到最高，且该反应可以得到手性产物，

其 *ee* 值为43%。这一报道首次发现了水解酶能够催化不对称 Aldol 加成反应，对于酶催化非专一性的研究具有极为重要的意义。余孝其等提出了该酶促反应可能的催化机制（图6-12），氧阴离子洞通过氢键稳定丙酮分子，同时脂肪酶催化三联体中的天冬氨酸-组氨酸残基夺取丙酮的一个质子，使之形成烯醇负离子，之后烯醇负离子亲核进攻芳香醛，发生 C—C 成键反应，从而得到 Aldol 反应产物。

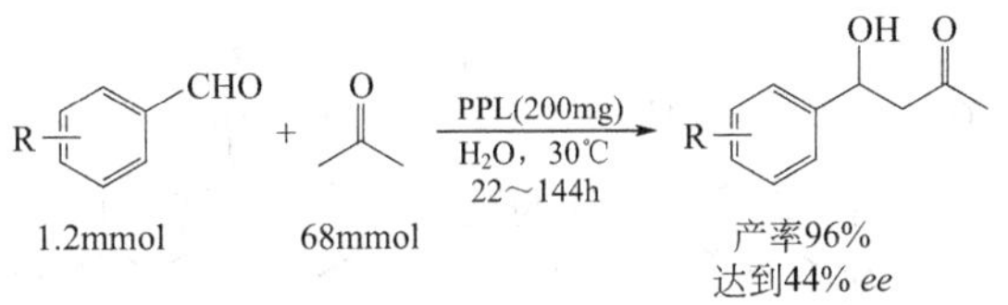

图6-11 脂肪酶 PPL 催化不对称 Aldol 加成反应

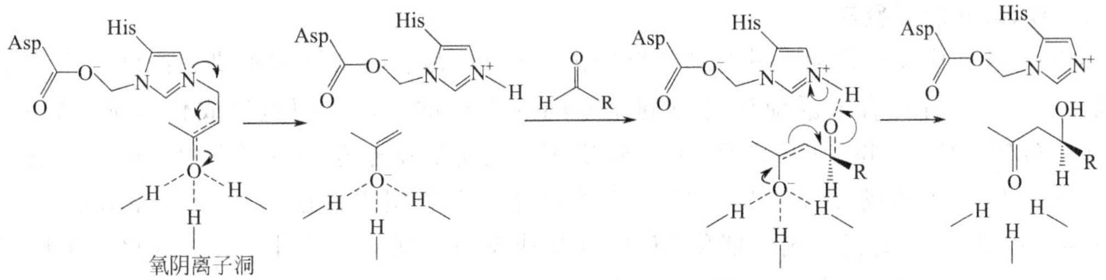

图6-12 脂肪酶催化 Aldol 反应的可能机制

胃蛋白酶是一种能够专一催化蛋白质水解的酶，但近年来人们发现胃蛋白酶也能够催化4-硝基苯甲醛与丙酮的不对称 Aldol 反应。该方法得到了较高的产率和较好的对映选择性。根据荧光实验的研究发现，在中性及弱碱性条件下，胃蛋白酶能够保持构象不变，这种稳定的天然空间折叠结构能够保持较高的催化活性。何延红等发现在水介质中胰蛋白酶能够催化芳香醛与酮类化合物的不对称 Aldol 加成反应（图6-13）。该方法获得了中等的产率（产率达到60%）和较好的选择性（dr 值高达89∶11）。并探讨了胰蛋白酶催化不对称 Aldol 加成反应的反应机制。

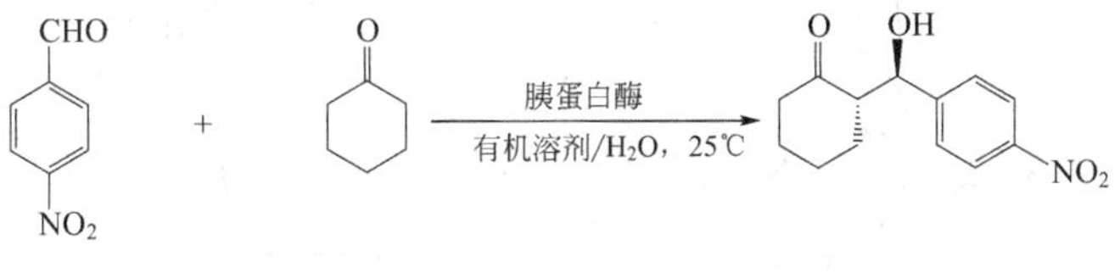

图6-13 胰蛋白酶催化不对称 Aldol 加成反应

L-苏氨酸醛缩酶也可催化甘氨酸与邻-取代苯甲醛发生 Aldol 反应（图6-14）。与传统工艺相比较，酶催化方法具有操作简单，合成的产物具有较高的对映选择性，产物收率更高（>95%），选择性更好（>99%），避免使用化学性催化剂等优点。

官智等报道了无溶剂条件下来源于橘青霉的核酸酶（nuclease p1）催化芳香醛与环状酮的不对称 Aldol 反应（图6-15）。该方法获得了很高的对映选择性（*ee* 值高达99%）和立体选择性（dr 值>99∶1）。

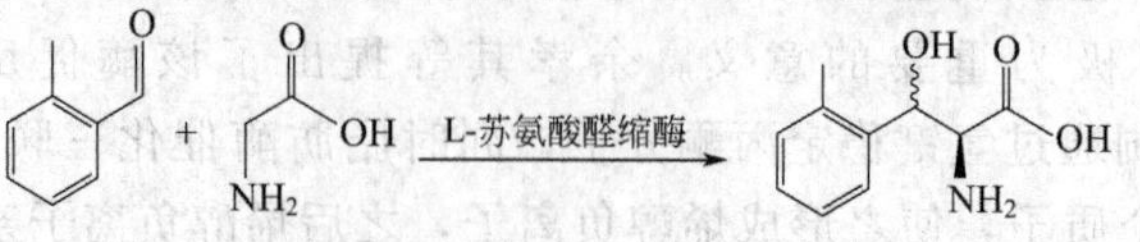

图 6-14 L-苏氨酸醛缩酶催化 Aldol 加成反应

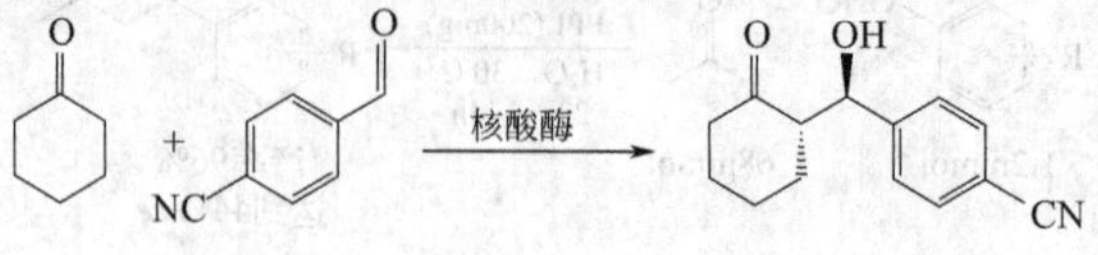

图 6-15 核酸酶催化不对称 Aldol 加成反应

2. Michael 加成反应

Mlichael 加成反应作为一种基本的直接构建 C—C 键、C-杂键的重要方法已经广泛用于有机合成中。在有机合成反应中可以利用不同的亲核试剂，方便地生成化学键，如 C—C 键、C—O 键、C—N 键、C—S 键、C—Se 键等。在酶催化非专一性研究中，很多酶被广泛用于催化 Michael 加成反应。2004 年，林贤福等首次利用蛋白酶（alkaline protease from bacillus subtilis）在有机溶剂中催化 Michael 加成反应形成 C—N 键。otor 等报道了甲苯中 CALB 催化的二级胺与丙烯腈的 Michael 加成反应，并对反应机制进行了阐述。认为脂肪酶活性位点的氧负离子空洞首先与腈基作用活化丙烯腈，然后二级胺在催化三联体中的 His-Asp 的作用下转移了质子，并且在氧负离子和 His-Asp 的联合作用下，质子最终转移到 α-碳上，从而得到目标化合物（图 6-16）。

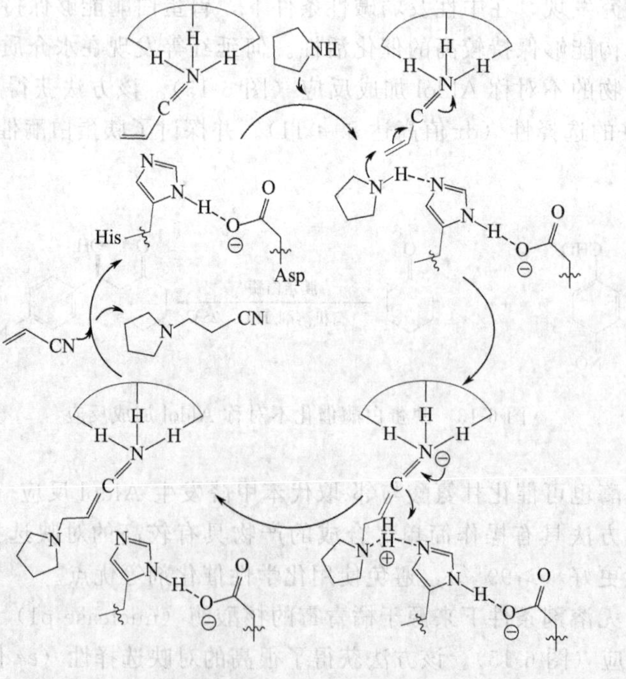

图 6-16 脂肪酶催化 Michael 加成反应机制

随着关于酶催化 Michael 加成反应的研究不断深入，利用酶催化不对称的 Michael 加成反应也不断地被研究人员所报道。Kitazume 等用多种水解酶（α-胰凝乳蛋白酶、猪肝酯酶、*Candida cylindracea* 脂肪酶、*Trichoderma viride* 脂肪酶和 *Aspergillus niger* 脂肪酶）在 Na_2HPO_4-KH_2PO_4的缓冲溶液（pH=8.0）中成功地催化 3-氟甲基丙烯酸与水、苯胺、二乙胺、乙醇、硫酚和苯酚的 Michael 加成反应（图 6-17），并得到一定的 *ee* 值（25%～71%）。

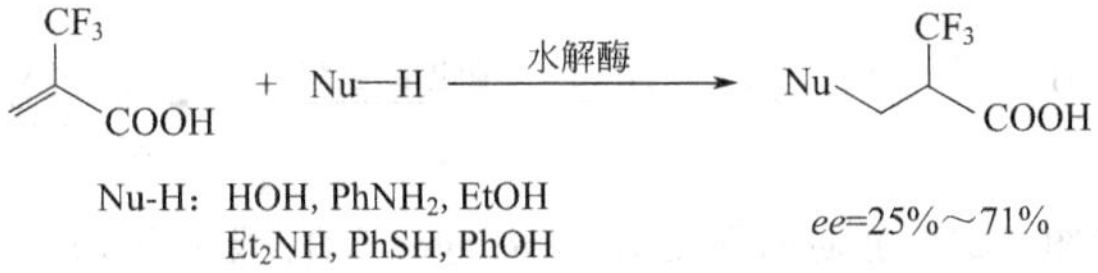

水解酶

Nu-H：HOH, $PhNH_2$, EtOH, Et_2NH, PhSH, PhOH

ee=25%～71%

图 6-17 水解酶催化不对称 Michael 加成反应

何延红等利用固定化梳棉状嗜热丝孢菌脂肪酶催化 1,3-二羰基化合物与环己烯酮的不对称 Michael 加成反应（图 6-18），该反应收率可到 90%，*ee* 值可达 83%。同时报道了在 DMSO：H_2O（体积比）=9：1 的混合介质中猪胰脂肪酶（PPL）催化 4-羟基香豆素和 α，β-不饱和酮的 Michael 加成反应，成功合成抗凝血药杀鼠灵衍生物（图 6-19，收率 95%，*ee* 值 28%），虽然该方法所得到的产物的 *ee* 值不高，但该方法为酶催化合成杀鼠灵衍生物提供了一个新的思路。

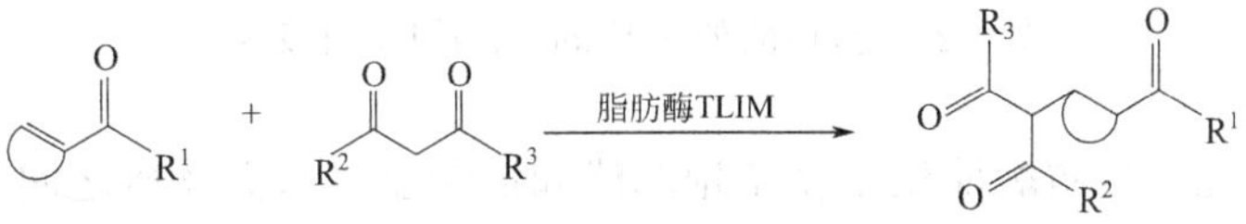

脂肪酶TLIM

图 6-18 固定化脂肪酶催化不对称 Michael 加成反应

PPL

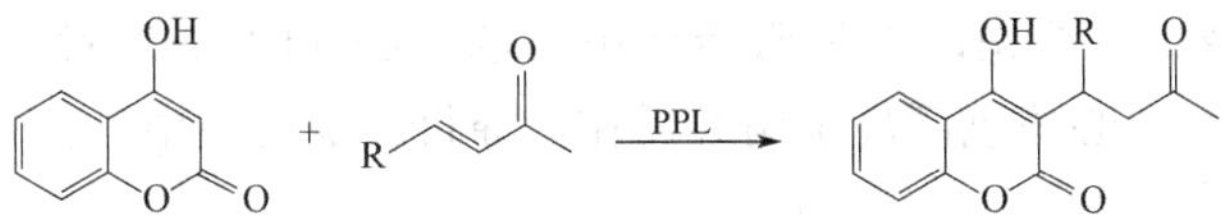

图 6-19 脂肪酶催化合成杀鼠灵衍生物

3. Knoevengel 反应

Knoevenagel 缩合反应是羰基化合物与具有活泼 α-氢原子化合物的缩合反应。余孝其等在研究固定化南极假丝酵母脂肪酶催化 Aldol 反应时，意外的发现：当反应介质中加入伯胺后，α,β-不饱和酮与芳香醛发生了 Knoevenagel 缩合反应（图 6-20）。进一步研究发现，当反应溶剂乙腈：水（体积比）=95：5 时，产物产率最高达 91%，这一现象也说明了水对于反应过程中酶分子活性构象的保持具有明显的影响。

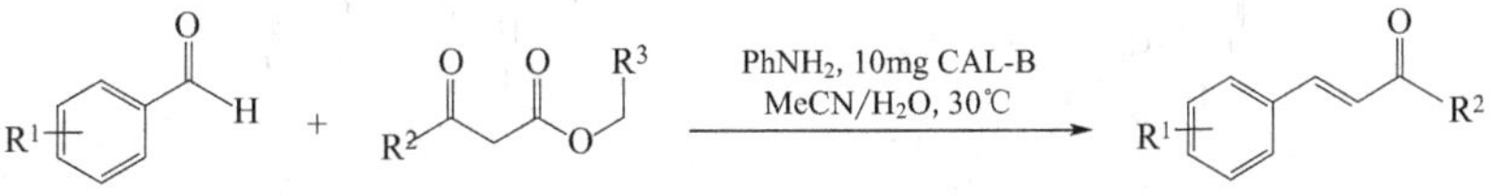

$PhNH_2$, 10mg CAL-B
MeCN/H_2O, 30℃

图 6-20 脂肪酶 CALB 催化 Knoevenagel 缩合反应

陈新志等考察了六种脂肪酶“一锅法”催化氰基乙酸甲酯和苯甲醛的 Knoevenagel 缩合/酯交换反应（图 6-21）。研究发现乙醇为溶剂时，能同时进行两种反应；叔丁醇为溶剂时，由于其空间位阻大而仅发生 Knoevenagel 缩合反应。对于含吸电子基团的芳香醛，产物收率大于 75%。虽然文章未阐明反应的机制，但首次展示了脂肪酶催化专一性与非专一性共同应用与反应体系。

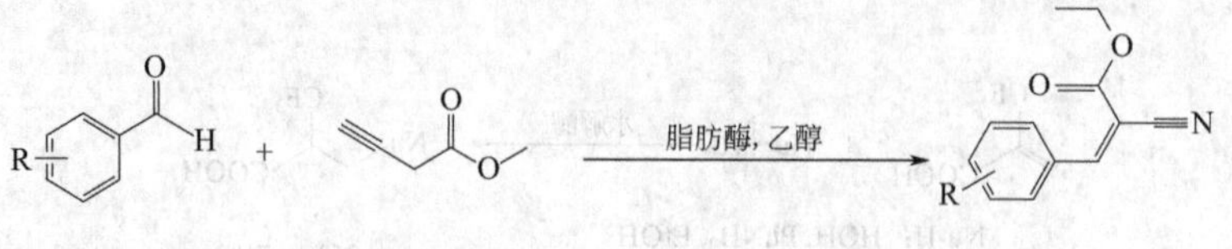

脂肪酶, 乙醇

图 6-21 脂肪酶催化 Knoevenagel 缩合/酯交换反应

官智、何延红等报道了在二甲基亚砜（DMSO）/水混合溶剂中乳胶番木瓜蛋白酶(LCPP)、地衣芽孢杆菌蛋白酶催化芳香醛、杂环-芳香醛、α,β-不饱和芳香醛与不活泼亚甲基化合物乙酰丙酮、乙酰乙酸乙酯的 Knoevenagel 缩合反应（图 6-22）。产物收率最高达 86%，Z/E 选择性最高为 100∶0。

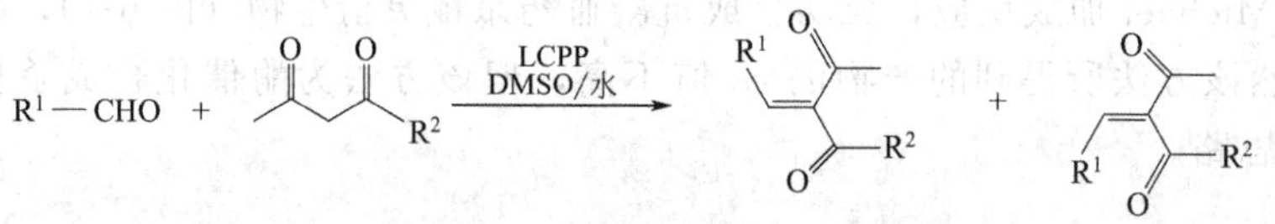

R^1—CHO + ... $\xrightarrow{\text{LCPP, DMSO/水}}$ ...

图 6-22 蛋白酶催化 Knoevenagel 缩合反应

王磊等系统研究了脂肪酶催化 α,β-不饱和醛和活性亚甲基类物质之间发生 Knoevenagel 反应。并且根据已有的报道，着重对酶源、溶剂、水含量及酶量进行研究，探讨了不同结构 α,β-不饱和醛与多种类型活性亚甲基类物质对该反应的影响，发现猪胰脂肪酶催化该反应可以得到较高的 E/Z 选择性，且底物适用性较广。同时初步推断脂肪酶催化 Knoevenagel 反应的催化机制（图 6-23）。首先，脂肪酶活性中心的 Asp 和 His 通过氢键形成一个路易斯碱，然后通过与酶活性中心的氧阴离子洞共同作用夺得乙酰丙酮中活性亚甲基的质子；随后

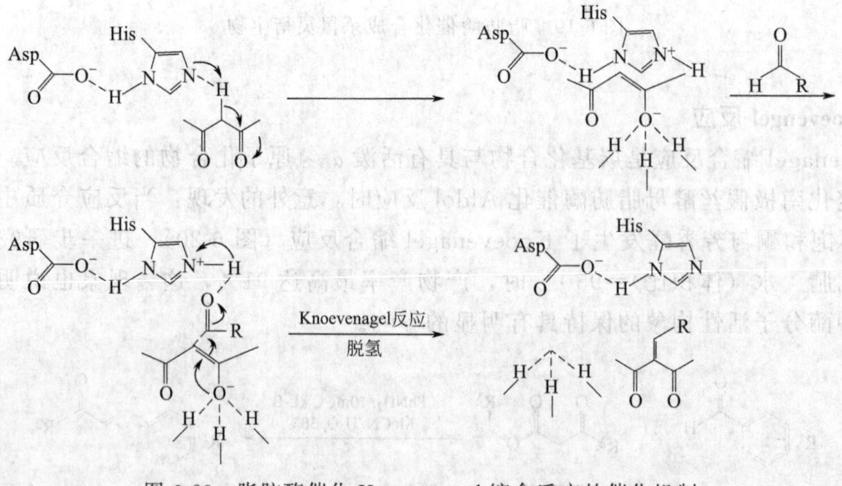

Knoevenagel反应
脱氢

图 6-23 脂肪酶催化 Knoevenagel 缩合反应的催化机制

不饱和醛与乙酰丙酮形成C—C键，致使电荷发生转移，咪唑环释放质子中和电荷，形成的中间产物类似于Aldol产物，该中间产物会继续脱水，从而形成Knoevenagel产物。

4. Mannich反应

Mannich反应是在有机合成中形成C—N键的一类重要的反应，广泛应用于医药和生物碱的合成。余孝其等报道了对水介质中脂肪酶催化Mannich反应的研究（图6-24）。研究发现，芳香醛类化合物在该反应体系中具有比较高的反应活性，产率高达89.1%。

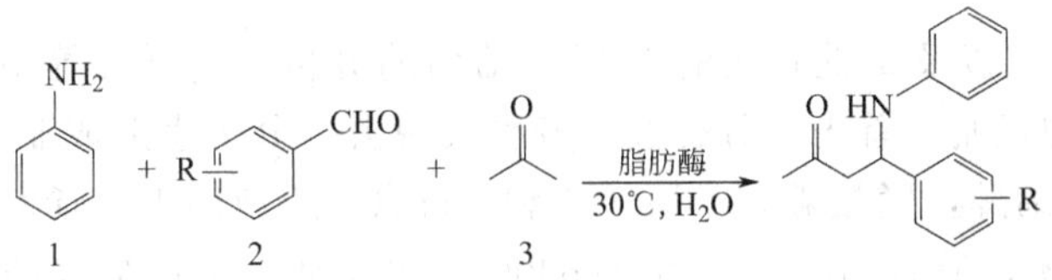

NH2
CHO
O
脂肪酶
30℃, H2O
O HN
R
1
2
3

图6-24 水介质中脂肪酶催化Mannich反应

余孝其等还报道了在醇/水反应体系中脂肪酶催化芳香胺和芳香醛类化合物与环己酮、丁酮及1-羟基-2-丙酮的Mannich反应（图6-25）。该方法反应条件温和（30℃）、反应活性好（产率达21%～94%）、底物适用范围广。

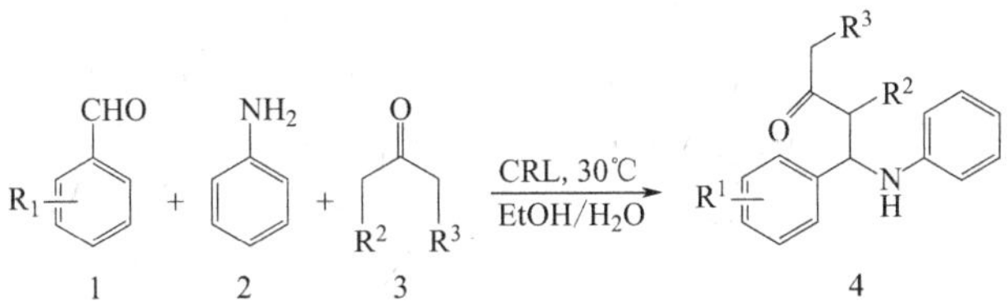

CHO
NH2
O
CRL, 30℃
EtOH/H2O
R1
R2
R3
N
H
1
2
3
4

图6-25 醇/水反应体系中脂肪酶催化Mannich反应

章鹏飞等用芳香醛、芳胺和丙酮为底物，考察了不同酶源对Mannich反应的催化活性，发现hog pancreas胰蛋白酶对反应有很好的催化作用，最高产率高达94%（图6-26）。利用最优化的反应条件，合成了一系列Mannich产物，发现当苯胺邻对位上有取代基时，产率高。

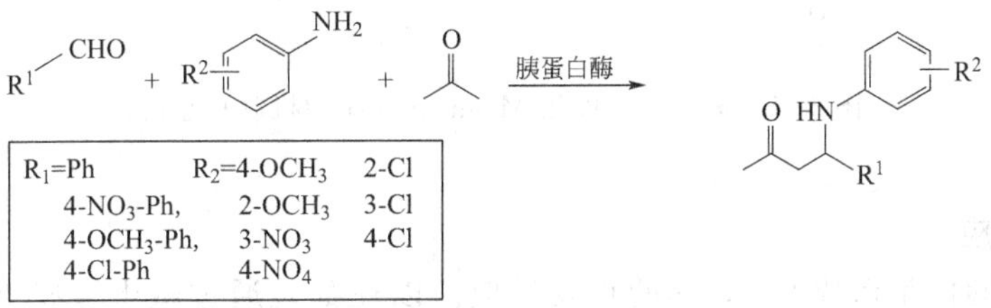

R1 CHO
NH2
R2
O
胰蛋白酶
O HN
R1
R1=Ph
4-NO3-Ph,
4-OCH3-Ph,
4-Cl-Ph
R2=4-OCH3
2-OCH3
3-NO3
4-NO4
2-Cl
3-Cl
4-Cl

图6-26 胰蛋白酶催化Mannich反应

何延红等用*α*-淀粉酶作为生物催化剂催化直接不对称的三组分Mannich反应（图6-27）。由*α*-淀粉酶催化的Mannich反应可以作用于较宽的底物范围，并得到了较高的产率和立体选择性（产率：14%～87%；*ee*值：50%～81%）。*α*-淀粉酶催化的直接不对称Mannich反应更加经济可行、方便和廉价。虽然目前该方法的产率、*ee*值和dr值并不十分理想，但是作为一种新型的反应方法是非常有意义的。

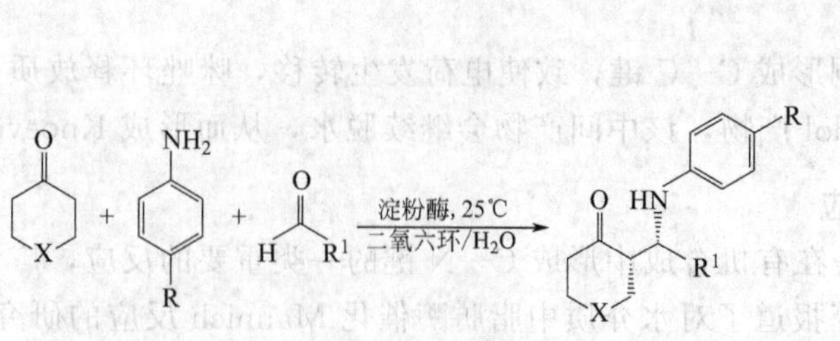

图 6-27 α-淀粉酶催化不对称三组分 Mannich 反应

结合上述报道研究以及 α-淀粉酶的 X 射线结构的分析，何延红等初步推测了 α-淀粉酶催化 Mannich 反应的机制。首先，芳香醛和芳香胺脱去一分子水形成亚胺，Glu 233 和 Asp 300 活化环己酮形成烯醇，紧接着在 Glu 233 和 Asp300 的帮助下，烯醇亲核进攻亚胺形成 Mannnich 产物中间体，最后 Glu 233 和 Asp300 再次循环，生成最终的 Mannich 产物（图 6-28）。

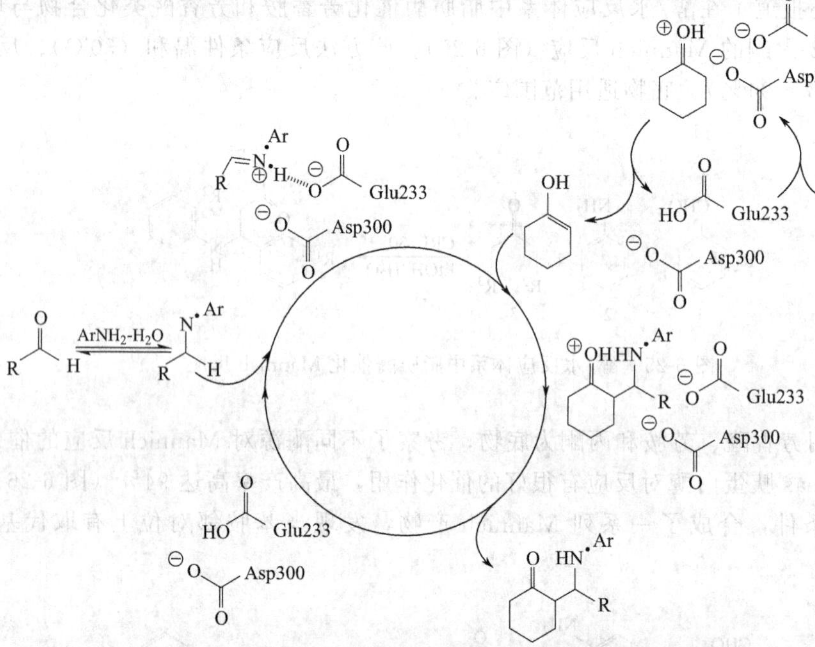

图 6-28 α-淀粉酶催化 Mannich 反应的机制示意图

5. Henry 反应

Henry 反应同样是形成 C—C 键的重要反应。以往都是通过碱土金属氧化物、碳酸盐、碳酸氢盐等催化剂催化，因此，寻找一种绿色、易得的生物催化剂具有极大的应用前景。何延红等报道了谷氨酰胺转氨酶在二氯甲烷中催化一系列芳香醛与硝基甲烷、硝基乙烷或硝基丙烷的 Henry 反应（图 6-29），并得到了较高的产率。林贤福等也发现了一种含有金属离子的氨基酰化酶（D-aminoacylase）催化的 Henry 反应，该酶同样表现出了较高的活性，并得到较高的产率。

乐长高等报道了脂肪酶在醇/水体系中催化芳香醛与硝基甲烷、硝基乙烷或硝基丙烷的 Henry 反应（图 6-30），发现多种脂肪酶都具有催化 Henry 反应的活性，其中黑曲霉脂肪酶

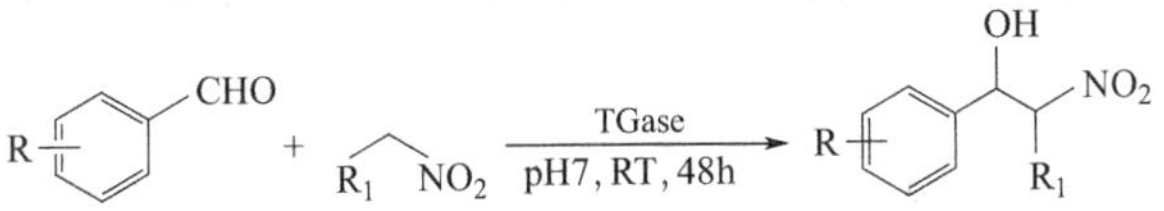

图 6-29 谷氨酰胺转氨酶 TGase 催化 Henry 反应

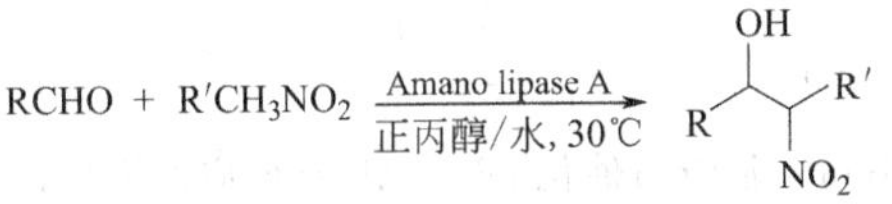

图 6-30 脂肪酶在醇/水体系中催化 Henry 反应

具有最佳的催化性能，催化 Henry 反应的产率较高，但仍然没有立体选择性。

Griengl 等人发现 *Hevea brasiliensis* 羟腈裂解酶在两相溶剂中催化醛与硝基甲烷或硝基乙烷的 Henry 反应（图 6-31），获得了最高 77%的收率和 99%的 *ee* 值，这是迄今最早的关于酶催化 Henry 反应具有立体选择性的报道。同时利用动力学模拟的方法对反应的机制进行了阐述。2011 年，Asano 等发现源自拟南芥的腈裂解酶在水和有机溶剂的两相体系中可以催化芳香醛、脂肪醛和硝基甲烷之间发生 Henry 反应，同时得到高达＞99.9%的立体选择性，这一发现也大大推进了酶催化不对称 Henry 反应的发展进程。

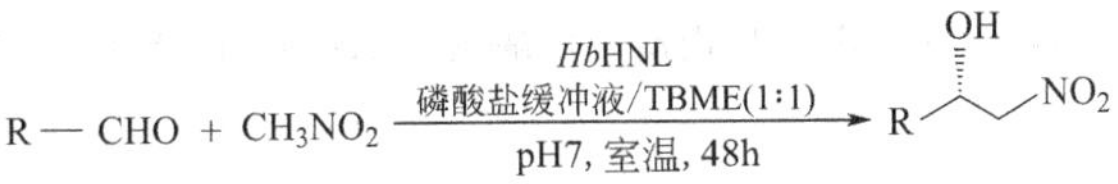

图 6-31 羟腈裂解酶催化 Henry 反应

此外，Ramstrom 等报道了对脂肪酶（PS-CI）催化一锅法 Henry 反应/酯交换反应合成 *β*-硝基烷烃类化合物的研究（图 6-32）。该方法获得了较高的产率（产率高达 92%）和较好的选择性（*ee* 值高达 99%）。此报道也是将酶催化专一性与非专一性相结合的一个实例，对酶催化非专一性的应用是一种极大的拓展。

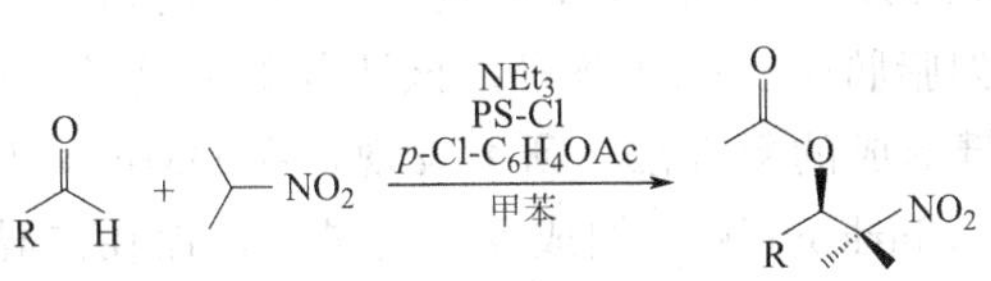

图 6-32 脂肪酶催化一锅法 Henry 反应/酯交换反应

6. 酶催化 Diels-Alder 反应

Diels-Alder 反应又称双烯合成反应，指具有共轭二烯结构的双烯体与含有不饱和键的亲双烯体，进行 1,4-加成得到环状烯烃的反应。反应具有原子经济性、热可逆性、区域选择性及立体选择性等特点，因此早在 1928 年被发现以后就成为了有机合成工作者的研究热点。Linder 等报道了一种低成本计算机模拟设计酶促反应的新方法，该研究是基于分子动力学的相关理论，运用计算机技术对酶活性位点结构进行改造设计。该研究小组设计了一种具有潜在应用价值的活性位点突变酶，据初步估算，该酶对 Diels-Alder 反应的催化效率可达到

原酶的 10^5 倍。该课题组还对脂肪酶催化 Diels-Alder 反应的计算机模拟研究做了其他的相关报道。如图 6-33 所示。

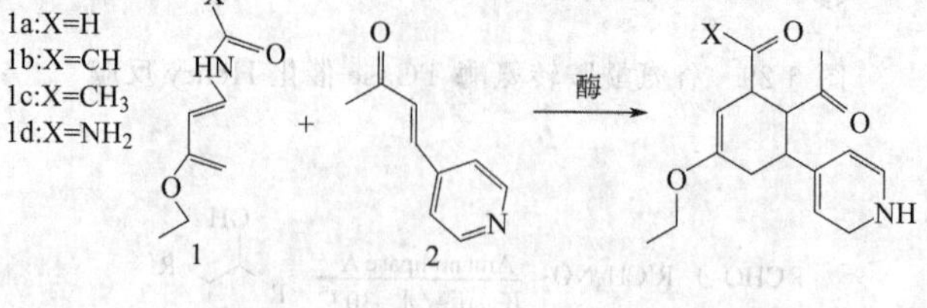

1a:X=H
1b:X=CH
1c:X=CH_3
1d:X=NH_2

图 6-33 脂肪酶催化 Diels-Alder 反应的模拟设计

官智、何延红等首次在乙腈/水的混合溶剂中使用鸡蛋清溶菌酶催化芳香醛、芳香胺和环己烯酮三组分 Aza-Diels-Alder 反应（图 6-34）。产物收率最高达 98%，endo/exo 选择性达到 90∶10。HEWL 在该反应中展现出很强的底物非专一性和催化非专一性，这就为 Aza-Diels-Alder 反应提供了一种简单的合成方法，同时进一步拓宽了溶菌酶在有机催化合成中的应用范围。

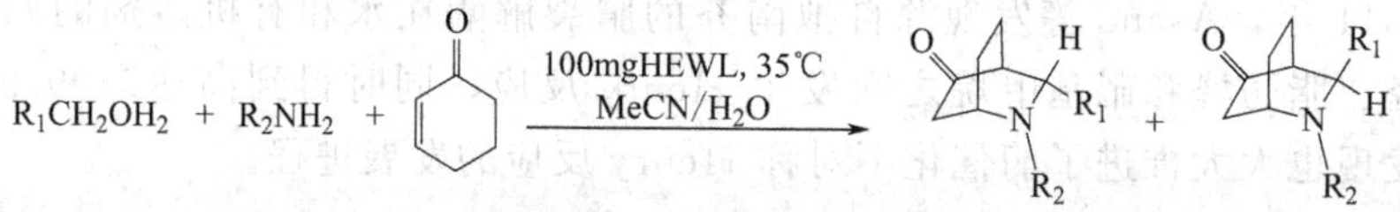

$R_1CH_2OH_2$ + R_2NH_2 + （环己烯酮） —100mgHEWL, 35℃ / MeCN/H_2O→

图 6-34 乙腈/水中鸡蛋清溶菌酶催化 Aza-Diels-Alder 反应

7. Markovnikov 反应

马尔科夫尼科夫规则（Markovnikov rule）简称"马氏规则"，是一个基于扎伊采夫规则的区域选择性经验规则，是有机反应中的一条规律，1870 年由马尔科夫尼科夫发现。Markovnikov 加成反应是有机合成中形成 C—C、C—O、C—N 键的重要方法。传统的 Markovnikov 加成反应反应较快，产率较高，主要利用酸、碱或强热来促进反应的进行，利用酶催化 Markovnikov 反应更符合绿色化学合成的要求。

林贤福等对酶催化 Markovnikov 加成反应进行了系统的研究，发现多种酶均能够催化 Markovnikov 加成反应，如脂肪酶、酰化酶等。该课题组报道了一种有机溶剂中南极假丝酵母菌脂肪酶 B 催化 C—S 键形成的新方法。研究发现，在 DMF（*N*,*N*-二甲基甲酰胺）中脂肪酶 CAL-B 能够催化 anti-Markovnikov 加成反应的进行，而在二异丙醚中脂肪酶 CAL-B 能够催化 Markovnikov 加成反应的进行。如图 6-35 所示。

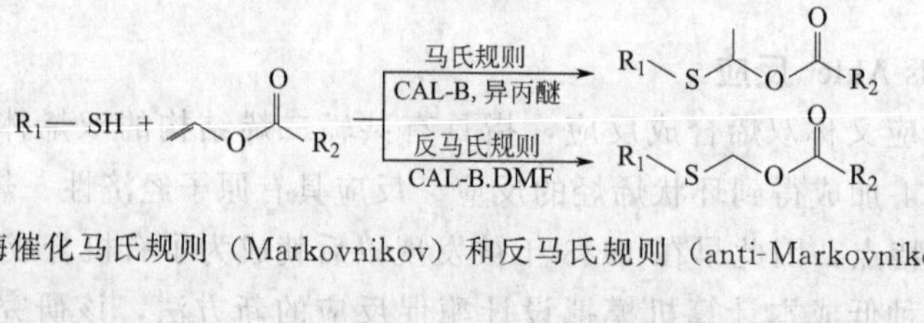

R_1—SH + … 马氏规则 / CAL-B, 异丙醚；反马氏规则 / CAL-B.DMF

图 6-35 脂肪酶催化马氏规则（Markovnikov）和反马氏规则（anti-Markovnikov）加成反应

有机溶剂中脂肪酶还可以催化 *N*-杂环化合物与乙烯基酯类化合物发生 aza-Markovnikov 加成反应。林贤福等通过对酶源和有机溶剂的筛选，发现在 DMSO（二甲基亚砜）中

Mucor javanicus 脂肪酶催化 aza-Markovnikov 加成反应的产率达到了 82.6%，反应速率比最初提高了 600 倍。该课题组以乙烯基酯类化合物作为串联 aza-Markovnikov 加成和酰化反应的反应物，开发了一种酶催化合成药物中间体的新方法，成功地合成了一系列 *N*-杂环类化合物的药物中间体。如图 6-36 所示。

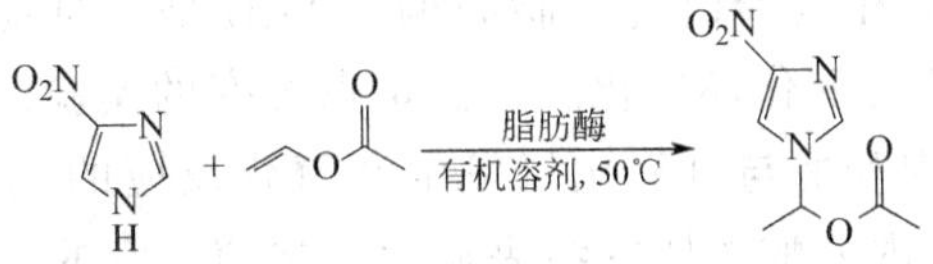

脂肪酶
有机溶剂, 50℃

图 6-36 脂肪酶催化 aza-Markovnikov 加成/酰化串联反应

除了脂肪酶能催化 Markovnikov 加成反应外，大肠杆菌 D-氨基酰化酶能催化唑类化合物与乙烯基酯进行 Markovnikov 加成反应（图 6-37）。这种酰化酶对五元 *N*-杂环、嘧啶、嘌呤和乙烯基酯的 Markovnikov 加成反应也具有较好的催化活性，利用这一方法能合成多种具有药理活性的唑类衍生物。

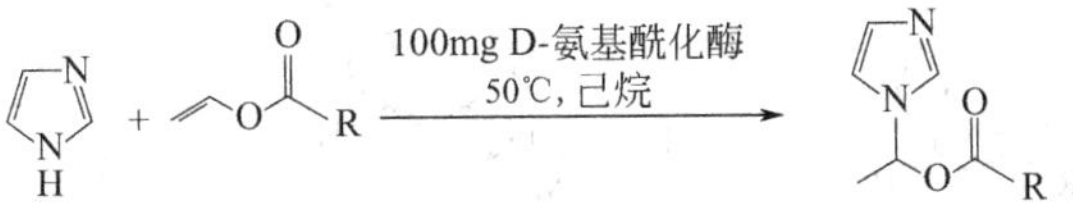

100mg D-氨基酰化酶
50℃, 己烷

图 6-37 D-氨基酰化酶催化 Markovnikov 加成反应

以上研究表明氨基酰化酶不但具有传统意义上的催化功能，还可以催化含氮杂环和乙烯酯类的 Markovnikov 加成反应，并表现出较宽的底物选择性和较高的催化活性。氨基酰化酶催化 Markovnikov 加成反应的反应机制如图 6-38 所示，首先，酶活性中心的锌离子与底物乙烯酯的羰基作用，极化了乙烯酯的 C═C 双键；当加入亲核试剂后，酶活性中心的天冬氨酸作为碱夺取了亲核试剂氮原子上的质子，同时，该亲核试剂加成到乙烯酯的 α-碳上，形成的 β-碳负离子被活性中心的锌离子稳定，天冬氨酸作为酸传递质子完成最终反应。

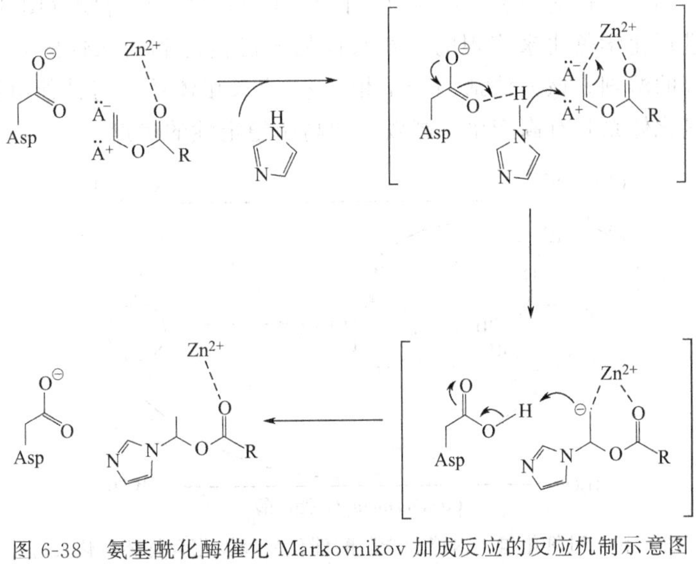

图 6-38 氨基酰化酶催化 Markovnikov 加成反应的反应机制示意图

8. 氧化反应

光学活性环氧化物是一类非常重要的手性砌块。通过选择性的开环及官能团转换等反应可合成一系列非常有价值的手性化合物和天然产物。而脂肪酶催化烯烃的不对称环氧化反应可作为合成不对称环氧化物的重要方法。Brinck 研究小组报道了对南极假丝酵母菌脂肪酶 B 催化直接环氧化反应的理论和实验研究。脂肪酶 CALB 是一种应用广泛的丝氨酸水解酶，除了可以催化其主反应外还可催化环氧化反应。定点突变的实验结果揭示了水相及有机相中脂肪酶 CALB 催化 α,β-不饱和醛与过氧化氢发生环氧化反应的机制。脂肪酶 CALB 的活性位点（Ser105）定点突变成丙氨酸的研究结果显示，之前假定的非直接环氧化反应的机制是不成立的。该研究小组通过计算机模拟技术和实验的研究，确定了反应的吉布斯自由能、活化参数及底物的选择性。运用密度泛函理论对脂肪酶（CALB Ser105Ala）催化直接环氧化反应的热力学参数和反应机制进行了研究。结果显示，该反应是一个通过形成氧阴离子中间体来实现的两步反应；脂肪酶结构片段（Asp187）支撑的活性位点残基（His224）具有常规酸碱催化剂的功能；反应过程中形成的氧离子是通过结构片段（Thr40）形成的两个氢键来维持稳定的。如图 6-39 所示。

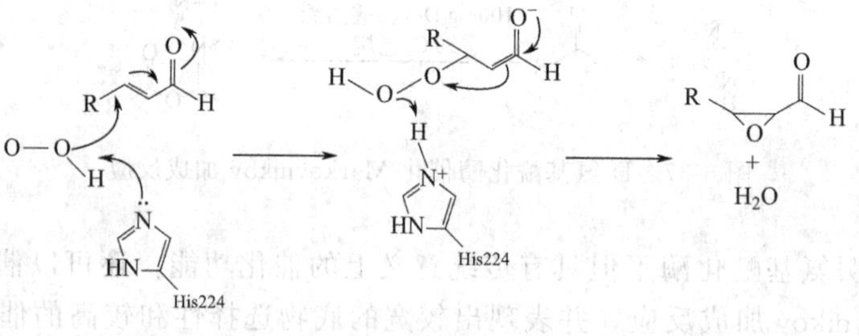

图 6-39　脂肪酶 CALB 催化烯烃环氧化反应的机制示意图

Li 等发现了一种由过氧化氢、内酯和脂肪酶组成的，催化烯烃类化合物发生环氧化反应的高效、绿色的氧化体系。烯烃类化合物都能在此氧化体系中发生环氧化反应，生成相应的环氧化物，分离产率达到 87%～95%。研究显示，此环氧化反应是通过脂肪酶催化内酯形成羟基过氧酸，不产生任何不利于反应进行的短链酸和醇类化合物（图 6-40）。该反应是在酶原位对烯烃进行化学氧化来实现的，亲水性的 ε-己内酯和疏水性的 δ-癸内酯既是高活性反应物也是良好的溶剂。该方法适用于单相和液-液双相体系。与其他由脂肪酶组成的氧化体系相比，该氧化体系具有高产率、高效率和高酶稳定性的优点。

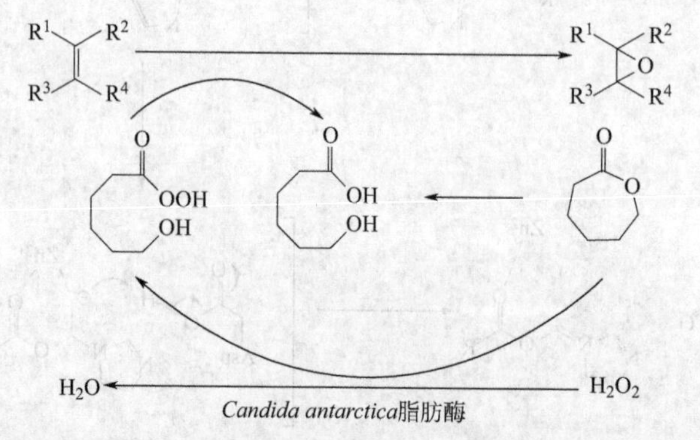

图 6-40　过氧化氢、内酯和脂肪酶催化烯烃类化合物环氧化反应

除了利用脂肪酶催化环氧化反应外，还有其他氧化反应也相继被报道。例如王磊等报道了一种南极假丝酵母菌脂肪酶 B 介导的原位生成过氧酸并氧化苯胺合成氧化偶氮苯的反应（图 6-41）。这种方法温和、高效且选择性高，具有良好的底物适用性。此方法是通过脂肪酶催化乙酸乙酯生成过氧乙酸，这种原位生成的过氧乙酸由于浓度可控，不但氧化活性高且不易产生副产物。

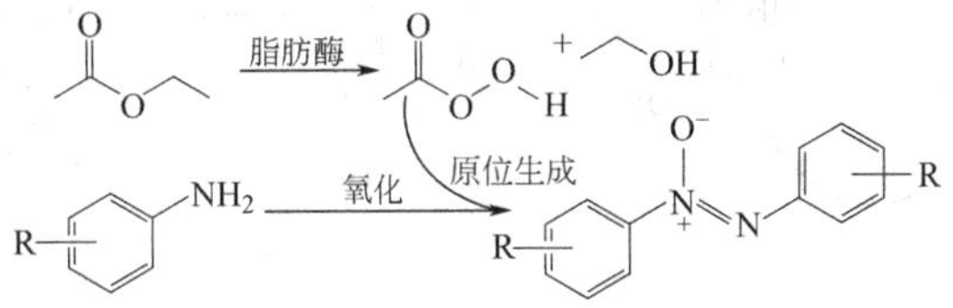

图 6-41 脂肪酶介导的原位生成过氧酸氧化苯胺合成氧化偶氮苯的反应

此外，利用这种原位生成过氧酸进一步催化 Baeyer-Villiger 氧化重排反应（图 6-42）也引起人们的广泛关注。Roberts 等利用南极假丝酵母菌脂肪酶 B 催化过氧化氢与十四烷酸生成过氧酸，再进一步氧化多种环酮生成内酯，和利用 mCPBA 氧化的化学方法相比，不但产率相当，且反应条件更加温和，过程可控，还避免使用了不稳定的过氧酸 mCPBA。目前，运用酶的非专一性催化 Baeyer-Villiger 氧化反应的报道还很少，因此前景广阔。

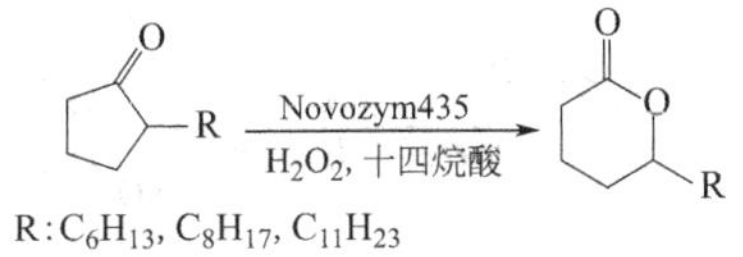

图 6-42 脂肪酶介导的原位生成过氧酸催化 Baeyer-Villiger 氧化重排反应

9. Biginelli 反应

Biginelli 作为一种原子经济的多组分反应，该反应得到的是嘧啶酮或硫代嘧啶酮类化合物，通常具有潜在的药理活性或生理活性，已经广泛应用在有机和药物化学合成中。以往催化 Biginelli 反应的催化剂往往带有环境污染、条件苛刻及产率不理想的缺点，因此，探索一种有效、经济、环保的方法来解决该难题极为迫切。章鹏飞等发现猪胰蛋白酶具有催化乙酰乙酸乙酯、芳香醛与尿素的 Biginelli 反应，通过对反应温度、反应介质的研究，研究者发现该酶促三组分反应在 37℃、乙醇作为反应介质的条件下收率最高（图 6-43）。

10. Baylis-Hillman 反应

Baylis-Hillman 反应是亲电试剂与活泼烯烃在催化剂的作用下发生烯烃 α-位加成的反应。该反应具有反应选择性好、原子经济性等优点，因而在有机合成中得到广泛应用。Reetz 等首次报道了蛋白质（血清蛋白、脂肪酶等）催化环己烯酮与对硝基苯甲酸的 Morita-Baylis-Hillman 反应（图 6-44）。通过对一系列蛋白质的催化活性的研究，他们发现牛血清蛋白具有最好的催化活性，可以得到 35% 的转化率和 19% 的立体选择性。但是猪胰脂肪酶、猪肝酯酶、黑曲霉脂肪酶等水解酶催化该反应的效果不是很好，最高产率仅为 10%。而且发现失活的脂肪酶或者是牛血清蛋白（BSA）都对该反应有一定的作用，表明脂肪酶催化该反应不一定是活性中心在起作用，也许是酶分子中一些特殊的构象在起催化作用。

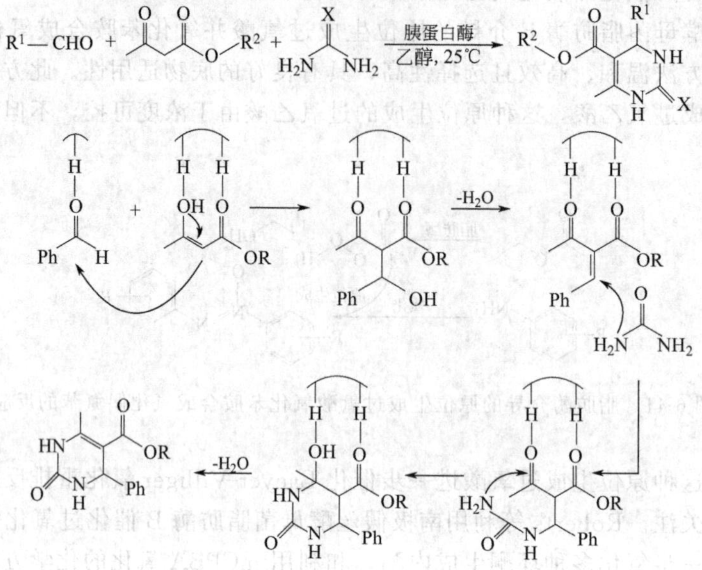

图 6-43 猪胰蛋白酶催化的 Biginelli 反应及其可能机制

图 6-44 牛血清蛋白催化 Morita-Baylis-Hillman 反应

随后，Gotor 课题组在研究地衣芽孢杆菌蛋白酶催化 C—C、C—N 键合成反应时，发现该蛋白酶具有催化 Baylis-Hillman 反应的活性。通过对失活酶的催化活性的研究，发现失活酶仍然具有一定的催化活性（图 6-45），这一结果与 Reetz 等的结论是一致的。

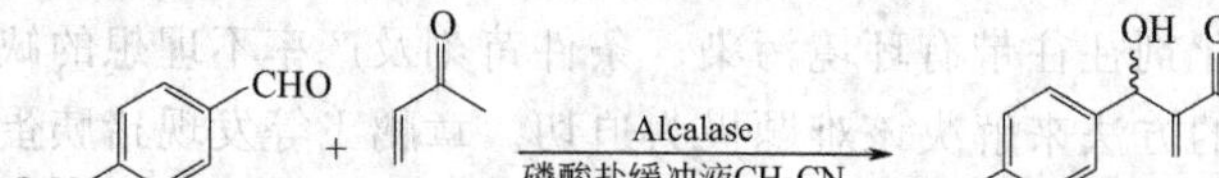

图 6-45 地衣芽孢杆菌蛋白酶催化 Baylis-Hillman 反应

11. 卡宾转移反应

细胞色素 P450 作为一种末端加氧酶，参与了生物体内的甾醇类激素合成等过程。近年来，对细胞色素 P450 的结构、功能特别是对其在药物代谢中的作用的研究有了较大的进展。但是关于细胞色素 P450 催化的有机合成反应却极少报道。Arnold 等报道了利用细胞色素 P450 催化卡宾转移反应（图 6-46），使得烯烃环丙烷化，且具有一定的立体选择性和顺反选择性。

此外，Arnold 等发现细胞色素 P450 还可以催化卡宾体的 N—H 键插入反应（图 6-47）。该反应是一种十分实用的 C—N 键合成反应，以往催化此类反应多采用金属络合物等的化学方法，而利用细胞色素 P450 催化该反应则具有反应效率高、条件温和、选择性好等优点，

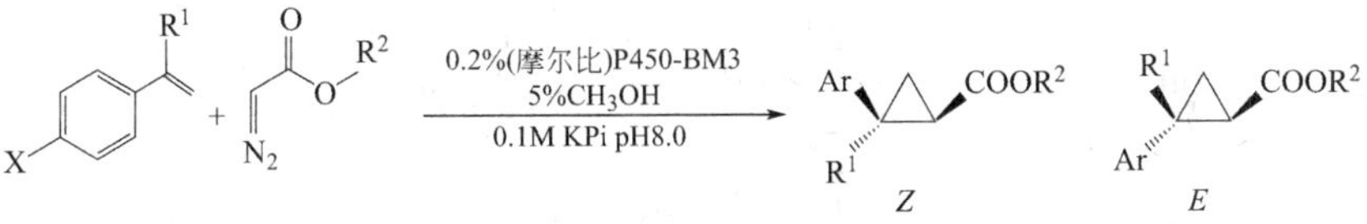

图 6-46 酶催化卡宾转移反应

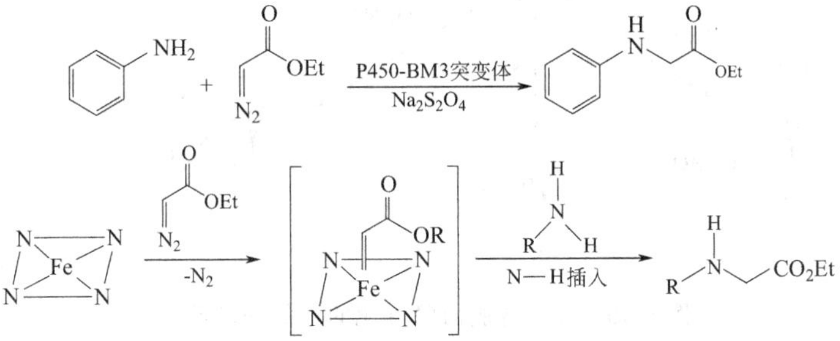

图 6-47 细胞色素 P450 催化卡宾体的 N-H 键插入反应

因此，这一发现极大地拓展了酶催化在有机合成 C—N 键中的应用。

12. Si—O—Si 键合成

脂肪酶或者胰蛋白酶能催化硅烷或者烷氧基硅烷的缩合反应来形成 Si—O—Si 键。例如 Taylor 等报道胰蛋白酶能够催化三甲基乙氧基硅烷的水解与缩合（图 6-48）。虽然硅烷或者烷氧基硅烷具有较高的活力来进行自发的缩合，但是利用胰蛋白酶催化该反应的速度比自发的缩合快 10 倍。当利用特异性的抑制剂对胰蛋白酶的活性中心进行抑制后，该酶催化缩合反应的活力消失，也证明了反应是在酶的活性中心进行的。

$$Me_3Si—OEt \xrightarrow[H_2O]{胰蛋白酶} Me_3Si—O—SiMe_3 + 2\,EtOH$$

图 6-48 胰蛋白酶催化合成 Si—O—Si 键

13. 环氧开环反应

环氧化合物是一种用途广泛的有机化合物，环氧化合物立体选择性开环形成具有生物活性的药用中间体、β-阻滞剂和不对称催化的催化剂。环氧化合物开环反应是一种特殊的亲核取代反应，在酸/碱性条件下，环氧化合物两端开环形成两种不同的产物。传统催化剂具有反应时间长，毒性大，空气/湿气敏感，位置选择性差，副反应多，目标化合物产率低，催化剂无法重复使用等缺点。Janssen 等报道了负离子亲核试剂与环氧化合物的立体选择性开环反应可以由卤代醇脱卤酶催化发生，产物的立体选择性高，*ee* 值范围在 90%～99%。研究发现 Br^-、Cl^-、CN^-、NO_{2-}、N_{3-}、OCN^-、SCN^- 和 $HCOO^-$ 等 9 个负离子都可以作为亲核试剂（图 6-49），而含硫化合物、二价的负离子和非离子的伯醇和氨类则不反应，这表明酶只能接受线形的一价负离子为底物。

14. 多组分串联反应

多组分反应（multicomponent reactions，简称 MCRs）是指将三种或者三种以上的底物

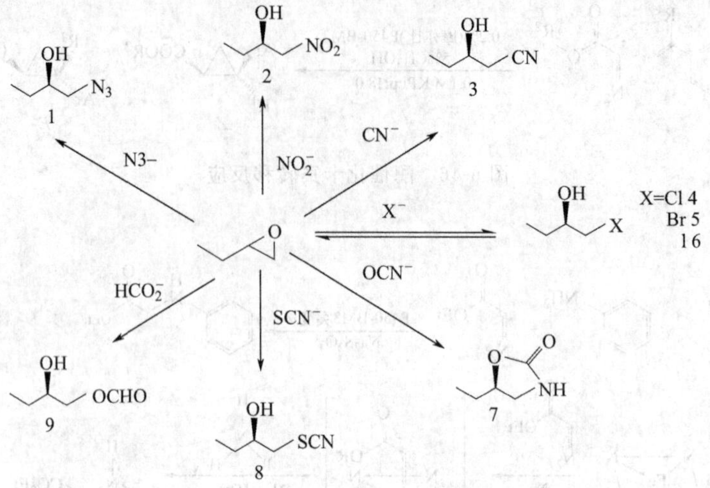

图 6-49 卤代醇脱卤酶催化的环氧开环反应

分子加入反应中，用一锅煮的方法，不经过中间体分离，直接获得包含所有组分主要结构片段的新化合物。多组分反应至少涉及两个以上的官能团，可将其视为多个双分子反应的组合体。它不是单纯几个双分子反应在数量上的叠加，还必须根据多米洛规则进行有序的反应。近年来，将多组分串联反应的原子经济性、高选择、操作简便的特点与酶催化的高效、催化剂可重复利用等特点结合起来并用于有机合成，越来越受到人们的重视，将酶催化非专一性运用于多组分串联反应的例子也屡见报道。

章鹏飞等利用猪胰脂肪酶在水存在的条件下，有效地催化靛红、腈基衍生物和羰基衍生物三组分一锅法有效地合成螺吲哚环衍生物（图 6-50）。研究中发现，反应体系中水含量对酶促反应的催化效率有很大的影响。当体系中不含有水时，酶促反应几乎不能发生，当水含量略微增加时，反应效率急剧增加，当体系含水量为 10%时（体积百分数），猪胰脂肪酶的活性最高。而当体系的水含量超过 10%后，随着含水量的不断增加，反应效果却在逐渐降低，这可能是由于体系中含水量的升高，使得底物的溶解度降低。研究说明微量的水能够促进酶的催化活性，但是过量的水会导致底物的溶解度降低，从而影响反应进行。

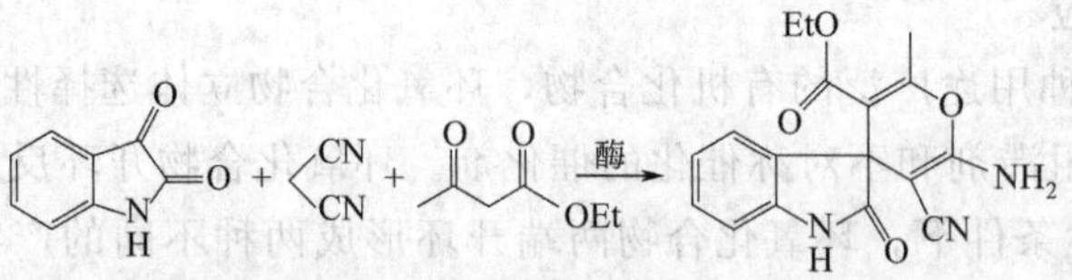

图 6-50 脂肪酶催化多组分串联反应合成螺吲哚环衍生物

Bora 等发现黑曲霉脂肪酶可以催化乙酰乙酸乙酯、水合肼、酸或酮和丙二腈四组分反应。当醛参与反应时，ANL 催化 1～3.5h 后的产率就可以达到 75%～98%，脂肪醛相对应的产率要明显低于芳香醛；而酮的反应活性要明显低于醛，需要反应 36～50h 后产率才达到 70%左右（图 6-51）。

林贤福等报道了南极假丝酵母菌脂肪酶 B 催化的硝基苯乙烯、对硝基苯甲醛、乙酰胺和环己酮的多组分串联反应合成具有复杂结构的化合物。该反应对取代的苯甲醛的选择性非

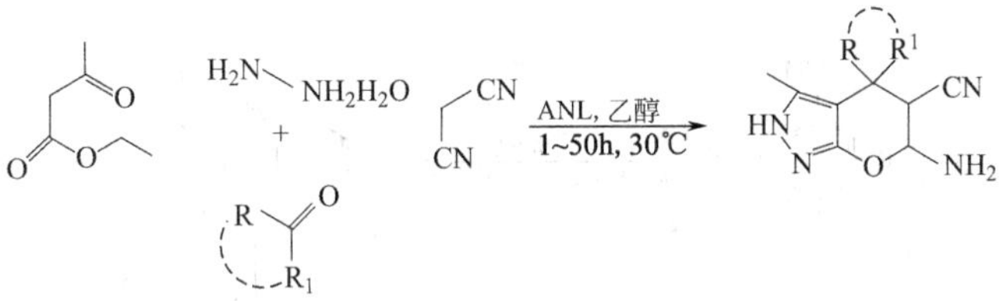

图 6-51 黑曲霉脂肪酶催化的多组分合成二氢吡喃并吡唑

常高，只有对硝基苯甲醛能够参与反应（图 6-52）。具体的反应过程如下：脂肪酶首先催化醛和环己酮进行 Aldol 反应，然后催化乙酰胺对羰基的缩合和水解，得到的中间产物与硝基苯乙烯经过 Michael 加成/Nef 反应，最后与环己酮缩合形成螺环。

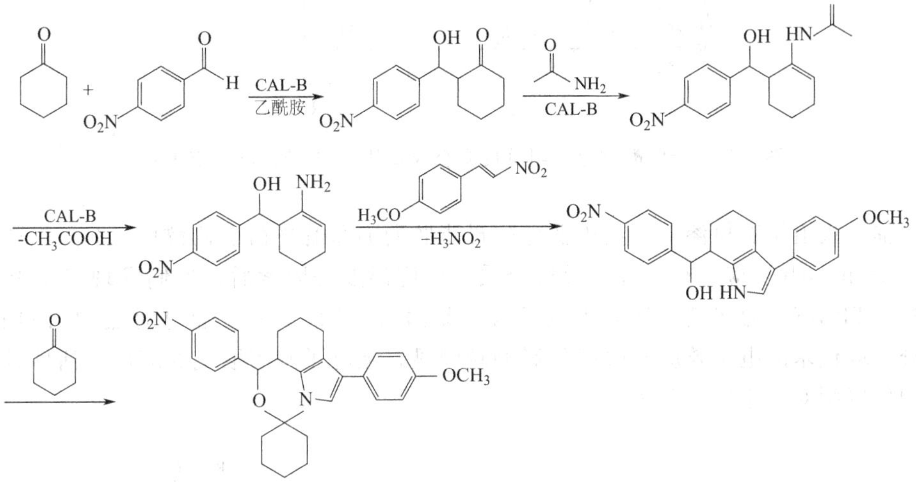

图 6-52 脂肪酶催化多组分反应合成螺环化合物

色烯类化合物是一类母核为苯并吡喃的杂环化合物，由于其具有潜在的抗肿瘤、抗菌、抗疟原虫等活性，因此在药物化学中具有重要的地位。章鹏飞等报道了酶催化多组分反应合成四氢色烯类衍生物。通过对酶源、反应介质、反应温度等因素的研究，发现 35℃下，猪胰脂肪酶在乙醇与水的混合溶剂中具有最好的催化活性（图 6-53）。该方法具有底物适用性广、反应条件温和和收率高等优点。

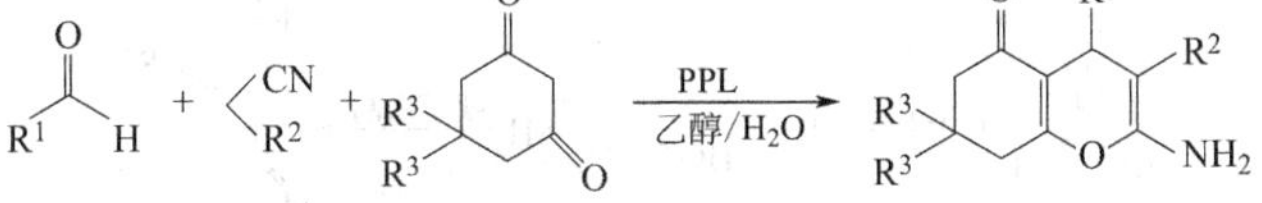

图 6-53 猪胰脂肪酶催化的四氢色烯衍生物的合成

王磊等报道了念珠菌属脂肪酶催化芳香醛、丙二腈与 2-羟基萘醌的多组分串联反应合成苯并 [g] 苯并吡喃衍生物。该反应过程包含 Knoevenagel 缩合反应、Michael 加成反应等多种反应类型。利用酶催化的方法不但产率高（81%～93%），且作用的底物芳香醛的结构更加广泛，芳香醛的取代基电子效应（不论是吸电子基团还是供电子基团），对此多组分串联反应没有明显的影响（图 6-54）。

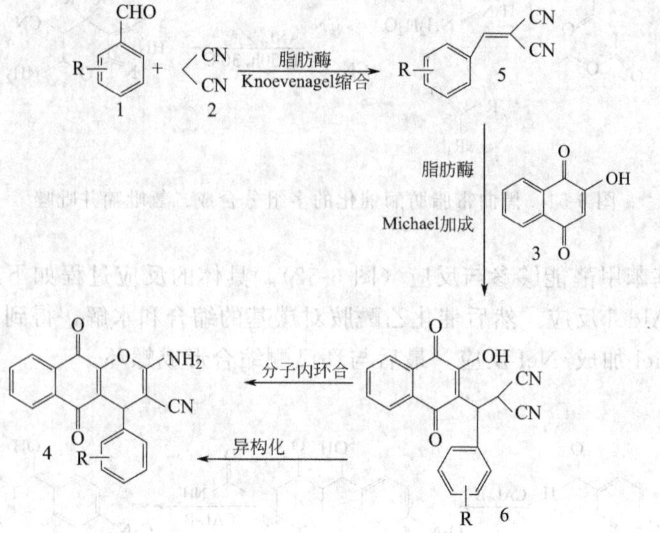

图 6-54 脂肪酶催化多组分反应合成苯并［g］苯并吡喃衍生物

林贤福等报道了有机溶剂中南极假丝酵母脂肪酶 B 催化的醛、乙酰胺、1,3-二羰基化合物三组分 Hantzsch 反应。在研究了反应介质、反应温度等因素后，他们发现 CALB 在甲基叔丁基醚（TBME）为溶剂、50℃下的反应效果最好（图 6-55）。通过对底物结构的研究，发现醛分子取代基的电子效应对收率的影响较明显，吸电子基团取代的醛反应活性较好，而取代基的位置则对收率影响不大。

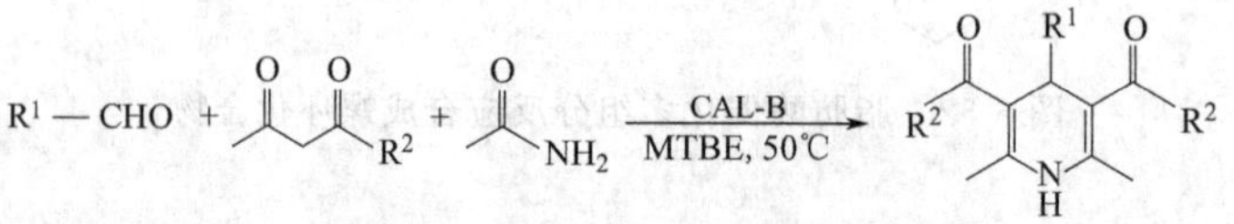

图 6-55 脂肪酶催化的三组分 Hantzsch 反应

章鹏飞等发现胰蛋白酶可以催化醛、胺和巯基乙酸的三组分反应合成 4-噻唑啉酮（图 6-56）。该反应的底物适用性较广，取代基电子效应明显，给电子基团取代的芳香醛相应的产率要明显低于吸电子基团取代的芳香醛。

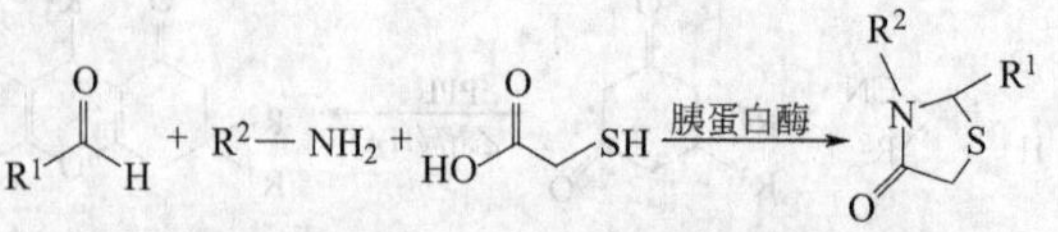

图 6-56 胰蛋白酶催化的一锅多组分合成唑啉酮

此外，胰蛋白酶还可以催化苯甲酰基异硫氰酸酯、仲胺和丁炔二羧酸二烷基酯的三组分反应来合成噻唑衍生物。其中丁炔二羧酸二乙酯的产率要低于二甲酯，可能是因为乙基的空间位阻较大。当葡萄糖胺作为仲胺时也可以生成葡萄糖胺噻唑衍生物，说明该反应的底物适用性好（图 6-57）。

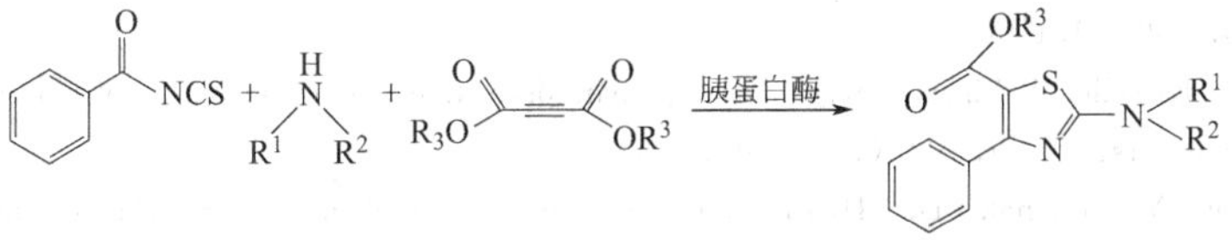

图 6-57 胰蛋白酶催化三组分反应来合成噻唑衍生物

总结与展望

酶的多功能性从发现到现在才仅仅几十年时间，但是在这几十年里却发展迅速，它是除酶专一性的性质以外的另外一个重要发现，它对促进生物酶学的发展和应用具有重大的理论意义和现实价值。事实上，生物学上认为酶分子都是由具有多功能性的、原始的、古老的酶进化而来的，这些数量相对较少、原始的酶具有催化较广范围的底物进行新陈代谢的能力，而逐步增加的专一性和选择性则被视为远古酶分化和进化的结果。在酶的非专一性没有对其天然活性（专一性）造成影响时，酶分子进化过程中就没有必要剔除酶的非专一性。在天然的催化转换过程中，酶的非专一性被掩盖，只有在非天然条件下才会变得明显。研究酶的非专一性不仅有助于弄清酶与底物之间的相互作用，而且会帮助我们了解次级代谢产物的生物合成代谢途径。

目前，大量的生物酶作为潜在的实用催化剂已经渐渐被人们所认识，且在不对称转化和手性药物的合成中已经获得了广泛的应用。作为绿色催化剂，酶催化的大部分反应具有反应条件温和、对环境无污染、高效性和高立体选择性等特点，因此，酶催化已经成为当代绿色化学发展的一个重要方向之一。酶的非专一性研究，特别是催化非专一性研究，可以极大地拓展生物催化剂的适应范围，为绿色有机合成提供一种行之有效的方法。综上所述，未来酶催化的发展方向主要集中在以下几个方面：①酶催化新类型反应的发现；②酶催化非专一性的作用机制；③酶催化不对称合成。这些都是值得深入研究的领域，同时也是极具挑战性和吸引力的课题。

参考文献

[1] Khersonsky O, Roodveldt C, Tawfik D S. Enzyme promiscuity: evolutionary and mechanistic aspects. Current opinion in chemical biology, 2006, 10 (5): 498-508.

[2] Zaks A, Klibanov A M. Enzyme-catalyzed processes in organic solvents. Proceedings of the National Academy of Sciences, 1985, 82 (10): 3192-3196.

[3] Klibanov A M. Enzymatic catalysis in anhydrous organic solvents. Trends in biochemical sciences, 1989, 14 (4): 141-144.

[4] Chen K, Arnold F H. Tuning the activity of an enzyme for unusual environments: Sequential random mutagenesis of subtilisin E for catalysis in dimethylformamide. Proc Natl Acad Sci., 1993, 90: 5618-5622.

[5] Lamare S, Legoy M D, Graber M. Solid/gas bioreactors: powerful tools for fundamental research and efficient technology for industrial applications. Green Chem, 2004, 6: 445-458.

[6] 滕霏，汤鲁宏．无溶剂体系中固定化脂肪酶催化的维生素 A 棕榈酸酯的合成．食品与发酵工业，2013，39 (9)：36-40.

[7] Ma J T, Li Q S, Song B, Liu D L, Zheng B S, Zhang Z M, Feng Y. Ring-opening polymerization of-capro-

lactone catalyzed by a novel thermophilic esterase from the archaeon *Archaeoglobus fulgidus*. J Mol Cat B: Enzym, 2009, 56: 151-157.

[8] Andrade L H, Barcellos T. Lipase-catalyzed highly enantioselective kinetic resolution of boron-containing chiral alcohols. Organic letters, 2009, 11 (14): 3052-3055.

[9] Zhu D M, Yang Y, Buynak J D, Hua L. Stereoselective ketone reduction by a carbonyl reductase from Sporobolomyces salmonicolor. Substrate specificity, enantioselectivity and enzyme-substrate docking studies. Org Biomol Chem, 2006, 4: 2690-2695.

[10] Wu W B, Wang N, Xu J M, Wu Q, Lin X F. Penicillin G acylase catalyzed Markovnikov addition of allopurinol to vinyl ester: Chem Commun, 2005, 18: 2348-2350.

[11] Svedendahl M, Hult K, Berglund P. Fast carbon-carbon bond formation by a promiscuous lipase. Journal of the American Chemical Society, 2005, 127 (51): 17988-17989.

[12] Terao Y, Miyamoto K, Ohta H. The Aldol Type Reaction Catalyzed by Arylmalonate Decarboxylase-A Decarboxylase can Catalyze an Entirely Different Reaction, Aldol Reaction. Chem Lett, 2007, 36 (3): 420-421.

[13] Chen X, Liu B K, Kang H, et al. A tandem Aldol condensation/dehydration co-catalyzed by acylase and N-heterocyclic compounds in organic media. Journal of Molecular Catalysis B: Enzymatic, 2011, 68 (1): 71-76.

[14] Li C, Feng X W, Wang N, et al. Biocatalytic promiscuity: the first lipase-catalysed asymmetric aldol reaction. Green Chemistry, 2008, 10 (6): 616-618.

[15] Chen Y L, Li W, Liu Y, Guan Z, He Y H. Trypsin-catalyzed direct asymmetric aldol reaction. J Mol Cat B: Enzym, 2013, 87: 83-87.

[16] Cai Y, Yao S P, Wu Q, et al. Michael addition of imidazole with acrylates catalyzed by alkaline protease from Bacillus subtilis in organic media. Biotechnology letters, 2004, 26 (6): 525-528.

[17] Cai J F, Guan Z, He Y H. The lipase-catalyzed asymmetric C-C Michael addition. Journal of Molecular Catalysis B: Enzymatic, 2011, 68 (3): 240-244.

[18] Feng X W, Li C, Wang N, et al. Lipase-catalysed decarboxylative aldol reaction and decarboxylative Knoevenagel reaction. Green Chem, 2009, 11 (12): 1933-1936.

[19] Lai Y F, Zheng H, Chai S J, et al. Lipase-catalysed tandem Knoevenagel condensation and esterification with alcohol cosolvents. Green Chemistry, 2010, 12 (11): 1917-1918.

[20] Xie B H, Guan Z, He Y H. Biocatalytic Knoevenagel reaction using alkaline protease from Bacillus licheniformis. Biocatalysis and Biotransformation, 2012, 30 (2): 238-244.

[21] Wang Z, Wang C Y, Wang H R, et al. Lipase-catalyzed Knoevenagel condensation between α, β-unsaturated aldehydes and active methylene compounds. Chinese Chemical Letters, 2014, 25 (5): 802-804.

[22] Li K, He T, Li C, et al. Lipase-catalysed direct Mannich reaction in water: utilization of biocatalytic promiscuity for C-C bond formation in a "one-pot" synthesis. Green Chemistry, 2009, 11 (6): 777-779.

[23] Chai S J, Lai Y F, Zheng H, et al. A Novel Trypsin - Catalyzed Three - Component Mannich Reaction. Helvetica Chimica Acta, 2010, 93 (11): 2231-2236.

[24] Tang R C, Guan Z, He Y H, et al. Enzyme-catalyzed Henry (nitroaldol) reaction. Journal of Molecular Catalysis B: Enzymatic, 2010, 63 (1): 62-67.

[25] LeZ G, Guo L T, Jiang G F, Yang X B, et al. Henry reaction catalyzed by Lipase A from *Aspergillus niger*. Green Chemistry Letters and Reviews, 2013, 6 (4): 277-281.

[26] Fuhshuku K, Asano Y. Synthesis of (*R*)-β-nitro alcohols catalyzed by R-selective hydroxynitrile lyase from Arabidopsis thaliana in the aqueous-organic biphasic system. Journal of biotechnology, 2011, 153 (3): 153-159.

[27] Linder M, Hermansson A, Liebeschuetz J, et al. Computational design of a lipase for catalysis of the Diels-Alder reaction. Journal of Molecular Modeling, 2011, 17 (4): 833-849.

[28] He Y H, Hu W, Guan Z. Enzyme-Catalyzed Direct Three-Component Aza-Diels-Alder Reaction Using Hen Egg White Lysozyme. J Org Chem., 2012, 77 (1): 200-207.

[29] Lou F W, Liu B K, Wu Q, et al. *Candida antarctica* Lipase B (CAL-B) -Catalyzed Carbon-Sulfur Bond Addition and Controllable Selectivity in Organic Media. Adv Synth Catal, 2008, 350: 1959-1962.

[30] Wu Q, Liu B K, Lin X F. Enzymatic Promiscuity for Organic Synthesis and Cascade Process. Current Organic Chemistry, 2010, 14 (17): 1966-1988.

[31] Svedendahl M, Carlqvist P, Branneby C, et al. Direct Epoxidation in Candida antarctica Lipase B Studied by Experiment and Theory. Chem Bio Chem, 2008, 9 (15): 2443-2451.

[32] Yang F J, Wang Z, Zhang X W, et al. A green chemo-enzymatic process for the synthesis of azoxybenzenes. Chemcatchem, 2015, DOI: 10. 1002/cctc. 201500720.

[33] Reetz M T, Mondiere R, Carballeira J D, et al. Enzyme promiscuity: first protein-catalyzed Morita-Baylis-Hillman reaction. Tetrahedron Letters, 2007, 48 (10): 1679—1681.

[34] Coelho P S, Brustad E M, Kannan A, et al. Olefin cyclopropanation via carbene transfer catalyzed by engineered cytochrome P450 enzymes. Science, 2013, 339 (6117): 307-310.

[35] Hasnaoui G, Spelberg J H L, Vries E, et al. Nitrite-mediated hydrolysis of epoxides catalyzed by halohydrin dehalogenase from *Agrobacterium radiobacter* AD1: a new tool for the kinetic resolution of epoxides. Tetrahedron: Asymmetry, 2005, 16 (9): 1685-1692.

[36] Yang F, Wang H, Jiang L, et al. A green and one-pot synthesis of benzo [g] chromene derivatives through a multi-component reaction catalyzed by lipase. RSC Advances, 2015, 5 (7): 5213-5216.

[37] Yang F, Wang Z, Wang H, et al. Enzyme catalytic promiscuity: lipase catalyzed synthesis of substituted 2 H-chromenes by a three-component reaction. RSC Advances, 2014, 4 (49): 25633-25636.

[38] López-Iglesias M, Gotor-Fernández V. Recent Advances in Biocatalytic Promiscuity: Hydrolase-Catalyzed Reactions for Nonconventional Transformations. The Chemical Record, 2015, 15 (4): 743-759.

（王磊）

第七章 酶稳定化与固定化

酶是一类由细胞产生的具有催化功能的蛋白质，酶能参与生物体内的各种代谢反应，其反应前后数量和性质不发生变化。由于酶催化具有高度专一性，可以减少或避免副反应，许多难以进行的有机化学反应都能在酶的催化下顺利进行。酶的这些特点被人们广泛应用于酿造、食品、医药等领域。

酶结构和功能之间的相关性是现代生物化学的关键问题之一，解决这个问题有助于理解酶在体内自我组装的科学问题。蛋白质类酶的高级结构对环境十分敏感，如物理因素（温度、压力、电磁场）、化学因素（氧化、还原、有机溶剂、金属离子、离子强度、pH）和生物因素（酶修饰和酶降解）均能使酶丧失生物活性。即使在最适合的条件下发生催化反应酶也可能失活，反应速率会随着反应时间的延长逐渐下降，同时，反应后酶不能回收的情况使催化反应只能采用分批法进行。因为蛋白质的稳定性不仅取决于多种外界条件（热、变性剂或 pH），也取决于蛋白质本身的性质，所以要开发一种普遍适用的稳定蛋白质功能的方法实在不是轻而易举的事情。

近年，随着精细化工、分析化学、制药工程和生物工程等领域的飞速发展，对稳定酶制剂的需求越来越大，因此，生产稳定的酶制剂是酶工程的主要任务之一。提高酶的储存和操作稳定性，扩大酶的使用范围引起人们的广泛重视。理想的生物催化方式是使酶与整体相（或液相）分隔开，但仍能进行底物和效应物（激活剂或抑制剂）的分子交换。这种束缚于特殊的相的酶可以像常规化学反应的固体催化剂一样，既具有催化特性，又能实现催化剂的回收、反复使用，并且生产工艺可以连续化、自动化。用这种技术不仅能提高酶的稳定性，改变酶的专一性，提高酶活性，而且还能创造适应特殊要求的新酶，使之更符合人类的要求。本章概述稳定蛋白质空间结构的各种力、表示蛋白质稳定性的若干参数及其测定方法、蛋白质变性和失活的原因和机制，重点介绍酶稳定化和固定化方法及这方面的研究进展。

第一节 酶蛋白的稳定性及其变性机制

一、酶蛋白稳定性的分子原因

蛋白质的稳定性是指蛋白质抵抗各种因素的影响，保持其生物活力的能力。蛋白质要保持其生物活性、发挥其生物功能，就必须保持其空间结构。研究表明，稳定蛋白质空间结构的因素如下。

1. 金属离子、底物、辅因子和低分子量配体的结合作用

金属离子结合到多肽链内不稳定的部分（特别是弯曲处），可以显著增加蛋白质的稳定性。底物、辅因子和低分子量配体与酶相互作用时，会诱导蛋白质的构象更加稳定。

2. 蛋白质-蛋白质和蛋白质-脂的作用

在体内与脂质或多糖形成复合物的蛋白质的稳定性往往增加，这是因为蛋白质分子表面上有疏水区域，也有亲水区域（极性和带电基团）。疏水区域与水的接触对蛋白质的稳定性是热力学上不利。而形成蛋白质复合物，脂质分子或蛋白质分子结合到疏水区域上，屏蔽了蛋白质表面的疏水区域，防止疏水区域与水溶剂的接触，发挥了稳定蛋白质的作用。

3. 盐桥和氢键

蛋白质分子中盐桥对蛋白质的稳定作用很显著。来自嗜热芽孢杆菌的甘油醛-3-磷酸脱氢酶与来自兔肌的同一种酶的三维结构很类似，仅有一个细小但重要的差别——嗜热脱氢酶亚基间区域有盐桥协作系统而嗜温脱氢酶没有，因此，嗜热酶的变性温度和最适温度都比嗜温酶高约20℃。氢键能维持蛋白质的二级结构（如α螺旋、β片层、β转角等），然而用定点突变法定量地测定氢键对蛋白质的稳定性作用，发现氢键的存在与否与蛋白质的稳定性并无太大的关系。

4. 二硫键

二硫键可以稳定蛋白质的思路来自于聚合物化学。20世纪50年代的研究证明，蛋白质的分子内交联可增强其坚实性，提高其在溶液中的稳定性。交联会促使伸展蛋白质中形成二硫键，使伸展蛋白的熵值急剧降低，增加天然蛋白和变性蛋白的自由能差，导致稳定化效应值随着肽链中氨基酸数目的增加而增加。类似的，用双功能试剂实现分子内交联，也能使蛋白质构象稳定化。

5. 对氧化修饰敏感的氨基酸含量较低

位于活性部位的重要氨基酸残基被氧化是蛋白质失活的最常见的现象。半胱氨酸的巯基和色氨酸的吲哚环对氧化作用特别敏感，因此，在稳定的嗜热蛋白中这些不稳定氨基酸的数目比在相应的嗜温蛋白中显著偏低。

6. 氨基酸残基的坚实装配

尽管溶液中的蛋白质可以以类似于低分子量化合物晶体的紧密程度装配，但其结构中仍有空隙。按照Chothia理论，蛋白质球体积约25%仍未充满，溶质分子可以进入到这些孔隙中。因此，这些孔隙通常为水分子所充满，分子质量为20000～30000的蛋白质中有5～15个水分子。极性的水分子通过布朗运动与蛋白质球的疏水核相接触会导致蛋白质不稳定，随着水分子从孔隙中除去，蛋白质结构变得更坚实，蛋白质的稳定性也增加。

7. 疏水相互作用

疏水相互作用对蛋白质的结构和稳定性非常重要。疏水作用的本质及其在蛋白质稳定性中的作用已经形成了统一的理论。带有非极性侧链的氨基酸大约占蛋白质分子总体积的一半，从热力学上来说，它们与水的接触是不利的，因为非极性部分加入水中，会使水的结构更有序地排列。水分子的这种排列，能引起系统的熵值降低和蛋白质折叠状态的改变。因此，蛋白质的非极性部分总是倾向于使其不与水接触，并尽可能地隐藏在蛋白质球体内部，从而使蛋白质的稳定性增加。

二、 测定蛋白质稳定性的方法

有催化活力的酶分子是由非共价力（疏水的、离子的和范德华力及氢键）的微妙平衡来维系结构的。暴露于一定浓度的变性剂或不利的环境条件时，酶蛋白质分子中的非共价力经过先减弱、后破坏的两步伸展过程（100%伸展态）。伸展的结果损坏了酶的活性部位，引起酶失活（见图 7-1）。必须强调的是，这个伸展过程是完全可逆的，因为这种构象从热力学角度上说是有利的，一旦除掉不利的条件，酶分子能重新折叠成它的催化活性形式。事实上，天然态和伸展态的自由能的净差值是 21～84kJ/mol，此值只相当于几个额外的氢键或离子键的作用。

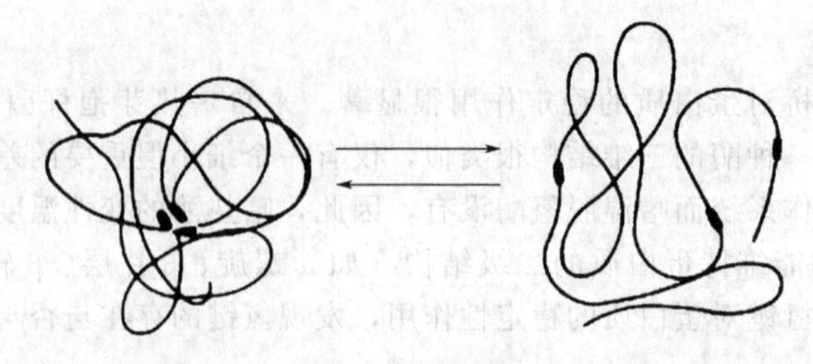

图 7-1 酶分子的可逆伸展（不可逆失活的初始阶段）示意图

黑体部分为酶的活性中心

蛋白质分子的可逆伸展通常是失活过程的开始阶段，随后的不可逆过程可以是共价变化，也可以是非共价变化，视具体的蛋白质和失活原因而定（见图 7-2）。用于测量或比较蛋白质稳定性的指标包括熔化温度 T_m、蛋白质自由能、最大稳定性温度（T_s）的测定和在特定温度下蛋白质功能活性维持的时间。最后一项可扩展成加速降解实验，即在较高温度下加速酶的失活速度，从而预测酶在其他温度下的寿命。此法的依据是阿伦尼乌斯方程，参数的特点列于表 7-1 中。Pace 总结了测定球形蛋白质构象稳定性的方法。对于两阶段系统，即对于由 N（天然折叠蛋白质）→U（变性伸展蛋白质）的反应，构象稳定性与限定条件下的自由能变化（ΔG）相关。蛋白质在不同浓度变性剂溶液中的自由能数值可由实验测得，记为 ΔG（H_2O）；根据蛋白质在不同温度下的变性曲线也可获得自由能数值，记为 ΔG（25℃）。

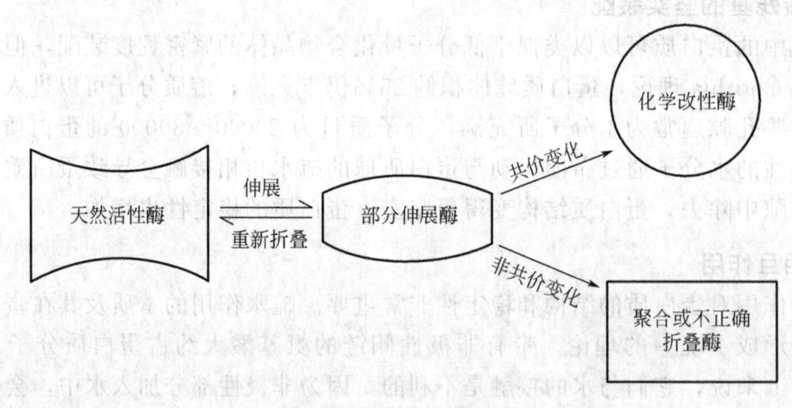

图 7-2 酶的不可逆失活

表 7-1 表示蛋白质稳定性的特征参数

参　数	度　量	是否需两阶段过程	如何测定
T_m	熔化温度	否	实验
变性剂浓度	50%伸展所需的变性剂浓度	否	实验
$\Delta G(H_2O)$	构象稳定性	需要	变性剂伸展曲线
ΔG(25℃)	构象稳定性	需要	热变性曲线

续表

参　数	度　量	是否需两阶段过程	如何测定
T_S	最大稳定性温度	需要	稳定性曲线
相对活力/%	时间 t 时保留的活力	否	实验
加速降解实验	预测温度 T 时的寿命	需要	阿伦尼乌斯图

通过热变性曲线可以测定熔化温度 T_m时的焓变（ΔH）和熵变（ΔS），但要先知道热容的变化（ΔC_p）。最大稳定性温度 T_s（在此温度下熵为 0）可从 ΔG 对温度做图而算得，钟形曲线的最高点即为 T_s。T_s值一般在-10℃（相当于亲水蛋白质）和 35℃（相当于疏水蛋白质）之间。

T_m是蛋白质受热伸展（或加变性剂而伸展）过程中点时的温度。它不要求两阶段过程，对于突变蛋白质的稳定性排序特别有用。只有在伸展过程是两阶段过程时才能测定热力学稳定性，而且测定时必须十分小心，否则误差很大。熔化温度 T_m和蛋白质伸展 50%时的变性剂浓度显然是预测酶稳定性的最有用的参数。测定酶稳定性的另一种方法是应用加速降解实验测定酶活力的变化。此法根据阿伦尼乌斯方程，使活化能（这里相当于活力损失）与绝对温度相关连。活力损失只有通过单分子机制——即一级反应才能观察到。将待测酶放于一定范围的较高温度中，另取一份放于较低温度（如 4℃）作为参比。假定在整个实验过程中，参比温度下不发生酶降解（活力不损失），那么定期分析储存在不同温度下的酶活力，就可算出一级降解速率常数，再将这些常数拟合于阿伦尼乌斯方程。

三、 蛋白质不可逆失活的原因和机制

为了开发有效的稳定化方法，必须研究失活机制。酶失活的机制概述于表 7-2 中。

表 7-2　酶失活机制

失活机制	变性条件
(1)、聚合(有时伴随形成分子间二硫键)	加热,变性剂脲,盐酸胍,SDS,振动
(2)一级结构改变	
①酸、碱催化的肽键水解,蛋白水解作用和自溶作用	极端 pH 值,加热,蛋白水解酶
②功能基氧化(半胱氨酸巯基和色氨酸吲哚环)	氧气(特别是在加热时)氧气代谢产物,辐射
③二硫键还原,分子间二硫键交换	加热,高 pH,巯基化合物,二硫化物
④必需巯基的化学修饰	金属离子,二硫化物
⑤蛋白质磷酸化	蛋白激酶
⑥在催化过程中由于反应中间物(主要是自由基)引起的“自杀”失活	底物
⑦氨基酸的外消旋化	加热,极端 pH
⑧二硫键剪切后形成新氨基酸(赖氨丙氨酸、羊毛硫氨酸)	加热,高 pH
⑨天冬酰胺脱胺	加热,高 PH
(3)辅酶分子从活性部位上解离	螯合剂、透析、加热,金属离子
(4)寡聚蛋白解离成亚基	化学修饰,极端 pH,脲,表面活性剂,高温或低温
(5)吸附到容器表面	蛋白质浓度低,加热
(6)“不可逆”构象改变	加热,极端 pH,有机溶剂,盐酸胍
(7)流体中的剪切失活	流体形变

1. 蛋白酶水解和自溶作用

酶在使用和储藏过程中的失活常是由于微生物和外源蛋白水解酶作用的结果。由基因工

程菌（特别是*E. coli*）纯化真核细胞多肽时收率较低，也是由于这种体外蛋白水解作用造成的。蛋白酶可催化肽键水解，当底物也是蛋白酶自身时，就会发生自我降解现象（自溶）。

2. 聚合作用

聚合长久以来就被认为是蛋白质失活的一种机制。大约100年前，科学家就发现，加热蛋白质水溶液会形成沉淀。聚合分三步进行：$N \rightleftharpoons U \longrightarrow A \longrightarrow A_s$，其中$N \rightleftharpoons U$代表可逆伸展，A是聚合的蛋白质，$A_s$是发生了二硫键交换反应的蛋白质聚合物。首先，单分子构象变化的发生，导致蛋白质可逆变性，这个过程使包埋的疏水性氨基酸残基暴露于水溶剂中；其次，这种改变了三级结构的蛋白质分子彼此缔合，最大限度地减少裸露的疏水氨基酸残基带来的不利效果；最后，如果蛋白质分子含有半胱氨酸和胱氨酸残基，则会发生分子间二硫键交换反应。与许多其他蛋白质失活的原因不同，聚合并不一定是不可能可逆的。使用变性剂破坏分子间的非共价（氢键或疏水相互作用）并且在无变性剂时，通过还原和再氧化再生天然二硫键，就有可能使蛋白质再活化。而聚合和简单的沉淀作用是有区别的。沉淀是蛋白质并未发生显著的构象变化即从溶液中析出，因此，沉淀很容易再溶于水溶液中，并恢复其全部的天然特性。

3. 极端pH

处于极端pH而失活的酶，其机制会因酶和环境条件的不同而有差异。失活程度可由微小的构象变化到不可逆失活，这要由温度条件而定。例如，改变pH可引起催化基团的异常电离导致失活，但对酶结构没有严重的影响；重新调节pH即可恢复活力。极端pH下引起蛋白质酸碱变性的重要因素是：一旦远离蛋白质的等电点，那么蛋白质分子内相同电荷间的静电斥力会导致蛋白质伸展，而在蛋白质伸展后，埋藏在蛋白质内部非电离残基才能电离。这个过程原则上是完全可逆的，但这些构象变化常能导致不可逆聚合，蛋白酶常会出现自溶现象。肽键水解反应容易在强酸或中等pH及高温的条件下发生。在极端条件下（浓度为6mol/L的HCl，24h，110℃），蛋白质可完全水解成氨基酸。Asp-Pro键特别容易受攻击是因为在天冬氨酸残基处的肽键在不太酸的环境下短时间也能发生水解。此外，天冬酰胺和谷氨酰胺的脱氨作用容易在强酸、中性和碱性pH下发生，在蛋白质的疏水性内部引入负电荷，结果导致酶失活。总之，极端pH能启动改变、交联或破坏氨基酸残基的化学反应，结果引起不可逆失活。

4. 氧化作用

氧分子、H_2O_2和氧自由基等是常见的蛋白质氧化剂，能氧化带芳香族侧链的氨基酸以及蛋氨酸、半胱氨酸和胱氨酸残基。在过渡金属离子（如Cu^{2+}）的存在下，半胱氨酸可于碱性pH下氧化成胱氨酸。然而视氧化剂强度，半胱氨酸也可转变成次磺酸、亚磺酸或磺（半胱氨）酸。H_2O_2是非专一性氧化剂。在酸性条件下，使蛋氨酸氧化成相应的亚砜。虽然蛋氨酸亚砜在体内可被酶还原，在体外可被巯基化合物还原，但这个反应限制了酶在工业上的应用和储存。

5. 表面活性剂和去污剂

去污剂引起蛋白质变性的方式很独特，因为它在很低的浓度下能与蛋白质发生强烈的相互作用，导致蛋白质不可逆变性。去污剂有离子性和非离子性两大类，都含有长链疏水尾巴，但“头”部基团不同，有带电的，有不带电的。去污剂的关键物理性质是其溶解度，而去污剂的亲水部分和疏水部分之间的相对平衡是决定其行为的重要因素。如图7-3所示，当去污剂单体加入水溶液时，一部分溶解，一部分在气-水界面形成单层。随着更多的去污剂的加入，当其达到临界胶束浓度（CMC）时，单体开始自动缔合成稳定的胶束。这种自动聚合的动力是疏水相互作用：亲水头指向水溶剂，而疏水尾彼此缔合以保护它们不与水分子发生热力学上不利的接触。阴离子去污剂，如十二烷基硫酸钠（SDS），当单体SDS的浓度使某一生物结合位点饱和时，则以协同方式结合其他位点，导致蛋白质伸展。伸展使先前埋藏的疏水性氨基酸残基暴露，有利于SDS的进一步结合直至达到饱和为止。对于几乎所有的蛋白质来说，SDS的结合最大量类似，大约1.4g/g。SDS分子聚集在蛋白质暴露的疏水区域周围，形成的SDS-多肽复合物本质上是胶束。

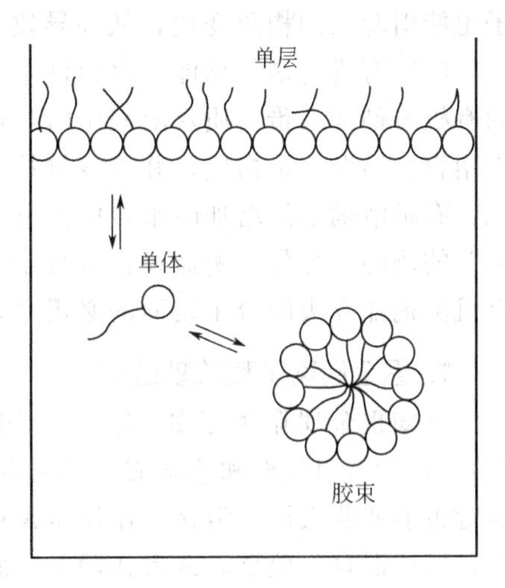

图7-3 去污剂分子的单体、单层和胶束形成示意图

阳离子去污剂，如癸基三甲基氯化铵也能结合蛋白质。但通常要在接近于它的CMC时才能结合，而它的CMC大约是SDS的10倍。因此，与SDS相比，许多蛋白质更能抵抗阳离子去污剂的变性作用。非离子去污剂如Triton X-100通常不能使蛋白质变性，可能是由于其大体积非极性头和完整的刚体结构不容易穿过蛋白质分子表面的裂隙启动变性。当其浓度很高时，也能诱导蛋白质伸展，但和阳离子表面活性剂一样，非离子去污剂也受其CMC的限制。

6. 变性剂

（1）脲和盐酸胍　高浓度脲（8～10mol/L）和盐酸胍（6mol/L）常用于蛋白质变性，然而，尽管它们的作用很有效，却没有普遍接受的作用机制。有两个特点已经明确：第一，这些试剂消除了维持蛋白质三级结构中起重要作用的疏水相互作用；第二，它们直接与蛋白质分子作用。尽管准确的作用机制不清楚，但脲及盐酸胍广泛用于检测蛋白质可逆伸展的构象稳定性。应当特别注意的是，脲可自发形成氰酸盐。浓度为8mol/L的脲溶液平衡时大约含有浓度为0.02mol/L的氰酸盐。氰酸盐可与蛋白质中的氨基和巯基相互作用，引起不可逆失活。因此，脲溶液应在使用前用优质固体脲新鲜配制。

（2）高浓度盐　高浓度盐对蛋白质既可有稳定作用，也可有变性作用，这要看盐的性质和浓度，与Hofmeister离子促变序列有关：$(CH_3)_4N^+ > NH_4^+ > K^+$，$Na^+ > Mg^{2+} > Ca^{2+} > Ba^{2+} > SO_4^{2-} > Cl^- > Br^- > NO^{3-} > ClO^{4-} > SCN^-$，越靠近序列左侧的离子对蛋白质的稳定作用越强，这是由于它们能通过增加溶液的离子强度，降低蛋白质分子上疏水基团的溶解度，还能增加蛋白质周围的水簇，引起系统总自由能损失（水的熵降低）。这两种效应结合起来，通过盐析疏水基团，使蛋白质分子更坚实，使蛋白质更稳定。愈靠近该序列右边的离子越使蛋白质不稳定，这些离子能结合于蛋白质的带电基团，降低蛋白质周围的水簇数目，这种作用引起蛋白质盐溶，降低蛋白质构象的稳定性。例如，$(NH_4)_2SO_4$是众所周知的酶稳定剂，储存酶时常用它。相反，NaSCN是常用的紊乱剂，使蛋白质不稳定。

（3）螯合　EDTA等能结合金属离子的试剂使金属酶失活，这是由于EDTA与金属离子形成配位复合物，从而使酶失去金属辅因子。这类失活常常是不可逆的，而失去金属辅因子也能引起大的构象变化，从而导致活力不可逆丧失。

(4) 有机溶剂　酶能在水溶液中发挥作用，也能在无水有机溶剂中发挥作用。与水混溶的有机溶剂加入蛋白质水溶液中时，可以观察到酶的失活。这是因为有机溶剂通过疏水相互作用直接结合于蛋白质，并改变维持蛋白质天然构象的非共价力的平衡的溶液介电常数。因此，有机溶剂通过增加疏水核的溶解度，降低带电表面的溶解度而具有使蛋白质“从里往外翻”的倾向。另外，酶需要在其分子表面有一单层必需水来维持其活性构象，而与水混溶的有机溶剂能夺去酶分子表面的必需水，因而使酶失活。

7. 重金属离子和巯基试剂

已知重金属阳离子如 Hg^{2+}、Cd^{2+}、Pb^{2+} 能与蛋白质的巯基反应（将其转化为硫醇盐），也能与组氨酸和色氨酸残基反应，而银或汞能催化水解二硫键。巯基试剂通过还原二硫键也能使酶失活，但这个作用常是可逆的。低分子量的含二硫键的试剂可与蛋白质巯基作用，形成混合二硫键，或者在两个半胱氨酸残基之间形成蛋白质分子内的二硫键。在巯基试剂如氧化型谷胱甘肽和含有催化作用必需的巯基的酶之间也会发生同样的二硫键交换反应。

8. 热

热失活是研究得比较详细而且最经常遇到的蛋白质失活现象。工业上的酶催化大多要求在较高的温度下进行，因为这可以增加溶解度和反应速率以及降低溶液黏度、防止微生物污染。所以热失活是工业上最经常遇到的酶失活的情况。热失活通常也是两步过程：酶可逆热伸展使它的反应基团和疏水区域暴露，随后相互作用导致不可逆失活。有两种构象过程能引起不可逆热失活，第一，由于热伸展，包埋的疏水区域一旦暴露于溶剂，则会发生蛋白质聚合；第二，单分子构象扰动能引起酶失活。高温下，酶丧失其常规的非共价相互作用，但当恢复常规条件时，在被扰动的酶分子结构中形成非天然的非共价相互作用，虽然这种结构从热力学上说不如天然构象稳定，但由于纯动力学原因还能保存下来，因为多肽链的分子运动随温度的降低而下降。高温（90～100℃）下，依赖 pH 的共价反应限制了酶的热稳定性。这些反应包括 Asn 和 Gln 的脱氨作用、在 Asp 处的肽键水解、Cys 的氧化、二硫键交换作用和二硫键的破坏，上述这些破坏性反应直接导致高温下酶失活。此外，若系统中有还原糖（如葡萄糖），糖很容易与 Lys 的 ε-氨基作用，即美拉德反应，是食品工业中酶失活的原因。

9. 机械力

机械力（如压力、剪切力、振动）和超声波都能使蛋白质变性。从理论上说，变性是可逆的，但因常伴随着引起不可逆失活的聚合或共价反应而很难验证。

(1) 振动　振动会增加气-液界面的面积，使蛋白质分子在这个界面上呈线性排列并伸展，导致疏水残基最大限度地暴露于空气，蛋白质由于疏水区域的暴露而聚合。

(2) 剪切　酶溶液快速通过管道或膜时，在管（膜）壁处或靠近管（膜）壁处产生梯度剪切力，能引起蛋白质中埋藏的疏水区域暴露，并随后聚合。失活程度随剪切速度的增大和暴露时间的增长而增加。

(3) 超声波　超声波压力使溶解的气体产生小气泡，小气泡迅速膨胀至一定程度时突然破碎，这就是空化作用，它既产生机械力，又产生化学变性剂（如在小气泡中热反应所产生的自由基），结果使蛋白质失活。

(4) 压力　10～600MPa 的压力下可使酶失活。通常认为压力诱导酶失活的机制有两个：第一，多亚基酶在高压下可解离成单体，取消压力后，活力得到不同程度的恢复，但很多这类失活是不可逆的；第二，乳酸脱氢酶的相关工作表明，半胱氨酸氧化与失活机制有关，而这个反应与压力引起的酶结构变化有关。

10. 冷冻和脱水

酶溶液通常可在低温下储存较长时间，然而也有很多例子表明冷冻可使蛋白质发生可逆和不可逆失活，甚至很多变构酶在温度降低时会产生构象变化。多年来，人们一直认为低温减弱了疏水相互作用，引起蛋白质解离或变性，这种变性是可逆的并且与 pH 有关。最近发现，在指定 pH 下降低温度和在指定温度下改变 pH 酶失活的速度和程度是一样的，这种可逆变性过程常由于后来的聚合作用而导致不可逆失活。在冷冻过程中，溶质（酶和盐）随着水分子的结晶而被浓缩，引起酶微环境中的 pH 和离子强度的剧烈改变。如磷酸盐缓冲液的 pH 在冷冻后可由 7 变到 3.5，这个 pH 很容易引起蛋白质的酸变性。此外，盐的浓缩可提高离子强度，引起寡聚蛋白质的解离。

冷冻引起酶失活的另一因素是二硫键交换或巯基氧化。随着冷冻的进行，酶浓度增加，当然半胱氨酸浓度也增加。当这种浓缩效应与构象变化同时发生时，分子内和分子间的二硫键交换反应就很容易发生，因为在－3℃部分冻结系统内的氧浓度要比 0℃溶液中的高 1150 倍而使巯基在低温下更易氧化。同时，这种浓缩效应还能增加氧自由基的浓度。酶的脱水和酶的冷冻有许多相似之处。事实上，酶冷冻失活的机制同样适用于酶的脱水过程，因为这两个过程都是降低液体水的浓度。

11. 辐射作用

电离和非电离辐射对蛋白质失活的影响已经被详细的研究，非电离辐射在食品工业中有可能作为杀菌技术而被研究得更详细。

不同的电离辐射（如 γ 射线，X 射线，电子，α 粒子）对蛋白质分子及其周围水分子产生的化学变化类型是相似的。蛋白质失活既可由直接作用（辐射对蛋白质分子的影响）引起，也可由间接作用（水辐射分解副产物对蛋白质分子的影响）引起。电离辐射的直接作用是由于形成自由基而引起一级结构的共价改变，继而交联或氨基酸破坏，这导致天然构象丧失或聚合；电离辐射的间接作用是由于在水溶液中形成反应性产物，其中主要是·OH 自由基、溶解的电子和 H_2O_2 等。非电离辐射，如可见光或紫外线辐射也能使蛋白质失活。可见光的光化学氧化要求光敏化染料，它能吸收光能，然后氧化蛋白质分子中的敏感基团（半胱氨基，色氨酸，组氨酸）。紫外线辐射能直接破坏蛋白质的氨基酸残基而使蛋白质失活，半胱氨酸和色氨酸残基特别不稳定。

第二节 酶蛋白质的稳定化

本节主要讨论改善酶的稳定性，防止其失活的方法。根据图 7-2 所示的酶不可逆失活过程可知，解决这个问题要从两方面着手：一是如何防止酶的可逆伸展；二是一旦酶发生可逆伸展，如何防止其不可逆失活反应的发生。对于防止酶的可逆伸展，可以开发出普遍适用的方法，但酶不可逆失活的原因复杂，需要一些特殊的稳定化方法。稳定天然酶的方法大致有四种，详见表 7-3。

表 7-3 酶稳定化方法概述

方 法	说 明
固定化	
①酶多点连接于载体上	酶构象坚固化；立体障碍防止蛋白水解酶的降解作用
②分配效应和扩散限制	载体的化学和物理性质影响酶分子周围的微环境
非共价修饰	
①添加剂	专一性添加剂使 N ⇌ U 平衡向 N 移动；竞争性添加剂除掉破坏性催化剂；有的中性盐和多羟基化合物的保护作用
②反相胶团	反相胶团中酶抵抗有机溶剂变性
③蛋白质间的相互作用	酶的抗体保护酶
化学修饰	
①共价交联	使酶构象坚固化
②改变离子状态或引入立体障碍的试剂	修饰增加、中和或改变酶分子上的带电残基；可溶性大分子的连接抑制与其他溶质（蛋白酶）的相互作用
蛋白质工程	定点突变取代不稳定的氨基酸残基，引入稳定酶的因素

一、 固定化

固定化技术是使酶稳定性提高的重要手段之一，是使酶成为工业催化剂的实用技术。关于酶的固定化的方法将在本章第三节进行详细介绍。

酶被多点共价连接到载体表面，或用双功能试剂交联酶，以及将酶包埋在载体紧密的孔中，均可以使酶构象更加坚牢，从而阻止酶构象从折叠态向伸展态过渡（如图 7-4 所示）。

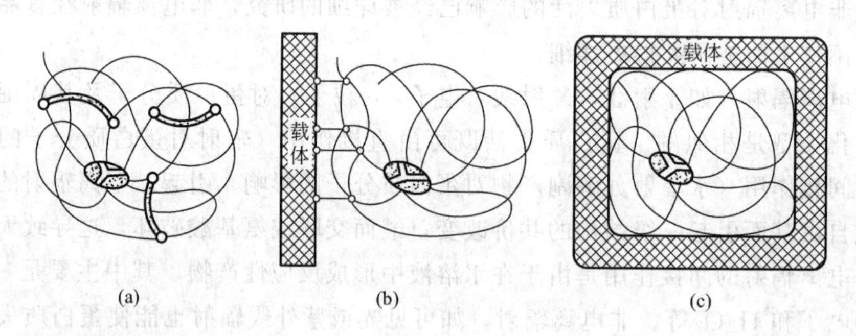

图 7-4 多点固定酶结构示意图

(a) 用双功能试剂交联；(b) 共价或非共价连于载体上；(c) 包埋到载体的紧密孔中

以下通过实例说明上述原理。

① 肌酸激酶是重要的临床诊断用酶，但天然酶在溶液中很不稳定。用 CNBr 将酶单点固定在琼脂糖上，则酶失活曲线类似于可溶性酶，但多点固定在琼脂糖上时，其活力可保存 18h 以上，35h 后仍保持原活力的 50%。这个例子证明，要使感兴趣的酶稳定化，将酶多点连接到载体上非常有效。为了增加酶与载体的连接点，可用单体类似物修饰酶，然后再使单体共聚合，这样酶就共价连接于聚合凝胶的三维网格中（见图 7-5）。

② 从原理上说，如果把蛋白质球置于既与酶分子无化学作用也无吸附作用的适当的孔中，只要这孔足够“紧密”，也能防止蛋白质构象伸展。这时蛋白质球体是以纯机械的方式维持其天然构象［见图 7-4(c)］的。用聚丙烯酰胺凝胶包埋 α-胰凝乳蛋白酶的实验表明，凝胶高于 50%浓度时，酶的热稳定性显著提高。根据酶失活速度对温度依赖性的数据可知，

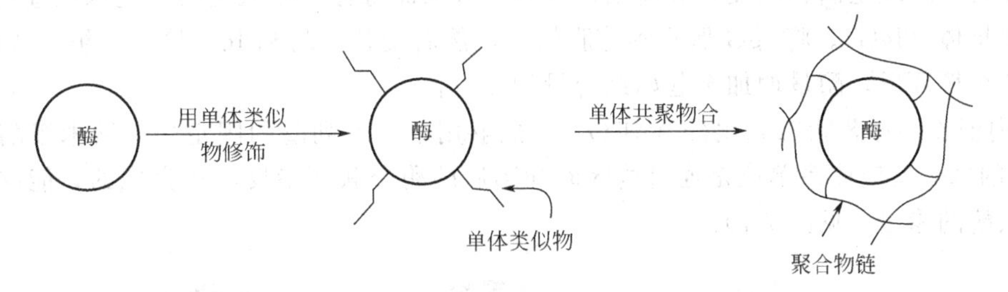

图 7-5 制备互补酶-凝胶的方法

在 120℃，酶在完全干胶中的稳定化效应是天然酶溶液的 10^{13} 倍。

③ 向酶分子引入不同长度的分子内交联键可显著增加酶的热稳定性。例如，先用碳二亚胺活化酶的羧基，处理过的酶再与不同长度的二胺 [$H_2N(CH_2)_nNH_2$，其中 $n=0\sim12$] 作用，结果二胺的两个氨基与酶上的活化羧基键合，即在酶分子上架起一座“桥”。所形成的这种桥越多，酶的构象越稳定。作为交联剂二胺的最适长度要视具体酶而定，因为不同酶所含的羧基数不同，羧基间的距离也不同。如图 7-6 所示，对 α-胰凝乳蛋白酶来说，$n=4$ 的二胺最合适，交联剂太长或太短对酶的稳定化都不利。经过 $n=4$ 二胺处理过的 α-胰凝乳蛋白酶的稳定化程度要比 50℃时的天然酶高 3 倍。若先使酶琥珀酰化，以增加其羧基数，此时用 $n=2$ 的二胺处理酶，则 50℃时的稳定性要比天然酶高 21 倍。

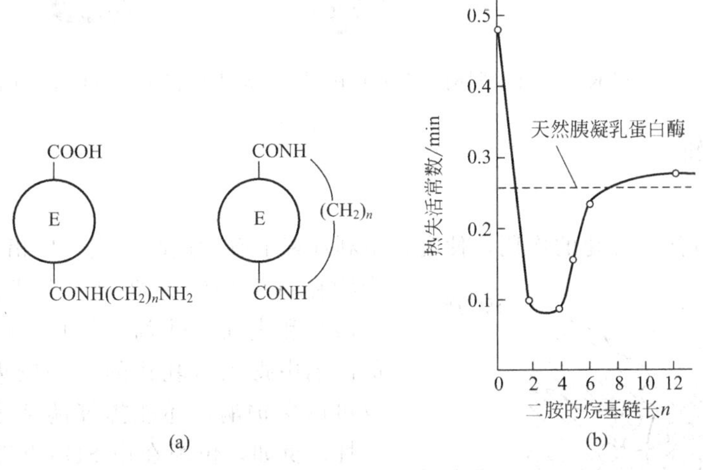

图 7-6 胰凝乳蛋白酶抗热失活的稳定化（交联法）

（a）碳二亚胺活化酶，然后用链长 n 的二胺交联；（b）用不同链长的二胺交联的 α-胰凝乳蛋白酶的单分子热失活一级速率常数

④ 环氧支持物 Eupergit C 特别适于使蛋白质和酶多点共价连接，因而稳定其三维结构。控制实验条件很关键。Mateo 提出三步稳定化法：第一，在温和条件（pH7.0，20℃）下先固定酶；第二，已固定的酶在较剧烈的条件下（高 pH 值，长时间保温）进一步反应一段时间，以“促进”在蛋白质-载体间形成新的共价键；第三，封闭载体上仍保留的活化基团，停止酶与载体的进一步作用。已用此法使胰凝乳蛋白酶和青霉素 G 酰化酶的稳定化因子显著提高，其中，青霉素 G 酰化酶提高了 100 倍。

⑤ 最近 Farooqi 开发了一种高效酶固定化法，固定的酶量多，酶力高，抗热失活的性能

也有所改善。原理是制备免疫亲和酶层。先制备抗黑曲霉葡萄糖氧化酶和兔辣根过氧化物酶的多克隆抗体（IgG）。将IgG偶联到琼脂糖上，然后交替与酶和IgG培育，组装成酶-抗体层。经6个循环后，酶量增加至起始结合量的25倍。

⑥ 内消旋的洋葱状二氧化硅（M-O-S）能够用于一系列酶的固定化，纳米级酶反应器（NER）的每个反应体系单位是通过酶吸附和随后的酶交联两步反应法完成的，能够有效阻止被交联酶的渗出（见图7-7）。

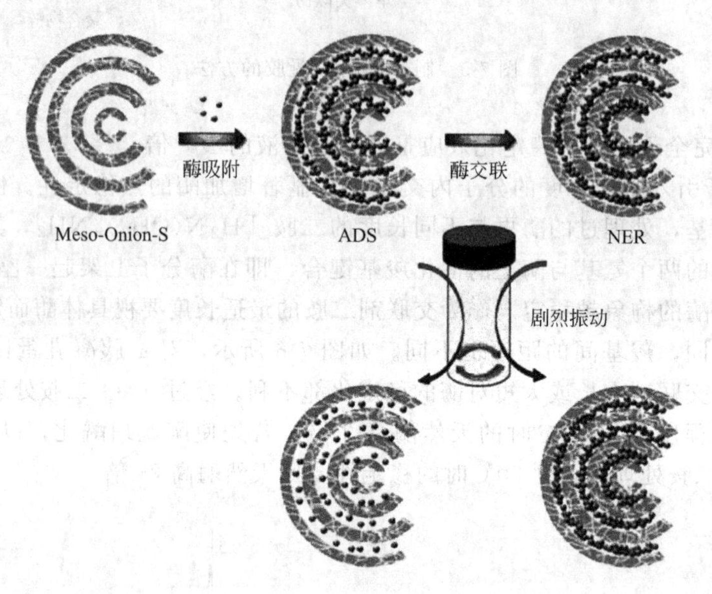

图7-7 NER与单纯吸附酶（ADS）在剧烈振动下的稳定性对比示意图

二、 非共价修饰

1. 反相胶束

反相胶束发挥酶微囊化的作用，使酶在不利环境下有效地起作用。反相胶束是由两性化合物在占优势的有机相中形成的（见图7-8）。依溶剂和表面活性剂的组成，可在与水不混溶的溶剂中得到微乳化的反相胶束。反相胶束不仅可以保护酶，还能提高酶活力，改变酶的专一性。例如，包埋在由SDS和苯等组成的反相胶束中的蔗糖酶的活力比其在水介质中的活力高4倍多，而且维持活力的时间由48h延长至7d。事实上，在保证酶有效作用所必需的水量的前提下，酶在有机溶剂中的稳定性比在水中更好。例如，在干燥的三丁酸甘油酯中的脂肪酶相当稳定，100℃时的半衰期大于12h，而水含量大于1%时酶立即失活。这主要是由于酶在无水有机溶剂中的构象高度坚实化，有机溶剂“冻结”了酶的活化构象；另外一个原因是缺乏游离水，而实验证明，酶的任何一个失活过程都需要水的参与。

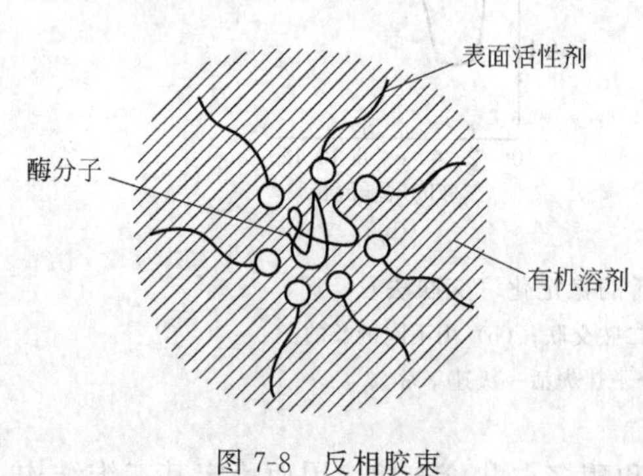

图7-8 反相胶束

2. 添加剂

许多化合物可增加溶液酶或冻干过程中酶的稳定性。这类物质分为3类：专一性的底物和配体；非专一性的中性盐和多羟基化合物；与酶失活剂竞争的物质或除掉破坏化学反应催化剂的物质，如加入的蛋白质、螯合剂和还原剂。添加剂不仅可以提高酶的热稳定性，还可提高酶抗蛋白水解、抗化学试剂、抗 pH 变化、抗变性剂、抗稀释作用等。

酶反应的底物或产物、变构效应剂、辅酶或辅酶衍生物能与酶紧密结合（单点或多点结合），因而使天然酶与伸展酶之间的平衡向天然酶方向移动，从而对酶的总活力产生有益的影响。如果酶与底物结合，则得到低内能构象，产生的复合物能更好地抵抗变性作用。如果专一性配体不是酶底物，那就很难区分酶稳定化的原因是由于酶-配体相互作用，还是由于酶微环境的修饰。

盐离子对蛋白质的疏水残基有"盐析"作用，这种效应的原因是溶液离子强度的增加和蛋白质周围水簇数目的增加。Nishimura 等研究了盐对链球菌核酸酶稳定性和折叠的影响后发现，浓度为 0.4mol/L 的硫酸钠可使其自由能增加 8kJ/mol。由于链球菌核酸酶分子的静电荷、等电点高，而固有疏水性相对较低，导致其中性 pH 时的稳定性差。盐的作用是结合分子中配对阴离子，使分子内的静电排斥作用降至最低，因而增加酶的稳定性。这个结果提示，对于勉强稳定的蛋白质，在存在大量净电荷的条件下，可用盐使其稳定化。

甘油、糖和聚乙二醇是多羟基化合物，能形成很多氢键，并有助于形成"溶剂层"，这种酶分子周围的溶剂层与整体水相不同。它们可增加表面张力和溶液黏度。这类添加剂通过对蛋白质的有效脱水，降低蛋白水解作用而起稳定酶的作用。Gekko 用低相对分子质量多元醇稳定了溶菌酶，发现变性温度随多元醇的浓度和多元醇上羟甲基数目的增加而提高。最近发现，海藻糖对超氧化物歧化酶有很好的保护作用。α-淀粉酶的最适活力 pH 范围是 4.5～7，当环境 pH 下降到范围以下时，该酶会逐渐解折叠，进而导致疏水基团暴露，山梨醇作为一种酶的助溶剂，能够有效阻止 α-淀粉酶在酸性条件下的解折叠并帮助其维持二级结构。

螯合剂能络合金属离子，因而可防止活化氧的自氧化作用，也能防止金属离子诱导的聚合作用。然而螯合剂也能除去活性部位必需的金属离子，使酶失活。还原剂可防止必需功能基团的氧化，但它也有缺点。如常用的巯基乙醇能还原蛋白质的二硫键，催化导致聚合的二硫键交换反应。

使用添加剂稳定酶对酶在商业和工业的应用上无疑是非常重要的。各种起稳定作用的化合物的精巧组合可能效果更好。例如 Modrovich 发表一个稳定酶和辅酶的专利，使用高浓度（55%）与水混溶的多元醇有机溶剂，还有 pH 缓冲剂和杀菌剂。他用这种方法开发了各种各样的实验室诊断产品。

3. 蛋白质间非共价相连

蛋白质间相互作用时，由于从蛋白质表面相互作用区域排除水，因而降低自由能，增加蛋白质的稳定性。有些来自嗜热菌的酶具有较高的稳定性是由于保护性大分子（如肽和聚胺）发挥作用的结果。酶的多聚体或酶的聚合体的活力和稳定性也常比其单体高。

用抗体来稳定酶是常用的方法。有些抗体可以在蛋白质开始伸展的部位或发生蛋白质水解的部位起作用，因此可以稳定蛋白质。例如，α-淀粉酶与其抗体的复合物在 70℃时的半衰期为 16h，而天然酶的半衰期仅为 5min。抗体保护的酶还有抗氧化、抗有机溶剂、抗低极端 pH、抗自溶、抗蛋白质水解作用。Guo 等从合成的噬菌体显示单链抗体（scFv）库中筛选出 4 种抗 *E. coli* 天冬酰胺酶的 scFv，其中 scFv46 与天冬酰胺酶的络合物可抵抗胰蛋白酶的水解作用。用胰蛋白酶于 37℃处理 30min，酶活力仍保持原酶活力的 70%～80%，而没有 scFv 保护时，只有很小的残余酶活力。由于任何一种酶都有它对应的抗体，制备酶的抗体亦较简单迅速，所以这种稳定酶的方法具有普遍性。

三、 化学修饰

在本书第二章对酶化学修饰有详细描述。酶化学修饰可分为两大类：一是用大分子作修饰剂；二是用小分子作修饰剂。这两类修饰都能达到稳定酶的作用，得到可溶性稳定化酶。此外，交联酶晶体是近年开发的有效的酶稳定化方法。

1. 可溶性大分子修饰酶

可溶性大分子如聚乙二醇（PEG）、右旋糖酐、肝素等多糖以及白蛋白、多聚氨基酸等，可通过共价键联结于酶表面，形成一个覆盖层，这种可溶性的固定化酶有很多有用的新性质。如用 PEG 修饰的天冬酰胺酶不仅其抗原性降低或消除，而且抗蛋白水解能力也提高了，延长了酶在体内的半衰期，从而提高了药效。2010 年，Kevin 等人报道了聚乙二醇修饰的 β-半乳糖苷酶在 pH2.5～4.5 范围内的相对活力与未修饰的 β-半乳糖苷酶相比有显著增加，且稳定性成倍提高，经过 PEG 修饰后，该酶的 K_m 值略微下降，k_{cat}/K_m 值由原来的 100 增加到 147。来自荧光假单胞菌的脂肪酶偶联于 PEG 上后则可溶于苯中，修饰酶在苯中的储存稳定性很好，140d 后仍有原活力的 40%，而且酯交换的最适温度是 70℃，大大高于未修饰脂肪酶在水乳相中催化酯水解的最适温度。

可溶性糖和多糖可通过 CNBr 活化后与蛋白质的氨基偶联。此法是普遍的酶稳定化方法，因为糖的偶联可保护酶免遭蛋白水解作用并增加酶的热稳定性。胰蛋白酶和 α-淀粉酶、β-淀粉酶偶联于葡聚糖上后，都比相应的未修饰酶稳定，α-淀粉酶 60℃时的半衰期由 2.5min 增至 63min，稳定性提高 25 倍；修饰的胰蛋白酶还能抵抗自溶作用。用戊二醛将白蛋白偶联到棕色固氮菌超氧化物歧化酶上，所得固定化酶的热稳定性明显提高，修饰酶的半衰期约为天然酶的 1.5 倍（80℃时保温）；同时，修饰酶抗蛋白水解及酸水解的效能以及抗抑制剂作用都有显著提高。然而，大分子修饰和所有其他需要随机共价偶联的方法一样，可能会因修饰酶的活性部位的而使酶失活，所以必须事先了解酶活性部位的结构，采取必要的措施保护酶活性部位。

2. 小分子修饰酶

共价修饰蛋白质达到稳定化的原因有如下几种：①修饰有时会获得不同于天然蛋白质构象的更稳定的构象；②修饰“关键功能基团”达到稳定化；③化学修饰引入到蛋白质中的新功能基可以形成附加的氢键或盐键；④用非极性试剂修饰可加强蛋白质中的疏水相互作用；⑤蛋白质表面基团的亲水化。

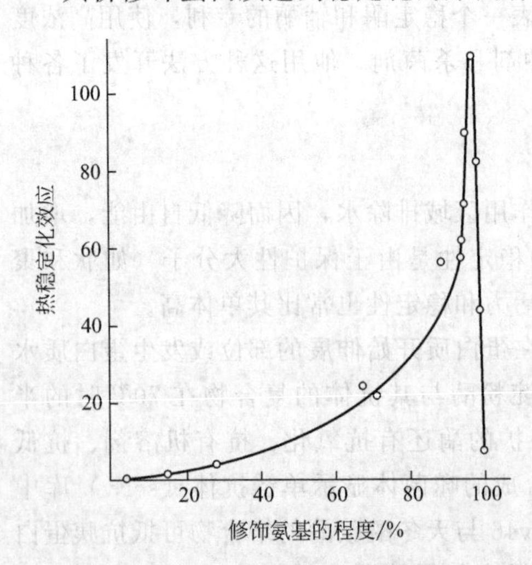

图 7-9 修饰 α-胰凝乳蛋白酶氨基的数目与抗热失活稳定化效应之间的关系

① 由于经化学修饰引起的构象变化特征一般是很难预测的，因此，将酶构象转变成更稳定构象是较难实现的。

② 考虑第二个原因时应注意，在化学修饰蛋白质的过程中，随着修饰功能基数目的增加常不能导致稳定性显著变化，当修饰的功能基数达到临界值时，稳定性突然增加，如图 7-9所示。此现象的解释是，当修饰程度低时（即修饰剂刚过量），仅修饰位于酶表面且在酶结构中起非必需作

用的那些功能基；如果修饰剂过量，那么处于蛋白质球体内部的功能基也要被修饰，修饰这些基团会改善蛋白质分子中相互作用的平衡，从而导致蛋白质稳定化。

③ 化学修饰可将极性或带电基团引入到蛋白质分子中，形成新的氢键或盐桥。在实践中很难实现这类实验：首先必须测定蛋白质的三维结构，寻找可以包含在新的静电相互作用中的带电基团，然后选择与蛋白质三级结构中的带电基团相距不远的适当的锚功能基，最后还要选择或合成适当的化学试剂，它要带有能与蛋白质的锚功能基专一反应的基团，同时还是具有一定长度的带电片段，这些实验显然是难以完成的。

④ 用疏水试剂修饰亲水残基（如用碘甲酯修饰 Lys 的 ε-NH_2）后会引入非极性—CH_3，与水接触引起蛋白质热力学不利。这种情况也有例外：位于蛋白质表面的很多疏水残基常聚集形成表面疏水区，如果待修饰的残基位于这类疏水区附近，那么具有适当链长的修饰剂就会与疏水区靠近、接触，因此，附加的疏水相互作用会增加蛋白质的稳定性。蛋白质被非极性分子（如硬脂酸、十二烷酸和苯）修饰后，稳定性增加也证明这种稳定化机制的有效性。就疏水稳定化而言，最有效的机制是在蛋白质的疏水核内引入非极性分子那样的修饰，此法的要点如图 7-10 所示。待修饰蛋白质在开始时处于伸展构象（无规则盘绕），而不是处于天然折叠构象。最容易使蛋白质伸展的方法是，用强变性剂（如脲）与巯基试剂（切二硫键）一起处理天然蛋白质。蛋白质伸展后，按下述 3 种方法之一改变其结构：a. 在非天然条件下让蛋白质重新折叠，即在浓盐溶液中、有机溶剂中或高温下使蛋白质重新折叠。在这样的条件下，蛋白质可能采纳不同于天然酶的另一种构象，这种构象仍保持催化活力，同时稳定性提高。如果重新折叠是在有利于疏水作用的条件下进行的，那么蛋白质分子内部将会变得更加疏水，而它的表面会更加亲水，结果蛋白质更加稳定。b. 蛋白质也可以在底物存在下重新折叠，因为底物可与蛋白质多点、非共价相互作用。非极性和两性化合物最有希望达到此目的。前者在重新折叠过程中可包埋在蛋白质的疏水核内，而后者可以加入到蛋白质中，加入的方式是，其非极性部分与蛋白质的疏水区域接触，极性或带电部分暴露于溶剂中。c. 可用化学试剂修饰伸展蛋白质，因为肽链伸展后提供了化学修饰分子内部疏水基团的可能性，然后让修饰后的伸展肽链重新在适当的条件下折叠成具有某种催化活力的构象。

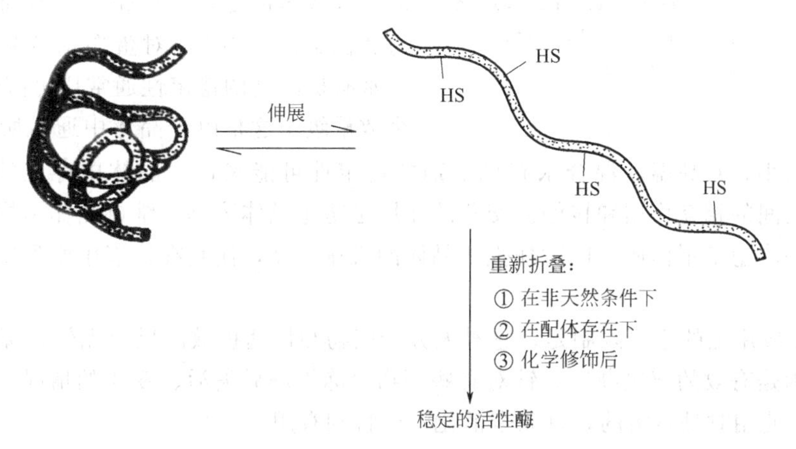

图 7-10 蛋白球体内部修饰法图示（蛋白质分子先伸展，然后在 3 种不同条件下重新折叠成具有催化活力的稳定的酶）

⑤ 蛋白质的疏水表面与水的接触在热力学上是不利的，使酶不稳定，因此，用化学修

饰法降低蛋白质表面的疏水性，即实现蛋白质表面的亲水化应是稳定蛋白质的有效方法。用苯四酸酐酰化 α-胰凝乳蛋白酶就是通过亲水化达到稳定化的很成功的例子。此试剂主要修饰蛋白质的氨基，每修饰 1 个氨基，可引入 3 个新的羧基（如图 7-11 所示），所以，最高修饰度的酶制剂至少可携带 50 个新羧基。在微碱性条件下所有羧基都电离，而蛋白质表面高度亲水化。由于修饰酶比天然酶显著稳定，所以实际上不可能选择一个温度直接比较两种制剂的失活动力学。

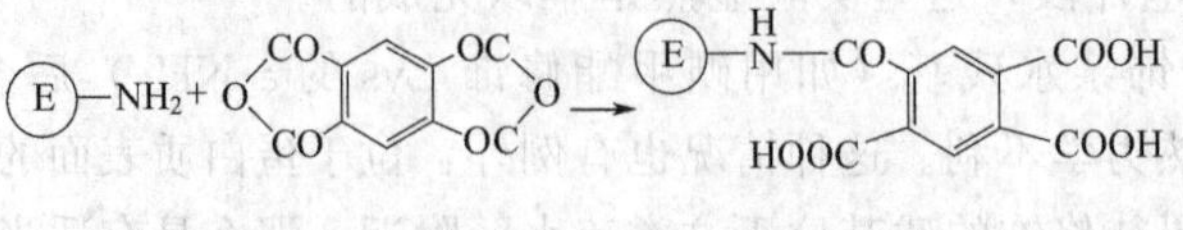

图 7-11 苯四酸酐修饰 α-胰凝乳蛋白酶氨基示意图

实验数据要外推至中等温度（见图 7-12）。修饰酶在 60℃时，稳定化效应提高 10^3 倍，在更高的温度下，提高的倍数更多。这种显著的稳定化效果只在酶多点结合到载体上见到过。用苯四酸酐修饰的 α-胰凝乳蛋白酶的稳定性实际上等于极端嗜热微生物蛋白酶（目前已知的最稳定的蛋白水解酶）的稳定性。

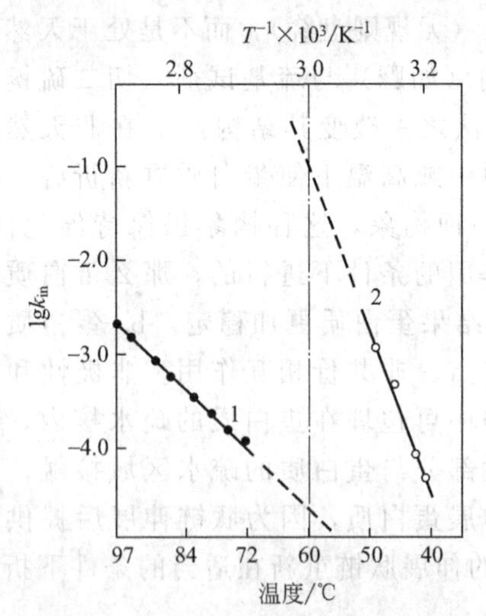

图 7-12 酶热失活一级速率常数与温度的关系

1—天然 α-胰凝乳蛋白酶；2—苯四酸酐修饰的 α-胰凝乳蛋白酶

⑥ 交联酶晶体 用戊二醛交联酶的微晶体（1～100μm）即得到交联酶晶体（CLEC）。它是一种高度活化的固体微孔材料，具有溶剂可填充的直径 1.5～10μm 的均一通道，这些通道贯穿整个晶体。溶剂可占晶体重量的 30%～65%，并可促进底物和产物自由进出晶体。制备 CLEC 分两步：一是酶的批量结晶；二是化学交联晶体，需保持晶体晶格和酶活力不被破坏。这两步都要求最适化，才能确保酶的高活力和稳定性。CLEC 对蛋白水解酶、高温和混合水有机溶剂的稳定性通常比可溶性酶高 2～3 个数量级。这是由于晶体中通道所形成的孔对蛋白酶来说太小；对高温和混合水有机溶剂的稳定性可能来自于晶体中存在的维持 CLEC 结构的蛋白质间的相互作用和接触。交联的作用是防止晶体溶解，维持晶体结构，阻止蛋白质伸展，进一步稳定蛋白质；同时加强了晶体的机械强度，使其在溶液中剧烈搅拌振动也不损坏。

CLEC 在应用上的主要限制是，它对大分子底物和快速扩散的反应无效，降低 CLEC 的大小至亚微米是有效的解决办法。针对有些药物冷冻干燥后失活、变质的情况，制备可逆交联的 CLEC（使用时是可溶的，且完全活化）就特别有用。

四、 蛋白质工程

蛋白质工程一词是指用基因操纵技术高度专一性地改变目标蛋白质。从生产稳定化蛋白质的角度出发，蛋白质工程有如下应用。

1. 工程二硫键

含有2个巯基（Cys^{54}，Cys^{97}）的嗜菌体T4溶菌酶分子中没有二硫键，但它的Cys^{97}靠近三级结构中的N末端。用定点突变法将Ile^3突变成Cys^3，因Cys^3与Cys^{97}很靠近，在温和氧化条件下即形成二硫键。Perry等证明，天然酶和突变体酶的构象是一样的，催化活力也几乎相同，但突变体酶的热稳定性显著高于天然酶。这是由于引入新的二硫键使酶结构坚牢的结果，而消除这个键突变体酶的热稳定性即降至野生型水平（见图7-13）。而把Cys^{54}换成Thr或Val得到的突变体酶的稳定性会更高，这是因为Cys^{54}能与工程二硫键发生巯基交换反应，降低稳定化效应。然而，向蛋白质分子中引入二硫键并不一定增加其稳定性。例如，在枯草杆菌蛋白酶中用Cys取代Ser^{87}、Thr^{22}和Ser^{24}，结果在突变体酶中的Cys^{87}和Cys^{22}之间及Cys^{87}和Cys^{24}之间分别形成二硫键。但具有附加二硫键的酶抵抗蛋白水解的稳定性并未超过天然酶。原因是由于分子中的某些重要相互作用（特别是Thr^{22}和Ser^{87}之间所形成的许多氢键）遭到破坏。

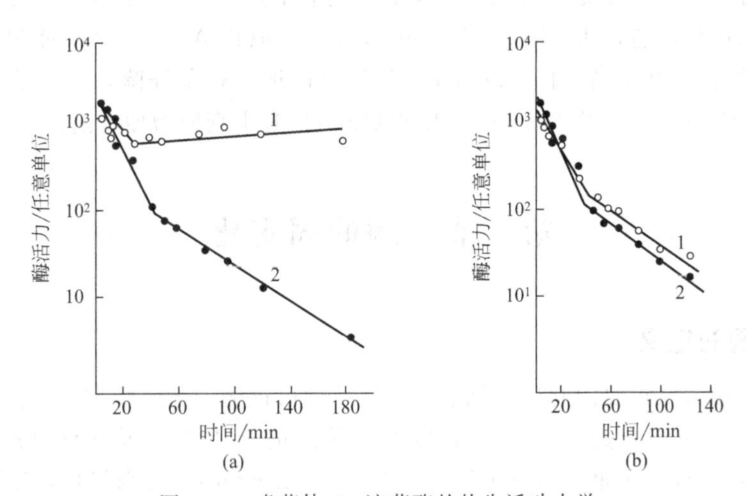

图7-13 嗜菌体T4溶菌酶的热失活动力学

(a) 酶失活时无巯基化合物；(b) 10mmol/L β-巯基乙醇存在下酶的热失活

1—突变型嗜菌体T4溶菌酶；2—野生型嗜菌体T4溶菌酶

2. 增加蛋白质内部疏水性

Glu^{49}位于野生型色氨酸合成酶的疏水核心部分，可用定点突变法取代它。已经证明，这种取代对酶的构象和活力没有影响，而且引入蛋白质球体内部的取代Glu^{49}的氨基酸的疏水性越强，所得突变酶越稳定。这个结果证明，定点突变法为增加蛋白质内部疏水性提供了独特的可能性。在蛋白质球体内，只要用疏水性残基取代极性残基就能稳定酶。对蛋白酶也进行这类取代（Ala取代蛋白质球体内的Gly^{144}）后，酶的稳定性也增加了。而在一次取代2～3个氨基酸的蛋白酶突变体中“疏水性越强，稳定性越高”的原则并不适用。原因可能是，氨基酸取代虽增加疏水性，但破坏了某些酶稳定性所必需的分子相互作用。

3. 酶表面亲水化

Clarke等用定点突变法制备了嗜热脂肪芽孢杆菌乳酸脱氢酶的突变体，用Asn取代处于水可接近的疏水区域上的保守Ile^{250}，辅酶的烟酰胺环结合并覆盖于这一区域。Asn的亲水性比Ile强得多，Asn取代Ile的结果是大大减少了疏水面积，从而增加了热稳定性。虽然 Asn 是不稳定残基，但使辅酶结合部位的亲水化效应显然要比任何 Asn 取代带来的热稳定化效应重要得多。这种表面疏水基转化为亲水基与化学修饰法得到的亲水化效应是类似的，Sode 等用 PCR 突变法用 Lys 取代葡萄糖脱氢酶的 Ser^{231}，所得突变体于 55℃的半衰期比天然酶高 8 倍，同时保持类似天然酶的活力。

4. 抗氧化失活

枯草杆菌蛋白酶中 Met^{222} 位于活性中心，当 Met^{222} 被氧化为它的亚砜型时，酶完全失活。Wells 等用定点突变法，用 19 种氨基酸分别取代 Met^{222} 发现，Cys 取代 Met^{222} 的突变体酶具有最高比活力，而且催化速率常数增加 2 倍。用 Ala、Ser 或 Leu 取代 Met^{222} 的突变体酶可抵抗浓度高达 1mol/L 的 H_2O_2 氧化失活。

5. Asn 脱胺失活

Klibanov 等证明，酶在高温下（90～100℃）的不可逆失活是由于蛋白质一级结构发生变化，因 Asn 水解脱胺而造成酶在酸性 pH 下热失活是其中之一。Ahern 等用蛋白质工程对三糖磷酸异构酶进行改造，用 Thr 取代 Asn^{144}，用 Ile 取代 Asn^{78}，结果证明，突变体酶在 100℃时的稳定性比天然酶高 2 倍。Declerck 等用 Ala 取代枯草杆菌 α-淀粉酶的 Asn^{190}，结果酶在 80℃（pH5.6，浓度为 0.1mmol/L 的 $CaCl_2$）时半衰期增加 6 倍。

第三节 酶的固定化

一、固定化酶的定义

酶的固定化技术是重要的酶稳定化手段，该技术可追溯到 20 世纪 50 年代。最初是将水溶性酶与不溶性载体结合起来，成为不溶于水的酶的衍生物，所以曾叫过“水不溶酶”（water insoluble enzyme）和“固相酶”（solid phase enzyme）。后来发现，还可以将酶包埋在凝胶内或置于超滤装置中，使高分子底物与酶在超滤膜一边，而反应产物可以透过膜逸出到另一边，酶在该情况下仍处于溶解状态，只是被限制在一个有限的空间内不能再自由流动，那么用水不溶酶或固相酶的名称就不恰当了。1971 年第一届国际酶工程会议正式建议采用“固定化酶”（immobilized enzyme）的名称。所谓固定化酶，是指在一定空间内呈闭锁状态存在的能连续地进行反应的酶，反应后的酶可以回收重复使用，即酶的固定是通过物理或化学方法使酶固定在介质中的过程。酶可粗分为天然酶和修饰酶，固定化酶属于修饰酶。修饰酶中，除固定化酶外尚有经过化学修饰的酶和用分子生物学方法在分子水平上改良的酶等。

与游离酶相比，固定化酶具有下列优点：①极易将固定化酶与底物、产物分开；②可以在较长时间内进行反复分批反应和装柱连续反应；③在大多数情况下，能够提高酶的稳定性；④酶反应过程能够加以严格控制；⑤产物溶液中没有酶的残留，简化了提纯工艺；⑥较游离酶更适合于多酶反应；⑦可以增加产物的收率，提高产物的质量；⑧酶的使用效率提高，成本降低。

固定化酶也存在一些缺点：①固定化时，酶活力有损失；②增加了生产的成本，工厂初始投资大；③只能用于可溶性底物，而且较适用于小分子底物，对大分子底物不适宜；④与完整菌体相比不适宜于多酶反应，特别是需要辅助因子的反应；⑤胞内酶必须经过酶的分离手续。

二、固定化酶的制备原则

制备固定化酶要根据不同情况（不同酶、不同应用目的和应用环境）来选择不同的方法，但是无论选择什么样的方法，都要遵循几个基本原则：

(1) 必须注意维持酶的催化活性及专一性。酶蛋白的活性中心是酶的催化功能所必需的，酶蛋白的空间构象与酶活力密切相关。因此，在酶的固定化过程中，必须注意酶活性中心的氨基酸残基不发生变化，也就是酶与载体的结合部位不应当是酶的活性部位，而且要尽量避免那些可能导致酶蛋白高级结构破坏的条件。

(2) 为使固定化更有利于生产的自动化、连续化，其载体必须有一定的机械强度，不能因机械搅拌而破碎或脱落。

(3) 固定化酶应有最小的空间位阻，尽可能不妨碍酶与底物的接近，以提高产品的产量。

(4) 酶与载体必须结合牢固，从而使固定化酶能回收储藏，利于反复使用。

(5) 固定化酶应有最大的稳定性，所选载体不与废物、产物或反应液发生化学反应。

(6) 固定化酶成本要低，以利于工业使用。

三、酶的固定化方法

酶的固定化方法很多，但没有一种方法适合所有酶。酶的固定化方法通常按照用于结合的化学反应的类型进行分类（表 7-4）。

表 7-4 酶的固定化方法

分类	非化学结合法				化学结合法		包埋法	
固定化方法	结晶法	分散法	物理吸附法	离子结合法	交联法	共价结合法	微囊法	网格法

1. 非共价结合法

(1) 结晶法 结晶法是使酶结晶从而实现固定化的方法，该方法中结晶的蛋白质既是载体也是催化剂，它可以提供非常高的酶浓度，这一点对于活力较低的酶而言更具优越性。酶活力低是限制了固定化技术运用的重要因素，而且较昂贵的酶活性通常都比较低。当提高酶的浓度时，就提高了单位体积的活力，并因此缩短了反应时间。可以采用形成多种非共价作用力的方法稳定晶体结构，使得晶体酶比无定形的蛋白质聚集体具有更大的刚性。另外，也可利用交联剂形成的化学键合作用来稳定晶体，以防止在水环境中的溶解。但是这种方法也存在局限性：在不断的重复循环中酶会有损耗，从而使得固定化酶的浓度降低。

(2) 分散法 分散法是通过酶分散于水不溶相中从而实现固定化的方法。对于在水不溶的有机相中进行的反应，最简单的固定化方法是将干粉悬浮于溶剂中，并且可以通过过滤和离心的方法将酶进行分离和再利用。然而，如果酶分布得不好的话，将引起传质阻遏现象。导致活力低的一个原因在于目前还没有完善的酶粉末的保存状况和体系。比如酶由于潮湿和反应产生的水使得储存的冻干粉变得发黏并使得酶的颗粒较大。另外，在有机溶剂中，酶的构象和稳定性也能影响其活力。

对于用在水不溶溶剂中的固定化酶，有许多途径可以提高它们的反应速率：

① 正确的体系和储存状态使酶粉末充分分散，将有助于提高活力。在干燥过程中，加

入多种化合物有助于酶的分散，这些化合物也作为稳定剂和保护剂发挥作用。

② 通过与亲脂化合物的共价连接能增加酶在有机相中的溶解度，所以可以通过将其包埋在膜体系中或通过多相反应来实现酶的固定化。

③ 酶的固定化，即将酶简单地吸附到多孔载体中就能显著地增加单一催化中心的活力，并且易于从产物中分离酶。交联的晶体需要表面活性剂来补偿它们在有机相中的低活力。

(3) 吸附法　吸附法是通过载体表面和酶分子表面间的次级键相互作用而达到固定目的的方法。只需将酶液与具有活泼表面的吸附剂接触，再经洗涤除去未吸附的酶便能制得固定化酶。

① 物理吸附法　物理吸附法是通过氢键、疏水键等作用力将酶吸附于不溶性载体上的一种固定化方法。在非水相体系中用非共价吸附进行酶的固定化是很有效的。因为在这些溶剂中，酶的溶解性极低，其解吸作用可以忽略（在水相中解吸作用不能忽略）。此类载体很多，无机载体有多孔玻璃、活性炭、酸性白土、漂白土、高岭石、氧化铝、硅胶、膨润土、羟基磷灰石、磷酸钙、金属氧化物、磷酸钙胶、微空玻璃等；天然高分子载体有淀粉、白蛋白等；最近，纤维素、胶原、火棉胶、大孔型合成树脂、陶瓷等载体也十分受人关注。近年，由于在无机基质上固定生物分子可以很大程度地保留其功能特征，在有序多孔硅土和碳分子筛（图 7-14）上吸附氨基酸、维生素、酶和整个细胞受到相当的关注，在生物催化和药物释放装置领域有了广泛的应用。物理吸附法具有酶活性中心不易被破坏和酶高级结构变化少的优点，因而酶活力损失很少。虽然使用吸附法固定化酶及蛋白质很简便，但是它有酶与载体相互作用力弱、酶易脱落等缺点。

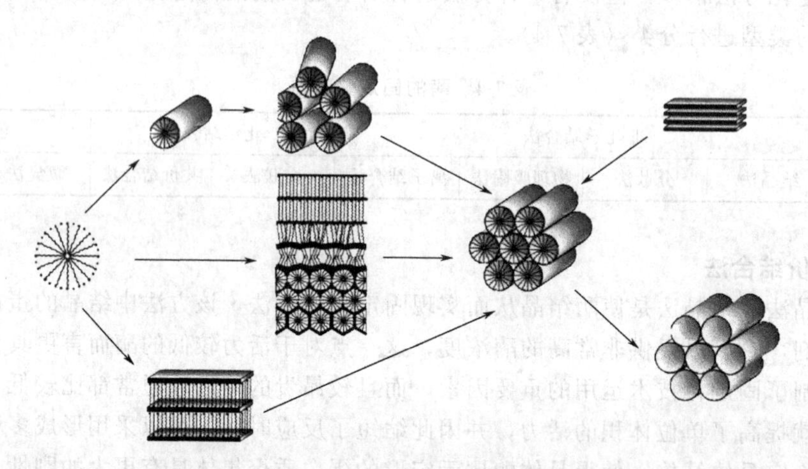

图 7-14　半渗水有序多孔材料制备的一般过程

② 离子结合法　离子结合法是指在适宜的 pH 和离子强度条件下，酶的侧链基团通过离子键结合于具有离子交换基的水不溶性载体上的一种固定化方法。用于此法的载体有阴离子交换剂如 DEAE-纤维素，DEAE-葡聚糖凝胶和阳离子交换剂如 CM-纤维素、Amberlite CG-50、Dowex-50 等。离子结合法的操作简单，处理条件温和，酶的高级结构和活性中心的氨基酸残基不易被破坏，能得到酶活回收率较高的固定化酶。但是载体和酶的结合力比较弱，容易受缓冲液种类或 pH 的影响，在离子强度高的条件下进行反应时，酶往往会从载体上脱落，而且静电作用限制了酶在发挥活性时构象的改变。

③ 影响酶蛋白在载体上吸附程度的因素　a. pH：影响载体和酶的电荷变化，从而影响酶吸附。b. 离子强度：多方面的影响，一般认为盐阻止吸附。c. 蛋白质浓度：若吸附剂的

量固定，随着蛋白质浓度的增加，吸附量也增加，直至饱和。d. 温度：蛋白质往往是随温度的上升而减少吸附。e. 吸附速度：蛋白质在固体载体上的吸附速度要比小分子慢得多；f. 载体：对于非多孔性载体，则颗粒越小吸附力越强。多孔性载体，要考虑吸附对象的大小和总吸附面积的大小。

2. 化学结合法

（1）共价结合法　共价结合法是酶蛋白分子上的功能基团和固相支持物表面上的反应基团之间形成共价键而将酶固定在支持物上的一种固定化方法。该方法是载体结合法中报道最多的方法，归纳起来有两类，一种是将载体有关基团活化，然后与酶的有关基团发生偶联反应；另一种是在载体上接上一个双功能试剂，然后将酶偶联上去。可与载体共价结合的酶的功能团有：α-氨基或ε-氨基，α-羧基、β-羧基或γ-羧基，巯基，羟基，咪唑基，酚基等。参与共价结合的氨基酸残基不应是酶催化活性所必需的，否则往往造成固定化酶的活性完全丧失。

共价结合法与离子结合法或物理吸附法相比，其优点是酶与载体结合牢固，稳定性好、利于连续使用，一般不会因底物浓度高或存在盐类等原因而轻易脱落。但是该方法反应条件苛刻，操作复杂；而且由于采用了比较激烈的反应条件，会引起酶蛋白高级结构变化，破坏部分活性中心，因此往往不能得到比活高的固定化酶，酶活回收率一般为30%左右，甚至底物的专一性等酶的性质也会发生变化。

所用载体分三类：天然有机载体（如多糖、蛋白质、细胞），无机物（玻璃、陶瓷等）和合成聚合物（聚酯、聚胺、尼龙等），其活化方法依载体性质各不相同，主要有：

① 羟基聚合物　纤维素、葡聚糖、琼脂糖及胶原等可用溴化氰法、活化酯法、环氧化法及三嗪法等。

a. 溴化氰法

(a) $R(OH)_2$（多糖类） $\xrightarrow[\text{(碱性)}]{CNBr}$ $[R(OCN)(OH)]$

$[R(OCN)(OH)] \xrightarrow{H_2O} R(OCONH_2)(OH)$（氨基甲酸衍生物）

$[R(OCN)(OH)] \longrightarrow R{<}(O)_2{>}C{=}NH$（亚氨碳酸酯衍生物）

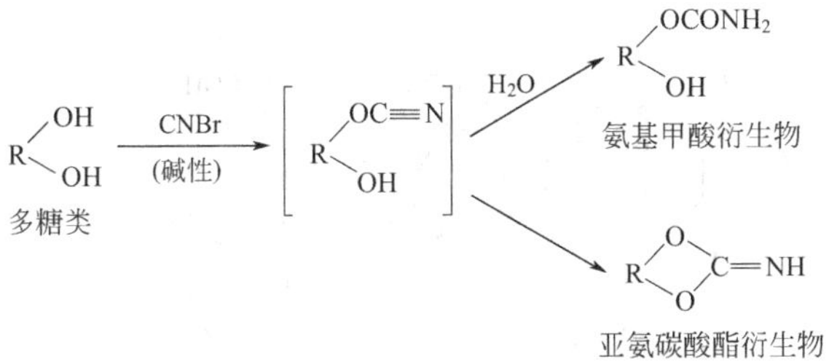

(b) $R{<}(O)_2{>}C{=}NH$ + 酶 →

$R(OH)-O-C(=NH)-NH-$酶（异脲型）

$R{<}(O)_2{>}C{=}N-$酶（亚氨碳酸酯衍生物）

$R(OH)-O-C(=O)-NH-$酶（氨基甲酸酯型）

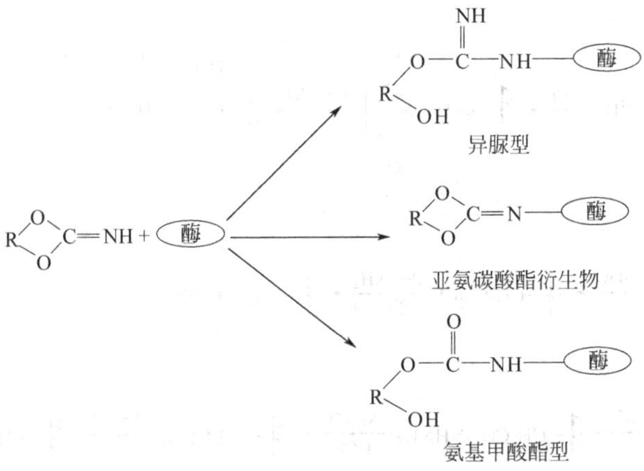

上式为 Axen 等开发的方法，它不局限于酶，可以广泛应用于有机体成分的固定化。多糖类载体（R）在碱性条件下用 CNBr 活化时，产生少量不活泼的氨基甲酸衍生物和大量活化的亚氨碳酸酯衍生物，活化的亚氨碳酸酯衍生物再以式(b）的 3 种结合方式固定酶，其中异脲型是主要生成物。此法能在非常温和的条件下与酶蛋白的氨基发生反应，它已成为近年来普遍使用的固定化方法，尤其是溴化氰活化的琼脂糖已在实验室广泛用于制备固定化酶以及亲和色谱的固定化吸附剂。

b. 活化酯法

$$-OH + ClSO_2C_6H_4CH_3 \longrightarrow -CH_2OSOC_6H_4CH_3 \begin{cases} \xrightarrow{P-SH} -CH_2SP \\ \xrightarrow{P-NH} -CH_2NHP \end{cases}$$

对甲苯磺酰氯

c. 环氧化法

$$-OH + \underset{\text{O}}{CH_2-CH}-CH_2Cl \longrightarrow -HO-CH_2-\underset{\text{O}}{CH-CH_2} \xrightarrow[\substack{P-OH \\ P-SH}]{P-NH_2} -O-CH_2RP$$

表氯醇　　　　R=NH, O, S

d. 三嗪法

$$-OH + Cl-C_3N_3Cl_2 \xrightarrow{pH\ 9\sim11} -O-C_3N_3Cl_2 \xrightarrow{P-NH_2} -O-C_3N_3Cl(NH-P)$$

三氯-均-三嗪　　　　三氯-均-三嗪纤维素

② 醛基载体　纤维素葡聚糖经过碘酸氧化或用二甲基砜氧化裂解葡萄糖环，产生二醛高聚物，每个葡萄糖分子含两个醛基。

$$\text{葡萄糖单元(CH}_2\text{OH, OH, HO, OR)} \xrightarrow{NaIO_4} \text{二醛(CH}_2\text{OH, O, OR)} \xrightarrow[\text{P—咪唑}]{\substack{P-NH_2 \\ P-SH}} \text{(CH}_2\text{OH, N—P, O, OR)} \longrightarrow \text{(CH}_2\text{OH, N—P, OR, HO)}$$

③ 羧基载体

a.

$$-COOH + HO-N(\text{琥珀酰亚胺}) \xrightarrow{DCC} -CO-O-N(\text{琥珀酰亚胺}) \xrightarrow{P-NH_2} -CO-NH-P$$

b.

$$-CH_2COOH \xrightarrow{SOCl_2} -CH_2COCl \xrightarrow[pH\ 8\sim9]{P-NH_2} -CH_2CONHP$$

c.

$$-CH_2COOH \xrightarrow[HCl]{MeOH} -CH_2COOMe \xrightarrow{NH_2NH_2} -CH_2COONHNH_2 \xrightarrow[HCl]{NaNO_2} -CH_2CON_3 \xrightarrow{P-NH_2} -CH_2CONH-P$$

④ 多胺载体

a.

$$\text{—CH}_2\text{NH}_2 \xrightarrow{\text{Cl—CS—Cl}} \text{—CH}_2\text{—N=C=S} \xrightarrow{\text{P—NH}_2} \text{—CH}_2\text{—NH—C(=O)—NHP}$$

b. 重氮法　具有芳香族氨基的水不溶性载体（Ph—NH_2）在稀盐酸和亚硝酸钠中进行反应，成为重氮盐化合物，然后再与酶发生偶合反应，得到固定化酶。酶蛋白中的游离氨基、组氨酸的咪唑基、酪氨酸的酚基等参与此反应。很多酶，尤其是酪氨酸含量较高的木瓜蛋白酶、脲酶、葡萄糖氧化酶、碱性磷酸酯酶、β-葡萄糖苷酶等能与多种重氮化载体连接，获得活性较高的固定化酶。

$$\text{—CH}_2\text{—PhNH}_2 \xrightarrow[\text{HCl}]{\text{NaNO}_2} \text{—CH}_2\text{—PhN}_2^+\text{Cl}^- \xrightarrow[\text{His—P}]{\text{Tyr—P}} \text{—CH}_2\text{—PhN=N—P}$$

c. 甘蔗渣或纤维素（或其他多糖类载体）在碱性条件下与β-硫酸酯乙砜基苯胺（SESA）反应，生成对氨基苯磺酰乙基纤维素（ABSE-纤维素），然后再重氮化，与酶偶联。此法的优点是采用比较廉价的纤维素作载体，在酶分子与载体之间间隔了ABSE基团，这样偶联在载体上的酶蛋白分子就有较大的摆动的自由度，可以减少大分子载体造成的空间位阻。

$$(\text{—OH})_3 + \text{OH—SO}_2\text{—O—CH}_2\text{CH}_2\text{—O—SO}_2\text{—C}_6\text{H}_4\text{—NH}_2 \longrightarrow \text{(—OH)(—O—CH}_2\text{CH}_2\text{—O—SO}_2\text{—C}_6\text{H}_4\text{—NH}_2\text{)(—OH)} \xrightarrow{\text{HNO}_2}$$

$$\text{(—OH)(—O—CH}_2\text{CH}_2\text{—O—SO}_2\text{—C}_6\text{H}_4\text{—N}\equiv\text{N}^+\text{Cl}^-\text{)(—OH)} \xrightarrow{\text{P—NH}_2} \text{(—OH)(—O—CH}_2\text{CH}_2\text{—O—SO}_2\text{—C}_6\text{H}_4\text{—N=N—P)(—OH)}$$

⑤ 巯基载体

$$\text{—SH} + \text{C}_5\text{H}_4\text{N—S—S—C}_5\text{H}_4\text{N} \longrightarrow \text{—S—S—C}_5\text{H}_4\text{N} \xrightarrow{\text{P—SH}} \text{—S—S—P}$$

⑥ 无机载体　可采用直接法和涂层法（用活化的聚合物如白蛋白或葡聚糖涂层）。

$$\text{—Si(O)}_2\text{—(CH}_2\text{)}_3\text{NH=CH(CH}_2\text{)}_3\text{CHO} \xrightarrow{\text{P—NH}_2} \text{—Si(O)}_2\text{—(CH}_2\text{)}_3\text{NH=CH(CH}_2\text{)}_3\text{CH=N—P}$$

$$\uparrow \text{a}\ \text{OHC—(CH}_2\text{)}_3\text{CHO}$$

$$\text{—O—Si(—OH)—O—Si(—OH)—O} \xrightarrow{\text{H}_2\text{N(CH}_2\text{)}_3\text{Si(O}_{\text{Et}}\text{)}_3} \text{—O—Si(—(CH}_2\text{)}_3\text{NH}_2\text{)—O—Si(—(CH}_2\text{)}_3\text{NH}_2\text{)—O} \xrightarrow[\text{b}]{\text{Cl—CS—Cl}} \text{—Si(O)}_2\text{—(CH}_2\text{)}_3\text{NCS} \xrightarrow{\text{P—NH}_2} \text{—Si(O)}_2\text{—(CH}_2\text{)}_3\text{NHC(=S)—NH—P}$$

$$\downarrow \text{c}\ \text{Cl—CO—C}_6\text{H}_4\text{—NO}_2$$

$$\text{—Si(O)}_2\text{—(CH}_2\text{)}_3\text{NHCO—C}_6\text{H}_4\text{—NO}_2 \xrightarrow{\text{Na}_2\text{S}_2\text{O}_4} \text{—Si(O)}_2\text{—(CH}_2\text{)}_3\text{NHCO—C}_6\text{H}_4\text{—NH}_2 \xrightarrow{\text{重氮化}}$$

$$\text{载体}-\underset{\text{O}}{\overset{\text{O}}{\text{Si}}}-(\text{CH}_2)_3\text{NHCO}-\text{C}_6\text{H}_4-\text{N}_2^+\text{Cl}^- \xrightarrow{\text{P}-\text{NH}_2} \text{载体}-\underset{\text{O}}{\overset{\text{O}}{\text{Si}}}-(\text{CH}_2)_3\text{NHCO}-\text{C}_6\text{H}_4-\text{N}=\text{N}-\text{P}$$

上述共价结合法只能用于酶的固定化，而不能用于微生物细胞的固定化。

共价结合法中的几个影响因素：

① 载体的物化性质要求载体惰性，并且有一定的机械强度和稳定性，同时具备在温和条件下与酶结合的功能基团。

② 偶联反应的反应条件必须在温和 pH、中等离子强度和低温的缓冲溶液中。

③ 所选择的偶联反应要尽量考虑到对酶的其他功能基团的副反应尽可能少。

④ 要考虑到酶固定化后的构型，尽量减少载体的空间位阻对酶活力的影响。

(2) 交联法　此法与共价结合法一样，也是利用共价键固定酶的，所不同的是它不使用载体，而是利用双功能或多功能试剂在酶分子间、酶分子与惰性蛋白间以及微生物细胞间进行交联反应，把酶蛋白分子彼此交叉连接起来，形成网络结构的固定化方法［图 7-15(a)］。

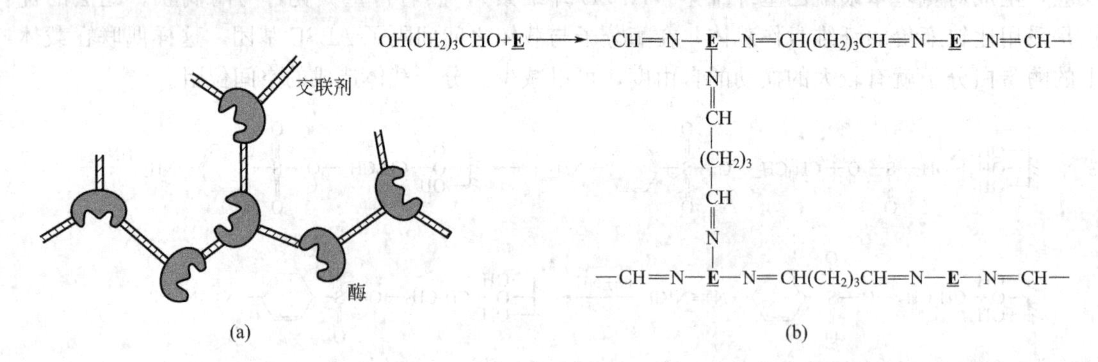

图 7-15　(a) 交联法固定化酶的示意图；(b) 采用戊二醛对酶的固定

参与交联反应的酶蛋白的功能团有 N 末端的 α-氨基、赖氨酸的 ε-氨基、酪氨酸的酚基、半胱氨酸的巯基和组氨酸的咪唑基等。作为交联剂的有形成希夫碱的戊二醛，形成肽键的异氰酸酯，发生重氮偶合反应的双重氮联苯胺或 N,N'-乙烯双马来亚胺等。最常用的交联剂是戊二醛，其反应如图 7-15(b) 所示（E 表示酶或微生物）。交联法的反应条件比较激烈，固定化的酶活回收率一般较低，但是尽可能降低交联剂的浓度和缩短反应时间将有利于固定化酶比活的提高。

3. 包埋法

包埋法是指将酶分子或酶制剂限制在一种基质中的固定化方法。使酶在液体介质中散开，并用物理或化学方法使酶被限制于不溶的基质中。酶的包埋是使酶固定化的最简单的方法，这种方法的特别之处在于可以将一种以上的酶同时固定化。包埋法可分为网格型和微囊型两种，将酶或微生物包埋在高分子凝胶细微网格中的称为网格型；将酶或微生物包埋在高分子半透膜中的称为微囊型（图 7-16）。包埋法一般不需要与酶蛋白的氨基酸残基进行结合反应，是一种反应条件温和、很少改变酶结构但是又较牢固的固定化方法，因此可以应用于许多酶、微生物和细胞器的固定化。在包埋时发生化学聚合反应，容易使酶失活，因此必须巧妙设计反应条件。对于凝胶基质中的包埋酶，由于只有小分子可以通过高分子凝胶的网格扩散，并且这种扩散阻力还会导致固定化酶的动力学行为发生改变。因此，酶保留的活性还与微粒的大小、多孔性和毛孔大小有密切关系。因此，包埋法只适合作用于小分子底物和产物的酶，对于那些作用于大分子底物和产物的酶是不适合的。

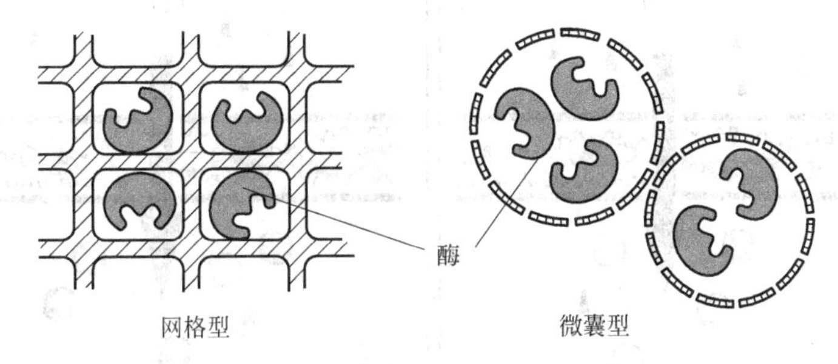

图 7-16 包埋法固定化酶的示意图

(1) 网格型 网格型包埋法是固定化微生物中用得最多、最有效的方法。其载体材料有聚丙烯酰胺、聚乙烯醇和光敏树脂等合成高分子化合物以及淀粉、明胶、胶原和海藻酸等天然高分子化合物。合成高分子化合物常采用单体或预聚物在酶或微生物存在下聚合的方法，而溶胶状天然高分子化合物则在酶或微生物存在下凝胶化。在绝大多数的聚合包埋过程中，常用不饱和单体进行交联，并且采用光或化学方法启动聚合反应。

聚丙烯酰胺包埋是最常用的包埋法：先把丙烯酰胺单体、交联剂和悬浮在缓冲溶液中的酶混合，然后加入聚合催化系统使之开始聚合，结果就在酶分子周围形成交联的高聚物网络。它的机械强度高，并可以改进酶脱落的情况，在包埋的同时使酶共价偶联到高聚物上，可以减少酶的脱落。把酶包埋在载体表面是比较简单的办法，把含有多聚-L-赖氨酸的酶溶液灌注在一个电极上，然后加入电解液溶液。多种酶（乳酸氧化酶，维生素 B 氧化酶和葡萄糖氧化酶）能够被固定在电极上并且有很高的操作稳定性。

(2) 微囊型 微囊型固定化酶通常直径为几微米到几百微米的球状体，颗粒比网格型要小得多，比较有利于底物和产物扩散，但是反应条件要求高，制备成本也高。制备微囊型固定化酶有下列几种方法。

① 界面沉淀法 利用某些高聚物在水相和有机相界面上的溶解度极低而形成皮膜将酶包埋。此法条件温和，酶活损失少，但要完全除去膜上残留的有机溶剂很麻烦。作为膜材料的高聚物有硝酸纤维素、聚苯乙烯和聚甲基丙烯酸甲酯等。Uragami 等制备了两种固定尿素酶多聚体膜（见图 7-17），一种是由乙烯基尿素酶（VU）、丙烯酰胺（AAm）、2-羟基乙基去甲肾上腺素（HEMA）交联［固定化尿素酶多聚（VU-AAm-HEMA）膜］组成的大体积复合物。另一种是由尿素酶、季铵化壳聚糖、羧甲基纤维素钠在溴化钠水溶液中的超滤复合物（固定化尿素酶高分子量复合膜）。

② 界面聚合法 利用亲水性单体和疏水性单体在界面发生聚合的原理包埋酶。如，将酶溶液与 1,6-己二胺的水溶液混合，立即在含 1% Span-85 的氯仿-环乙烷中分散乳化，加入溶于有机相的癸二酰氯后，便在油-水界面上发生聚合反应，形成尼龙膜将酶包埋。除尼龙膜外还有聚酰胺、聚脲等形成的微囊。此法制备的微囊大小能随乳化剂浓度和乳化时的搅拌速度而自由控制，制备过程所需时间非常短，但在包埋过程中发生的化学反应会引起酶失活。

③ 二级乳化法 酶溶液先在高聚物（常用乙基纤维素、聚苯乙烯等）有机相中乳化分散，乳化液再在水相中分散形成次级乳化液，当有机高聚物溶液固化后，每个固体球内包含

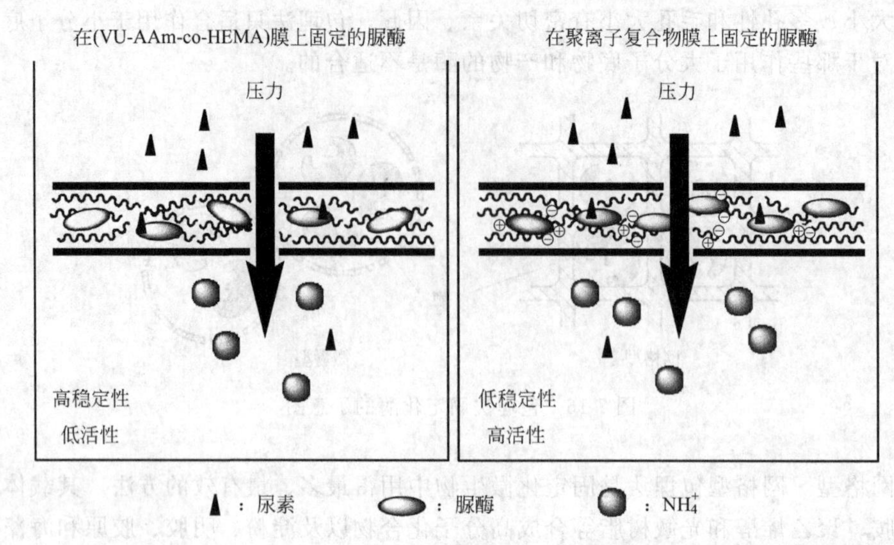

图 7-17 固定在（VU-AAm-co-HEMA）膜和聚离子复合物膜上的脲酶的性能示意图

着多滴酶液。此法制备比较容易，但膜比较厚，会影响底物的扩散。

④ 脂质体包埋法 用表面活性剂和卵磷脂等形成液膜包埋酶，其特征是底物或产物的膜透过性不依赖于膜孔径的大小，而只依赖于对膜成分的溶解度，因此可加快底物透过膜的速度。

Li 等通过醛基偶联将纤维素酶定位于脂质体膜的外围，获得的修饰后的纤维素酶具有高于先前报道的脂质体包埋纤维素酶的活力和催化效率。同时，他们还将该修饰后的纤维素酶共价固定于壳聚糖凝胶微球上面，这种固定化酶催化水解任何一种可溶的或者不溶纤维素的效率均高于用常规方法制备的固定纤维素酶，并且在重复使用后仍能保留较高的酶活性。他们认为脂质体的膜结构在纤维素酶发挥水解作用时对维持其酶的活性起重要作用（见图 7-18）。还有研究表明，某些胶囊的孔能够随着 pH 值的改变打开和关闭，使得这些通过交联固定在胶囊内部的酶发挥作用，某些药物能够随着 pH 的改变而做出反应。另外，酶也能够通过化学交联永远地固定在胶囊内部。

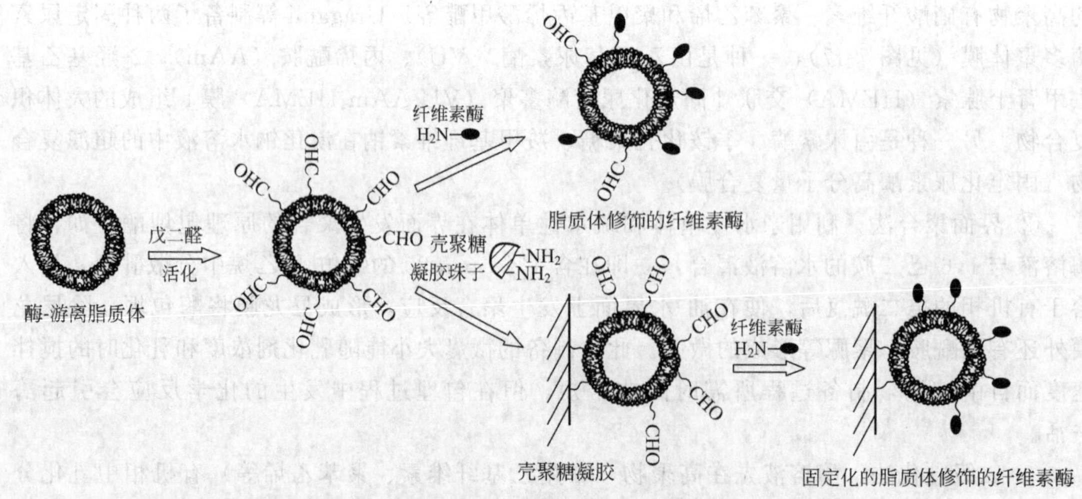

图 7-18 脂质体修饰的纤维素酶和固定化的脂质体修饰的纤维素酶的示意图

4. 各种固定化酶方法的优缺点比较

表 7-5 比较了各种固定化酶的一些突出优缺点。

表 7-5 固定化酶方法的优缺点比较

特性	物理吸附法	离子结合法	包埋法	共价结合法	交联法
制备	易	易	易	难	难
结合力	中	弱	强	强	强
酶活力	高	高	高	中	中
底物专一性	无变化	无变化	无变化	有变化	有变化
再生	可能	可能	不可能	不可能	不可能
固定化费用	低	低	中	中	高

包埋、共价结合、共价交联三种方法虽然结合力强，但不能再生、回收；吸附法制备简单，成本低，能回收再生，但结合差，在受到离子强度、pH 变化的影响后，酶会从载体上游离下来，在使用价格较高的酶与载体时可行；包埋法各方面较好，但不适于大分子底物和产物。这些酶可以是结合到合适的载体上的，也可以是以交联形式固定化的，或是以酶晶体的形式存在。然而做出最佳的选择还要依据于特定的技术需要和资金考虑。

四、 辅因子的固定化

1. 辅因子的定义及分类

约 1/3 的酶的催化反应均需要另一种非蛋白质性质的小分子化合物，这些小分子物质统称辅因子，它们的存在是酶表现其催化作用的必要条件，缺少它们，酶就不能发挥其活性。这种物质可以是简单的金属离子，例如 Mg^{2+}、Mn^{2+} 等无机辅因子；也可以是一种与酶蛋白或紧或松地联结在一起的有机物质，即有机辅因子。有机辅因子有两类：一是辅酶（酶间载体），其作用是从某反应向另一反应传递物质。它们与酶蛋白结合得比较松散，并且往往能够通过透析法除去。例如，脱氢酶反应中需要的辅酶Ⅰ（NADH 和 NAD^+）和辅酶Ⅱ（NADPH 和 $NADP^+$）能传递电子，连接酶在催化生物合成反应中所需要的 ATP 能传递磷酸基，以及辅酶 A（CoA）能传递乙酰基等。二是辅基（酶间传递），它们与酶蛋白的结合相当紧密，用透析法不易除去，必须经过一定的化学处理才能使之分离。它是酶活性中心的组成部分。例如，过氧化氢酶中的铁卟啉，黄素酶类中的黄素核苷酸（FMN 和 FAD）及 B6、B12 等。有机辅因子分子中具有某些特殊的化学基团，它们能直接与底物反应，起着传递氢、传递电子或传递某些化学基团的作用。一些酶还同时需要金属离子和有机辅因子。辅基和辅酶与对应的酶有专一的亲和性，酶蛋白与有机辅因子相结合便形成全酶。

完成酶催化反应之后，大多数有机辅因子不能自行再生，其结构往往发生改变。由于有机辅因子的价格较昂贵，所以在工业上应用全酶的关键是有机辅因子的回收和再生。由于辅基与酶蛋白的结合比较牢固，通常可以用超滤膜截留等物理方法进行回收。因为辅酶分子一般较小，直接用超滤膜截留并不理想，所用的超滤膜必须十分致密，才能阻止它的流失，这样势必增加流体的流动阻力，使反应产率降低。因此，为使辅酶能在酶反应系统中有效的参与反应，必须考虑辅酶的固定化。将辅酶固定在可溶性的或不可溶性的大分子载体上，这样就便于回收再生。

2. 辅因子的固定化方法

（1）辅基的固定化　首先，应选择合适的载体。理想的载体应具有以下条件：没有特异性吸附；具有多孔性；有适合引入配基的官能团；化学稳定性；具有适当的机械强度等。目前使用的载体主要有琼脂糖，此外还有纤维素、玻璃珠及合成高分子载体等。

其次，选择间隔臂（手臂）也非常重要。一般辅基分子和载体之间需要 0.5～1.0nm 长的手臂。此外必须考虑辅基的性质，如疏水性、亲水性、离子性和体积大小等因素。用较长的直链烷基作手臂时，由于疏水作用亦有吸附酶的能力，会使固定化辅基的吸附专一性降低。然后将辅基共价偶联于载体上。必须在不影响辅基活性的位置引入适当的功能团，一般引入羧基或氨基后，与载体偶联比较容易。如果辅基分子本身具有不参与催化活性的适当的功能团时，就不必预先引入功能团。实际上在固定化磷酸吡哆醛（PLP）、生物素及卟啉等辅基时，大部分都是利用本身原有的功能团。接着，要将具有某种功能团的辅基先与间隔臂结合，再与活化的载体偶联；或者先使间隔臂与活化载体结合，再与辅基或其衍生物偶联。

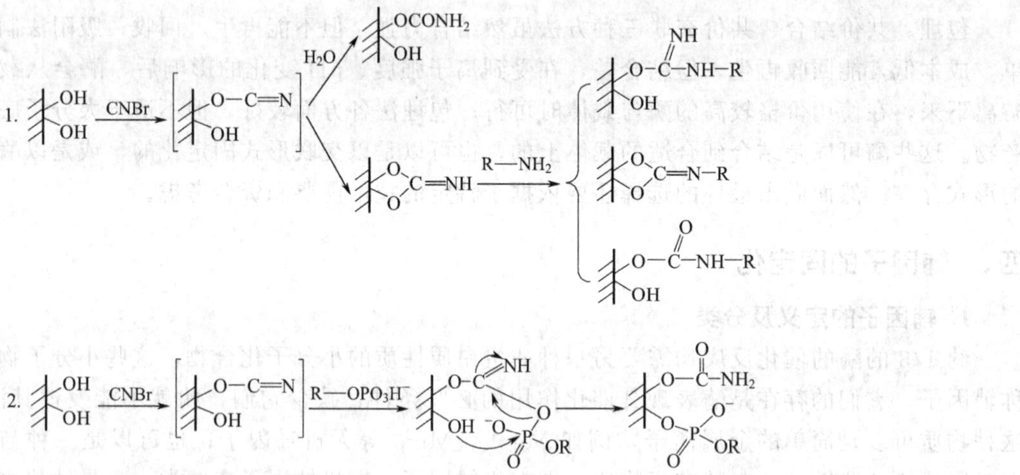

(a) 与CNBr活化的琼脂糖直接偶联

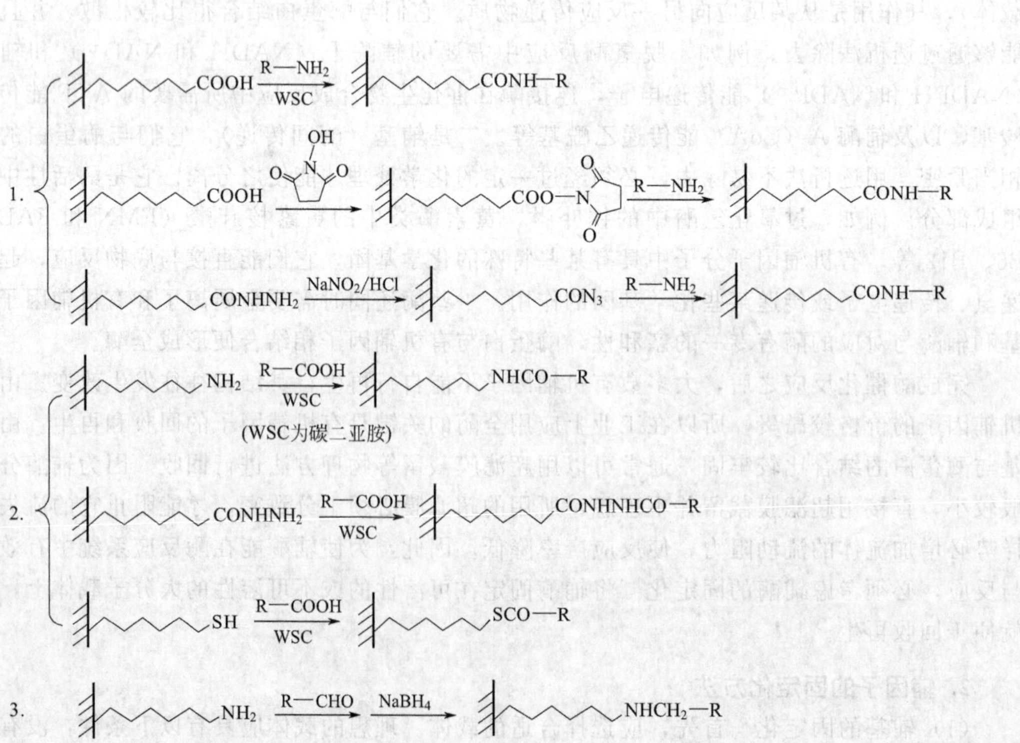

(WSC为碳二亚胺)

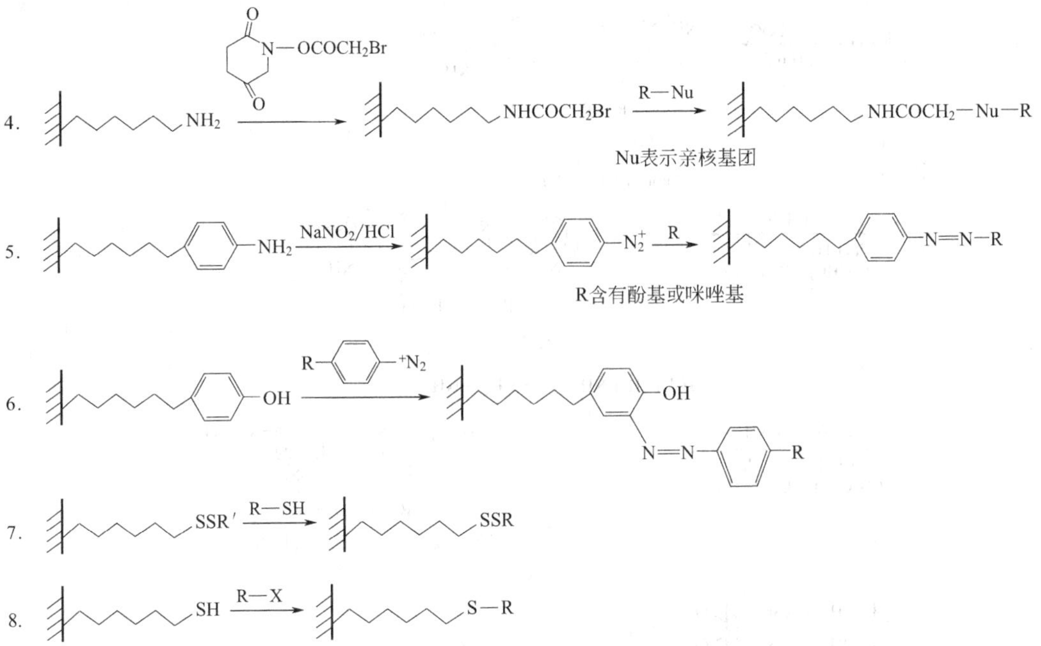

4. 载体—NH_2 —(N—$OCOCH_2Br$)→ 载体—$NHCOCH_2Br$ —(R—Nu)→ 载体—$NHCOCH_2$—Nu—R

Nu表示亲核基团

5. 载体—C₆H₄—NH_2 —($NaNO_2$/HCl)→ 载体—C₆H₄—N_2^+ —(R)→ 载体—C₆H₄—N=N—R

R含有酚基或咪唑基

6. 载体—C₆H₄—OH —(R—C₆H₄—$^+N_2$)→ 载体—C₆H₃(OH)—N=N—C₆H₄—R

7. 载体—SSR′ —(R—SH)→ 载体—SSR

8. 载体—SH —(R—X)→ 载体—S—R

(b) 与具有间隔臂的载体偶联

图 7-19 辅酶固定化所用的偶联反应

最常用的载体是琼脂糖凝胶，所以将其代表性的偶联方法列于图 7-19。使用（a）法时，在偶联反应后必须将未参与反应的 CNBr 活性基团完全封闭。（b-1）和（b-2）的方法比较简便，实际应用较多。但要注意在辅基分子不过剩时，得到的固定化衍生物会带阳离子或阴离子而显示离子交换性。在辅基分子或衍生物有适当的功能团时，可用希夫碱还原（b-3）、烷化（b-4）和（b-8）、重氮偶联（b-5）和（b-6）、二硫化物交换（b-7）等反应进行偶联。此时也必须注意将反应后残留的活性间隔臂封闭。

（2）辅酶的固定化 辅酶的固定化方法与酶相似，一般采用溴化氰法、碳二亚胺法以及重氮偶联法等共价偶联，或将其进行适当的化学修饰后用在超滤器中，辅酶的共价偶联法与辅基固定化十分类似。NAD^+ 通过己二胺接臂后在琼脂糖上的固定化步骤如下：

① 用碘乙酸使 NAD^+/NADH 腺嘌呤中的 1 位氮原子烷基化。

② 在碱性条件下分子发生重排得到 6 位碳上的氨基氮被修饰的衍生物 N^6-羧甲基 NAD^+。

③ 通过碳二亚胺法使长链接臂分子己二胺-1,6 与 NAD^+ 衍生物的羧基偶联。

④ 长臂上另一端的氨基再与经过溴化氰 CNBr 活化了的琼脂糖偶联，从而得到了固定化的辅酶，见图 7-20。

辅酶的分子量只有几百，要将其包埋在半透膜中比较困难，若将辅酶与不溶性载体结合，则不能在多个酶之间起传递作用，而目前都是将辅酶结合于水溶性高分子载体，使其高分子化来解决这一难题。辅酶高分子化的一般顺序是先在辅酶的一定部位进行修饰，引入适当的功能团或间隔臂，生成辅酶衍生物，然后再与水溶性高分子结合。

a. 引入功能团和间隔臂 辅酶引入的功能团主要是氨基或羧基。ATP、NAD（P）和 CoA 的 AMP 部分直接体现辅酶活性，所以不适宜进行化学修饰。因此，这类辅酶一般考虑

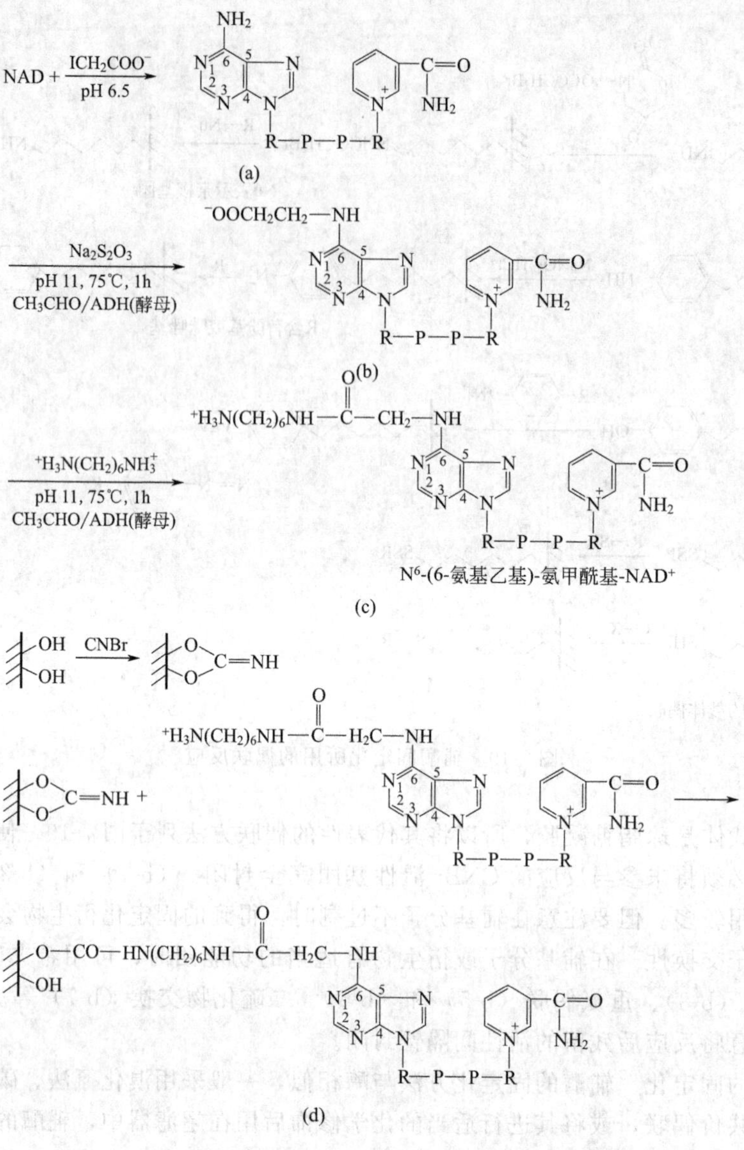

NAD + $\xrightarrow[\text{pH 6.5}]{ICH_2COO^-}$ (a)

$\xrightarrow[\text{pH 11, 75℃, 1h; } CH_3CHO/ADH(酵母)]{Na_2S_2O_4}$ $^-OOCH_2CH_2-NH$-…-R—P—P—R (b)

$\xrightarrow[\text{pH 11, 75℃, 1h; } CH_3CHO/ADH(酵母)]{^+H_3N(CH_2)_6NH_3^+}$ $^+H_3N(CH_2)_6NH-CO-CH_2-NH$-…-R—P—P—R

N^6-(6-氨基乙基)-氨甲酰基-NAD$^+$

(c)

$\xrightarrow{CNBr}$ … C=NH

… C=NH + $^+H_3N(CH_2)_6NH-CO-H_2C-NH$-…-R—P—P—R ⟶

O—CO—HN$(CH_2)_6$NH—CO—H_2C—NH-…-R—P—P—R

(d)

图 7-20 辅酶 NAD$^+$ 在琼脂糖上的固定化

在腺嘌呤 6 位或 8 位引入新的功能团，制成各种辅酶衍生物。腺嘌呤 6 位氨基烷化一般采用式(7-1) 的反应，而腺嘌呤 8 位引入功能团一般采用式(7-2) 的反应。

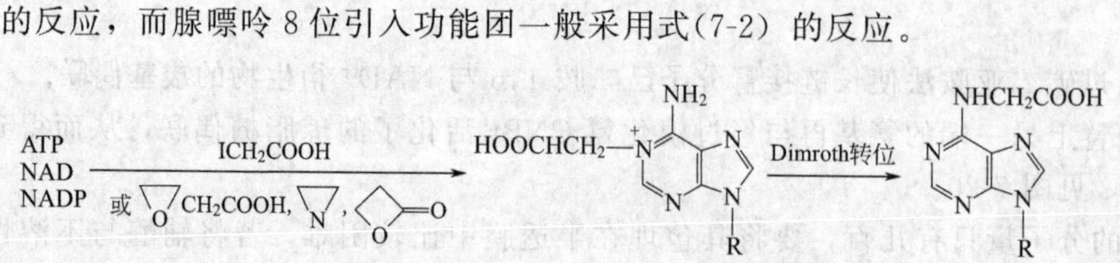

ATP、NAD、NADP $\xrightarrow[\text{或 环氧丙酸 } CH_2COOH\text{、氮丙啶、丙内酯}]{ICH_2COOH}$ $HOOCHCH_2-N^+$(1位)腺嘌呤-R $\xrightarrow{\text{Dimroth转位}}$ $NHCH_2COOH$(6位)腺嘌呤-R (7-1)

NAD、NADP $\xrightarrow{Br}$ 8-Br-腺嘌呤-R $\xrightarrow[\text{或} H_2N(CH_2)_6NH_2]{HS(CH_2)_2COOH}$ 8-$S(CH_2)_2COOH$-腺嘌呤-R (7-2)

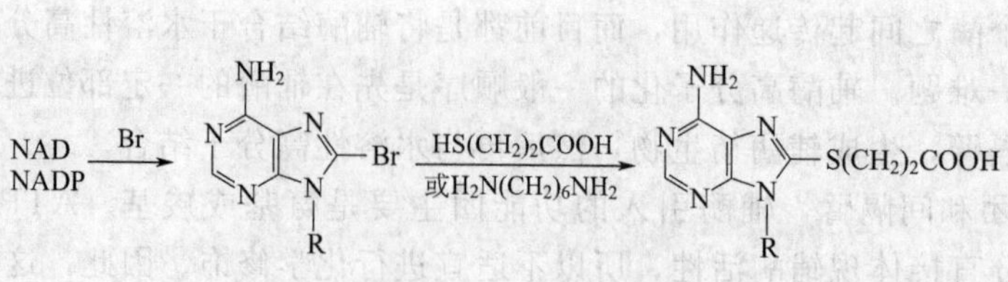

b. 高分子化　具有羧基的辅酶衍生物可以用碳二亚胺的缩合反应使其与具有氨基的聚赖氨酸、聚乙亚胺等水溶性高分子结合而高分子化。不预先引入功能团，用一步反应也能高分子化。例如，ATP、NADH 可与具有环氧基的水溶性高分子按照式(7-1) 同样的反应结合，分别得到相应的高分子化合物。

在辅酶高分子化中水溶性高分子的选择也很重要。首先其溶解度要大；分子大小要适当，使其能保持在半透膜内；分子过大会增加溶液黏度和影响辅酶活性。高分子化辅酶的活性与高分子大小、结构，疏水性、亲水性的程度，解离基的有无和种类，结合于高分子的辅酶量等有关。

3. 辅因子的固定化方式

(1) 辅因子固定在载体上　通过吸附、共价结合和包埋等方式将辅因子和酶固定在载体上。酶与辅因子的共固定使它们处于相对接近的区域，具有较好的反应活性。也可以只将辅因子共价结合到载体上，而将酶分子包埋到凝胶空隙中。将偶联酶系溶液以小液滴的形式分散封入凝胶颗粒中，可以有效地减少对酶分子的剪切影响及 NAD^+ 外泄，其反应活性保持时间长。

(2) 膜反应系统　利用膜反应系统可以实现酶促反应与辅因子再生反应的偶合。中空纤维超滤膜酶反应器提供了较大的膜面积，膜将酶隔离，而底物与辅因子连续通过并扩散进入管内参与反应，产物则通过逆向扩散后被带出。当酶浓度较高时，由于生物亲和作用，结合在酶分子上的辅因子比例增高。酶起到“吸附剂”作用而使辅因子“固定”。由于带有负电荷的辅因子与膜之间的静电斥力，因此，负电荷膜常用来截留反应器中的辅因子。

(3) 辅因子大分子化　聚乙二醇（PEG）的聚合链上只有两个连接末端，空间位阻较小，且水溶性高。将小分子 NAD^+、$NADP^+$ 或 ATP 共价结合到 PEG、葡聚糖或聚乙烯亚胺等水溶性高分子上，再与酶一起封在膜反应器中连续反应可以使膜更有效地截留辅因子。

4. 辅酶和辅因子的再生

目前的辅因子再生大多是原位再生，即将辅因子始终截留在反应体系，通过氧化还原等反应实现辅因子再生。辅因子再生手段主要有化学法、酶法、电化学法、光化学法和基因工程法。

(1) 化学法　化学法是利用一些化学试剂（如吩嗪甲基硫酸盐、黄素衍生物）与辅因子的氧化还原反应来实现辅因子的再生。用化学法可以使 NAD^+ 和 NADH 再生，如利用酚嗪甲基硫酸盐（PMS）、亚甲基蓝和黄素衍生物等化学试剂从还原型辅因子接受电子，将 NADH 氧化成 NAD^+。以连二亚硫酸盐作为还原剂使 NAD^+ 还原成 NADH。但是，化学法缺乏特异性，辅因子容易钝化，且化学试剂会污染产物。

(2) 酶法　酶法是被研究和应用最多的再生手段，利用偶合酶催化氧化还原反应，实现辅因子由氧化态（或还原态）到还原态（或氧化态）的再生。这种酶促反应与辅因子再生偶合的方式有两种：偶联酶再生法和单酶再生法。偶联酶再生法是用一种酶使 NAD（P)$^+$ 还原成 NAD（P）H，而另一种酶使 NAD（P）H 氧化成 NAD（P)$^+$。常利用醇脱氢酶、乳酸脱氢酶或葡萄糖脱氢酶等脱氢酶类作为催化剂作用于醇、乳酸或葡萄糖等廉价底物可以实现辅因子的再生。

将辅酶和酶共固定在同一个载体上，可得到一种不需外加辅酶而活性持久的固定化酶[图 7-21(a)]。例如马肝醇脱氢酶（HLADH）和 NAD^+ 衍生物，N^6-(6-氨基己基）氨甲酰基甲基 NAD^+ 一起固定在同一载体琼脂糖上可以形成一种共固定复合物。由于在这种固定复合物中只有一种酶，所以这种共固定辅酶系统通常只能应用于偶联底物再生的系统。在偶联底物再生的系统中，这种共固定复合物的辅酶再生循环大约为 3400 次/h，因而它不再需要外加辅酶。

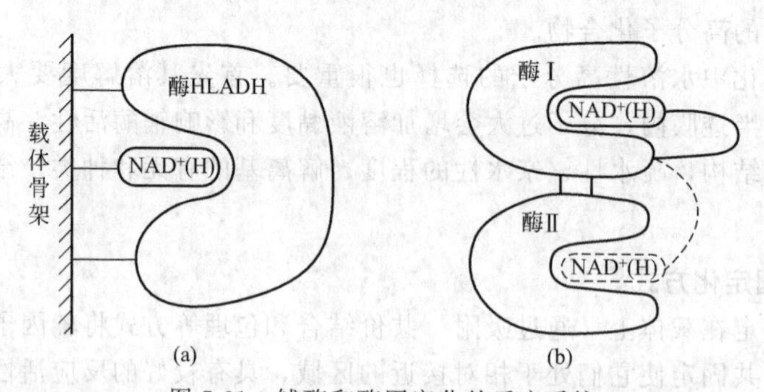

图 7-21 辅酶和酶固定化的反应系统

(a) 辅酶与酶共固定在载体上；(b) 通过间隔臂将辅因子直接固定在酶分子上

另一种较为有效的方法是将辅酶直接固定在某个酶分子上，原先可分离的辅酶便成了这一酶分子上被牢固结合着的辅基［图 7-21(b)］。例如辅酶 NAD^+ 衍生物可直接共价结合到醇脱氢酶上，并仍能与此酶分子相互作用，具有辅酶活性。这种酶-辅酶复合物如果被固定在某个电极上，便是一种酶电极。辅酶通过酶反应被还原，然后再经过电化学方法得到氧化。一种最理想的构型是一个酶的活性中心能与另一个酶的活性中心相互定向，而辅酶与其中一个酶分子相结合，它的手臂分子的长度又适于辅酶分子与两个酶的活性中心相互作用。这样辅酶便能在两个酶的活性中心之间进行游摆从而得到再生。

单酶再生法是利用同种酶催化另一种底物来完成辅因子再生，这种再生方法中酶的底物专一性一般不会很强。为了提高单酶再生的热力学推动力，可以适当增加辅底物的浓度，但这容易抑制酶的生产活性。采取交联酶结晶技术（CLECs）可以在酶结晶时把辅因子一起放进去，这样既保证了较高的底物浓度又保证了较高的酶活性。在马肝醇脱氢酶（HLADH）再生 NADH 的实验中，交联酶结晶制品达到可溶性酶 90%的活性，在 3 个月后仍保持全部活性。

(3) 电化学法　电化学法是通过电极的电子传递直接实现辅因子再生，不需要引入其他酶和底物，避免了副产物。近年发展的方法是采用电极表面改性和新电子介体来解决这些问题。Schroder 用 ABTS2[2,2′,2-联氮双（3-乙基苯并噻唑啉-6-磺酸）二铵盐］作电子介体再生 NADH，这个电化学反应成功用于马肝醇脱氢酶催化内消旋二醇到手性内酯的反应；Wagenknecht 等人开发了基于钌（Ⅱ）和铑（Ⅲ）有机金属化合物的系统，直接将氢气和烟碱类辅因子偶联再生。

(4) 光化学法　光化学法是含有光敏剂、电子载体、电子供体和酶等要素的反应系统。例如，光照射光敏剂 Ru（bpy）$_3^{2+}$ 形成激发态 * Ru（bpy）$_3^{2+}$，后者向人工电子受体甲基紫精（MV^{2+}）转移电子形成还原态 MV^+，MV^+ 在铁氧化还原蛋白-$NADP^+$ 还原酶（FDR）的作用下还原 $NADP^+$，被氧化的光敏剂再被牺牲性电子供体 $(NH_4)_3EDTA$ 还原成有活性的还原态（图 7-22）。

(5) 基因工程法　基因工程法是通过基因工程手段构建含有偶联酶系的工程菌，在完整细胞内完成辅因子的再生和目的产物的生产。现代基因工程技术可以通过导入特定的外源酶基因，构建适合再生辅因子的新菌株。将所需的几种酶基因以适当的比例重组，所得工程菌

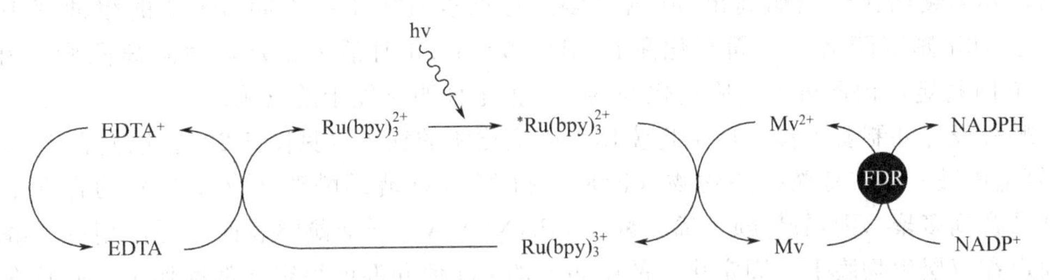

图 7-22 FDR、人工电子受体 MV 和光敏剂 Rubpy 参与的 NADPH 光化学还原再生示意图

对酶反应和辅因子再生的操作更加简捷。活细胞还可利用细胞原有酶系从廉价葡萄糖再生 NAD（P）H。采用固定化重组基因工程菌株细胞或其粗提物将会使辅因子再生变得更加简便、有效。

五、 固定化酶的性质变化

由于固定化也是一种化学修饰，酶本身的结构必然受到影响，同时，酶固定化后，其催化作用由均相移到异相，由此带来的扩散限制效应、空间障碍、载体性质造成的分配效应等因素必然对酶的性质产生影响。

1. 固定化后酶活性变化

固定化酶的活力在多数情况下比天然酶小，其专一性也能发生改变。例如，用羧甲基纤维素作载体固定的胰蛋白酶，对高分子底物酪蛋白只显示原酶活力的 30%，而对低分子底物苯酰精氨酸-对硝基酰替苯胺的活力保持 80%。所以，一般认为高分子底物受到空间位阻的影响比低分子底物大。

在同一测定条件下，固定化酶的活力要低于等物质的量原酶的活力的原因可能是：①酶分子在固定化过程中，空间构象会有所改变，甚至影响了活性中心的氨基酸；②固定化后，酶分子空间自由度受到限制（空间位阻），会直接影响到活性中心对底物的定位作用；③内扩散阻力使底物分子与活性中心的接近受阻；④包埋时酶被高分子物质半透膜包围，大分子底物不能透过膜与酶接近。

2. 固定化对酶稳定性的影响

稳定性是关系到固定化酶能否实际应用的大问题，在大多数情况下酶经过固定化后其稳定性都有所增加。Merlose 比较了 50 种酶固定化前后的稳定性，发现其中有 30 种酶经固定化后稳定性提高，12 种酶无变化，只有 8 种酶稳定性降低。由于目前尚未找到固定化方法与稳定性之间的规律性，要预测怎样才能提高稳定性还有一定的困难，但大多数情况下酶经过固定化后稳定性提高了。

首先表现在热稳定性提高。最近证明，在聚丙烯酰胺凝胶基质中单一包埋的 α-淀粉酶的热稳定性比起天然酶提高了将近 5 倍。作为生物催化剂，酶也和普通化学催化剂一样，温度越高反应速率越快。但酶是蛋白质组成的，一般对热不稳定。因此，实际上不能在太高的温度下进行反应，而固定化酶的耐热性提高，使酶的最适温度提高，酶催化反应能在较高温度下进行，加快反应速率，提高酶的作用效率。

其次，固定化酶在不同 pH（酸度）稳定性、对蛋白酶稳定性、储存稳定性和操作稳定性方面都有变化。据报道，有些固定化酶经过储藏，可以提高其活性。包埋在凝胶基质中的脂肪酶，其半衰期比天然酶高出 50 倍之多。青霉素酰化酶在不同 pH 值的缓冲液中，于 37℃保温 16h 测定酶活力。固定化酶在 pH5.5～10.3 时活力稳定，而游离酶则仅在 pH 7.0～9.0 时稳定，由此可见，固定化酶的 pH 稳定性明显优于游离酶。

叶鹏等设计并制备了拟双层生物膜作为固定化酶的载体（见图 7-23）。他们在 1-乙基-3-(二甲氨基丙胺）碳二亚胺盐酸化物（EDC）和 *N*-羟基琥珀酰亚胺（NHS）的存在下，将壳聚糖结合到多聚（丙烯腈-顺丁烯二酸）（PANCMA）纤维薄膜表面，再使用戊二醛将脂肪酶固定在双层生物膜上。固定化后的脂肪酶的 pH 值和温度稳定性都增加了，并且在双层拟生物膜上的固定化脂肪酶在使用 10 次后的活力残留是 53%。

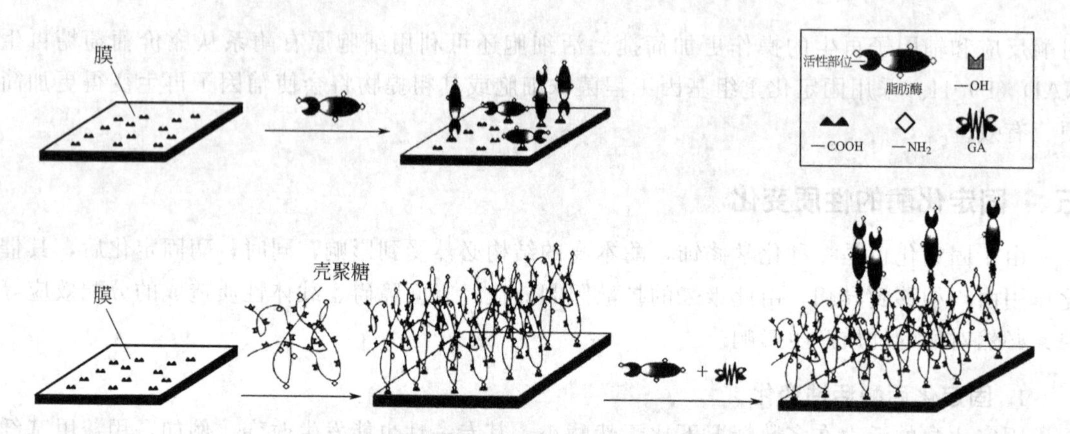

图 7-23 模拟生物载体和固定化脂肪酶的图示

此外，对各种有机试剂及酶抑制剂的稳定性提高。提高固定化酶对各种有机溶剂的稳定性，使本来不能在有机溶剂中进行的酶反应成为可能。Foresti 等从玫瑰假丝酵母、荧光假单胞杆菌和南极洲假丝酵母 B 中提取脂肪酶，并固定于壳聚糖粉末上。用油酸与乙醇发生酯化作用产生乙基油酸盐来检验固定化酶的性能。研究结果显示，两相系统中有机反应相中的水活度的降低有利于酯的合成。相对于标准的无水的系统，两相系统在反应最初的 1h 内合成酯的收率很高。从南极洲假丝酵母 B 中提取的固定于未经处理过的壳聚糖粉末上的脂肪酶在 24h 的时间里可以转化 75%的脂肪酸，并在连续 5 次 24h 使用之后仍能保留很高的活力（90%～95%）。

固定化后酶稳定性提高的原因可能有以下几点：①固定化后酶分子与载体多点连接，可防止酶分子伸展变形；②酶活力的缓慢释放；③当酶与固态载体结合后，失去了分子间相互作用的机会，从而抑制酶的自降解。

3. 固定化酶的最适温度变化

酶反应的最适温度是酶热稳定性与反应速率的综合结果。固定化酶的热稳定性提高，所以最适温度也随之提高。例如，以交联法用壳聚糖固定胰蛋白酶的最适温度要比固定化前提高了 30℃。也有报道最适温度不变或下降的，Horst 等用戊二醛处理过的磁性 Fe_3O_4 固定化过氧化氢酶，发现虽然其催化的最适温度由 60℃降低到 40℃，但是用 1mg/mL 的固定化酶获得的最大活性明显高于相同条件下的游离酶。

4. 固定化酶的最适 pH 变化

酶由蛋白质组成，其催化能力对外部环境特别是 pH 非常敏感。酶固定化后，对底物作用的最适 pH 和 pH-活性曲线常常发生偏移。一般说来，用带负电荷载体（阴离子聚合物）

制备固定化酶的最适 pH 值较游离酶偏高，这是因为多聚阴离子载体会吸引溶液中的阳离子（包括 H^+）附着于载体表面，结果使固定化酶扩散层 H^+ 浓度比周围的外部溶液高（即偏酸），这样外部溶液中的 pH 值必须向碱性偏移，才能抵消微环境的作用，使其表现出酶的最大活力。反之，使用带正电荷的载体其最适 pH 值向酸性偏移。

5. 固定化酶的米氏常数（K_m）变化

固定化酶的表观米氏常数 K_m 随载体的带电性能变化。当酶结合于电中性载体时，由于扩散限制造成表观 K_m 上升。可是带电载体和底物之间的静电作用会引起底物分子在扩散层和整个溶液之间的不均一分布。由于静电作用，与载体电荷性质相反的底物在固定化酶微环境中的浓度比整体溶液的高。与溶液酶相比，固定化酶即使在溶液的底物浓度较低时，也可达到最大反应速率，即固定化酶的表观 K_m 值低于溶液的 K_m 值；而载体与底物电荷相同，就会造成固定化酶的表观 K_m 值显著增加。简单地说，由于高级结构变化及载体影响引起酶与底物的亲和力变化，从而使 K_m 变化。这种 K_m 变化又受溶液中离子强度的影响：离子强度升高，载体周围的静电梯度逐渐减小，K_m 变化也逐渐缩小以至消失。例如在低离子浓度条件下，多聚阴离子衍生物-胰蛋白酶复合物对苯甲酰胺酸乙酯的 K_m 比原酶小 30 倍。但在高离子浓度下，接近原酶的 K_m。

六、 影响固定化酶性质的因素

固定化酶的性质取决于所用的酶及载体材料的性质。酶和载体之间的相互作用使固定化酶具备了化学、生物化学、机械及动力学方面的性质。为此要考虑许多方面的参数，较重要的参数见表 7-6。

表 7-6　固定化酶的特征参数

成　分	参　数
酶	生物化学性质　分子量，辅基，蛋白质表面的功能基团，纯度（杂质的失活或保护作用） 动力学参数　专一性，pH 及温度曲线，活性及抑制性的动力学参数，对 pH、温度、溶剂、去污剂及杂质的稳定性
载体	化学特征　化学组成，功能基，膨胀行为，微孔大小及载体的化学稳定性 机械性质　颗粒直径，单颗粒压缩行为，流动抗性（固定床反应器），沉降速率（流体床），对搅拌罐的磨损
固定化酶	固定化方法　所结合的蛋白，活性酶的产量，内在的动力学参数（即无质量转移效应的性质） 质量转移效应　分配效应（催化剂颗粒内外不同的溶质浓度），外部或内部（微孔）扩散效应；这些给出了游离酶在合适的反应条件下的效率。 稳定性　操作稳定性（表示为工作条件下的活性降低），储藏稳定性 效能　生产力（产品量/单位活性或酶量），酶的消耗（酶单位数/千克产品）

所谓酶本身的变化，主要是由于活性中心的氨基酸残基、高级结构和电荷状态等发生变化，而载体的影响主要是由于在固定化酶的周围形成了能对底物产生立体影响的扩散层以及静电的相互作用等引起的变化。酶固定化后发生的性质变化是由于上述几种影响因素综合作用的结果。载体与酶的直接作用可能表现为活力丧失、破坏酶结构、封闭酶活性部位等。

1. 质量传递效应

质量传递效应是通过固定化将酶的机动性加以精细的限制，从而影响溶质运动性能的现象。固定化酶的效率由于载体材料表面外部的扩散限制造成降低。分配效应也能引起载体内外的浓度不同，这对于能和载体材料以离子和其他吸附力相作用的溶质而言也是必须考虑的。在多孔的颗粒中由于内部的或者微孔扩散，还能观察到内部扩散限制效应。所有固定化酶催化的反应必须遵循质量传递规律以及酶催化相互作用的规律。那么是什么原因使质量传递造成了这种限制呢？对于米氏酶而言，受质量传递控制的程度可用效率系数或有效因子 η 表示：

$$\eta=\frac{V_{\mathrm{imm}}}{V_{\mathrm{free}}}$$

V_{imm} 和 V_{free} 表示在相同的条件下，相同浓度的固定化酶和游离酶催化的反应速率。

在水解过程接近反应终点时，底物浓度通常较低。在此情况下，产物抑制等其他的一些因素将决定反应速率。另外，反应生成的质子梯度将在任何底物浓度下掩盖其他因素的影响。实际上，为了研究固定化酶是否受质量转移限制，建议在剧烈的条件下测定酶的活性。主要包括增大搅拌速度或流速以将外部扩散降到最低，使酶颗粒变小，或增大缓冲液浓度以避免 pH 迁移等。如果采用上述某种方式而使反应速率有所增加，则说明在某种程度上质量转移效应控制着反应速率。能够用来增强催化效率的一些方法如下：

(1) 降低载体颗粒的大小。在技术应用上，对球形颗粒直径的最低极限为 100μm，这样的颗粒才得以在大的酶反应器的普通筛板上被保留。对于小的酶晶体而言，应采用其他保留技术。

(2) 对比活高的酶应降低酶的负载量，这可以通过一般的固定方法来实现。在酶晶体中酶活性可以通过与失活的酶共结晶而得以稀释，然而，当过量的惰性载体材料对反应条件不利时，低比活的酶紧密堆积是一种有用的固定方法。

(3) 酶在载体材料外部的优先结合能增加酶的催化效率。当酶只占据球形载体外壳（半径的 1/10）时，催化效率可增加约 2 倍。

2. 支持物产生的（静态的）和反应产生的（动态的）质子梯度

和游离酶相比，固定化酶的 pH-酶活性曲线有可能迁移 3～4 个 pH 单位。在低缓冲容量和低离子强度的溶液中，当用固定在阳离子交换载体上的胰蛋白酶或交联的枯草杆菌蛋白酶晶体水解 *N*-保护的氨基酸酯时，可以观察到 pH 的迁移。对于固定化的胰蛋白酶，pH 的迁移部分主要是由于溶质分子的带电基团和载体上的静电荷相互作用（分配作用）引起的。由于载体上的 pH 值比主体溶液的 pH 值要低得多，因此发生了 pH 迁移。通过能够降低相互作用的高离子强度的溶液可以降低 pH 迁移，而这些静态的梯度和提供高离子强度的带电底物的反应性没有多大的关系。在低离子强度的溶液中，固定化的酶晶体也能够形成静态 pH 梯度。pH 值高于等电点时带负电的晶体能够作为阳离子交换剂，而质子的分配能够产生静态 pH 梯度。

此外，在水解反应中，当固定化酶释放质子时也能够经常观察到动态的质子梯度。其原因是，在酶催化酯水解［式(7-3)］或酰胺水解［式(7-4)］的反应中，甚至少量质子的形成也能促使 pH 值的迁移，因此引起反应速率的改变。

$$R^1COOR^2+H_2O \rightleftharpoons R^1COOH+R^2OH \rightleftharpoons R^1COO^-+R^2OH \tag{7-3}$$

$$R^1CONHR^2+H_2O \rightleftharpoons R^1COOH+H_2NR^2 \rightleftharpoons R^1COO^-+R^2NH_3^+ \tag{7-4}$$

固定化青霉素酰胺酶发挥最大酶活性时，会使每秒钟在酶晶体和 Eupergit® C 载体的孔隙中分别产生 0.3mol/L 和 0.0015mol/L 的酸和碱。在没有缓冲能力或弱缓冲能力的系统中，少量的酸或碱能使载体内的 pH 值和外部显著不同。这可以通过酸的解离常数 pK_a 及碱

的去质子常数 pK_b来表示。当青霉素水解时，在固定化酶的微孔中生成的酸和碱的 pH 值（pH≈4）比主体溶液中最适于产物生成的 pH8 低得多。

在水解反应过程中，通过不断加入碱，使之扩散入载体从而减小 pH 值的迁移。而这种方式会沿着颗粒半径形成一种动态的 pH 梯度，这表示存在扩散控制。

为了减少催化剂用量和提高产率，需要降低反应产生的动态 pH 梯度的作用。可以通过几种方法达到：①对于底物介导的扩散控制，分别或同时减少酶浓度或颗粒的大小；②使用有足够容量（>0.05mol/L）的缓冲液来减少动态 pH 梯度。对于酶催化的过程来说，pK 值要大于酶催化过程的最适 pH（底物或产物本身提供了该特性，因此只需采用最适外部 pH 值)。③采用比该酶最适 pH 高的外部 pH 进行操作。④共固定一个质子消耗酶（如脲酶)，它能原位形成氨并中和产生的质子。然而需要注意的是：当在酰基酶的脱酰化反应中，氨充当亲核体的时候，氨能形成副产物。

3. 固定化酶的稳定性和产率

为获得最高的效益，增加固定化酶的稳定性，提高固定化酶的使用时间是非常重要的。通过分析酶活性随时间的损耗来测定酶的稳定性。在热失活过程中，我们可以根据最简单的一级动力学规律预测残余的活性。而当不同的酶混合在一起时，情况就变得复杂了，它们会具有不同的结合力和内在稳定性，也会存在传质效应并降低效率。存在传质效应的反应在酶活的损耗方面表现得很不明显，会让人误认为有较好的稳定性。因此，不仅要跟踪酶活随时间的变化来测定酶的稳定性，在实践中还要跟踪其产率的变化，或者是将酶的消耗与产品的形成联系起来。

当嗜热菌蛋白酶以交联晶体的形式用于肽合成时，酶的稳定性可保持几百小时，同时酶的损耗速度会很低。而酶以溶解形式存在时，短时间内就会失活。当可溶的嗜热菌蛋白酶被保存在一个水-有机的混合溶剂中，在孵育的第一天，50%的酶活就会损耗，而在之后的15d 内，酶会保持相对的稳定。酶最初的失活有可能是由酶上的一个不稳定部分引起的，而在酶的晶体中这个不稳定片段将不会被暴露出来。

4. 固定化酶（细胞）的评价指标

游离酶成为固定化酶，其催化过程也由原先的均相反应体系变为固-液相不均一反应体系。酶的催化性质会发生变化，因此制备固定化酶必须考察它的性质。通过各种参数的测定可以判断某种固定化方法的优劣以及所得固定化酶的实用性。常用的评估指标包括：

(1) 固定化酶的活力　固定化酶的活力即是固定化酶催化某一特定化学反应的能力，其大小可用在一定条件下它所催化的某一反应的反应初速度来表示。固定化酶的单位可定义为每毫克干重固定化酶每分钟转化底物（或生产产物）的量［如 μmol/(min·mg)］。如是酶膜、酶管、酶板，则以单位面积的反应初速度来表示［如 $\mu mol/(min \cdot cm^2)$］。和游离酶相仿，表示固定化酶的活力一般要注明下列测定条件：温度、搅拌速度、固定化酶的干燥条件、固定化的原酶含量或蛋白质含量及用于固定化酶的原酶的比活性。

固定化酶通常呈颗粒状，所以一般测定溶液酶活力的方法要作改进才能适用于测定固定化酶。其活力可在两种基本系统——填充床或均匀悬浮在保温介质中进行测定。

以测定过程分类。测定方法分为间歇测定和连续测定两种：

① 间歇测定　在搅拌或振荡反应器中，在与溶液酶同样的测定条件下（如均匀悬浮于保温的介质中）进行，然后间隔一定时间取样，过滤后按常规进行测定。此法较简单，但所测定的反应速率与反应容器的形状、大小及反应液量有关，所以必须固定条件。而且，随着

振荡和搅拌速度加快，反应速率上升，达某一水平后便不再升高。另外，如搅拌速度过快，会由于固定化酶破碎而造成活力上升。

② 连续测定 固定化酶装入具有恒温水夹套的柱中，以不同的流速流过底物，测定酶柱流出液。根据流速和反应速率之间的关系，算出酶活力（酶的形状可能影响反应速率）。在实际应用中，固定化酶不一定在底物饱和的条件下反应，故测定条件要尽可能与实际工艺相同，这样才能利于比较和评价整个工艺。

(2) 偶联效率及相对活力的测定 影响酶固有性质诸因素的综合效应及固定化期间引起的酶失活，可用偶联效率或相对活力来表示。固定化酶的活力回收是指固定化后固定化酶（或细胞）的总活力占用于固定化的游离酶（细胞）总活力的百分数。

偶联效率=(加入酶的总活力－上清中未偶联酶的活力)/加入酶的总活力×100%

活力回收=固定化酶的总活力/加入酶的总活力×100%

相对活力=固定化酶的总活力/(加入酶的总活力－上清中未偶联酶的活力)×100%

偶联率=1时，表示反应控制好，固定化或扩散限制引起的酶失活不明显；偶联率<1时，扩散限制对酶活有影响；偶联率>1时，或从载体排除抑制剂等原因。

(3) 固定化酶的半衰期 固定化酶的半衰期是指在连续测定条件下，固定化酶的活力下降为最初活力一半所经历的连续工作时间，以 $t_{1/2}$ 表示。固定化酶的操作稳定性是影响实用的关键因素，半衰期是衡量稳定性的指标。半衰期的测定可以进行长期的实际操作，也可通过较短时间的操作进行推算。在没有扩散限制时，固定化酶活力随时间成指数关系，半衰期 $t_{1/2}=0.693/K_D$，式中 $K_D=-2.303/t \cdot \log(E/E_0)$，称为衰减常数，其中 E/E_0 是时间 t 后酶活力残留的百分数。

第四节 酶稳定化与固定化的研究进展

一、生物化学及分子生物学基础研究

利用固定化酶进行反应的可操作性强，可用于酶的结构与功能的研究、多亚基酶及多酶体系组装方式的研究和凝血及血栓溶解的生化过程研究等。利用固定化酶在相界面催化反应的特点，还可用它来复制酶膜的模型。将多酶系统包埋于微囊内，可用于酶系统的组装、定位及代谢的研究等。

1. 酶的结构与功能研究

(1) 阐明酶反应机制 Lee 等应用实时表面等离子体子成像法，将 Langmuir 和 Michaelis-Menten 的理论相结合，研究了酶分子与表面固定底物 1∶1 的情况下核酸外切酶Ⅲ（ExoⅢ）对双链 DNA 的切割活性（见图 7-24）。

(2) 酶亚基性质的研究 比较亚基与全酶的催化性质，对了解酶的结构功能有重要意义。由于亚基不易分离，常规条件下无法比较，固定化可解决这一问题。由于载体的空间限制，脱落的亚基不能再与载体上的亚基重新结合。醛缩酶有 4 个亚基，控制条件使酶分子只有一个亚基通过共价键与 CNBr 活化的琼脂糖凝胶结合。当用 8mol/L 的尿素使蛋白变性后，未被固定的亚基被透析除去，只有固定化的亚基保留，这样就可对单亚基进行研究。由表 7-7 可见，醛缩酶的亚基有活性。

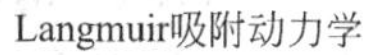

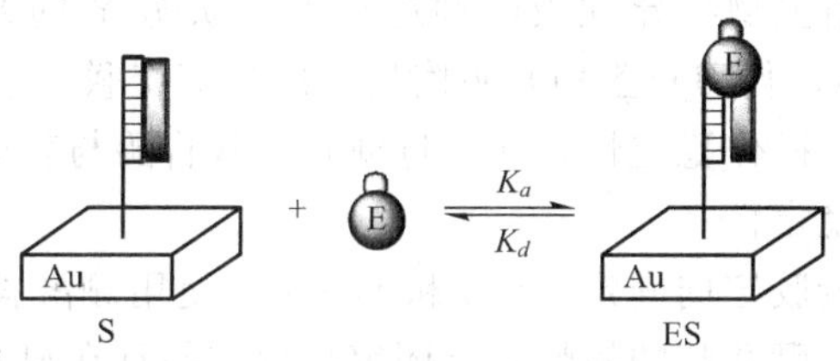

表面酶催化动力学

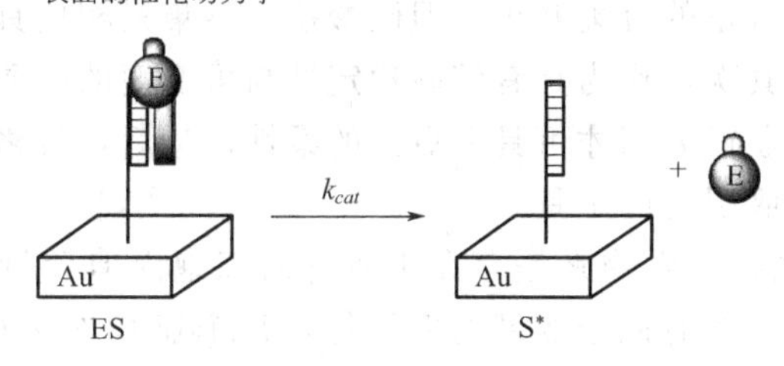

图 7-24 生物高聚物微芯片的表面酶处理示意图

表 7-7 醛缩酶亚基活力测定

固定化衍生物	活　　力	蛋白质	比　　活
全酶	100	100	4.5
亚基	9.8	27.5	1.6

(3) 揭示酶原激活机制　有时酶原激活并不涉及蛋白水解。酪氨酸酶原被固定化后，不经过肽链水解就可活化至天然酶的20%～30%活力。荧光技术证明，激活的酪氨酸酶在结构上与固定化酪氨酸酶类似，证明了结构重排在酶原激活中的重要性。

(4) 研究酶分子的结构　X射线晶体衍射法是研究酶三级结构最有力的手段。然而，有些酶不能结晶，必须求助间接方法，如荧光标记及顺磁等方法。除了这些方法，也采用一定的固定化技术。用0.5～2.0nm长的双功能交联剂可获得酶的结构最有价值的信息，酶活性中心的功能基通常就处于这个范围内。用交联法可以发现，溶液中某些酶的构象与用X射线衍射数据得到的晶体状态的构象没有区别。

2. 揭示酶内部反应和功能的工具

酶的定向固定可使活性结合部位更易接近，稳定性也得以提高。酶的定向固定的途径有很多，包括用合适的抗体、糖蛋白的糖组分、硼酸盐亲和凝胶、亲和素-生物素系统、定点诱变等实现蛋白质的定向固定，分述如下。

(1) 用合适的抗体进行酶的定向固定化　Solomon等人阐明了羧肽酶A（CPA）的两种固定化方式。这两种方法是直接将CPA固定到其抗体上。这些复合物的亲和常数达到$10^9 M^{-1}$数量级。将抗原连接到固相支持物上可通过两种不同的结合步骤：①只通过吸附作用进行固定，即将抗体吸附到蛋白A-Sepharose柱上。②抗体共价结合到Eupergit C上，在所有这些情况中，催化常数几乎是一样的。在溶液中，将固定化羧肽酶用底物进行重复温育后，其酶活性几乎没有什么变化。而在固定化以后，酶的稳定性增加了。

(2) 利用糖蛋白中的糖组分实现定向固定　酶可与底物及其类似物、辅因子、别构效应物和金属离子等组成复合物，形成的复合物的类型决定了它们在活细胞中发生的化学过程中的作用方式。Turkova 利用生物特异性吸附剂进行了羧肽酶 Y 的亲和色谱，Gly 羧肽酶 Y 与 Con A-Spheron（Con A，伴刀豆蛋白）吸附后与戊二醛交联，这个酶保留了 96%的天然催化活性并且表现出良好的操作稳定性，而通过糖苷残基将酶与表面以酰肼衍生物活化的载体偶联也可以实现酶的高稳定性。

（3）利用硼酸盐亲和凝胶定向固定　Liu 和 Scouten 使用硼酸盐亲和凝胶进行过糖蛋白的定向和可逆固定的研究。硼酸盐的极性官能团容易反应并且在温和条件下有一个较宽的反应范围，定向排列为规则的几何图形。在某种意义上说，硼酸盐可被认为是一种通用的凝集素，尽管它的特异性要比真正的凝集素小，但硼酸盐与凝集素相比具有几点优势：首先，硼酸盐比凝集素稳定得多；其次，作为具有较高稳定性与可变度的硼酸盐与不同物质相互作用时，限制其作用的是只有获得分离才可具有更大的柔性；最后，价格低廉使硼酸盐亲和色谱成为生化研究中一种极具吸引力的工具。

（4）生物素-亲和素系统　生物素是存在于所有活细胞内但含量甚微（$<0.0001\%$）的中性小分子辅酶，亲和素是含有四个亚基的四聚体，每个亚基均含有一个生物素结合位点。与其他非共价相互作用相比，将水溶性的维生素-生物素结合到卵清白蛋白、亲和素或链霉亲和素上能引起自由能的大大降低。生物素-亲和素复合物具有极高的亲和常数（$10^{15}\,L\cdot mol^{-1}$）。即使极端 pH 值、高的离子强度，甚至促溶剂（如 3mol/L 盐酸胍）都不能破坏这种结合。Min 等将生物素羧化载体蛋白（BCCP）片段分别融合在荧光素酶和氧化还原酶的 N 末端，然后将这两个融合蛋白（BCCP-荧光素酶，BCCP-氧化还原酶）定向固定在亲和素包被的琼脂颗粒上，荧光活性提高了 8 倍，固定化酶的稳定性和固定效率均大大提高。

（5）利用定点诱变实现蛋白定位吸附　在一个载体上控制蛋白分子固定化定向的关键是从蛋白表面的预定位点选择连接这个蛋白。用基因工程法能在简单生物体如大肠杆菌或酵母菌中大量生产所需蛋白，也能使在 DNA 水平对感兴趣的蛋白继续修饰成为可能。为使蛋白具有所需要的性质，利用定点诱变将一个带有特定侧链官能团的氨基酸残基引入到蛋白分子中。蛋白分子通过这个官能团连接起来，导致表面上可控制的定向。Persson 运用基因工程方法制备了在 44 位含有一个 Cys 残基的乳酸脱氢酶突变体，用于定向定位固定的载体是硫代丙基-Sephrose。利用定点诱变引入一个单独的 Cys 残基后。蛋白表面存在了一个不会影响酶的催化活性的易接近巯基基团，活性乳酸脱氢酶突变体和硫代丙基或功能性有机汞琼脂糖珠相偶联，保持了至少 56%的酶活性，固定化催化剂所表现出的饱和动力学与自由酶相似，但热稳定性增加。然而乳酸脱氢酶是多亚基酶，这些研究中所用的载体是不同尺寸的商品化多孔琼脂糖珠。因为活性部位的空间易接近性不同，在这些条件下很难研究固定化蛋白分子的定向对其活力的影响。

此外，生物活性分子（首先是所有抗体和酶）定向固定是实现活性结合部位具有良好的空间易接近性的途径。蛋白和适当的免疫吸附剂的生物特异性吸附同样给出了将分离和定向固定结合起来的可能性。

二、生物传感器

1. 生物传感器的组成和工作原理

传感器是能将一种被测量的信号（参量）转换成为一种可输出信号的装置。生物传感器（biosensors）就是用生物成分作为感受器的传感器。通常由感受器、换能器和电子线路三部分组成。当待测物质通过具有分子识别功能的接受器时，固定在接受器上的亲和配基与待测生物分子相互作用的瞬间发生能量的转移，经过换能器，这种能量会以电或光等物理讯号的方式输出，经过电子系统的放大处理和显示，就可以测出待测物质的量。

感受器是生物传感器的心脏，整个生物传感器的核心技术也在于此。制备感受器包括两个方面的工作，一是选择最佳的载体材料，二是在载体表面固定化亲和配基。材料的选择相对较为简单，而在表面上固定化配基是感受器研究的重要环节。它需要对载体表面进行活化预处理，使其表面带上各种需要的活性基团，如羟基、氨基、醛基、巯基等。然后通过化学反应把配基键合到载体表面上。传感器另一个重要组成部分是换能器，它可以感知固定化配基（分子识别器）与待测物质特异性结合产生的微小变化，并把这种变化转变成其他可以记录的信号，如检测电学变化（电位、电流等）、光信号（吸收光、散射光、折射光、荧光、化学发光、电化学发光等）、密度和质量的变化、振幅和频率及声波相位的改变，或用热敏感元件测量热学的改变。把这些信号送到放大装置中，输出并记录结果。换能器质量的好坏，决定了传感器灵敏度的高低。

2. 生物传感器中配基的固定化

在载体材料的表面固定亲和配基的技术主要包括两类，一是非共价吸附，二是通过化学反应共价交联。不管是哪一种结合方法，目的都是保持亲和配基与待测分子的特异性结合活性。一般来说，生物传感器完成一次到几次测量实验不会有什么问题。但是用一个感受器完成几十次样品测量，可能在样品吸附和解吸附的过程中，经受不同的洗涤条件的改变，会引起载体表面上亲和配基的剥离和生物分子的丢失，甚至会使感受器的使用效果显著降低，检测的灵敏度和重复性也遭受严重的影响。所以到目前为止，从事生物传感器研究的人员普遍认为，即使亲和配基的键合十分牢固，其使用次数也不应超过 50 次。另一种看法则认为从制作传感器的原材料开始考虑，尽可能采用廉价材料和规模化生产，大大降低成本，使传感器芯片成为一次性使用，既保证了测量样品的精度，也保持了良好的重复性。

通过化学反应共价结合是在载体表面固定化如蛋白质和酶的大分子配基的最佳方法，本章中所涉及的载体表面活化技术和亲和配基固定化技术均可使用。经过活化的载体表面带上了各种活性基团，可用于连接配基。常用的活化试剂有溴化氰（CNBr）、羰基二咪唑（CDI）、水溶性碳二亚胺（EDC）和戊二醛等。双硫代琥珀酰亚胺丙酸酯（DSP）修饰金箔电极是配基固定化技术的一个很有前途的方法，DSP 一端的活性基团 NHS 可以迅速地吸附到金箔表面上，其稳定性超过了玻璃中的共价硅烷键。NHS 活化的金箔表面与酶和对氧化还原敏感的配基偶联以后，在电化学和生物传感器的研究中有广泛的用途。

3. 生物传感器的发展和应用

生物传感器的操作理论已经应用了 30 余年的时间，只有近些年才取得了突破性的进展，在各种不同的领域如临床医学、过程控制、环境检测、基础研究、航空航天、半导体和计算机技术等方面用途广泛。现在已经出现了亲和固定几十种配基的晶体管芯片，能在几秒钟内测定一系列生物化学和医学诊断学的数据，甚至连基因突变和缺失都可以检测，该技术可成为 21 世纪揭示人类生命科学奥秘的有力武器。

生物分子之间的相互作用是生命现象发生的基础，研究生物分子之间的相互作用可以阐明生物反应的机制，揭示生命现象的本质。近年来，研究分子相互作用的技术不断出现，其中表面等离子体子共振（surface plasmon resonance，SPR）技术引人注目，基于 SPR 的生物传感技术尤其是生物分子相互作用分析技术（BIA，biomolecular interaction analysis）在生物学以及相关领域的研究应用取得了很大的进展。SPR 技术可以现场、实时地测定生物分子间的相互作用而无需任何标记，可以连续监测吸附和解离过程，并可以进行多种成分相互作用的研究。

Pharmacia公司的生物分子相互作用分析（BIA）系统为生物传感器研究生物分子间的相互作用开创了一个典范。BIA的核心系统应用了等离子体子共振技术，它使用激光扫描固定化表面并记录分子配对情况，即抗原-抗体作用所导致的质量的改变。传感器的固定化表面是由玻璃片上覆盖金膜镀层，在金膜上共价结合了羧化的葡聚糖作为生物相容性载体，非特异性结合很低，可以用水溶性碳二亚胺（EDC）和*N*-羟基琥珀酰亚胺（NHS）把所需要的配基固定到羧化的葡聚糖上。当待测分子结合到配基层以后，SPR的共振角发生更大的变化，这种变化幅度与待测分子的结合量相关。

如今，SPR技术在免疫分析，DNA的复制、转录和修复，药物的筛选，蛋白质分子相互作用分析以及肽库和抗体库的筛选等生命科学领域的应用研究取得了令人瞩目的进展，显示了常规技术无法比拟的优越性。

三、亲和分离系统

亲和分离是利用了生命现象中生物分子间特有的高亲和力、高专一性、可逆结合而设计的一种十分巧妙的纯化方法，是唯一能够体现待分离物质间的生物学功能差异的分离方法。这一技术不仅是测定、分离和利用抗体、抗原和半抗原、细胞和细胞器、辅因子和维生素、酶、糖蛋白和单糖、激素、抑制剂、凝集素、脂质、核酸和核苷酸、毒素、转移受体核结合蛋白或病毒等的有效方法，而且对于研究超分子结构与它们所在微环境的关系方面也很有用。如配合以适当的预处理步骤，几乎可以实现“一步纯化”。

从亲和分离的目的和模式综合考虑，可分为以下3种类型：①将某种作为配基的生物分子偶联于固相载体上制成亲和吸附剂，用作色谱的填料来分离与之特异结合的配体，然后将配体洗脱下来并回收，统称为亲和色谱法，例如固定化抗体用于相应抗原的分离；②将配基偶联于载体上用于选择性地去除某些污染物，如用固相多黏菌素去除内毒素；③将细胞表面抗原分子对应的抗体偶联于载体上用于细胞的标记、分离及性质研究。

亲和分离也可用于肽库及抗体库的筛选，如将融合有靶分子的谷胱甘肽-S-转移酶（GST）固定于谷胱甘肽亲和柱上。然后将噬菌体抗体库流过该亲和柱，则表达特异结合靶分子的蛋白质的噬菌体被截留，用凝血酶切开靶分子与GST之间的连接即可回收相应的噬菌体进行检测与扩增。该法的筛选容量远大于一般的微孔板，而且可以反复使用。同理，还可用固定化的鞘糖脂筛选表达外源凝集素的工程细胞株及使用固相抗原筛选形成特异抗体的杂交瘤细胞。

最近，Kumada等通过融合表达的方法在谷胱甘肽硫转移酶上加入了PS19（RAFIAS-RRIKRP）这种小肽标签。PS19对亲水的聚苯乙烯（PS）具有特异的亲和性，在没有蛋白分子干扰的情况下可以优先固定在亲水性的PS（phi-PS）板上。用化学法可将兔IgG以小肽KPS19R10进行修饰，该肽把PS19的^{10}Lys用Arg替代并且在N末端添加了一个Lys作为戊二醛的联结位点，KPS19R10显示出高于PS19的亲和能力。同时发现phi-PS板和肽标签配基蛋白可以通过一步或两步酶联免疫（ELISA）反应完成，与常规ELISA方法相比，该方法能减少操作时间，并且具有较高的灵敏度。预计该方法将成为多种ELISA技术的一个通用方法，能被应用于通过融合表达或者化学方法制备的具有PS专一性结合能力的肽作为配基蛋白（如夹心型或者竞争型利用单抗原、单抗体和链霉亲和素）一类的ELISA反应（表7-8）。

表 7-8 将 PS 板用于常规 ELISA 的 4 个例子

模式	配 体 （肽标签的连接法）	被分析物	监测	固定前的 复合物	洗涤后 PS 板上 的复合物
三明治型	GST-PS19 （融合表达）	GST 抗体	与酶结合的 IgG 抗体		
竞争型	IgG-KPS19R10 （化学法结合）	IgG	与酶结合的 IgG 抗体		
三明治型	PNInB 抗体-KPS19R10 （化学法结合）	胰岛素	与酶结合的 PCInB 抗体		
三明治型	亲和素化 KPS19R10 （化学法结合）	生物素化 IgG	与酶结合的 IgG 抗体		

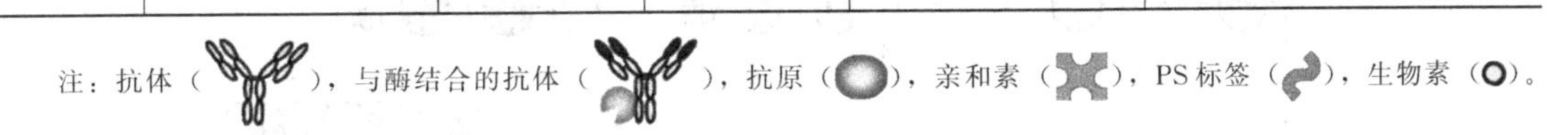
注：抗体（ ），与酶结合的抗体（ ），抗原（ ），亲和素（ ），PS 标签（ ），生物素（ ）。

根据最新的研究表明，一种以 ELISA 为基础，通过酶热敏电阻产热发展出来的技术 TELISA（thermometric enzyme-linked immunosorbent assay）具有更多的优势。酶热敏电阻的最外层是由绝缘的聚氨酯泡沫包裹的一层厚壁铝块，可以在 25℃、30℃或 37℃下保持恒温（±0.01℃）。铝块的里面是一个铝筒，筒的内腔中有两个探针，分别连接一个小的薄壁塑料圆柱（体积为 0.2～1.0mL），它里面存在可以固定酶的固体支架如 CPG。两个探针可以安装两种不同的圆柱，用于检测两种不同的分析物，或者一个安装酶柱另一个安装参考柱。在进入反应柱前，溶液通过一个作为热交换的薄壁耐酸钢管（内径 0.8mm）。这种设计的目的是最大限度地减少溶液在通过圆柱时的温度波动。在圆柱顶部是一个小热敏电阻，它和一小段金毛细管被导热、绝缘的环氧树脂固定在一起，并连接到一个敏感度高达 0.001℃的惠斯登电桥上（图 7-25）。

TELISA 法包括直接竞争法和“三明治”法两种，其中直接竞争法指在与待测物相同的标准抗原上标记酶（如过氧化氢酶、过氧化物酶）。酶联免疫吸附时，将待测样与标准抗原

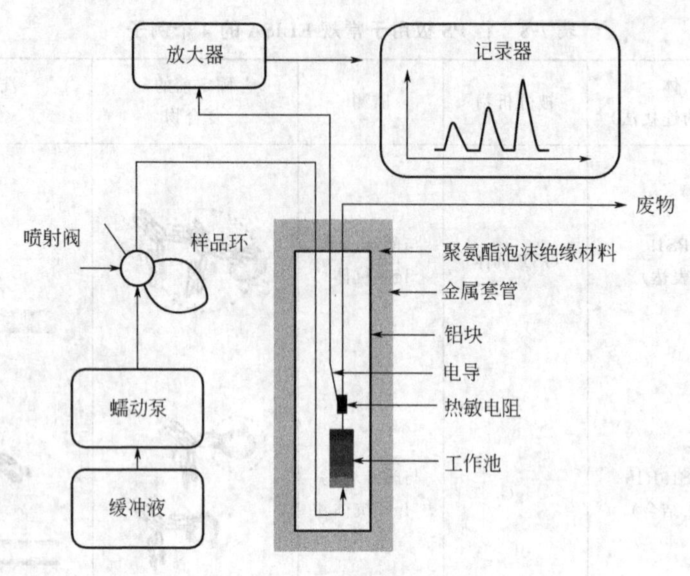

图 7-25 酶热敏电阻设计图

同时加入，吸附完毕后加入标记酶的底物，根据标记酶催化反应引起的温度变化推测标记酶的量，从而逆推待测物的量。“三明治”法固定的是蛋白质 A，加入 IgGs，再加标记有 β-半乳糖苷酶的蛋白。加入标记酶的底物，可根据标记酶催化反应引起的温度变化推测标记酶的量而判断 IgGs 的量，TELISA 的原理图如图 7-26 所示。

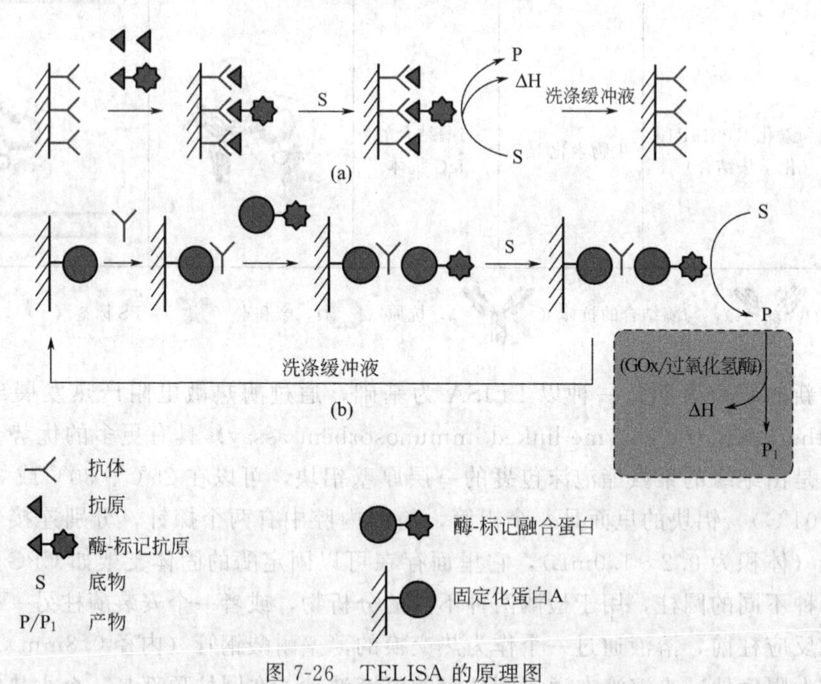

图 7-26 TELISA 的原理图

(a) 直接竞争型 TELISA；(b)“三明治型” TELISA

该方法相对于 ELISA 的优点有：①能在复杂的溶液中测定大的化合物。而 ELISA 因为是通过光度测量来定量的，对血液、发酵液等透明度不高的溶液较难检测。②TELISA 的标记酶有更多的选择。③免疫吸附剂可以重复利用。

四、 纳米材料

最近的研究表明，在各种纳米材料中［例如纳米颗粒、纳米纤维、多孔材料，以及单个酶纳米颗粒（SENs）］均可以改善酶的稳定性。功能性纳米材料有望用于工业中需要带有特殊催化性质的酶的固定化。在形成 SENs 时，每种酶分子都被纳米尺寸的网状结构所包围，这使得酶活性更加稳定（除了底物由溶液迁移到活性位点的限制情况）。SENs 还可以被固定在大比表面积的多孔二氧化硅上，对于可应用的固定化酶系统（例如生物转化器和生物传感器）而言，大比表面积提供了一个稳定的过程（图 7-27）。

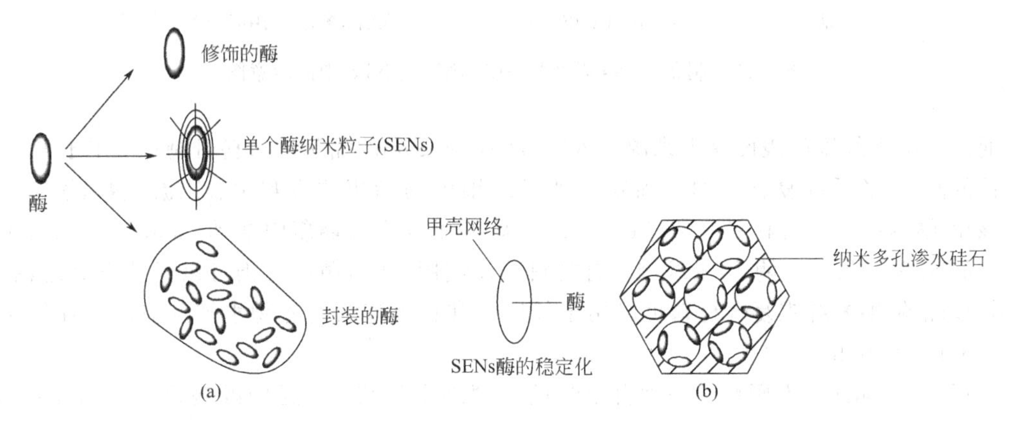

图 7-27 （a）SEN 通过酶修饰和封装的对比示意图和（b）在纳米多孔渗水硅石 SEN 的固定化

用纳米多孔材料可以对不稳定的天然乙酰胆碱酯酶（AChE）进行稳定化。为了增加生物传感器的操作稳定性，Sotiropoulo 等基于已有的理论模型，利用球形中空材料［图 7-28(a)，直径 100～300nm］和纳米多孔材料［图 7-28(b)，直径小于 70nm］对 AChE 进行固定，将蛋白质包埋入相对较小并呈刚性的笼中彻底的增加了蛋白的稳定性。

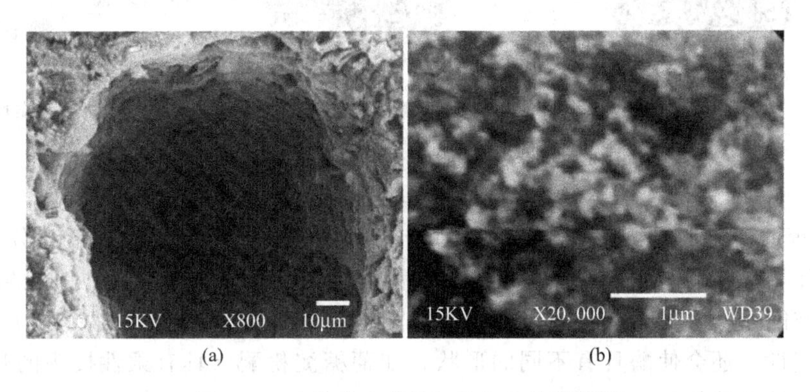

图 7-28 多孔渗水碳的扫描电子显微镜图

Kim 等将尺寸小于 10nm 的 α-胰凝乳蛋白酶的纯酶纳米粒（SEN-CT）溶解在缓冲溶液中，并进一步固定在平均孔径是 29nm 的纳米多孔硅石中。游离的 CT、SEN-CT 可以分别被固定在纳米多孔硅石（NPS）和经氨基丙基三乙氧硅烷（amino-NPS）硅烷化处理过的纳米多孔硅石中。吸附在 amino-NPS 中的 CT 比单纯吸附在 NPS 中或是共价结合到 amino-

NPS上面的固定方式更稳定。在22℃下剧烈摇动，游离的、吸附在NPS上的以及共价结合在NPS上的CT的半衰期分别是1h、62h和80h；而吸附到amino-NPS上面的SEN-CT在12d中也没有发生活性的降低。SENs和NPS的结合，为固定化酶系统的活力和稳定性的提高展示了新的应用空间（见图7-29）。

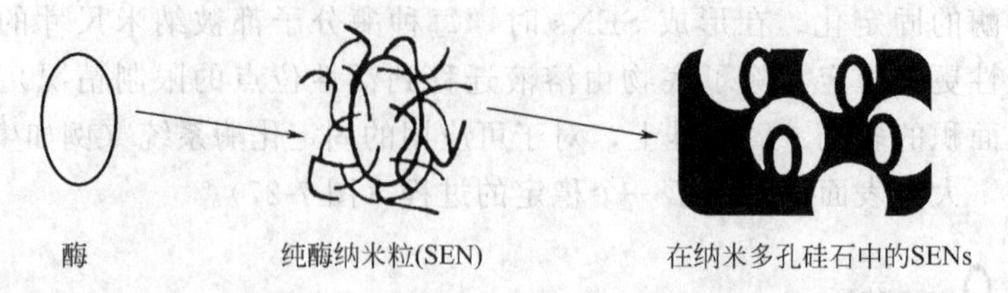

图7-29 制备SENs以及将SEN固定到NPS中的示意图

通过在纳米纤维的表面涂上来源于*Rhizopus oryzae*的酯酶的涂料可制成具有长期稳定操作性的酶-纳米纤维复合材料。固定到纳米纤维中的酯酶的表观K_m比游离酯酶高1.48倍。该酶-纳米纤维复合材料非常稳定，Lee等将纤维放到玻璃瓶中摇动100d后还保留了最初活力的80%。另外，酶-纳米纤维复合材料重复使用30个循环后仍可以保持很高的活力。因此，该酯酶-纳米纤维复合材料可以用于长期的和稳定连续的底物水解反应，可连续生产对硝基酚最少400h。

最近，Sawada等人研究了一种自组装的多糖纳米凝胶——胆固醇基普鲁（cholesterol-bearing pullulan，CHP）对脂肪酶稳定性的影响，发现脂肪酶的酶活力，尤其是k_{cat}值得到大幅提升。此外，结合CHP后的脂肪酶的变性温度提高了20℃，有效抑制了因温度升高而引起的脂肪酶变性和聚集，因此可以将此纳米凝胶应用于热稳定性较差的酶（图7-30）。

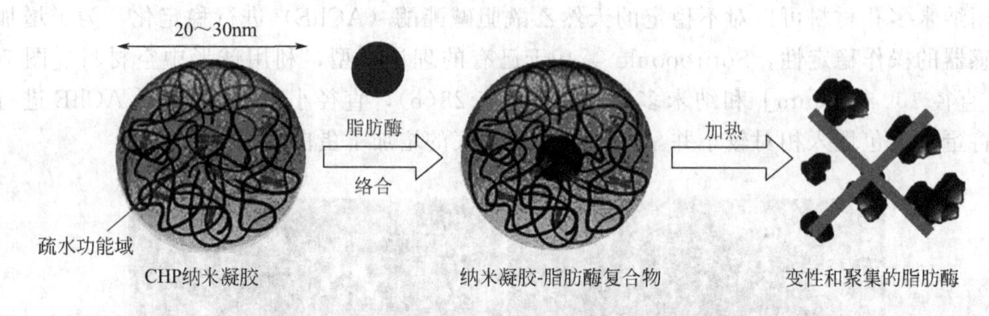

图7-30 纳米凝胶CHP与脂肪酶结合的示意图

Caruso等的研究证明，长链聚电解质对于将生物分子固定在无机或者高分子载体上发挥了重要的作用。在酶对底物发挥催化作用过程中，聚电解质创造了一个良好的微环境，使载体产生的空间位阻降低。将酶固定在表面被长链聚电解质衍生的乳胶纳米粒上，能使酶具有较高的稳定性，还会使酶具有不同的形状，如葡糖淀粉酶（具有柔性接头的哑铃状）、β-葡糖苷酶（刚性球状结构）（图7-31）。

五、其他技术与方法的应用

1. 微胶囊应用于酶的稳定化

Kim等设计了一种新的酶稳定化方法——酶的微胶囊稳定法，该方法可长时间维持酶应用所需的活力，不需要考虑环境因素，特别是热的因素。这种胶囊是由木瓜蛋白酶为核

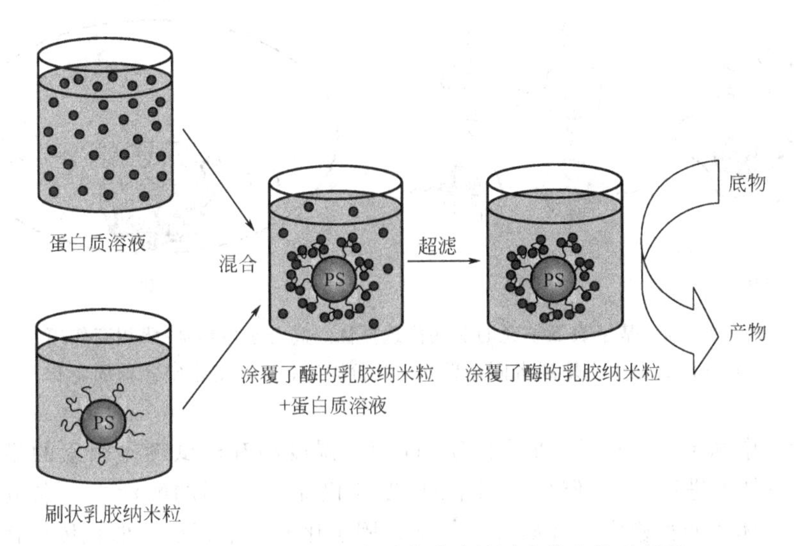

图 7-31　聚电解质功能化纳米乳胶粒固定化酶的示意图

心，聚丙烯乙二醇（PPG）夹层和聚 ε-己内酯（PCL）外壳组成的（图 7-32）。应用共焦激光扫描测量技术证明了木瓜蛋白酶是被疏水的多羟基层包围着，并通过互斥体积效应而稳定。热稳定性的提高是通过利用更多的疏水长链多羟基化合物而实现的。他们通过在界面上的构象锚定手段获得疏水多羟基层和木瓜蛋白酶及聚合物外壁的有效形式。

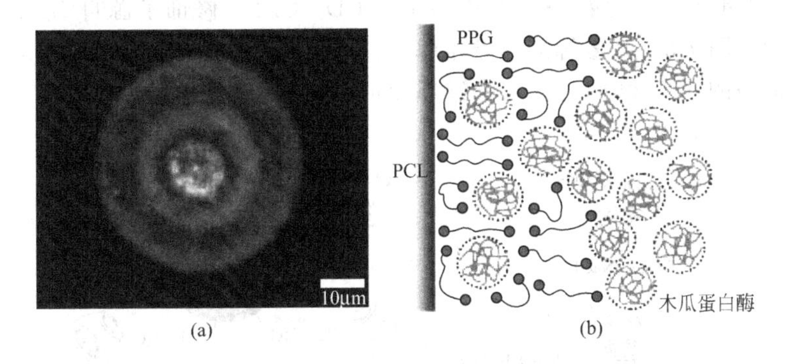

图 7-32　(a) 包含 FITC-标签的木瓜蛋白酶和 RBITC-标签的聚丙烯乙二醇 (3.5×10^3 g/mol) 聚 ε-己内酯微胶囊在同一时间的 ACLSM 图和 (b) 疏水多羟基化合物在酶和聚合物界面角色的示意图

2. 电解液及离子液体应用于酶的稳定化

Antonia 等研究了青霉素 G 酰基转移酶（PGA）在低的水含量和 40℃ 时在离子流体（ILs）和有机溶剂（甲苯、二氯甲烷和丙醇）中水解青霉素 G 时的活性变化情况，发现天然的 PGA 在 ILs 介质中显示了高于有机溶剂介质的稳定性（见图 7-33）。例如，在 1-乙基-3-甲基咪唑-双（三氟甲基磺酰）酰亚胺中的半衰期是 23d，这个数值比在 2-丙醇中高 2000 倍。

3. 乙醛酰琼脂糖应用于酶的稳定化

甲酸脱氢酶（FDH）在与疏水界面相互作用时很容易被钝化。Bolivar 等在高度活性的

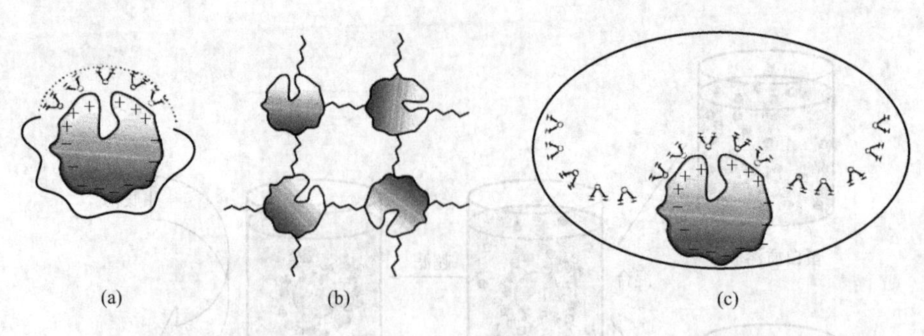

图 7-33　(a) 基于表面填充的非共价选择性的高分子电解质-酶相互作用；(b) 酶同其他蛋白质或者固体界面的共价固定；(c) 纳米空穴酶固定化

乙醛酰化琼脂糖中固定 FDH，增加了酶对 pH 值、温度和有机试剂等因素的稳定性。在高温和中性 pH 条件下进行 50 次催化，固定的 FDH 仍保持 50%的酶活力。在最优的固定条件下，这个二聚体酶变得稳定。在酸性条件下，固定化酶经上百次的催化依然稳定。

4. 环糊精衍生物应用于酶的稳定化

Fernandez 用单-6-氨基-6-脱氧-β 环糊精对牛 α-胰凝乳蛋白酶进行了修饰。每摩尔酶蛋白质含约 2mol 的寡聚糖，并保留了全部蛋白水解酶和酯酶的活性。与修饰前相比，酶的最适温度增加了 5℃，热稳定性提高了约 6℃。在 pH 9.0、50℃孵育 180min 后，糖基化的酶保留了 70%的初始活力，而相同条件下未修饰的酶完全失活。Villalonga 用单-6-氨基-6-脱氧-β 环糊精 (CD1) 和单-6-(5-戊酸-1-酰胺)-6-脱氧-β-CD (CD2) 修饰了源自 *Bacillus badius* 的苯丙氨酸脱氢酶 (图 7-34)，修饰后每摩尔酶蛋白分别包含 18mol CD1 和 15mol CD2，并分别保留最初的活力的 60%和 81%。与未经环糊精修饰的苯丙氨酸脱氢酶相比，修饰后酶催

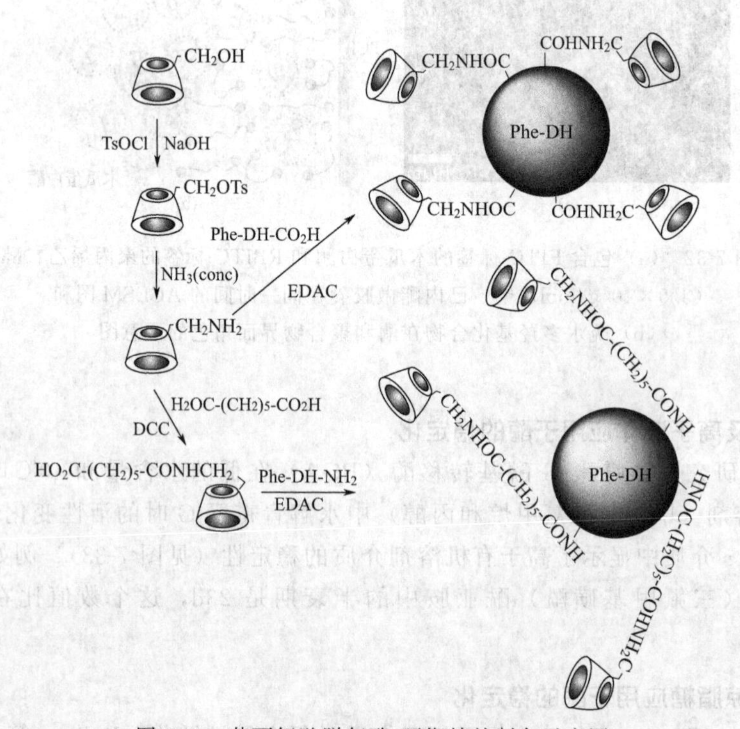

图 7-34　苯丙氨酸脱氢酶-环糊精的制备示意图

化的最适温度提高了 10℃。酶的热稳定性显著改善了，在 45～60℃的温度范围内抵抗热失活的能力大大增加。对于用 CD1 和 CD2 修饰的酶来说，热失活的活化自由能分别增加了 16.8kJ/mol 和 12.6kJ/mol。

5. 共聚物包埋应用于酶稳定化

应用 γ 射线将 α-淀粉酶包埋进丁基丙烯酸酯-丙烯酸共聚物（BuA/AAc）中，并同时添加阴离子表面活性剂双-（2-乙基己基）磺基琥珀酸钠盐（AOT）。覆盖有 AOT 的 α-淀粉酶要比未覆盖的酶稳定性更高，在临界胶束浓度为 10mmol/L 时固定化 α-淀粉酶的水解活性增加，该结果显示伴随着水合程度的增加酶活性也增加。

蔗糖酶可用 *N*-异丙基丙烯酰胺和 2-羟乙基异丁烯酸酯或者缩甘油异丁烯酸酯修饰的热敏共聚物固定化。此方法是利用刺激-敏感聚合物的溶胀，类似水泵的原理把酶抽入冷的聚合物中（图 7-35），而后进行酶的交联。他们发现用戊二醛预处理的交联要比没有通过预处理的更稳定。

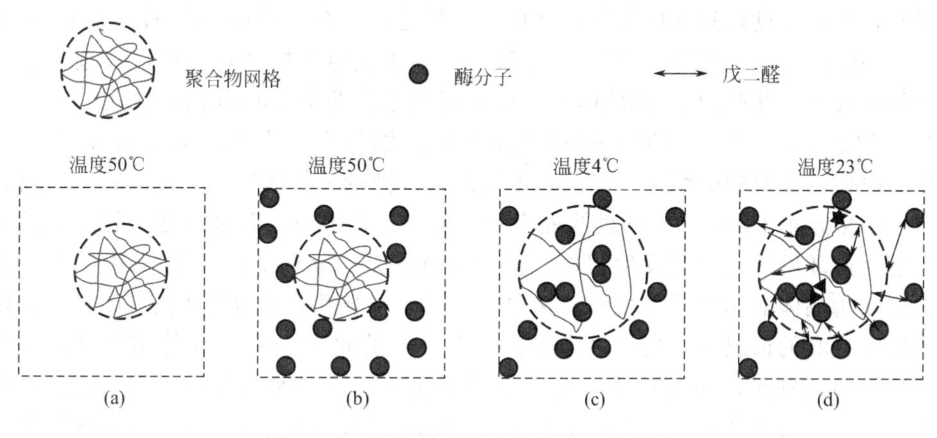

图 7-35 刺激-敏感聚合物溶胀法示意图

6. 小分子添加剂

小分子量的添加剂可以诱导酶蛋白优先进行水合作用而增加其稳定性，多元醇的存在可增加溶剂水表面张力从而引起优先水合作用。酶蛋白分子间作用力的降低和适宜的折叠结构会增加酶和溶液间的界面，从而增加添加剂和酶分子间的结合程度，使酶分子的稳定性增加。Schwarz 等发现 *Pleurotus ostreatus* 海藻糖磷酸化酶（*Po* TPase）的稳定性受修饰剂的影响较大，30℃时 *Po* TPase 的半衰期大约为 1h，而有 300mmol/L α-海藻糖时为 11.5h，有 20%甘油时为 6.5h，有 26% PEG 4000 时为 70h。而经 PEG 5000 的衍生物的共价修饰后稳定性可增加 600 倍。

过氧化氢酶可以降解用于漂白纤维素类织物的过氧化氢，在工业上应用广泛。Costa 等研究了多种添加剂对来自杆菌的过氧化氢酶的影响，发现在 4℃和 30℃，甘油和聚乙烯乙二醇均能增加其储存稳定性。把添加了上述稳定剂的过氧化氢酶在 70℃短时间暴露在 pH 为 10 或 11 的环境中，结果发现过氧化氢酶对这种环境的忍耐力有所提高，但通常认为甘油是更好的稳定添加剂。在用核糖核酸酶、α-胰凝乳蛋白酶原、溶菌酶和细胞色素 C 研究代表性的低分子量多元醇添加剂的稳定效果时发现，肌醇的效果最好，甘露醇和山梨醇居中，而木糖醇的效果最差。

多聚胺能增加蛋白质的稳定性。聚乙烯胺是一种用途广泛的阴离子多聚体，它可以用于增加蛋白质的稳定性。在36℃下0.1～10g/L的浓度范围内，大分子量和小分子量的聚乙烯胺片段能增加脱氢酶和水解酶的稳定性。由于聚乙烯胺并不影响乳酸脱氢酶和水解酶的T_m值，所以认为这种影响是由动力学因素引起的。在pH 5时，乳酸脱氢酶的酶活随着聚乙烯胺浓度的增加而降低。但在pH7.2和pH9时，聚乙烯胺可以提高乳酸脱氢酶的活力。聚乙烯胺的浓度为1%（质量浓度）时可以抑制乳酸脱氢酶的氧化，36℃时在铜离子存在的条件下，一个月内不会发生分子聚集。

除上面介绍的几种酶稳定化方法外，常见的酶固定化技术和化学修饰的方法也被广泛地应用。

Altun用交联剂制备了用于胃蛋白酶固定化过程的壳聚糖微球。以游离的和固定的胃蛋白酶体系为研究对象，发现游离酶和固定化酶的最优化温度区间分别是30～40℃和40～50℃。游离酶和固定化酶都在pH 2.0～4.0表现出高活性。固定化酶在热和储存稳定性方面均优于游离酶。用壳多糖或果胶的共价结合可以实现寡聚酵母转化酶的稳定化。用壳多糖进行稳定时，酶先被过碘酸氧化活化，再和壳多糖进行结合。其在65℃时的半衰期由5min增加到5h，然而T_m几乎增加了10℃。果胶是一种带负电荷的植物多糖，通过氨基氰的介导酶结合到果胶上。此酶的T_{50}增加7℃，65℃时的半衰期由5min增加到2d。

用20%聚乙烯乙二醇（PEG）6000和正丙醇分别作为助溶剂，Norouzian等使酪氨酸酶和牛血清白蛋白在饱和硫酸铵（65%）中结晶，得到的晶体再用戊二醛（1%，体积分数）进行交联。结果显示PEG 6000的助溶能力要明显强于正丙醇。以这种方法处理的酪氨酸酶经过6个催化循环后活力也没发生损失。值得注意的是，交联后的酪氨酸酶-牛血清白蛋白晶体，即交联酶晶体的储存活力很好，它在冷冻储存6个月后活力仍然没有明显的降低。

在不发生交联的情况下，化学修饰仍会产生稳定的效果。Khajeh等用甲基顺丁烯二酸酐修饰了嗜温B淀粉细菌α-淀粉酶的12位侧链赖氨酸。在这种修饰中，带负电荷的羧基替换了带正电荷的赖氨酸残基。在70℃，该修饰酶的活性比天然酶高。10mmol的钙离子对该酶可起到稳定作用。但是在70℃下钙离子会引起修饰酶的聚集，从而增加其不可逆失活的发生。

Esperase（一种用于洗涤的商业化碱性蛋白酶）可以用来处理羊毛，进而解决羊毛收缩问题（图7-36）。Silva等将Esperase共价连接到Eudragit S-100上（一种由碳二亚胺偶合的水溶性-水不溶性的可逆的多聚体）后，固定化的Esperase对高分子量的底物具有较低的特异性，但是具有高热稳定性。固定化Esperase的最适pH值向碱性方向移动了大概一个单位，而无论是天然酶还是固定酶，其最适温度是没有变化的，同时，固定化Esperase展现出很好的储藏稳定性和重复利用性。研究同时发现，因为蛋白的水解作用只发生在羊毛纤维的表面，利用固定化的Esperase处理羊毛可以降低羊毛处理过程中的损伤，这个新方法可以取代传统的氯处理法来进行羊毛抗皱处理。

Wu等用戊二醛将葡萄糖氧化酶共价交联在溶解了氧的传感器表面的薄膜上，氧的减少量与葡萄糖浓度密切相关，可以用氧化电极来检测葡萄糖浓度。并且检测系统具有快速的响应时间（100s）和高度灵敏性（可以检测每毫摩尔葡萄糖溶液中8.3409mg/L的氧损耗），此外还具有优良的储存稳定性（4个月之后仍能达到初始灵敏度的85.2%）。线性响应的葡萄糖浓度范围为1.0×10^{-5}～1.3×10^{-3}mol/L。该方法用于测量一些实际样品中的葡萄糖成分，比如葡萄糖注射剂和葡萄酒。

Jeong等利用紫外线对水凝胶/酶液和不相溶油溶液的聚合能力，开发了一种通过不相

图 7-36 经过处理的羊毛织物的 SEM 照片

（a）正常；（b）漂白；（c）天然 Esperase；（d）固定化的 Esperase

混溶的液体及原位光聚合方法制备包含生物催化剂聚合微粒子的新型技术。该技术中油与水凝胶溶液在压力的驱动下流入微通道并形成乳液，当接触到 365nm 的 UV 线后，在原位聚合形成水凝胶小液滴。不论是制备微粒子还是酶固定都可同时并连续进行，并且可通过控制流量而调节生成粒子的大小（图 7-37）。

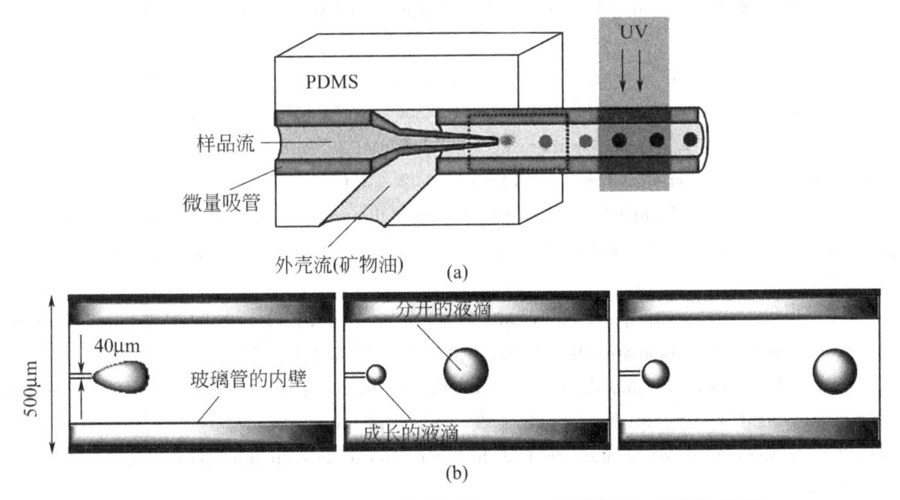

图 7-37 （a）制备微粒子仪器图和（b）微粒子分离的示意图

总结与展望

在生物技术领域，酶的稳定化一直是一个重要的课题。随着人们对酶结构的深入研究，化学修饰法将会应用于更多的酶。同时，随着该项技术的发展和完善，人们会生产出更稳定的酶制剂。增加酶稳定性的新方法、新思路仍有待开发，而这方面研究的进展必将加速酶在生物工程等各个领域的应用。

作为酶稳定化技术的优秀代表，固定化酶技术在工业的各个方面都显示出广阔的应用前景。例如，人体某种酶缺失或异常将导致某种疾病，给人体相应酶的补充可以治疗疾病或缓解症状，这称为“酶疗法”。但是游离酶进入机体后很容易被水解失活，另外，异源酶进入人体还可能产生抗体及其他毒副作用。将酶固定后使用，则可在一定程度上解决了上述问题。微胶囊最适于包埋多酶系统，因而可用于代谢异常的治疗或制造人工器官如人工肾脏以代替血液透析。需要注意的是，用于体内治疗用的固定化载体或胶囊都应具有良好的生物相容性或是可以生物降解的，以避免长期存留对人体带来的不良作用。除了以上所介绍的之外，固定化酶领域尚包括固定化辅酶及辅酶再生、固定化多酶反应器、固定化细胞器、固定化微生物多酶反应系统及固定化酶-微生物复合物系统等，各有其优点及用途。

固定化是使酶稳定化的一种重要手段，可以使酶像化学反应所用的固体催化剂一样，既具有酶的催化特性，又具有化学催化剂可回收、可反复使用的特性，并且可以实现连续化、自动化的生产。酶的固定化技术不仅能提高酶的稳定性，改变酶的专一性，提高酶活性，而且还能创造适应特殊要求的新酶，使之更符合人类的要求。

参考文献

[1] 周晓云. 酶学原理与酶工程. 北京：中国轻工业出版社，2005.

[2] 施巧琴. 酶工程. 北京：科学出版社，2005.

[3] 李再资，黄肖容，谢逢春. 生物化学工程基础. 北京：化学工业出版社，2006.

[4] 贾士儒. 生物反应工程原理. 第2版. 北京：科学出版社，2003.

[5] Hartmann M. Ordered Mesoporous Materials for Bioadsorption and Biocatalysis. Chem. Mater，2005，17 (18)：4577-4593.

[6] Mohapatra B R，Gould W D，Dinardo O，et al. Optimization of culture conditions and properties of immobilized sulfide oxidase from *Arthrobacter* species. J Biotechnol，2006，124 (3)：523-531.

[7] Wei Y，Dong H，Xu J G，et al. Simultaneous immobilization of horseradish peroxidase and glucose oxidase in mesoporous sol-gel host materials. Chem Phys Chem，2002，3 (9)：802-808.

[8] Ikeda Y，Kurokawa Y，Nakane K，et al. Entrap-immobilization of biocatalysts on cellulose acetate-inorganic composite gel fiber using a gel formation of cellulose acetate-metal (Ti，Zr) alkoxide. Cellulose，2002，9 (3-4)：369-379.

[9] Alsarra I A，Betigeri S S，Zhang H，et al. Molecular weight and degree of deacetylation effects on lipase-loaded chitosan bead characteristics. Biomaterials，2002，23 (17)：3637-3644.

[10] Soni S，Desai J D，Devi S. Immobilization of yeast alcohol dehydrogenase by entrapment and covalent binding to polymeric supports. J Appl Polym Sci，2001，82 (5)：1299-1305.

[11] Coradin T，Livage J. Mesoporous alginate/silica biocomposites for enzyme immobilization. C R Chimie，2003，6 (1)：147-152.

[12] Bao J，Furumoto K，Fukunaga K，et al. A kinetic study on air oxidation of glucose catalyzed by immobilized glucose oxidase for production of calcium gluconate. Biochem Eng J，2001，8 (2)：91-102.

[13] Fan C H，Lee C K. Purification of d-hydantoinase from adzuki bean and its immobilization for N-carbamoyl-d-phenylglycine production. Biochem Eng J，2001，8 (2)：157-164.

[14] Uragami T，Ueguchi K，Watanabe M，et al. Preparation of urease-immobilized polymeric membranes and their function. Catalysis Today，2006，118 (1-2)：158-165.

[15] Li C Z，Yoshimoto M，Fukunaga K，et al. Characterization and immobilization of liposome-bound cellulase for hydrolysis of insoluble cellulose. Bioresource Technology，2007，98 (7)：1366-1372.

[16] Gopinath S，Sugunan S. Enzymes immobilized on montmorillonite：comparison of performance in batch and packed-bed reactors. React Kinet Catal Lett. 2006，88 (1)：3-9.

[17] Bryjak J, Trochimczuk A W. Immobilization of lipase and penicillin acylase on hydrophobic acrylic carriers. Enzym Microb Tech, 2006, 39 (4): 573-578.

[18] Raviyan P, Tang J M, Rasco BA. Thermal stability of α-amylase from Aspergillus oryzae Entrapped in polyacrylamide gel. J Agri Food Chem, 2003, 51 (18): 5462-5466.

[19] Chen J P, Lin W S. Sol-gel powders and supported sol-gel polymers for immobilization of lipase in ester synthesis. Enzym Microb Tech, 2003, 32 (7): 801-811.

[20] Ye P, Xu Z K, Che A F, et al. Chitosan-tethered poly (acrylonitrile-co-maleic acid) ultrafiltration hollow fiber membrane for lipase immobilization. Biomaterials, 2005, 26 (32): 6394-6403.

[21] Horst F, Rueda E H. Activity of magnetite-immobilized catalase in hydrogen peroxide decomposition. Enzym Microb Tech, 2006, 38 (7): 1005-1012.

[22] Bismuto E, Martelli P L, De M A, et al. Effect of molecular confinement on internal enzyme dynamics: frequency domain fluorometry and molecular dynamics simulation studies. Biopolymers, 2002, 67 (2): 85-95.

[23] Basri M, Harun A, Ahmad M B, et al. Immobilization of lipase on poly (N-vinyl-2-pyrrolidone-co-styrene) hydrogel. J Appl Polym Sci, 2001, 82 (6): 1404-1409.

[24] Krenkov J, Bilkov Z, Foret F. Characterization of a monolithic immobilized trypsin microreactor with on-line coupling to ESI-MS. J Sep Sci, 2005, 28 (14): 1675-1684.

[25] Kumada Y, Katoh S, Imanaka H, et al. Development of a one-step ELISA method using an affinity eptide tag specific to a hydrophilic polystyrene surface. J Biotechnol, 2007, 127 (2): 288-299.

[26] Jiang D S, Long S Y, Huang J, et al. Immobilization of *Pycnoporus sanguineus* laccase on magnetic chitosan microspheres. Biochem Eng J, 2005, 25 (1): 15-23.

[27] Liu X Q, Guan Y P, Shen R, et al. Immobilization of lipase onto micron-size magnetic beads. J Chromatogr B, 2005, 822 (1): 91-97.

[28] Chiang C J, Chen H C, Kuo H F, et al. A simple and effective method to prepare immobilized enzymes using artificial oil bodies. Enzym Microb Technol, 2006, 39 (5): 1152-1158.

[29] Silva C J S M, Zhang Q H, Shen J S, et al. Immobilization of proteases with a water soluble-insoluble reversible polymer for treatment of wool. Enzym Microb Technol, 2006, 39 (4): 634-640.

[30] Xu C J, Xing B G. A self-assembled quantum dot probe for detecting β-lactamase activity. Biochem Biophys Res Commun, 2006, 344 (3): 931-935.

[31] Limoges B, Marchal D, Mavre F, et al. Electrochemistry of Immobilized Redox Enzymes: Kinetic Characteristics of NADH Oxidation Catalysis at Diaphorase Monolayers Affinity Immobilized on Electrodes. J Am Chem Soc, 2006, 128 (6): 2084-2092.

[32] Kim J, Grate J W, Wang P. Nanostructures for enzyme stabilization. Chem Eng Sci, 2006, 61 (3): 1017-1026.

[33] Jeong W J, Kim J Y, Choo J, et al. Continuous Fabrication of Biocatalyst Immobilized Microparticles Using Photopolymerization and Immiscible Liquids in Microfluidic Systems. Langmuir, 2005, 21 (9): 3738-3741.

[34] Yang X Y, Li Z Q, Liu B, et al. "Fish-in-Net" Encapsulation of Enzymes in Macroporous Cages for Stable, Reusable, and Active Heterogeneous Biocatalysts. Adv Mater, 2006, 18 (4): 410-414.

[35] Ates S, Cortenlioglu E, Bayraktar E. Production of l-DOPA using Cu-alginate gel immobilized tyrosinase in a batch and packed bed reactor. Enzym Microb Technol, 2007, 40 (4): 683-687.

[36] Petronijevic Z, Ristic S, Dragan P, et al. Immobilization of dextransucrase on regenerated benzoyl cellulose carriers. Enzym Microb Technol, 2007, 40 (4, 5): 763-768.

[37] Ibrahim N A, Gouda M. Antimicrobial Activity of Cotton Fabrics Containing Immobilized Enzymes. J Appl Polym Sci, 2007, 104 (3): 1754-1761.

[38] Gutes A, Cespedes F, Alegret S. Determination of phenolic compounds by a polyphenol oxidase amperometric biosensor and artificial neural network analysis. Biosensors and Bioelectronics, 2005, 20 (8): 1668-1673.

[39] Lee H J, Wark A W, Goodrich T T. Surface Enzyme Kinetics for Biopolymer Microarrays: a Combination of Langmuir and Michaelis-Menten Concepts. Langmuir, 2005, 21 (9): 4050-4057.

[40] Foresti M L, Ferreira M L. Chitosan-immobilized lipases for the catalysis of fatty acid esterifications. Enzyme and Microbial Technology, 2007, 40 (4, 5): 769-777.

[41] Wu B L, Zhang G M, Shuang S M, et al. Biosensors for determination of glucose with glucose oxidase immobi-

lized on an eggshell membrane. Talanta, 2004, 64 (2): 546-553.

[42] Zhao H M, van der Donky W A. Regeneration of cofactors for use in biocatalysis. Curr Opin Biotechnol, 2003, 14 (6): 583-589.

[43] Jennifer M V, Andrea K W, William W, et al. Phosphite dehydrogenase: A versatile cofactor-regeneration enzyme. Angew Chem, 2002, 114 (17): 3391-3393.

[44] Hirakawa H, Kamiya N, Yata T, et al. Regioselective reduction of a steroid in a reversed micellar system with enzymatic NADH-regeneration. Biochem Eng J, 2003, 16: 35-40.

[45] Mertens R, Greiner L, van den Ban E C D, et al. Practical applications of hydrogenase I from Pyrococcus furiosus for NADPH generation and regeneration. J Mol Catal B: Enzym, 2003, 25: 39-52.

[46] Resnick S M, Zehnder A J. In vitro ATP regeneration from polyphosphate and AMP by polyphosphate: AMP phosphotransferase and adenylate kinase from *Acinetobacter johnsonii* 210A. Appl Environ Microbiol, 2000, 66 (5): 2045-2051.

[47] St C N, Wang Y F, Margolin A L. Cofactor-bound cross-linked enzyme crystals (CLEC) of alcohol dehydrogenase. Angew Chem, 2000, 112 (2): 388-391.

[48] Schroder I, Steckhan E, Liese A. In situ NAD^+ regeneration using 2, 2′-azinobis (3-ethylbenzo-thiazoline-6-sulfonate) as an electron transfer mediator. J Electroanal Chem, 2003, 541: 109-115.

[49] Wagenknecht P S, Penney J M, Hembre RT. Transition-metal-catalyzed regeneration of nicotinamide coenzymes with hydrogen. Organometallics, 2003, 22 (6): 1180-1182.

[50] Stewart J D. Dehydrogenases and transaminases in asymmetric synthesis. Curr Opin Chem Biol, 2001, 5 (2): 120-129.

[51] Endo T, Koizumi S. Microbial conversion with cofactor. regeneration using genetically engineered bacteria. Adv Synth Catal, 2001, 343 (6, 7): 521-526.

[52] Tabata K, Koizumi S, Endo T, et al. Production of N-acetyl-neuraminic acid by coupling bacteria expressing *N*-acetyl-glucosamine 2-epimerase and *N*-acetyl-neuraminic acid synthetase. Enzym Microb Technol, 2002, 30 (3): 327.

[53] Zhou Zhou, Martin Hartmann. Recent Progress in Biocatalysis with Enzymes Immobilized on Mesoporous Hosts. Top Catal, 2012, 55: 1081-1100.

[54] Ankush A Gokhale, Ilsoon Lee Cellulase. Immobilized Nanostructured Supports for Efficient Saccharification of Cellulosic Substrates. Top Catal, 2012, 55: 1231-1246.

[55] Caterina G C M Netto, Henrique E Toma, Leandro H Andrade. Superparamagnetic nanoparticles as versatile carriers and supporting materials for enzymes. Journal of Molecular Catalysis B: Enzymatic, 2013, (85-86): 71-92.

[56] Christopher J Gray, Martin J Weissenborn, Claire E Eyers, Sabine L Flitsch. Enzymatic reactions on immobilised substrates. Cite this: Chem Soc Rev, 2013, 42: 6378-6405.

[57] Muhammad Šafdara, Jens Sproßb, Janne Jänis. Microscale immobilized enzyme reactors in proteomics: Latest developments. Journal of Chromatography A, 2014, 1324: 1-10.

[58] Sotiropoulou S, Vamvakaki V, Chaniotakis N A. Stabilization of enzymes in nanoporous materials for biosensor applications. Biosens Bioelectron, 2005, 20 (8): 1674-1679.

[59] Kim J, Jia H, Lee C, et al. Single enzyme nanoparticles in nanoporous silica: A hierarchical approach to enzyme stabilization and immobilization. Enzym Microb Technol, 2006, 39 (3): 474-480.

[60] Lee J H, Hwang E T, Kim B C, et al. Stable and continuous long-term enzymatic reaction using an enzyme-nanofiber composite. Appl Microbiol Biotechnol, 2007, 75 (6): 1301-1307.

[61] Shah R M, Dmello A P. Stabilization of phenylalanine ammonia lyase against organic solvent mediated deactivation. Int J Pharm, 2007, 331 (1): 107-115.

[62] Kim J W, Jung M O, Kim Y J, et al. Stabilization of enzyme by exclusive volume effect in hydrophobically controlled polymer microcapsules. Macromol Rapid Commun, 2005, 26 (15): 1258-1261.

[63] De los Rios A P, Hernandez-Fernandez F J, Rubio M, et al. Stabilization of native penicillin G acylase by ionic liquids. J Chem Technol Biotechnol, 2007, 82 (2): 190-195.

[64] Mateo C, Palomo J M, Fuentes M, et al. Glyoxyl-agarose: a fully inert hydrophilic support for immobilization and high

stabilization of proteins. Enzym Microb Technol, 2006, 39 (2): 274-280.

[65] López-Gallego F, Montes T, Fuentes M, et al. Improved stabilization of chemically aminated enzymes via multipoint covalent attachment on glyoxyl supports. J Biotechnol, 2005, 116 (1): 1-10.

[66] Montes T, Grazffl V, Manso I, et al. Improved stabilization of genetically modified penicillin G acylase in the presence of organic cosolvents by co-immobilization of the enzyme with polyethyleneimine. Adv Synth Catal, 2007, 349 (3): 459-464.

[67] Bolivar J M, Wilson L, Ferrarotti S A, et al. Stabilization of a formate dehydrogenase by covalent immobilization on highly activated glyoxyl-agarose supports. Biomacromolecules, 2006, 7 (3): 669-673.

[68] Fernandez M, Fragoso A, Cao R, et al. Stabilization of α-chymotrypsin by chemical modification with monoamine cyclodextrin. Process Biochem, 2005, 40 (6): 2091-2094.

[69] Villalonga R, Tachibana S, Cao R, et al. Supramolecular-mediated thermostabilization of phenylalanine dehydrogenase modified with β-cyclodextrin derivatives. Biochem Eng J, 2003, 30 (1): 26-32.

[70] Amar E, Tadasa K, Fujita H, et al. Novel stabilization pattern of thermolysin due to the binding substrate induced by electrostatic change in enzyme active site caused by the temperature elevation. Biotechnology Letters, 2000, 22 (4): 295-300.

[71] Alonso N, Lopez-Gallego F, Betancor L, et al. Immobilization and stabilization of glutaryl acylase on aminated sepabeads supports by the glutaraldehyde crosslinking method. J mol catal B Enzym, 2005, 35 (1-3): 57-61.

[72] Altun G D, Cetinus S A. Immobilization of pepsin on chitosan beads. Food Chemistry, 2007, 100 (3): 964-971.

[73] Gomez L, Ramírez H, Villalonga R. Stabilization of invertase by modification of sugar chains with chitosan. Biotechnology Letters, 2000, 22 (5): 347-350.

[74] Gomez L, Villalonga R. Functional stabilization of invertase by covalent modification with pectin. Biotechnology Letters, 2000, 22 (14): 1191-1195.

[75] Hamerska-Dudra A, Bryjak J, Trochimczuk A W. Novel method of enzymes stabilization on crosslinked thermosensitive carriers. Enzym Microb Technol, 2006, 38 (7): 921-925.

[76] El-Batal A I, Atia K S, Eid M. Stabilization of α-amylase by using anionic surfactant during the immobilization process. Radiat phys chem, 2005, 74 (2): 96-101.

[77] Norouzian D, Akbarzadeh A, Abnosi M H, et al. Stabilization of tyrosinase-bovine serum albumin crystals by glutaraldehyde. Am J Biochem Biotechnol, 2007, 3 (3): 110-113.

[78] Khajeh K, Naderi-Manesh H, Ranjbar B, et al. Chemical modification of lysine residues in Bacillus alpha-amylases: effect on activity and stability. Enzyme Microb Technol, 2001, 28 (6): 543-549.

[79] Khajeh K, Ranjbar B, Naderi-Manesh H, et al. Chemical modification of bacterial alpha-amylases: changes in tertiary structures and the effect of additional calcium. Biochim Biophys Acta, 2001, 1548 (2): 229-237.

[80] Spreti N, Di Profio P, Marte L, et al. Activation and stabilization of alpha-chymotrypsin by cationic additives. Eur J Biochem, 2001, 268 (24): 6491-6497.

[81] Schwarz A, Goedl C, Minani A, et al. Trehalose phosphorylase from Pleurotus ostreatus: Characterization and stabilization by covalent modification, and application for the synthesis of α, α-trehalose. J Biotechnol, 2007, 129 (1): 140-150.

[82] Spreti N, Reale S, Amicosante G, et al. Influence of Sulfobetaines on the Stability of the *Citrobacter diversus* ULA-27β-lactamase. Biotechnol Prog, 2001, 17 (6): 1008-1013.

[83] Shin-ichi S, Kazunari A. Nano-Encapsulation of Lipase by Self-Assembled Nanogels: Induction of High Enzyme Activity and Thermal Stabilization. Macromol Biosci, 2010, 10 (4): 353-358.

[84] Jay K Y, Prakash V. Stabilization of α-Amylase, the Key Enzyme in Carbohydrates Properties Alterations, at Low pH. International Journal of Food Properties, 2011, 14: 1182-1196.

[85] Ju H P, Hee H P, Shin S C, et al. Stabilization of enzymes by the recombinant 30Kc19 protein. Process Biochemistry, 2011, 47: 164-169.

[86] Seung H J, Jinwoo L, Byoung C K. Highly Efficient Enzyme Immobilization and Stabilization within Meso-Structured Onion-Like Silica for Biodiesel Production. Chem Mater, 2012, 24: 924-929.

[87] Deh-W T, Shu-H Y, Wen-S W, et al. Hydrogel microspheres for stabilization of an antioxidant enzyme: Effect of emulsion cross-linking of a dual polysaccharide system onthe protection of enzyme activity. Colloids and

Surfaces B: Biointerfaces, 2014, 113: 59-68.

[88] Imre H, Jenö H, Endre N. Stabilization of the Cellulase Enzyme Complex as Enzyme Nanoparticle. Appl Biochem Biotechnol, 2012, 168: 1372-1383.

[89] Kevin M T, Gianfranco P, Francesco M V, Stabilization of a supplemental digestive enzyme by posttranslational engineering using chemically-activated polyethylene glycol. Biotechnol Lett, 2011, 33: 617-621.

（吕绍武）

第八章　抗体酶

第一节　引　　言

按照人们的意愿制备具有特定催化活力和专一性的蛋白质催化剂一直是重要的科学目标。人们根据酶学原理，已经设计出多种类酶催化剂，而催化抗体的发现与制备就是这类从头进行酶设计的令人激动的成果之一。催化抗体的开发则标志着在酶工程领域中已经取得了巨大的进展。这种技术从原理上说，只要我们能找到合适的过渡态类似物，而且反应本身适合于水环境，利用这种技术则几乎可以为任何化学转化提供全新的蛋白质催化剂。抗体酶又称催化抗体，是一类免疫系统产生的、具有催化活性的抗体。自从 1986 年 Schultz 和 Lerner 首次证实过渡态类似物为半抗原，通过杂交瘤技术制备了具有类似酶的催化抗体以来，三十年间，抗体酶在许多领域已显示出潜在的应用价值。这包括许多困难的和能量不利的有机合成反应、药物前体设计、临床治疗、材料科学等多个方面。已有不少综述报告论述了这一领域的进展情况。

抗体酶和天然酶在功能上有许多相似之处，如催化效率高，具有专一性、区域和立体选择性，可进行化学修饰和具有辅助因子等，并且在饱和动力学与竞争性抑制方面也极其相似。抗体酶的发现打破了只有天然酶才有的分子识别和加速催化反应的传统观念，为酶工程学开创了新的领域。同时也为验证天然酶的催化机制，进行酶的人工模拟，以及研究天然酶催化作用的起源提供了很好的帮助。本章将概述抗体酶发展的大致过程、制备方法以及近年来的主要进展，并讨论该领域存在的主要问题、解决办法及今后的发展方向。

第二节　抗体酶概述

酶是自然界经过数百万年的进化而发展起来的生物催化剂，它能在温和的条件下高效专一地催化某些化学反应。所以设计一种像酶那样的高效催化剂是科学家们梦寐以求的目标。抗体酶的出现使科学家设计酶的梦想正逐渐变为现实。

酶和抗体的本质差别在于，酶是能与反应过渡态选择结合的催化性物质，而抗体是和基态分子紧密结合的物质。机体的免疫系统可以产生 10^8～10^{10} 个不同的抗体分子，抗体分子的多样性赋予它几乎无限的识别能力，这正是抗体得以与靶分子精确匹配从而产生高度特异性和亲和性的分子基础。抗体的精细识别性使其能结合几乎任何天然的或合成的分子，利用免疫系统的这一特性将抗体开发成适合特定用途的酶，是非常有意义的研究工作。

早在 1952 年 D. W. Wooley 推测，如果连续刺激抗体足够长的时间，抗体则可能进化成为酶。1969 年，Jencks 根据 Panling 的化学反应过渡态理论预言，如果找到针对某个反应过渡态的抗体，将其加入到该反应体系中，就可观察到这个抗体对相应的化学反应的催化效应。这是因为针对过渡态的抗体可以紧密结合反应的过渡态络合物，使其活化能降低，从而帮助大量的反应物分子跨越能垒，达到加速反应的目的。由于实践中很难获得反应过渡态，所以设计和制备稳定的过渡态类似物，以此代替反应的过渡态作为半抗原，这样产生的抗体就能识别反应过程的真正过渡态，该抗体具有酶催化反应的基本特征，可能成为一种具有酶活力的抗体。长期以来，由于对酶作用机制的了解不足及实验技术的限制，抗体酶的研究受到限制。1975 年单克隆抗体制备技术的出现为抗体酶制备技术的开发铺平了道路，但直到 1986 年抗体酶的研究才取得了突破性的进展。当年，美国加州的两个实验室即 L. A. Lerner 和 P. G. Schultz 领导的研究小组首次同时报道了成功制备出具有催化能力的单克隆抗体——催化抗体（catalytic antibody）。

Schultz 小组认为对硝基苯磷酰胆碱是相应羧酸二酯水解反应的过渡态类似物。用此类似物作半抗原诱导产生单克隆抗体，经过筛选，找到抗体 MOPC167，它使该水解反应速率加快 12000 倍。Lerner 小组根据金属肽酶的研究成果合成了一个含有吡啶甲酸的磷酸酯化合物作为半抗原，得到一单克隆抗体 6D4，用来催化不含吡啶甲酸的相应的碳酸酯的水解反应，使反应加速近 1000 倍。

这两个报告实实在在地证明了催化抗体的诞生。可以说，催化抗体是抗体的高度选择性和酶的高效催化能力巧妙结合的产物，它本质上是一类具有催化活力的免疫球蛋白，在其可变区赋予了酶的属性。因此，催化抗体也叫抗体酶（abzyme）。

上述两个小组的成功工作开创了抗体酶发展的新时代。此后，抗体酶的研究进展日新月异，迄今已成功地开发出天然酶所催化的 6 种酶促反应和数十种类型的常规反应的抗体酶。这包括酯、羧酸和酰胺键的水解、酰胺形成、光诱导裂解和聚合、酯交换、内酯化、克来森重排、金属螯合、环氧化、氧化还原、化学上不利的环化、肽键形成、脱羧、过氧化和周环反应等。这些抗体酶催化的反应专一性相当于或超过酶反应的专一性，催化速度有的可达到酶催化的水平。但一般来说，抗体酶催化反应的速度比非催化反应快 $10^2 \sim 10^6$ 倍，仍比天然酶催化反应的速度慢，仅为它的 $10^{-4} \sim 10^{-2}$。因此，开发制备高活力抗体酶的方法仍是世界各国科学家的奋斗目标。

抗体酶的发现不仅提供了研究生物催化过程的新途径，而且能为生物学、化学和医学提供具有高度特异性的人工生物催化剂，并可以根据需要使人们获得催化某些不能被酶催化或较难催化的化学反应的催化剂。抗体酶的出现，意味着有可能出现简单有效的方法，从而使人们可凭主观愿望来设计蛋白质，这一发现是利用生物学与化学成果在分子水平上交叉渗透研究的产物。由于抗体酶对于多学科展示了较高的理论价值和实用价值，已引起科学界的广泛关注。抗体酶相对于天然酶有许多优点。酶在合成上有显著的局限性。第一，酶仅作用于类似于其“天然”底物的化合物，而且作用的亲和力相当低；第二，有很多化学反应还没有已知酶催化其进行。在这两种情况下，抗体酶都能帮助合成化学家，因为抗体酶可以根据需要人工裁制（tailor-made）。近年的主要进展表现在如下三个方面：半抗原设计方法有创新；抗体催化的化学转化范围不断扩大；有些催化抗体的结构得到表征。

第三节 抗体酶的制备方法

1986 年发表的两篇在抗体酶的实践上有重要突破的工作标志着抗体酶的研究进入一个崭新的阶段。起初的设计思想是以 Pauling 的稳定过渡态理论为指导，即利用反应的过渡态类似物作为半抗原产生抗体酶的。抗体酶的研究策略主要遵循业已确立的酶催化机制，即：①稳定过渡态（transition state stabilization）；②酸碱催化；③亲电和亲核催化；④邻近效应（strain and proximity effect）。抗体酶的制备方法不断扩展。最早的设计策略涉及运用过渡态类似物来选择对限速步骤的过渡态有最大亲和力的抗体酶，随后，生物催化剂的基础概念如张力、临近效应、普通酸碱催化、共价催化酶催化概念等也用于抗体酶的设计。目前，抗体酶的设计策略有：稳定过渡态法、诱导和转换法、互补电荷、反应免疫、抗体与半抗原互补法、异源免疫等。已开发出数种制备抗体酶的方法，其主要方法概述如下。

一、 稳定过渡态法

迄今，大多数抗体酶是通过理论设计合适的与反应过渡态类似的小分子作为半抗原，然后让动物免疫系统产生针对半抗原的抗体来获得的。由于以反应的过渡态类似物为半抗原诱导的抗体在几何形状和电学性质上与反应过渡态互补，稳定了反应过渡态，从而加速反应。

Napper 等人用一个环化的磷酸酯（见图 8-1）作为过渡态类似物去免疫动物，得到了单克隆抗体 24B11，发现该抗体可催化外消旋的羟基羧酸酯分子内环化形成内酯反应，加速反应 167 倍，而且首次观察到抗体酶催化反应的专一性。反应产物中一种对映体的含量比另一种高出 94%。Pollack 等人也证明，抗体酶可以立体专一性地催化非活化酯的水解，产物中一种对映体的含量比另一种高 100 倍。这个结果的重要意义在于，目前还很少有一种化学方法可以产生立体专一性酯解催化剂。这类抗体可用于含有酸或醇功能基的合成中间物的手性拆分，具有重要的商业价值。

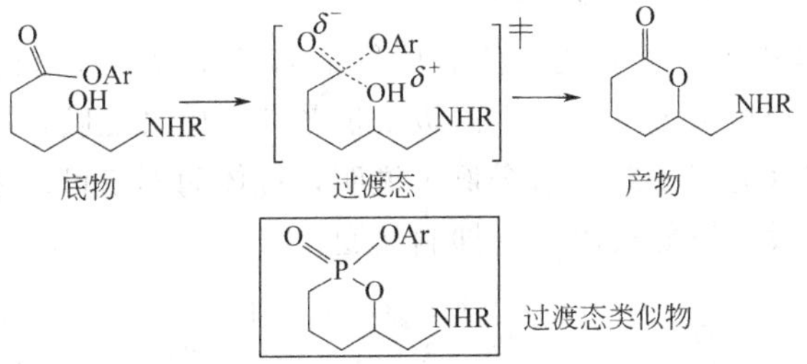

图 8-1 羟基酯通过类似产物的过渡态转化为内酯
环形磷脂为稳定的过渡态类似物

在这方面最早设计出催化抗体的是酰基转移反应，尤其是像酯水解反应这样的具有较低活化能的反应。研究的结果表明，这些抗体酶具有酶的一般特性，其催化动力学行为满足米氏方程，并具有底物特异性及 pH 依赖性等酶反应的特征。

二、 抗体与半抗原互补法

抗体与半抗原之间的电荷互补对抗体所具有的高亲和力以及选择识别起关键作用。抗体与其配体的相互作用是相当精确的，抗体常含有与配体功能互补的特殊功能基。已经发现带正电的配体常能诱导出结合部位带负电残基的配体，反之亦然。抗体与半抗原之间的电荷互补对抗体所具有的高亲和力以及选择性识别能力起着关键作用。在开发诱导抗体酶产生的各种方法时，一个重要的目标是发展一个通用的规则，使产生的抗体结合部位的催化基团和半抗原的结合直接相关。Shokat 等利用抗体与半抗原之间的电荷互补性，制备了针对带正电半抗原的抗体，结果在抗体结合部位上产生带负电的羧基，可作为一般碱基催化 β-消除反应。他们采用合成的季铵化合物 H1 作为半抗原，获得的 6 株抗体，其中有 4 株具有催化活性，其中一个抗体 43D4-3D3 可加速反应 10^5 倍。分析其反应动力学发现，k_{cat} 为 pH 依赖性的，k_{cat} 的 pH 依赖性说明这个反应是典型的单个基团（氨基酸残基）催化的。通过滴定证明这个位于抗原结合部位的侧链的 pK_a 为 6.2，是抗原结合部位谷氨酸侧链。在疏水环境中，谷氨酸侧链羧基的酸性变弱，则以一般碱催化的形式起作用。后来证明，利用抗体-半抗原互补性是产生抗体酶的一般方法，可适合各类不同的反应（如缩合、异构化和水解反应等）。如果通过半抗原的最优化设计使带正电荷的半抗原正确地模仿过渡态的几何结构及所有的反应键，而且半抗原和产物及底物之间都没有相似之处，那就有可能产生高活力的抗体酶，甚至达到天然酶的活力水平。抗体催化的下一个目标是在抗原结合部位诱导出两个催化基团（两个酸、一酸一碱或两个碱），进一步增加反应速率。

三、熵阱法

另一种设计半抗原的方法是利用抗体结合能克服反应熵垒。抗体结合能被用来冻结转动和翻转自由度，这种自由度的限制是形成活化复合物所必需的。

用抗体作为熵阱非常成功的例子是抗体催化 Diels-Alder 反应。Diels-Alder 环加成反应是众多形成 C—C 键反应中的一种，是需要经过高度有序及熵不利的过渡态的反应。此反应是由二烯和烯烃产生环己烯，这在有机合成中很重要，但在自然界却没有相应的酶催化此反应。此反应的过渡态是具有高能构象的环状物，含有一个高度有序排列的轨道环。反应中化学键的断裂和生成同时进行，因此常可观察到不利的活化熵。因为过渡态和产物很相似，易引起产物抑制而降低转化速率。因此，在设计半抗原时，不仅利用邻近效应，还要消除产物抑制，才能诱导出催化这一双分子反应的抗体。

Hilvert 等成功地解决了这个问题，他们用稳定的三环状半抗原诱导的抗体可催化起始加合物的生成，然后立即排出 SO_2，产生次级二氢苯邻二甲酰亚胺，抗体对该产物的束缚很弱，因而显著加速反应（见图 8-2）。这个例子说明，抗体酶不仅可以催化天然酶不能催化的反应，而且通过半抗原设计还能解决产物抑制问题。

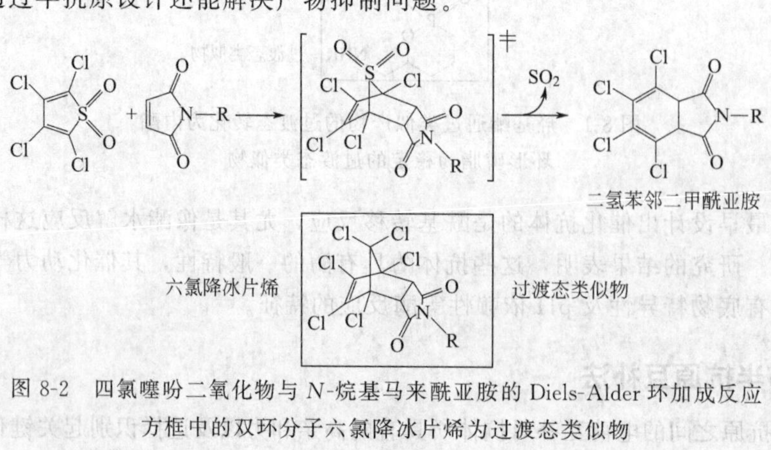

二氢苯邻二甲酰亚胺

六氯降冰片烯

过渡态类似物

图 8-2 四氯噻吩二氧化物与 *N*-烷基马来酰亚胺的 Diels-Alder 环加成反应

方框中的双环分子六氯降冰片烯为过渡态类似物

四、 多底物类似物法

很多酶的催化作用需要辅因子参与，这些辅因子包括金属离子、血红素、硫胺素、黄素和吡哆醛等。因此，开发将辅因子引入到抗体结合部位的方法无疑会扩大抗体催化作用的范围。用多底物类似物对动物进行一次免疫，可产生既有辅因子结合部位，又有底物结合部位的抗体。小心设计半抗原可确保辅因子和底物的功能部分的正确配置。此法已用于获得以 Zn^{2+} 为辅因子的序列专一性裂解肽键的抗体酶。将三亚乙基四胺 Co（三价）连接到肽底物上作为半抗原，使动物免疫后产生抗体，此抗体和三亚乙基四胺 Co（三价）及 α-氨基羧酸形成稳定的复合物，其结合部位能适应肽底物、三亚乙基四胺和 Zn^{2+}。Zn^{2+} 的开放配位部位可将羟离子传递到束缚底物的待断酰胺键的羰基碳上。如同锌蛋白酶-嗜热菌蛋白酶（thermolysin）及羧肽酶 A 一样，该抗体能水解未被激活的肽键，其 k_{cat} 值为 $6\times10^{-4}s^{-1}$，相当于加速反应 10^5 倍。这方面的工作目前主要集中在将金属结合部位引入抗体中，以便得到专一性的氨肽酶。半抗原设计的关键是，在需要切割的酰胺键位点放置四面体磷酰基，使用的是 α-氨基烷基磷酸与三亚乙基四胺 Co（三价）的复合物以及具有强免疫原性的三（2-吡啶甲基）胺 Co（三价）复合物，设想免疫系统能产生具有潜在治疗效应的位点专一性的内源蛋白酶抗体。

多底物类似物法还用于许多具有氧化还原活性的辅因子（如黄素、刃天青）和依赖吡哆醛的反应。Cochran 等表征了一种抗体，能结合卟啉-Fe（三价），并通过 H_2O_2 氧化许多底物。这个抗体卟啉复合物的催化转化数至少可达到 200～500。用于产生此抗体的抗原与过渡态类似物是一样的，都是 *N*-甲基原卟啉，但在不同的条件下可将选择性底物结合部位引入到抗体中，产生羟化酶或环氧酶的活力。

五、 抗体结合部位修饰法

将抗体的结合部位引入催化基团是增加催化效率的又一关键，引入功能基团的方法一般有两种，即选择性化学修饰法和基因工程定点突变法。亲和标记是将催化基团引入到抗体结合部位的有效方法。一般先用可裂解亲和试剂与抗体作用，然后再用二硫苏糖醇处理，则在抗体结合部位附近引入巯基，用此巯基作为锚可以很方便地引入其他化学功能基（如咪唑）。用此法已能制备含有活性部位巯基和咪唑基的具有水解活力的抗体酶。特别重要的是，此法不需要了解反应的过渡态及反应的详细机制，而且可以引入天然的或非天然的辅因子。

罗贵民研究小组开发了一种化学诱变具有底物结合部位的单克隆抗体制备含硒抗体酶的方法。该方法的原理是，抗体可变区一般含有数个丝氨酸残基（Ser），而 Ser 的羟基可用诱变剂苯甲基磺酰氟（PMSF）活化，再经硒化氢处理后，则变成硒代半胱氨酸（Secys），而 Secys 是谷胱甘肽过氧化物酶（GPx）活性部位中不可缺少的催化活性基团。因此，若先制备抗 GPx 底物之一谷胱甘肽（GSH）衍生物的单克隆抗体（以下简称单抗），则会使单抗具有底物结合部位，然后，再用化学突变法将底物结合部位（此部位应在抗体的抗原结合部位上）上的 Ser 转变为 Secys，使单抗具有酶的催化基团，这样，在单抗的结合部位上既有底物结合部位，又有催化基团，因而会显示出 GPx 活性。用 GSH 的二硝基苯衍生物（GSH-DNP）作半抗原诱导出的单抗，经化学突变引入 Secys 后，GPx 活力达到兔肝 GPx 活力的 1/5；而用 GSH-DNP 甲酯和 GSH-DNP 丁酯作半抗原，用同样方法得到的含硒抗体酶的活力。这些结果说明，3 种含硒抗体酶活力不同的原因主要是与抗体活性中心的空间结构密切相关。半抗原结构不同，诱导出的抗体活性中心的结构必然不同。调节半抗原的结构，实际上也是在调整抗体活性中心的空间结构，使其中的催化基团处于更有利于发挥其催化作用的微环境中，因而能产生活力高于天然酶的抗体酶。

六、 蛋白质工程法

作为蛋白质工程的主要手段，定点突变是产生抗体酶的另一个重要方法。用此法可以精确地将催化基团引入到抗体的结合部位上。Schultz 小组用此法将催化基团组氨酸插入到对二硝基苯专一的抗体（MOPC315）的结合部位。这个组氨酸在酯底物水解中起亲和催化剂的作用。他们合成了 V_L 片段的基因，其中抗体结合部位的 Tyr^{34} 被组氨酸取代，然后用大肠杆菌表达重组的 V_L，再将 V_L 链与天然的 V_H 链组合在一起，则得到具有显著酯解活力的抗体酶，与 pH6.8 时 4-甲基咪唑的催化速度相比，加速反应 9×10^4 倍。

Lerner 小组用定点突变技术将金属离子引入抗荧光素抗体的结合部位。半抗原-抗体的晶体结构显示，轻链互补决定区中的 3 个残基在相对几何学上类似于碳酸酐酶中锌结合部位上的 3 个组氨酸残基，因此，用组氨酸取代抗体残基 Arg34L、Ser89L 和 Ser91L。为避免对金属结合部位的可能的空间障碍，用亮氨酸取代 Tyr36L。经过这样改造后的抗体不仅仍能结合荧光素，而且还能结合 Cu(Ⅱ)、Zn(Ⅱ) 和 Cd(Ⅱ)。这种将金属结合部位引入抗体的能力十分重要，因为金属离子可催化各种类型的反应。

七、 抗体库法

抗体库法即用基因克隆技术将全套抗体（repertoire）重链和轻链可变区基因克隆出来，重组到原核表达载体上，通过大肠杆菌直接表达有功能的抗体分子片段，从中筛选特异性的可变区基因。该技术的基础在于两项实验技术的突破：一是 PCR 技术的发展使人们可能用一组引物克隆出全套免疫球蛋白的可变区基因；二是从大肠杆菌分泌有结合功能的抗体分子片段的成功。

1989 年 Huse 等首次报道了组合抗体库（combinatorial immunoglobulin library），其技术要点为：用逆转录 PCR 技术从淋巴细胞克隆出抗体轻链基因 repertoire 和重链 Fd 段基因 repertoire，将二者分别组建到表达载体 Lc2 和 Hc2 中，得到的轻链基因和 Fd 段基因随机重组于一个表达载体中，形成组合抗体库。所得到的抗体库经体外包装后感染大肠杆菌，铺板培养后，每一个感染了噬菌体颗粒的大肠杆菌细胞由于噬菌体的增殖而裂解，所释放的噬菌体再感染周围的大肠杆菌细胞，在培养皿细菌生长层内产生噬菌斑，同时表达的 Fab 片段也释放于噬菌斑内，将噬菌斑转印到硝酸纤维素膜上，可以用标记有过氧化物酶的抗原筛选到产生特异性抗体的克隆，得到其 Fab 段的基因。这个方法较细胞融合杂交瘤技术制备单抗有明显的优越性：①省去了细胞融合步骤，省时省力，可避免因杂交瘤不稳定而要反复亚克隆的烦琐程序；②扩大了筛选容量，用杂交瘤技术一般筛选能力在上千个克隆以内，而抗体库可筛选 10^6 以上个克隆；③用此技术可直接克隆到抗体的基因，既克服了杂交瘤分泌抗体不稳定而丢失的弱点，又便于进一步构建各种基因工程抗体；④用此法得到的抗体可以在原核系统表达，降低了制备成本；⑤构建抗体库时，轻链和重链可变区基因在体外随机组合，可产生体内不存在的轻-重链配对，有可能得到新的特异性抗体。Gibbs 等由分泌单克隆抗体 NPN43C9 的杂交瘤出发，通过反转录 PCR 技术制备得到单链抗体。单链 Fv 的优点是分子质量小，只有 2600，便于结构分析，同时提高了穿透组织的能力；此外，单链 Fv 大大降低了抗体的免疫原性，减小了治疗中的副作用；更重要的是，单链 Fv 可在 *E. coli* 中表达，为催化抗体的大规模应用奠定了基础。

后来发展的噬菌体抗体库技术为抗体酶的制备提供了更好的方法。Chen 等用烷基磷酰胺作半抗原免疫小鼠后，从中筛选出 22 个能同抗原结合的克隆，纯化后发现其中的 3 个克隆有催化活性，表征了其中的 1 个克隆，发现其动力学行为符合米-曼氏动力学（$K_m=115\mu mol/L$，$k_{cat}=0.25min^{-1}$），这是第一个从抗体库中筛选出的催化抗体。

虽然用噬菌体抗体库技术可有效筛选具有亲和力的抗体，但仅靠亲和特性筛选抗体酶还有困难。这是因为具有亲和力的抗体并不都有催化活性，实际上，具有催化活性的抗体只占结合抗体中的少数。另外，用 *E. coli* 表达的 Fab、单链 Fv，其每升表达量一般在毫克到克数量级，要得到足够量的样品，用于动力学分析也有困难。

为了减少筛选的工作量，将酶的催化机制引入抗体库筛选中的直接筛选法（direct planning）应运而生。Janda 等用半合成抗体库来筛选抗体互补决定区的半胱氨酸残基。由于 α-苯乙吡啶硫化物与抗体结合部位的半胱氨酸可发生二硫键交换反应，形成共价结合，因而可用这种硫化物筛选出和它共价结合的抗体。经过 5 轮筛选后，随机挑取 10 个克隆测试，发现有 2 个克隆含有未配对半胱氨酸。对其中的 1 个进行了研究，发现它能催化硫酯的水解反应，反应遵循简单的饱和动力学（$K_m=100mol/L$，$k_{cat}=0.030min^{-1}$）。

第四节 抗体酶活性部位修饰

抗体酶的活性部位即抗体的结合部位。阐明抗体结合部位的氨基酸残基对抗体的结合及催化作用的重要性主要有两种方法：一是定点突变；二是化学修饰。

一、 定点突变

定点突变法即蛋白质工程法。用此法可精确改变蛋白质肽链上的任一氨基酸残基，因此，可用来阐明某一氨基酸残基在抗体结合和催化中的作用。从鼠骨髓瘤细胞产生的一系列能和磷酸胆碱结合的抗体已被广泛研究过，有的还做过 X 射线衍射结构分析，发现重链上的两个氨基酸残基 Arg52H 及 Tyr33H 在所有的能结合磷酸胆碱的抗体中都存在，所以认为这两个残基对抗体的结合及催化作用起关键作用。

Jackson 等在研究能结合磷酸胆碱的抗体 S107 时，对 Tyr33H 和 Arg52H 都做了突变，分别获得 4 个 Tyr33H 突变体和 3 个 Arg52H 突变体。一般来说，Tyr33H 的突变体催化活力没有变化；而 Arg52H 的突变体由于丧失了带正电的侧链，催化活力显著降低。这说明静电相互作用对 S107 的催化作用至关重要，也说明将有催化作用的残基引入到抗体中，可以增加抗体酶的催化活性。有意义的是，Tyr33H 的突变体（Y33H）可使抗体活性提高 50 倍（$k_{cat}=5.7min^{-1}$，$K_m=1.6mmol/L$），引入的组氨酸可能起一般酸碱催化作用，因为 Y33H 中的 His33 定域性较差，很难起亲核催化作用。

用烷基磷酰胺（phosphonamidate）半抗原诱导产生的单抗 NPN43C9 是动力学和催化机制研究得最多的抗体酶之一，很适合作为突变的模型用于研究抗体酶结构与功能的关系。Roberts 等为了检测 NPN43C9 的催化机制，用抗体结构数据库（ASD）构建了该抗体可变区的三维模型。该模型显示 Arg96L 的胍基处于抗原结合部位的底部，并与抗原的磷酰胺基（该基团模拟四面体过渡态的负电荷）形成盐桥。因此，该模型预计 Arg96L 与抗体的结合与催化功能相关，这是以前没有想到的。第一，Arg96L 通过与抗原静电荷的互补应当加强抗原结合作用；第二，Arg96L 对催化过程中形成的负电过渡态的静电稳定作用应当促进催化作用。要证实这些假设，他们把 Arg96L 突变成 Gln，得到 Arg96L-Gln 突变体。结果证明，突变体的抗原结合能力降低，而且酯酶活力也检测不到了。因此，计算机模拟和实验结果都证实，催化抗体 NPN43C9 的催化机制是稳定催化作用中的高能过渡态。

在计算机模拟的基础上，Stewart 等用定点突变法对 NPN43C9 的 Tyr32L、His91L、Arg96L、His35H 和 Tyr95H 进行了突变。为了加速研究，他们开发了一种表达系统，在此系统中适当折叠的 43C9 的单链抗体可从工程宿主菌大肠杆菌中分泌出来。结果表明，Gln 取代 His91L 的突变体没有催化活力，但它对配体的亲和力几乎与野生型完全相同，正如以前的动力学研究所预计的那样，His91L 作为亲核试剂形成酰基化中间体。His35H 的两个突变体既丧失催化功能，又改变了对配体的亲和力，说明这个残基有重要的结构作用。Tyr32L 和 Tyr95H 的突变均未达到预期的提高催化活性的目的。

二、化学修饰法

化学修饰的一般原理同样适用于抗体酶。选择性化学修饰抗体酶可以改善抗体酶的性质，如提高其活力，改变专一性等。这里的关键是找到一个温和的方法，引入感兴趣的基团，而不破坏抗体的整体构象。

Schultz 等用（*N*-2,4-二硝基苯-2-氨基乙基)-4-氧代丁基二硫化物修饰抗体 MOPC315，结果发现这一修饰使抗体催化二硝基苯酯的速度（相对于 DTT 存在下的本底反应）提高了 6×10^4 倍。该催化反应遵循米氏动力学。

酶固定化也属于酶修饰的一种。Janda 等报道了第一个固定化的催化抗体，并对其在水溶液和有机溶剂中的行为进行了描述。固定化载体是玻璃球，经 3-巯基丙基三甲氧基硅烷活化后引入巯基，然后通过异双功能试剂 *N*-γ-马来酰亚胺丁酰氧代琥珀酰亚胺酯（*N*-γ-maleimido-butyryloxy succinimide ester）将抗体酶（2H6 和 21H3）的氨基与载体巯基偶联在一起。固定化抗体酶的活力和立体专一性与固定化前差别不大，但其稳定性，特别是在有机溶剂中的稳定性显著提高。游离抗体在 40％的二噁烷、二甲基甲酰胺、二甲基亚砜、乙腈溶液中会沉淀而丧失活性，但固定化抗体酶 21H3 却能保持原活力的 40％。和普通的固定化酶一样，固定化抗体酶适于连续化操作，无疑会有巨大的商业价值。

反相胶团中的酶是另一种形式的固定化酶。Durfor 等将抗体酶 20G9（可催化醋酸苯酯水解）的水溶液注入含有 AOT 的异辛烷溶液中，则形成抗体酶的胶束溶液。研究发现，溶解在反相胶团中的抗体酶仍能保持其活力。由于抗体结构是高度保守的，所以可以相信，大多数抗体酶也能在反相胶团中保持活力。这一特性应能大大扩展抗体酶催化反应的范围。

很多天然酶或人工酶模型都含有金属辅助因子，而化学家们也开发了许多化学辅助剂，如金属氢化物、过渡态金属等。如果能融合金属辅助因子于抗体酶，将有助于扩大抗体酶的应用范围。Nicholas 等受许多金属酶的活性部位有组氨酸衍生的咪唑配基的启发，用两种方法把酸酐和二咪唑基的衍生物抗体酶 38C2 连接起来组成新的铜离子复合物：$38C2252CuCl_2$，此修饰抗体酶能有效地催化酯的水解，k_{cat}/k_{uncat} 为 2.1×10^5，$K_m=2.2$mmo/L。

第五节　抗体酶的结构

为了了解抗体酶的催化机制并与天然酶的催化作用进行比较，对抗体酶的结构，特别是活性中心的结构进行表征很有必要。研究抗体结构的重要手段是抗体酶晶体解析，用 X 射线衍射解析其结构，这对进一步设计过渡态类似物和抗体酶具有非常重要的意义，因此，引起了科学家们的关注。迄今已有数个抗体酶的晶体结构得以阐明。

Haynes 等在 3.0Å[1] 水平上测定了抗体酶 1F7 与其过渡态类似物的复合物的三维结构。1F7 具有分支酸变位酶的活力，它催化的反应如图 8-3 所示。晶体结构数据表明，过渡态类似物是结合在可变区 6 个 CDR 环的顶端，主要是和重链结合，有 7 个残基与其结合，而轻链只有 1 个残基与之结合。这同其他的抗体是一致的。

抗体与半抗原的识别包括了疏水、静电和氢键等的相互作用。半抗原在抗体结合部位中的取向是由它的 2 个羧基的特异相互作用决定的。C10 羧基与 Tyr94L 的酚基形成氢键而固定；而 C11 羧基则是半抗原被包埋得较多的部分。它可能与水分子形成氢键，这个水分子再同 ASP-H97 主链羧基氧形成氢键（见图 8-3）。Arg95H 侧链处于 C11 羧基的上面，这个位置也使它靠近过渡态类似物的醚氧基，以提供静电互补，同时该残基还部分地保护了配体同溶剂的接触。因为已有分支酸变位酶与上述同一过渡态类似物的复合物的 2.2Å 晶体结构，因而可对酶复合物与抗体酶复合物进行结构比较。结果表明，二者的催化机制类似，但抗体酶的活性部位是在相邻两个亚基的界面上的，从而与所结合的过渡态类似物形成了广泛的疏水键、离子键和极性键。过渡态类似物与酶结合的解离常数 K_i 为 3μmol，比 1F7（K_i=0.6μmol）大约高 5 倍，说明酶与过渡态类似物之间的匹配更为精确，其间有更多的静电相互作用，包括 2 个精氨酸的正电荷和一个谷氨酸的负电荷，这可能就是抗体酶活力比相应的天然酶活力低 10^4 倍的原因。

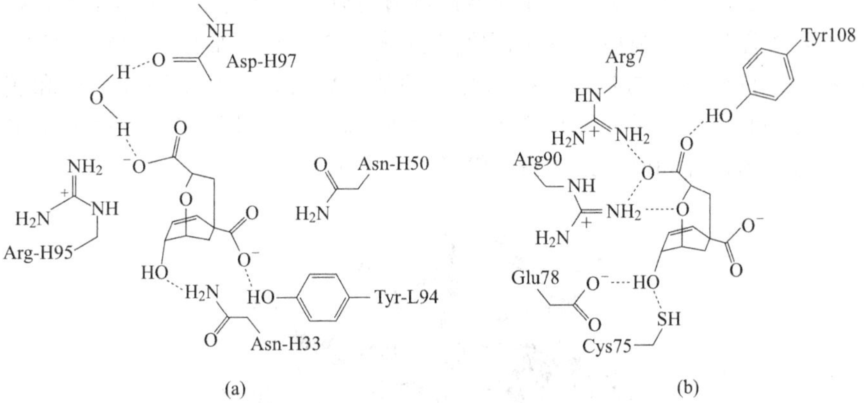

(a)　　(b)

图 8-3　过渡态类似物同 1F7（a）和分支酸变位酶（b）之间的有关侧链的相互作用示意图

Charbonnier 等对未配位的催化 FAB（结合抗原的抗体片段）与底物类似物的复合物以及它与磷酸酯半抗原的复合物的 X 射线晶体结构进行了比较，结果完全阐明了催化机制，发现漏斗形的沟槽使水很容易扩散至深埋抗体中的反应中心。反应中心在碱性 pH 下通过优先稳定带负电的氧阴离子中间体而起作用，中间体是由羟基化物进攻 *p*-硝基苯基酯底物产生的。

研究抗体结构的最重要的手段是抗体酶晶体解析，但由于抗体蛋白的晶体较难培养，以这种方法研究抗体酶活性中心的结构受到限制。近年来，人们开始尝试用计算机模拟

[1] 1Å=10^{-10}m。

的方法来研究抗体的结构。Mackay 研究组最近对催化 Diels-Alder 反应的抗体 H11 进行了研究。通过同源分析，找到与抗体同源性高的蛋白质晶体结构，然后与半抗原或底物对接，预测活性中心的催化基团或主要结合基团。通过对接实验并配合基因突变证实：Glu95H（CDRH3）、Tyr 33L（CDRL1）、His 96L（CDRL3）是催化的主要氨基酸（见图 8-4）。

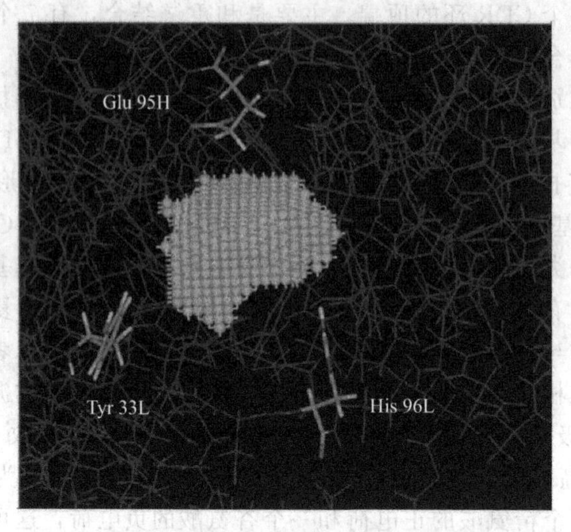

图 8-4　计算机模拟的抗体 H11 的活性中心

最近，这种方法成功地用于高活性含硒抗体酶的研究。结合吉林大学罗贵民研究组发展的含硒抗体酶，李泽生等人利用此方法研究了抗体 2F3 的活性部位。含硒抗体酶 2F3 是通过底物类似物为半抗原制备的具有高抗氧化活性的催化抗体。利用同源分析和底物对接模拟，确定在催化中起重要作用的催化基团为丝氨酸 Ser52，见图 8-5。该研究给出了抗体可变区的诸多信息，为设计和改进抗体酶提供了重要的依据。

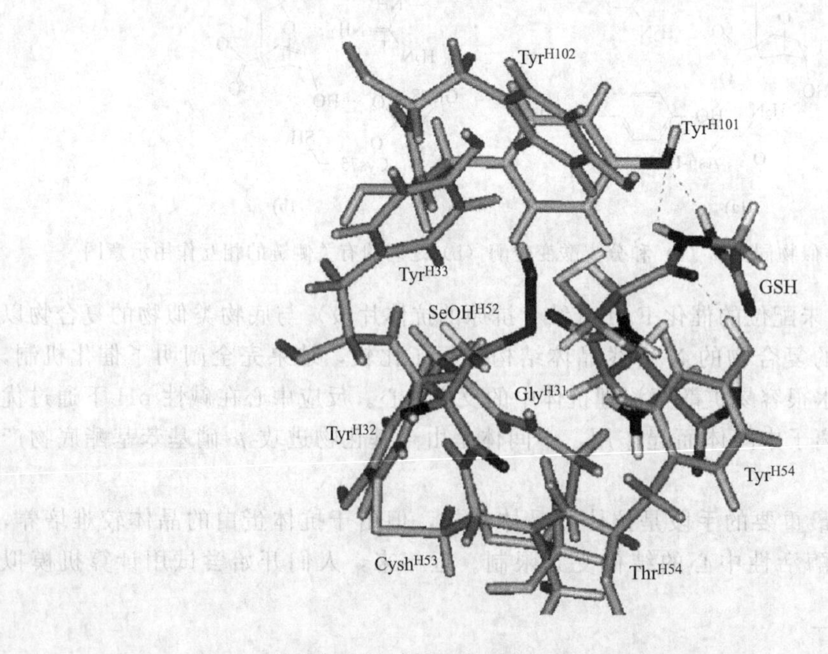

图 8-5　计算机模拟的抗体酶 2F3 的活性中心

第六节 抗体酶的应用

对于任何分子，几乎都可通过免疫系统产生相应的抗体，而且专一性很强。抗体的这种多样性标志着抗体酶的多样性，预示着抗体酶巨大的应用潜力。

一、抗体酶在有机合成中的应用

各类精细化工产品和合成材料的工业生产需要具有精确底物专一性和立体专一性的催化剂，而这正是催化抗体的突出特点。迄今为止，科学家们已成功开发出能催化所有6种类型的酶促反应和几十种类型的化学反应的抗体酶，包括水解、消除、缩合、氧化还原、重排、光分解和聚合、周环反应、异构化、环氧化等。

抗体酶能够催化天然酶不能催化的反应。抗体酶催化的Diels-Alder反应就是一个很好的例子。此反应是有机化学中最有用的形成C—C键的反应，但却没有相应的天然酶催化这个反应。人工设计的抗体酶解决了这个问题。反应底物和抗体酶的结合能可以减少反应的平动及旋转等运动，因而抗体酶可作为一种“熵陷阱”，催化某些反应的发生。这种情况在周环反应如Claisen重排和Diels-Alder等反应中已得到证实。Schultz等根据此原理和酶的趋近效应（proximity effect），以环己烷衍生物为半抗原，模拟Cope重排高度有序的椅式过渡态，诱导产生的抗体酶能催化重排反应。此反应和Diels-Alder反应一样，在天然酶中尚未见发生，可通过设计定作抗体酶来弥补天然酶的不足。

抗体酶能够催化能量不利的反应。抗体酶的一个重要方面是能选择性地稳定相对于普通化学反应来说能量上不利的高能过渡态，因而能够催化不利的化学反应。抗体酶能催化立体专一性的反应，能区分动力学上的外消旋混合物，能催化内消旋底物合成相同手性（homochiral）的产物。利用对映体专一性脂肪酶已能拆分外消旋醇混合物。

近年来，抗体催化的不同类型的反应越来越多。已经证明，抗体酶可以反相胶团和固定化的形式在有机溶剂中起作用，这为抗体酶的商业应用开辟了前景。完全有理由相信，抗体酶会在有机合成中发挥越来越大的作用。具有酯解活力的抗体酶已经用于生物传感器的制造上。

二、阐明化学反应机制

抗体酶的设计可以用于研究酶的催化机制。如*N*-甲基原卟啉由于内部甲基取代而呈扭曲结构，但由它作为半抗原诱导产生的抗体可催化原卟啉的金属螯合反应，这就证明了亚铁螯合酶催化亚铁离子插入原卟啉的反应过渡态是一个原卟啉的扭曲结构，平面结构的原卟啉经扭曲后，才能螯合金属离子。

用磷酸酰胺4（见图8-6）免疫小鼠产生的抗体43C9能催化酰胺及酯的水解反应。经动力学分析及电子喷雾质谱分析证明，43C9催化的水解酰胺及酯的反应是通过多步完成的。43C9抗体轻链上的His-L91的咪唑基亲核进攻酰胺或酯的羰基碳原子，形成酰基抗体复合物。

三、抗体酶在天然产物合成中的应用

复杂天然产物的合成一直是有机合成中的热点之一。Sinha等第一次把抗体酶用于天然

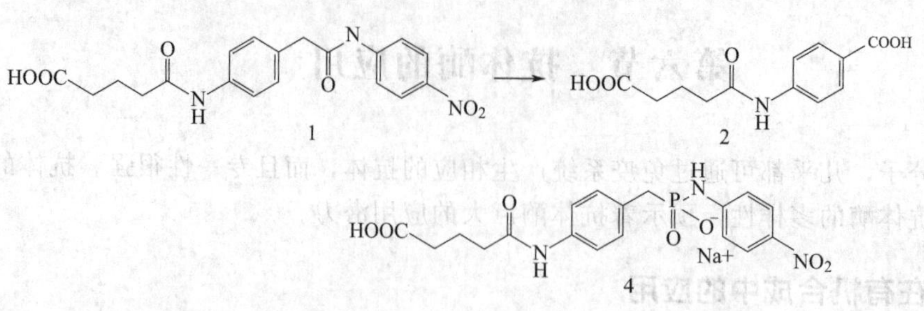

图 8-6 由 NPN43C9 抗体催化的 1a 或 1b 的水解分别产生酸 2 和对硝基苯胺 3a 或对硝基苯酚 3b 通过其羧基与载体蛋白偶联的四面体过渡态类似物 4 是用于制备抗体的抗原

产物的合成。所合成的产物含有四个不对称中心（1S、2R、4R、5S），催化抗体 14D9 能对映选择性地水解烯醇醚生成含有绝对构型（S）的酮，取得合成成功关键性的第一步。所有四个不对称中心都来源于抗体酶催化烯醇醚的反应，并且尚未发现天然酶能催化此反应。最近，抗体酶也成功地用于其他天然产物的合成，如 brevocomins 和 epothilones 的合成。

四、 抗体酶在新药开发中的应用

抗体酶既能标记抗原靶目标，又能执行一定的催化功能。这两种性质的结合使抗体酶在体内的应用实际上是没有限制的。例如，可以设计抗体酶杀死特殊的病原体，也可用抗体酶活化处于靶部位的药物前体（predurg），以降低药物毒性，增加其在体内的稳定性。

抗体酶 38C2 是根据 I 型缩醛酶的烯胺机制，通过反应免疫方法得到的。通过位于底物结合部位疏水口袋的活性赖氨酸残基，Lys93H，抗体酶 38C2 可催化醇醛缩合、逆醇醛和逆 Michael 反应，以及接受宽范围的底物，因而可作为药物前体的激活剂。为了避免抗体酶在识别和裂解修饰部分时对药物本身的影响，基于抗体酶结合部位具有催化活性的赖氨酸残基的空间结构考虑，前药的修饰部分的长度应该适宜，以便能发生串联的逆醇醛缩合和逆 Michael 反应，同时，药物部分保持在抗体酶活性部位的外面。考虑到以上因素，Shabat 等设计了一种全新的前药释放系统，利用有次序的逆醛醇缩合和逆 Michael 反应可除去前体药物中的保护基，释放出活性药物。这种策略已成功地用于喜树碱（camptothecin）、阿霉素（doxorubicin）、依托泊苷（etoposide）等抗肿瘤药以及降血糖药胰岛素（insulin）的设计。例如，抗体酶 38C2 催化串联喜树碱的逆醛醇缩合和逆 Michael 反应，随后自发成环，见图 8-7。

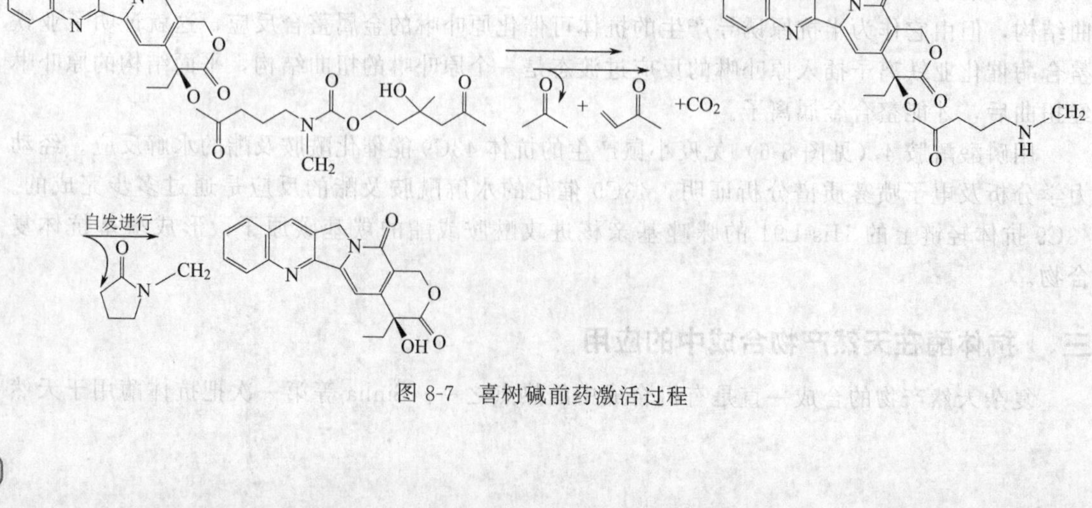

图 8-7 喜树碱前药激活过程

甲状腺激素是维持正常代谢和生长发育所必需的激素。甲状腺激素有两种含碘氨基酸：甲状腺素（T4）和三碘甲状腺原氨酸（T3）。T3是主要的活性物质，而T4要转变为T3才起作用，这个转变主要由含硒的碘甲状腺原氨酸脱碘酶同源家族来完成。其中I型碘甲状腺原氨酸脱碘酶（DI）起主要作用，缺乏DI将导致严重的甲状腺疾病。倪嘉瓒等以T4为半抗原，利用杂交瘤技术制备了一种单克隆抗体4C5，用硒半胱氨酸替换4C5结合口袋中的丝氨酸残基，得到抗体酶Se24C5。通过对Se24C5所催化的反应研究的结果表明，和DI一样，它的作用机制也是二底物乒乓机制，并且至少涉及一个共价的酶中间体。硒半胱氨酸残基和T4结合口袋是Se24C5催化活性的两种关键因素。Se24C5与鼠肝脏匀浆中的DI相比，具有更高的专一性。Se24C5催化T4生成T3显示出很高的脱碘酶活性，因而对治疗甲状腺疾病有很高的应用价值。由于Se24C5能选择性脱碘，因而它也有希望在有机合成中得到广泛的应用。

抗体酶制备技术的开发预示着可以人为生产适应各种用途的，特别是自然界不存在的高效生物催化剂，在生物学、医学、化学和生物工程上会展现出广泛的和令人鼓舞的应用前景。催化抗体的巨大成就预示着一个以开发免疫系统分子潜力为核心的新学科——抗体酶学（Abzymology）的崛起，今后无疑会有更大的发展。

第七节 抗体酶研究进展

经过近20年的发展，抗体酶有了长足的进展，其主要进展表现在如下三个方面：抗体酶设计方法有创新；抗体催化的化学转化范围有所扩大；又有一些催化抗体的结构得到表征。下面介绍近年来的研究进展。

一、半抗原设计

抗体酶的设计对诱导抗体酶的底物特异性和催化效率至关重要。利用前面叙述的抗体酶设计方法已经成功制备了系列抗体酶。最近出现一种很有用的方法叫“反应性”免疫。它是利用“反应性”半抗原，这种半抗原可在生理pH下释放出传统的过渡态类似物，或者在免疫应答的B细胞水平上捕获亲核体。用此方法产生的抗体可立体选择性水解甲氧萘丙酸（见图8-8）的芳基酯。不稳定的磷酸二酯半抗原2诱导产生5个高度成熟的酯酶抗体催化剂，其成熟程度可与许多酶相比。类似的方法用于诱导具有I型醛缩酶活性的催化抗体。1，3-二酮半抗原3捕获抗体结合部位的亲核的赖氨酸残基，并形成西佛碱中间体，通过氢键形成类环中间体。免疫后得到的两种抗体33F12和38C2能催化各种酮供体和醛受体底物之间的羟醛反应和许多β-酮酸的脱羧反应。研究表明，38C2还可催化二酮4和5的对映体选择性分子内环化脱水反应。

最近，根据1,3-二酮半抗原反应免疫的设计原理，设计了既能模拟过渡态，又能进行反应性免疫的新型抗体酶。例如用此方法设计的半抗原，其中的磺酸部分模拟反应的类四面体过渡态，而二酮部分则捕获抗体结合部位的亲核的赖氨酸残基，并形成西佛碱中间体。新抗体酶93F3和84G3表现出非常优秀的产物对映体选择性，其催化戊酮的*ee*值达99%，而38C2只有59%。将过渡态稳定化与反应性免疫相结合，在抗体生成期间形成化学反应。这种方法虽然刚刚出现，但已用它产生了许多优良的催化剂。

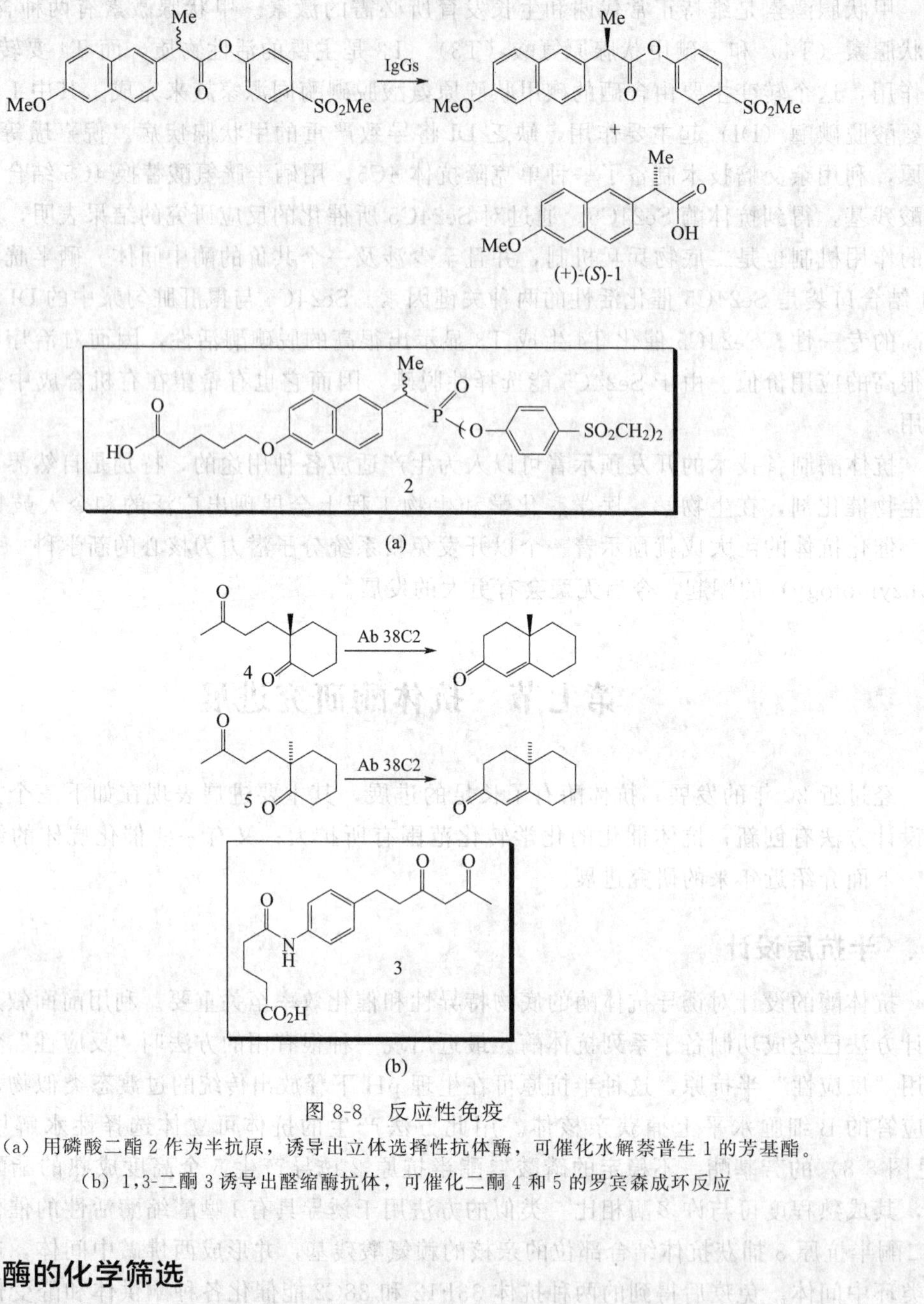

图 8-8 反应性免疫

(a) 用磷酸二酯 2 作为半抗原，诱导出立体选择性抗体酶，可催化水解萘普生 1 的芳基酯。

(b) 1,3-二酮 3 诱导出醛缩酶抗体，可催化二酮 4 和 5 的罗宾森成环反应

二、抗体酶的化学筛选

1. 抗体库筛选法

使用基于机制的筛选试剂可从抗体组合库中通过化学选择筛选出糖苷酶抗体。半抗原 6 中糖苷键水解产生醌甲基化物 7，它能共价捕获抗体库中的具有糖苷酶活力的 Fab（见图 8-9）。筛选出的 Fab（1B）能催化水解 *p*-硝基苯基 *β*-半乳糖吡喃糖苷，速度加强比（ER）为 70000，而用经典的过渡态类似物法所制备的最好的糖苷酶抗体，其 ER 值仅有 100。对于任何难解离的反应，只要它能通过反应中间物捕获抗体都可用化学选择法筛选出高效催化剂。

2. 催化抗体酶联免疫方法

为了检测抗体库的能力，有必要建立直接的检测和筛选抗体的技术方法。Tawfik 发展

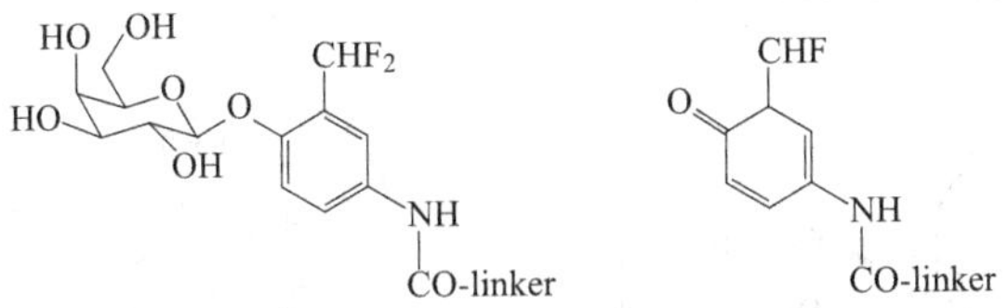

图 8-9 半抗原 6 用于化学筛选糖苷酶抗体片段 Fab
醌甲基化物 7 可捕获并显示具有催化性质的 Fab

了一种叫做催化抗体酶联免疫方法（catELISA）。同传统的酶联免疫方法方法相比，它依靠识别产物而不是靠识别底物，见图 8-10。

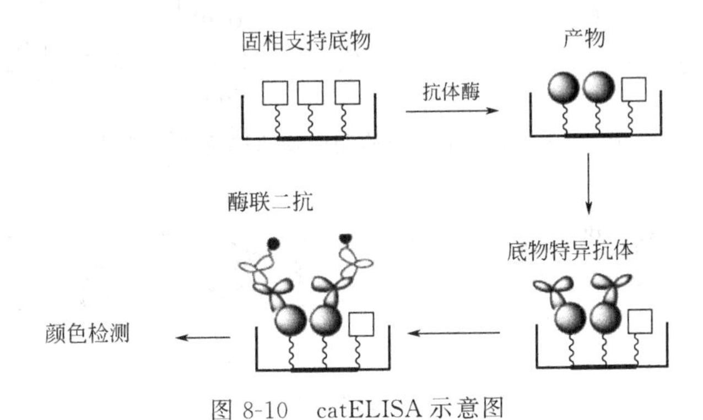

图 8-10 catELISA 示意图

3. 光谱法

除了化学手段筛选抗体之外，生色团的光谱变化成为确认抗体酶及其选择性的有利手段。早在 1999 年 Reymond 就利用荧光分子建立了筛选抗体酶的方法。他们以无荧光的 Diels-Alder 产物为底物筛选反 Diels-Alder 反应的催化抗体。无荧光的 Diels-Alder 化合物在抗体酶的催化下可以生成荧光非常强的产物，从而有效地筛选了催化效率高的抗体。见图 8-11。

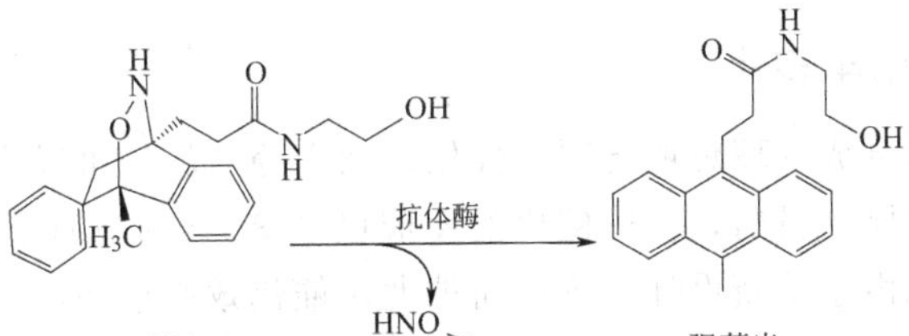

图 8-11 筛选反 Diels-Alder 抗体酶的荧光物质示意图

Cashman 等利用传统的 Ellman 反应成功地时时跟踪了抗体酶催化底物的过程。利用可卡因巯基酯为底物，在可卡因诱导的抗体库中筛选水解可卡因的有效抗体。其机制是，抗体酶水解生成的巯基与 Ellman 试剂生成在光谱下容易监测的 TNB，见图 8-12。这种方法省去了繁杂的抗体分离和纯化过程，因而具有很大的优势。

最近，Lerner 研究组发展了一种新的方法用于筛选抗体。利用非荧光标记的化合物 A 作底物，在抗体酶 38C2 的催化下，生成 B。B 与偶氮化合物反应形成荧光物质 D，利用荧光变化监测抗体的催化能力（见图 8-13）。

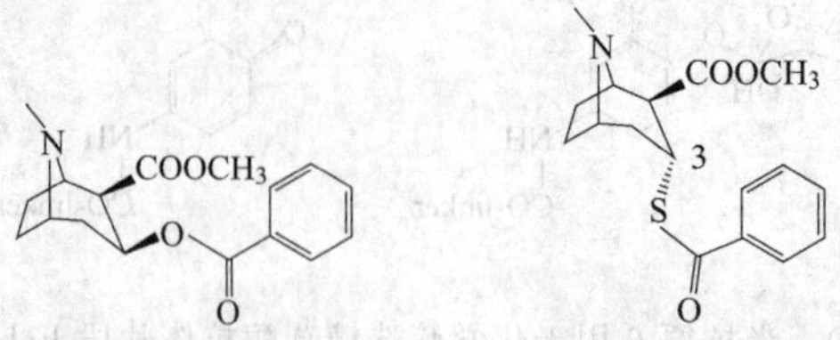

可卡因　　可卡因巯基酯

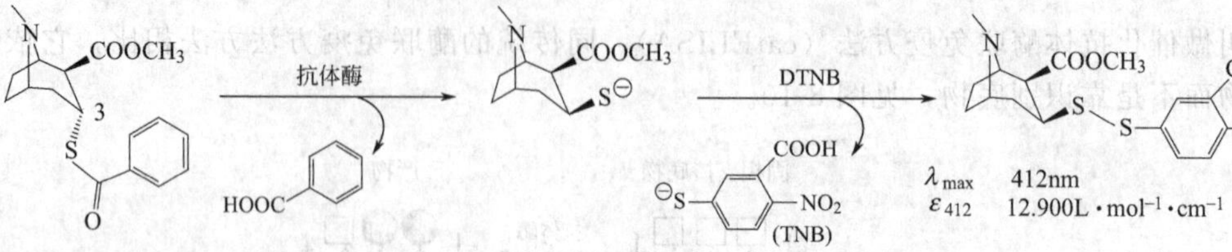

图 8-12　Ellman 反应检测产物筛选抗体示意图

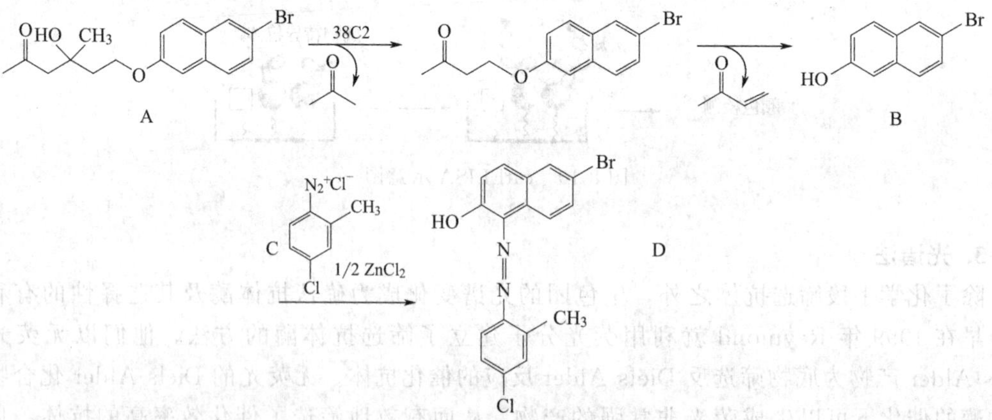

图 8-13　筛选抗体酶 38C2 的化学反应

三、 抗体酶催化的化学转化

催化抗体是不对称合成的理想催化剂，催化范围十分广泛，可以说，抗体酶能解决化学或区域选择性的许多问题。目前，抗体催化的反应已达 80 余种，而且还在不断增加。抗体原先催化的反应范围也由于重新设计半抗原而扩大，催化效率也因此而得到改善。

1. 离子环化反应

（1）磷酸酯水解　磷酸二酯键是自然界最稳定的键之一，因此，它的水解对抗体酶来说是个主要的挑战。Weiner 等利用稳定的五配位氧代铼（V）络合物 8 模拟 RNA 水解时形成的环形氧代正膦中间物，产生单抗 2G12，可以催化水解磷酸二酯 9，催化速率常数 $k_{cat}=1.53\times10^{-3}s^{-1}$，米氏常数 $K_m=240\mu mol/L$；$k_{cat}/k'_{uncat}=312$。虽然该系统尚有很大的改进余地，但无疑这是一个抗体催化难进行反应的一个成功实例。Janda 小组还用 *N*-氧化物半抗原 11 产生一种抗体酶 15C5，能催化水解毒性杀虫剂对氧磷 10（见图 8-14），ER 值为 1000。

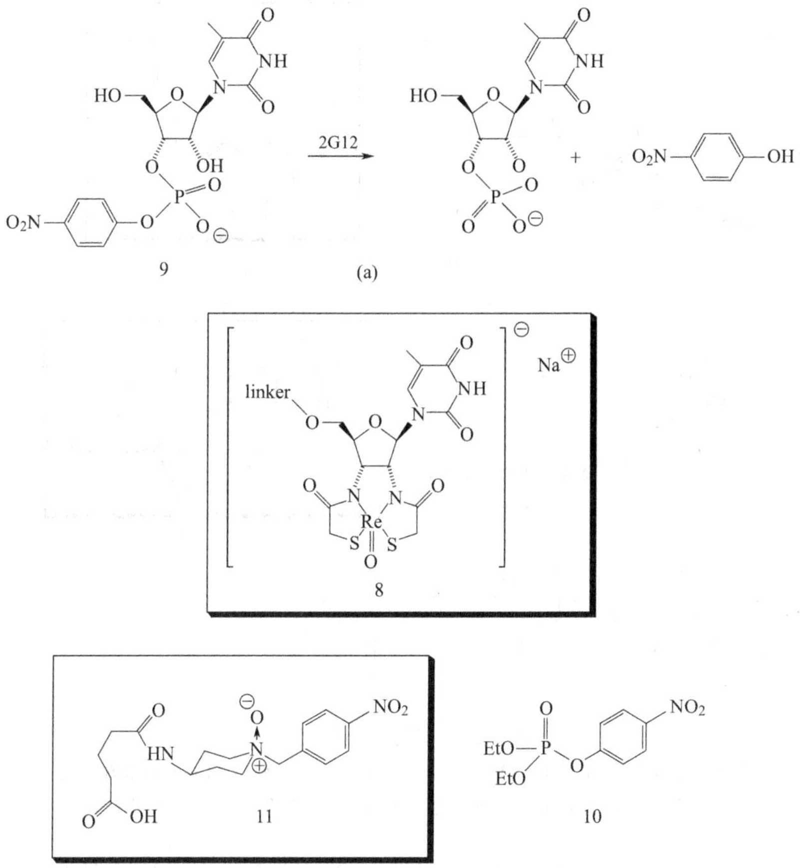

图 8-14 磷酸酯水解作用

(a) 氧代铼（V）络合物 8 诱导出可水解 9 的磷酸二酯酶抗体；(b) 由 *N*-氧化物半抗原 11 产生的抗体可解除杀虫剂对氧磷 10 的毒性

(2) 芳基磺酸酯闭环反应 Lerner 小组将注意力集中在阳离子过渡态模拟物上，他们用脒基离子化合物 12 作为半抗原，产生的抗体可以催化芳基磺酸酯 13 的闭环反应，由 12 引出的一个抗体 17G8 可催化 13 转化为 1,6-二甲基环己烯 14 和 2-甲烯-1-甲基环己烷 15 的混合物，而背景环化则产生环己醇的混合物。这表明，该抗体不仅能稳定所形成的阳离子，而且还能激烈地从过渡态中排除水，并控制环化后质子的丧失（见图 8-15）。

(3) 萘烷形成 Lerner 小组继通过抗体催化阳离子环化产生手性环丙烷之后，又实现了更有意义的同类转化，即萘烷 16～18 的形成（见图 8-15）。反式萘烷环氧化物 19 用作过渡态类似物半抗原，筛选出的单抗 HA5-19A4 是环化芳烃磺酸酯 20 最好的催化剂，环化产物分两部分：环烯部分（16～18 的混合物）占 70%，另外 30%为环己醇，环烯部分对映体过量值为 53%，环己醇部分为 80%。令人鼓舞的是抗体催化的这类转化可以推广到更复杂的底物，产生类似甾族化合物的分子。产物的立体选择性和区域选择性完全可以与现有的酶工艺相比，从而打开了通向新的碳环系统的大门。

2. 其他反应

针对磷酰胺酯 21 诱导的抗体 EA11-D7 可催化水解氨基甲酸酯药物前体 22，释放出苯

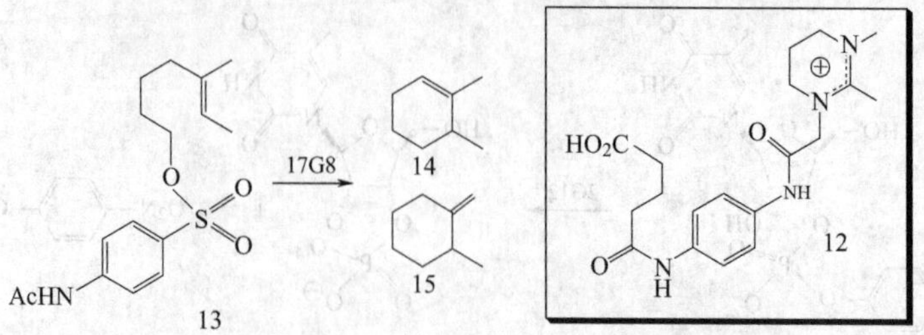

(a)

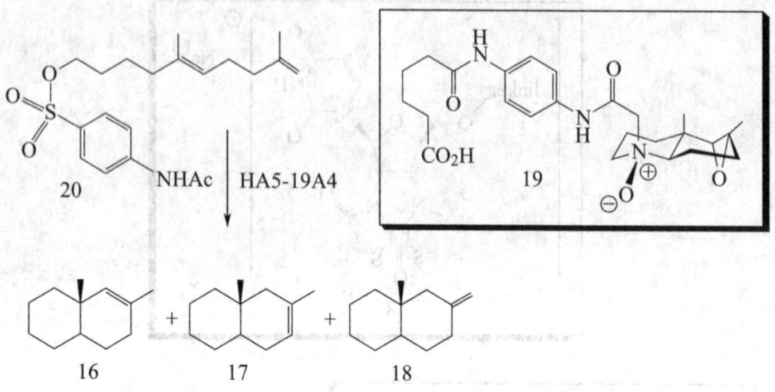

(b)

图 8-15 阳离子环化反应

(a) 由脒基离子化合物 12 诱导出的抗体酶 17G8 可催化芳基磺酸酯 13 环化成碳环产物 14 和 15；
(b) 反式萘烷环氧化物 19 诱导出的抗体 HA5-19A4 可催化 20 环化成反式萘烷 16～18

酚药物 23（见图 8-16）。在由 EA11-D7 和 22 组成的分析系统中已证实对人结肠癌细胞生长有明显的抑制作用。

Bahr 等描述一种产生硝酰基（HNO）的新方法，HNO 是体内第二信使 NO 的前体。一种催化逆 Diels-Alder 反应的抗体可从 Diels-Alder 加成药物前体中释放出 HNO。这个系统有治疗咽喉炎的作用。

肽基-脯氨酸异构酶（EC 5.2.1.8）是非常有效的普遍存在的一类酶，能催化绕 P_1-脯氨酸酰胺键旋转。针对 α-酮酰胺半抗原诱导出的两个抗体，可催化荧光底物的顺-反脯氨酸异构化。反应加速的原因既有过渡态稳定化，又有 P_1-脯氨酸酰胺键变形引起的基态不稳定化。

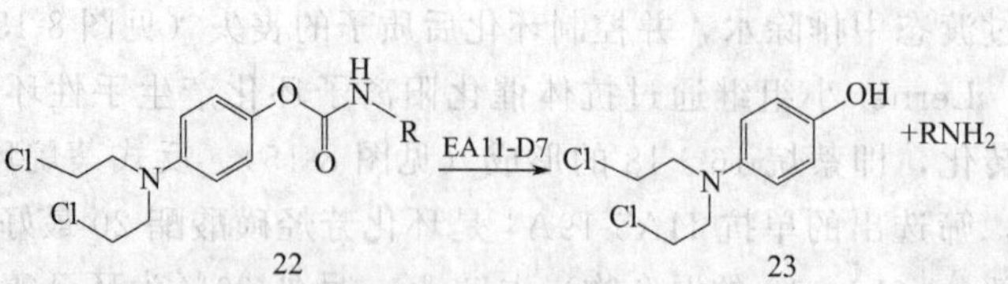

图 8-16 磷酸半抗原 21 诱导出的抗体 EA11-D7 可催化氨基甲酸酯药物前体 22 水解成苯酚药物 23

逆羟醛反应除用于化学合成外，还在细胞代谢中起关键作用。最近已有抗体能催化这一反应。针对 β-羧基磷酯半抗原产生的抗体 29C5.1 可催化 β-硝基醇的分解反应，与咪唑催化的二级速率常数比为 5×10^5。

由于酶催化周环反应的例子相当罕见，因此，周环反应仍是这个领域关注的焦点。现在已有2个关于抗体催化周环反应的新报告。前者为［2,3］-消除反应，用2,4-双取代的四氢呋喃半抗原来模拟*N*-氧化物底物消除成为苯乙烯产物的环化过渡态。后者描述了抗体催化的硒代氧化物（selenoxide）消除反应。用环化的吡咯烷模拟周环过渡态。这些反应表明，由半抗原设计所获得的熵控制，加上溶剂效应，可以产生独特的生物催化剂。

四、 计算机辅助设计抗体酶

计算机辅助设计法在改造天然酶和天然酶的功能转化方面起着非常重要的作用。这种技术同样可以用于设计制备催化抗体，或提高现有抗体的催化效率。通常，以过渡态类似物为半抗原诱导的抗体酶活性中心，与真正的反应过渡态作用同过渡态类似物的作用相比存在很大的差别。另外，在抗体酶设计时很少有人考虑到蛋白质活性中心的柔性。

近些年来，在通过氨基酸序列推测蛋白质的四级结构方面，计算机的算法变得日益可靠。然而创造功能性的蛋白质仍然是一个巨大的挑战。为此，Baker和Houk开发了一种称作“由内至外”的方法来实现这一目标。其中关键的步骤为：①量子计算得到理论酶模型；②从蛋白质晶体库中选取合适的蛋白质作为模板和模型相匹配；③围绕理论计算模型进行氨基酸残基的突变和优化。

利用这种方法的第一个成功的例子是用于催化碳碳键断裂的逆缩醛酶。在其催化机制中，需要有一个亲核的赖氨酸和亚胺离子作为中间体［见图8-17(a)］。该工作的计算设计基于四个不同的基础理论酶模型［见图8-17(b)］。这些模型的空间几何结构是通过在酶催化过程中的每一步都进行量子计算后得到的优化结果。随后针对这些初步模型，通过使其具有一定的空间自由度而进一步多样化后，每种酶模型又可以得到10^{13}～10^{18}个不同的备选空间几何形状。随后，使用散列算法可以检索到72种蛋白质的骨架符合设计要求。随后通过计算，活性位点的序列被进一步改变从而优化过渡态时赖氨酸和催化口袋的结合。在对这72种蛋白质进行表达后发现，70种是可溶的。而令人惊叹的是，其中32种都表现出了逆缩醛酶的活性。

五、 与兴奋剂相关的抗体酶制备

近年来，中枢兴奋药物的滥用已经成为全球性问题。这类药物包括安非他明及其衍生物甲基安非他明、麻黄素及其衍生物脱氧麻黄碱等［见图8-18(a)］。Janda等以麻黄素衍生物脱氧麻黄碱衍生物为半抗原［图8-18(b)］，此半抗原的设计具有以下特点：首先，此半抗原具有苯乙基药效团，它是安非他明类药物的共同部分，所诱导的抗体具有对这一部分的识别能力。其次，选择该半抗原并不是因为合成上的便利，具有外消旋的结构可以诱导抗体产生对映体选择性。所制备的抗体酶YX1-40H1以黄素为辅因子催化安非他明为相应的苯甲酮。该实验充分利用一般抗体具有结合黄素的能力。尽管在设计半抗原时没有考虑黄素的识别，但抗体酶对黄素确实具有弱的识别能力。利用这种识别能力有效促进了安非他明的分解。最近，他们致力于清除危害性强的毒品如大麻的主要成分。设计了能有效破坏导致心理状态变化的四氢大麻酚［见图8-19(a)］。该抗体利用维生素B_2将单线态氧转化为活性氧种类，并催化大麻转化为无心理刺激的化合物种类［见图8-19(b)］。

六、 化学程序化的抗体酶

近年来，关于抗体酶的研究思路有了新的发展，主要表现之一是化学程序抗体酶的设计

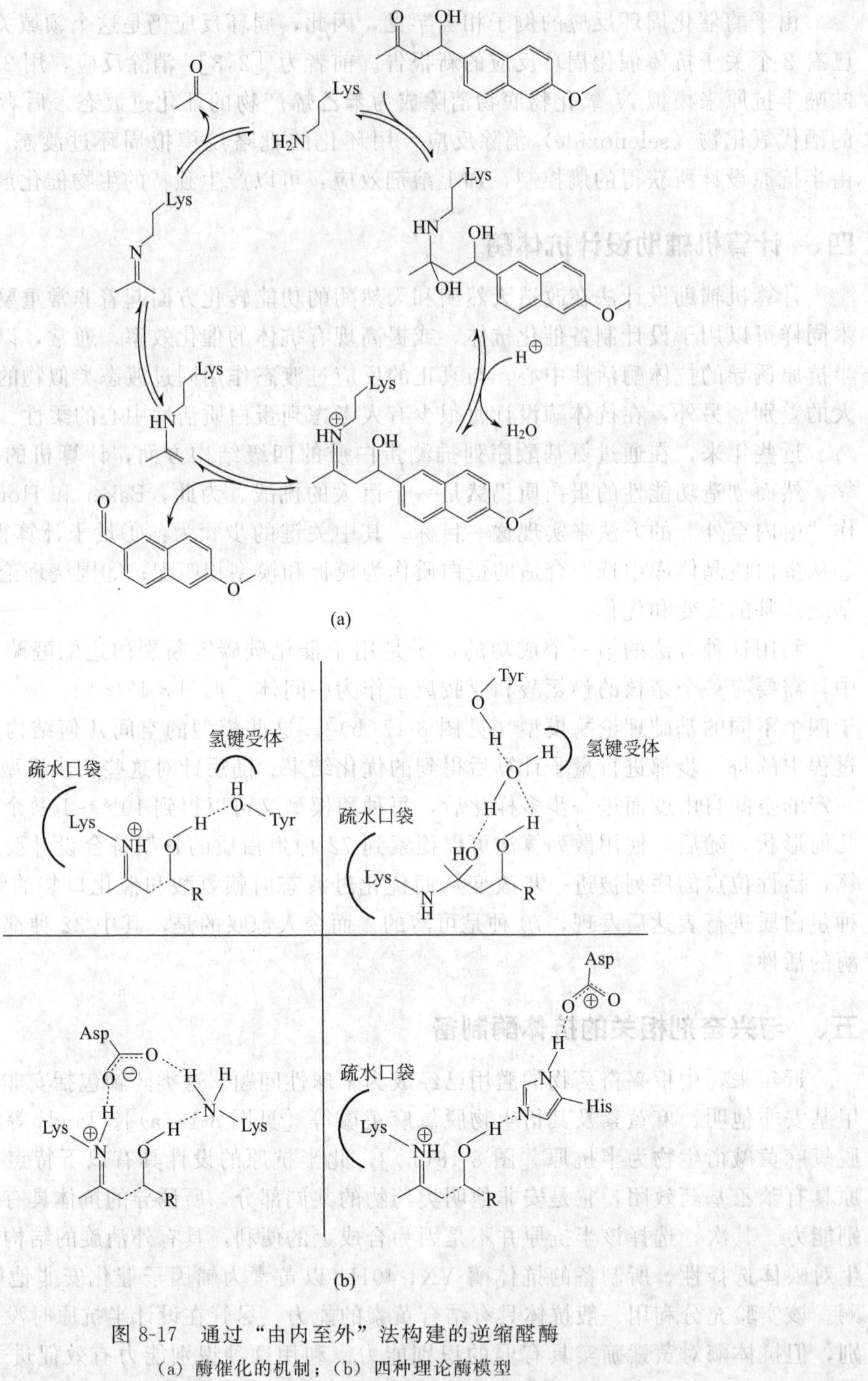

图 8-17 通过“由内至外”法构建的逆缩醛酶

(a) 酶催化的机制；(b) 四种理论酶模型

和制备。它组合了小分子设计和免疫学的双重优势。其主要思路是利用抗体的特异性反应，将具有特殊功能的小分子、配体等共价连接在抗体酶上，使抗体酶既具有抗体的特异性又具有小分子的结合特异性。例子之一是 Lerner 小组出色的工作。他们选择了具有缩醛酶活性的抗体酶 38C2 为模型抗体，将癌细胞特异性配体通过特异性底物二酮共价结合在抗体上。这样的抗体酶既具有癌细胞的靶向作用，又具有抗体的特异性反应活性。这种新概念将在靶

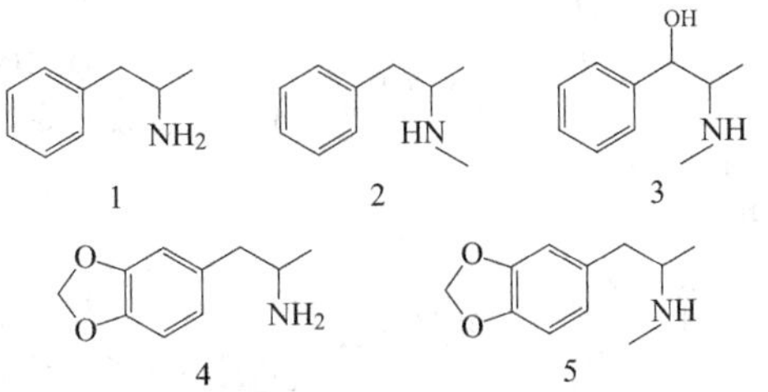

(a)

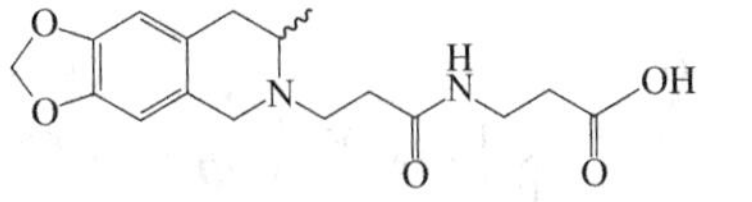

(b)

图 8-18 分解中枢兴奋药安非他明类药物的抗体酶设计

（a）安非他明类药物；（b）半抗原

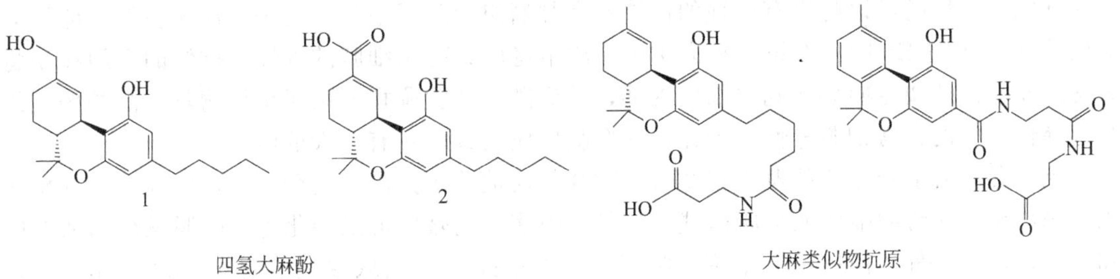

四氢大麻酚

大麻类似物抗原

(a)

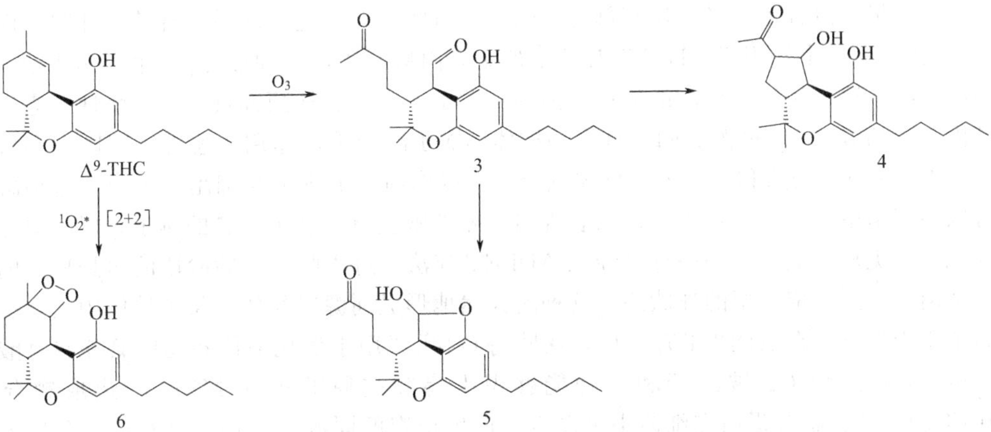

(b)

图 8-19 与大麻类药物相关的抗体酶设计

（a）大麻类药物及其半抗原；（b）催化的反应

向药物设计、疾病诊断等方面发挥作用（见图 8-20）。

七、 抗体酶在癌症治疗中的应用

酶可以作为一种有效的抗癌武器，尤其是当酶结合了抗体对于癌细胞的特异选择性之后。利用抗体酶靶向肿瘤细胞治疗癌症通常有两种方法。第一种方法是首先将抗体酶靶向于

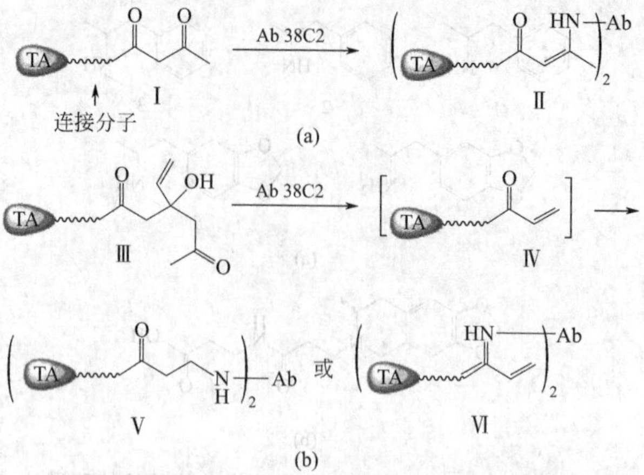

图 8-20 化学程序化的抗体酶设计（TA 代表配体小分子）

癌症细胞，随后酶可以将没有活性的前体药在肿瘤组织附近激活。这种方法又称为抗体导向酶前药疗法（ADEPT）。在第二种方法中，酶本身就具有癌细胞的毒性。抗体的作用在于将具有抗癌活性的酶定向导入到癌细胞内部，随后激活细胞凋亡。由于抗体酶具有高的癌症组织选择性和低的正常细胞毒性，因此，其在临床应用方面具有巨大的潜力。

抗体导向酶前药疗法的概念在 20 世纪 80 年代被首次提出。迄今为止，已经有多种酶进入了 ADPET 疗法的临床或临床前试验阶段。胞嘧啶脱氨酶可以催化胞嘧啶脱氨得到尿嘧啶和氨基，也可以催化前体药 5-氟胞嘧啶产生活性更高的 5-氟尿嘧啶。而 gpA33 抗体可以作用于大肠肿瘤细胞上的 gpA33 抗原。细菌的胞嘧啶脱氢酶和 gpA33 抗体被融合在一起后，体外试验显示其选择性地将 5-氟胞嘧啶对于大肠癌细胞的毒性增强了 300 倍。为了增强其蛋白质表达产量，融合蛋白又使用酵母的胞嘧啶脱氢酶重新构建，随后发现其癌细胞毒性也增强了 10 倍。另一个被用于 ADPET 疗法的酶是 β 内酰胺酶，一种催化 β 内酰胺抗体内 C—N 键的细菌酶。这种酶受到广泛的应用，因为其对于一大类前体药都具有催化活性。通过化学和基因工程的方法，β 内酰胺酶和许多种抗体形成了融合蛋白作用于恶性上皮肿瘤和黑色素瘤。例如，β 内酰胺酶和一种纳米抗体融合后可以作用于上皮肿瘤细胞的抗原。这种融合蛋白可以在细菌中表达，其在小鼠体内表现出了癌细胞复原，甚至治愈的例子。但其缺点是会引起机体的免疫反应。唯一一种已经在 ADPET 疗法中进入临床试验阶段的酶是羧肽酶 G2，一种细菌产生的锌依赖型的外肽酶。这种酶天然地形成同源二聚体，每个单体中又含有两个锌离子用于催化。在 ADPET 疗法中，羧肽酶 G2 主要用于催化前体药物中氮芥谷氨酸的剪切。最初，羧肽酶 G2 被用于和一种能够识别癌胚抗原的抗体 MFE-23 形成融合蛋白（MFECP）。这种融合蛋白在细菌中可以表达产生稳定的同源二聚体，其在体内和体外都对于肿瘤组织表现出了极高的特异识别性。然而研究显示，虽然 MFECP 对于肿瘤和组织的选择比例高达 1477∶1，其对于肿瘤和血浆的选择比例只有 19∶1。因此，这种融合蛋白被转移到酵母系统中进行表达。酵母体系可以在该融合蛋白表达后通过翻译后糖基化作用在其表面修饰上支叉的甘露糖。糖的修饰不仅可以进一步提高抗体酶在肿瘤和正常组织之间的选择比例，还能减少其在血浆中的停留时间。实现结果显示，糖基化后的 MFECP 对于肿瘤和血浆的选择比例可以达到 1400∶1。且当糖基化的 MEFCP 和抗癌前体药一起使用时，发现其对于肿瘤有明显的抑制作用。这种酵母表达的 MEFCP 被进一步推广到临床应用当中，并命名为 MFECP1，是第一种进入临床应用的抗体酶蛋白类药物。令人惊讶的是，这种抗体酶在临床中还被观察到可以穿透癌症组织结合在抗原上，展示了其极高的靶向性。

另一种将抗体酶应用于癌症治疗的方法是使用本身就具有癌细胞毒性的酶类，比如人胰腺 RNA 酶、血管生成素、豹蛙酶、颗粒酶以及半胱天冬酶等等。RNA 酶是一种剪切 RNA 的蛋白质酶类，在真核细胞的基因调控中起着重要的作用。许多 RNA 酶都具有不同的生物活性，包括抗肿瘤、抗菌、抗真菌以及抗病毒等等。而选择使用人源性 RNA 酶进行癌症治疗的一个重要原因是其不会引起强烈的免疫反应。天然 RNA 酶本身的抗癌活性很低，因为它们很难进入到细胞当中，而且细胞溶质的 RNA 酶抑制蛋白可以通过结合 RNA 酶保护细胞免受其进攻。但当抗体协助其大量进入细胞液中后，RNA 酶就可以有效地杀死癌细胞。豹蛙酶是一种发现于豹蛙卵母细胞中的两栖类核糖核酸酶。大量的研究显示，这种酶有强力的抗肿瘤性质，目前已经进入恶性间皮瘤治疗的临床三期试验阶段。通过将其与抗体用化学方法交联后，新得到的蛋白在试验中显示出对 B 细胞淋巴瘤较好的治疗效果。

抗体酶经过近几年的快速发展，无论是从制备的技术方法还是抗体催化的化学转化范围都有了长足的进展，研究范围不断扩大，注重结构与功能的关系研究，更可喜的是，抗体酶的应用价值越来越受到重视。

将来的挑战在以下几个方面。①催化抗体筛选：虽然用 PCR 和噬菌体技术构建的庞大的 Fab 蛋白组合库可绕过动物免疫，直接从库中筛选有用的抗体，从而大大促进催化抗体生产，但面对巨大的免疫系统资源，目前的筛选方法只能筛选其中的一小部分抗体。一般是通过对半抗原结合力的大小来筛选的，而不是通过催化活性来筛选。问题是对半抗原的亲和力最大，不一定是最好的催化抗体。我们在制备含硒抗体酶时就遇到这个问题。对半抗原亲和力小的抗体，其谷胱甘肽过氧化物酶的活力反而高很多。因此，开发通过催化活性直接筛选抗体酶是又一个挑战，但可以满怀信心地说，这个问题也是能够解决的，正在开发的 cat-ELISA 法就强调了这个问题。②催化基团的最适装配问题：很多化学转化需要酸、碱或亲核基团参与，这类催化残基对需能反应特别重要。现在还不能通过免疫使这些基团在抗体中精确定位。Schultz 小组利用抗体和半抗原间的电荷互补性，在抗体结合部位上诱导出一个具有催化活性的羧基。然而，这种方法是否具有普遍性，通过这种方法能否把 2～3 个这类基团引入抗体还有待证实，因此，表征对更有意义、更困难的化学转化具有中等以上活力的抗体是严峻的挑战。③如何提高催化效率：虽然催化抗体是不对称合成的理想催化剂，其催化反应的范围也在不断扩大，然而，催化抗体现在还未达到实用阶段。对实用来说，来源、费用和可靠性都是要考虑的因素，但能否实用的关键因素是催化效率：反应的时间是否合理，反应的收率是否可以接受。与酶的催化速度相比，目前所得到的大部分催化抗体的反应速率加强只能是中等水平的，其 k_{cat}/k_{uncat} 为 10^3～10^4，个别可达到 10^6～10^7，比酶催化低 2～3 个数量级。因此，如何提高抗体酶的催化效率，抗体酶将来能否与酶竞争是个公开的挑战。④半抗原设计问题：当前抗体酶活力不高的主要原因是设计的半抗原类似物并不能与反应的过渡态完全吻合，因此，与这种不完善类似物互补的抗体也就不能提供对真正过渡态的最适稳定化。再者，对多底物的多步反应来说，很难设计出一种合适的过渡态类似物。看来，这种“稳定过渡态类似物”法有相当大的局限性。事实上，Pauling 的结合过渡态的思想只能是部分正确的。过渡态稳定化确实是催化作用产生的因素，但不是唯一的因素，或许对许多酶来说不是最重要的贡献因素。按照 Menger 的酶催化理论，底物有 2 个部位：结合部位和反应部位。使底物结合部位稳定化，同时使底物反应部位不稳定化（通过在反应部位的增加距离和去溶剂化作用）也是直接的催化潜力。因此，在分子的某处通过附加的引力接触拉紧底物应能催化反应。我们据此提出了“以底物修饰物为半抗原可以产生抗体酶”的思想。谷胱甘肽（GSH）是谷胱甘肽过氧化物酶（GPx）的专一性底物，此酶催化的GSH与氢过氧化物反应是多步反应，因此没有合适的过渡态可供选择。我们以GSH的各种修饰物为半抗原，经化学诱变在抗体上引入催化基团后，产生了活力不同的抗体酶，活力高者超过了天然兔肝GPx活力。这个例子说明，在不了解反应过渡态的情况下，也可以制备高活力的抗体酶。⑤如何引入催化基团：以底物为半抗原所产生的抗体应当具有底物结合部位，然后在此抗体的结合部位上引入催化基团。如果引入的催化基团与底物结合部位取向正确、空间排布恰到好处，则应产生高活力的抗体酶。引入催化基团的方法有：利用部位选择性试剂，以类似亲和标记的方式定向地将催化基团引入抗体；用DNA重组技术和蛋白质工程技术改变抗体的亲和性和专一性，引入酸、碱催化基团或亲核体。使用这类方法的关键在于要先对抗体的结构有所了解，确定工程化抗体的目标部位。在这方面目前已有成功的实例。然而大多数抗体的结构是未知的，为了提高这类催化抗体的效率可采用随机突变法。随机突变和经典的基因选择可在不了解活性部位的情况下改善抗体的催化性质。这类方法可在微生物中模拟鼠免疫系统的行为，并可直接筛选催化功能，而不是筛选对过渡态类似物结合的紧密程度。最近开发的DNA改组技术（DNA shuffling）具有比随机突变法更高的成功概率。从20种已知的人干扰素基因，经DNA改组，得到2000种子代基因，由这些基因产生的最好的干扰素在保护培养细胞抵抗鼠病毒的能力上比市售干扰素α-2b强285000倍。这类筛选方法与噬菌体显示文库技术相结合完全可以创造与酶效率相媲美的抗体催化剂。综合上述几个主要问题，相信抗体酶研究会有新突破。

总结与展望

本章从抗体酶的概念出发，介绍了从产生第一例抗体酶到现在迅猛发展的大致过程。从基本理论到实际应用，抗体酶在诠释酶的催化本质和在医药和工业等领域的应用方面都显示出重要的前景。本章的第三节和第四节介绍了抗体酶制备策略和方法。经过这些年的发展，抗体酶的制备策略有了重要的新发展，制备手段则扩展到生物、化学及综合方法。表现为除了最初的稳定过渡态制备思路外，多种制备策略均获得成功，研究思路则强调多种催化因素的协同性。抗体酶的发展如此迅速，深入的发展必然要涉及并重视研究其结构和功能的关系。本章第五节则简要介绍了抗体酶结构方面的研究现状。可喜的是，到目前为止，已经有多种抗体酶的结构得到解析，这对抗体酶的深入研究会起到非常重要的推动作用。抗体酶的发展已经从基础研究逐步发展到实际应用，本章第六节的介绍告诉我们抗体酶具有非常广泛的应用前景。可以看出抗体酶无论是在药物设计，还是在有机或天然产物合成，以及研究酶催化机制等方面都发挥了重要的作用。第七节是本章的重要部分，这一节给我们展示了抗体酶在半抗原设计、制备技术和方法、催化反应类型和实际应用等在近年来取得的最新进展。从抗体酶的这些新进展看，可以看到抗体酶发展迅速，前景光明。

总之，抗体酶是化学和生物学的研究成果在分子水平交叉渗透的产物，是抗体的多样性和酶分子的巨大催化能力结合在一起的一种新策略。虽然抗体酶存在这样或那样的缺点，如进化过程过于仓促以及过渡态类似物和真实反应过渡态结构上的差别等原因，大多数抗体酶的底物专一性、反应选择性和催化效率不如天然酶，以及由于制备过程过于复杂等原因而使得抗体酶至今未能大规模应用等。但可以相信，随着生物技术和化学学科的迅速发展，这些缺陷必将逐渐得到改善，抗体酶的研究和应用也将达到一个新的水平。综合运用化学、分子生物学和遗传学知识改进催化抗体会大大加强催化剂设计方法的威力和可用性，从而产生医药，工业上有用的高效催化剂。显然，只要在分子工程这个令人激动的前沿领域里持续工作，就会越来越接近这样的目标：能为任何一种化学转化设计类酶催化剂。

参考文献

[1] Panling L. Nature of forces between large molecules of biological interest. Nature，1948，161：707-709.

[2] Pollack S J，Jacobs J W，Schultz P G. Selective chemical catalysis by an antibody. Science，1986，234：1570-1573.

[3] Tramontano A，Janda K D，Lerner R A. Catalytic antibodies. Science，1986，234：1566-1570.

[4] Shokat KM，Leumann CJ，Sufasawara R，et al. An antibody-mediated redox reaction. Angewandte Chemie Imternational Edition in English，1988，27：1172-1175.

[5] Janjic N，Schloeder D，Tramontano A. Multiligand interactions at the combining site of anti-fluorescyl antibodies. Molecular recognition and connectivity. J Am Chem Soc，1989，111：6374-6377.

[6] Cochran A G，Schultz P G. Peroxidase activity of an antibody-heme complex. J Am Chem Soc，1990，112：9414-9415.

[7] Keinen E，Simha SC，Sinha-Bagchi A，et al. Towards antibody-mediated metallo-porphyrin chemistry. Pure Appl Chem，1990，62：2013-2019.

[8] Pollack S J，Schultz P G. A semisynthetic catalytic antibody. J Am Chem Soc，1989，111：1929-1931.

[9] Luo G M，Ding L，Zhu Z Q，et al. Generation of selenium-containing abzyme by using chemical mutation. Biochem Biophys Res Commun，1994，198：1240-1247.

[10] Iverson B L，Iverson S A，Roberts V A，et al. Metalloantibodies. Science，1990，249：659-662.

[11] Huse W D，Sastry L，Iverson S A，et al. Generation of a large combinatorial library of the immunoglobulin repertoire in phage lamda. Science，1989，246：1275-1281.

[12] Chen Y C，Danon T，Sastry L，et al. Catalytic antibody from combinatorial libraries. J Am Chem Soc，1993，115：357-358.

[13] Janda K D，Lo C H L，Li T，et al. Direct selection for a catalytic mechanism from combinatorial antibody libraries. Proc Natl Acad Sci USA，1994，91：2532-2536.

[14] Smiley J A，Benkovic S J. Selection of catalytic antibodies for a biosynthetic reaction from a combinatorial cDNA library by complementation of an auxotrophic *Escherichia coli*：Antibodies for orotate decarboxylation. Proc Natl Acad Sci USA，1994，91：8319-8323.

[15] Roberts V A，Stewart J，Benkovic S J，et al. Catalytic antibody model and mutagenesis implicate arginine in transition-state stabilization. J Mol Biol，1994，235：1098-1116.

[16] Stewart J D，Roberts V A，Thomas N R，et al. Site-directed mutagenesis of a catalytic antibody：An arginine and a histidine residue play key roles. Biochemistry，1994，33：1994-2003.

[17] Schultz P G. Catalytic antibodies prepared by chemical modification of the antibody. PCT Int Appl WO 9005，746，1990，US APPl 273，455，18 Nov 1998，100pp.

[18] Haynes M R，Stura E A，Hilvert D，et al. Routs to catalysis：Structure of a catalytic antibody and comparison with its natural counterparts. Science，1994，263：646-652.

[19] Zhou G W，Guo J，Huang W，et al. Crystal structure of a catalytic antibody with a serine protease active site. Science，1994，265：1059-1064.

[20] Patten P A，Gray N S，Yang P L，et al. The immunological evolution of catalysis. Science，1996，271：1086-1091.

[21] Charbonnier J B，Golinelli-Pimpaneau B，Gigant B，et al. Structural convergence in the active sites of a family of catalytic antibodies. Science，1997，275：1140-1142.

[22] Janda K D，Benkovic S J，Lerner R A. Catalytic antibodies with lipase activity and R or S substrate selectivity. Science，1989，244：437-440.

[23] Janda K D，Shevlin C G，Lerner R A. Antibody catalysis of a disfavored chemical transformation. Science，1993，259：490-493.

[24] Blackburn G F，Talley D B，Booth P M，et al. Potentiometric biosensor employing catalytic antibodies as the mo-

lecular recognition element. Anal Chem, 1990, 62: 2211-2216.
[25] Krebs J F, Siuzdak G, Dyson H J. Detection of a catalytic antibody species acylated at the active site by electrospray mass spectrometry. Biochemistry, 1995, 34: 720-723.
[26] Landry D W, Zhao K, Yang G X, et al. Antibody catalyzed degradation of cocaine. Science, 1993, 259: 1899-1901.
[27] Campbell D A, Gong B, Kochersperger L M, et al. Antibody-catalyzed prodrug activation. J Am Chem Soc, 1994, 116: 2165-2166.
[28] Wirsching P, Ashley J A, Lo C-H L, et al. Reactive immunization. Science, 1995, 270: 1775-1782。
[29] Lo C-H L, Wentworth P Jr, Jung K W, et al. Reactive immunization strategy generates antibodies with high catalytic proficiencies. J Am Chem Soc, 1997, 119 (42): 10251-10252.
[30] Zhong G, Hoffmann T, Lerner R A, et al. Antibody-catalyzed enantioselective Robinson annulation. J Am Chem Soc, 1997, 119: 8131-8132.
[31] Janda K D, Lo L-C, Lo C-H L, et al. Chemical selection for catalysis in combinatorial antibody libraries. Science, 1997, 275: 945-948.
[32] Weiner D P, Wiemann T, Wolfe M M, et al. Pentacoordinate oxorhenium (V) metallochelate elicits antibody catalysts for phosphodiester cleavage. J Am Chem Soc, 1997, 119: 4088-4089.
[33] Lavey B J, Janda K D. Catalytic antibody mediated hydrolysis of paraoxon. J Org Chem, 1996, 61: 7633-7636.
[34] Hasserodt J, Janda K D, Lerner R A. Antibody catalyzed terpenoid cyclization. J Am Chem Soc, 1996, 18: 11654-11655.
[35] Hasserodt J, Janda K D, Lerner R A. Formation of bridge-methylated decalins by antibody catalyzed tandem cationic cyclization. J Am Chem Soc, 1997, 119: 5993-5998.
[36] Wentworth P Jr, Datta A, Blakey D, et al. Towards antibody directed abzyme prodrug therapy, ADAPT: carbamate prodrug activation by a catalytic antibody and its in vitro application to human tumor cell killing. Proc Natl Acad Sci USA, 1996, 93: 799-803.
[37] Bahr N, Guller R, Reymond J-L, et al. A nitroxyl synthase catalytic antibody. J Am Chem Soc, 1996, 118: 3550-3555.
[38] Yli-Kauhaluoma J T, Ashley J A, Lo C-H L, et al. Catalytic antibodies with peptidyl-prolyl cis-trans isomerase activity. J Am Chem Soc, 1996, 118: 5496-5497.
[39] Flanagan M E, Jacobsen J R, Sweet E, et al. Antibody-catalyzed retro-aldol reaction. J Am Chem Soc, 1996, 118: 6078-6079.
[40] Yoon S S, Oei Y, Sweet E, et al. An antibody-catalyzed [2,3]-elimination reaction. J Am Chem Soc, 1996, 118: 11686-11687.
[41] Zhou Z S, Jiang N, Hilvert D. Antibody-catalyzed selenoxide elimination. J Am Chem Soc, 1997, 119: 3623-3624.
[42] Luo G M, Ding L, Zhu Z Q, et al. A selenium-containing abzyme, the activity of which surpassed the level of native glutathione peroxidase. Ann NY Acad Sci, 1998, 864: 136-141.
[43] Tawfik D S, et al. catELISA: a facile general route to catalytic antibodies. Proc Natl Acad Sci USA, 1993, 90: 373-377.
[44] Menger F M. Analysis of ground-state and transition-state effect in enzyme catalysis. Biochemistry, 1992, 31: 5368-5373.
[45] Deng S X, de Prada P, Landry D W. J Immunol Methods, 2002, 269 (122): 299-310.
[46] Briscoe R J, Jeanville P M, Cabrera C, et al. Int Immunopharmacol, 2001, 1 (6): 1189-1198.
[47] Betley J R, Cesaro-Tadic, Mekhalfia S, et al. Angew Chem Int Ed, 2002, 41: 775-781.
[48] Cesaro-Tadic, Lagos S, Honegger D, et al. Nat Biotechnol, 2003, 21: 679.
[49] Tanaka F, Thayumanavan R, Barbas, et al. Am Chem Soc, 2003, 125: 8523.
[50] Mase N, Tanaka F, Barbas C F. Org Lett, 2003, 5: 4369.
[51] Tanaka F. Chem Rev, 2002, 102: 4885.
[52] Chen J G, Deng Q L, Wang R, et al. Chembiochem, 2000, 1: 255.
[53] Kim S P, Leach A G, Houk K N J. Org Chem, 2002, 67: 4250.

[54] Nicholas K M, Wentworth P, Harwig C, et al. Proc Natl Acad Sci U S A, 2002, 99: 2648.

[55] Marlier J F. Acc Chem Res, 2001, 34: 283.

[56] Olson M J, Stephens D, Griffiths D, et al. Nat Biotechnol, 2000, 18: 1071.

[57] Ponomarenko N A, Durova O M, Vorobiev Ⅱ, et al. On the catalytic activity of autoantibodies inmultiple sclerosis. Dokl Biochem Biophys, 2004, 395: 120-123.

[58] Zhou Y X, Karle S, Taguchi H, et al. Prospects for immunotherapeutic proteolytic antibodies. J Immunol Methods, 2002, 269: 257-268.

[59] Lacroix-Desmazes S, Bayry J, Kaveri S V, et al. High levels of catalytic antibodies correlate with favorable outcome in sepsis. Proc Natl Acad Sci USA, 2005, 102: 231-235.

[60] Misikov V K, Kimova M V, Durova O M, et al. Catalytic autoantibodies in multiple sclerosis: pathogenetic and clinical aspects. Bull Exp Biol Med, 2005, 139: 85-88.

[61] Zhu X Y, Wentworth P, Wentworth A D, et al. Proc Natl Acad Sci USA, 2004, 101: 2247-2252.

[62] Meijler M M, Matsushita M, et al. J Am Chem Soc, 2003, 125: 7164-7165.

[63] Wentworth P, Jones L H, Wentworth A D, Zhu X Y, Larsen N A, Wilson I A, Xu X, Goddard W A, Janda K D, Eschenmoser A, Lerner R A. Science, 2001, 293: 1806-1811.

[64] Chester K, Pedley B, Tolner B, et al. Tumor Biol, 2004, 25: 91-98.

[65] Rader C, Sinha S C, Popkov M, et al. Proc Natl Acad Sci USA, 2003, 100: 5396-5400.

[66] Popkov M, Rader C, Gonzalez B, et al. Int J Cancer, 2006, 119: 1194-1207.

[67] Rader C, Turner J M, Heine A, et al. J Mol Biol, 2003, 332: 889-899.

[68] Haba K, Popkov M, Shamis M, et al. Angew Chem Int Ed, 2005, 44: 716-720.

[69] Guo F, Das S, Mueller BM. Proc Natl Acad Sci USA, 2006, 103: 11009-11014.

[70] Baker-Glenn C, Hodnett N, Reiter M. J Am Chem Soc, 2005, 127: 1481-1486.

[71] Xu Y, Hixon M S, Yamamoto N, et al. Proc Natl Acad Sci USA, 2007, 104: 3681-3686.

[72] Abraham S, Guo F, Li L S, et al. Proc Natl Acad Sci USA, 2007, 100: 5584-5589.

[73] Andrady C, Sharma S K, Chester K A. Immunotherapy, 2011, 3: 193-211.

[74] Kiss G, Houk K N, et al. Angew Chem Int Ed, 2013, 52: 5700-5725.

（刘俊秋）

第九章 核酸酶

核酸酶（nucleic acid enzyme 或 NAzyme）是具有催化功能的核酸分子，包括核酶（ribozyme，catalytic RNA，RNAzyme）与脱氧核酶（deoxyribozyme，catalytic DNA，DNAzyme）。

1981 年，Cech 等发现四膜虫的前体 26S rRNA 可以在没有蛋白质存在的情况下催化自身剪接反应（Ⅰ类内含子）。1983 年，Altman 等发现 *E. coli* RNase P 中的 RNA 可以催化 *E. coli* tRNA 的前体加工。由此，1989 年 Cech 和 Altman 获得诺贝尔化学奖。陆续被发现的核酶还有锤头核酶（hammerhead ribozyme）、发夹核酶（hairpin ribozyme）、VS 核酶（VS ribozyme）、HDV 核酶（HDV ribozyme）、CPEB3 核酶（CPEB3 ribozyme）等。受核酶思想的启发，1994 年，Joyce 等利用体外分子进化技术获得脱氧核酶，迄今已经发现了数十种具有不同催化功能的脱氧核酶。核酶的发现与脱氧核酶的获得是酶学发展史上的里程碑事件，改变了“酶是蛋白质”的传统观念，也为生命的起源与进化研究、基因治疗等相关学科的发展注入了新的活力。

无论是蛋白质酶还是核酸酶都是大自然进化的结果，蛋白质酶有 20 种 α-氨基酸，可以组成特定的复杂的空间结构，核酸酶只有 4 种碱基，组成和结构相对简单。然而，Breaker 等证明，应用适当的进化策略，核酸酶的催化能力可与蛋白质酶相匹敌。

第一节 核　　酶

迄今为止，在自然界中被发现并鉴定的天然核酶已达十几种，它们的分布广泛，能够催化包括转酯、水解及肽酰基转移反应等多种化学反应类型。根据其催化的反应，可将核酶分成两大类：①自身剪切类核酶，这类核酶催化自身或者异体 RNA 的切割，相当于核酸内切酶，主要包括锤头核酶、发夹核酶、丁型肝炎病毒（HDV）核酶、VS 核酶、glmS 核酶和 CPEB3 核酶等。早期发现的需要蛋白质协助催化反应的 RNP 类核酶 RNase P 也属于自身剪切类核酶。②自身剪接类核酶，这类核酶在催化反应中具有核酸内切酶和连接酶两种活性，实现 mRNA 前体的自我拼接。自身剪接类核酶主要是内含子类核酶，包括Ⅰ类内含子、Ⅱ类内含子、类Ⅰ类内含子和剪接体等。

一、自身剪切类核酶

1. 锤头核酶

锤头核酶是结构最简单的核酶，也是第一个获得晶体结构并被广泛表征和研究的核酶。R. Symons 等在比较了一些植物类病毒、抗病毒和卫星病毒 RNA 自身剪切规律后提出锤头结构（hammerhead structure）状二级结构模型。它是由 13 个保守核苷酸残基和三个螺旋结构域构成的（后来 Koizumi 等证明只需要 11 个特定的保守核苷酸）（图 9-1）。Symons 等认为，只要具备锤头状二级结构和 13 个保守核苷酸，剪切反应就会在锤头结构的右上方

GUX 序列的 3′端自动发生。无论是天然的还是人工合成的锤头结构都由两部分构成：催化结构域（R）和底物结合结构域（S）。

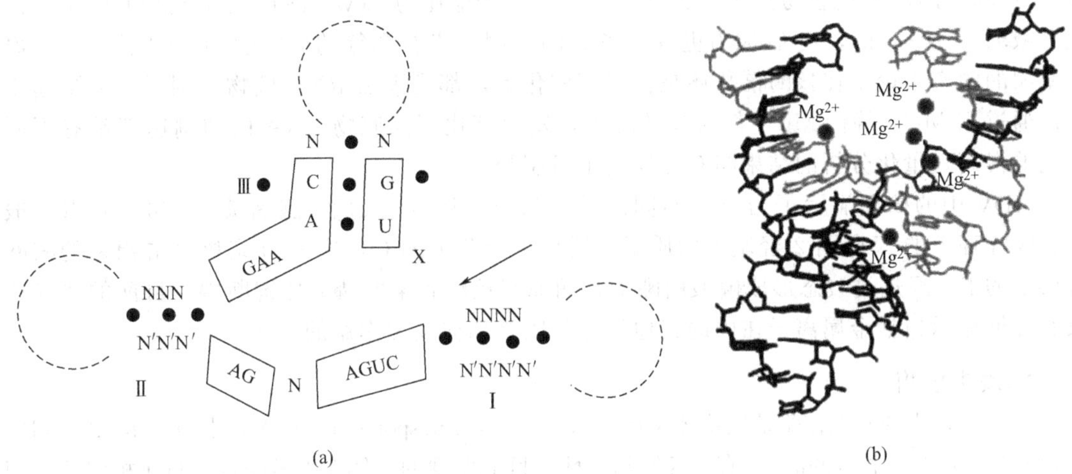

图 9-1 锤头型核酶的二级结构和空间立体结构示意图

（a）中 N,N′代表任意核苷酸；X 可以是 A、U 或者 C，但不能是 G；Ⅰ、Ⅱ和Ⅲ是锤头结构中的双螺旋区；箭头指向切割位点。（b）是锤头型核酶的立体结构模型，白色链是核酶，灰色链是底物 RNA 分子，在磷酸骨架上结合有镁离子

锤头核酶属于金属酶，催化磷酸二酯的异构化反应。William B. Lott 等提出了锤头型核酶催化反应的两种可能的化学机制，“单金属氢氧化物离子模型”（one-metal-hydroxide-ion）机制［图 9-2(a)］和“双金属离子模型”［图 9-2(b)］。图 9-2(a) 中金属氢氧化物作为广义

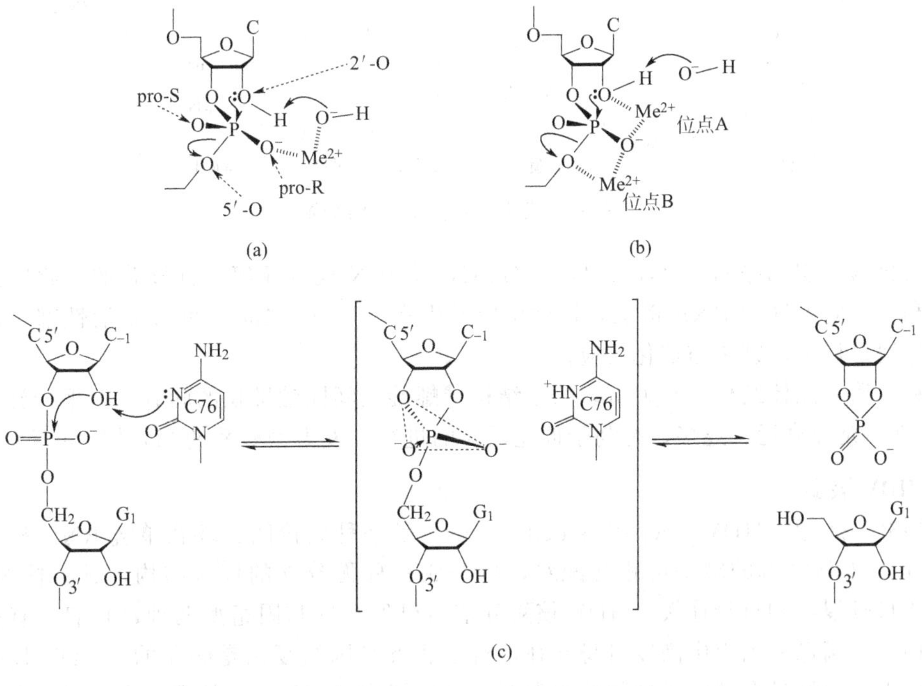

(a)

(b)

(c)

图 9-2 锤头型核酶的两种可能的催化机制以及 HDV 核酶的催化机制

（a）单金属氢氧化物离子模型，（b）双金属离子模型，（c）HDV 核酶中胞嘧啶充当一般碱进行催化的反应机制

碱从 2′-羟基获得一个质子，这个被活化了的 2′-羟基作为亲核基团攻击切割位点的磷酸。图 9-2(b) 中 A 位点的金属离子作为 Lewis 酸接收 2′羟基的电子，这极化并减弱了 O—H 键，使 2′-羟基中的质子更容易离去。B 位点的金属离子也作为 Lewis 酸接收 5′羟基的电子，极化并减弱了 O—P 键，使 O 成为更容易离去的基团。张礼和等的研究表明，切割位点 5′离去基团的脱离不论是在核酶催化还是在无酶催化下，都是天然 RNA 底物切割反应的限速步骤。通过用 Mn^{2+} 替代 Mg^{2+} 作为辅助因子，发现催化不同底物 RNA 的切割速率都有不同程度的提高，量化分析的结果与双金属离子机制相符。

HDV 中的核酶显示了与以上不同的催化机制［图 9-2(c)］，胞嘧啶（C76）充当一般碱，咪唑环上的 N 吸引 2′羟基上的质子，活化了羟基上的 O，这个 O 亲核攻击相邻的核酸骨架上的 P，经过过渡态形成磷酸内酯键，而原来核酸骨架的磷酸酯键断裂。目前的研究还没有证据显示包括金属离子在内的其他活性基团是如何发挥作用的。

2. 发夹核酶

1989 年发现的发夹核酶是烟草环斑病毒（tobacco：ringspot virus TRV）中卫星 RNA（TRV RNA）的一部分，长 359nt，具有自身切割活性。目前发现的天然发夹核酶都来自于植物病毒卫星 RNA。发夹核酶二级结构包含两个结构域（结构域 A 和结构域 B）（图 9-3），每个结构域都包含由一个突环连接的两个短的螺旋，两个结构域通过连接螺旋 2 和螺旋 3 的磷酸二酯键共价结合，其中底物及底物识别区位于结构域 A（螺旋 1-突环 A-螺旋 2），而结构域 B（螺旋 3-突环 B-螺旋 4）则包含了发夹核酶基本的催化活性部位，在组成上结构域 B 要大于结构域 A。

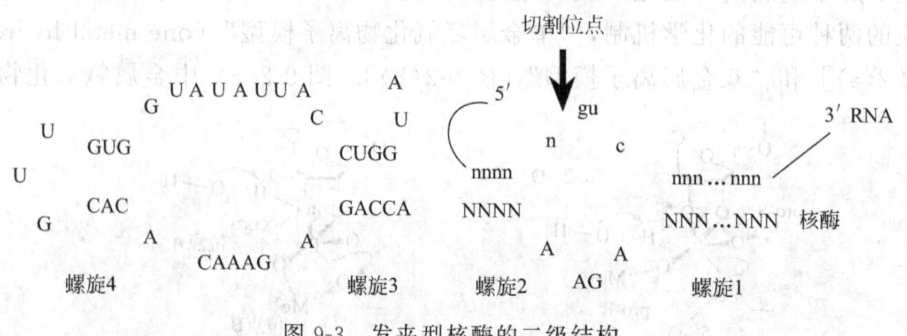

图 9-3 发夹型核酶的二级结构

发夹核酶的识别序列是（G/C/U）NGUC，其中 N 代表任何一种核苷酸，此序列位于螺旋 1 和 2 之间的底物 RNA 链上，切割反应发生在 N 和 G 之间，而 G 是活性部位的关键残基，它通过形成氢键参与催化反应。

发夹核酶的晶体结构已经解析，两个结构域螺旋之间同轴堆积的同时反向平行旋转以使突环 A 和 B 充分靠近、连接，有利于催化反应的进行。发夹型核酶的 3D 结构见图 9-4。

3. HDV 核酶

丁型肝炎病毒（HDV，hepatitis delta virus）是一种共价闭合环状单链 RNA 病毒，长约 1680nt，其中 70％的碱基可相互配对，折叠成一种无分支的杆状结构，具有核酶活性，能够催化自身裂解和自身连接。HDV 核酶分基因组型和反基因组型两种，它们具有相似的二级结构，在病毒基因组中高度自身互补，对于病毒基因组复制是必需的。HDV 核酶是唯一在人体细胞天然具有裂解活性的核酶类型，也是催化效率较高的核酶，它的活性发生在丁型肝炎病毒基因组复制的中间环节。HDV 核酶的基本结构是由五个螺旋组成的两个平行堆积结构。其二级结构如图 9-5 所示。

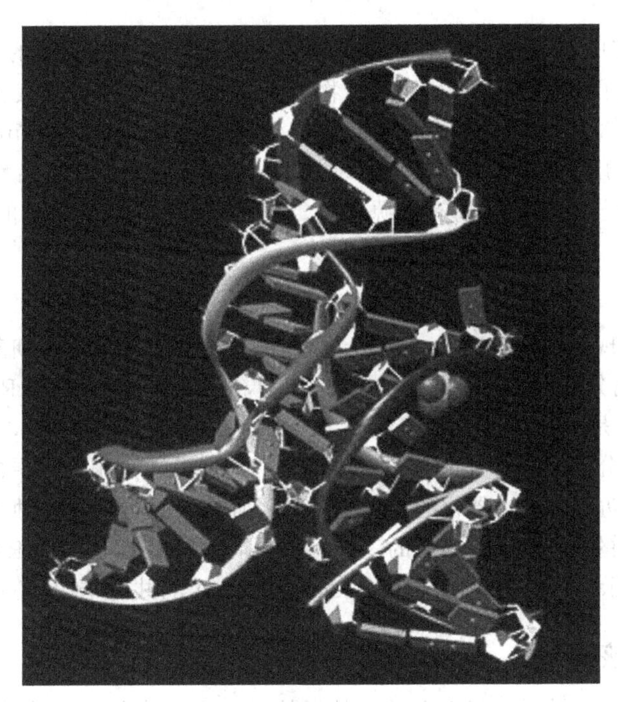

图 9-4 发夹型核酶的 3D 结构

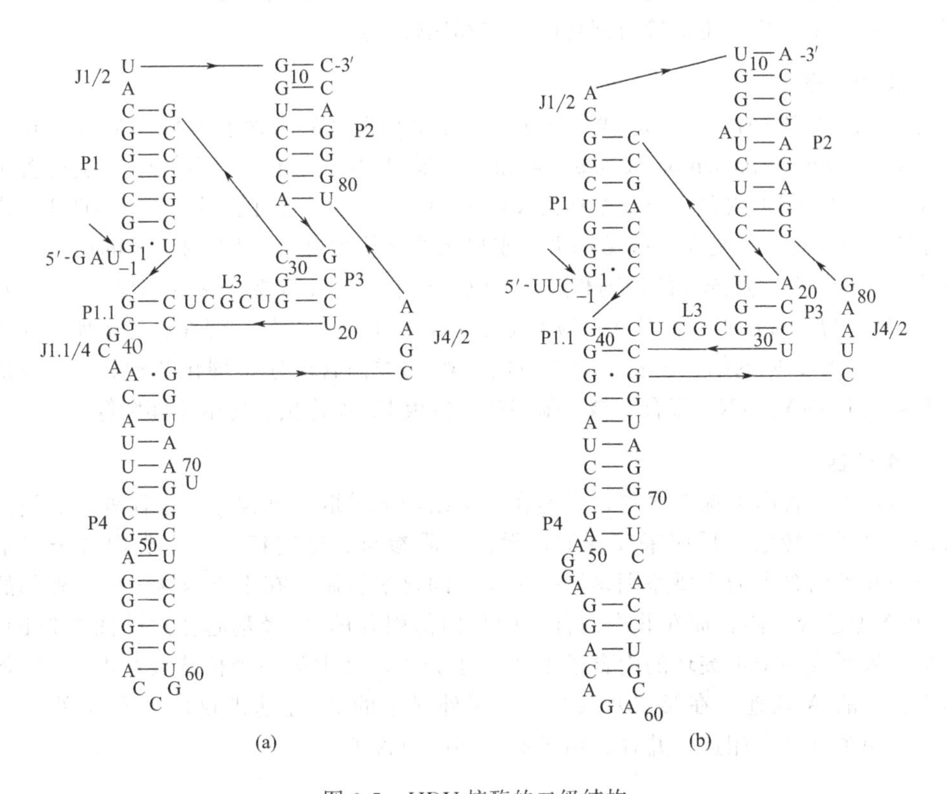

图 9-5 HDV 核酶的二级结构

图中数字是 5′到 3′，以分裂位点紧靠下游定为核苷酸 1，箭头表示分裂位点；(a) 基因组 HDV 核酶；(b) 反基因组 HDV 核酶；P，基因组；L，突环区；J，接合区

4. VS 核酶

Collins 等在研究中发现天然分离的脉胞菌（*Neurospra*）线粒体的转录物（VS RNA）能够通过转酯反应进行自行剪切，其切割产物与前述的锤头核酶、发夹核酶和 HDV 核酶的切割产物一样，含 2′3′-环磷酸和 5′-羟基末端。VS 核酶（varkud satellite ribozyme）是包含于 VS RNA 序列中的最小自剪切序列，长约 150nt，具有切割和连接活性，催化自身剪切和自身环化，暂未发现与其他核酸酶有同源序列。研究已证明，VS 核酶的结构组装和催化机制与发夹核酶相似。

5. RNase P

作为第一个被发现的核酶，RNase P 广泛存在于生物三界（包括古细菌、真细菌、真核生物）。RNase P 特异地分裂前体-tRNA 的磷酸二酯键，产生成熟的 5′端 tRNA，也加工其他的 RNA 底物。RNase P 是一种核糖核蛋白颗粒（ribonucleoproteins，RNP），由一种单一的 RNA 和至少一种蛋白质成分组成。不同的 RNase P 的蛋白质成分差别很大，蛋白质的种类和数量与 RNase P 执行的催化功能相关，催化的反应越复杂，所需要的蛋白质的种类和数量越多。不同原核细胞 RNase P 中的 RNA 具有相似的三维结构，同源性较高，表明 RNA 亚基有共同的进化起源。如图 9-6 所示，为所有已知细菌的 RNase P RNA 的共有结构。

二、 自身剪接类核酶

自身剪接类核酶主要催化 mRNA 前体的拼接反应。这类核酶多为内含子核酶，包括 I 类内含子、Ⅱ类内含子、类 I 类内含子和剪接体等。相对于自身剪切类核酶而言，自身剪接类核酶无论是组成、结构还是参与催化的反应都比较复杂。

1. Ⅰ类内含子

四膜虫的前体 26S rRNA 既是Ⅰ类内含子，也是最早发现的内含子核酶。Comparative RNA 数据库 http：//www. rna. icmb. uteas. edu 收录了大量的Ⅰ类内含子的序列信息。Ⅰ类内含子的催化能力各异，不同的Ⅰ类内含子长度差别很大，在 140～4200nt 之间不等，分析表明 I 类内含子序列保守性很小，更多的是在二级结构上表现出来的结构保守性。Ⅰ类内含子的剪接反应很复杂，包括 5′和 3′两个位点连续的切割和连接反应，其中 5′剪接需要外源 G 的参与，3′剪接反应需要 ωG 帮助定位剪接位点，而环化反应则需要 ωG 的 3′羟基参与。现在已经证明，G 结合位点是外源 G 与 ωG 共同的结合位置。除了剪接之外，Ⅰ类内含子还可催化各种分子间反应，包括剪切 RNA 和 DNA、RNA 聚合、核苷酰转移、模板 RNA 连接、氨酰基酯解等。

2. Ⅱ类内含子

Ⅱ类内含子不含高度保守序列，也是在二级结构上采取高度保守。在体外，Ⅱ类内含子的剪接是经过两个转酯化反应来实现的，无蛋白质参与。这些特点与 I 类内含子都是相似的。I 类和Ⅱ类内含子的主要差别是第一步反应的化学机制。在 I 类内含子中，外部的鸟苷的 3′-羟基作为进攻基团，而在Ⅱ类内含子中是内部腺苷的 2′-羟基起作用［图 9-7(b)］。这个反应的结果形成一个带突环的内含子-3′外显子分子，其中第一个核苷酸经由 2′,5′-磷酸二酯键与内含子的 A 相连。在第二步反应中，5′外显子的 3′-羟基进攻内含子-3′外显子连接点，结果是两个外显子相连，并释放出带有突环的内含子。

三、 核开关核酶

2002 年，Breaker 等在研究细菌中作为一种基于 RNA 的胞内传感器时发现了核开关

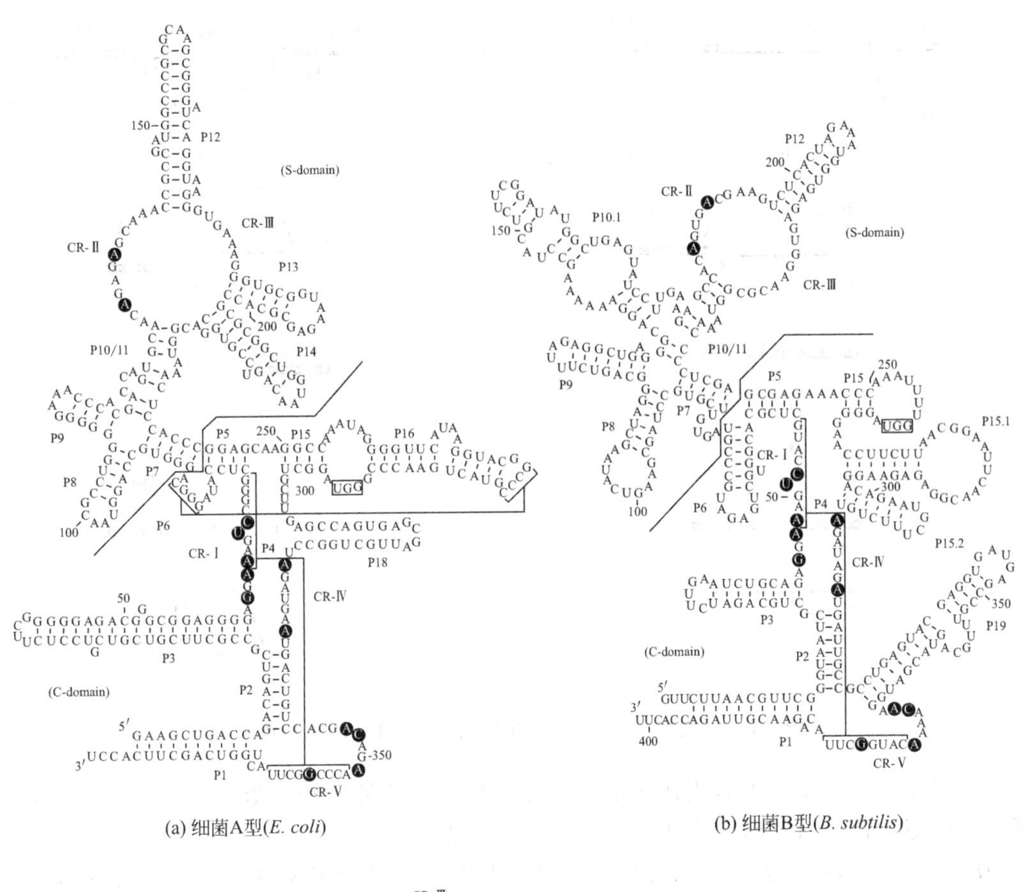

(a) 细菌A型(*E. coli*)

(b) 细菌B型(*B. subtilis*)

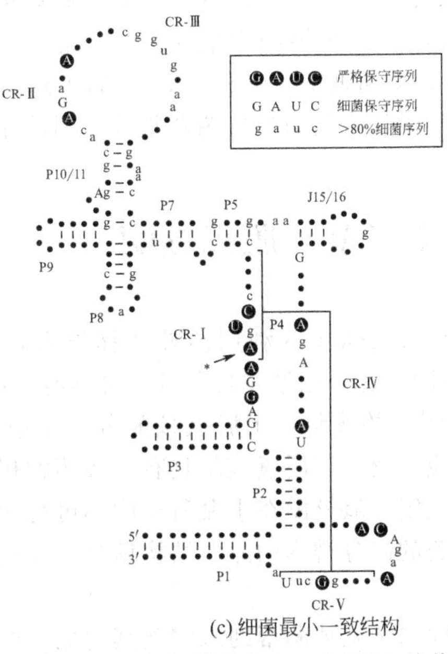

(c) 细菌最小一致结构

图 9-6 已知细菌的 RNase P RNA 的共有结构

domain：结构域

(riboswitch)。核开关作为 mRNA 中的一段序列，是一种典型的转录后的调节机制，作为适体的核开关可以特异性结合代谢物（配体），通过构象变化，在转录或翻译水平上调节基因

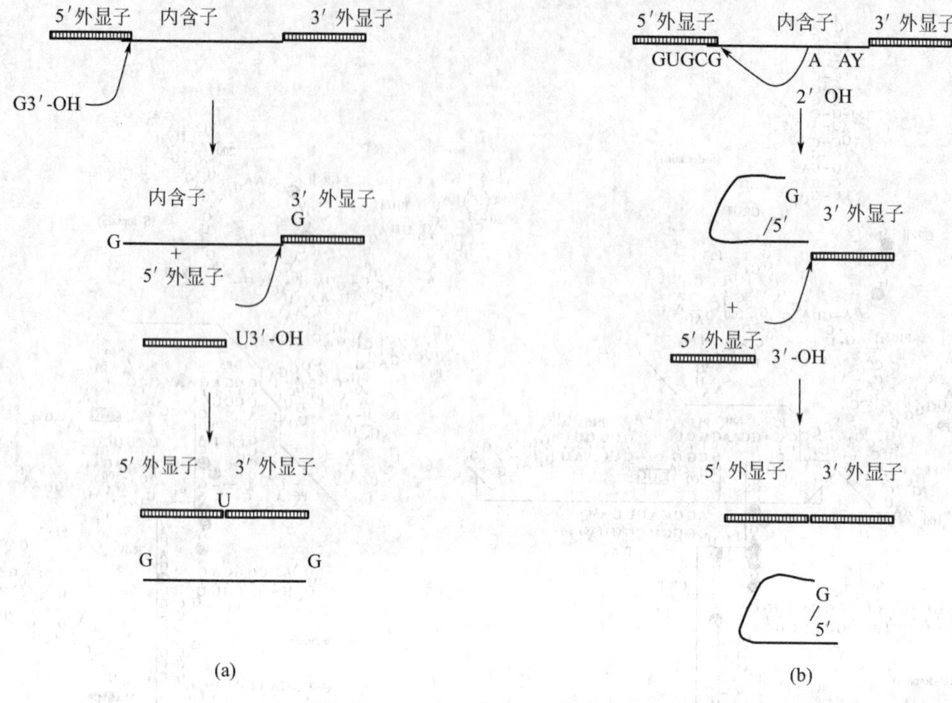

图 9-7 Ⅰ类内含子（a）和Ⅱ类内含子（b）的剪切机制

表达。核开关参与的反应不需要任何蛋白质的参与，与常见的经由蛋白质的调控方式相比，核开关响应更迅速，对细胞内代谢物的变化更加敏感。

*glm*S 核酶是近些年发现的天然催化小分子 RNA，存在于很多革兰氏阳性菌 *glm*S 基因的 5′-UTR 中，是一种核开关核酶。*glm*S 核酶在催化反应中依赖于代谢物 6-磷酸-葡糖胺（GlcN6P）作为活化剂分裂 RNA，从而调节 *glm*S mRNA 的表达。由于 *glm*S 调控多种微生物病原体的基因，因此可以用于设计开发新型抗菌药物或基因治疗。

第二节 脱氧核酶

受核酶思想的启发，1994 年，Breaker 等利用体外选择技术首次发现了切割 RNA 的 DNA 分子，并将其命名为脱氧核酶，迄今已经发现了近百种具有不同催化功能的脱氧核酶。相对于核酶而言，脱氧核酶具有明显的优势：①脱氧核酶分子量小，合成成本低，稳定性高，选择性强，可催化的化学反应广泛；②脱氧核酶具有一般药物相似的动力学特点，作用程序和时间容易控制。这些优势决定脱氧核酶在生命科学中不可替代性和研发的必要性。然而，迄今为止，脱氧核酶没有完美的高分辨率的晶体结构信息。仅有的 10-23 脱氧核酶晶体结构为非催化构象。

像核酶和许多蛋白酶均需辅助因子或辅酶帮助来实现其功能一样，大多脱氧核酶的催化也需要 Mg^{2+}、Zn^{2+}、Gu^{2+}、Pb^{2+}、Ca^{2+} 等二价金属离子辅助因子。这些离子主要起以下三点作用：①中和 DNA 单链上的负电荷，从而增加单链 DNA 的刚性，刚性结构对催化分子精确定位、发挥功能是必须的；②利用金属离子的螯合作用发挥空间诱导效应，使脱氧核酶和底物形成复杂的空间结构；③产生 H^+，诱导并参与体系的电子或质子传递，催化体系发生氧化-还原反应。三价金属离子也可以作为辅助因子，如镧系元素中的钆、铕、铽等。特别是铕、铽离子，当与核酸结合时发光性增强，这个特性对研究脱氧核酶的催化机制是十分有帮助的。有人发现当把切割位点5′端的核苷酸换为脱氧核苷酸时，铕、铽离子的发光性减弱。这说明切割位点5′端的核苷酸的2′-羟基参与了与金属离子的结合。

核酸生物催化剂与蛋白质酶类不同，它缺乏化学多样性，化学家很早以前就想把额外的功能团移入RNA和DNA中以扩增它们的结构和功能多样性，包括在DNA和RNA上增加基团，用氨基酸或其他有机物作为真正的辅因子。基于以上思想，Roth和Breaker筛选得到以组氨酸为辅助因子的催化RNA切割的脱氧核酶，它在L-组氨酸或其相应的甲基或苄基酯的存在下，可以提高反应速率大约一百万倍。D-组氨酸及各种L-组氨酸的其他衍生物则缺乏催化作用，这些暗示DNA形成了特异识别底物和辅因子的结合口袋。分析表明，这个DNA-His复合物的催化机制与RNase A催化的第一步相似，在RNase A中组氨酸的咪唑基充当一般碱起催化作用。这提示我们可以采用辅酶、维生素、氨基酸等有机小分子作辅助因子，借助有机小分子具有更为多样性的活性基团和空间结构来增加DNA/RNA的催化潜能。最近，Geyer等获得催化切割RNA分子的脱氧核酶，称为“G3”，在既没有二价阳离子也没有任何其他的辅因子存在下反应速率提高近10^8倍。不依赖辅因子的脱氧核酶已相继报道。现在人们应用体外选择技术已经获得了以下几种脱氧核酶。

一、 分裂RNA的脱氧核酶

1. 8-17脱氧核酶

1994年，Joyce等人在体外选择脱氧核酶的第8轮实验中得到的第17个克隆经验证具有切割RNA磷酸二酯键的酶活性，即8-17脱氧核酶。8-17脱氧核酶是一个发现较早、研究较为透彻的经典脱氧核酶。8-17脱氧核酶的二级结构简单，其催化结构域是由14nt左右的碱基构成的，作为结合结构域的两臂通过Watson-Crick碱基配对结合底物序列，由于结合臂的非保守性，8-17脱氧核酶显示出对底物选择的灵活性，这一点与后述的10-23脱氧核酶是相同的。8-17脱氧核酶与底物接合的下游有“rG-dT”摆动配对，酶与底物接合时形成三向接合体，其核心催化结构域典型的特征是3-bp茎-突环结构和4～5nt单股扭转区，其中A6、G7、C13和G14四个碱基是绝对保守的（图9-8）。此外，研究者还对8-17脱氧核酶进行了系统的突变研究，获得了多个具有催化活性的8-17脱氧核酶的突变型（图9-8）。

2. 10-23脱氧核酶

早期获得的另一个与8-17得名相似的具有分裂RNA活性的经典脱氧核酶是10-23脱氧核酶。10-23脱氧核酶在模拟的生理条件（2mmol/L $MgCl_2$，150mmol/L KCl，pH7.5，37℃）下，能够以多转换率分裂靶RNA。与8-17脱氧核酶相似，10-23脱氧核酶的二级结构同样较为简单（图9-9），催化结构域是由15nt碱基组成的，作为结合结构域的两臂通过Watson-Crick碱基配对结合底物序列，分裂位点位于未配对的嘌呤（A，G）和配对的嘧啶（C，T）残基之间。在最佳反应条件下，10-23脱氧核酶的催化速率常数（k_{cat}）大于$10min^{-1}$，k_{cat}/K_m值为$10^4M^{-1}min^{-1}$。10-23脱氧核酶分子小，催化效率和底物专一性高，靶序列可以多样化设计。脱氧核酶构成底物结合部位的两臂通常基本等长，其最适长度随不同的脱氧核酶和不同的底物而不同。一般而言，富含GC则臂可以短一些，而富含AT则臂应长一些。臂的长度要适中，臂过长，K_m降低，酶与底物的结合增强，但是k_{cat}也会下降。此时酶与底物的分离成为反应的限速步骤；反之，若臂过短，尽管k_{cat}会增大，

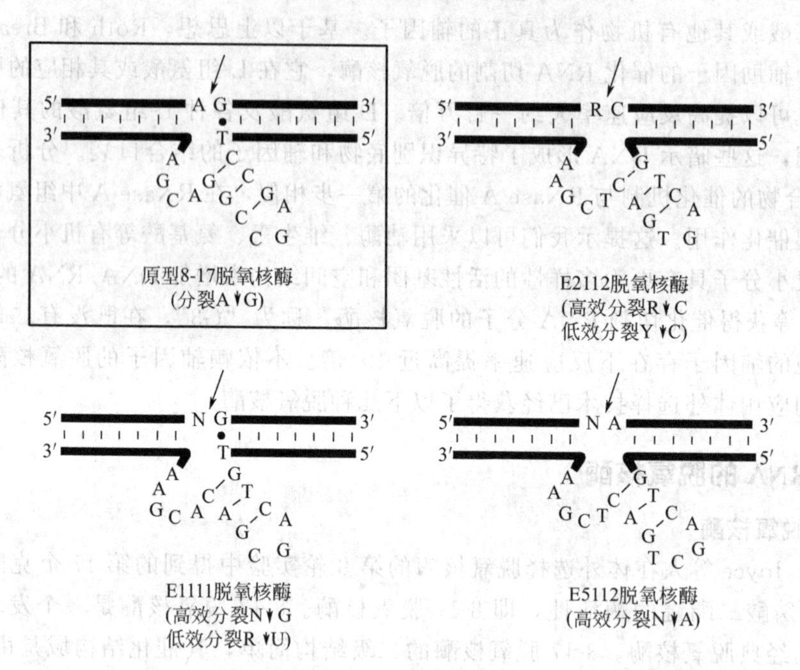

图 9-8 野生型（WT）8-17 及其突变体的顺序和二级结构

WT 作为每个突变体活性比较的参照物。图中黑体字母表示脱氧核酶核苷酸，灰色字母表示底物核苷酸，箭头表示分裂二核苷接合体。rN18＝G、A、C 或 U 核糖核苷酸。$N_{1.1}$＝G、A、C 或 T 脱氧核苷酸。划线者是绝对保守的核苷酸。核苷酸位置 2.1 到 15.0 代表催化核心。方框中是 WT8-17 脱氧核酶，其仅分裂 5′-A↓G-3′。3 个 8-17 突变体（E2112、E1111 和 E5112）分裂 15 种二核苷酸接合体的 13 种。E1111 分裂 R-U 的活性弱。8-17 突变体不能分裂 Y-U

但 K_m 也会随之增大，从而影响酶与底物的结合。此时，酶对底物的作用（例如切割作用）成为反应的限速步骤。所以，臂长的设计要合理，使二级速率常数 k_{obs}（k_{cat}/K_m）尽可能大，两臂与底物不能结合得太紧，否则影响其切割后的分开，也不能结合得太松，造成识别困难。

除了经典的脱氧核酶 8-17 脱氧核酶和 10-23 脱氧核酶以外，科学工作者通过体外选择技术获得的具有分裂 RNA 活性的脱氧核酶还有二分脱氧核酶、组氨酸作为辅因子的 DH2 脱氧核酶等。

二、分裂 DNA 的脱氧核酶

1996 年，Breaker 等通过体外选择获得了两类不同的分裂 DNA 的脱氧核酶：Ⅰ类脱氧核酶与Ⅱ类脱氧核酶。这两类脱氧核酶均以Cu^{2+}为辅因子，其中Ⅰ类脱氧核酶还需要V_c参与反应，采用氧化机制自身分裂。经过体外进化和筛选，获得了最小结构的自身分裂的脱氧核酶——类手枪结构脱氧核酶。最小的类手枪结构脱氧核酶由69nt碱基组成，其二级结构包含两个茎环结构和三个单链区。如图9-10所示。此69nt碱基组成类手枪脱氧核酶“枪口”处多核苷酸的茎环结构以三突环GAA取代后简化成一活性相当的更小的46nt类手枪脱氧核酶。进一步的被工程化为底物与酶分离的反式类手枪结构脱氧核酶。

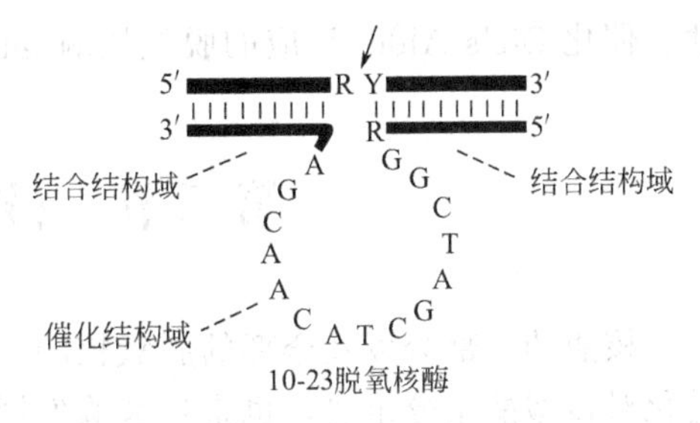

图9-9 10-23脱氧核酶的顺序和二级结构
底物RNA中靶部位是任一嘌呤和嘧啶对（R和Y）。催化基序由15-核苷酸组成。底物RNA中核苷酸R未配对

像大多数其他脱氧核酶和核酶一样，类手枪脱氧核酶利用碱基配对相互作用完成底物结合和结构折叠。这类分裂DNA的脱氧核酶唯一的特征是利用茎同底物结构域形成三链体结构，这也是类手枪脱氧核酶二级结构明显不同于分裂RNA的脱氧核酶之处。

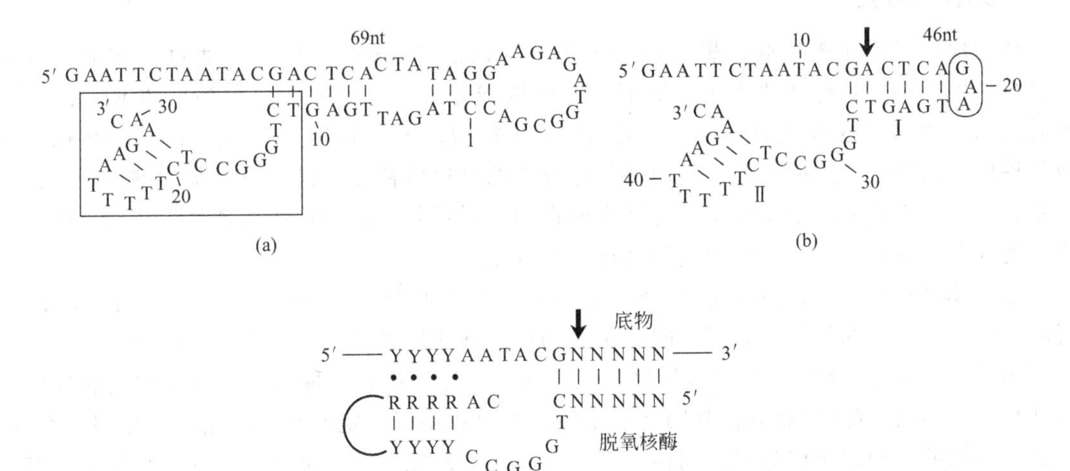

图9-10 类手枪脱氧核酶的顺序和预测的二级结构
(a) 体外选择分离出的69-核苷酸自身分裂的脱氧核酶。方框表示保守的核苷酸11-31。(b) 最小自身分裂的类手枪型二级结构。其中Ⅰ和Ⅱ是预测的并通过突变分析确定的茎-突环结构。这个脱氧核酶的保守核心是27-46核苷酸。箭头表示DNA的主要分裂位点。(c) 工程Ⅱ类脱氧核酶的一致顺序。图中R，Y和N分别代表嘌呤、嘧啶和任一核苷酸

三、具有激酶活性的脱氧核酶

Ronald R. Breaker等从DNA随机库中筛选得到50多种具有多核苷酸激酶活性，可以自身磷酸化的DNA分子，这些脱氧核酶利用8种NTP/dNTP中的一种或几种作为活化磷酸基团的供体。其中一个ATP依赖型脱氧核酶对ATP的利用效率是对CTP、GTP、UTP等的利用率的4万倍以上，ATP的水解速率比非催化反应提高了近1.3×10^6倍。

脱氧核酶能够参与催化的反应类型很多，除了上述切割RNA、切割DNA和具有磷酸化激酶活性的脱氧核酶外，连接RNA、连接DNA、催化卟啉环金属螯合、具有光解酶活

性、催化 Diels-Alder 反应的脱氧核酶也已陆续被获得。

第三节 核酸酶的筛选与进化

核酶的一部分以及全部的脱氧核酶都是经过体外选择和进化得到的，因此，体外选择和进化对核酸酶十分重要，也是核酸酶发展历程中的重要技术。体外选择（*in vitro* selection）或者 SELEX（指数高集的配基系统进化技术）是从顺序随机的 RNA 或 DNA 分子构成的大容量随机分子库出发，在其中筛选得到极少数具有特定功能的分子，属于分子进化的范畴。它的产生和发展归功于达尔文进化论和组合化学思想在分子生物学中的应用。通过人工合成或借助于生物表达手段，模拟自然进化机制，人为制造大量突变，并定向选择所需性质的突变体，将随机突变与定向筛选结合起来，从而实现生物大分子在试管中的进化。这些技术拓宽了我们对核酸分子催化能力的认识，增加了“RNA 世界”（RNA world）假说的可能性，同时提供了新型的医疗诊断试剂。

一、技术和历史

功能性核酸的筛选基本思想是在一个顺序随机的 RNA 分子库中，通过一定的筛选方法，得到极微量的具有某种功能（切割或连接核酸分子，与配体结合等等）的 RNA 分子，然后用 RT-PCR 将这些微量到难以检测到的分子扩增，再对 PCR 产物进行序列分析以及其他各种性质的测定。这种方法是利用待筛选分子的可遗传特性，将分子的基因型（可以被聚合酶扩增）和表现型（根据顺序具有特定的性质）联系起来，在筛选得到具有目的性质的表现型的同时，也获得了可以体现这种性质的基因型。

最早体现这种筛选思想的是 Sol Spiegelman 在 20 世纪 60 年代利用 RNA 噬菌体 Qβ 进行的实验，当时他的目的是为了证明达尔文的自然选择也可以发生在非细胞体系。这种病毒的基因组可以在体外被 Qβ 复制酶扩增，反应体系经过一系列的稀释，能以很快的速度复制出几百代基因组。Qβ 复制酶在基因组的指数扩增过程中以一定的频率向基因组中引入突变，导致了不同的基因组个体分子之间存在着一些差异，形成了一个突变库。这种情况下对基因组个体的选择就是其复制速度，即表现型自身被复制时速度快的基因组以更大的比例出现在反应体系的最终产物中。体外选择实验显示，Qβ 基因组在这样的选择压力下的进化结果是不断地删除基因组中那些与 Qβ 复制酶的识别序列无关的顺序，这样可以在不影响扩增的情况下减小其长度，从而加快复制速度。Sol Spiegelman 实验的另一个先进的思想是通过在体外的反应体系中加入 EB 或者改变四种 dNTP 的浓度来增加基因组复制过程中的突变率。

尽管这些最初的体外选择实验思想新颖，并且出色地完成，但 RNA 分子可被筛选的表型仅仅局限在基因组的复制速度上，而且 RNA 分子的突变频率也有限，因而缺少实际应用价值。二十几年后，对 RNA 分子库的又一种表型筛选方案日渐成熟，这就是对 RNA 与靶分子的结合能力的筛选；用化学法合成 DNA 分子可以在其链的任何位置上引入完全随机的顺序；反转录酶的应用以及 PCR 技术的发明使人们可以在体外条件下不必依靠 Qβ 复制系统就很容易地扩增出几乎任何的核酸顺序。所有这些开发出多种 RNA 分子的体外选择和定向进化方法，为获得新功能的 RNA 创造了条件。

在体外选择中得到的可以与目标分子结合的 RNA 分子称为目标分子的 RNA 适体（aptamer），适体是能与有机物或蛋白质等配体专一高效结合的 RNA 片段或 DNA 片段，分别称为RNA适体和DNA适体，例如针对ATP高效结合的RNA片段称为ATP的RNA适体。筛选一种适体的一般方案如图9-11所示：化学合成DNA分子库，在分子链上的某一位置引入完全随机或部分突变的顺序，分子的两端是固定顺序以便PCR扩增，5′端含有T7 RNA启动子。DNA分子经过几轮PCR的扩增后，体外转录形成了一个具有一定随机顺序的RNA库。在柱上将这些RNA分子通过结合有靶分子的亲和色谱柱，根据RNA分子与靶分子的结合能力的大小将其区分开来，结合力强的RNA分子被最后洗脱下来，经过反转录，PCR扩增，转录，再进入下一个筛选循环。所有的反应发生在体外，这意味着可供筛选的库的容量没有在其他一些定向进化实验中存在的核酸向细胞转化时受到较低转化效率的限制。经过5～10个循环后，获得的库中富集了与靶分子亲和力高的RNA分子。类似的方法也可用来寻找能与靶分子结合的单链或双链DNA，或者筛选出具有某种催化活性的DNA/RNA。在大多数情况下，筛选是从一个完全的随机库开始的，仅仅在分子的两端有固定的序列，这样可以使这种链长度下任何顺序的DNA/RNA分子都在筛选范围之内。经过有限几轮筛选和扩增，就能在容量超过10^{15}的随机库中，分离得到单一的具有某种功能的核酸分子。一个10^{15}～10^{16}大小的随机库，在随机顺序长度（N）小于25的时候，几乎可以包括所有的序列，而在N很大的时候（例如$N=220$），随机库仅仅覆盖了所有可能性分子中的极小的一部分。这样就有一个问题，对较长的随机顺序筛选的时候，由于库容量的限制，绝大多数顺序没有被筛选的机会，那么是不是筛选得到一定功能的核酸分子变得几乎不可能了呢？其实在这些被筛选的分子中得到目的分子的可能性还是很大的，因为实际上没有任何一种功能性核酸含有所有的特异序列，也就是说，一级顺序不同的核酸分子可能形成相同的高级结构并具有相同的活性中心，从而都具有相同的功能，甚至具有不同高级结构的核酸分子也可能具有类似的活性。

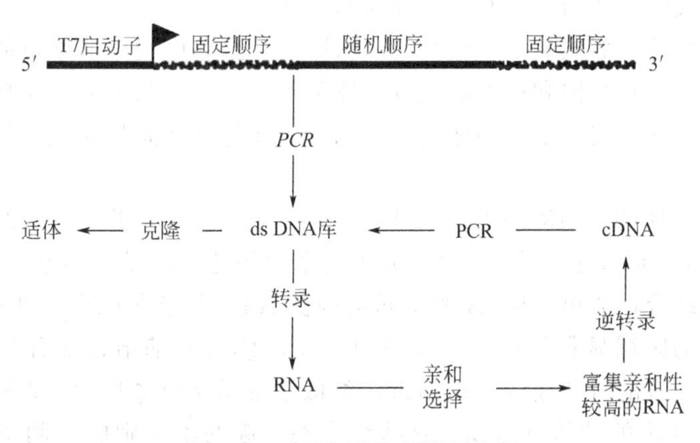

图9-11 RNA适体的筛选方案

功能性核酸通常含有若干构成保守的二级结构的长度比较小的功能中心序列，这些序列由长短不一、顺序不同的突环（loop）连接。以锤头型核酶为例，其催化核心序列仅含14个保守碱基，由三个环状结构相连。实验证明，这些环状结构不论在长短，还是在碱基配对方面均可承受一定的变化，而不显著地影响功能性核酸的活性，这就是功能型核酸顺序的冗余性。因此，功能性核酸结构中的序列大致可分为三类：第一类是绝对保守序列，例如靶分子结合序列或催化核心序列；第二类是只涉及二级结构形成，相对保守的序列；第三类则是非保守序列。从以上的叙述可以看出，功能性核酸的体外选择的终产物实际上是一种序列与结构特定的小单位，而且这种小单位的形成有一定的序列可塑性。这一可塑性本身为功能性核酸的选择提供了较大的成功机会，同时或多或少地补偿了由于库的大小带来的限制。

二、 适体的选择

适体不是酶，但适体的筛选原理也和核酶的基本一样，另外，适体可以作为核酶的底物结合模块或者辅助因子结合模块而被引入到核酶中，同时适体本身也具有很大的应用价值，所以先介绍一下适体的选择。运用体外选择已经获得了一些适体，它们的结合目标范围很广，包括比较简单的离子、小分子化合物、小肽、蛋白质、细胞器、病毒，甚至是整个细胞，对于像细胞这样的复杂的结合目的物来说，适体的靶分子是细胞表面一些比较多的或者比较容易识别的分子。确定RNA可以识别的分子的范围可以为“RNA世界”的假说提供证据；另外，以通常不与RNA相互作用的蛋白质为靶分子，可以开发出一些蛋白质的RNA适体作为调节这些特定蛋白质生物功能的试剂。

如果“RNA世界”的假说是正确的话，那么RNA必须能够催化一些最基本的代谢反应，指导合成一些延续生命信息最基本的物质，例如RNA本身。为了完成这些任务，RNA就需要以很高的专一性和亲和力来识别一些小分子、过渡态以及一些协同因子。在体外选择技术应用以前，人们已经知道组Ⅰ内含子可以结合鸟嘌呤核苷和精氨酸，但不知道是否还有其他的RNA分子可以和另一些小分子相互作用，以及这样的RNA分子出现的频率。为回答这个问题，有人用有机染料为配基，从一个含有10^{13}个不同分子的RNA库中筛选得到可以与某种染料特异结合的RNA分子。这些染料是含有多个芳香环的平面有机分子，整体上带负电荷，并且有几个潜在的氢键供体或受体原子。以这几种染料为配基，从RNA库中都筛选到了相应的适体，每10^{10}个RNA分子中就有一个可以形成一定的空间结构和结合位点且与某种染料结合的RNA分子。实验结果显示，RNA的这种仅仅由4种相似的元件构成的长链大分子所形成的空间结构具有令人惊讶的多样性。

一般适体结合配基的部位是富含嘌呤的环状序列，这些序列中非规范的碱基对之间的相互作用形成了特定的空间结构和精确的氢键受体和供体的位置与取向，实现了与配基的高亲和性、高特异性的相互作用。不规则链的排布以及交叉螺旋之间的相互作用稳定了适体的活性构象。

ATP的RNA适体的NMR解析结果显示，分子量比较小，并且二级结构看起来也很简单的RNA分子精确地形成了一个与ATP分子的结构相适合的结合口袋。ATP分子大约有一半埋藏在适体的结合口袋里，RNA的空间结构被ATP分子所稳定，在没有ATP存在的情况下，结合口袋的区域显得无序。ATP的RNA适体与配基结合部分是其中间有一段富含嘌呤碱基的序列，链的骨架连续3次回折，类似于希腊字母ζ形状，ζ区域两端由螺旋结构中的G之间的非匹配的碱基对封闭。这些组合到一起的不规则的空间结构使位置与空间取向正确的碱基与ATP的腺嘌呤形成氢键，还有一部分碱基和ATP的核糖作用。令人感兴趣的是，ATP的DNA适体的一级顺序和二级结构与RNA适体很不相同，但NMR结果揭示它们与ATP的实际结合位点是十分相似的，例如两种适体都有一个位于螺旋小沟的G与ATP的Watson-Crick面形成的氢键。

有些结构更为简单的适体同样具有与相应配基的高度亲和力，例如黄素单核苷酸(FMN)的RNA适体由一个茎环构成，内部是一个不对称的富含嘌呤的环，一侧有5个核苷酸，另一侧有6个。这11个核苷酸之间形成了4个非匹配的碱基对和一个三碱基组，FMN的异咯嗪平面环深入到结合口袋，处于这个三碱基组和一个G-G非匹配的碱基对之间，一个和异咯嗪平面共面的腺嘌呤核苷酸（A）的Hoogsteen面通过氢键与异咯嗪平面边缘的极性基团发生作用［图 9-12(a)］。托普霉素的 RNA 适体结构也比较简单，这个氨基糖类抗生素被适体的发夹包围，发夹上有一个由没有配对的碱基 A 形成的泡状结构。配基的结合部位在 RNA 的大沟处，环上的一个 C 伸出来遮盖了这个配基［图 9-12(b)］。

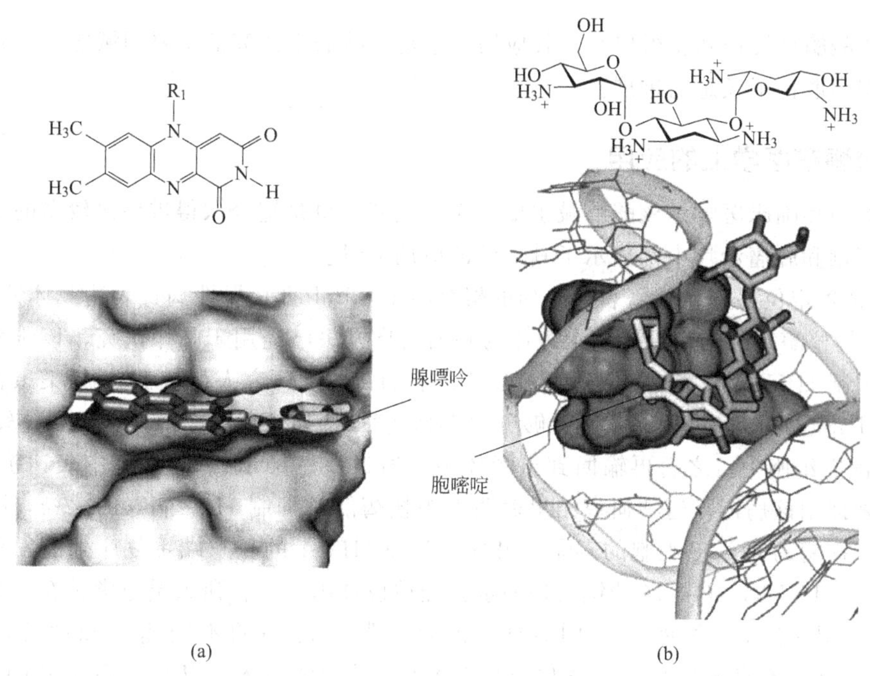

图 9-12　黄素单核苷酸（a）和托普霉素（b）的分子结构及与各自适体相互作用的空间关系

通过体外选择的方法还得到了一些蛋白质分子以及 RNA 分子的 RNA 适体，例如 16S 核糖体 RNA 的 RNA 适体和酵母 RNA 聚合酶的 RNA 适体等。RNA 适体可以通过与这些大分子的相互作用来调节它们的生理功能。图 9-13 展示了 HIV 的 Rev 蛋白及其两种 RNA 适体的作用模型。

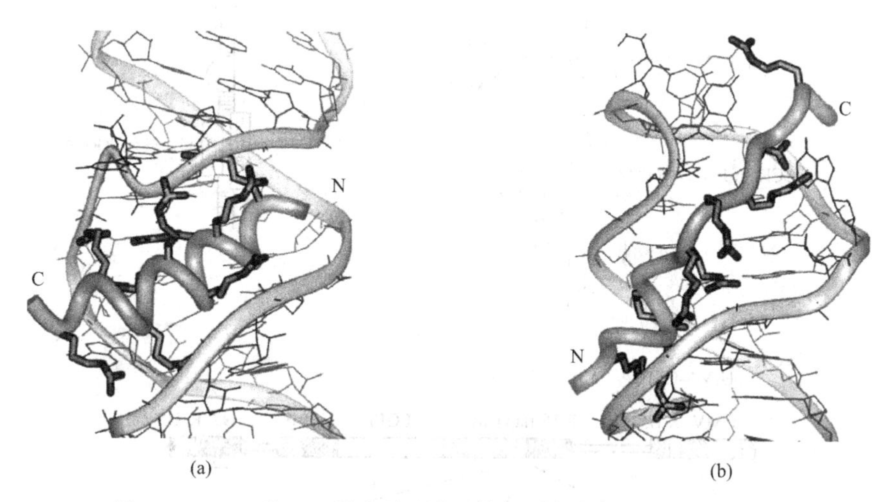

图 9-13　HIV 的 Rev 蛋白的两种适体与蛋白质上肽段的相互作用

(a) 一种 RNA 适体通过大沟与 Rev 蛋白的 α 螺旋相互识别，(b) 另一种 RNA 适体的大沟与 Rev 蛋白的某一段伸展构象发生作用

第四节　核酸酶的应用研究进展

自从核酸酶被发现和获得以来，其应用一直是核酸酶学研究的重要领域之一，并在多年的研究过程中取得了长足的进展。

一、 核酸酶在医学上的应用

生物医药和临床医学是核酸酶最主要的应用领域，也是迄今取得进展比较多的领域。核酸酶在抗病毒和肿瘤治疗中都显示了其广泛的应用前景。

16TAR 核定位序列、核酶表达序列的聚合酶Ⅲ（Pol Ⅲ）慢性病毒表达载体针对 HIV-1 病毒，携带核酶基因的逆转录病毒载体的基因治疗方法已经用于临床研究，该研究是基于锤头核酶抑制 HIV 病毒复制，以达到治疗艾滋病的目的。研究人员从 HIV 感染患者身上得到外周血 T 淋巴细胞，然后将载有能够分裂 HIV 病毒特异位点的核酶逆转录载体转入 HIV 阳性的 T 淋巴细胞中，之后再输回到患者体中，通过在感染 HIV 的细胞中表达抗 HIV 病毒的核酶来抑制该病毒，这项研究结果表明锤头核酶能够抑制 HIV 病毒的感染，同时也能够延长表达核酶的 T 淋巴细胞的寿命。另外，分裂 HIV-1 的长末端重复序列的发夹核酶以及带有 5′-C（UUCG）G-3′环的锤头核酶也已经被设计出来。科研人员也尝试在一个治疗试剂中同时使用 RNAi、核酶等不同方法，通过抑制艾滋病的不同途径和部位，如通过 shRNA 破坏病毒本身的外显子、核仁定位 TAR 诱导物的引入，以及核酶分裂 CCR5 艾滋病毒通用受体，取得了有效抑制艾滋病毒的方法（图 9-14）。该研究小组将这三种从不同角

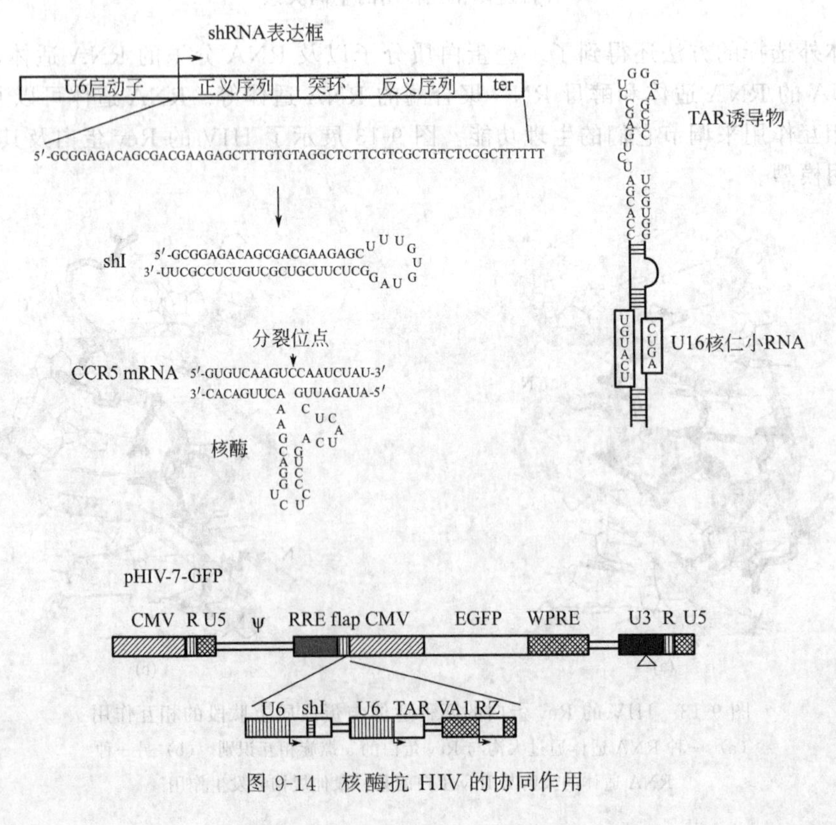

图 9-14　核酶抗 HIV 的协同作用

度抑制艾滋病毒的基因序列同时插入到慢性病毒表达载体中，并转入血液原代细胞，然后输入到艾滋病人体内。研究结果表明：核酶能有效地分裂 CCR5 受体，同时综合叠加结果显示，在体内这三种 RNA 的协同作用与单一作用相比，能完全保护机体免受艾滋病病毒的侵入。

图 9-14 表示 shRNA 作用靶点序列（tat/rev）、核定位序列以及锤头核酶特异分裂 CCR5 趋化因子序列。下图为插入 shRNA、带有 U6 启动子的 U 脱氧核酶通过抑制致病基因的转录或翻译而降低其表达产物，在基因治疗中具有抑制效率高和专一性强的优点。Lu 等以鼻咽癌 CNE1-LMP1 为研究模型，设计并合成 LMP1 基因（能编码 EB 病毒的基因）靶向性脱氧核酶 DRz 1、DRz 7 和 DRz 10，发现脱氧核酶在鼻咽癌 CNE1-LMP1 细胞中对靶 RNA 既存在反义抑制作用，同时也存在剪切抑制作用，能够抑制 CNE1-LMP1 细胞的增殖，促进肿瘤细胞的凋亡，而对正常细胞 CNE1 则无抑制作用。在裸鼠实验中，可以抑制肿瘤的增长并可强化放疗的治疗作用。杨玉成等以鼻咽癌细胞 CNE2 为研究模型，设计并合成 LMP1 基因靶向性脱氧核酶 DRz 167 和 DRz 509，结果表明，在鼻咽癌细胞内，该脱氧核酶能够在转录和翻译水平上抑制 EBV-LMP1 基因的表达，促进鼻咽癌细胞凋亡。

二、 核酸酶与生物传感器

传感器是一种对物理或化学信息响应并产生可检测信号的设备。核酸酶特别是脱氧核酶由于其特异性高，且具有分子小、结构简单、易于合成、反应过程易于控制等特点，近些年被越来越多地应用于构建生物传感器。

Yu 等设计构建了基于 10-23 脱氧核酶的传感器，特异性识别 Mg^{2+}。此传感器可与靶序列及发卡结构的底物链通过杂交作用形成特定构象，在 Mg^{2+} 的作用下，底物链被切断释放，再由电极表面通过杂交作用捕获切割的底物。由于底物链一端标记有生物素，可以通过亲和素、生物素之间的特异性亲和作用连接链霉亲和素修饰的磷酸酯酶，即可催化氧化底物产生电化学响应。此传感器的检测限可达 5×10^{-14} mol/L。

Plaxco 等将脱氧核酶一端标记亚甲基蓝基团，另一端通过 Au—S 键固定到金电极表面（图 9-15）。酶与底物杂交为双链 DNA，整体结构刚性增强，亚甲基蓝远离电极，从而使电子传递速率降低。当 Pb^{2+} 存在时，底物被切割释放，脱氧核酶恢复单链 DNA 状态，亚甲基蓝靠近电极，电子传递速率增强。此传感器首次将脱氧核酶修饰固定于电极表面，未出现酶活性丧失，Pb^{2+} 检出限达 3×10^{-7} mol/L。

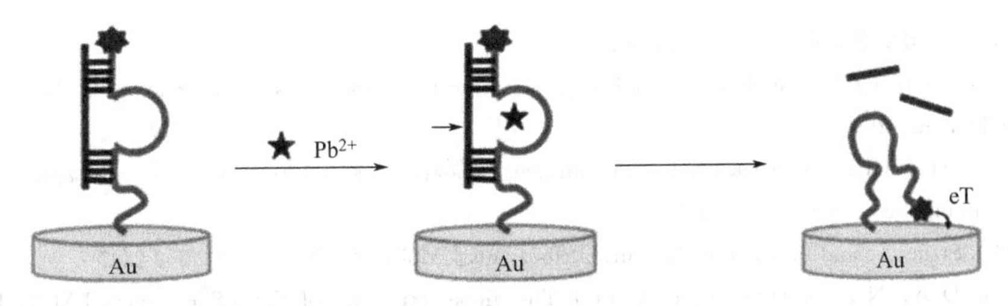

图 9-15 电极表面固定 Pb^{2+} 特异性切割脱氧核酶进行电化学检测

G-四聚体脱氧核酶是一类具有过氧化物酶催化活性的脱氧核酶。这种酶与 hemin（氯高铁血红素）结合能显著增强 hemin 催化氧化 H_2O_2 的能力。G-四聚体结构是由富含 G（乌嘌呤）的脱氧核苷酸序列通过非共价作用形成的特殊高级结构。G-四聚体 hemin 已被应用于 K^+、Hg^{2+}、Ag^+、Pb^{2+}、Cu^{2+} 等离子的检测。K^+ 具有合适的尺寸，能够进入到 G-四聚体结构中，稳定其构型。G-四聚体结构对 K^+ 的结合具有一定的选择性，在所有的碱金属离子中，K^+表现出的稳定能力最强，可由形成的具有过氧化物酶催化活性的脱氧核酶进行比色，实现对K^+的定量检测。

三、 核酸酶在其他方面的应用

核酸酶特别是脱氧核酶催化的反应种类众多，它的高度特异性及其低廉的合成成本使其有望成为新一代的工具酶。

核酸酶是酶学的重要分支，其广泛应用给人们带来了新的希望，同时也存在着众多亟待解决的问题。首先是如何进一步的提高核酸酶的催化效率，催化效率的高低是决定一种酶能否被很好地开发利用的重要前提，现有的绝大多数的核酶或脱氧核酶的催化效率并不理想。其次，如何将核酸酶高效、特异地导入靶细胞，使其转染率高且整合后的基因能够持续稳定的表达是核酸酶在生物医药领域应用一直面对的问题。此外，由于实际生物样品成分的复杂性，核酸酶在生物传感器上的应用还没有达到临床检测阶段。

总结与展望

自然界中已发现的核酶的种类很少，且催化速率比蛋白酶慢很多。为了寻找新的和更高效的核酶和脱氧核酶，可通过人工合成并应用核酶体外筛选法和动态组合筛选法获得具酶活性的小片段的 RNA 或 DNA 分子。核酶/脱氧核酶在抗病毒及治疗肿瘤方面的临床潜力十分巨大。核酶/脱氧核酶可抗 HIV、乙型肝炎病毒、丙型肝炎病毒及呼吸道合胞等多种病毒，还可使端粒酶活性明显降低，抑制肿瘤新血管的生成，使某些癌基因失活，抵抗多药耐药性，并能修补突变的基因。

未来 20 年核酶研究应集中在核酶和蛋白质的相互作用与核酶的结构生物学等主要方面。随着这些方面的突破，核酶新的应用领域必将被开拓。核酸酶的发现和获得是酶学发展史上的里程碑事件，也是核酸学领域的重大突破。随着核酸酶理论研究和实际应用的不断深入，必将引起人们极大的关注，产生深刻的影响。

参考文献

[1] 张今，等．核酸酶学．北京：科学出版社，2009.

[2] Scott W G. Merphing The minimal and full length hammerhead ribozymes：implications for the cleavage mechanism. Biol Chem，2007，388：1-7.

[3] Scott WG，Horan LH，Martick M. The hammerhead ribozyme：structure，catalysis，and gene regulation. Prog Mol Biol Transl Sci，2013，120：1-23.

[4] Fedor M J. Structure and function of the hairpin ribozyme. J Mol Biol，2000，297：269-291.

[5] Lafontaine D A，Norman D G，Lilley D M J. The global structure of the VS ribozyme. EMBO J，2002，21：2461-2471.

[6] Shen S，Rodrigo G，Prakash S，Majer E，Landrain TE，Kirov B，Daròs JA，Jaramillo A. Dynamic signal processing by ribozyme-mediated RNA circuits to control gene expression. Nucleic Acids Res，2015，43：5158-5170.

[7] Nielsen H，Westhel E，Johansen S. An mRNA Is Capped by a 2′，5′ Lariat Catalyzed by a Group I-Like Ribozyme. Science，2005，309：1584-1587.

[8] Toor N，Hansner G，Zimmerly S. Coevolution of group II intron RNA structures with their intron-encoded reverse transcriptases. RNA，2001，7：1142-1152.

[9] David M J, Lilley FRS, Eckstein F (eds) . Ribozymes and RNA catalysis. RSC publishing, 2008: 179-249.

[10] Krasilnikov A S, Yang X, Pan T, et al. Crystal structure of the specificity domain of ribonuclease P. Nature, 2003, 421: 760-764.

[11] Kazantsev A V, Krivenko A A, Harrington D J, et al. Crystal structure of a bacterial ribonuclease P RNA. Proc Natl Acad Sci USA, 2005, 102: 13392-13397.

[12] Toor N, Kealing K S, Taylor S D, et al. Crystal structure of a self-spliced group II intron. Science, 2008, 380: 77-82.

[13] 李志杰，张翼. I 型内含子核酶研究进展. 生物化学与生物物理进展, 2003, 30: 363-369.

[14] Delencastre A, Hamill S, Pyle A M. A single active-site region for a group II intron. Nat Struct Mol Biol, 2005, 12: 626-627.

[15] Klein D J, Ferre-D' Amare A R. Strucral basis of glms ribozyme activation by glucosamine-6-phosphate. Science, 2006, 313: 1752-1756.

[16] Roth A, Nahvi A, Lee M, et al. Characteristics of the glmS ribozyme suggest only structural roles for divalent metal ions. RNA, 2006, 12: 607-619.

[17] Mart í nez-Rodr í guez L, Garc í a-Rodr í guez FM, Molina-S á nchez MD, Toro N, Mart í nez-Abarca F. Insights into the strategies used by related group II introns to adapt successfully for the colonisation of a bacterial genome. RNA Biol, 2014, 11: 1061-1071.

[18] Wong-Staal F, Poeschla E M, Looney D J. A controlled, Phase 1 clinical trial to evaluate the safety and effects in HIV-1 infected humans of autologous lymphocytes transduced with a ribozyme that cleaves HIV-1 RNA. Hum Gene Ther, 1998, 9: 2407-2425.

[19] Ngok F K, Mitsuyasu R T, Macpherson J L, et al. Clinical gene therapy research utilizing ribozymes: application to the treatment of HIV/AIDS. Methods Mol Biol, 2004, 252: 581-598.

[20] Koizumi M, Ozawa Y, Yagi R, et al. Design and anti-HIV-1 activity of ribozymes that cleave HIV-1 LTR. Nucleic Acids Symp Ser, 1995, 34: 125-126.

[21] Xie Y, Zhao X, Jiang L, et al. Inhibition of respiratory syncytial virus in cultured cells by nucleocapsid gene targeted deoxyribozyme (DNAzyme) . Antiviral Res, 2006, 71: 31-41.

[22] Xiao Y, Rowe AA, Plaxco KW. Electrochemical detection of parts-per-billion lead via an electrode-bound DNAzyme assembly. J Am Chem Soc, 2007, 129: 262-263.

[23] Sun Chenhu, Zhang Liangliang, Jiang Jianhui, Shen Guoli, Yu Ruqin. Electrochemical DNA biosensor based on proximity-dependent DNA ligation assays with DNAzyme amplification of hairpin substrate signal. Biosensors and Bioelectronics, 2010, 25: 2483-2489.

[24] Tang L, Liu Y, Ali MM, Kang DK, Zhao W, Li J. Colorimetric and ultrasensitive bioassay based on a dualamplification system using aptamer and DNAzyme. Anal Chem, 2012, 84: 4711-4717.

(盛永杰 姜大志)

第十章　进化酶

第一节　引　言

地球的万物在漫长的进化中不断地发生着变化。物质的不断进化促进了生命的产生和生命体的不断进化。酶经过几十亿年的自然进化，在生物有机体内秩序地执行着特定的生物学功能。但随着生物催化应用领域的发展，人们应用酶制剂的范围不断拓展，甚至超出了天然酶的催化条件或作用底物的范畴，人们发现天然酶有许多局限性，无法很好地满足工业化应用的要求，主要表现在：天然酶的稳定性较差，或催化效率很低，尤其是在非生理条件下，如在高温、低温、高盐、高浓度有机溶剂、极端 pH 等恶劣条件下；在生物体外复杂的反应体系中，天然酶催化的精确性较低；有些天然酶的一些特征或功能调节方式不是人们所期望的，如产物抑制；有些天然酶缺乏有商业价值的底物谱，甚至对类天然底物的催化效率也很低等。

天然酶的诸多局限性主要源于酶的自然进化过程，但酶分子中仍蕴含着很大的进化空间，在适当条件下可进行人工再进化，通过酶分子的人工改造，可以改善其适应性，提高其功能性，增强其应用性等，为生物催化的工业应用和代谢工程、合成生物学等领域的发展提供优良的酶制剂或有效的酶元件。为了获得所需的酶分子，甚至是具有在自然进化过程中没有经过选择的特性和功能的酶分子，以扩大天然酶的应用空间，人们利用基因工程、蛋白质工程的原理和计算机技术，对天然酶分子进行改造或构建新的非天然酶就显得非常有研究意义和应用前景。

由于绝大部分酶的化学本质是蛋白质，因此，对酶分子的改造即是针对蛋白质分子的改造。总体上来说有两种方案：一类被称为酶分子的合理设计或理性设计（rational design），是利用各种生物化学、生物物理学、蛋白质晶体学、蛋白质光谱学等方法获得有关酶分子的结构、特性和功能的信息，并以其结构-功能关系为依据，采用改变（修饰）酶分子中个别氨基酸残基的方法对酶分子进行改造，最后获得具有新性状的突变酶，该方案包括化学修饰、定点突变（site-directed mutagenesis）等。这些对酶分子的改造小到可以仅改变一个氨基酸或一个基团的修饰状态，大到可以插入或删除某一段肽段。第二类被称为酶分子的非合理设计或非理性设计（irrational design），是在事先不了解酶分子的三维结构信息和催化机制，对酶的结构与功能的相关性知之甚少的情况下，在实验室中人为地创造特定的进化条件，模拟漫长的自然进化过程（随机突变、基因重组、定向选择或筛选），创造基因多样性及特定的筛选条件，从而在大量随机突变库中定向选择或筛选出所需性质或功能的突变体酶，实现定向改造酶的目的。该方案包括定向分子进化（directed molecular evolution）、杂合进化（hybrid evolution）等。

第二节　酶的合理设计

自 20 世纪 80 年代起，越来越多的酶分子的精准立体结构与其功能的相关性被揭示，为设计改造天然酶提供了蓝图。酶分子合理设计的核心内容是其突变体的设计，这需要对天然酶有较全面的了解和认识。通常需要依据酶的晶体结构或结构建模，甚至是酶与底物或抑制剂复合物的结晶结构或对接的构象，以及酶在催化过程中的结构变化细节，进行天然酶的结构分析，在此基础上确定突变位点并预测突变酶的功能。酶分子的合理设计主要包括以下几种形式。

一、 定点突变

基于点突变的合理设计是目前酶分子改造中使用最为广泛的方法，通常选择直接或间接影响酶的活性部位或调节部位的关键氨基酸残基来设计突变体酶，可在一个位点或多个位点同时展开。然后按照设计，利用分子生物学技术通过突变引物的灵活设计，完成突变基因的构建与表达，并以母体酶作参照，对突变体酶的酶学性质进行表征，结果一方面可指导酶分子改造的方向，另一方面可获得突变位点的详细效应信息，这些信息既有助于进一步揭示酶的催化和调节机制，又可反馈给下一轮的设计，最终可获得理想的突变酶。如张应玖领导的研究小组对多功能淀粉酶 OPMA-N 的 W358 位点的定点改造，既提出了定向调节多功能淀粉酶水解活性和转苷活性的机制，又更深入地揭示了多功能淀粉酶催化多功能性的机制。有些酶的合理设计往往需要经过多个周期，最终才能获得理想的结果。很显然，掌握母体酶分子，特别是其活性部位和调节部位的结构生物学或生物信息学信息，认清酶的作用机制，是开展酶分子合理设计的重要基础，是关系到酶分子改造成功与否的一个前提，同时，设计者对酶蛋白的结构、性质与功能及其作用机制的理解和认识的程度，也决定着酶分子合理设计的成效。

二、 模块组装

依据分子中亚基或肽链数目的不同，天然酶可分为单体酶或寡聚酶，而且很多寡聚酶在单体与寡聚体之间存在着动态平衡，或存在着相对应的单体形式与寡聚体形式。随着人们对酶结构-功能关系认识的深入，人们发现有些酶分子在二级结构亚集合、结构域等层面上，都具有不同程度的结构和功能的模块性，因此，在相同或不同的酶分子之间完成这些结构模块或功能模块的再重组、替换或拼接，构建新的嵌合酶，有可能引起酶的性质或功能的大幅度改变。美国加州理工大学教授 Frances H. Arnold 指出，对自然界中已经存在的蛋白质模块进行重新组合，可能产生大量性质优良、功能差异化明显的新酶。对此，Arnold 等提出了酶家族结构片段重组技术（SCHEMA），通过对亲本酶结构和序列比对数据进行分析，来评估两个或多个同源蛋白质中哪些组件可以相互交换，而不对酶的整体构象产生严重的破坏作用。应用 SCHEMA 技术可以大量募集自然界酶家族与超家族中的二级结构模块，快速重组形成全新的嵌合酶，形成新的相互作用界面，从而有效地扩展了人类可利用的蛋白质序列空间，更容易获得期望的新性质、新功能、新调控机制的酶，丰富人们可以利用的优质酶蛋白的来源。Arnold 实验室利用此方法构建出 3000 余种全新的细胞色素 P450 嵌合体，这些新酶的功能差异明显，而且某些新酶能利用重组母本酶无法利用的底物。酶分子模块重组的意义并不仅仅是增加了模块的多样性或数目，更重要的是重组体的调控机制可能发生了改变，从而引起其生物学意义发生了变化。例如，β-内酰胺酶融合到麦芽糖糊精结合蛋白 MalE 上，则导致融合蛋白分泌到周质，该蛋白质能运输麦芽糖并水解 β-内酰胺。羧基末端融合的蛋白质也有同样的功能，但内部融合导致两个附加的特性：第一，它们对内源蛋白酶水解不敏感；第二，麦芽糖的加入稳定了 β-内酰胺酶结构域的活力，能抵抗脲变性，显示了两个结构域之间的真正的别构作用。

通过将自然界存在的酶的结构域或模块进行互换操作得到大量的新酶，主要体现在产生了特定的别构效应，提高了稳定性，改变了底物选择性，提高了催化活力，甚至是构建出全新的酶活力等。这种酶模块重组方式被称作结构域互换（domain swapping）或模块互换（module swapping）。非核糖体肽合成酶（NRPS）催化许多具有重要生物活性的小分子合成。该酶具有典型的模块化结构。哈佛大学的 Liu 等通过结构域交换的方式将来源于 *Pantoeaagglomerans* 的 NRPS-聚酮合酶的 A 结构域与来源于 *Streptomyces* sp. RK95-74 的 A 结构域 CytC1（具有广泛底物选择性），以及 *Bacillus licheniformis* 的 A 结构域（具有异亮氨酸选择性）进行了重组，成功获得了抗生素 andrimid 的衍生物。拥有 GT-B 构象的糖基转移酶在结构上具有较强的模块性，其 N 末端及 C 末端结构域分别负责结合糖受体底物与糖供体底物。研究者将具有不同糖受体底物与糖供体底物特异性的糖基转移酶 kanamycin GT（kanF）和 vancomycin GT（gtfE）进行了重组，获得了底物选择性明显拓宽的并具有良好催化活性的嵌合体。

第三节 酶的定向进化

虽然已有许多酶分子的结构-功能关系已经明确，为定向改造天然酶提供了依据，但由于蛋白质的结构与功能的相互关系非常复杂，这极大地增加了合理设计的难度，更何况，对于很多要改造的酶分子来说，我们缺少对蛋白质结构与功能相互关系的了解，这在很大程度上阻碍了通过酶分子的合理性设计来获得新功能或新特性酶的思路，因而，对于有些酶分子来说，非合理设计的实用性显得更强。采用非合理设计方案对酶分子进行改造，是利用了基因的可操作性，在体外模拟自然进化机制，并使进化过程朝着人们希望或需要的方向发展，从而使漫长的自然进化过程在短期内（几天或几个月）得以实现，以达到有效地改造酶分子并获得预期特征的进化酶的目的。

酶定向进化的实质是达尔文进化论在酶分子水平上的延伸和应用。在自然进化中，决定酶分子是否留存下来的因素可能是其存在的需求和适应优势，而在定向进化中是由人来挑选的，只有那些人们所需的酶分子才会被保留下来进入下一轮进化。酶分子定向进化的条件和筛选过程均是人为设定的，整个进化过程完全是在人的控制下进行的。

在分子水平上体外定向进化即为定向分子进化，又称为实验室进化（laboratory evolution）或进化生物技术（evolution biotechnology）。定向分子进化的思想最初来自于 S. Spiegelman 等（1967 年）和 W. Gardiner 等（1984 年），他们提出：进化方法适用于工程生物分子。1993 年 S. Kauffman 提出分子进化的理论。随着多种生物技术和方法的成功运用和发展，如应用于蛋白质和多肽体外选择而发展起来的噬菌体展示技术，以及为有效选择功能核酸而发展起来的指数级富集的配体系统进化技术等，定向分子进化的概念渗透到整个科学界，引起了广泛的关注。自 20 世纪 90 年代初，定向进化已成为生物分子工程的核心技术。然而，定向进化的成功不只依赖于这门技术本身的潜力，还因为它有着其他技术无可比拟的优点，毕竟现今我们对蛋白质结构与功能的了解还非常有限。

从广义上讲，酶定向分子进化可被看作是突变加选择/筛选的多重循环，每个循环都产生酶分子的多样性，在人为设定的选择压力下从中选出最好的个体，再继续进行下一个循环。酶定向分子进化是从一个或多个已经存在的亲本酶（天然的或者人为获得的）出发，经过基因的突变或重组，构建一个人工突变体文库。构建突变体文库最直接的方法是应用易错PCR（error-prone，epPCR）或饱和突变（saturation mutagenesis）等技术，在目的基因中引入随机突变。除此之外，应用DNA改组（DNA shuffling）技术或相关技术进行突变基因的重组可获得更多的多样性，并能迅速积累更多有益的突变。然而这些方法搜索到的顺序空间是有限的。同源基因之间的DNA改组又被称为族改组（family shuffling），可触及到顺序空间中未被涉猎的部分。此外，研究者开发出非同源基因之间产生嵌合体的各种策略和方法，进一步拓展了顺序空间。另一种体外构建多样性文库的方法是构建环境库。在这种方法中利用分离和克隆环境DNA来获取自然界中微生物的多样性，并且利用构建的文库来搜索新的生物催化剂。

建立多样性，如构建一个含有不同突变体的文库，之后便是将靶酶（预先期望的具有某些功能或特性的进化酶）从文库中挑选出来。这可以通过定向的选择（selection）或筛选（screening）两种方法来实现。选择法的优势在于检测的文库更大，通常可以进行选择的克隆数要比筛选法多5个数量级。对于选择而言，一个首要问题是如何将所需酶的某种特异的性状与宿主的生存联系起来。尽管筛选法检测的克隆数相对低，但随着相关技术的自动化、小型化和各种筛选酶的工作站的建立，筛选法日显重要。

天然酶在自然条件下已经进化了上亿年，但是酶分子本身仍然蕴藏着巨大的进化潜力，许多功能有待于发掘，这是酶体外定向进化的前提。酶分子的定向进化是体外改造酶分子的一种有效的策略，属于蛋白质的非合理设计范畴。通过定向进化可以使获得的进化酶具备所需的性状，应用于不同的反应过程中。目前该技术已经成为生物研究者的常用手段之一。本节将介绍酶定向分子进化的原理、策略、方法、应用及发展，主要内容包括：分子进化思想、概念和原理，定向分子进化的基本策略和方法，定向分子进化的筛选和选择方法以及采用定向分子进化的策略获得优良进化酶的理论与实践。

一、基本策略

定向进化的第一步是由一个靶基因或一群相关的家族基因起始创建分子多样性（突变和/或重组），然后对该多样性文库的基因产物进行筛选，那些编码改进功能产物的基因被利用来继续下一轮进化，重复这个过程直到达到目标。该进化策略有以下三个显著特征：①进化的每一关键步骤都受到严密的控制；②除修饰改善蛋白质已有的特性和功能外，还可引入一个全新的功能来执行从不被生物体所要求的反应，甚至为生物体策划一个新的代谢途径；③能从进化结果中探索蛋白质结构和功能的基本特征。

定向进化的思想是增加多样性，拓展顺序空间，积累有益突变。进化的过程就是连续的突变、选择或筛选循环，每一个循环如图10-1所示都包括三个步骤：①目标酶基因扩增或重组；②增加序列多样性；③选择或筛选所需的突变体。酶分子的定向进化可概括为：定向进化=随机突变+正向重组+选择或筛选，重复进行突变/筛选的循环，直到获得所需特征的酶。

如前所述，酶定向进化是在一个或多个已经存在的亲本酶（天然的或者人为获得的）基础上进行的。在单一基因的突变和重组中，在待进化酶基因的PCR扩增反应中，向目的基因中随机引入突变，或再进行正向突变间的重组，然后构建突变库，凭借定向的选择或筛选方法排除不需要的突变体，最终从突变体库中选出预先期望的具有某些功能或特性的进化酶分子。多个同源基因之间的改组也称族改组，也是一种有效获得蛋白质新功能的方法。向单一基因内引入突变，使得遗传变化只是发生在单一分子内部的均属于无性进化（asexual

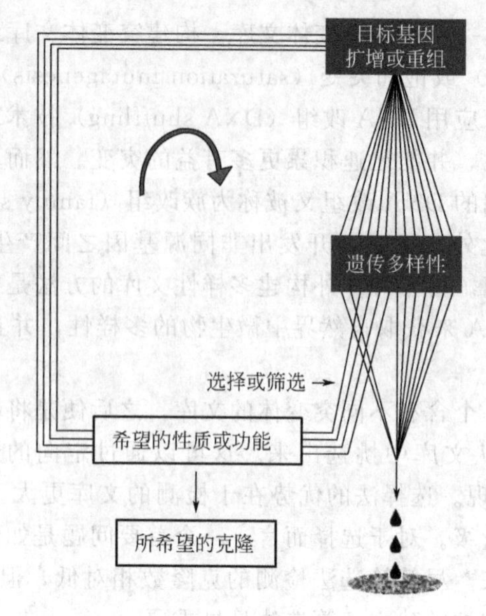

图 10-1　酶定向进化的基本过程

酶的性质或功能通过选择（或筛选）循环最佳化。每个循环由三相组成：①扩增；②多样化；③选择或筛选。扩增和多样化由分子生物学方法实现，如 PCR 或基因重组等，选择或筛选则需采用特异而灵敏的方法，如与靶标的特异结合或表型筛选法等

evolution)；相反，突变是由多个基因重组产生的，遗传变化涉及多个分子的均属于有性进化（sexual evolution)。

定向分子进化的基本策略如图 10-2 所示。对于单一基因的操作，第一轮随机突变中所

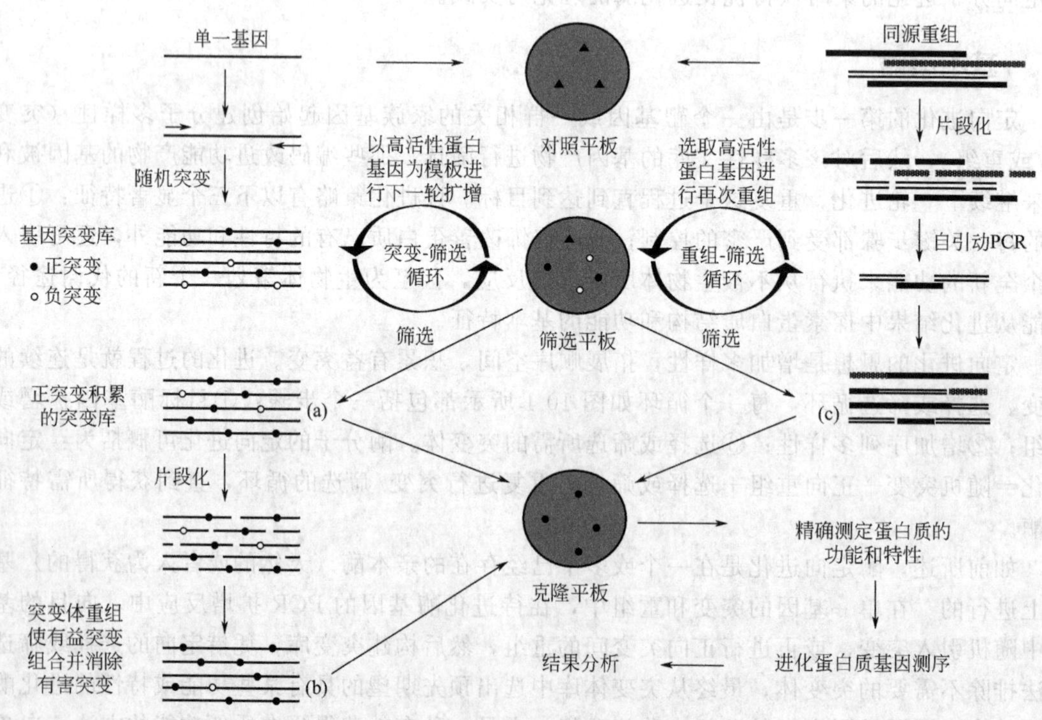

图 10-2　蛋白质定向进化的基本策略

(a) 无性进化；(b)、(c) 有性进化

选择的突变体再重复进行随机突变和选择，以积累更多的有益突变［图 10-2(a)］，应用 DNA 改组或其他方法改进突变体的重组，可使有益突变组合并消除有害突变［图 10-2(b)］。当同源基因重组产生嵌合体时，可以产生新功能［图 10-2(c)］。

由此可见，酶定向分子进化的两个重要的环节是多样性基因文库的构建和文库中所期望的进化酶的挑选。

二、 多样化的基本方法

1. 易错 PCR

1993 年，Frances H. Arnold 应用分子进化的原理创造性地改进酶，发明了易错 PCR 技术，并将其应用于蛋白质的分子进化，宣告了蛋白质定向进化技术的诞生。易错 PCR 是指利用 Taq DNA 多聚酶不具有 3′→5′校正功能的特点，在特定条件下对待进化酶基因进行 PCR 扩增时，以较低的频率向目的基因中随机引入突变的一种技术。通过设定特殊的反应条件，例如提高镁离子的浓度，加入锰离子，改变体系中四种 dNPT 的浓度等，可以提高 Taq 酶的突变效率，从而在基因扩增时向目的基因中以一定的频率引入碱基错配，导致目的基因随机突变，形成突变体库，然后通过选择或筛选获得所希望的突变体。因此，构建突变体库的多样性是来自点突变。易错 PCR 技术是无性进化的主要手段。

目前已知，控制好突变率是获得理想突变体库的前提，突变率不应太高，也不能太低。如果突变频率太高，产生的绝大多数突变酶将丧失活性；如果突变频率太低，野生型的背景太高，样品的多样性则较少。理论上每个靶基因中引入的点突变的适宜个数在 1～5 个之间，在编码产物水平上仅相差几个氨基酸较为合理。

通常，经过一轮突变很难获得满意的结果，所涉猎的进化顺序空间很小，由此开发出连续易错 PCR（sequential error-prone PCR）方法，即将一轮 PCR 扩增得到的有益突变基因作为下一次 PCR 扩增的模板，连续反复地进行随机突变，使每一轮获得的小突变累计而产生重要的有益突变。如 Park KH 等人对来自嗜碱芽孢杆菌的环糊精葡聚糖转移酶 cyclodextrin glucanotransferase（CGTase）进行了 3 轮易错 PCR 随机突变后，从突变库中筛选出理想的突变体，其水解活性较野生型酶提高了 15 倍，同时环化活性降低了 10 倍，为解决面包老化回生问题开发出一种良好的食品工业用进化酶。

该方法一般适用于较小的基因片段（＜800bp），对于较大的基因，应用该方法较为费力、耗时。尽管如此，它仍然不失为一种构建基因文库的常用方法。2004 年，T. Nakaniwa 等人就是用单一的易错 PCR 技术开展了果胶酸裂解酶的研究。

2. DNA 改组

在蛋白质分子无性进化中，一个具有正向突变的基因在下一轮易错 PCR 过程中继续引入的突变是随机的，而这些后引入的突变仍然是正向突变的概率是很小的。于是在 Frances H. Arnold 提出了易错 PCR 技术仅一年之后，1994 年 Willem P. C. Stemmer 提出了 DNA 改组（DNA shuffling）技术，将有性繁殖的优势引入到了蛋白质分子定向进化领域，继而发展成一种有效的不同基因片段之间的重组方法。鉴于 Stemmer 与 Arnold 的贡献，二者被并列誉为定向进化技术的奠基人。

DNA 改组又称为有性 PCR（sexual PCR），是将一组密切相关的序列（通常是进化上相关的 DNA 序列或曾筛选出的性能改进的突变序列）片段化，再通过重组创造新基因的方法。若将已经获得的、存在于不同突变基因内的有益突变进行重组合，则可加速积累有益突变，构建出最大变异的突变基因库，最终可选择/筛选出最优化的突变体。因此，目前人们常把 DNA 改组与易错 PCR 结合，用于构建突变基因文库（图 10-3）。

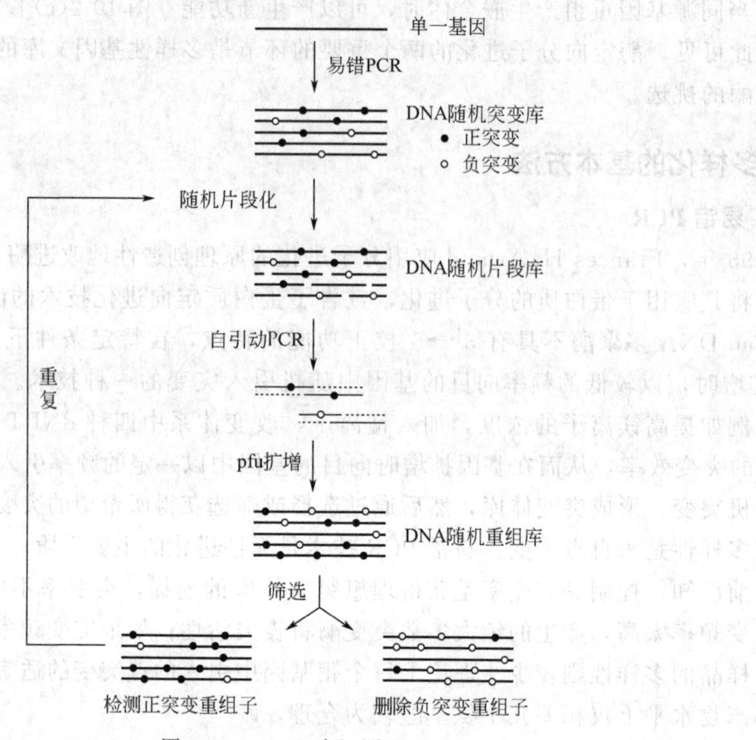

图 10-3 DNA 改组原理

利用 DNA 改组方法，Willem P. C. Stemmer 对 β-内酰胺酶进行了改造，以向培养物中添加头孢氨噻为选择压力，经三轮 DNA 改组和筛选得到了酶活力提高 32000 倍的突变体。孙志浩等采用 DNA 改组与易错 PCR 相结合的方法对 D-泛解酸内酯水解酶定向进化研究，结果获得一株酶活力高且在低 pH 条件下稳定性好的突变体，其酶活力是野生型酶的 515 倍，在 pH6.0 和 pH5.0 的条件下突变体酶的酶活残留分别为 75%和 50%，而野生型酶只能保持原来的 40%和 20%。

DNA 改组一方面可以创造更大的多样性，另一方面可以更快地将亲本基因群中的优势突变或有益突变尽可能地组合在一起，获得最佳突变组合，加快进化速度，最终使酶分子的某种性质或功能得到了进一步的进化，或是两个或更多的已优化性质或功能的组合，或是实现目的蛋白多种特性的共进化。DNA 改组的这种特性，尤其是在与易错 PCR 联用，进行多轮定向进化时极为有用。例如 F. Y. Feng 等为了增强来自特莫氏属的嗜热 β-糖苷酶的转糖苷活性以生产低聚糖，采用 DNA 改组的方法对该酶进行定向进化，成功地获得了 β-转糖苷酶活性明显提高的进化酶。

DNA 改组是一种在无性进化基础上的有性进化技术，是一种蛋白质体外加速定向进化的有效方法，其中所有的母体基因通常都是来自同一基因的不同突变体，如来自易错 PCR 产生的突变体库。通常有益突变的比例都低于有害突变，因此，在定向进化时，每一轮进化中往往只能鉴定出一个最明显的有益突变体，作为母本进行下一轮进化，想要获得最佳的阳性突变体，就需要多轮连续的进化。但由于该法在 DNA 片段组装过程中也可能引入点突变，所以它对从单一序列指导进化蛋白质也是有效的。

3. 族改组

以单一的蛋白质分子基因定向进化时，基因的多样化起源于PCR等反应中的随机突变，但由于出现有益突变的比率往往较低，因此，采用这种过程集中有利突变的速度比较慢。若从自然界中存在的基因家族出发，利用它们之间的同源序列进行DNA改组，以实现同源重组，则可极大提高集中有利突变的速度。1999年，Willem P. C. Stemmer、Shigeaki Harayama等将DNA改组技术扩展到基因家族改组，并发展成一种有效的不同基因片段之间的重组方法，提出了族改组策略，极大地促进了定向进化技术的发展。

将DNA改组用于一组同源基因或进化上相关的基因时，称为"族改组"，有时也称为"DNA族改组"(图10-4)。族改组涉及一族同源序列或进化上相关的基因的嵌合，最典型的是相关种类的同一基因或单一种类的相关基因的嵌合。筛选这个嵌合基因库，选出最理想的克隆再进行下一轮改组。由于每一个天然酶的基因都经过了千百万年的进化，并且基因之间存在比较显著的差异，所以族改组能有效地产生所有母体有益性质的组合，制造出新的改进功能或性质的克隆。与随机突变相比，族改组只是交换或重组了亲本基因的天然多样性，因此，由族改组获得的突变重组基因库中既体现了基因的多样性，拓宽了顺序空间，又能最大限度地排除那些不需要的突变，并不增加突变库的大小和筛选难度，而是同样大小的库包含了更大的顺序空间，从而保证了对很大顺序空间中的有益区域进行快速定位以实现顺序的最佳化。Zhou Zheng等采用族改组的方法对青霉素G酰基转移酶定向进行改造，结果获得了酶活比野生型提高了40%的突变体。

在实际操作中，通常族改组的重组子的产率是较低的，其原因是在第一轮杂化中，退火时形成同源双链体(homoduplex)的频率较形成异源双链体(heteroduplex)的频率高[图10-4(a)]，使得亲本基因再生的概率较嵌合基因形成的概率高得多。为了提高形成异源体的频率，设计了两种改进的族DNA改组技术：单股(ssDNA)族改组和限制酶消化的DNA改组[图10-4(b)、(c)]。在单股(ssDNA)族改组中，首先制备两个同源基因的ssDNA，其中一个是一个基因的编码链，另一个是另一个基因的非编码链。两个ssDNA用DNase I消化，它们的片段用于族改组时，在第一轮杂化中会产生异源双链体[图10-4(b)]。在第二种方法中，内切酶消化的DNA片段在第一轮杂化中大部分形成同源双链体，只有少部分形成异源双链体，但只有异源双链体才能发生DNA延伸，最后扩增出嵌合DNA片段[图10-4(c)]。

目前，族改组是各种来源的同源基因重组广为应用的技术，已用于多种同源基因产生功能嵌合蛋白质库。例如T. Kaper等应用族改组技术对超嗜热糖苷水解酶家族的两种同源性有限而耐热机制不同的酶进行重组改造，经三轮筛选后从含有2048个β-糖苷酶的杂合体库中筛选出三个超嗜热的β-糖苷酶杂合体进化酶，它们的乳糖水解活性比两个亲本酶均有明显的提高。

4. 体外随机引动重组

1998年F. H. Arnold等人提出了另一种体外重组方法——体外随机引动重组(random-priming *in vitro* recombination，RPR)。RPR是以单链DNA为模板，以一套合成的随机序列为引物，先扩增出与模板不同部位有一定互补的大量短DNA片段，由于碱基的错配和错误引导，在这些短DNA片段中会有少量的点突变，在随后的PCR反应中，它们互为模板和引物进行扩增，直至合成完整的基因长度。重复上述过程，直到获得理想的进化酶。体外随机序列引动重组的原理见图10-5。

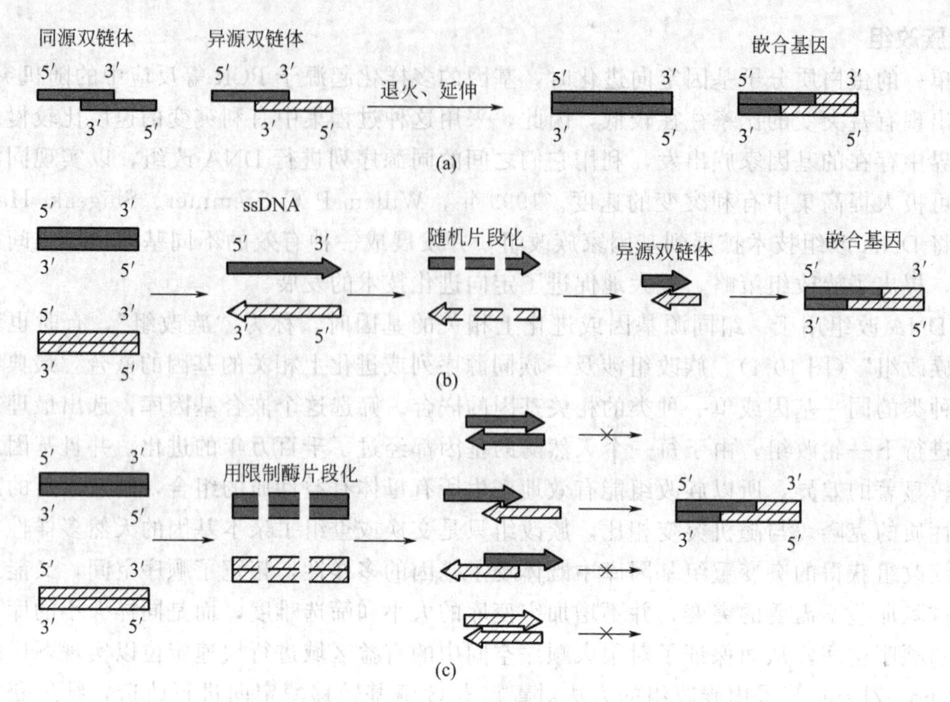

图 10-4 族改组中 DNA 杂合与延伸（两族基因的 DNA 股以实线盒和斜线盒表示）

(a) 两种类型的退火：同源双链体（两股来自同一基因）和异源双链体（两股来自不同基因）。(b) 为了防止在第一轮 PCR 中形成同源双链体，ssDNA 由两个基因制备。这些 ssDNA 用 DNase Ⅰ 片段化后，只形成异源双链体。(c) 用限制酶裂解 DNA 片段的族改组中，形成同源双链体和异源双链体，但前者不发生 DNA 延伸，而后者发生 DNA 延伸，形成嵌合 DNA 片段

K. Furukawa 等通过两轮体外随机引动重组突变和选择，对联苯双加氧酶（Bph Dox）进行了分子改造，获得了功能明显改进了的突变酶。

与 DNA 改组法相比，此方法更显优势之处是：①此方法可利用单链 DNA 为模板，故所需亲本 DNA 的量仅有 DNA 改组的 1/10～1/20；②DNA 改组中，片段重新组装前必须彻底除去 DNase Ⅰ，但 RPR 不需要此操作，故更简便；③合成的随机引物具有同样的长度，无顺序倾向性，理论上 PCR 扩增时模板上每个碱基都应被复制或以相似的频率发生突变，保证了突变和交换在全长的后代基因中的随机性；④随机引导的 DNA 合成不受 DNA 模板长度的限制，这为小肽的改造提供了机会。

5. 交错延伸

1998 年，H. Zhao、Frances H. Arnold 等建立了交错延伸法（staggered extension process，StEP）并用来定向进化目标酶。交错延伸法的原理是：在用 PCR 同时扩增多个拟重组的模板序列时，把常规的退火和延伸合并为一步，并极大地缩短反应时间，从而只能合成出非常短的新生链，经变性的新生链再作为引物与体系内同时存在的不同模板退火而继续延伸。在每一循环中，不断延长的片段根据序列的互补性与不同模板退火，并进一步延伸，反复重复直到全长序列形成。此法是以单链的 DNA 亲本基因为模板，单引物进行延伸，有别于其他突变方法。由于模板的转换，大多数产生的新 DNA 分子中间隔含有不同亲本的序列信息，因此含有大量的突变组合。交错延伸的原理如图 10-6 所示。

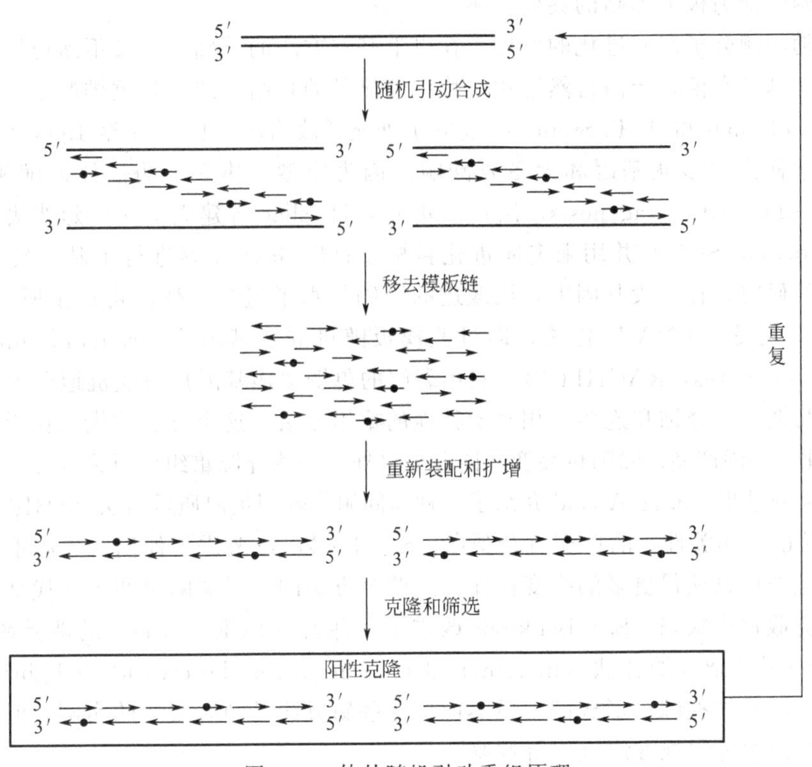

图 10-5 体外随机引动重组原理

•表示错配位点

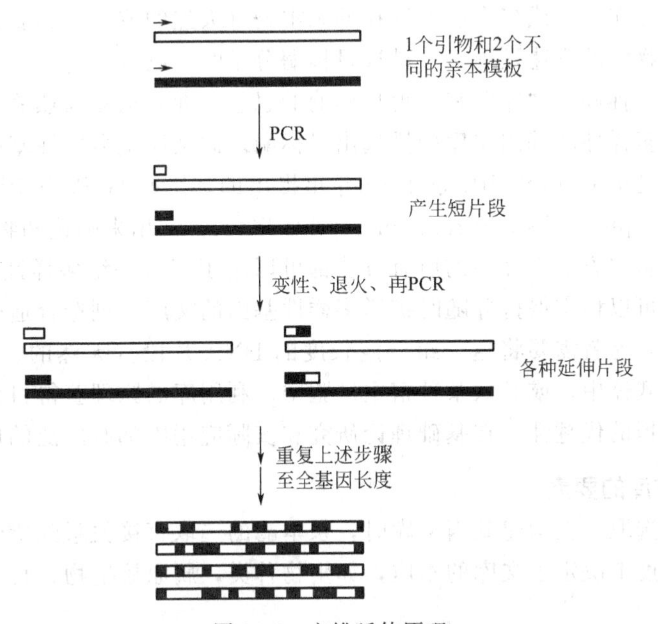

图 10-6 交错延伸原理

交错延伸法中重组发生在一个体系内部，不需要分离亲本 DNA 和产生的重组 DNA。它采用的是变换模板机制，因此，这也是一种简便而且有效的进化方式。这也是逆转录病毒所采取的进化过程。例如 T. K. Wu 等就是应用了交错延伸法定向分子进化枯草杆菌尿酸酶，结果得到了两个活力极大提高的突变体酶。

此外，随着酶分子定向进化的发展，在以上基本方法的基础上，又不断地发展出一些新的方法，如：基于在模块蛋白自然进化过程中外显子的复制、缺失和重排产生了新的基因的事实，J. A. Kolkman 和 W. P. Stemmer 建立了外显子改组法；1991 年至 1993 年期间，张今等以类胰岛素样人参多肽基因和天冬氨酸酶基因为模型，建立了酶法体外随机-定位诱变（random-site-directed mutagenesis）法；1998 年，H. Zhao 等建立了交错延伸法（staggered extension process，StEP）并用来定向进化目标酶；P. Gaytan 等进行了基因转换新方法和高产筛选法的研究，在一段基因上，用改进的密码子水平组合突变法可产生所有的突变株；W. M. Coco 等发展了 DNA 转化法，即过渡模板随机嵌合基因法（random chimeragenesis on transient templates，RACHITT），它用裂解的单链父代基因片段随机地退火嵌入过渡单长链模板进行调整、修饰和连接，相对于其他的重组方法，这个方法的优点在于高的重组率和 100%的化学基因产品。除随机突变和同源重组外，一些异源重组法近来在序列空间上的探索取得了更大的进步；F. H. Araold 介绍了一种非同源依赖型蛋白质重组法（SHIPREC），它可以获得不相关的或相关性小的单交点杂蛋白；S. J. Benkovic 改进了他们的异源重组法，使用三磷酸核苷酸类似物获得更多的突变体库。这两个方法的主要缺陷是两个亲代基因单切点的形成，为了克服这个缺陷，S. J. Benkovic 改进了一种名叫 SCRATCHY 的新异源重组方法，它是由渐增切割产杂合酶方法（incremental truncation for the creationof hybrid enzymes，ITCHY）和 DNA 转换综合形成的。虽然应用这些新方法已经有成功的实例，但仍没有易错 PCR 和 DNA 改组等常规方法应用得普遍。

三、 多样性文库的构建

酶的定向进化是在一个或多个已经存在的亲本酶（天然的或者人为获得的）的基础上进行的。随着分子生物学的飞速发展，在挑选目标酶分子时，已将组合的策略和进化思想联系在了一起，建立起一种利用“库”来获得目标酶的思想，即先构建天然酶的（突变）基因文库，然后从代表了多样性的基因文库中挑选出目标酶。此文库是多样性基因的一个系统或集合。这种思想最早是由 G. P. Smith 等在 1995 年提出的，当时 G. P. Smith 等建立了一种噬菌体随机展示肽库（phage display random peptide library），用来筛选药物先导化合物。

前面多样化的基本方法中介绍的所有方法都可以用于获得一组多样性 DNA 片段，紧接着需要将其构建成可以稳定保持并随时扩增多样性基因的文库。创造合适的突变库是进行定向进化的关键一步，这就需要将这一组一定长度的 DNA 片段（天然的、突变的或合成的）克隆到特定的表达载体中，或导入某种宿主细胞中。利用库的原理获得目标酶的思想具有传统的筛选法无法比拟的优越性，在基础理论研究和实际应用中都有广泛的用途。

1. 理想基因文库的要素

（1）亲本酶的选取　在构建基因文库时，亲本酶的选取直接关系到所建立文库的性质和特点，并在一定程度上决定了文库的本质，如生物种类，属原核生物、真核生物还是属于人类的等。

（2）基因文库的质量　基因文库的质量主要体现在两个方面：文库的代表性和基因片段的序列完整性。

文库的代表性是指文库中包含的 DNA 分子能否完整地反映出来源基因的全部可能的变化和改变。文库的代表性如何可用文库的库容量来衡量，后者是指构建出的原始基因文库中所包含的独立的重组子克隆数。高质量的基因文库所需达到的库容量取决于来源基因中序列的总复杂度。因此，用任意基因来构建基因文库时，要以99%的概率保证文库中包含有目的基因的任何一种可能的突变信息。但在实际操作中，考虑到在构建基因文库过程中存在多种操作误差和系统误差，一个具有完好代表性的基因文库至少应具有106以上的库容量。

（突变）基因片段的序列完整性也是反映文库质量的一个重要指标。对于大多数真核基因，其编码的蛋白质都具有在结构上相对独立的结构域，这些结构在基因的编码区中有相对应的编码序列。因此，要从文库中分离获得目的基因的完整序列信息和功能信息，要求文库中的重组或突变DNA片段应尽可能完整地反映出天然基因的结构。当然，并非所有的基因文库都需要基因是完整的，比如在构建基因缺失文库时，就不能拘泥于这种要求。因此，在实际工作中，如何体现出文库中基因序列的完整性，需要依据研究的目的和具体要求来灵活考虑，并无固定的标准和要求。

2. 构建基因文库的载体和宿主

在构建基因文库时，大肠杆菌是最常用的宿主菌，这是因为除了简单、易培养等优势外，还因为各种遗传工具对它都是有效的。但对于真核生物基因的功能鉴定，常用酵母等低等真核生物细胞或哺乳动物细胞作为宿主细胞，这样才能更真实地反映出基因编码产物的生物功能，尤其是与人类重大生理现象和重大疾病相关的功能基因的鉴定。

质粒（如pBluescript或pET）是构建基因文库最常用的载体。质粒载体在基因克隆与重组中的优势在相关书籍中早有阐述，在此不必重复，但就用于构建文库而言，质粒的优点是在大肠杆菌中的拷贝数较高，对低表达的外源基因也能根据产物的活性进行检测。这一点非常重要，因为环境基因的活性表达往往依赖于天然启动子，而质粒载体自身的启动子可以替代天然启动子。

要想克隆大片段环境DNA，就得使用Cosmid、Fosmid或BAC载体。由Cosmid或Fosmid构建的环境库，插入的DNA平均大小为20～40kb，BAC库是27～80kb。BACs是修饰质粒，包含了大肠杆菌F因子复制起点，其复制是受严格控制的，在每个菌体细胞中只保持1～2个拷贝。BACs载体能够稳定保持和复制的插入片段可高达600kb。BAC和Cosmid库的不足之处是载体的拷贝数低，那些在大肠杆菌中低表达的基因就不容易用测定活性的方法检测到。

四、 文库选择或筛选

在酶的定向分子进化过程中，构建出高质量的基因文库并非最终目的，通过活性检测（如表达产物的功能、特性）从这些文库中挑选出所希望的目标酶基因或基因簇才是最终目的。因此，从突变库中有效地分离阳性突变体的筛选方法在酶的定向进化中至关重要。在酶的定向进化中，尽管突变具有随机性，但通过选择特定方向的突变限定了进化趋势，再加上控制实验条件，限定突变种类，降低无益突变的数量，这不仅可以加快酶在某一方向的进化速度，还可以减少挑选的工作量。

从文库中分离出目的基因的方法总体上分为选择（selection）和筛选（screening）两种策略，但不论采取何种具体方法，通常必须是灵敏的，至少是与目的、性质相关的方法，如颜色、放射性、可见光信号的改变等。

原则上这两种方法都是利用人为创造的挑选压力，快速地排除不利的突变体，从而可以从一个庞大的文库中选出所希望的进化酶。“筛选”（screening）是对突变库所有成员进行考察，再对突变个体之间进行定量比较，从而选出进化的突变体。最常用的高通量筛选方法是基于生色底物或荧光显色反应的微孔板筛选。展示技术的发展，使得筛选大容量的突变库成为可能，如细胞表面展示、噬菌体表面展示系统、核糖体展示等技术。另一种方法是“选择”（selection），是利用所期望个体独有的生存特性，在人为创造的环境中，只有所希望的个体才能出现或存在。例如在特定培养基上只有携带某种酶基因的微生物才能生长，则出现的微生物克隆即是具有酶活力的标志。“选择”应用了自然进化中物竞天择，适者生存的原理，使得不符合要求的个体根本不出现，直接剔除了无活力的突变体。因此，“选择”方法可以分析庞大的突变库，是高通量筛选的首选方法。然而，在应用选择法时一个首要问题是如何将所需酶的某种性状，如酶的催化活性，与宿主的生存联系起来，这也是对选择法的主要挑战。噬菌体展示等系统的建立为选择提供了便利。经过多年的发展，目前应用噬菌体展示技术可实现在体外选择优良的进化酶。

用灵敏高效的定向进化技术来得到新型酶，刺激了突变库筛选形式的新发展。比较新的方法包括用水-油混合体作为分离载体和新出现的用三杂交系统（querying for enzymes using the three-hybrid system，QUEST）来分离突变酶的方法，以及与荧光筛选机制（fluorescence-activated cell sorting，FACS）相结合的蛋白质展示技术。噬菌体展示一直被认为在筛选大型突变库方面有巨大的潜力。Wells 等人最近应用定向进化技术，得到主要的外壳蛋白 PVIII 的一种模型。这种改进的噬菌体可以展示大量的全长蛋白而对噬菌体的存活无重大影响。这套系统可以应用于检测那些与配体作用较弱的蛋白质。最近几年，数字成像系统广泛应用，使筛选的效率大大提高，一次可获得大量数据。据报道，用先进的数字图像系统每天可以筛选 10^5 个克隆。图 10-7 表示了这两种方法的区别。

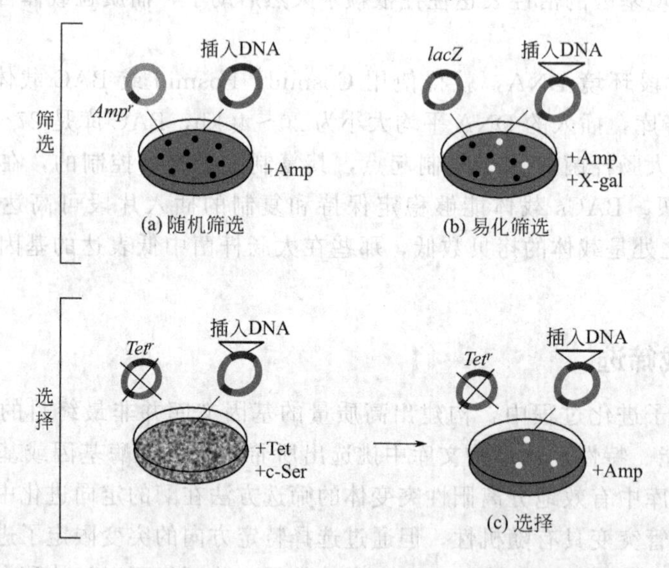

图 10-7 选择与筛选策略

(a) 随机筛选：所有克隆的表型都是相同的。分离随机挑选的克隆的 DNA，分析是否为所需克隆。(b) 易化筛选：克隆载体携带 *lacZ* 基因，如果在 *lacZ* 基因上插入外源 DNA，导致 *lacZ* 失活，克隆呈白色。(c) 四环素抑制细菌生长，但不杀死细菌，而环丝氨酸杀死生长的细菌，但不杀死停止生长的细菌。如果在四环素抗性基因（Tet^r）上插入外源 DNA，导致 Tet^r 失活，可用四环素加环丝氨酸平板培养基选择重组克隆——Tet^r 失活的菌株生长被四环素抑制，但不被环丝氨酸杀死，保留下来，再印迹到氨苄青霉素（无环丝氨酸）平板培养基上，长出的克隆都是插入外源 DNA 的；Tet^r 不失活的菌株能发裂生长，反而被环丝氨酸杀死筛选可以在无细胞系统、细菌、酵母或哺乳动物细胞中进行。一般来说，筛选要求测试文库中的每一个个体，它需要在众多克隆中找出所需的克隆。如果所需的个体与不需要的个体很难区分，筛选就会成为一项“随机的”或“盲目的”工作，即为随机筛选（random screening）[图 10-7(a)]。如果所需的个体带有明显的特征或“表型”，则“筛选”工作就会是简单的和可行的，即所谓的易化筛选（facilitate screening）[图 10-7(b)]。即便如此，通常假阳性个体和不需要的个体总是存在的，它们不但降低了信噪比，而且还会竞争资源。为了加快分离目的基因的过程，目前已建立了多种在目的基因鉴定上具有“高通量”性能的筛选方法，从而能从一次筛选过程中分离出多个目的基因。尽管筛选法检测的克隆数相对低，但随着相关技术的自动化、小型化和各种筛选酶的工作站的建立，筛选法日显重要。选择法的优势在于检测的文库更大，通常可以进行选择的克隆数要比筛选法多 5 个数量级。与筛选法相反，选择只允许所需的个体存活，通过选择性环境很容易快速、高效地从文库中以较高的倍数富集含有目的基因的克隆，从而以较高的命中率获得所希望的克隆 [图 10-7(c)]。

具体的选择或筛选方法要视具体的对象而定，但只有灵敏度高、快速、简便的选择/筛选方法才有实际应用价值。根据具体的研究对象，在有些实际操作中，选择法和筛选法还可以被同时使用。例如 Zhao H 等在定向进化亚磷酸脱氢酶（PTDH）时，就是应用选择和筛选双重挑选法，最终挑选出了优良的进化酶。

第四节　自然界中蛋白质进化机制

虽然蛋白质仅由 20 种天然氨基酸构成，但它却涉及生命的各个方面。不同蛋白质间的极大差异源自它们的一级结构、空间结构和功能的多样性，因而也呈现出截然不同的选择性和特异性。蛋白质功能的多样性、特异性和高效性等特性吸引了研究者通过蛋白质工程创造特定的生物催化剂，以满足实际应用的需要。

天然酶的进化机制已经成功地使酶的功能反复适应不断变化的环境，因此，了解新酶的结构和功能产生的原理和动力，就可以为我们提供酶工程的指导方针。本节重点讨论天然酶进化的机制。

进化的第一原因是基因突变。自然界中的酶分子进化是通过遗传物质再组织而表现出各种酶蛋白重排来实现的，主要形式有复制（duplication）、环状变换（circular permutation）、融合（fusion）以及大片段的缺失（deletion）和插入（insertion），以创造出全新的结构组合，并赋予新的功能。这些遗传物质再组织的结果创造了酶蛋白新的序列空间，促进了进化(图 10-8)。

一、基因复制

基因复制可以在转座、染色体 DNA 复制或者减数分裂产生不等价交换时发生，复制的可能是 1 个基因、1 段染色体片段或者全基因组。

复制的结果是两个基因或是形成串联重复形式或是以两个独立基因的形式存在。不论出现哪一种情形，每个基因都有如下三种可能的结果：①突变积累导致一个基因失活；②突破了功能的限制，由此促进局部突变的积累并导致功能的分化；③两个基因的产物仍都保持野生型的活性。当基因失活对宿主没有产生明显的有益影响时，同一基因多个功能性拷贝的存在能增加这一基因的表达水平，对加速代谢或提高防御物质的产量有利。最终结果是，由完

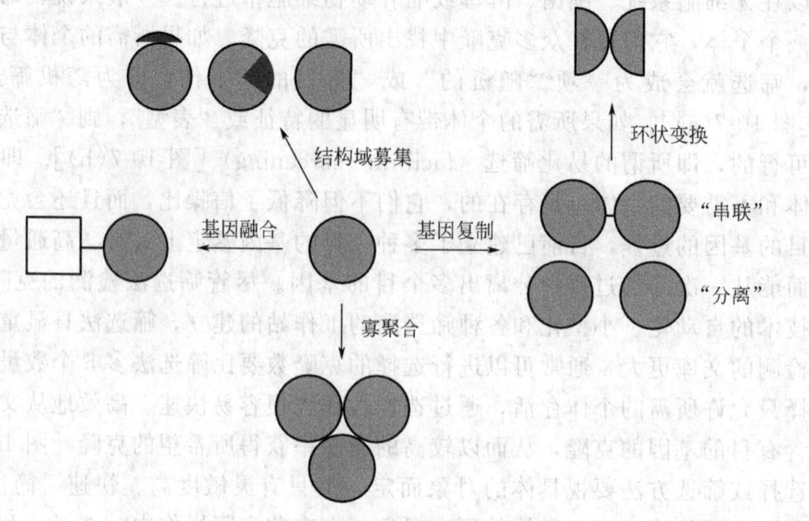

图 10-8 酶自然进化机制图解

全失活与保持野生型活性之间达成的平衡和复制引起功能分化导致了新功能的出现，表现出进化。然而，蛋白质结构和功能对突变的敏感性和随机漂移引起的复制趋异很可能造成酶的失活，反之，获得其他功能的情况却可能较少发生。模拟研究表明，若复制基因长期稳定存在，在两个复制基因中互补简并突变的积累实际上对宿主是有利的，延长每个拷贝存在的时间能增加进化出新功能的可能性。

进化产生新功能蛋白质的另一种机制是基因募集（recruitment）或基因共享。在这个模式中，单一基因产物表现出双功能性在先，而基因复制后出现一个产物保持祖先功能，另一个产物获取了新功能的情形在后。有着共同的祖先，但作用机制不同、功能各异的典型范例是组氨酸生物合成途径的 *N*-(磷酸核糖-亚胺甲基)-氨基咪唑-羧酰胺核糖核苷酸异构酶（HisA）和咪唑甘油磷酸合成酶（HisF），这两种酶具有广泛的序列和结构相似性。

二、 串联复制

与局部分开复制的产物相反，基因的串联复制导致两个或多个基因产物表达于一个多肽链中，形成串联产物。这种多重性在自然界中出现的频率较高，具有以下主要优点：①稳定性提高了，②具有了新的协同功能，③在新形成的裂缝处形成新的结合位点，④长的重复结构增多，如纤维蛋白以及形成多重串联的结合位点，它们会产生更有效或更特异的结合效果。除此之外，串联重复序列可以经历环状变换（circular permutation），并因此重新组织亲代序列以保持其结构与功能的完整性。

三、 环状变换

蛋白质的环状变换导致其 N 端和 C 端在已有的结构框架内重新定位。一种环状变换机制模型指出，在前体基因串联复制后，原始末端在框架内融合，在第一个重复单位处形成新的起始密码子，在第二个重复单位处形成终止位点。例如在 DNA 甲基转移酶中已观察到按此种串联复制模型的存在。

通过环状变换可产生 β/α 桶折叠结构多样化的最初证据来自对 *α*-淀粉酶超家族的序列比对，之后，由大肠杆菌转醛醇酶 B 的结晶学分析结果又发现此酶源自 Ⅰ 型醛缩酶的环状变换。在上述两种实例中，两个N端β/α重复（再加上淀粉酶第三个亚基的β折叠链）移位到C端，结果功能并没有明显的改变。

总体上，环状变换的进化优势还不清楚，然而，体外试验已经揭示：虽然环状变换的蛋白质最终结构基本相同，但亚基的重排改变了折叠途径并影响了蛋白质结构的稳定性。从工程的观点来看，这种结构重排有可能降低特定结合部位的空间阻碍。例如环状变换的白介素4-假单胞杆菌属外毒素融合物，其抗肿瘤活性增加就是由于毒素和白介素结合部位之间空间阻碍降低所致的。

四、 寡聚化

同源和异源蛋白质的非共价缔合对酶的功能有重要影响。寡聚化可以调节一个蛋白质的活性，就像血红蛋白中的别构调节作用或转录因子的二聚化活化作用那样。此外，在暴露的疏水表面发生的结构聚集作用增加了参与者的热力学稳定性，并能在蛋白质-蛋白质交界面产生凹穴，可成为底物或调节因子的结合部位。同理，寡聚化可看作是使底物纳入酶活性中心的一种简单方式。

五、 基因融合

全基因的融合将产生共价连接的多功能酶复合物，较之单个酶之间非共价寡聚化更具协调性。在生物合成途径中，对于催化连续步骤的各种酶，其基因融合可提高稳定性，完善调节功能，建立底物传输通道，增强定向协同表达的能力，提供熵优势和宿主生物选择的优势。

嘧啶和嘌呤生物合成途径中多功能基因融合已有详细讨论。组氨酸和芳香族氨基酸生物合成途径中多功能基因融合也早已经鉴定。与此不同的是，合理设计的*β*-半乳糖苷酶-半乳糖脱氢酶融合体和半乳糖脱氢酶-细菌荧光素酶融合体却能提高底物的加工能力。

六、 结构域募集

单一蛋白亚基或结构域重组，并由此产生的多功能蛋白质统称为“结构域募集”(domian recruitment)。结构域募集可以用M. Ostermeier和S. J. Benkovic古老的比喻加以生动地描述，即“一千只猴子在一千部打字机上不停地打印，最终将会复制出莎士比亚的作品”。

结构域募集的存在在许多蛋白质中都得到了证实，范围从简单的N端或C端融合到多重内部插入，还可能有环状变换。进一步对蛋白质结构数据库（PDB）中的蛋白质的分析表明：作为结构域改组的结果，结构重排已成为当今产生蛋白质功能多样性的主要途径。结构域募集及其对功能影响的各种模型都以（β/α）8桶结构为代表。

七、 外显子改组

在真核基因中，外显子被内含子间隔分开，转录后内含子被剪切，仅剩下外显子。在许多基因中，一个外显子编码一个折叠结构域，同一种结构域存在于几种甚至几百种蛋白质分子中的现象在真核生物蛋白质分子中普遍存在，这说明这些蛋白质进化的一个很重要的途径是来自于外显子独立编码的模块（module）组装。在模块蛋白自然进化过程中，外显子的复制、缺失和重排产生了新的基因。实际上，外显子改组发生在插入的内含子序列当中（内含子重组）。

外显子重排存在于许多脊椎动物和无脊椎动物生物体基因中，植物中也存在由外显子重排产生的新基因现象。分析与凝血和血纤维蛋白溶解相关的几种蛋白酶的结构，结果揭示出一个多样的、有时是重复的、不连续蛋白质模块的装配模式（图 10-9）。这些模块代表了独立的结构单位，它们有着各自的折叠方式，它们的协同作用最终导致了特定功能和特异性蛋白质的形成。在遗传水平上，这些单个模块由不同的外显子编码。

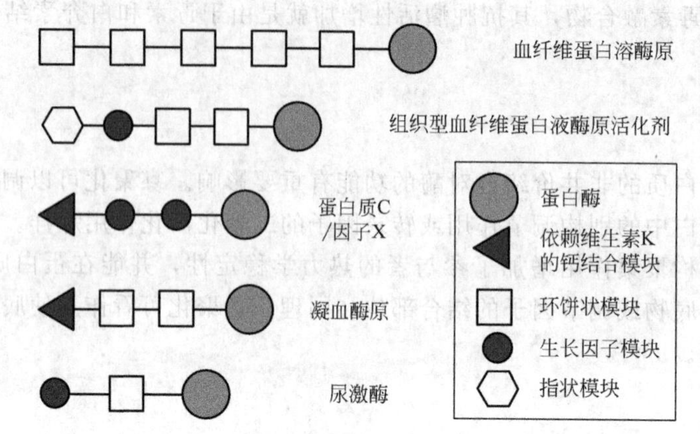

图 10-9　凝血和血纤维蛋白溶解相关的几种蛋白酶的模块进化
图中指出融合到同一蛋白酶中模块的种类和数量，产生高度特异的水解酶家族

模块组装产生各种蛋白质，说明外显子改组对蛋白质进化，特别是对多细胞的发育有重要意义。外显子改组加速了众多蛋白质的构建，主要是与凝血、血纤维蛋白溶解和补体活化密切相关的调节蛋白质以及细胞外基质的大多数组分、细胞黏附蛋白和受体蛋白。

第五节　环境库和噬菌体展示库的构建

一、环境库（宏基因组文库）的构建

环境中所有的微生物可以说囊括了生理、代谢和基因的多样性。尽管微生物是肉眼看不到的，但它们却统治着生物圈。据估计，目前地球上有 10^6～10^8 种微生物，但记载的只有约 5000 种，现代分子微生物生态学的研究显示，人类尚未发现或认识的微生物要比已发现或研究的微生物多得多。由此可见，自然界蕴藏着巨大的遗传信息，对这个庞大而多样的微生物群体的研究和检测为生物技术和其他方面提供了永不枯竭的新基因、新基因产物和生物合成途径。

欲从一个环境样品中获得新酶及其基因，传统而且烦琐的方法是依据所希望的活性进行筛选和富集阳性微生物，进而获得相应的基因。传统的培养方法要求来源于同一样品的微生物在合适的培养基上生长并分离出单克隆。但在这种纯培养中获得一个巨大的群体并从中确定某种微生物是很困难的，能导致环境中大部分微生物的多样性丧失。据估计，自然界中多于 99%的可观察到的微生物用传统的技术是无法培养的。为了绕过培养技术上的限制和困难，人们发明了几种不用培养也能够检测出微生物多样性的方法。其核心是将特定环境中的多种微生物作为一个整体，从中挑选出未知的基因和基因产物。例如，H. C. Rees 等分别从肯尼亚的纳库鲁湖（Lake Nakuru）和艾尔曼提亚湖（Lake Elmenteita）样品 DNA 库中筛

选到嗜碱性纤维素酶和脂肪酶/酯酶，经序列分析证实，所获得的基因为新基因。对比传统的筛选方法，H. C. Rees 等发现，由构建环境库的方法获得目标基因的效率提高了 70% 以上。

一种探索各种环境中遗传多样性的方法是分离出微生物的 DNA，而不是培养环境微生物。接下来，利用 PCR 和克隆技术扩增目的基因。所用的引物序列来自已知基因或蛋白质族的保守区。但是仅仅利用 PCR 技术来确定新基因或基因产物还是有局限性的。另一种方法就是构建所谓的环境库，即所有环境 DNA-载体重组子的总和。在后一种方法中，利用分离和克隆环境 DNA 来获取自然界中的微生物多样性，并且利用构建的文库来寻找新功能的酶分子。

构建环境库和鉴定新基因或基因产物的主要步骤如图 10-10 所示，其关键步骤包括环境 DNA 的分离和纯化，获得的 DNA 连接到载体上构建成环境库，以及从构建的环境库中挑选出所需的基因。

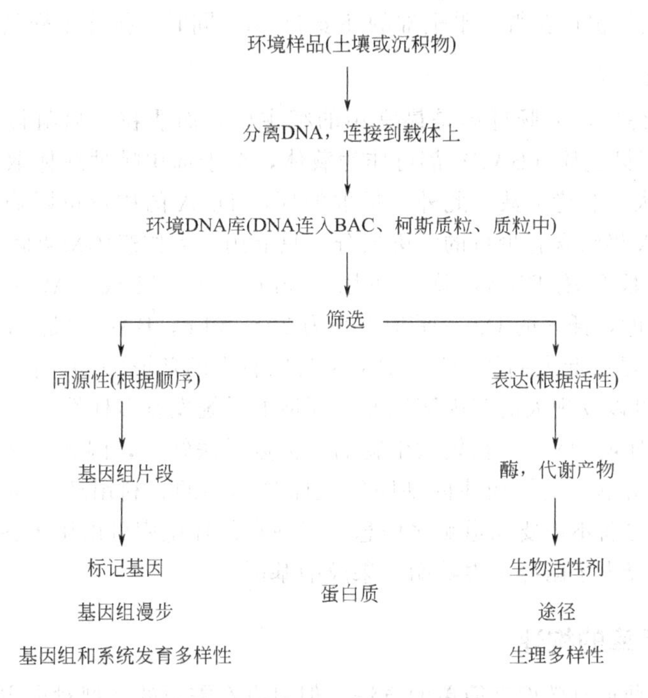

图 10-10　环境库的构建和筛选

1. 采集环境样品与提取 DNA

样品的采集、储存或运输过程是否恰当直接关系到所分离出的 DNA 的质量。为了避免微生物多样性的丧失，一般采集后的样品或就地立即提取 DNA 或在冷冻 2h 之内完成 DNA 分离工作，这是因为样品一般在冷冻 2h 之内保持的微生物谱系最广。对于陆地生态系统，如土壤，取样并不困难，一般样品的体积可以很小，而且可以立即存放在冰上或冷冻储存以避免核酸的丢失。对于其他采集地点，如深海沉积岩或温泉，需要做许多辅助工作来完成样品的采集、储存或就地加工处理。

获得高质量的环境 DNA 是成功克隆天然微生物功能基因的前提。目前有两种基本方法可获得环境 DNA，即菌体细胞直接裂解法和分离裂解法。

直接裂解法操作简单，DNA 回收率高，较常用。由各种土壤样品回收 DNA 的量为

2.5～26.9 μg/g（土壤）。制备的环境DNA片段大小适中，适合所有分子的操作，如用限制酶消化和连接到载体上等。用直接裂解法制备的环境DNA代表了环境样品的微生物多样性，因为样品中所有的微生物无一例外都被裂解了，这样，构建的库可以包含整个遗传多样性。

分离裂解法是先从环境样品中分离出微生物，然后再裂解菌体细胞。在很多情况下采集的环境样品中存在生命或非生命的污染成分。例如土壤或污水DNA的提取总是伴有腐殖质，后者干扰限制性酶的消化和PCR扩增，并降低转化效率和DNA杂化的特异性。为了解决污染问题，首先要分离出微生物细胞，然后再进行细胞裂解。这种方法对生物含量低的环境样品（如水样）也较适用。

分离裂解法一般是从完整样品的缓冲液匀浆开始，再通过低速离心除去较大和较重的真核细胞以及颗粒杂质和其他碎片，然后通过高速离心收集悬浮的微生物细胞，而无细胞DNA等同时被除去。为了提高DNA的收率，可进行多轮匀浆和离心。最后按直接裂解法制备环境DNA。这样仍可获得几乎全部的环境DNA，同时又排除了样品中的污染成分。

2. 构建环境库

在环境库的构建中，大肠杆菌是最常用的宿主菌，而质粒、噬菌粒cosmid或fosmid、λ噬菌体和细菌人工染色体（BAC）都可作为载体，至于选用哪种载体取决于建库所要求的插入DNA的平均大小和拷贝数。此外，提取的环境DNA的质量也影响载体的选择。有时纯化后的环境DNA仍然含有少量的污染成分，只能用质粒作载体来克隆DNA。

要想克隆大片段环境DNA，就得使用cosmid、fosmid或BAC载体。由cosmid或fosmid建立的环境库，插入的DNA平均大小为20～40kb，BAC库是27～80kb。近年来由BAC构建的环境库已引起人们的关注。BACs是回收大的环境DNA片段的良好载体。由大的环境DNA片段可以发现大的基因簇和鉴定环境的系统发育多样性。

由于用来制备环境DNA的初始微生物的种类数无法知道，因此无法对环境库进行统计学计算，这一点与由单一生物构建的基因组文库是不同的。利用环境库获得新基因的优点是：①在克隆基因之前不需要知道顺序信息，②现存的环境库可以用于各种目标的筛选。应用该方法已成功克隆出了耐冷木聚糖酶、果胶酶基因。

二、 噬菌体展示库的构建

体内选择是一种很有效而又简单的方法，但只有在需要的表型对宿主有利时才可行，而且体内的环境是受到限制的，很难人为控制。因此，人们致力于发展体外选择技术或体内、体外联合选择的技术来获得改良的工程酶。噬菌体展示技术是一种有效获得工程酶的技术。

噬菌体展示技术可以使蛋白或多肽文库的体外选择展示在丝状噬菌体的表面。该技术是George P. Smith在1985年创立的。这种技术的巧妙之处在于利用一个噬菌体颗粒就可以将一段编码序列与其表达产物物理性连接起来。这只需要将编码序列克隆进噬菌体基因组内，并与一个编码噬菌体衣壳蛋白的基因融合。表达的融合蛋白在噬菌体颗粒上装配导致了奇异的颗粒的形成，结果外源基因产物（蛋白或多肽）便展示在了噬菌体颗粒表面。这种奇异的噬菌体颗粒是一种小的可溶性装配，模拟并简化了基因型-表型的连接，而后者是活细胞进化选择所必需的。

1. 构建噬菌体展示库的表达载体

在噬菌体展示技术中应用最广泛的噬菌体是丝状噬菌体，如M13、f1或fd，它们能在广泛的 pH（2.5～11）和温度（最高达 80℃）环境中生存。外源蛋白以与丝状噬菌体衣壳蛋白（主要是 g8p 或 g3p，还有 g6p、g7p 或 g9p）融合的形式被展示出来（图 10-11），其中选择 g8p 或 g3p 作为外源蛋白或多肽展示的载体分子是最广泛的。

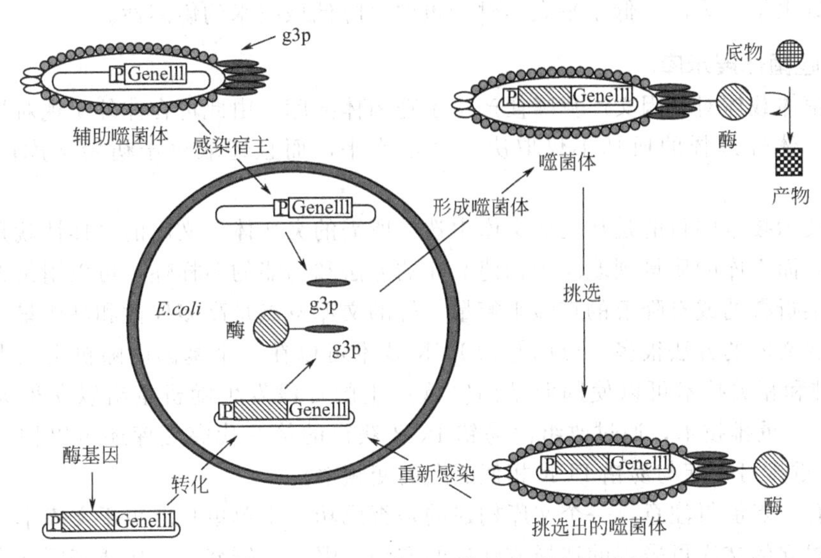

图 10-11　通过噬菌体展示体外酶的选择原理

由于丝状噬菌体不是溶菌性的，因此，在噬菌体的基因组中插入一个抗药性基因后可用以筛选被感染的细菌。噬菌体的复制型（replicative form，RF）是环状双链 DNA，可以像质粒一样进行纯化和克隆，因此，这样的噬菌体可设计成表达载体。几种带有多克隆位点和遗传标记的噬菌体载体已经用于该技术中。大多数噬菌体复制型载体都很大（≈10kbp），但拷贝数很低（1 个细胞中约 1 个拷贝），因此，在构建库时需要制备大量高纯度的噬菌体复制型，通常采用大量制备和氯化铯纯化法。

噬菌体载体的主要优点是插入片段的装载容量大，能进行大片段外源 DNA 的克隆。大多数噬菌体载体的感染效率都很高，通常 1 μg DNA 构建的噬菌体基因文库转染宿主菌后，能得到 10^6～10^7 以上的原始库容量。此外，利用噬菌体载体构建的基因文库是以重组噬菌体颗粒的形式保存和扩增的，这些重组噬菌体颗粒的感染活性在 4℃环境中极为稳定，允许长期保存。然而应用噬菌体载体构建文库时，局限性是可行而有效的文库筛选方法非常有限。

在噬菌体载体中，融合蛋白是唯一的衣壳蛋白。如果外源多肽或蛋白质是可耐受的，在体内不被降解，就可以进行多价展示。这样，在一个噬菌体颗粒表面就可以展示几千个拷贝的外源多肽或 3～5 个拷贝的外源蛋白。在挑选弱结合物时常采用高水平展示的形式，即多价结合，增强结合力。

然而，高水平表达并不总是耐受的，于是人们设计了降低表达水平的其他系统。在这些系统中，融合蛋白由一个噬菌粒展示载体编码，但噬菌粒需要在一个带有野生型衣壳蛋白基因的辅助噬菌体的激发下才能产生。由于噬菌体在装配时会首选野生型的衣壳蛋白，因此融合蛋白展示的水平会降低至平均每个噬菌粒不足一个拷贝的水平（见图 10-10）。

在挑选强结合配体时需要单价展示。在这种情况下，单拷贝就足以使噬菌体与固定化配体相结合。为了能有效地展示毒蛋白，人们已经设计出一种噬菌粒载体，其上的融合蛋白的表达受诱导性启动子的控制。这种启动子只有在辅助噬菌体侵染时才被诱导活化。与噬菌体相比，噬菌粒载体也易于进行 DNA 操作（分子小，拷贝数高），但展示的水平很难控制，而且在某些情况下，展示水平低到每个噬菌体不足一个拷贝。由于非特异性噬菌体在选择时有很高的背景水平，因此，低水平表达融合蛋白会降低该技术的敏感性。

2. 构建噬菌体展示库

应用噬菌体载体对基因文库克隆便产生了噬菌体文库，由此可在体外实现对目的基因的选择性富集。体外选择的成功不仅取决于展示水平，而且还取决于初始文库的质量和多样性。

噬菌体展示技术的目的是从突变文库中选择所需的突变体。文库的多样性就是它所囊括的克隆总数，而文库的质量则取决于构建文库的方法和功能的多样性，可以用是否含有不稳定的或有错误折叠的或有降解的克隆来衡量。好的文库特点是高多样性和高质量。

构建突变文库的方法很多。应用易错 PCR 技术可以在一个基因内随机引入点突变，应用 DNA 重排和相关技术可以使同源基因家族产生的片段发生随机重组以获得大量的多样性。应用 DNA 重排技术，通过改组由易错 PCR 获得的第一代突变库还可以构建第二代突变库。DNA 重排可引起与易错 PCR 相似的点突变频率。

最后还有一点值得注意，一个文库构建的是否成功，不单单只取决于文库本身，还应同时考虑对所建立的文库可采用的选择或筛选的方法。因此，研究者在构建基因文库之前，就应该根据具体的研究条件，合理地确定出最佳的从文库中挑选出目标酶的方法，甚至是多种方法，这样才能构建出高质量的文库，并利用好文库获得理想的结果。

第六节 环境库和噬菌体展示库的筛选

一、环境库的筛选

探索和研究自然界中的物质及其应用已成为生物技术工业的主要内容。将环境 DNA 插入载体、构建文库，利用微生物多样性筛选目的基因或基因簇是一种获得新酶分子、新天然产物和新分子结构的有效方法。对环境文库的筛选主要是基于重组株的表型或酶催化活性或核苷酸顺序。

基于活性的筛选法通常简单易行，多用于大量克隆的检测，该方法可直接从文库中选出具有目的活性的克隆。例如从一个土壤样品的 286000 个 DNA 克隆中人们分离出了编码酯酶的三个新基因。无毒的化学染料和不溶性或带有发色团的酶底物衍生物可直接加入到固体培养基中，宿主菌的单个克隆就会显示出其特定的代谢能力。这种高灵敏筛选法能从大量菌株中筛选出少量的目的克隆，两个经典实例是脱氢酶和脂肪酶/酯酶的筛选。大肠杆菌脱氢酶可以在含有醇类底物如 4-羟基丁酸和指示剂四唑的平板上筛选：氧化型四唑溶于水，无色或浅黄色，被还原后在细胞中形成深红色不溶性沉淀。底物通过中心代谢的酶促机制被氧化，电子通过传递链最终传给四唑。因此，能够具有酶催化活性的菌落呈红色，而无活性的菌落保持无色。

基于酶催化活性的筛选法的原理是针对重组菌株某种高特异性表型而设计的。最可靠的方法是使用缺陷型突变株，该菌株在选择环境下生长必需的基因呈异源补偿。

除了上述简单的平板检测外，多种高通量筛选方法已经建立，这些方法尤其适用于大量克隆的筛选，许多方法已实现自动化。迄今，这些高通量筛选法的建立都是源于对环境库的筛选，其中阳性克隆的比例都比较高。应用一个天然富集了目的产物的环境样品构建的文库，筛选到的阳性结果的比例定会极大地增加。比如，来自温泉的样品往往是获得耐热酶的良好来源，而深海和极地海洋则是耐寒酶的资源库，后者已应用于低温加工过程，如食品和皮革的加工。

从环境库中筛选出的目标环境基因可作为定向进化和 DNA 重排的起始物质。新的高活性组合和接下来的修饰的结果是提供了极具商业价值潜力的生物分子。这一新兴的研究领域——探索自然界的生物多样性与高通量筛选系统，将对未来的微生物技术产生重大的影响。

二、 噬菌体展示库的选择

用体外选择的方法可以从噬菌体展示库中分离目的基因。实际上，利用表达产物的特性可以从噬菌体库中挑选出目的蛋白质或多肽，而它们相应的基因就可以用简单的侵染法来实现复制和扩增。由于实验操作简单，噬菌体展示技术主要用于选择特异的多肽或蛋白质结合物，如图 10-12 所示。

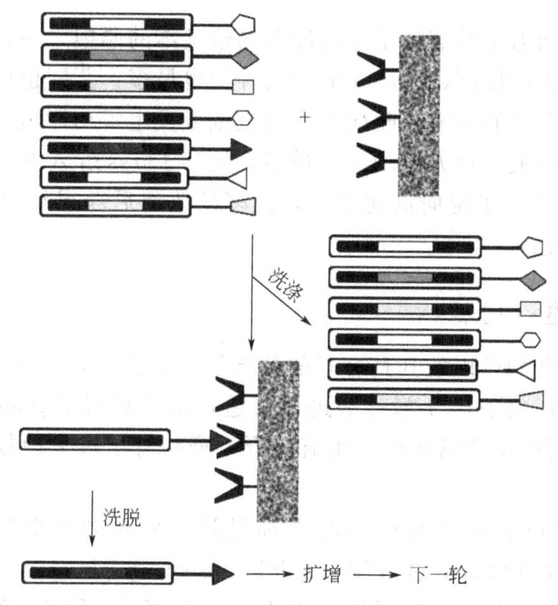

图 10-12 表面于丝状噬菌体表面的酶的体外选择原

选择过程的核心是亲和选择（affinity selecting）：将目标酶的配体固定到固体支持物上，用以捕获文库中有特异性结合的噬菌体。非亲和性或低亲和性的噬菌体通过洗涤而除去，而高亲和性的噬菌体可通过特异或非特异的方法进行洗脱而回收，如利用可溶性配体的竞争、改变 pH 值、蛋白质水解或化学裂解等。洗脱回收的噬菌体侵染大肠杆菌而得到扩增，进而进行分析或进入下一轮的选择。这一过程如同淘洗沙金，故称为“生物淘洗”（panning）。经过多轮淘选通常可以选择到所希望的带有目的基因的重组噬菌体克隆。亲和选择法是目前最快速的选择方法，与逐个克隆筛选的方法相比，其效率要高很多。

如果所需的性状无法为有效选择目标克隆提供便利，则通常可将这种性状与另一种分子相偶联，并应用噬菌体展示等系统，同样采用生物淘洗法在体外选择相偶联的分子。

第七节 酶定向进化的应用

定向进化为酶的分子改造开辟了新的途径，使我们能够更快、更多地了解酶的结构与催化功能之间的关系，在其出现的短短十几年内已发展成一门相当成熟的蛋白质（酶）的改造技术，它的应用极大地促进了酶工程、代谢工程、合成生物学以及医药等领域的发展，进而推动了生物催化在体内外应用的蓬勃发展。

在不同的工业加工流程中，工业酶的催化反应通常处于高温、有机溶剂或极端酸碱等环境中，这就与天然酶的性质发生冲突，而且有时要求一种酶能对不同的底物都起作用，甚至是自然界中不存在的底物。这一切都需要对酶做进一步的改造，使之满足需要。运用定向进化技术对现有酶类进行改良，已获得了许多满意的结果，总体上，将定向进化应用于酶分子的改造主要体现在以下几个方面。

一、 提高酶分子的催化活力

提高酶分子的催化活力是对酶分子进行改造的最基本的愿望之一，大多数酶的定向进化都涉及对目标酶催化活力的提高，所涉及的酶的种类也最多，范围也最广，这当中不乏还同时提高了酶的稳定性、分泌的效率，改变了底物范围或发生了功能组合等，这些因素或环节都与酶活力的体现密切相关。这方面的实例最多，例如 Larsson A K 等采用 DNA 改组技术对人谷胱甘肽-S-转移酶进行了定向进化改造，经多轮改组后获得针对不同底物活力提高了65～175 倍的高活性进化酶。

二、 创造新的酶活性（功能）

利用定向进化法改造酶可以使其具有新的特异性和活性。例如 M. Dion 等采用 DNA 改组的方法对来自特莫氏属的嗜热 β-糖苷酶进行改造，最终获得了 β-转糖苷酶活性明显提高的进化酶，其转苷酶活性/水解酶活性的比值较野生型酶有了极大地提高，进化酶的功能发生了明显的改变。

此外，定向进化可以补充不够理想的合理设计，从而创造出具有全新功能的新酶。A. R. Fersht 等将吲哚-3-甘油磷酸合成酶（indole-3-glycerol-phosphate synthase，IGPS）中 α/β-桶蛋白支架进行氨基酸替换，再通过 2 轮 DNA shuffling 和 StEP 重组，得到一个突变体，它具有了磷酸核糖邻氨基苯甲酸异构酶（phosphoribosylanthranilate isomerase，PRAI）的活性，而且它比野生型 PRAI 的活性高 6 倍，同时失去了 IGPS 的活性，这说明其活性转变成了磷酸核糖邻氨基苯甲酸异构酶（phosphoribosylanthranilate isomerase，PRAI）的活性。

H. S. Kim 等运用合理设计与定向进化相结合的方法，进行了一项关于酶新功能进化的出色工作，成功地在人乙二醛酶Ⅱ的支架中载入了细菌金属 β-内酰胺酶的催化活性，这项研究成果发表在 2006 年 1 月的《科学》杂志上。这两种酶是金属水解酶家族的两个成员，它们在序列上仅有很弱的相似性，在功能上也不相同，但有相似的整体结构。H. S. Kim 的研究小组运用合理设计的方法，获得了乙二醛酶Ⅱ的支架，然后采用定向进化的策略，从金属 β-内酰胺酶家族中挑选出催化位点序列，运用重叠-易错 PCR 技术将它们融入乙二醛酶Ⅱ的支架中，经多轮筛选最终获得了一个具有人体乙二醛酶Ⅱ支架和活性高于野生型金属 β-

内酰胺酶160倍的工程酶。这些工作证明了将合理设计与定向进化理论结合，能创造出具有全新功能的新酶，获得了巨大的成绩。

H. S. Kim等人上述成果的意义还在于：这是一种新的方法，研究者可采用相似的方法将一种渴望得到的酶的催化活性引入他们所选择的任何蛋白质支架中。各种可能性的获得可能仅仅受限于研究者的想象力，这正如Kim H S所言："作为一种可创造大量新的催化剂以用于执行多样性反应的方法，它可以应用到其他的蛋白质支架中"。相对于提高已知酶类的催化活性而言，创造一种全新的酶，一种还没有通过进化获得的催化活性，更能引起人们的兴趣。

酶的模块重组或互换有时可构建出新酶，这是把模块看作是构建新酶的元件。例如，某酶的活性位点位于两个模块的界面上，其中一个包含了催化残基，另一个对酶的特异性有影响，可以通过这种结构域互换来构建新酶。

三、 提高酶分子的稳定性

提高酶分子的多种稳定性，主要是热稳定性，是分子酶学工程的一个重要目标。在工业生产中，通常高温可以提高底物溶解度，降低介质黏度，减少微生物污染和提高反应速率等。每种酶在一定条件下都有一个适宜的温度范围，提高或降低温度都将导致酶活力有不同程度的下降。对于大多数工业用酶制剂来说，具有良好的热稳定性才实用，应用价值才高。寻找热稳定性酶和提高酶的热稳定性一直是生产和科研关注的热点。大多数提高酶分子热稳定性的随机突变实验结果显示，单个氨基酸残基突变可使酶的熔化温度（T_m）升高1～2℃。酶分子两点或三点突变体的T_m值研究结果显示，单点突变的自由能具有累加效应。此外，在酶的热稳定性的定向进化中，筛选比选择更加有效。在筛选中，利用平板菌落影印，使宿主细胞避免了检测热稳定性所需的高温。

借助DNA改组，Ki-Hoon Oh等同时提高了来自根癌农杆菌（*Agrobacterium tumefaciens*）*N*-氨基甲酰-D-氨基酸酰胺水解酶的氧化稳定性和热稳定性。与其他突变体相比，他们得到的最佳突变体不但提高了热稳定性，而且不易被过氧化氢失活。之后的研究发现，其中4个突变有助于增加氧化稳定性和热稳定性，另外2个突变只对增加氧化稳定性起作用。

有时候需要将常温生物中的酶在低温中应用，如洗涤剂中的蛋白酶、酯酶等，这就需要提高常温酶在低温条件下的活力。

四、 适应特定的催化系统或环境

天然酶在生物体内存在的环境与酶的实际应用环境往往不同，如天然酶在生物体内不会接触高浓度的有机溶剂，而当将其应用于酶工业与洗涤剂工业中的时候，就必须适应人为创造的恶劣环境，即使在高浓度的有机溶剂中也要保持较高的活性。有机溶剂可以提高有些底物如脂质的溶解度或提高专一反应的速率，但天然酶在有机溶剂中即使有时能保持天然构象也极易失活，因此，在应用环境中对酶分子定向进化就十分必要。最经典的实例是对枯草杆菌蛋白酶E的定向进化，获得的突变体在非水相（如二甲基甲酰胺、DMF）中催化肽合成反应时，活力远高于野生型酶。

天然酶在生物体内不会接触到人工添加的去离子螯合剂，而酶在应用中，如应用于洗涤剂工业的时候，就必须在螯合剂存在的环境中保持活力，因此，有必要改变大多数应用的蛋白酶依赖金属离子来保持其活性或稳定性的性质。

五、 提高底物专一性或拓宽特异性底物范围

提高（改进）酶的底物专一性往往可以提高酶的工业化应用价值。一些研究表明，通过定向进化可成功地改变酶的 K_m 值，这说明通过定向进化可以改变酶的底物专一性，使作用的底物更特异；或相反，有些酶通过定性进化拓宽了酶的特异性底物范围，使其更适合工业应用。例如大肠杆菌 D-2-酮-3-脱氧-6-磷酸葡萄糖酸（D-KDPG）醛缩酶能催化以 D-KDPG 为底物的高度专一性缩醛反应。S. Fong 等利用易错 PCR、DNA 改组和筛选，获得一个能催化非磷酸化的 D-甘油醛和 L-甘油醛的进化酶。值得注意的是，六个突变点都远离活性位点。酶法生产头孢菌素类抗生素是一条既经济又环保的途径，但自然界中不存在高效的头孢菌素 C 酰化酶（CPC acylase）。研究者们通过合理设计、定向进化等技术成功地改变了戊二酰基-7-氨基头孢烷酸酰化酶（GL-7-ACA acylase）的底物选择性，获得了可以高效识别头孢菌素 C 的突变酶，催化转化率达到 90%以上。

六、 改变对映体选择性

纯的对映体化合物的生产对化学和制药工业越来越重要。运用定向进化的方法，还可以提高酶的对映体选择性。比较成功的例子是 F. H. Arnold 等人运用易错 PCR 和饱和诱变的方法，成功地使一株倾向于 D 型底物的乙内酰脲酶发生转变，使之变得倾向于 L 型底物，经过分析，这种转变只需要一个氨基酸的替换。与野生型的催化蛋白相比，增加了 L-甲硫氨酸的产量，降低了不必要的产物积累。

研究表明，调整酶的底物/产物专一性对于合理化设计而言是十分困难的，但若采用定向进化的方法却很容易达到目的。酶的立体选择专一性可利用定向进化的方法加以改变，从而满足工业化生产的需求和提高酶的工业化应用价值。G. J. Williams 等人利用 DNA 改组重排，改变由 1,6-二磷酸己酮糖醛缩酶催化形成 C—C 键合成的立体化学，进而得到的醛缩酶以非天然的 1,6-二磷酸果糖为底物时，k_{cat}/K_m 值提高 80 倍，立体定向性提高了 100 倍。J. D. Carballeira 等采用 CASTing（多位点饱和突变）法定向进化绿脓杆菌脂肪酶，获得了具有对映体选择性的突变酶，可用于丙二烯的动力学拆分。

总结与展望

在工业生产中，天然酶分子通常不能满足实际需要，所以需要人们对其进行改造或设计新的酶分子以满足工业需求。酶的体外定向进化是近些年兴起的改造酶分子的新策略。理论上，酶分子本身蕴藏着很大的进化潜力，许多功能有待于开发，这也是酶的体外定向进化的先决条件。酶的定向进化是在酶基因开发的基础上，对基因进行改造，小到可改变一个核苷酸，大到可以加入或消除某一结构的编码序列。其应用的领域也随着定向进化新技术的发展逐渐扩大，现已涉及基因治疗、疫苗、食品、轻工业、农业和环境治理等方面。

定向进化不但解决了一些生物催化工程问题，而且还可以补充不够理想的合理设计，从而创造出具有全新功能的新酶。近年来随着核磁共振光谱学和 X 衍射晶体分析技术的不断进步，理性设计的能力将得到迅速发展，使我们对蛋白质折叠、动力学和构效关系有更好的理解。将定向进化和理性设计结合、综合理性设计和定向进化的优点的工程方法是将来推动生物催化剂发展的最有力的工具。然而，值得注意的是，酶的定向进化无法突破蛋白质的物

化极限，最终所需的酶功能必须是在物理和化学上可能发生的。

目前，酶的体外定向进化的有效方法已经建立，但还应探索扩展定向进化潜力的最佳途径和提高对突变的控制能力。选择/筛选方法也尚待发展与完善，有必要发展小型化分析和大规模高度自动化选择/筛选模式，特别是对那些无明显可借鉴表型的突变体的选择/筛选，可能是今后该领域研究者努力的目标。对于工业酶的开发，进一步的研究应重视那些实用潜力大的酶，而不是那些受限较多的酶：如膜限制酶、需要辅助因子辅助蛋白共同作用的酶。可以相信，不断创新的策略，不断进步的技术水平将使我们有可能进化出实际可用的多功能酶，甚至整个的生物合成通道。

体外分子定向进化策略证明进化可以发生在自然界，也可以发生在试管中。它的出现开创了蛋白质（酶）工程的新纪元，也加速了我们对生命过程的认识和理解。同时，这项技术也正带来巨大的商机，给人类社会带来了巨大的经济效益和社会效益。酶的体外定向进化的方法随着发展在不断完善，研究在不断地扩展。但是，在实际工作中需要对多方面进行探索以寻求最佳的方法和合理的途径。从突变、重组到筛选每个过程都要有良好的控制能力，创造出合理、多功能的酶类。因此，酶的开发潜力巨大，可以对工业、生活产生重要的影响。可以预见，定向分子进化的发展将使生物催化剂及催化过程以崭新的面貌出现在生命科学和生物技术“世界”。

参考文献

[1] Cao Hao, Gao Gui, Gu Yanqin, Zhang Jinxiang, Zhang Yingjiu. Trp358 is a key residue for the multiple catalytic activities of multifunctional amylase OPMA-N from *Bacillus* sp. ZW2531-1. APPL MICROBIOL BIOT, 2014, 98 (5): 2101-2111.

[2] Kuchner O, Arnold F H. Directed evolution of enzyme catalysts. Trends Biotechnol, 1997, 15: 523-530.

[3] Landwehr M, Carbone M, Otey C R, et al. Diversification of Catalytic Function in a Synthetic Family of Chimeric Cytochrome P450s. Chemi s t ry & Biology, 2007, 14: 269-278.

[4] Hiraga K, Arnold F H. General Method for Sequence-independent Site-directed Chimera genesis. J Mol Biol, 2003, 330: 287-296.

[5] Ostermeier M, Benkovic S J. Evolution of protein function by domain swapping. Adv Protein Chem, 2000, 55: 29-77.

[6] Fischbach M A, Lai J R, Roche E D, et al. Directed evolution can rapidly improve the activity of chimeric assembly-line enzymes. Proc Natl Acad Sci USA, 2007, 104 (29): 11951-11956.

[7] Park S H, Park H Y, Sohng J K, et al. Expanding substrate specificity of GT-B fold glycosyltransferase via domain swapping and high-throughput screening. Biotechnol Bioeng, 2009, 102 (4): 988-994.

[8] Labrou N E. Random mutagenesis methods for in vitro directed enzyme evolution. Curr Protein, 2010, 11 (1): 91-100.

[9] Kumar A, Singh S. Directed evolution: tailoring biocatalysts for industrial applications. Crit Rev Biotechnol, 2013, 33 (4): 365-378.

[10] Dalby P A. Strategy and success for the directed evolution of enzymes. Curr Opin Struct Biol, 2011, 21 (4): 473-480.

[11] Davids T, Schmidt M, Böttcher D, Bornscheuer U T. Strategies for the discovery and engineering of enzymes for biocatalysis. Curr Opin Chem Biol, 2013, 17 (2): 215-220.

[12] Kazlauskas R, Lutz S. Engineering enzymes by 'intelligent' design. Curr Opin Chem Biol, 2009, 13 (1): 1-2.

[13] Besenmatter W, Kast P, Hilvert D. New enzymes from combinatorial library modules. Methods Enzymol, 2004, 388: 91-102.

[14] Otten L G, Quax W J. Directed evolution: selecting today's biocatalysts. Biomol Eng, 2005, 22 (1-3): 1-9.

[15] Neylon C. Chemical and biochemical strategies for the randomization of protein encoding DNA sequences: library construction methods for directed evolution. Nucleic Acids Res, 2004, 32 (4): 1448-1459.

[16] Rubin-Pitel S, Cho C M H, Chen W, Zhao H. "Directed Evolution Tools in Bioproduct and Bioprocess Development" In Bioprocessing for Value-Added Products from Renewable Resources: New Technologies and Applications. New York: Elsevier Science, 2006: 49-72.

[17] Shim J H, Kim Y W, Kim T J, et al. Improvement of cyclodextrin glucanotransferase as an antistaling enzyme by error-prone PCR. Protein Eng Des Sel, 2004, 17 (3): 205-211.

[18] Shim J H, Seo N S, Roh S A, et al. Improved bread-baking process using Saccharomyces cerevisiae displayed with engineered cyclodextrin glucanotransferase. J Agric Food Chem, 2007, 55 (12): 4735-4740.

[19] Brakmann S, Johnsson K. Directed Molecular Evolution of Proteins. Weinheim: Wiley-VCH Verlag Gnnb H, 2002.

[20] NakaniwaT, Tada T, Takao M, et al. An in vitro evaluationof a thermostable pectate lyase by using error-prone PCR. Journal of Molecular Catalysis B: Enzymatic, 2004, 27 (2-3): 127-131.

[21] Feng H Y, Drone J, Hoffmann L, et al. Converting a β-Glycosidase into a β-Transglycosidase by Directed Evolution. J Biol Chem, 2005, 280 (44): 37088-37097.

[22] Zhou Zheng, Zhang Aihui, Wang Jingru, et al. Improgingthe specific synthetic activityof a penicillin Gacylase using DNA family shuffling. Aata Biochimica et Biophysica Sinica, 2003, 35 (6): 573-579.

[23] Kaper T, Brouns S J, Geerling A C, et al. DNA family shuffling of hyperthermostable beta-glycosidases. Biochem J, 2002, 368 (Pt 2): 461-470.

[24] Zhao H, Zha W. In vitro 'sexual' evolution through the PCR-based staggered extension process (StEP). Nat Protoc, 2006, 1 (4): 1865-1871.

[25] Huang S H, Wu T K. Modified colorimetric assay for uricase activity and a screen for mutant Bacillus subtilis uricase genes following StEP mutagenesis. Eur J Biochem, 2004, 271 (3): 517-523.

[26] 张今．进化生物技术——酶定向分子进化．北京：科学出版社，2004.

[27] Ness J E, Kim S, Gottman A, et al. Synthetic shuffling expands functional protein diversity by allowing amino acids to recombine independently. Nat Biotechnol, 2002, 20 (12): 1251-1255.

[28] Lutz S, Ostermeier M, Moore G L, et al. Creating multiple2crossover DNA libraries independent of sequence identity. Proc Natl Acad Sci USA, 2001, 98: 11248-11253.

[29] Arnold F H, Georgiou G. Directed Evolution Library Creation: methods and Protocols. Clifton: Humana Press, 2003.

[30] Nguyen A W, Daugherty P S. Production of randomly mutated plasmid libraries using mutator strains. Methods Mol Biol, 2003, 231: 39-44.

[31] Sylvestre J, Chautard H, Cedrone F. Directed Evolution of Biocatalysts. Organic Process Research & Development, 2006, 10: 562-571.

[32] Lutz S, Patrick W M. Novel methods for directed evolution of enzymes: quality, not quantity. Curr Opin Biotechnol, 2004, 15 (4): 291-297.

[33] Sambrook J, Russell D W. Molecular cloning: A Laboratory Manual. 3rd ed. New York: Cold Spring Harbor Laboratory Press, 2001.

[34] Arnold F H, Georgiou G. Directed Enzyme Evolution: Screening and Selection Methods. Clifton: Humana Press Inc, 2003.

[35] Lin H, Cornish V W. Screening and selection methods for large-scale analysis of protein function. Angew Chem Int Ed Engl, 2002, 41: 4402-4425.

[36] Tawfik D S. Directed enzyme evolution: Screening and selection methods. Protein Science, 2004, 13: 2836-2837.

[37] Woodyer R, van der Donk W A, Zhao H. Optimizing a biocatalyst for improved NAD (P) H regeneration: directed evolution of phosphite dehydrogenase. Combinatorial Chemistry & High Throughput Screening, 2006, 9 (4): 237-245.

[38] Zhang J. Evolution by gene duplication: an update. TRENDS in Ecology and Evolution, 2003, 18 (6): 292-298.

[39] Su Z, Wang J, Yu J, et al. Evolution of alternative splicing after gene duplication. Genome Research, 2006, 16

(2): 182-189.

[40] Conrad B, Antonarakis S E. Gene Duplication: a drive for phenotypic diversity and cause of human disease. Annual Review of Genomics and Human Genetics, 2007, (in press).

[41] BlaberM. Nano-dynamics: engineering allostery via tandem duplication and turn energetics. Trends Biotechnol, 2004, 22 (1): 1-2.

[42] Lajoie M, Bertrand D, El-Mabrouk N, et al. Duplication and inversion history of a tandemly repeated genes family. J Comput Biol, 2007, 14 (4): 462-478.

[43] Chen L, Wu L Y, Wang Y, et al. Revealing divergent evolution, identifying circular permutations and detecting active-sites by protein structure comparison. BMC Struct Biol, 2006, 6: 18.

[44] Kawakami M, Kawakami K, Stepensky V A, et al. Interleukin 4 receptor on human lung cancer: a molecular target for cytotoxin therapy. Clin Cancer Res, 2002, 8 (11): 3503-3511.

[45] Bennett M J, Eisenberg D. The evolving role of 3D domain swapping in proteins. Structure, 2004, 12 (8): 1339-1341.

[46] Bennett M J, Sawaya M R, Eisenberg D. Deposition diseases and 3D domain swapping. Structure, 2006, 14 (5): 811-824.

[47] Reeves G A, Dallman T J, Redfern O C, et al. Structural diversity of domain superfamilies in the CATH database. J Mol Biol, 2006, 360 (3): 725-741.

[48] Matthews B W. The structure of *E. coli* beta-galactosidase. C R Biol, 2005, 328 (6): 549-556.

[49] Kai Y, Matsumura H, Izui K. Phosphoenolpyruvate carboxylase: three-dimensional structure and molecular mechanisms. Arch Biochem Biophys, 2003, 414 (2): 170-179.

[50] Xu W, Ahmed S, Moriyama H, et al. The importance of the strictly conserved, C-terminal glycine residue in phosphoenolpyruvate carboxylase for overall catalysis: mutagenesis and truncation of GLY-961 in the sorghum C4 leaf isoform. J Biol Chem, 2006, 281 (25): 17238-17245.

[51] Rees H C, Grant S, Jones B, Grant W D, Heaphy S. Detecting cellulase and esterase enzyme activities encoded by novel genes present in environmental DNA libraries. Extremophiles, 2003, 7 (5): 415-421.

[52] BejaO. To BAC or not to BAC: marine ecogenomics. Curr Opin Biotechnol, 2004, 15 (3): 187-190.

[53] Lee C C, Kibblewhite-Accinelli R E, Wagschal K, et al. Cloning and characterization of a cold-active xylanase enzyme from an environmental DNA library. Extremophiles, 2006, 10 (4): 295-300.

[54] Solbak A I, Richardson T H, McCann R T, et al. Discovery of pectin-degrading enzymes and directed evolution of a novel pectate lyase for processing cotton fabric. J Biol Chem, 2005, 280 (10): 9431-9438.

[55] Smith G P. Filamentous fusion phage: novel expression vectors that display cloned antigens on the virion surface. Science, 1985, 228 (4705): 1315-1317.

[56] Fujita S, Taki T, Taira K. Selection of an active enzyme by phage display on the basis of the enzyme's catalytic activity in vivo. Chembiochem, 2005, 6 (2): 315-321.

[57] Williams G J, Nelson A S, Berry A. Directed evolution of enzymes for biocatalysis and the life sciences. Cell Mol Life Sci, 2004, 61 (24): 3034-3046.

[58] Fernandez-Gacio A, Uguen M, Fastrez J. Phage display as a tool for the directed evolution of enzymes. Trends in Biotechnology, 2003, 21 (9): 408-414.

[59] Takahashi-Ando N, Kakinuma H, Fujii I, Nishi Y. Directed evolution governed by controlling the molecular recognition between an abzyme and its haptenic transition-state analog. J Immunol Methods, 2004, 294 (1-2): 1-14.

[60] Tanaka F, Fuller R, Shim H, et al. Evolution of aldolase antibodies in vitro: correlation of catalytic activity and reaction-based selection. J Mol Biol, 2004, 335 (4): 1007-1018.

[61] Johannes T W, Zhao H. Directed evolution of enzymes and biosynthetic pathways. Current Opinion in Microbiology, 2006, 9 (3): 261-267.

[62] Rubin-Pitel S B, ZhaoH. Recent Advances in Biocatalysis by Directed Enzyme Evolution. Combinatorial Chemistry and High Throughput Screening, 2006, 9 (4): 247-257.

[63] Komeda H, Ishikawa N, Asano Y. Enhancement of the thermostabilityand catalytic activityof D2stereospecific amino acid amidase from Ochrobactrum anthropi SV3 by directed evolution. J Mol Catal B: Enz, 2003, 21 (4): 283-290.

[64] Kim Y W, Lee S S, Warren R A, et al. Directed Evolution of a Glycosynthase from *Agrobacterium* sp. Increases Its Catalytic Activity Dramatically and Expands Its Substrate Repertoire. J Biol Chem, 2004, 279 (41): 42787-42793.

[65] Larsson A K, Emren L O, Bardsley W G, et al. Directed enzyme evolution guided by multidimensional analysis of substrate-activity space. Protein Eng Des Sel, 2004, 17 (1): 49-55.

[66] Tars K, Larsson A K, Shokeer A, et al. Structural basis of the suppressed catalytic activity of wild-type human glutathione transferase T1-1 compared to its W234R mutant. J Mol Biol, 2006, 355 (1): 96-105.

[67] Kurtovic S, Runarsdottir A, Emren L O, et al. Multivariate-activity mining for molecular quasi-species in a glutathione transferase mutant library. Protein Eng Des Sel, 2007, 20 (5): 243-256.

[68] Oh Ki-Hoon, Nam Sing-Hun, Kim Hak-Sung, et al. Improvement of oxidative and thermostabilityof *N*-carbamyl-D-amino acid amidohydrolase by directed evolution. Protein Eng, 2002, 15 (8): 689-695.

[69] Kim J H, Choi G S, Kim S B, et al. Enhanced thermostability and tolerance of high substrate concentrationof an esterase by directed evolution. Journal of Molecular Catalysis B: Enzymatic, 2004, 27: 169-175.

[70] Spiwok V, Lipovova P, Skalova T, et al. Cold-active enzymes studied by comparative molecular dynamics simulation. J Mol Model, 2007, 13 (4): 485-497.

[71] Asano Y, Kira I, Yokozeki K. Alteration of substrate specificity of aspartase by directed evolution. Biomol Eng, 2005, 22 (1-3): 95-101.

[72] Doyon J B, Pattanayak V, Meyer C B, et al. Directed Evolution and Substrate Specificity Profile of Homing Endonuclease I-SceI. J Am Chem Soc, 2006, 128 (7): 2477 -2484.

[73] Wada M, Hsu C C, Franke D, et al. Directed evolution of N-acetylneuraminic acid aldolase to catalyze enantiomeric aldol reactions. Bioorg Med Chem, 2003, 11 (9): 2091-2098.

[74] Williams G J, Domann S, Nelson A, et al. Modifying the stereochemistry of an enzyme- catalyzed reaction by directed evolution. Proc Natl Acad Sci USA, 2003, 100 (6): 3143-3148.

[75] Carballeira J D, Krumlinde P, Bocola M, et al. Directed evolution and axial chirality: optimization of the enantioselectivity of Pseudomonas aeruginosa lipase towards the kinetic resolution of a racemic allene. Chem Commun (Camb), 2007, (19): 1913-1915.

[76] Nicole Rusk. Improving evolution. Nature Methods, 2006, 3 (4): 242.

[77] 方柏山，洪燕，夏启容．酶体外定向进化（Ⅱ）——文库筛选的方法及其应用．华侨大学学报（自然科学版），2005，26（2）：113-116.

[78] Park H S, Nam S H, Lee J K, et al. Design and evolution of new catalytic activity with an existing protein scaffold. Science, 2006, 311 (5760): 535-538.

[79] Roberto C, Nicolas D, Joeller N P. Semi rational approaches to engineering enzyme activity: combining the benefits of directed evolution and rational design. Current Opinion in Biotechnology, 2005, 16 (4): 3782-3841.

[80] Moore G L, Maranas C D. Predicting Out-of-Sequence Reassembly in DNA Shuffling. J theor Biol, 2002, 219: 9-17.

[81] Becker S, Schmoldt H U, Adams T M, Wilhelm S, Kolmar H. Ultra-high-throughput screening based on cell-surface display and fluorescence-activated cell sorting for the identification of novel biocatalysts. Curr Opin Biotechnol, 2004, 15 (4): 323-329.

[82] Dias-Neto E, Nunes D N, Giordano R J, Sun J, Botz G H, Yang K, Setubal J C, Pasqualini R, Arap W. Next-generation phage display: integrating and comparing available molecular tools to enable cost-effective high-throughput analysis. PLoS One, 2009, 4 (12): e8338.

[83] Matochko W L, Chu K, Jin B, Lee S W, Whitesides G M, Derda R. Deep sequencing analysis of phage libraries using Illumina platform. Methods, 2012, 58 (1): 47-55.

[84] Derda R, Tang S K, Li S C, Ng S, Matochko W, Jafari MR. Diversity of phage-displayed libraries of peptides during panning and amplification. Molecules, 2011, 16 (2): 1776-1803.

[85] Tripathi A, Varadarajan R. Residue specific contributions to stability and activity inferred from saturation mutagenesis and deep sequencing. Curr Opin Struct Biol, 2014, 24: 63-71.

[86] Scheuermann J, Neri D. Dual-pharmacophore DNA-encoded chemical libraries. Curr Opin Chem Biol, 2015, 26: 99-103.

[87] Wichert M, Krall N, Decurtins W, Franzini R M, Pretto F, Schneider P, Neri D, Scheuermann J. Dual-display of small molecules enables the discovery of ligand pairs and facilitates affinity maturation. Nat Chem, 2015, 7 (3): 241-249.

[88] Xiao H, Bao Z, Zhao H. High Throughput Screening and Selection Methods for Directed Enzyme Evolution. Ind Eng Chem Res, 2015, 54 (16): 4011-4020.

[89] Wan N W, Liu Z Q, Xue F, Huang K, Tang L J, Zheng Y G. An efficient high-throughput screening assay for rapid directed evolution of halohydrin dehalogenase for preparation of β-substituted alcohols. Appl Microbiol Biotechnol, 2015, 99 (9): 4019-4029.

[90] Pitzler C, Wirtz G, Vojcic L, Hiltl S, Böker A, Martinez R, Schwaneberg U. A fluorescent hydrogel-based flow cytometry high-throughput screening platform for hydrolytic enzymes. Chem Biol, 2014, 21 (12): 1733-1742.

[91] Ostafe R, Prodanovic R, Nazor J, Fischer R. Ultra-high-throughput screening method for the directed evolution of glucose oxidase. Chem Biol, 2014, 21 (3): 414-421.

[92] Dietrich J A, McKee A E, Keasling J D. High-throughput metabolic engineering: advances in small-molecule screening and selection. Annu Rev Biochem, 2010, 79: 563-590.

[93] Bashton M, Chothia C. The generation of new protein functions by the combination of domains. Structure, 2007, 15: 85-99.

（张应玖）

第三篇

应用酶学

第十一章 酶制剂的应用

第一节 概　　论

当前酶工程的研究目标除了探究酶的催化机制，揭示生命现象的本质外，其最重要的目标就是推动酶走向应用。现代意义下的酶，已经不单单是一个产品类型，它融合到了现代生物产业的方方面面，成为一个不可缺少的组成部分。酶作为生物催化剂，在许多反应过程中具有不可替代的作用。酶催化剂作为生物进化的表现形式，比一般的化学催化剂更符合现在社会进步和发展的需要，它可以在非常温和的条件下高效、专一性地催化底物转变为产物，这无疑是向我们展示出一幅广阔的应用前景。通过酶，尤其是固定化酶的催化作用，可以简化生产工艺、降低生产成本、改善操作环境，其经济效益是非常可观的。随着人们对环境保护和生活质量要求的提高，酶在医药、食品、纺织等领域的应用日益广泛。酶工程技术已成为生物工程领域的关键技术，无论是基因工程、蛋白质工程、细胞工程，还是发酵工程，都需要酶的参与。酶催化的高效性、特异性，产品的高效回收和反应体系简单等优点使酶工程技术成为现代生物技术的主要支柱之一。

现代酶工程技术始于20世纪中叶。随着微生物发酵技术的发展和酶分离纯化技术的提高，酶制剂生产开始走向规模化，并被应用于轻工、医药等生化过程。但在生产中发现，酶制剂存在着一些弱点，如稳定性差、反应条件（温度、离子强度、pH等）要求严格、酶量有限，因而在工业生产中使用酶时往往导致生产成本提高，严重地限制了酶在产业中的应用。应用新的技术手段来提高酶的活性和操作稳定性是非常必要的。20世纪60年代，酶固定化技术的诞生，改善了酶的稳定性，使酶在生化反应器中可以反复连续使用，极大地促进了酶工程技术的推广应用。70年代，基因工程与酶催化理论的结合，给酶工程技术带来了前所未有的生机。应用基因工程技术可以生产出高效能、高质量的酶产品，明显地降低了工业用酶产品的价格，这对工业用酶的市场产生巨大的影响。随着90年代后期蛋白质工程技术及相关学科知识的交叉和融会贯通，酶分子进化和改造技术的应用，酶的种类和数量迅速增加，酶的催化特性得以大幅度提高。反应体系的适应性更加广泛，多种类型的酶制剂（固定化酶、人工酶、抗体酶、化学修饰酶和杂合酶等）实现了产业化生产。酶工程技术已成为生物技术和产业之间的重要桥梁。

科学技术的发展，使人们能够在极端环境（高温、高压、高盐、低温及酸、碱环境等）下收集得到嗜极微生物，促进了新酶源的开发和有用酶的发现，从而带动了应用酶学的进一步发展。人们对酶工程技术的应用寄予了厚望。加强酶学理论的研究及应用技术的开发，促进酶在社会经济生活中的应用，已成为现代生物技术的主题。

一、酶制剂的市场和发展历史

自20世纪中叶以来，酶制剂的市场得到了蓬勃发展。据统计数据表明，1981年酶制剂生产量约 65000t，产值 4 亿美元；1985 年酶制剂约生产 75000t，产值约 6 亿美元。进入 90 年代后，市场上对酶制剂的需求进一步增强，以世界上最大的酶制剂生产商丹麦的 Novozymes 公司为例，1993 年酶制剂的销售额为 9 亿美元；1998 年产业用酶的销售额为 15 亿 1800 万美元；预计到 2016 年酶制剂的销售额将达 46 亿美元。由于产业用酶品种和产量的增加，一些新的酶制剂厂也在世界各地兴建。目前在世界上有影响的酶制剂厂主要有丹麦的 Novozymes 公司（占据了全球酶制剂市场份额的近一半），美国的 Genencor 公司，荷兰的 Gist-Brocades 公司，芬兰的 Alko 有限公司，德国的 Bayer AG 公司，芬兰的 Cultor 公司，比利时的 Sovay&Cie SA 公司，日本的宝生物和天野制药等。前三家酶制剂厂是世界上最有影响的酶制剂厂，其产品占整个市场的 74.3%。欧洲依然是酶制剂产业最发达的地区，这与该地区生物技术的悠久历史有密切关系。时至今日，酶工程技术在欧洲仍占主导地位，对酶工程技术的研究和开发得到政府、公司和研究机构的普遍重视。酶工程领域的研究项目主要集中于脂肪酶和磷脂肪酶的生产和利用、高温菌中多糖类物质的生产、酶法生产中间体、与酶生产相关的微生物基因组的研究，如枯草杆菌、酿酒酵母等基因组的解析。近年来，应用基因工程技术生产的酶制剂占市场的份额很大，洗涤剂用酶基本为基因工程产品。其他如饲料用酶、淀粉糖的生产已处于实用化阶段，新的应用市场还在不断地开拓。从总体来看，世界酶制剂的生产量每年以 8%左右的速度递增，酶制剂的生产品种已由原来的十多个发展为数十个品种。1994 年以来，酶制剂市场量最大的是洗涤剂用酶（图 11-1），第二位是淀粉加工用酶，其他依次为乳制品加工、制酒工业、纤维工业和饮料业等。

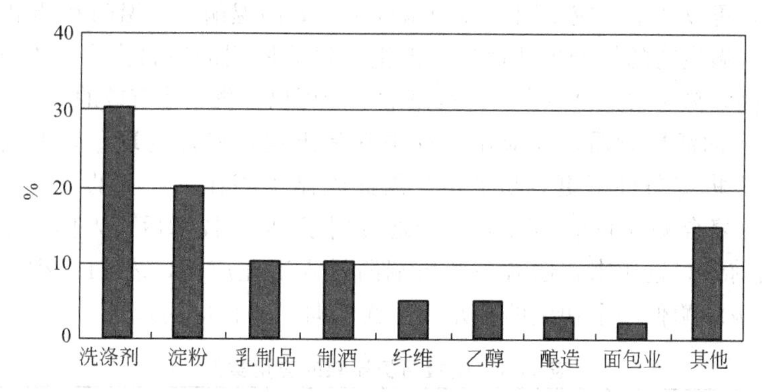

图 11-1 酶制剂在各行业中所占的百分比

其他是指在制革、造纸、畜牧、医药、日化及废水处理等工业的应用

我国的酶制剂工业起步于 1965 年，在无锡建立了第一个专业化酶制剂厂，当时的总产量只有 10t，品种只有普通淀粉酶。从“六五”到“十五”期间，我国酶制剂产品的生产量以每年 20%以上的速度增长，生产规模、产品种类和应用领域正在逐步扩大。随着生物技术的进步，酶工程领域的进入门槛不断降低，目前国内的酶制剂公司也在不断成长，据中国发酵工业协会统计，我国酶制剂生产企业曾多达 200 家，生产能力为 40 多万吨，但多数公司的规模偏小，同时存在研发投入比不足和产品过于单一等问题。产品以糖化酶、α-淀粉酶、蛋白酶为主，此外还有果胶酶、β-葡聚糖酶、纤维素酶、碱性脂肪酶、α-乙酰乳酸脱羧酶、植酸酶、木聚糖酶等。我国酶制剂产品主要应用于酿酒、淀粉糖、洗涤剂、纺织、皮革、饲料等行业。酶制剂推动了发酵工业和相关行业的发展，并产生了巨大的经济效益和社会效益，创造工业附加值数千亿元。

二、 酶制剂的来源及特点

自然界发现的酶已达数千种，工业上常用的酶只有数十种，而目前大量生产的酶仅有十余种。80%以上的工业酶是水解酶，它们主要用于降解自然界中的高聚物，如淀粉、蛋白质、脂肪等物质，蛋白酶、淀粉酶和脂肪酶是目前工业应用的三大主要酶制剂。蛋白酶可用于去污剂、奶制品业、皮革业等；淀粉酶用于烘焙、酿造、淀粉糖化和纺织业等；脂肪酶用于去污剂、食品和精细化工工业等。近些年来，新的有应用价值的酶正在不断地被开发。考虑到有数千种酶已经被鉴定和表征，酶在工业过程中的应用在将来是很吸引人的。某些氧化还原酶被广泛应用后，许多化学过程将产生完全新的产品，甚至产生某些出人意料的产品来代替石油化工产品。

大多数生物都是有用酶的来源，但实际上只有有限数量的植物和动物是经济的酶源，大多数酶是从微生物获得的。植物和动物来源的酶大多是食品工业的重要用酶。植物来源的酶有著名的木瓜蛋白酶、菠萝蛋白酶、无花果蛋白酶、麦芽淀粉水解酶、大豆脂肪氧合酶等。考虑到工业用酶的迅猛发展，大量生产植物来源的酶需要依赖植物的培养条件、生长周期和天气条件等，因而稳定的大规模生产还有一定的局限性。目前广泛使用的动物酶有猪胰蛋白酶和胃脂肪酶等。这些酶制剂的生产与相关产业政策有关。随着细胞工程和基因工程技术的发展，现在大部分工业用酶都通过发酵来生产。

微生物是酶制剂的重要来源，这是因为微生物存在物种的多样性和生长的快速性：①微生物的繁殖速度快。细菌在合适的条件下 20～30min 就可以繁殖一代。其生长速度为农作物的500倍，为家畜的1000倍。②微生物的种类繁多，酶的品种全。在不同环境下生存的微生物有不同的代谢途径，可以产生适应不同环境的酶分子，如高温酶、中温酶和低温酶；耐高盐酶，耐酸、碱酶等。③微生物的培养方法简单。微生物培养所用的原料大多为农副产品，来源丰富，机械化程度高，易于大批量生产。连续发酵生产可以提供经济有效的酶制剂产品。

酶作为大分子的活性物质，在应用过程中常常出现不稳定的现象，尤其是在高温、强酸、强碱和高渗等极端条件下更容易失活。因此限制了酶在工业上的应用。自第一个极端酶——嗜热 DNA 聚合酶（Taq PolⅠ）成功地应用于 PCR 技术后，人们开始不断地探索各种极端酶的应用前景，近年来，已有一些极端酶投入工业应用，表 11-1 列举了一些嗜极菌极端酶的应用。极端酶像一个初生的婴儿，正逐步向工业化应用迈进。

表 11-1 嗜极菌极端酶的应用实例

微生物	极端酶	应用产品
嗜热菌 50～110℃	淀粉酶 木糖酶 蛋白酶 DNA 聚合酶	生产葡萄糖和果糖 纸张漂白 氨基酸生产、食品加工、洗涤剂 基因工程
嗜冷酶 5～20℃	中性蛋白酶 蛋白酶 淀粉酶 脂酶	奶酪成熟，牛奶加工洗涤剂 洗涤剂 洗涤剂
嗜酸菌 pH<2.0	硫氢化酶系	原煤脱硫
嗜碱菌 pH>9.0	蛋白酶 淀粉酶 酯酶 纤维素酶	洗涤剂
嗜盐菌 0.5～5mol/L NaCl	过氧化物酶	卤化物合成

微生物酶的生产可以根据市场的需求来进行灵活调整，即简单地增加或缩小发酵微生物的规模，从而根据市场的变化在3～4个月内就能够放大生产。目前微生物酶开发的品种很多，产品的质量主要是在发酵后期的下游过程中进行调整。根据市场需要，厂家可以提供几个不同等级的酶制剂，如工业级、食品级及医药级。工业级的酶制剂纯度的要求不高；食品级和医药级的酶制剂纯度要求很严格，而且要进行产品毒性和安全性的评价。因为新型微生物在食品和医药界的应用，必须得到法定机构的安全性确认，整个过程要有很多资金投入。因而，目前大多数食品业工业微生物的使用还仅限于11种真菌、8种细菌和4种酵母菌，而作为适合于食品和医药用的酶的表达宿主菌也包括在这23种微生物中。

1977年，联合国农业粮食组织（FAO）和世界卫生组织（WHO）的食品添加剂专家联合委员会（JECFA）就有关酶的生产向21届大会提出了如下意见：①凡从动植物可食部位或用传统食品加工的微生物所产生的酶，可作为食品对待，无须进行毒物学的研究，而只需建立有关酶化学与微生物学的详细说明即可。②凡由非致病性的一般食品污染微生物所制取的酶，需做短期的毒性试验。③由非常见微生物制取的酶，应做广泛的毒性试验，包括慢性中毒在内。一般而言，酶作为天然提取物可以认为是安全的。真正有毒的酶是罕见的。某些酶制剂之所以有毒是因为酶分离纯化的不够，它含有微生物及环境中的一些致病毒素。因此，酶制剂在生产时需要通过安全检查（表11-2）。

表11-2 酶制剂的安全检查指标

项目	限量
重金属$\times 10^{-6}$/(g/g)	小于40
铅$\times 10^{-6}$/(g/g)	小于10
砷$\times 10^{-6}$/(g/g)	小于3
黄曲霉毒素	不准含有
活菌计数/(个/g)	小于5×10^4
大肠杆菌/(个/g)	不准含有
霉菌/(个/g)	小于100
铜绿假单胞杆菌/(个/g)	不准含有
沙门菌/(个/g)	不准含有
大肠杆菌样菌/(个/g)	小于30

酶与其他物质不同，它是通过催化活性来识别和出售的，而不是重量。因此，酶在储存时的生物活性与稳定性非常重要。工业生产中所用的酶极少是结晶的、化学纯的或单种蛋白质制剂。只要酶制剂中的这些杂质不干扰酶的活性，含杂质是被允许的，杂蛋白对酶有一定的保护作用。一般而言，含杂蛋白的酶制剂比纯品稳定，干燥品比液体制剂稳定。大多数工厂生产的酶制剂对酶稳定性的最高要求是：干燥品在25℃时保持6个月的活性，在4℃时保持12个月的活性；液体酶在25℃时保持3个月的活性，在4℃时保持6个月的活性。

酶制剂的价格与其活性及纯度有很大的关系。①大规模使用的酶，如淀粉酶、葡萄糖异构酶的纯度很低，价格便宜，可以大批购到。②纯度很高的酶，如临床分析用葡萄糖氧化酶和胆固醇氧化酶等，价格较为昂贵。与工业用酶相比，它们的使用量较少，在制备时需使用纯化技术和高劳务费用。③某些特定的研究用酶，如各种限制性内切酶等，它们的使用量有限，酶活性对环境要求严格，因此往往需要特制，价格昂贵。

当一个催化反应的工业过程被确定之后，如何选择合适的酶一般要考虑下列因素。①底物特异性：对于任何一个反应，不同来源和类型的酶在底物特异性上都有一些小的差别。例如糖化酶，既有高度特异性的酶，如阿拉伯糖或乳糖水解酶；也有广泛作用的酶，如淀粉糖化酶、葡萄糖苷酶。因此，首要问题是必须根据特定的反应过程来确定所使用的酶。②pH：工业生产中酶作用的 pH 范围非常重要。酶在不同的 pH 条件下，它的活性、特异性或热敏感性会发生改变。③温度：温度对酶反应速率的影响是很大的。当反应温度变化 10℃时，反应速率提高或降低一个数量级。高温时反应进行的速度将会更快，反应体系被杂菌污染的程度降低，但是高温会促使热敏感性酶失活。因而必须选择合适的反应温度，既有利于反应的快速进行，又有利于酶保持长久的活性。④激活剂和抑制剂：对于特定酶而言，激活剂和抑制剂是非常重要的。如果体系中含有酶的激活剂和抑制剂对于反应的成本能够有大幅度提高或降低，则必须考虑添加或消除它们。⑤价格因素：从经济方面考虑，这是一个非常重要的因素，并且受到多方面的影响，如国家政策、地域优势以及酶工程技术的发展和更新等。目前，先进国家的酶制剂品种的开发主要集中在：①食品加工用酶，特别是用于生产低聚糖的一些酶类，如葡萄糖转苷酶（生产异麦芽低聚糖）、β-果糖基果糖转移酶（生产乳果糖）、β-葡萄糖苷酶（生成半乳寡糖，以 β-1,4 结合为主），环糊精转移酶（CGTase）的蛋白质工程修饰，可以得到 α-、β-、γ-环状糊精各自显著增加的新酶。②饲料用酶中的重点产品是植酸酶，它有两种类型，即 3 位型植酸酶和 6 位型植酸酶，它们的作用类型都一样，只是特异性位点有差异。③纺织用酶，这里特别要提到的是原果胶酶（protopectinase）的开发与利用，它既可以除去对皮肤有刺痛作用的原果胶质，又可以提高染色性，改善高温高碱的操作环境，减少废液对环境的污染。④洗涤剂用酶，这个领域中主要研究开发四种酶，即碱性丝氨酸型蛋白酶、碱性脂肪酶、碱性纤维素酶和淀粉酶。研究重点在于通过蛋白质工程手段改善其催化性能或用基因工程方法提高其产量。另外，洗涤剂用酶的应用领域已经扩展到洁具、厨具及其他相关领域，生产也逐步由专业酶制剂转向洗涤剂生产厂。⑤临床诊断用酶、治疗用酶、化妆品用酶依然是受到重视的领域，其开发风险较大，成功后的经济效益也较高，这部分基本都由相关企业独自开发。

第二节 酶在食品加工方面的应用

生物技术在食品工业中应用的代表就是酶的应用。我国食品酶产业发展迅速，2010 年我国食品酶总产值达到 80 亿元，而且每年以 15%的速度增长。目前已有几十种酶成功地用于食品工业，如葡萄糖、饴糖、果葡糖浆的生产，蛋白制品加工，乳制品加工，啤酒酿造及饮料生产，果蔬加工，食品保鲜以及改善食品的品质与风味等。在食品加工过程中应用的酶制剂主要有 α-淀粉酶、糖化酶、蛋白酶、葡萄糖异构酶、果胶酶、脂肪酶、纤维素酶、葡萄糖氧化酶等。自 20 世纪 50 年代以来，由于以淀粉酶与葡萄糖异构酶为基础制备葡萄糖的工艺获得成功，使淀粉加工业成为酶制剂的主要应用领域。近年来其他酶的应用，尤其是氧化还原酶的开发又为食品工业增添了新的活力。基因工程技术对食品用酶的生产起到了很大的促进作用。

工业酶制剂全球领导者丹麦 Novozymes 公司生产的工业酶制剂占 2012 年全球工业酶制剂市场份额的 47%，其中食品酶占 Novozymes 酶制剂销售额的 28%。其生产的食品酶种类多样，包括复合蛋白酶（Protamex）、风味蛋白酶（Flavourzyme）、奶酪脂肪酶（Palatase）、碱性蛋白酶（Alcalase）、中性蛋白酶（Neutrase）和果胶酶（NovoShape）等。例如："Nova Myl" 是淀粉酶的制品，常用于保持面包的品质。由于该酶的出现，防止面包变硬的化学物质添加剂就可以少加。另外，其他一些公司也有基因工程化的食品用酶制剂，如德国 Bio Food 公司已生产基因工程化的淀粉酶、葡萄糖淀粉酶、普鲁兰酶、葡萄糖异构酶、葡萄糖氧化酶、酸性蛋白酶等。在奶酪生产中，美国 Pfizer 公司用大肠杆菌工程菌生产凝乳酶“chymax”，其价格比小牛胃中分离的凝乳酶降低一半。该酶的使用对 17 个国家 150 亿吨的奶酪生产有积极贡献。但是尽管生物技术的利用日趋活跃，在食品产业中基因重组酶在进入市场时仍需要进行安全检查。下面对食品工业所用的主要酶制剂作一简介（表 11-3）。

表 11-3 应用于食品工业中的酶制剂

酶名	来源	主要用途
α-淀粉酶	枯草杆菌、米曲霉、黑曲霉	淀粉液化，制造葡萄糖，醇生产，纺织品退浆
β-淀粉酶	麦芽、巨大芽孢杆菌、多黏芽孢杆菌	麦芽糖生产，酿造啤酒，调节烘烤物的体积
糖化酶	根霉、黑曲霉、红曲霉、内孢霉	淀粉、糊精、低聚糖降解为葡萄糖
蛋白酶	胰脏、木瓜、枯草杆菌、霉菌	肉软化，浓缩鱼胨，乳酪生产，啤酒去浊，香肠熟化，制蛋白胨
右旋糖酐酶	霉菌	牙膏、漱口水、牙粉的添加剂(预防龋齿)
纤维素酶	木霉、青霉	食品、发酵、饲料加工
果胶酶	霉菌	果汁、果酒的澄清
葡萄糖异构酶	放线菌、细菌	生产高果糖浆
葡萄糖氧化酶	黑曲霉、青霉	保持食品的风味和颜色
柑苷酶	黑曲霉	水果加工，去除橘汁苦味
脂氧化酶	大豆	烘烤中的漂白剂
橙皮苷酶	黑曲霉	防止柑橘罐头及橘汁出现浑浊
氨基酰化酶	霉菌、细菌	由 DL-氨基酸生产 L-氨基酸
磷酸二酯酶	桔青霉、米曲霉	降解 RNA，生产单核苷酸
乳糖酶	真菌，酵母	水解乳清中的乳糖
脂肪酶	真菌，细菌，动物	乳酪的后熟，改良牛奶风味，香肠熟化
溶菌酶	蛋清	食品中的抗菌物质
过氧化氢酶	黑曲霉	加工水产
花色苷酶	黑曲霉，米曲霉	分解花色苷色素
β-半乳糖苷酶	黑曲霉，米曲霉	加工乳品，制备面包，生产低聚半乳糖

一、制糖工业

1. 酶法生产葡萄糖

以前惯用酸水解法生产葡萄糖浆，但酸水解法在右旋糖当量值（DE）高于 55 时产生异味。1959 年，日本成功地应用酶法水解淀粉制葡萄糖。从此，葡萄糖的生产在国内外大都采用酶法。该法生产葡萄糖与酸水解法相比，具有许多优点（表 11-4）。酶法生产葡萄糖是以淀粉为原材料，先经 α-淀粉酶液化成糊精，再用糖化酶催化生成葡萄糖。淀粉酶是最早实现工业生产的酶，也是迄今为止用途最广的酶。

表 11-4 制造葡萄糖时酸糖化法与酶糖化法的比较

项目	酸糖化法	酶糖化法
原料淀粉	需要高度精制	不必精制
投料浓度	约 25%	50%
水解率	约 90%	98%以上
糖化时间	约 60min	24～48h
设备要求	需耐酸耐压(pH2，0.3MPa)	不需耐酸压(pH4.5，常温)
糖化液状态	有强烈苦味，色泽深	无苦味与色素生成
管理要求	为使水解率达到要求，管理困难，水解终止要中和	只需保温(55℃)，不必中和
收率	结晶收率 70%	结晶收率 80%，全糖收率 100%

用于淀粉加工的酶是α-淀粉酶（可从淀粉分子内部任意水解α-1,4糖苷键，使黏度降低，水解终产物为麦芽糖、低聚糖等）、淀粉葡萄糖苷酶（也称糖化酶，从淀粉的非还原末端水解α-1,4键生成葡萄糖，也可水解α-1,6键）。

制造葡萄糖的第一步是淀粉的液化。应用加热淀粉浆的方法使淀粉颗粒破裂、分散并糊化。淀粉先加水配制成浓度为30%～40%的淀粉浆，pH值一般调至6.0～6.5，添加一定量的α-淀粉酶后，在80～90℃的温度下保温45min左右，通过分解大的支链和直链淀粉分子使淀粉液化成糊精。由于一般细菌α-淀粉酶的最适温度仅为70℃，在80℃时不稳定，所以需要向淀粉乳液中添加Ca^{2+}和NaCl。自1973年使用最适温度为90℃的地衣形芽孢杆菌α-淀粉酶后，液化温度可提高到105～115℃，高温淀粉酶的发现和应用极大地缩短了淀粉液化时间，提高了液化效率。淀粉的液化程度以控制淀粉液的DE值在15～20的范围内为宜。DE值太高或太低都对糖化酶的进一步作用不利。液化完成后，将液化淀粉液冷却至55～60℃，pH调至4.5～5.0后，加入适量的糖化酶。保温糖化48h左右，糖化酶将聚合体水解成葡萄糖分子。

糖化酶在食品和酿造工业上有着广泛的用途，是酶制剂工业的重要品种。糖化酶的产生菌几乎全部是霉菌，如黑曲霉、盛泡曲霉（*Aspergillus awamori*）、臭曲霉（*Aspergillus foetidus*）、海枣曲霉（*Aspergillus phoenicis*）、宇佐美曲霉（*Aspergillus usamii*）、雪白根酶（*Rhizpus niveus*）、龚氏根霉（*Rhizpus delemar*）、杭州根霉（*Rhizpus hangchow*）、爪哇根霉（*Rhizopus javanicus*）以及拟内孢霉（*Endomycopsis* sp.）等。国内生产糖化酶的菌种主要是黑曲霉和根酶。黑曲霉糖化酶的最适温度在55℃左右。如果能提高糖化酶的最适反应温度，则淀粉液化和糖化过程就可以在同一个反应器中进行，既节省设备费用，降低冷却过程的能耗，也避免了微生物的污染。因此，对耐热性糖化酶的研制得到了极大的关注。最近从栖热球菌（*Thermococcus litoralis*）中分离得到糖化酶，最适反应温度可以达到95℃。该酶如果能够大量生产，将给淀粉糖化工业带来一场革命。

2. 果葡糖浆的生产

全世界的淀粉糖产量已达1000多万吨，其中70%为果葡糖浆。果葡糖浆是由葡萄糖异构酶催化葡萄糖异构化生成部分果糖而得到的葡萄糖与果糖的混合糖浆。葡萄糖的甜度只有蔗糖的70%，而果糖的甜度是蔗糖的1.5～1.7倍，因此，当糖浆中的果糖含量达42%时，其甜度与蔗糖相同。果糖是自然界中存在的最甜的糖品，而且热量低，适合怕热及肥胖人群食用；溶解度高；营养丰富，能直接供给热量代谢转化为肝糖的速度比葡萄糖快，能在无胰岛素的情况下代谢为糖原，不引起血糖增加。适用于糖尿病、肝病、低血糖症及婴儿、孕妇和老年人食用。

1966年日本首先用游离的葡萄糖异构酶工业化生产果葡糖浆，1967年美国Clinton Corn Processing Co引进日本技术，形成日产400t糖浆的规模，生产含果糖15%的果葡糖浆。1969年该公司研制出含42%果糖的果葡糖浆。此后，国内外纷纷采用固定化葡萄糖异构酶进行连续化生产。果葡糖浆生产所使用的葡萄糖，一般是由淀粉浆经α-淀粉酶液化，再经糖化酶糖化得到的葡萄糖，要求DE值大于96。将精制的葡萄糖溶液的pH调节为6.5～7.0，加入0.01mol/L硫酸镁，在60～70℃的温度条件下，由葡萄糖异构酶催化生成果葡糖浆。异构化率一般为42%～45%。

葡萄糖转化为果糖的异构化反应是吸热反应。随着反应温度的升高，反应平衡向有利于生成果糖的方向变化。异构化反应的温度越高，平衡时混合糖液中果糖的含量也越高（表

11-5)。但当温度超过70℃时，葡萄糖异构酶容易变性失活。所以异构化反应的温度以60～70℃为宜。在此温度下，异构化反应平衡时，果糖可达53.5%～56.5%。

表 11-5 不同温度下反应平衡时果葡糖浆的组成

反应温度/℃	葡萄糖/%	果糖/%
25	57.5	42.5
40	52.1	47.9
60	46.5	53.5
70	43.5	56.5
80	41.2	58.8

由表11-5可见，提高温度将促进果糖的生成，因此，得到耐高温的异构酶是非常重要的。目前已从嗜热的栖热袍菌属（*Thermotogo*）中分离出一种超级嗜热的木糖异构酶，其最适温度接近100℃，这种酶能把葡萄糖转化为果糖，这样就能在高温条件下提高果糖的产量。

异构化完成后，混合糖液经脱色、精制、浓缩，至固形物含量达71%左右，即为果葡糖浆。其中含果糖42%左右，葡萄糖52%左右，另外6%左右为低聚糖。

若将异构化后混合糖液中的葡萄糖与果糖分离，将分离出的葡萄糖再进行异构化，如此反复进行，可使更多的葡萄糖转化为果糖。由此可得到果糖含量达70%、90%甚至更高的糖浆，即高果糖浆。

通常葡萄糖异构酶是以固定化形式存在的，不同的公司应用不同来源的葡萄糖异构酶和不同的固定化载体制备了各种固定化酶。固定化的葡萄糖异构酶占固定化酶整体市场的份额最大，每年有数百万吨产品。

3. 饴糖、麦芽糖、高麦芽糖浆

饴糖在我国已有2000多年的历史，是用米饭同谷芽一起加热保温做成的。发芽的谷子内含丰富的α-淀粉酶和β-淀粉酶，米淀粉在这两种酶的作用下被水解成麦芽糖、糊精与低聚糖等。近年来国内饴糖已改用碎米粉、马铃薯淀粉等为原料，先用真菌淀粉酶液化，再加少量麦芽浆糖化，这种新工艺使麦芽用量由10%减到1%，而且生产也可以实现机械化和管道化，大大提高了效率，节约了粮食。β-淀粉酶作用于淀粉时，是从淀粉分子的非还原性末端水解α-1,4键切下麦芽糖单位，在遇到支链淀粉α-1,6键时作用停顿而留下β-极限糊精，因此，用麦芽粉酶水解淀粉时麦芽糖的含量通常低于40%～50%，从不超过60%，如果β-淀粉酶与脱支酶相配合作用于淀粉，则因后者切开支链淀粉α-1,6键，而得到只含α-1,4键的直链淀粉。由于麦芽糖在缺少胰岛素的情况下也可被肝脏所吸收，不致引起血糖水平的升值，所以可适当供糖尿病患者食用。

麦芽糖的制法如下，将淀粉用α-淀粉酶轻度液化（DE2以下），加热使α-淀粉酶失活，再加入β-淀粉酶与脱支酶，在pH5.0～6.0、40～60℃反应24～48h，淀粉几乎完全水解。当浓缩到90%以上时，可析出纯度98%以上的结晶麦芽糖，此时残留在母液中的还含有其他低聚糖，干燥后也可供食用。若将麦芽糖加氢还原便可制成麦芽糖醇，这时甜度为蔗糖的90%，是一种发热量低的甜味剂，可供糖尿病、高血压、肥胖病人食用。工业生产的脱支酶主要来自克氏杆菌（*Klebsiella pneumoniae*）或蜡状芽孢杆菌变异株（*Bacillus cerreas* var. *mycoides*），丹麦Novozymes于1980年获得一株酸解普鲁兰糖芽孢杆菌（*Bacillus acidopullulyticus*），生产的普鲁兰酶可耐pH值4.5，商品名Promozyme-200L。β-淀粉酶主要来自大豆（大豆蛋白生产时综合利用的产物）及麦芽，微生物也生产β-淀粉酶（主要为多黏芽孢杆菌、蜡状芽孢杆菌等），因这类微生物还同时生产脱支酶，故水解淀粉时麦芽糖的得率达90%～95%，但这类微生物的耐热性不是很理想。

高麦芽糖浆是含麦芽糖为主（≥50%），仅含少量葡萄糖（≤10%）的淀粉糖浆，由于麦芽糖不易吸湿，因此，国外糖果工业常用它代替酸水解淀粉糖浆，其制法是以含固形物35%、DE10左右的淀粉液化液，加入霉菌α-淀粉酶（Fungamyl 800L）0.5%～0.8%，于pH5.5、55℃水解48h再加以脱色精制浓缩而成，其DE40～50，含麦芽糖45%～60%、葡萄糖2%～7%以及麦芽三糖等。日本是用大豆β-淀粉酶水解低DE液化淀粉而制成的。麦芽糖浆的组成因所采用的原料和酶的不同而异，不同组成的糖浆风味也不一样。各种糖的组成见表11-6。

表11-6　高麦芽糖、饴糖、液体葡萄糖的组成　　%

名　称	高麦芽糖浆(DE47)	液体葡萄糖(DE47)	饴糖(DE47)
单糖(G_1)	3.0	24.0	9
双糖(G_2)	35.0	15.5	41
三糖(G_3)	15.3	15.0	14
四糖(G_4)	3.2	9.5	3
五糖(G_5)	2.0	7.5	—
六糖(G_6)	1.5	7.0	—
其他糖	21.5	20.3	33

4. 麦芽糊精

麦芽糊精是一种聚合度大、DE值低（20以下）的淀粉水解物，国外大量用在食品工业，以改善食品风味，因其无臭、无味、无色、吸湿性低、黏度高、溶解时分散性好，因而糖果工业用它降低甜度、减少牙病、预防潮解、延长保质期、并阻止蔗糖析晶；饮料中用它作为增稠剂、泡沫稳定剂；还用于粉末饮料及乳粉中，如奶粉、咖啡伴侣等，因麦芽糊精的流动性好、吸湿小、不结团，可以防止产品结块、加速干燥；制造固体酱油、汤粉时用它增稠，并延长保质期；在酶制剂工业中也可用来作为填料。市售麦芽糊精是由分子量不均一的寡糖所组成的，分为DE值5～8、9～13、14～18三种规格，DE值不同的麦芽糊精的性质不同，用途也不同。DE值愈低，黏度愈大，适于增加食品的骨体，稳定泡沫，防止砂糖结晶析出，而DE愈高则水溶性增加，愈易吸湿，加热容易褐变。

麦芽糊精的制法是，以淀粉为原料，加α-淀粉酶高温液化，水解到一定DE值时，脱色过滤、离子交换处理后喷雾干燥而成。用酸水解因长链淀粉易析出，形成白色浑浊，从而影响产品外观。由于所用α-淀粉酶的来源不同，液化方式应不同，所得麦芽糊精的组成成分也不一样，麦芽糊精的主要成分组成为G_8以下的G_3、G_6、G_7的低聚糖为主。

二、啤酒发酵

自1981年以来，我国啤酒工业从高速发展逐步走向稳定增长，产量从40万吨增加到5000多万吨；啤酒品种不断增多，质量不断提高，满足了消费需求不断增长的需要。在啤酒酿造过程中，从辅料液化、糖化、发酵到后处理阶段都要使用酶制剂。

在辅料液化时，使用高温淀粉酶处理，降低淀粉黏度，将淀粉液化成糊精。糖化过程中，需添加β-葡聚糖酶、木聚糖酶，降解葡聚糖及木聚糖等黏性物质，降低麦汁黏度，解决因黏度引起的过滤等问题。中性蛋白酶在发酵过程中可提高麦汁中的氨基酸含量，增加营养。糖化酶能提高发酵度，适用于干啤酒的生产。工业中一般将这些酶制成啤酒复合酶应用。

在发酵完毕后，啤酒需要加一些酶处理，以使其口味和外观更易于为消费者所接受。木瓜蛋白酶、菠萝蛋白酶、无花果蛋白酶或霉菌酸性蛋白酶都可以降解使啤酒浑浊的蛋白质组分，防止储存过程中的冷浑浊，延长啤酒的储存期，并提高啤酒中多肽和氨基酸的含量，改善口感；应用淀粉葡萄糖酶能够降解啤酒中的残留糊精，这一方面保证了啤酒中最高的乙醇含量，另一方面不必添加浓糖液来增加啤酒的糖度。这种低糖度的啤酒糖尿病患者也可以饮用。酸性蛋白酶、淀粉酶、果胶酶也用于果酒酿造，用以消除浑浊或改善溃碎果实压汁操作。糖化酶还可代替麸曲用于白酒、酒精生产，可提高出酒率（2%～7%），节约粮食，简化设备，节省厂房场地。

三、 蛋白制品加工

蛋白质是食品中的主要营养成分之一。以蛋白质为主要成分的制品称为蛋白制品，如蛋制品、鱼制品和乳制品等。酶在蛋白制品加工中的主要用途是改善组织，嫩化肉类，转化废弃蛋白成为供人类使用或作为饲料的蛋白浓缩液，因而可以增加蛋白质的价值和可利用性。

不同来源的蛋白酶在反应条件和底物专一性上有很大差别。在食品工业中应用的主要有中性和酸性蛋白酶。动植物来源的蛋白酶在食品工业上的应用很广泛，这些蛋白酶包括木瓜蛋白酶、无花果蛋白酶、菠萝蛋白酶，以及动物来源的胰蛋白酶、胃蛋白酶和粗凝乳酶。但是越来越多的微生物来源的蛋白酶被用于食品工业。中性蛋白酶的生产菌有枯草芽孢杆菌、地衣芽孢杆菌；酸性蛋白酶产生菌有灰色链霉菌（*Streptomyces griseus*）、米曲霉、黑曲霉、蜂蜜曲霉（*Aspergillus melleus*）等。蛋白酶作用后产生小肽和氨基酸，使食品易于消化和吸收。中性及酸性蛋白酶可用于肉类的软化、调味料、水产加工、制酒、制面包及奶酪生产。目前可得的制品有：①用木瓜蛋白水解酶、米曲霉蛋白酶等制成嫩肉粉，使肉食嫩滑可口；②用蛋白酶生成明胶；③香肠加工等；④加工不宜使用的蛋白质，制造蛋白水解物。皮革厂的边料、碎皮，鱼品加工厂的杂鱼，屠宰场的下脚料等，都含有大量的蛋白质，利用蛋白酶来分解这些废料，制造各种蛋白胨、氨基酸等蛋白水解物，可以获得医药、饲料、科研甚至营养食品所需的产品，用途十分广阔。特别是有些食品经蛋白酶适当的加工处理后，就可成为优良的食用蛋白或营养补品，大大提高利用价值，变废为宝。

除蛋白酶外，其他酶在蛋白制品的加工中也有作用。用溶菌酶处理肉类，则微生物不能繁殖，因此肉类制品可以保鲜和防腐等。葡萄糖氧化酶在食品工业上主要用来去糖和脱氧，保持食品的色、香、味，延长保存时间。用三甲基胺氧化酶使鱼制品脱除腥味等。

四、 水果加工

在瓜果蔬菜的加工过程中，其鲜味及果汁的口感非常重要。由于水果中含有大量的果胶、纤维素、半纤维素、淀粉及色素等，导致果浆的黏度高、压榨率低且难以澄清。因此，果汁生产中使用果胶酶、纤维素酶、淀粉酶、葡萄糖氧化酶等来解决这些问题。第一个应用在果汁处理工业中的是果胶酶。1930 年美国人 Z. J. Kertesz 和德国人 A. Mehlitz 同时建立了用果胶酶澄清苹果汁的工艺。从此果汁处理业发展成为一个高技术含量的工业。

水果加工中最重要的酶是果胶酶，果胶在植物中作为一种细胞间隙充填物质而存在，它是由半乳糖醛酸以 α-1,4 键连接而成的链状聚合物，其羧基大部分（约 75%）被甲酯化，而不含有甲酯的果胶称为果胶酸。果胶的一个特性是在酸性和有高浓度糖存在下可形成凝胶，这一性质是制造果冻、果酱等食品的基础，但在果汁加工上，却导致压榨和澄清过程发生困难。用果胶酶处理溃碎果实，可加速果汁过滤，促进澄清。全球商业果胶酶制剂销售量约占食品酶制剂销量的1/4。果胶酶是一群复杂的酶，包括①原果胶酶：可使未成熟果实中不溶性果胶变成可溶性；②果胶酯酶（PE）：水解果胶甲酯成为果胶酸；③聚半乳糖醛酸酶（PG）：水解聚半乳糖醛酸的α-1,4键，分内切型与外切型两种；④果胶酸裂解酶（PL）：从果胶酸内部或非还原性末端切开半乳糖醛酸α-1,4键生成果胶酸或不饱和低聚半乳糖醛酸；⑤果胶裂解酶（PNL）：内部切开高度酯化的果胶α-1,4键，生成果胶酸甲酯及不饱和低聚半乳糖醛酸。

果胶酶广泛存在于各类微生物中，各种微生物产生的果胶酶的组成不同，工业上使用黑曲霉、文氏曲霉或根霉等来生产。我国允许在食品中添加的果胶酶主要来自黑曲霉和米曲霉。

葡萄糖氧化酶可除去果汁、饮料、罐头食品和干燥果蔬制品中的氧气，防止产品氧化变质，防止微生物生长，以延长食品的保存期；如果食品本身不含葡萄糖则可将葡萄糖和酶一起加入，利用酶的作用使葡萄糖氧化为葡萄糖酸，同时将食品中残存的氧除去。水果冷冻保藏时，由于果实自身的酶作用容易导致发酵变质，也可用葡萄糖氧化酶保鲜。溶菌酶可防止细菌污染，起食品保鲜作用等。

酶在橘子罐头加工中有着很广泛的用处，黑曲霉所产生的半纤维素酶、果胶酶和纤维素酶的混合物可用于橘瓣去除囊衣，以代替耗水量大而费工时的碱处理。柑橘类果实中的苦味物质主要有柚皮苷等黄烷酮糖苷类化合物和柠檬苦素等三萜系化合物的衍生物，是导致柑橘汁苦味的主要原因。目前，柑橘汁脱苦问题的研究热点是采用酶法脱苦。利用球形节杆菌（*Arthrobactor globiformis*）固定化细胞的柠碱酶处理可消除柠檬苦素的苦味。

柚苷学名柚皮素-7-β-D-葡萄糖-α-L-鼠李糖，将柚苷分子中的鼠李糖水解除去，即成为不苦而略带涩味的普鲁宁，将普鲁宁分子中的葡萄糖去除就成为无味的柚皮素。黑曲霉产生的诱导酶有脱苦作用，称为柚皮苷酶，是由β-鼠李糖苷酶与β-葡萄糖苷酶所组成的，将其加于橘汁，经30～40℃作用1h便能脱苦；也可选用耐热性酶加入罐头中，在60℃巴氏杀菌后，在罐头中继续发挥脱苦作用。

五、酶改善食品的品质、风味和颜色

食品工业的一个重要方面是为食品或饮料改变风味和增色。酶在改善食品的品质和风味方面大有用处。

风味物质占世界添加剂市场的10%～15%，占市场价值的25%左右。有些风味物质是用有机化学方法合成的，但是越来越多的风味物质是用生物法合成的。风味酶的发现和应用，在食品风味的再现、强化和改变方面有广阔的应用前景。凡是影响食品风味的酶都称为风味酶。例如，用奶油风味酶作用于含乳脂的巧克力、冰淇淋、人造奶油等食品，可使这些食品增强奶油的风味。一些食品在加工或保藏过程中，可能会使原有的风味减弱或失去，若在这些食品中添加各自特有的风味酶，则可使它们恢复甚至强化原来的天然风味。

在面包制造过程中，在面团中添加适量的α-淀粉酶和蛋白酶，可以缩短面团的发酵时间，使制成的面包更加松软可口，色香味俱佳，同时可防止面包老化，延长保鲜期。脂肪酶在乳制品的增香过程中发挥重要的作用，适量的脂肪酶可增强干酪和黄油的香味。较浓风味的奶酪是用蛋白酶及脂肪酶处理得到的。将酶加入到煮沸过的凝乳中，在10～25℃保温1～2个月，酯酶与脂肪酶的比例越高，产物的风味效果越好。酯酶主要水解短链的水溶性脂肪，而脂肪酶则是水解长链的水不溶性的脂肪。应用酶复合物处理奶酪，能提高风味5～10倍。细菌中性蛋白酶用于水解蛋白质成为风味肽。

在葡萄酒的酿造过程中使用风味酶，如β-葡萄糖苷酶、α-鼠李糖苷酶、α-呋喃型阿拉伯糖苷酶等，可提高葡萄酒的风味。β-葡萄糖苷酶水解糖苷键，将萜烯类香气从结合态变成游离态，达到增香的目的。Martino等利用来源于黑曲霉的β-葡萄糖苷酶制剂研究其对白葡萄酒香气的影响，发现单萜类化合物，如香叶醇、香茅醇、松油醇等，是未经酶处理的含量的2倍。

六、乳品工业

在乳制品工业中使用的酶主要有：①凝乳酶：制造干酪；②乳过氧化物酶：牛奶消毒；③溶菌酶：添加在婴儿奶粉中；④乳糖酶：分解乳糖；⑤脂肪酶：黄油增香。其中以干酪生产与分解乳糖最为重要。全世界干酪生产所耗牛奶达一亿多吨，占牛奶总产量的1/4，干酪生产的第一步是将牛奶用乳酸菌发酵制成酸奶，再加凝乳酶水解κ-酪蛋白，在酸性环境下，Ca^{2+}使酪蛋白凝固，再经切块加热压榨熟化而成。动物性凝乳酶水解蛋白质的活力高，是干酪生产中的首选酶。但随着干酪产业的发展，通过宰杀小牛已无法满足生产的需要。自日本科学家发现微生物凝乳酶以后，现在约80%的动物来源酶已由基因工程重组微生物发酵生产的凝乳酶所代替，凝乳酶已成为仅次于淀粉酶的大商品。

乳糖酶可水解乳糖成为半乳糖与葡萄糖，牛奶中含4.5%的乳糖，这是缺乏甜味而溶解度很低的双糖。人体自身缺乏乳糖酶导致乳糖不耐受症，在我国是十分普遍的现象，表现为饮奶后常发生腹泻、腹痛等不良反应。用乳糖酶水解乳制品中的乳糖，可大大提高人体对乳制品的吸收和利用。而且乳糖难溶于水，常在炼乳、冰淇淋中呈砂样结晶析出，影响风味，如将牛奶用乳糖酶处理，可以解决上述问题。一种利用固定化黑曲霉乳糖酶处理牛奶生产脱乳糖牛奶的工艺已在西欧投产。

乳清是干酪生产的副产品，年产量达9万多吨（其组成成分的含量分别为脂肪0.2%，蛋白质0.7%，乳糖4%～4.5%和盐0.45%），因乳糖难于消化，历来做废水排放，严重污染环境，如用乳糖酶处理，当乳糖水解率达80%，其甜度可同DE40的葡萄糖浆相当而可供作食用或作为饲料，如再用葡萄糖异构酶处理，使部分葡萄糖转化为果糖则甜度可进一步增加，柯宁玻璃公司还用固定于多孔玻璃的黑曲霉乳糖酶分解乳清中的乳糖，用其生产面包酵母，年处理量达5000t。

乳制品的特有香味主要是加工时所产生的挥发性物质（如脂肪酸、醇、醛、酮、酯以及胺类等），乳品加工时添加适量的脂肪酶可增加干酪和黄油的香味，将增香黄油用于奶糖、糕点等食品制造可节约用量。还可在奶油中添加脂肪酶，以增加奶油的风味，如将米曲霉脂肪酶加入到奶油中可以产生干酪的特征香味。

乳过氧化物酶体系包括乳过氧化物酶、硫氰酸盐和过氧化氢，可以钝化一些细菌酶，阻止细菌的新陈代谢作用及增殖能力，达到抑制或杀灭细菌的作用。牛奶保藏在缺乏巴氏杀菌设备或冷藏的条件下可用过氧化氢杀菌，其优点是不会大量损害牛奶中的酶和有益细菌，过剩的过氧化氢还可用来自肝脏或黑曲霉的过氧化氢酶所分解。该体系只适用于保存鲜牛奶。

人奶与牛奶的区别之一在于溶菌酶含量的不同，母乳中溶菌酶是牛乳中的3000倍，在奶粉中添加卵清溶菌酶可以弥补牛乳中溶菌酶含量低的问题，促进婴儿肠道益生菌的增殖，防止感染。

七、 肉类和鱼类加工

酶在这方面的两个用途是改善组织、嫩化肉类及转化废弃蛋白成为供人类食用或作为饲料的蛋白浓缩物。

用酶嫩化牛肉，过去使用木瓜酶和菠萝蛋白酶，最近美国批准使用米曲霉等微生物蛋白酶，并将嫩化肉类的品种扩大到家禽与猪肉。蛋白酶软化肉类的主要作用是分解肌肉结缔组织的胶原蛋白，胶原蛋白是纤维蛋白，由副键连接成为具有很强机械强度的组成，这种交联键可分为耐热的和不耐热的两种，年幼动物中的胶原蛋白不耐热，交联键多，一经加热即行破裂，肉就软化；因年老动物的耐热交联键多，烹煮时软化较难，蛋白酶的主要作用是水解胶原，促进嫩化。但一般蛋白酶的专一性低，在水解胶原时不可避免地水解其他蛋白质，如肌肉收缩蛋白等，以致造成软化过度，因此，选择仅对胶原有专一性的、符合安全的胶原酶是必要的。工业上软化肉的方法有两种，一种是将酶涂抹在肉的表面或用酶液浸肉；另一种较好的方法为动物宰前用酶肌注，酶的软化作用发生在储罐，特别是烹煮加热时。

低值水产品本身的经济价值较低，但蛋白质含量非常大。用蛋白酶水解鱼蛋白，不仅蛋白含量高，水溶性好，必需氨基酸比例恰当，且品质优于整块鱼肉组织或鱼蛋白的浓缩物。适度水解蛋白质，可制备生物活性物质，包括活性肽、多糖及不饱和脂肪酸等。如利用胃蛋白酶、木瓜蛋白酶等水解鲢鱼蛋白，获得抗氧化肽，具有较强的清除1,1-二苯基-2-三硝基苯肼自由基的能力。蛋白酶还用于生产牛肉汁、鸡汁等来提高产品收率。此外，将酸性蛋白酶在pH中性时处理解冻鱼类，可以脱腥。利用微生物酸性蛋白酶处理碎片，抽提其胶原，成为可溶性胶原，这种可溶性胶原纤维遇盐或洗衣粉时便再生析出，可制人造肠衣。利用碱性蛋白酶水解动物血脱色来制造无色血粉作为廉价而安全的补充蛋白质资源已经研究成功并正在工业化中。

八、 蛋品加工

鸡蛋深加工，可生产蛋白粉、蛋黄粉等。在蛋白生产中，用葡萄糖氧化酶去除禽蛋中的微量葡萄糖，是酶在蛋品加工中的一项重要用途。葡萄糖的醛基具有活泼的化学反应性，容易同蛋白质、氨基酸等的氨基发生美拉德反应，使蛋白在干燥及储藏过程中发生褐变，损害外观和风味。干蛋白是食品工业常用的发泡剂，当蛋白发生褐变时，溶解度减小，起泡力和泡沫稳定性下降。为了防止这种劣变，必须将葡萄糖除去。过去虽用酵母或自然发酵法除糖，但时间长，品质不易保证。用葡萄糖氧化酶处理，除糖效率高，周期短，产品质量与效率高，并可改善环境卫生。

葡萄糖氧化酶的作用是催化葡萄糖脱氢，氧化成为葡萄糖酸，同时产生过氧化氢，后者受共存的过氧化氢酶催化分解为水和氧。一分子葡萄糖氧化酶在1min内可催化34000个葡萄糖分子。

工业上葡萄糖氧化酶从黑曲霉、青霉等提取，最适反应pH5.6左右，使用时将适量的酶与过氧化氢加入蛋白中，在35～40℃保温数小时，葡萄糖即被分解而去除，添加过氧化氢的目的在于提供葡萄糖氧化时有充分的氧，残余过氧化氢被过氧化氢酶所分解，有效的葡萄糖氧化酶中过氧化氢酶的活性很强，在添加过氧化氢以后即可看到大量的气泡形成，若过氧化氢酶的活力不足应逐步补加。为了提高酶的使用效果，利用固定化酶技术，将尼崎青霉（*Penicillium amagasakiens*）葡萄糖氧化酶同溶壁小球菌的过氧化氢酶按100：6相混合后包埋在聚丙烯酰胺凝胶之中，可用于蛋白脱糖。此外，蛋白中残留的卵黄或脂肪因影响发泡力，可用固定化脂肪酶处理而去除。

用磷脂酶处理蛋黄，将蛋黄中的卵磷脂大部分转化成乳化性能更优越的溶血卵磷脂，使蛋黄粉的乳化性大幅度提高，利用这种改性蛋黄粉加工蛋黄酱，可以使蛋黄酱的黏度提高30%以上。

九、 面包烘焙与食品制造

酶制剂作为安全的绿色食品改良剂，已经越来越广泛地应用于面包等烘焙食品加工中。目前，烘焙加工中广泛被使用的酶制剂有淀粉酶、脂肪酶、葡萄糖氧化酶、半纤维素酶等。

面粉中添加α-淀粉酶，可调节麦芽糖的生成量，使二氧化碳产生和面团气体保持力相平衡。蛋白酶可促进面筋软化，增加延伸性，减少揉面时间与动力，改善发酵效果。用于强化面粉的酶，以霉菌的酶为佳，因耐热性低，在烤焙温度下迅速失活而不致过度水解。用β-淀粉酶强化面粉可防止糕点老化。用蛋白酶强化的面粉制通心面条，延伸性好，风味佳。糕点馅心常用淀粉为填料，添加β-淀粉酶可改善馅心风味。糕点制造使用转化酶，使蔗糖水解为转化糖，防止糖浆中的蔗糖析晶。半纤维素酶，特别是戊聚糖酶在全麦面包生产中的应用可以增大面包体积，改善面团质量，明显提高面包的抗老化能力。葡萄糖氧化酶和过氧化物酶具有显著地改善面粉中面筋的强度和弹性、提高面粉品质的作用。

乳糖酶也用于添加脱脂奶粉的面包制造，乳糖酶分解乳糖生成发酵性糖，促进酵母发酵，改善面包色泽。面粉中含有少量脂肪酶（由面粉中存在的霉菌产生），可促使脂肪分解，生成不饱和脂肪酸，因此，以前认为面粉中应尽量减少脂肪酶的活力，但近年发现添加黄油或奶油的面团，使用脂肪酶可使乳脂中微量的醇酸或酮酸的甘油酯分解，由这些游离酸可生成δ-内酯或甲酮等有香味的物质，故适当使用可增进面包香味。

美国、加拿大制造白面包时，还广泛使用脂肪氧化酶（这种酶存在于大豆、小麦中），能漂白小麦面粉。以脱脂豆粉为酶源，按0.5%掺入面粉制造面包，在脂肪氧化酶的作用下，使面粉中的不饱和脂肪酸氧化，同胡萝卜素等发生共轭氧化作用而将面粉漂白。此外，这种酶由于氧化面粉中的不饱和酸，生成芳香的羰基化合物而增加面包风味，改善面团结构。

十、 食品保藏

酶法保鲜技术是利用酶的高效专一的催化作用，防止、降低或消除各种外界因素对食品生产的不良影响，达到保持食品的优良品质和风味特色，延长保藏期的技术。目前，葡萄糖氧化酶和溶菌酶已应用于果汁、果酒、水果罐头、糕点、奶制品、脱水蔬菜、肉类等各种食品的防腐保鲜中。

包装食品在储藏中变质的主要原因是氧化和褐变，许多食品的变质都与氧有关。褐变现象除食品中糖分的醛基同蛋白质的氨基发生反应外，果蔬中含有酚氧化酶，在氧的存在下也可使许多食物组成发生褐变，去氧还可减少因微生物的繁殖而导致的腐败，是保藏食品的重要措施。用葡萄糖氧化酶除氧的方法是将葡萄糖氧化酶——过氧化氢酶和葡萄糖、中和剂琼脂等制成凝胶，封入聚乙烯膜小袋，放入包装中以吸除容器中的残氧，防止油脂及香味成分的氧化或保持冷冻水产和家禽的鲜度。将酶、糖等混合涂于包装纸内层，可以防止黄油等产品的酸败。将酶加在瓶装饮料（果汁、啤酒、水果罐头等）中，吸去瓶颈空隙的残氧而延长保藏期。

为了减少保藏中因微生物作用而发生的变质，可使用鸡卵白溶菌酶来保存食品，这种酶对革兰氏阳性细菌有溶菌作用，用于肉制品、干酪、水产、清酒的保藏。由于溶菌酶对革兰氏阴性菌无杀菌作用，人们正在研究溶解革兰氏阴性菌及真菌细胞壁的微生物酶。

十一、其他

1. 用于制备生物活性成分

蛋白质是人体所必需的营养成分之一，它在人体内以氨基酸或肽的形式被吸收。近年来发现小肽类（2～7 个氨基酸）在人体吸收代谢中具有重要的生理功能，如抗菌肽、降血压肽、抗氧化肽等。利用蛋白酶的水解作用，适度水解蛋白质，使活性物质游离出来，是制备生物活性物质的主要方法。酶的选择要求酶的专一性强，并且不会随着水解度的提高而出现苦味。针对不同的底物，选用不同的混合酶，这样才能获得较好的氨基酸、二肽、三肽比例。通常选择胰蛋白酶和胰凝乳蛋白酶的混合物，因为胰蛋白酶能专一地与赖氨酸或精氨酸残基结合，而胰凝乳蛋白酶仅能水解酪氨酸、苯丙氨酸、色氨酸残基的肽键。另外，也可应用植物蛋白酶，如无花果蛋白酶、木瓜蛋白酶、菠萝蛋白酶。由蛋白质水解物所制备的活性肽类食品，具有易消化、易吸收、抗过敏、治疗低血压、降低胆固醇等多种特点和生理功能。目前，活性肽类食品在日本、美国、西欧均已上市，仅日本就有牛乳肽制品、大豆肽制品、胶原肽制品、蛋清肽制品、畜血肽制品等多种产品上市。

2. 海藻糖的生产

海藻糖是一种重要的二糖，具有非还原性、优质甜味、抗冷冻、抗干燥脱水等特性，在生命科学、医药、农业、食品、化妆品等领域都有着广阔的应用前景。20 世纪 90 年代后发展的酶转化法生产技术，海藻糖合成酶也得到了重视。1995 年，日本林原生化研究所报道用低聚麦芽糖基海藻糖生成酶和低聚麦芽糖基海藻糖水解酶协同作用，可以由直链淀粉末端以 α-1,4 糖苷键连接的葡萄糖转换为 α-1,1 糖苷键结合形式。随后，日本林原公司用此法投入生产，将海藻糖的价格由 20000 日元/kg 降低为 280 日元/kg。2000 年，南宁中诺生物工程有限责任公司成功开发出酶法转化木薯粉生产海藻糖的工艺，使我国成为世界上第二个酶法工业化生产海藻糖的国家。该工艺利用木薯淀粉由 α-淀粉酶、普鲁兰酶分解为短链糊精后，经海藻糖合成酶的作用转化为海藻糖。

3. 纤维素制品的开发

纤维素酶可以减少食品中的纤维素含量，改善风味，更加适合于老年人和儿童食用。纤维素酶主要是能够促进果汁的提取和澄清，提高可溶性固形物的含量。据报道，已成功地将干橘皮渣酶解制备全果饮料，其中粗纤维在纤维素酶的降解下，可得到 50%可溶性糖和 50%短链低聚糖，后者是饮料中的膳食纤维，对人体有一定的医疗保健作用。在制造速溶咖啡、速溶茶的加工过程中，经纤维素酶除去纤维素后，咖啡因或茶单宁可以不必用开水煮泡，能够很快溶于温水中，大大方便饮用。

第三节 酶在轻工方面的应用

轻工业与人们的日常生活息息相关。酶在轻工方面的广泛应用，促进了新产品、新工艺和新技术的发展。同时，由于酶具有催化效率高、专一性强和作用条件温和等特点，所以酶的应用可以提高产品质量、降低原材料消耗、改善劳动条件、减轻劳动强度等，显示出良好的经济效益和社会效益。

一、 原料处理

许多轻工原料在应用或加工之前都需要经过原料处理。用酶处理原料可以缩短原料处理时间，提高处理效果，提高产品质量等。

1. 发酵原料的处理

酵母或细菌等微生物进行酒精、酒类、甘油、乳酸、氨基酸、核苷酸等生产时，大多数以淀粉、纤维素为主要原料。由于有些微生物本身缺乏淀粉酶和纤维素酶系，因而无法直接利用这些原料。因此，必须经过原料处理，将原料转化为微生物可利用的小分子物质。

淀粉原料一般是采用 α-淀粉酶和糖化酶进行处理，将淀粉转化为葡萄糖。含纤维素的发酵原料可用纤维素酶处理，使纤维素水解为可发酵的葡萄糖。将纤维素酶应用于白酒酿造中，可提高 3%～5%的出酒率。含戊聚糖的植物原料可用各种戊聚糖酶处理，使戊聚糖水解为各种戊糖后用于发酵。

2. 纺织原料的处理

在纺织工业中，为了增强纤维的强度和光滑性，便于纺织，需要先行上浆。将淀粉用 α-淀粉酶处理一段时间，使黏度达到一定程度就可用作上浆的浆料。纺织品在漂白、印染之前，还须将附着在其上的浆料除去，利用 α-淀粉酶使浆料水解，就可使浆料褪尽，这称为退浆。有些纺织品上浆使用的是动物胶作胶浆，可用蛋白酶使之退浆。

针织产品常出现表面起球及绒毛等现象，直接接触皮肤会产生刺痒感。应用纤维素酶能降解织物表面的绒毛等短小纤维，改善织物手感、吸水性。世界上采用酶技术处理纤维制品的国家很多。Novozymes 公司首先应用纤维素酶来处理牛仔布的棉纤维，应用纤维素酶处理牛仔布后，有一种古朴和柔和的感觉。用里氏木霉的酸性纤维素酶处理纤维棉和麻的纤维，处理后，产生自然和柔软性的同时，还可除去纤维表面的毛，使纤维表面发出光泽。中性纤维素酶处理牛仔布后染色时的着色率提高。应用其他酶对纤维制品也进行了改造，纺织品的质量得到了极大的改善。

3. 生丝的脱胶处理

天然蚕丝的主要成分是不溶于水的有光泽的丝蛋白。丝蛋白的表面有一层主要由球蛋白组成的丝胶包裹着，在高级丝绸的制作过程中，必须进行脱胶处理，即将表面上的丝胶除去，以提高丝的质量。采用胰蛋白酶、木瓜蛋白酶或微生物蛋白酶处理，可在比较温和的条件下催化球蛋白水解，进行生丝脱胶，而丝纤维是纤维状蛋白，分子间结合力强，结构稳定，对蛋白酶的抵抗力强。

4. 羊毛的除垢

羊毛表面有鳞状物质，即一些蛋白质聚合体。应用枯草杆菌蛋白酶、菠萝蛋白酶、木瓜蛋白酶和黑曲霉蛋白酶等处理，可以消除鳞状物质，提高羊毛的着色率，而且还使毛料具有防缩水性，防止羊毛起球，形成毛毡。处理后的毛料很柔软，易于染色。

5. 酶法制革

猪、牛、羊皮制革时，首先要除去皮上的毛，然后才能进一步加工鞣制成革。过去脱毛工艺沿用石灰加硫化钠浸渍，不仅时间长，工序多，而且劳动强度大，污染严重。采用蛋白酶脱毛是利用酶分解毛、表皮同真皮层连接处的蛋白质，从而使毛同皮的连接松开而脱毛。

目前猪皮面革、绒面革和牛皮底革等品种已采用酶法脱毛工艺。酶的品种有胰蛋白酶、放线菌蛋白酶、霉菌蛋白酶、细菌中性和碱性蛋白酶等。此外，原料皮的软化是制革工业的一个重要工序。采用酸性蛋白酶和少量脂肪酶进行皮革软化，可以很好地除去污垢，使皮质松软透气，提高皮质质量。

6. 造纸原料的制浆

在制纸、纸浆产业中的另一个主要问题是从木材屑或纸浆中除去沥青，即三磷酸甘油酯，这可用脂肪酶来处理。用脂肪酶处理纸浆，附加的热能降低。澳大利亚 Vienna 理工大学的产品“Resinase^{TM} A2X”中含有脂肪酶，可以分解产生甘油。另外，Novozymes 公司的作洗涤剂用的脂肪酶在反应温度为 55℃，最适 pH 为 6（这和纸浆的处理条件是一致的）时，作用 30min 后，90%的三磷酸甘油酯都消失了。

用酶法有希望代替用氯漂白纸张。木聚糖酶可以改变纸浆漂白的生产过程。加拿大的 ICI 公司生产的液态的木聚糖酶“ECOPULPX-200”，在造纸厂中已验证了它的效果。用基因重组的木聚糖酶处理 30min，每天可生产 900t 的优质纸浆。酶的使用，使二氯化盐的用量降为 0.5%，纸的强度和光泽度得到了很大的改良。应用木聚糖酶处理纸张的成本为每吨 2 美元以下，化学法处理为每吨 4 美元，因而经济上是很合理的。该酶在 55℃以下能很好地发挥催化作用，而木浆一般是在高温下处理的，因而需要降温以适应该酶反应，导致生产成本提高。在碱性条件下使用半纤维素酶进行漂白也是新的方法。现在从黄孢原毛平革菌（*Phanerochaete chrysosporiu*）分离的木质素过氧化物酶（lignin peroxidase）已被应用于纸浆漂白，此工艺已申请了专利。1998 年日本开始应用酶法漂白纸张，在 1999 年处理约 46000t 纸浆，市场销售额为 30 亿日元。

废纸再生利用是解决当前制浆造纸工业面临资源危机、环境污染和能源紧张等难题的最佳解决途径之一。但废纸回用，浆料的滤水性变差，而且油墨的性质越来越复杂，脱墨也变得愈加困难。纸浆改良使用的酶有半纤维素酶、纤维素酶、脂肪酶、淀粉酶和葡聚糖酶（glucanase）等。应用纤维素酶可大幅降低调色剂粒子与纤维的结合，易于移除调色剂粒子，可以节省加热和机械制纸的时间和经费。在美国有 1/3 的纸是再回收利用的。其中复印纸上的污迹难以完全除去，而且回收后纸的光泽度较差。美国农业部在威斯康星州的森林产品实验室（Forest products laboratory）正在进行应用纤维素酶对再生纸处理方法的研究。应用他们的方法，处理 1t 回收纸所需酶的价格在 3 美元以下。如果用化学药品处理，每吨需要 30 美元，因此酶法是很经济有利的。

主要的酶制剂生产厂家如 Novozymes 公司、Genencor 公司、Sandoz 公司等企业，从环保角度出发，都加大了针对这方面的研发力度，该产业的市场将会有很大的发展。预计该部分酶制剂在整个酶制剂市场上将会占越来越大的比例。

二、 轻工产品方面的应用

1. 酶法生产甜味剂

甜味剂可分为天然甜味剂和人工合成的甜味剂。天然甜味剂有蔗糖、葡萄糖、麦芽糖、果葡糖浆、甜菊糖、甘草和甘草酸等。人工合成的甜味剂有环已基氨基磺酸钠、天门冬酰苯丙氨酸甲酯、三氯蔗糖等，具有较高的甜度，但不产生热量，可替代蔗糖等产生热量的甜味剂，既能保持甜蜜的口感，又能有效减少糖分摄入，更加安全。

在青柑橘中含有 10%～20%的橙皮苷，经抽提后用黑曲霉橘皮苷酶水解除去分子中的鼠李糖，在碱性下水解和还原，可得到一种甜味强烈的橙皮素-β-葡萄糖苷二氢查耳酮。它的甜度是蔗糖的70～100倍，是一种安全低热的甜味剂，可是它的溶解度很低，仅0.1%，故无实用价值，若将此物与淀粉溶液混合，利用环糊精葡萄糖基转移酶的偶联反应使其葡萄糖分子C_4再接上两个葡萄糖分子，于是使溶解度提高10倍而不影响甜度。如果先通过鼠李糖酶脱除橙皮苷的鼠李糖，再用转移酶将橙皮苷转化为新橙皮苷，氢化后可得到新橙皮苷二氢查尔酮，其甜度为蔗糖的1500～1800倍，欧盟已批准其作为食品甜味剂使用。

还有二肽甜味剂天门冬酰苯丙氨酸甲酯（Aspartame）是一种几乎不增加热量的甜味剂，甜度为蔗糖200倍，是以天冬氨酸与苯丙氨酸为原料用化学方法合成的，该法的缺点一是产生有苦味的β-天门冬酰苯丙氨酸甲酯，必须纯化将它去除，二是原料必须用L-苯丙氨酸，成本高。日本已开发酶法合成新技术，这种方法以Cbz-Asp（苄氧基羰基-天冬氨酸）同L-苯丙氨酸甲酯为原料，在有机溶剂中利用蛋白酶热解素（Thermolysin，是一种中性耐热蛋白酶）催化合成苄氧基羰基苯丙氨酸甲酯，再在钯碳作催化剂下进行氢解而成，其优点一是不产生β型体，产品都是α型，二是可用DL-苯丙氨酸为原料，成本较低，副产物D-苯丙氨酸最近发现也有生理活性。此法既可得到α-天门冬酰苯丙氨酸甲酯，又可得到D-苯丙氨酸，结果可使成本下降30%。

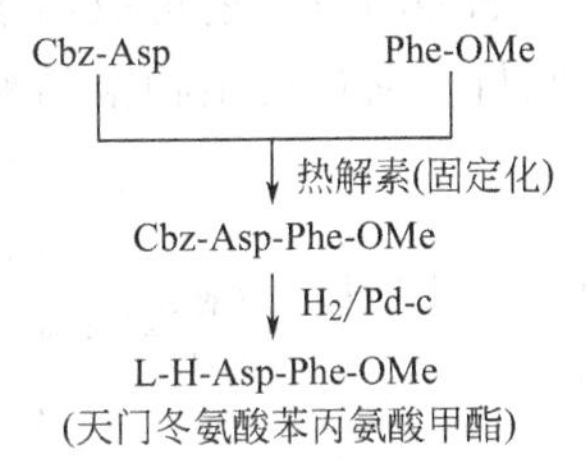

2011年，FDA通过了甜味剂D-阿洛酮糖作为食品添加剂使用。2012年，日本松谷化学工业发售了添加13%～15% D-阿洛酮糖等稀有糖的糖浆，广受欢迎。D-阿洛酮糖的工业化生产是以果糖为底物通过阿洛酮糖-3-差向异构酶转化而成的。先在果糖溶液中加入氯化镁或氯化锰与酶进行酶解，产生D-阿洛酮糖，再通过活性炭脱色、纯化、浓缩等过程制备得到D-阿洛酮糖产品。阿洛酮糖-3-差向异构酶来源于根癌农杆菌、球形节杆菌、大肠杆菌K12等。

2. 酶法生产D-或L-氨基酸

L型氨基酸是人体内蛋白质合成的原料，而一些D型氨基酸是合成药物的中间体，因而D型及L型氨基酸在医学和食品工业上有很重要的意义。它可以增强病人的体质，增进食品的营养价值。目前生产L-氨基酸的主要方式是微生物发酵法，该法的关键是筛选优良的菌种。用化学法合成氨基酸时，常常生成DL混合型氨基酸。因为酶分子具有极强的立体选择性，可以将各种底物转化为L-氨基酸，或将DL-氨基酸拆分而生产L-氨基酸，因而酶法生产氨基酸得到广泛的应用。目前已有多种酶用于L-氨基酸的工业生产。用L-氨基酰化酶催化拆分DL-氨基酸可连续生产L-苯丙氨酸和L-色氨酸等氨基酸：将化学合成的N-酰基-DL-氨基酸经L-氨基酰化酶进行不对称水解，生成L-氨基酸和N-酰基-D-氨基酸，经结晶法可分离L-氨基酸晶体，N-酰基-D-氨基酸经脱酰基后可得到D-氨基酸。

L-天冬氨酸是最主要的氨基酸之一，世界年需求量超过10万吨。国内的企业基本采用顺丁烯二酸为原料，强酸性条件下转化成富马酸，在天冬氨酸酶和过量氨的作用下转化成天冬氨酸。以L-天冬氨酸为底物，采用固定化假单胞菌菌体的天冬氨酸脱羧酶，可连续生产L-丙氨酸。

用己内酰胺水解酶生产 L-赖氨酸：该法由 L-α-氨基-ε-己内酰胺水解酶与 α-氨基-ε-己内酰胺消旋酶联合作用，将 DL-α 氨基-ε-己内酰胺转化为 L-赖氨酸。所用的原料 DL-α-氨基-ε-己内酰胺是由合成尼龙的副产品环己烯通过化学合成法得到的。原料中的 L-α-氨基-ε-己内酰胺，经 L-α-氨基-ε-己内酰胺水解酶作用后生成 L-赖氨酸。余下的 D-α-氨基-ε-己内酰胺在消旋酶的作用下变成 DL 型，再把其中的 L 型水解为 L-赖氨酸。如此重复进行，可把原料几乎都变成 L-赖氨酸。

用噻唑啉羧酸水解酶合成 L-半胱氨酸：将化学合成的 DL-2-氨基噻唑啉-4-羧酸中的 L-2-氨基噻唑啉-4-羧酸经噻唑啉羧酸水解酶作用生成 L-半胱氨酸。余下的 D-2-氨基噻唑啉-4-羧酸再经消旋酶作用变成 DL 型。反复进行，不断生成 L-半胱氨酸。

3. 酶法生产有机酸

酶法合成有机酸也是结合有机化学合成与生化合成的长处而构成的生产工艺，已经用于工业生产的有苹果酸、酒石酸和长链脂肪酸等。此外，乳酸等也可用于酶法合成。

(1) 苹果酸的酶法合成　苹果酸广泛应用于食品、医药、化工等领域，但因人体中只有 L-苹果酸脱氢酶，所以只能利用 L-苹果酸。L-苹果酸除了作为优良的酸味剂应用于食品，因其具有抗疲劳、保护心脏、改善记忆等功效，还可应用于医药产品中。L-苹果酸可用发酵法和酶法生产，工业上以富马酸为原料，通过微生物富马酸酶合成。

$$\underset{\text{富马酸}}{\mathrm{HOOC{-}CH{=}CH{-}COOH}} \xrightarrow[\mathrm{H_2O}]{\text{富马酸酶}} \underset{\text{苹果酸}}{\mathrm{HOOC{-}CH_2{-}CH(OH){-}COOH}}$$

1974 年，田边制药厂用聚丙烯酰胺包埋的产氨短杆菌转化富马酸生产 L-苹果酸；1977 年改用角叉菜胶包埋的黄色短杆菌生产，酶活力增加 9 倍；1982 年向固定化介质中添加乙烯亚胺，使酶的耐热性增加，可在 50℃操作而增加反应速率，产量增加 1.8 倍。协和发酵公司从温泉中又筛到一株富马酸活性强的高温细菌 *Thermus rubens*，用醋酸丁酯纤维素包埋后，在 pH6.5、60℃反应，由 1mol/L 富马酸可生成 0.7mol/L 苹果酸，活力为产氨杆菌的 2 倍，可连续操作 30d。

(2) 酒石酸的酶法合成　L(+) 酒石酸是一种食品添加剂，作为酸味剂添加到饮料、果酱及糖果中，也可作为防腐剂和稳定剂，在医药化工等方面的用途也很广。1769 年，瑞典化学家 Scheele 从葡萄酒的副产物酒石中提取到，但产量有限；用化学合成法也可以制造酒石酸，但产物是 DL 型体，水溶性较天然 L(+) 型差，不利于应用；用酶法可以制造光学活性的酒石酸。酶法合成酒石酸首先以顺丁烯二酸在钨酸钠为催化剂下用过氧化氢反应生成顺式环氧琥珀酸，再用微生物环氧琥珀酸水解酶开环而成为 L(+)-酒石酸。

$$\underset{\text{顺丁烯二酸}}{\mathrm{HOOC{-}CH{=}CH{-}COOH}} \xrightarrow{\mathrm{H_2O_2}} \underset{\text{L-环氧琥珀酸}}{\mathrm{HOOC{-}CH{-}O{-}CH{-}COOH}} \longrightarrow \underset{\text{L-酒石酸}}{\mathrm{HOOC{-}C(H)(OH){-}C(HO)(H){-}COOH}}$$

微生物环氧琥珀酸水解酶是胞内诱导酶，培养基中需添加环氧琥珀酸诱导，转化反应可用细胞也可使用固定化细胞，生产这种酶的微生物已知的有假单胞杆菌、产碱杆菌、无色杆菌、根瘤菌、土壤杆菌、诺卡菌等。

(3) 用酶水解腈生产相应的有机酸 有些细菌具有腈类水解酶，可水解相应的腈类成为有机酸，例如细菌 R312 以葡萄糖为碳源培养后离心分离出细胞，将其悬浮在 10%乳腈（2-羟基丙腈 $CH_3CHOHCN$）溶液中，用氨或 KOH 中和至 pH8.0，在细胞浓度 20～40g/L 下 25℃保温，2～3h 后乳腈完全水解成为乳酸铵，仍可用常法将乳酸回收，所产乳酸为消旋化合物，可供食品、医药应用。能生产腈水解酶的细菌很多，包括芽孢杆菌、无芽孢杆菌、小球菌以及短杆菌等。

4. 丙烯酰胺的生产

丙烯酰胺用于合成聚丙烯酰胺，广泛用于采油、造纸、水处理、食品、化工等行业，但价格昂贵。过去，采用活性铜催化丙烯腈水合生产丙烯酰胺，需要高温高压，生产设备投资较大，能源消耗较多，产品分离精制较困难，生产成本很高，产品不易达到质量标准，且给环境带来污染。现在，采用固定化腈酶技术，以丙烯腈为原料，在常温常压下，工业生产丙烯酰胺。用固定化酶技术生产丙烯酰胺有以下优点：①反应在常温常压下进行，从而大大减少了生产设备投资，节省了能源，大大降低了生产成本；②大大简化了产品的分离精制工艺，产品的纯度高、质量好；③转化率很高，达到 99%，副产物少；④经济效益显著。

5. 邻苯二酚的生物合成

邻苯二酚又名儿茶酚，是合成许多化学品的重要材料，如香料、药品、农业化学品、抗氧化剂及聚合物阻聚剂。在每年使用的大量邻苯二酚中，只有一小部分是由煤焦油精馏而得的，大部分是用苯合成的。

原料苯是从石油的苯-甲苯-二甲苯（BTX）馏分获得的，因此，苯的长期供应取决于一个不可更新资源的可获得性。另外，苯具有毒性并可致癌。

为了消除邻苯二酚合成引起的环境问题，研究人员尝试开发微生物催化合成方法。由于邻苯二酚不是微生物的天然合成产物，因而无法通过对现有合成途径的改进来达到目的，而需要开发一个最终产物是邻苯二酚的新生物合成路径。研究人员已开发出一个用葡萄糖作原料经酶催化合成邻苯二酚的生物催化合成过程。该过程将葡萄糖生成的 D-丁糖-4-磷酸酯（E4P）和磷酸烯醇丙酮酸（PEP）转化成 3-脱氢莽草酸（DHS），然后用 DHS 脱水酶和 3，4-二羟苯甲酸（PCA）脱羧酶将 DHS 转化成邻苯二酚。

$$\text{葡萄糖}\xrightarrow[\text{E4P}]{\text{PEP}}+\xrightarrow[\text{aroF, aroB, aroD}]{\text{DAHP合酶, DHQ合酶, DHQ脱水酶}}\text{DHS}\xrightarrow[\text{aroZ}]{\text{DHS脱水酶}}\text{PCA}\xrightarrow[\text{aroY}]{\text{PCA脱羧酶}}\text{邻苯二酚}$$

6. 用于明胶、胶原纤维生产

生产明胶以兽皮为原料，先用石灰水浸渍除去油脂与杂蛋白等，水洗中和后在 70～90℃抽胶，使胶原转化为明胶，抽提温度愈低且浸灰时间愈长则明胶质量愈好，这种工艺浸灰时间长达数月，工序多，而且劳动强度大，出胶率低而能耗大，淡水消耗量极大。

20 世纪 80 年代，出现了用蛋白酶（中性蛋白酶、酸性蛋白酶以及放线菌蛋白酶）净化胶原代替浸灰工序，方法如下：先将皮块脱脂洗净，用食盐溶液抽提除去盐溶性蛋白，再加蛋白酶消化去除胶原纤维之外的间隙蛋白，用水洗净后再用热水抽胶，制成的明胶质量好，收率增加，并可缩短生产周期。如将胶原净制后再溶于稀酸溶液使成为黏稠胶液，滤去杂质后，一经中和胶原纤维便沉淀析出，将胶原收集后置 60～70℃加热数分钟便可完全转变为明胶，这种明胶纯度高，质量好，分子排列整齐，生产周期仅为数天，且明胶收率几乎达

100%，并减少了90%以上的淡水消耗量。

胶原纤维可制造人造糖衣，溶于酸中的胶原溶液经喷丝鞣制可作为纺织原料。中性蛋白酶、酸性蛋白酶以及放线菌蛋白酶都可以用来处理皮块使之易溶。

7. 其他

目前，正在展开工业应用研究的新微生物来源酶及其目标产品见表11-7。

表11-7 正在展开工业应用研究的新微生物来源酶及其目标产品

产品	酶	来源
D-氨基酸	D-乙内酰脲酶	植物肥大病假单胞菌
L-氨基酸	L-乙内酰脲酶	植物肥大病假单胞菌
L-3,4-二羟苯基丙氨酸	β-酪氨酸酶	欧文菌属
反4-羟基脯氨酸	二加氧酶	指孢子菌
顺3-羟基脯氨酸	二加氧酶	链霉菌
L-丝氨酸	丝氨酸-羟基甲基转移酶	亲甲基醇菌
R-4-氯-3-羟基丁酸乙酯	乙醛还原酶	沙氏掷孢酵母
S-4-氯-3-羟基丁酸乙酯	羰基还原酶	念珠菌
丙烯酰胺	腈水合酶	红球菌
烟酰胺	腈水合酶	红球菌
丙烯酸	腈水解酶	红球菌
烟酸	腈水解酶	红球菌
5-羟基吡嗪-2羧酸	腈水解酶和脱氢酶	植物肥大病假单胞菌
2*S*,3*R*-3-(4甲氧苯基)缩水甘油酸甲酯	脂肪酶	沙雷菌
Carbacephem	邻苯二酰胺酶	黄色无芽孢杆菌
手性环氧化物	烯烃单加氧酶	珊瑚红若头菌
R-2(4-羟基苯氧基)-丙酸	羟化酶	白僵菌
S-对氧苯乙醇	乙醇脱氢酶	嗜红色红球菌
R-对氧苯乙醇	乙醇脱氢酶	高加索乳酸菌
手性2,3-2氯-1-丙醇	卤代醇,氢卤代物裂合酶	产碱假单胞菌
手性3氯-1,2-丙二醇	卤代醇,氢卤化物裂合酶	产碱假单胞菌
S-1,2-戊二醇	乙醇脱氧氢酶和还原酶	念珠菌
D-泛酸内酯	羰基还原酶	假丝酵母
D-泛酸	内酯酶	镰孢霉
3,7-二甲基黄嘌呤	加氧酶	假单胞菌
腺苷甲硫氨酸	腺苷甲硫氨酸合成酶	日本清酒酵母
腺苷高半胱氨酸	腺苷高半胱氨酸水解酶	粪产碱杆菌
腺嘌呤阿拉伯糖	核苷磷酸化酶	肠产气菌
三氮唑核苷	核苷磷酸化酶	胡萝卜软腐欧文菌
S-甲基尿苷	核苷磷酸化酶	胡萝卜软腐欧文菌
二氧腺嘌呤	核苷磷酸化酶	大肠埃希菌属
ν-十八碳三烯酸	多步骤转化	α-被孢霉
顺5,8,11,14-二十碳四烯酸	多步骤转化	α-被孢霉
二十碳五烯酸	多步骤转化	α-被孢霉
5,8,1-顺二十碳三烯酸	多步骤转化	α-被孢霉

三、加酶增加产品的使用效果

在某些轻工产品中添加一定量的酶，可以显著地增加产品的使用效果。

1. 加酶洗涤剂

洗涤剂借助于生物酶使其质量和性能获得了全面发展，洗涤剂用酶制剂也在含酶洗涤剂的普及和生物工程技术进步的推动下得到了飞速的发展。1962 年 Novozymes 公司首次推出了加酶洗衣粉，但在使用的初期由于粉尘的影响，应用一时中断。后来采用了颗粒化洗涤剂的形式，加酶洗衣粉得到了普及。据统计，1998 年全球洗涤剂用酶销售额达 4.98 亿美元，已成为工业酶的最大应用领域，全世界工业酶制剂中，洗涤剂酶约占 1/3。在欧美，洗涤剂已几乎都添加生物酶，我国加酶洗涤剂产品也增加迅速，已占洗涤产品的 40%。早在 70 年代初期国内就开发成功碱性蛋白酶，并实现工业化，其加酶洗涤剂很快投放市场，得到消费者的欢迎。碱性蛋白酶是目前最广泛应用于洗涤剂中的用于清除蛋白污垢的酶，添加量为洗涤剂的 0.1%～1.0%，实际上衣服污垢中的脂肪污垢是蛋白污垢的 5～9 倍。因此，能分解多种动植物油脂的碱性脂肪酶在洗涤剂中得到广泛运用。碱性脂肪酶基因被克隆入适合发酵生产的米曲霉中，运用基因工程技术生产的碱性脂肪酶已走向市场。来自芽孢杆菌和链霉菌的碱性纤维素酶能在碱性条件下水解细小的植物纤维，可以消除衣服在洗涤和穿着过程中出现的超细纤维，起到护色的作用。淀粉酶应用于洗涤剂工业，主要用于水解土豆、巧克力、膨化食品等产生的衣物污垢。洗涤剂中加酶趋向已由浓缩粉普及到普通粉，由单一酶发展到多元酶体系，目前的复合酶主要是将碱性磷酸酶、碱性脂肪酶、碱性纤维素酶和淀粉酶等四种酶进行配伍使用。

2. 加酶清洗剂

工业过滤器出现堵塞是特别费钱而且麻烦的事，虽说可用反清洗和澄清溶液循环等措施来预防，但仍免不了出现堵塞。加酶清洗液可以有效地解决上述问题。清洗液通常是由酶和去垢剂组成的。合适的配方取决于具体应用，例如，胰蛋白酶和木瓜蛋白酶用于清除乳品过滤器的堵塞；α-淀粉酶和β-葡聚糖酶用于酵母和谷物过滤器；纤维素酶和果胶酶用于葡萄糖和果汁等的过滤器。酶也用在清洁管道、热交换器、储罐内外的固形物或膜状覆盖物的清洗剂中，甚至在下水道等一些不溶性固形物含量高的系统中，也能用酶制剂来处理。

医疗器械清洁不彻底可导致医源性感染，使用加酶清洗剂，其中含有的蛋白酶等酶能有效地分解和去除器械上的蛋白质、黏多糖和脂肪等有机物污染，快速高效地完成清洗，并能一定程度地延长器械的使用寿命。

3. 加酶牙膏、牙粉和漱口水

将适当的酶添加到牙膏、牙粉或漱口水中，可以利用酶的催化作用，增加洁齿效果，减少牙垢并防止龋齿的发生。可添加到洁齿用品中的酶有蛋白酶、淀粉酶、脂肪酶、溶菌酶、右旋糖酐酶等。其中右旋糖酐酶对预防龋齿有显著的效果。溶菌酶可有效地治疗龋齿、口腔溃疡、牙周炎、复发性口疮等疾病。

4. 加酶饲料

饲料酶制剂作为一类高效、无毒副作用和环保的绿色饲料添加剂，已成为世界工业酶产业中增长最快、势头最强劲的一部分。酶应用于饲料，其作用一是补充畜禽内源酶的不足。幼龄畜禽缺乏淀粉酶、糖化酶和蛋白酶；处于疾病中的畜禽，其内源酶（如淀粉酶、蛋白酶）急剧下降。因此，在日粮中添加相对应的外源酶，有助于提高畜禽的健康水平和生产性能。二是解除饲料中的抗营养因子。所谓抗营养因子，是指饲料中对养分起拮抗作用的一些成分，比如大麦、小麦、次粉、麦麸、糠、统糠等含有抗营养因子 NSP（非淀粉多糖），其中包括纤维素、木聚糖、β-葡聚糖、果胶等。猪、禽等单胃动物消化道的内源酶系不全，不分泌 NSP 酶；通过添加 NSP 酶（纤维素酶、木聚糖酶、β-葡聚糖酶、果胶酶等）将其分解，使包裹于籽实细胞中的淀粉、蛋白质、脂肪被释放出来，并降低黏度，利于畜禽消化吸收利用，可提高饲料转化率5%～15%。酶应用于饲料，还具有良好的安全性和减少环境污染的作用。在饲料中添加蛋白酶可以补充内源蛋白酶的不足，减少蛋白类原料的用量，降低成本的同时，还可以减少家禽排泄物中氮的含量。

近几年饲料工业用酶制剂另一引人注目的贡献是植酸酶的应用。多数植物原料中有60%～80%的磷以植酸磷（肌醇六磷酸）的形式存在。由于单胃动物的消化道中植酸酶的活力很低，所以植酸中能被利用的磷酸盐很少。因此，为预防磷酸缺乏，必须向饲料中添加无机磷酸盐。而未消化的植酸磷被排出动物体外，不仅意味着对磷这种贵重原料的浪费，并造成集约化畜牧业生产区土质和水质的环境污染。由微生物经基因重组后发酵提取物获得的植酸酶能够有效降解饲料中的植酸盐，使磷得到利用，基本上可以不须向饲料中另外添加无机磷酸盐。Novozymes公司的植酸酶PHYTASE Novo CT，酶活力2500FYT/g，每吨饲料添加0.1～0.3kg，在最终造粒前混匀到饲料中或者直接加于粉料中。该植酸酶1kg能够从植酸中分解出4kg有效磷。中国农科院与江西民星集团联合开发出高活性植酸酶，处于国际领先水平，已在我国饲料行业中应用。2010年，该产品的产值超过3亿元，占国内植酸酶市场的90%以上。

我国饲料工业是个大行业。1992年，我国第一家饲料酶制剂厂——广东溢多利生物科技股份有限公司在广东珠海投入生产。到现在，广东、湖南、湖北、宁夏、江苏、浙江、山东、北京等省市已有多家企业投资生产饲料酶。2000年，我国饲料酶制剂的年销售量超过8000t。2010年的销售额达到6.82亿元，且增长迅猛。

据报道，我国农作物秸秆年产近8亿吨，目前利用率尚不足20%。这是一笔巨大的资源。在秸秆饲料中，酶制剂应有用武之地。从事饲料和酶制剂的科技工作者应联手开发这一应用领域。

5. 加酶护肤品

在各种护肤品及化妆品中添加超氧化物歧化酶（SOD）、碱性磷酸酶、尿酸酶和弹性蛋白酶等，可有效地提高护肤效果。含有超氧化物歧化酶的化妆品具有防晒、抗辐射、防皱、延缓衰老等功效。因溶菌酶可以水解细菌的细胞膜，除治疗以外，还可以做润肤霜、洗发膏和洗面奶等抑制细菌生长繁殖，消炎消肿。辅酶Q10具有提高人体活力及有效防止皮肤老化的作用。NovoNordisk公司生产的与化妆品相关的制品中，含有可以清除皮肤表面死亡细胞的蛋白酶。

第四节 酶在医学中的应用

人体是一个复杂的生物反应器，代谢反应有数千种之多。为保持人体健康，酶必须准确地调节各个反应，以保持身体内物质和能量的平衡。当身体内缺乏某种酶时，代谢反应就受到障碍，导致疾病的产生。因此，酶制剂作为药物可以治疗很多疾病，它具有疗效显著和副作用小的特点。随着对疾病发生的分子机制的深入了解，医药用酶的应用范围越来越广泛。酶在医药领域的应用主要是用于疾病的诊断、治疗和制造药物。

一、疾病诊断

疾病治疗效果的好坏，在很大程度上取决于诊断的准确性。疾病诊断的方法很多，其中酶学诊断发展迅速。由于酶催化的高效性和特异性，酶学诊断方法具有可靠、简便又快捷的特点，在临床诊断中已被广泛应用。酶学诊断方法包括两个方面，一是根据体内原有酶活力的变化来诊断某些疾病，二是利用酶来测定体内某些物质的含量，从而诊断某些疾病。

1. 根据体液内酶活力的变化诊断疾病

一般健康人体液内所含有的某些酶的量是恒定在某一范围的。若出现某些疾病，则体液内的某种或某些酶的活力将会发生相应的变化。故此，可以根据体液内某些酶的活力变化情况而诊断出某些疾病（表 11-8）。但是这些不属于酶制剂的应用范畴，这里不再加以详细介绍。

表 11-8 酶在疾病诊断方面的应用

酶	疾病与酶活力变化
葡萄糖氧化酶	测定血糖含量，诊断糖尿病
胆碱脂肪酶	测定胆固醇含量，治疗皮肤病、支气管炎、气喘
尿酸酶	测定尿酸含量，治疗痛风
胆碱酯酶	肝病、有机磷中毒、风湿时下降
淀粉酶	胰脏疾病、肾脏疾病时升高；肝病时下降
酸性磷酸酶	前列腺癌、肝炎、红细胞病变时，活力升高
碱性磷酸酶	佝偻病、软骨化病、骨瘤、甲状旁腺机能亢进时，活力升高；软骨发育不全等，活力下降
谷丙转氨酶	肝病、心肌梗死等，活力升高
谷草转氨酶	肝病、心肌梗死等，活力升高
胃蛋白酶	胃癌时，活力升高；十二指肠溃疡时，活力下降
磷酸葡糖变位酶	肝炎、癌症时，活力升高
醛缩酶	癌症、肝病、心肌梗死等，活力升高
葡萄糖醛缩酶	肾癌及膀胱癌，活力升高
碳酸酐酶	坏血病、贫血等，活力升高
亮氨酸氨肽酶	肝癌、阴道癌、阻塞性黄疸等，活力显著升高
端粒酶	癌细胞中有端粒酶

2. 用酶测定体液中某些物质的含量诊断疾病

酶具有专一性强、催化效率高等特点，可以利用酶来测定体液中某些物质的含量从而诊断某些疾病。

例如：利用葡萄糖氧化酶和过氧化氢酶的联合作用，检测血液或尿液中葡萄糖的含量，从而作为糖尿病临床诊断的依据，这两种酶都可以固定化后制成酶试纸或酶电极，可十分方便地用于临床检测；利用尿酸酶测定血液中尿酸的含量诊断痛风病，固定化尿酸酶已在临床诊断中使用；利用胆碱酯酶或胆固醇氧化酶测定血液中胆固醇的含量诊断心血管疾病或高血压等，这两种酶都经固定化后制成酶电极使用；利用谷氨酰胺酶测定脑脊液中谷氨酰胺的含量，进行肝硬化、肝昏迷的诊断；利用血清淀粉酶及尿淀粉酶的含量来诊断急性胰腺炎等。

此外，酶联免疫检测在疾病诊断方面的应用也越来越广泛。所谓酶联免疫检测，是先把酶与某种抗体或抗原结合，制成酶标记的抗体或抗原。然后利用酶标抗体（或酶标抗原）与待测定的抗原（或抗体）结合，再借助于酶的催化特性进行定量测定，测出酶-抗体-抗原结合物中的酶的含量，就可以计算出待测定的抗体或抗原的含量。通过抗体或抗原的量就可诊断某种疾病。常用的标记酶有碱性磷酸酶和过氧化物酶等。通过酶标免疫测定，可以诊断肠虫、毛线虫、血吸虫等寄生虫病以及疟疾、麻疹、疱疹、乙型肝炎等疾病。随着细胞工程的发展，已生产出各种单克隆抗体，为酶联免疫检测带来极大的方便和广阔的应用前景。

还有，利用DNA聚合酶检测基因是否正常，进行基因诊断、检测癌基因，检测潜在的致病基因来预防疾病的发生。通过聚合酶链式反应（polymerase chain reaction，PCR）技术，在DNA模板、引物、四种脱氧核苷三磷酸（dNTPs）等存在的条件下，DNA聚合酶将模板DNA进行扩增，然后检测基因是否正常，或者是否有病原体的存在，从而进行基因诊断或癌基因检测。

二、疾病治疗

由于酶具有专一性和高效率的特点，所以在医药方面使用的酶具有种类多、用量少、纯度高、疗效显著、副作用小的特点，其应用越来越广泛。下面简述一下主要的医药用酶（见表11-9）。

表11-9 主要的医药用酶

酶	来源	用途
淀粉酶	胰脏、麦芽、微生物	治疗消化不良、食欲不振
蛋白酶	胰脏、胃、植物、微生物	治疗消化不良、食欲不振，消炎，消肿，除去坏死组织，促进创伤愈合，降低血压，制造水解蛋白质
脂肪酶	胰脏、微生物	治疗消化不良、食欲不振
纤维素酶	霉菌	治疗消化不良、食欲不振
溶菌酶	蛋清、细菌	治疗手术性出血、咯血、鼻出血，分解脓液，消炎，镇痛，止血，治疗外伤性浮肿，增加放射线的治疗
尿激酶	人尿	治疗心肌梗死、结膜下出血、黄斑部出血
链激酶	链球菌	治疗血栓性静脉炎、咳痰、血肿、下出血、骨折、外伤
青霉素酶	蜡状芽孢杆菌	治疗青霉素引起的变态反应
L-天冬酰胺酶	大肠杆菌	治疗白血病
超氧物歧化酶	微生物、血液、肝脏	预防辐射损伤，治疗红斑狼疮、皮肌炎，结肠炎、氧中毒
凝血酶	蛇、细菌、酵母	治疗各种出血
胶原酶	细菌	分解胶原，消炎，化脓，脱痂，治疗溃疡
溶纤酶	蚯蚓	溶血栓
纳豆激酶	纳豆杆菌	溶解血栓
组织纤溶酶原激活剂	人体细胞、微生物或动物细胞表达	治疗心肌梗死、脑血栓
激肽释放酶	动物组织器官	治疗高血压、动脉硬化、心绞痛、微循环障碍等疾病
右旋糖酐酶	微生物	预防龋齿，制造右旋糖酐用作代血浆
弹性蛋白酶	胰脏	治疗动物硬化，降血脂
核糖核酸酶	胰脏	抗感染、去痰、治肝癌
L-精氨酸酶	微生物	抗癌
α-半乳糖苷酶	牛肝、人胎盘	治疗遗传缺陷病（弗勃莱症）
木瓜凝乳蛋白酶	番木瓜	治疗腰椎间盘突出，肿瘤辅助治疗

1. 蛋白酶

蛋白水解酶是能够使蛋白质的结构和功能发生变化的酶，它对于细胞运动、组织的破坏和变形、激素的活化、受体和配基的相互作用、感染、细胞增殖等过程都有影响。蛋白酶可用于治疗多种疾病，是临床上使用最早、用途最广的药用酶之一。目前临床上使用的蛋白酶大部分来自于动物和植物，如胰蛋白酶、胃蛋白酶、胰凝乳蛋白酶、木瓜蛋白酶和菠萝蛋白酶等。

蛋白酶在医药领域的应用最初是在消化药上，用于治疗消化不良和食欲不振。其中胰凝乳蛋白酶是消化食物的重要酶类，与胰蛋白酶一样，酶前体是在肝脏中形成的，在小肠中胰蛋白酶和胰凝乳蛋白酶等分解成活性的酶。使用时往往与淀粉酶、脂肪酶等制成复合制剂，以增加疗效。作为消化剂使用时，蛋白酶一般制成片剂，以口服的方式给药。

蛋白酶可以作为消炎剂，治疗各种炎症有很好的疗效。常用的有胰蛋白酶、胰凝乳蛋白酶、菠萝蛋白酶、木瓜蛋白酶等。由灰色链霉菌（*Streptomyces griseus* K-1）生产数种蛋白酶混合物，含有中性及碱性蛋白酶、氨基肽酶、羧肽酶等。可用于手术后和外伤的消炎，还可以治疗副鼻腔炎、咳痰困难等。蛋白酶之所以有消炎作用，是由于它能分解一些蛋白质和多肽，使炎症部位的坏死组织溶解，增加组织的通透性，抑制浮肿，促进病灶附近组织积液的排出并抑制肉芽的形成。给药方式可以口服、局部外敷或肌内注射等。

蛋白酶经静脉注射后，还可治疗高血压。这是由于蛋白酶催化运动迟缓素原及胰血管舒张素原水解，除去部分肽段后可以生成运动迟缓素和胰血管舒张素，使血压下降。蛋白酶注射入人体后，可能引起抗原反应。通过酶分子修饰技术，可使抗原性降低或消除。

美国加利福尼亚州应用蛋白质工程的方法对蛋白酶的性质进行了改造，既保留了蛋白水解酶的特性，同时又除去了对治疗部位以外的组织毒性相关的遗传密码子。然后将改造后的蛋白质用微生物来表达，以生产有治疗作用的蛋白水解酶。美国 Genetech 公司应用基因工程法生产中性蛋白酶，对炎症、活化血管和运动神经细胞、与细胞增殖相关的肽类物质的失活过程有影响。因此，该酶对头痛、哮喘、眼病、肺癌、类风湿性关节炎、炎症性疾病等预期都有治疗作用。

2. 淀粉酶、脂肪酶

淀粉酶是指一类能分解淀粉糖苷键的酶类的总称或称淀粉水解酶，包括有 α-淀粉酶、β-淀粉酶等，水解产物为短链淀粉、糊精、麦芽糖或少量葡萄糖。常用的有麦芽淀粉酶、胰淀粉酶、米曲霉淀粉酶等。脂肪酶是催化脂肪水解的水解酶，常用的有胰脂肪酶、酵母脂肪酶等。当人体消化系统缺少淀粉酶、脂肪酶，或者在短时间内进食过多的淀粉类、脂肪类食物时，引起消化不良、食欲不振、腹胀、腹泻等病症。服用淀粉酶、脂肪酶制剂，具有治疗消化不良、食欲不振的功效。通常淀粉酶、脂肪酶与蛋白酶等组成复合制剂使用，以口服的方式给药。

3. 溶菌酶

溶菌酶也是一种应用广泛的药用酶，具有抗菌、消炎、镇痛等作用。用于治疗手术性出血、咯血、鼻出血，分解脓液，消炎镇痛，治疗外伤性浮肿，增强放射线治疗的效果等。溶菌酶是广谱抑菌剂，对革兰氏阳性菌、革兰氏阴性菌、真菌等致病微生物都有不同程度的已知作用。由于溶菌酶作用于细菌的细胞壁，可使病原菌、腐败性细菌等溶解死亡，而且它对抗生素有耐药性的细菌同样可起溶菌作用，因而具有显著的疗效而对人体的副作用很小，是一种较为理想的药用酶。溶菌酶与抗生素联合使用，可显著提高抗生素的疗效。溶菌酶还对疱疹病毒、SARS、腺病毒等多种病毒具有抑制作用。西安医学院第二附属医院把溶菌酶与5-氟尿嘧啶联合使用于扁平疣、传染性软疣、尖锐湿疣和带状疱疹等病例，发现内服溶菌酶，外涂 5-氟尿嘧啶的治疗效果明显高于单独使用；而带状疱疹只内服溶菌酶即可。体外及动物试验已证实，溶菌酶可以激活宿主的免疫系统，增强肿瘤细胞的免疫原性，从而具有抗肿瘤作用。这预示着溶菌酶可作为抗肿瘤的辅助治疗药物。

4. 超氧化物歧化酶

超氧化物歧化酶（SOD）催化超氧负离子（O_2^-）进行氧化还原反应，使机体免遭 O_2^-

的损害。因此，SOD在抗炎、治疗自身免疫性疾病、肿瘤辅助治疗、延缓衰老、防抗辐射等方面有显著疗效。可用于治疗类风湿性关节炎、红斑狼疮、皮炎、结肠炎、关节炎及氧中毒等疾病。不管用何种给药方式，SOD均未发现有明显的副作用，抗原性也很低。所以SOD是一种多功效低毒性的药用酶。SOD的主要缺点是它在体内的稳定性差，在血浆中的半衰期只有6～10min，分子量大，口服易被降解。通过酶分子化学修饰可以大大增加其稳定性，酶分子改造以降低分子量，为SOD的临床使用创造了条件。

5. L-天冬酰胺酶

L-天冬酰胺酶是第一种用于治疗急性淋巴细胞白血病的酶。因为癌细胞生长时需要天冬酰氨，L-天冬酰胺酶可以切断天冬酰胺的供给，因此对癌症，特别是急性淋巴细胞白血病的治疗有显著疗效。人体的正常细胞内由于有天冬酰胺合成酶，可以合成L-天冬酰胺使蛋白质合成不受影响。而癌细胞缺乏天冬酰胺合成酶，本身不能合成L-天冬酰胺。当L-天冬酰胺酶注射进入人体后，天冬酰胺被L-天冬酰胺酶分解，癌细胞无法获得天冬酰胺，导致蛋白质合成受阻而死亡。

在一般情况下，注射该酶可能出现的过敏性反应，包括发热、恶心、呕吐、体重下降等。对比起可怕的白血病来，这些副作用是轻微的痛苦，在未找到其他治疗方法之前，是可以接受的。1994年，美国Enzon公司应用聚乙二醇修饰L-天冬酰胺酶已得到FDA认证，用于治疗急性淋巴性白血病。

6. 尿激酶

尿激酶是从人胚肾细胞培养液或新鲜尿液中提取的溶栓药，可以直接激活纤溶酶原，进而产生溶解血纤维蛋白及溶解血栓的效果，也可溶解血块。临床上被广泛用于急性心肌梗死、肺栓塞和周边血管阻塞的治疗。尿激酶是从人尿中提取的，存在于人尿中的尿激酶比微生物来源的链激酶的安全性高。应用组织培养的方法，可以从培养的肾脏细胞得到大量的尿激酶。最近，从人类的肝细胞培养物中也可以得到尿激酶。点滴注射可以治疗脑血栓、末梢动静脉闭塞症、眼内出血等疾病。现在，已应用基因工程技术生产人重组尿激酶和尿激酶原，大大降低了酶的生产成本；同时，因为尿液有艾滋病毒、肝炎病毒等污染的可能，美国等国已禁止用尿液为原料作药物制剂，应用基因工程技术生产药物，安全性较好。

7. 组织纤溶酶原激活剂

组织纤溶酶原激活剂（tissue plasminogen activator，t-PA）是一种丝氨酸蛋白酶，可以催化纤溶酶原水解，生成具有溶解纤维蛋白活性的纤溶酶，在纤维蛋白溶解系统中起到重要的作用。

组织纤溶酶原激活剂（t-PA）激活纤溶酶原，要依赖纤维蛋白的激活作用，游离的t-PA对纤溶酶原的亲和力极低，不能单独激活正常人循环血液中的纤溶酶原；但t-PA对纤维蛋白有很高的亲和力，与纤维蛋白结合后的t-PA对纤溶酶原的亲和力显著提高，可以激活血液中的纤溶酶原。正常人血液中极少有纤维蛋白生成，因此，t-PA不会使正常人发生系统性纤溶状态。t-PA作用于血栓时，高效特异地与纤维蛋白结合，形成纤维蛋白、t-PA和纤溶酶原三元复合物。三元复合物的形成，有利于t-PA激活纤溶酶原，形成纤溶酶，水解复合体中的纤维蛋白，溶解血栓。同时，激活后的纤溶酶仍然结合在复合体上，能够避免α2-抗纤溶酶对它的抑制作用，使t-PA选择性地在血栓中发挥溶解纤维蛋白的作用，而对血液中的纤维蛋白原、凝血因子等几乎没有水解作用，即使有少量纤溶酶脱离复合体，也会很

快受 α2-抗纤溶酶的作用而失活。因此，t-PA 能高效特异地溶解血栓而不易出现系统性溶纤状态。加之 t-PA 是采用人体 t-PA 基因表达的产物，不存在异源性的抗原性问题，多次使用不会出现免疫反应，是一种较为理想的溶血栓药物。在治疗心肌梗死、脑血栓等方面疗效显著。

尽管 t-PA 的溶栓效果很好，但其价格较高，大剂量使用会引起出血。为克服 t-PA 的不足，通过基因突变、结构域删除或融合对其进行改造，以提高对纤维蛋白的选择性、延长半衰期、提高对抑制剂的抗性及抗血栓形成等特性。如德国研制的 rt-PA、日本研制的 Monteplase、美国研制的 TNK-tPA 等。

8. 凝血酶

凝血酶是一种催化血纤维蛋白原水解，生成不溶性的血纤维蛋白，从而促进血液凝固的蛋白酶。可以从人或动物的血液中提取分离得到，也可以从蛇毒中分离得到。

凝血酶可以直接作用于血浆纤维蛋白原，加速不溶性纤维蛋白凝块的生成，促使血液凝固。常以干粉或溶液局部应用于伤口或手术处，控制毛细血管血渗出及多种脏器出血的局部止血，可用于外伤、手术、口腔、耳鼻喉、泌尿及妇产等部位的止血。有时也可以口服，用于消化道急性出血。对动脉出血和纤维蛋白原缺乏所致的凝血障碍无效。现今在一些国家的军队中使用一种快速止血的急救绷带，是将凝血酶和纤维蛋白原制成干粉，按照一定的比例量附着在绷带上，当战场上出现急性出血时使用这种绷带，绷带上的纤维蛋白原在凝血酶的作用下迅速形成不溶的纤维蛋白，裹胁着血细胞形成血块，堵住伤口，起到紧急止血的作用。

蛇毒凝血酶是从巴西产美洲矛头蝮蛇毒液中分离精制而得的。临床用于预防和治疗各种出血，如手术前后毛细血管出血、咯血、胃出血、视网膜出血、鼻出血、肾出血及拔牙出血等。使用时可以采用口服、局部应用、皮下肌内注射或者静脉注射，但是要严格控制剂量。不良反应有呼吸困难、局部疼痛和偶有荨麻疹。

9. 弹性蛋白酶

弹性蛋白酶或弹性酶又称胰肽酶 E，是一种广泛存在于哺乳动物胰脏的肽键内切酶。根据它水解弹性蛋白的专一性又称弹性水解酶。弹性蛋白酶原合成于胰脏的腺泡组织，经胰蛋白酶或肠激酶激活后成为活性酶。

弹性蛋白酶能水解结缔组织中的弹性蛋白，具有类似 β-脂蛋白脂酶的作用效果，可以激活磷脂肪酶 A，降低血清中的胆固醇，增加胆固醇从粪便中的排泄量；还能增强血管弹性，具有降低血压、扩张血管、提高心肌血流量的作用。弹性蛋白酶主要用于治疗高脂血症，预防脂肪肝和动脉粥样硬化等。

10. 激肽释放酶

激肽释放酶是内切性蛋白水解酶。哺乳动物的激肽释放酶有血液激肽释放酶和组织激肽释放酶两大类，组织激肽释放酶主要分布在动物的胰脏、颌下腺、唾液、尿中，以胰脏中的含量最丰富。药用激肽释放酶又称血管舒缓素，国外商品名保妥丁（Padutin），主要来自颌下腺和胰脏。

激肽释放酶作用于激肽原后释放出激素物质激肽，组织激肽释放酶水解激肽原释放出胰激肽（10 肽），血液激肽释放酶则水解激肽原释放出舒缓激肽（9 肽）。舒缓激肽具有舒张血管、增强毛细血管通透性的功效，所以激肽释放酶又称血管舒缓素。激肽释放酶主要应用于治疗高血压、动脉硬化、心绞痛、血管内膜炎闭塞、动脉闭塞和雷诺氏病、祖德克氏症、烧伤、冻疮及由年龄引起的循环障碍等。此外，激肽释放酶还具有利尿作用。

11. 其他相关酶制剂

细胞色素C氧化酶是生物体内细胞呼吸的重要酶。从食物中获得的糖、蛋白质、脂肪消化和吸收的最终阶段都与三羧酸循环有关。最初是从酵母中抽提该酶，现在可从哺乳动物牛或猪的心脏中得到。该酶用于治疗脑出血、脑软化症、脑血管障碍、窄心症、心肌梗死、头部外伤后遗症、一氧化碳中毒症、安眠药中毒症。

近年来，应用基因工程技术开发新的治疗用酶制剂已显示出广阔的前景。1994年，美国FDA承认Genzyme公司应用基因工程法生产的葡萄糖脑苷脂酶。该酶催化D-葡糖-N-酰基鞘氨醇水解，生成D-葡萄糖和N-酰基鞘氨醇，可治疗戈谢病（Gaucher desease，葡萄糖脑苷脂酶缺乏症）。以前该酶是从人的肝脏中得到的，它的售价很高，很多患者承担不起治疗的费用。1998年用于治疗戈谢病的新的基因工程药物葡萄糖脑苷脂酶（Cerezyme）的上市，大大促进了对该疾病的治疗，该酶的年销售额约9.16亿美元。

随着对疾病病因的解析，预计会产生新的酶类药物。基因工程技术的应用使酶的生产成本降低，但是在精制的酶制剂中，含有病毒及病原体的可能性还不能排除。因此，在使用时还需做认真的安全检查。

三、药物生产

酶在药物制造方面的应用是利用酶的催化作用将前体物质转变为药物。这方面的应用日益增多。现已有不少药物包括一些贵重药物都是由酶法生产的（表11-10）。现举例说明一些酶的应用。

表11-10 酶在制药方面的应用

酶	用途
青霉素酰化酶	制造半合成青霉素和头孢酶素
α-甘露糖苷酶	制造高效链霉素
11-β-羟化酶	制造氢化可的松
L-酪氨酸转氨酶	制造多巴
β-酪氨酸酶	制造多巴
β-葡萄糖苷酶	生产人参皂苷-Rh_2
核糖核酸酶	生产核苷酸类物质
核苷磷酸化酶	生产阿拉伯糖腺嘌呤核苷(阿糖腺苷)
多核苷酸磷酸化酶	生产聚肌苷酸、聚胞苷酸
蛋白酶和羧肽酶	将猪胰岛素转化为人胰岛素
蛋白酶	生产各种氨基酸和蛋白质水解液

1. 青霉素酰化酶

自从1928年人类发现第一个抗生素青霉素以来，临床应用抗生素使千百万濒于死亡的生命得以拯救，为人类保健事业做出卓越的贡献。

但是，由于长期大量使用抗生素，特别是无节制滥用的结果，造成细菌产生抗药性（或称耐药性），使天然青霉素的治疗效果明显下降，为了解决细菌耐药性问题，除努力寻找新抗生素外，更有效的办法是研究细菌产生耐药性的原因，改造原有青霉素的结构。用人工的方法合成各种能抑制耐药性细菌的新青霉素。现在已经得到几十种半合成青霉素，它们都能作用于耐药性菌株，是疗效很好的广谱抗生素。要生产各种半合成青霉素，首先很重要的问题是获得青霉素酰化酶。青霉素酰化酶是半合成抗生素生产中有重要作用的一种酶。它既可以催化青霉素或头孢霉素水解生成6-氨基青霉烷酸（6-APA）或7-胺基头孢霉烷酸（7-ACA），又可催化酰基化反应，由6-APA合成新型青霉素或由7-ACA合成新型头孢霉素。其化学反应式如下：

青霉素 $\xrightleftharpoons{\text{青霉素酰化酶}}$ $R-C(=O)-OH$ + 6-APA

青霉素　　　　6-APA

青霉素和头孢霉素同属β-内酰胺抗生素，被认为是最有发展前途的抗生素。该类抗生素可以通过青霉素酰化酶的作用，改变其侧链基团而获得具有新的抗菌特性及有抗β-内酰胺酶能力的新型抗生素。工业上已用固定化酶生产。

2. β-酪氨酸酶

L-多巴（Levodopa），二羟苯丙氨酸，临床治疗震颤麻痹最有效的药物，是治疗帕金森氏（Parkinson）综合征的一种重要药物。帕金森氏综合征是1817年英国医师Parkinson所描述的一种大脑中枢神经系统发生病变的老年性疾病。其主要症状为手指颤抖，肌肉僵直，行动不便。病因是由于遗传原因或人体代谢失调，不能由酪氨酸生成多巴或多巴胺（一种神经传递介质）。L-多巴本身无药理活性，通过血脑屏障，经多巴胺脱羧酶作用转化为多巴胺而发挥作用。β-酪氨酸酶可催化L-酪氨酸或邻苯二酚生成多巴。反应如下。

$HO-C_6H_4-CH_2-CH(NH_2)-COOH + [O] \xrightarrow{\text{酪氨酸酶}} (HO)_2C_6H_3-CH_2-CH(NH_2)-COOH$

酪氨酸　　　　多巴（DDPA）

$(HO)_2C_6H_4 + CH_3COCOOH + NH_3 \xrightarrow{\text{酪氨酸酶}} (HO)_2C_6H_3-CH_2-CH(NH_2)-COOH$

邻苯二酚　　丙酮酸　　　　DOPA

3. 核苷磷酸化酶

核苷中的核糖被阿拉伯糖取代可以形成阿糖苷。阿糖苷具有抗癌和抗病毒的作用，是令人注目的药物，其中阿糖腺苷疗效显著，是治疗单纯疱疹脑炎最好的抗病毒药物。阿糖腺苷（腺嘌呤阿拉伯糖苷）可由嘌呤核苷磷酸化酶催化阿糖尿苷（尿嘧啶阿拉伯糖苷）转化而成。

由阿糖尿苷生成阿糖腺苷的反应分两步完成。首先，阿糖尿苷在尿苷磷酸化酶的作用下生成阿拉伯糖-1-磷酸：

阿糖尿苷 + H_3PO_4 $\xrightarrow{\text{尿苷磷酸化酶}}$ 阿拉伯糖-1-磷酸（OPO_2H_2）+ 尿嘧啶

阿糖尿苷　　　　阿拉伯糖-1-磷酸

然后阿糖-1-磷酸再在嘌呤核苷磷酸化酶的作用下生成阿糖腺苷。

阿拉伯糖-1-磷酸 + 腺嘌呤 —嘌呤核苷磷酸化酶→ 阿糖腺苷 + H_3PO_4

核苷磷酸化酶还用于三氮唑核苷的合成，以肌苷、尿苷或鸟苷与三叠氮羧基酰胺为底物，经嘌呤核苷磷酸化酶作用合成。三氮唑核苷，商品名病毒唑，具有广谱抗病毒和抗肿瘤的作用，临床用于治疗流感、疱疹、肿瘤和肝炎。

4. 无色杆菌蛋白酶

人胰岛素与猪胰岛素只有在B链第30位的氨基酸不同。无色杆菌（*Achromobacter lydicus*）蛋白酶可以特异性地催化胰岛素B链羧基末端（第30位）上的氨基酸置换反应，由猪胰岛素（Ala-30）转变为人胰岛素（Thr-30），以增加疗效。具体过程为：在无色杆菌蛋白酶的作用下，猪胰岛素第30位的丙氨酸被水解除去，然后在同一酶的作用下使之与苏氨酸丁酯偶联。然后用三氟乙酸（TFA）和苯甲醚除去丁醇，即得到人胰岛素。

最近，与糖类相关的医药品也引人注目。具有治疗作用的糖蛋白的酶法合成正在研究。例如Cytle和Neose公司应用糖基转移酶进行糖类（寡糖）的合成。

5. 现代酶工程技术在制药工业中的应用

现代酶工程属于高新技术，具有技术先进、厂房设备投资小、工艺简单、能耗量低、产品收率高、效率高、效益大、污染轻微等优点。如采用化学合成及酶拆分法生产的L-Phe成本为400元/kg以上，而产品进口价为220元/kg，无法投产；以苯丙酮酸及天冬氨酸为原料，经固定化转氨酶转化生成的L-苯丙氨酸成本在150元/kg以下；又如传统发酵工艺生产的L-苹果酸成本在4.0万元/t以上，而用固定延胡索酸酶转化生产的L-苹果酸的最低成本为1.5万元/t，出口价为3.5万元/t以上。此外，以往采用化学合成、微生物发酵及生物材料提取等传统技术生产的药品，皆可通过现代酶工程生产，甚至可获得传统技术不可能得到的昂贵药品，如人胰岛素、McAb、IFN、6-APA、7-ACA及7-ADCA等。部分固定化酶及相应产品见表11-11。

表11-11 固定化酶及其相应产品

固定化酶	产　品
青霉素酰化酶	6-APA，7-ADCA
氨苄青霉素酰化酶	氨苄青霉素酰胺
青霉素合成酶系	青霉素
11-β-羟化酶	氢化可的松
类固醇-$\triangle^1$-脱氢酶	脱氢泼尼松
谷氨酸脱羧酶	γ-氨基丁酸
类固醇酯酶	睾丸激素
多核苷酸磷酸化酶	Poly I:C
前列腺素A异构酶	前列腺素C
辅酶A合成酶系	CoA
氨甲酰磷酸激酶	ATP
短杆菌肽合成酶系	短杆菌肽

续表

固定化酶	产　　品
右旋糖酐蔗糖酶	右旋糖酐
β-酪氨酸酶	L-酪氨酸,L-多巴胺
5′-磷酸二酯酶	5′-核苷酸
3′-核糖核酸酶	3′-核苷酸
天冬氨酸酶	L-Asp
色氨酸合成酶	L-Trp
转氨酶	L-Phe
腺苷脱氢酶	IMP
延胡索酸酶	L-苹果酸
酵母酶系	ATP,FDP,间羟胺及麻黄素中间体

四、 生物医学工程

1. 体外循环装置

人工肾脏是体外循环装置最成功的代表。它是利用体外循环将患者的血液通过透析器除去代谢废物（例如尿素）后重新返回体内的一种装置。但需要体积庞大的透析液，既不经济又不方便。1968 年，T. M. S. Chang 加以改进，将通过透析器的含尿素的透析液用泵输入到一个玻璃柱内。柱的一端装有尿激酶微囊，另外一端装有活性炭或离子交换剂，当代谢物（尿素）通过时即受尿素酶的作用转变为二氧化碳及氨，氨被活性炭吸附，二氧化碳回入血循环由肺部排出体外。活性炭也能除去血液中的其他废物。整个装置可降低血液中的尿素达80%，所用透析液可以循环利用。此装置的优点是体积小型化，使人工肾脏成为实用化的一种医疗器械（见图 11-2）。

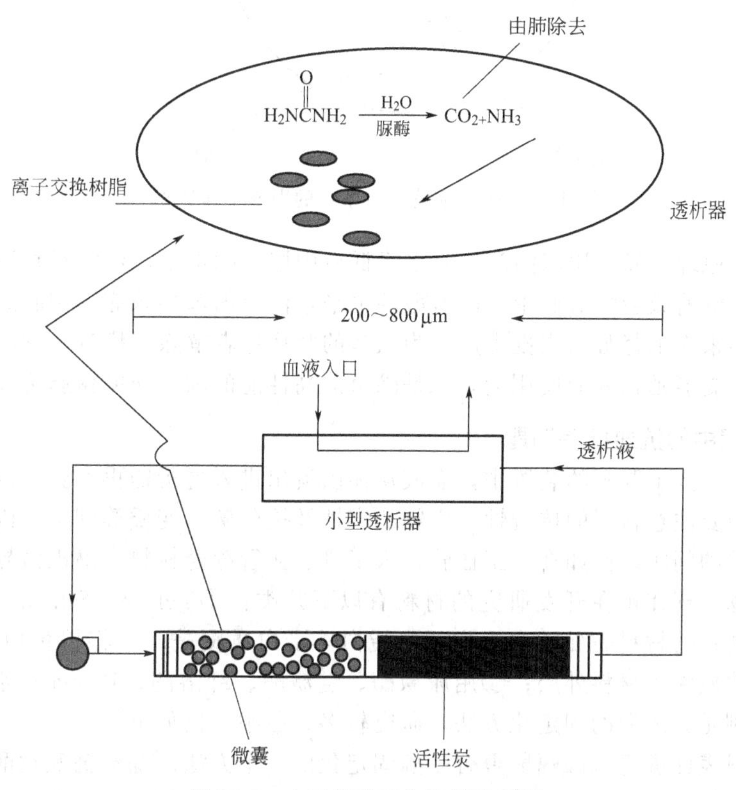

图 11-2　人工肾脏工作机制示意图

T. M. S. Chang 后来又改进了除氨的方法，用复合酶系统除氨获得一定的成效。其反应机制如下：

$$尿素 \xrightarrow{尿素酶} CO_2 + NH_3$$

$$NH_3 + NADH + \alpha\text{-酮戊二酸} \xrightarrow{谷氨酸脱氢酶} 谷氨酸 + NAD + H_2O$$

产生的谷氨酸由机体代谢后排出体外。其中 NADH 可以用下法再生：

$$NAD + 乳酸 \xrightarrow{乳酸脱氢酶} 丙酮酸 + NADH$$

所产生的丙酮酸，在转氨酶的作用下转变为丙氨酸，供体内使用。反应如下：

$$丙酮酸 + 谷氨酸 \xrightarrow{谷丙转氨酶} \alpha\text{-酮戊二酸} + 丙氨酸$$

关于 NADH 和 NADPH 的再生问题，尚有利用葡萄糖-6-磷酸脱氢酶系统或葡萄糖脱氢酶系统使 NAD 或 NADP 还原为 NADH 或 NADPH。前一反应的产物为 6-磷酸葡糖酸，后一反应为葡萄糖酸，可更好地为体内所利用（见图 11-3）。

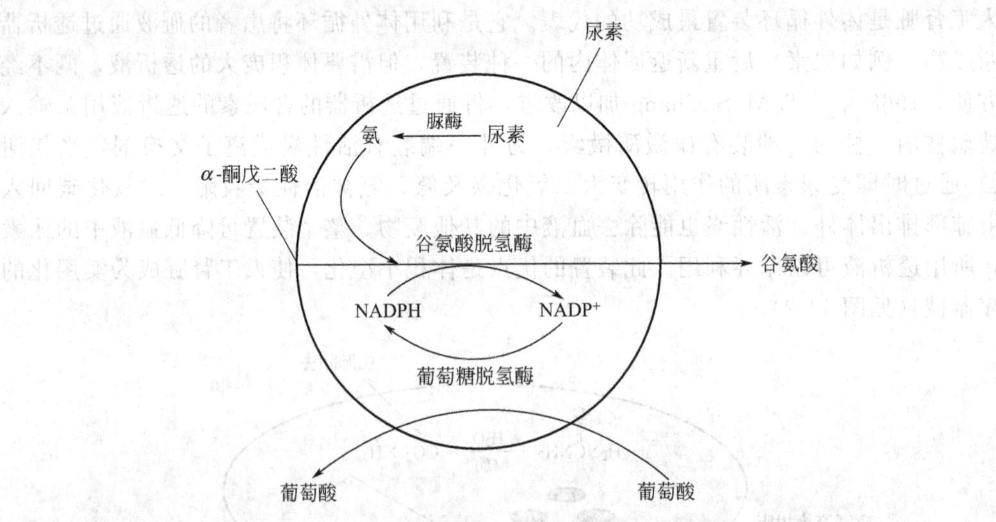

图 11-3　附有辅酶再生系统的微囊工作原理

应用类似的原理，尚有用尿酸酶微囊以降低血中尿酸的水平，治疗肾衰竭和痛风症；用苯丙氨酸氨基裂解酶微囊降低血中苯丙氨酸的水平，治疗丙苯酮尿症；用胆红素氧化酶可清除胆红素。近年来人工肾脏已成批生产，为众多的肾病患者解除了痛苦。它的成功关键，一是高质量的酶微囊能延长酶的使用期，二是除氨的高性能的离子交换树脂可以反复利用。

2. 医学工程中的抗血栓等问题

在人工肾脏、人工肝脏的装置中，血液从体内流出进入透析器再回到体内。在与人工脏器接触的过程中要注意材料的抗凝性、生物相容性及抗分解、变质等问题。因而材料的选择问题是一个重要的问题。例如在人工血管、人工骨、血管缝合材料、淋巴液导出管都会遇到上述的各种问题。现在正在开发研究的材料有以下几类：①Teflon、Silicone 类、尼龙等组织反应少的材料；②材料表面用白蛋白、络蛋白等蛋白质覆盖；③将胃蛋白酶 Anhydrobin Ⅲ等抗血凝的物质涂于材料外层；④用尿激酶、链激酶、纤溶酶、Pronase 等纤溶性酶的固定化方法。特别是尿激酶的固定化方法，研究较多。兹举一例如下。

将酶在塑料表面进行低温辐射聚合是酶固定化的一个方法。葡萄糖氧化酶可在－78℃辐射聚合在聚氯乙烯薄膜管内侧或聚乙烯膜上得到很好的效果。用同样的方法也成功地进行了尿激酶的固定化。它的抗血栓性能是显著的。具体做法是先将单体混合物涂在塑料管内侧或涂在片基上，在-78℃用γ射线照射使之聚合。剂量是5×10^5 cd/h（坎德拉/小时），聚合即成。

在医学工程中如何客观评定材料对组织的相容性，在专门研究材料的实验室里发布了一些测试生物材料毒性的方法。筛选试验在兔子肌肉内植入的方法，或用材料本身和它的提取液观察对兔血的溶血试验。Salthouse 等人曾用测定酸性磷酸脂肪酶及亮氨酸氨基肽酶来检定聚合物的组织相容性。方法是用显微光度计对溶酶体水解酶的水平加以定量，并判定大鼠臀部肌肉植入部位周围细胞的变化。此方法的优点是省钱、省时、效果清晰、比肉眼检查好。

3. 酶控药物释放系统

药物进入体内的方式，以口服、注射的方法最为普遍。定时定量地给药的最大缺点是药物在体内的水平波动很大。往往在下次给药前药物水平已降到无效剂量的范围，而在每次给药以后药物水平往往接近中毒剂量。近年来设计的一种最有效的方法是将药物缓慢而恒定地释放入体内，使之维持一定的水平。最理想的方法是把体内生理或病理的信息作为药物释放的信号。这就需要一个感应器，而酶是最适宜充当这个感应器的信号接收器。因为酶可以很专一地、快速地对某一个有关的代谢信号产生反应。虽然这类药物释放系统的实际应用尚有待于许多问题的解决。例如如何增加酶对底物的灵敏度，如何使酶的稳定性提高，如何使方法有一定的正确性，如何解决干扰因素和生物相容性等。

已有不少人深入研究了用固定化酶结合电感应器（酶电极）控制药物的输入。例如用固定化葡萄糖氧化酶在感应器上作为体内葡萄糖水平升降的信号酶，通过电信号就能控制胰岛素的输入系统，使体内葡萄糖水平趋于正常。

酶控药物释放系统有很大的潜在优点，因为它是直接受控于代谢产物的一种给药方式。它的功能是模仿生物器官或腺体等的自动调节功能。它是一种新的设想，目前正在研究中。

第五节 在分析检测方面的应用

利用酶催化作用的高度专一性对物质进行检测，已成为物质分析检测的重要手段。

用酶进行物质分析检测的方法统称为酶法检测或酶法分析。酶法检测是以酶的专一性为基础、以酶作用后物质的变化为依据来进行的。故此，要进行酶法检测必须具备两个基本条件：一是要有专一性高的酶，二是对酶作用后的物质变化要有可靠的检测方法。

酶法检测一般包括两个步骤。第一步是酶反应。将酶与样品接触，在适宜的条件下（包括温度、pH 值、抑制剂和激活剂浓度等）进行催化反应。第二步是测定反应前后物质的变化情况，即测定底物的减少、产物的增加或辅酶的变化等。根据反应物的特性，可采用化学检测、光学检测、气体检测等方法检测。当前迅速发展并广泛应用的各种酶传感器，能够将反应与检测两个步骤密切结合起来，具有快速、方便、灵敏、精确的特点，酶法在临床医学、环保监测及工业生产中发挥了巨大的作用。

根据酶反应的不同，酶法检测可以分成单酶反应、多酶偶联反应和酶标免疫反应等三类，阐述如下。

一、 单酶反应检测

利用单一种酶与底物反应，然后用各种方法测出反应前后物质的变化情况，从而确定底物的量。这是最简单的酶法检测技术。使用的酶可以是游离酶，也可以是固定化酶或单酶电极等。现举例说明如下。

① L-谷氨酸脱羧酶 L-谷氨酸脱羧酶专一地催化 L-谷氨酸脱羧生成 γ-氨基丁酸和二氧化碳，生成的二氧化碳可以用华勃氏呼吸仪或二氧化碳电极等测定。该酶已经广泛地用于 L-谷氨酸的定量分析。可使用的酶形式有游离酶和酶电极。

② 脲酶 脲酶能专一地催化尿素水解生成氨和二氧化碳。通过气体检测或者使用氨电极、二氧化碳电极等，测出氨或二氧化碳的量，从而确定尿素的含量。

③ 葡萄糖氧化酶 根据葡萄糖氧化酶能专一地氧化葡萄糖这一特点，可利用它进行葡萄糖的检测。葡萄糖氧化酶能够催化葡萄糖的氧化反应生成葡萄糖酸和双氧水，反应中所消耗氧的量或生成的葡萄糖酸的量都与葡萄糖有定量的关系。用 pH 电极、氧电极和 $Pt(H_2O_2)$ 电极等可以测定酸的生成或氧的减少来确定葡萄糖的量。该酶已广泛地用于食品、发酵工业和临床诊断等方面。

④ 胆固醇氧化酶 该酶催化胆固醇与氧反应生成胆固醇（胆甾烯酮）。通过气体检测技术或者使用氧电极来测出氧的减少量，就可以确定胆固醇的含量。

⑤ 虫荧光素酶 该酶可催化荧光素（LH2）与腺苷三磷酸（ATP）反应，使 ATP 水解生成 AMP 和焦磷酸，放出的能量转变为光。通过光度计或光量计测出光量，就可以测出 ATP 的量。可以将虫荧光素酶固定在光导纤维上，并与光量计结合组成酶荧光传感器，可以快速、简便、灵敏地检测出 ATP。

单酶催化反应进行物质检测具有简便、快捷、灵敏、准确的特点，是酶法检测中最广泛采用的技术。固定化酶与能量转换器密切结合组成的单酶电极，使酶法检测朝连续化、自动化的方向发展。

二、 多酶偶联反应检测

多酶偶联反应检测是利用两种或两种以上酶的联合作用，使底物通过两步或多步反应，转化为易于检测的产物，从而测定被测物质的量。有些物质经过单酶催化反应后，对物质变化情况进行检测时会受到其他物质的干扰，表现为检测的灵敏度不高等现象，使检测难于进行或检测结果的精确度不够。为此可采用两种或两种以上的酶进行连续式或平行式的偶联反应，使酶法检测易于进行并达到较理想的结果。利用多酶偶联反应检测已有不少成功的例子。

葡萄糖氧化酶与过氧化物酶偶联，通过这两种酶的联合作用可以检测葡萄糖的含量。使用时先将葡萄糖氧化酶、过氧化物酶与还原型邻联甲苯胺一起用明胶共固定在滤纸条上制成酶试纸，与样品溶液接触后，在 10～60s 的时间内试纸即显色。从颜色的深浅判定样品液中葡萄糖的含量。其原理是：葡萄糖氧化酶催化葡萄糖与氧反应生成葡萄糖酸和双氧水，生成的双氧水在过氧化物酶的作用下分解为水和原子氧，新生态的原子氧将无色的还原型邻联苯甲胺氧化成蓝色物质。颜色的深浅与样品中葡萄糖浓度成正比。随着样品中葡萄糖浓度的增加，酶试纸的颜色由粉红→紫红→紫色→蓝色，不断加深。其反应过程如下：

$$\text{葡萄糖} + O_2 \xrightarrow{\text{葡萄糖氧化酶}} \text{葡萄糖酸} + H_2O_2$$

$$H_2O_2 \xrightarrow{\text{过氧化氢酶}} H_2O + [O]$$

$$[O] + \underset{\text{(无色)}}{\text{还原型邻联甲苯胺}} \longrightarrow \underset{\text{(蓝色)}}{\text{氧化型邻联甲苯胺}}$$

此酶试纸已在临床中用以测定血液或尿液中的葡萄糖含量，从而诊断糖尿病。

β-半乳糖苷酶与葡萄糖氧化酶偶联，利用这两种酶的偶联反应，用于检测乳糖。首先β-半乳糖苷酶催化乳糖水解生成半乳糖和葡萄糖，生成的葡萄糖再在葡萄糖氧化酶的作用下生成葡萄糖酸和双氧水。可以用氧电极或双氧水铂电极等测定葡萄糖的量，进而计算出乳糖的含量。根据这一原理，还可以用蔗糖酶与葡萄糖氧化酶偶联，测定麦芽糖含量；用糖化酶与葡萄糖氧化酶偶联测定淀粉含量等。这一类双酶偶联也可以再与过氧化物酶一起组成三酶偶联反应，并与邻联苯甲胺共固定化制成酶试纸，分别用于检测各自的第一种酶的底物。

己糖激酶与葡萄糖氧化酶偶联，通过这两种酶的偶联反应可以用于测定ATP的含量。己糖激酶（HK）可以催化葡萄糖与ATP反应生成6-磷酸葡萄糖，反应前后样品中的葡萄糖可通过葡萄糖氧化酶的偶联反应来测定。葡萄糖的减少量与ATP的含量成正比，故通过测定葡萄糖的减少就可以计算ATP的含量。

三、 酶联免疫反应检测

酶联免疫反应检测首先是将适宜的酶与抗原或抗体结合在一起，与相应的抗体或抗原作用后，通过底物的颜色反应定性或定量待测的抗体或抗原。若要测定样品中的抗原含量，就将酶与待测定的对应抗体结合，制成酶标抗体，反之，若要测定抗体，则需先制成酶标抗原。然后将酶标抗体（或酶标抗原）与样品液中的待测抗原（或抗体）通过免疫反应（或抗体）结合在一起，形成酶-抗体-抗原复合物。通过测定复合物中酶的含量就可得出欲测定的抗原或抗体的量。

常用于酶标免疫测定的酶有碱性磷酸酶和辣根过氧化物酶。

① 碱性磷酸酶　将碱性磷酸酶与抗体（或抗原）结合，制成碱性磷酸酶标记抗体（或碱性磷酸酶抗原）。该酶标记抗体（或酶标抗原）与样品液中的对应抗原（或抗体）通过免疫反应结合成碱性磷酸酶-抗体-抗原复合物。将该复合物与对硝基苯酚磷酸盐（NPP）反应。碱性磷酸酶催化NPP水解生成对硝基苯酚和磷酸。对硝基苯酚呈黄色，黄色的深浅与碱性磷酸酶的含量成正比。因此，通过分光光度计测定420nm波长下的光吸收（A），就可以测出复合物中磷酸酶的量，从而计算出待测抗原（或抗体）的含量。

② 辣根过氧化物酶　过氧化物酶多来源于辣根而得名，广泛用于酶联免疫检测试剂盒。首先制成辣根过氧化物酶标记抗体（或标记抗原），然后通过免疫反应生成辣根过氧化物酶-抗体-抗原复合物。在过氧化氢的存在下，使色原底物氧化，产生新的颜色或改变吸收光谱。常用的色原底物有邻苯二胺、愈创木酚、邻联二茴香胺等。通过测定产物吸收光谱的变化，计算出待测抗原（或抗体）的含量。酶标记免疫测定已成功地用于多种抗体或抗原的测定，从而用于某些疾病的诊断。但目前仍存在灵敏度不高等问题，有待进一步研究改进。

酶联免疫检测技术还可以应用于某些具有亲和力的生物分子对之间的测定。如酶标记抗胰岛素蛋白测定胰岛素的含量，酶标抗生素蛋白测定生物素含量等。这类检测的原理与酶联免疫检测相类似，但由于不是抗体抗原间的免疫结合，只是分子对之间的亲和结合，故称为亲和酶标法检测。

第六节　酶在能源开发方面的应用

我们日常生活中的每一个方面，包括衣、食、住、行都离不开能源。随着生产的发展和人口的增加，人们对能源的需要量越来越多，然而，作为我们生活中主要能源的石油和煤炭是不可再生的，也终将枯竭。因此，寻找新的替代能源将是人类面临的一个重大课题。生物能源是指利用生物可再生原料产的能源，包括生物质能、生物液体燃料及利用生物质生产的能源如燃料乙醇、生物柴油、生物质气化及液化燃料、生物制氢等。今天，生物技术突飞猛进的发展，生物能源替代石油等矿物资源将成为不可阻挡的历史潮流。

一、乙醇生产

从目前人类正在开发的能源开发的技术和效益来看，乙醇很可能是未来的石油替代物。乙醇广泛应用于化学工业、食品工业、日用化工、医药卫生等领域。1975 年世界乙醇产量为 800 多万吨；1995 年世界乙醇产量为 2350 万吨。目前，许多农业资源丰富的国家如英国、荷兰、德国、奥地利、泰国、南非的政府均已制定规划，积极发展燃料乙醇工业。20 年间，世界乙醇产量净增两倍。这主要是由于 20 世纪 70 年代两次世界性能源危机，给发展乙醇工业带来了机遇，一些依赖石油进口而农产品又十分丰富的国家，大力筹建发酵法生产乙醇厂。美国农业部海外农业局发布的研究报告称，2014 年美国乙醇产量大幅增长近 8%，达到创纪录的 540 亿公升（约合 143 亿加仑）。到目前为止，美国仍然是全球最大的乙醇生产国，其产量达到第二大生产国巴西的一倍以上。

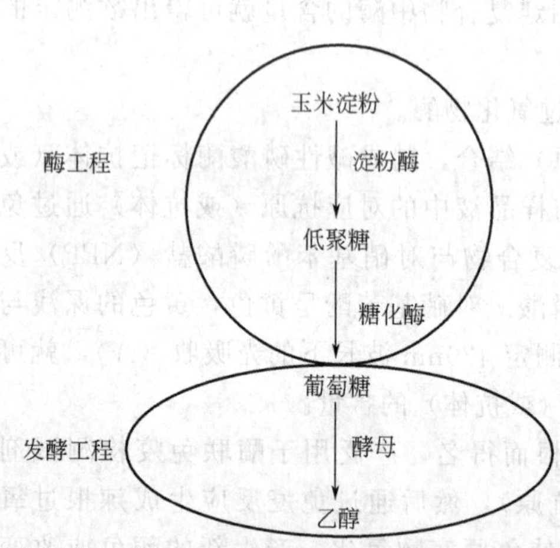

图 11-4　玉米淀粉转化为乙醇的流程图

在全球范围内，许多国家都将发展燃料乙醇工业作为提升国家能源安全的一个途径。燃料乙醇作为可再生能源的一种，相较于传统的化石燃料，不仅能有效减少温室气体的排放，还能够减少大城市里其他污染气体的排放。所以出于环保的考虑，发达国家纷纷大力支持燃料乙醇工业的发展。乙醇汽油（在汽油中掺加 10%燃料乙醇）得到了越来越多的关注。应用酶工程和发酵工程技术能够将淀粉等再生性资源转化为乙醇（图 11-4），为乙醇登上新能源的宝座铺平了道路。高效酶制剂具有提高产品质量、提高收率、降低成本、节约能源、提高设备利用率等优势。

在乙醇生产中，对酶制剂是有要求的：①为了缩短糖化时间，降低成本，减少生产中的能源消耗，在玉米淀粉的糖化过程中，常常采用高温条件（80～100℃），这就要求有耐高温的酶系来参与糖化作用。②由于在发酵的过程中，发酵液中的产物——乙醇的浓度不断上升（达 10%～16%）。而乙醇是一般菌株和酶的变性剂，这必然会限制乙醇的继续产生，导致原料的浪费。因此，研制耐高浓度乙醇的酶具有十分重要的意义。

要满足生产上的要求，需要应用酶工程和基因工程技术来进行高效酶制剂的生产。

以淀粉为原料应用发酵法制造乙醇时，发酵所需的微生物主要是酵母菌。酵母菌含有丰富的蔗糖水解酶和酒化酶。蔗糖水解酶是胞外酶，能将蔗糖水解为单糖（葡萄糖、果糖）。酒化酶是参与乙醇发酵的多种酶的总称，酒化酶是胞内酶，单糖必须透过细胞膜进入细胞内，在酒化酶的作用下进行厌氧发酵反应并转化成乙醇及 CO_2，然后通过细胞膜将这些产物排出体外。但传统的发酵工艺，原料成本高，且利用率低，能耗很大，因此乙醇产品的成本较高。利用基因工程改进酵母的性能以提高过程效率，可以降低生产成本。日本三得利公司把从霉菌中分离得到的葡萄糖淀粉酶基因克隆到酵母中，可直接发酵生产乙醇，省去了淀粉蒸煮糊化的传统工序及蒸煮物冷却设备，可减少 60% 的能耗。一些发达国家均在开发和利用固定化酵母细胞连续发酵工艺，并培育出适于连续发酵苛刻条件的固定化酵母，使生产效率比间歇式生产工艺提高数倍。以玉米淀粉为原料生产燃料乙醇在我国已得到极大的重视，现在吉林、黑龙江和河南等地已建立年产数十万吨乙醇的工厂。

在相当长的一段时间里，用来生产乙醇的原料主要是甘蔗、甜菜、甜高粱等糖料作物和木薯、马铃薯、玉米等淀粉作物。因为这些糖和淀粉也是我们生活所必需的物质，用它们来大量生产乙醇作燃料，显然会影响到人类的食物来源。所以现在人们又找到了一种新的原料，这就是纤维素。纤维素也是糖类，而且在自然界里大量存在，许多绿色植物及其副产品，如树枝树叶、稻草糠壳等等，几乎有一半是纤维素，用它们作原料可以说是取之不尽，用之不竭的。采用更为廉价的纤维素作为生产乙醇的原材料，可以有效降低乙醇的生产成本。纤维素是最丰富的有机物，与其他能源相比，它的优势在于它是可再生性资源，植物通过光合作用利用太阳能生产大量的纤维类物质。目前，国内外许多生产乙醇的高活性菌株均不能直接利用纤维素作为发酵过程中所需的糖类物质。降解纤维素成为低聚糖和单糖的有效方法是酶水解法。应用纤维素酶可以将一些纤维废弃物如稻草、麦秸、锯木屑等转化为葡萄糖。纤维素酶是几种具有不同酶活性的酶复合物，主要分为外切纤维素酶、内切纤维素酶、葡萄糖苷酶等。通过该酶系的协同作用，纤维素被水解为葡萄糖（图 11-5）。

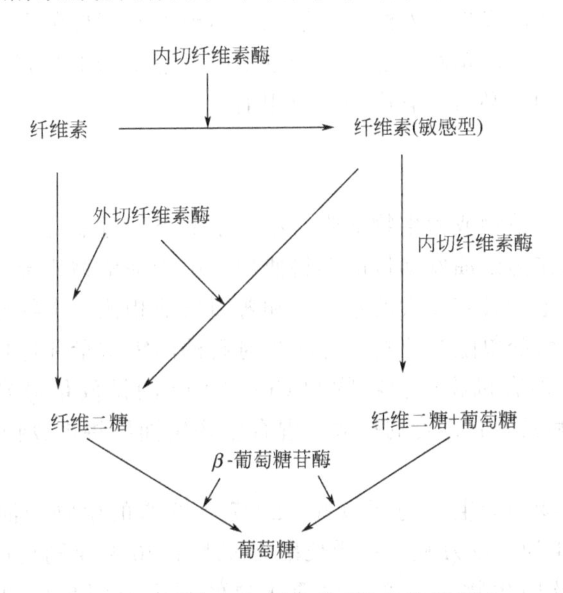

图 11-5 纤维素酶-纤维素系统的作用模式

80 年代初，日本就建立了通产省领导下的“新燃料油开发技术研究会”，并成立了由协和发酵、栗田工业和东洋工程等三家大公司组成的协作开发小组，制定了 1983～1988 年的五年开发计划。经过五年的开发，初步形成了以纤维素类物质为原料生产燃料用乙醇的一整套工艺技术，其规模可达到日处理稻草或蔗渣720kg，日产无水酒精150～200L。

科学家们正在尝试建立简单、有效、经济的工艺过程，但目前还没有达到大规模应用，这主要是因为纤维素酶的活力还不够高，价格贵，因此从经济角度上来讲还不过关。

在以木质纤维素为原料生产乙醇的研究开发领域中，稀酸水解被认为是最容易实现商业化生产的工艺，实际上，通过物理、化学和生物方法（酶法）的结合对木质纤维素进行预处理，可能会得到较好的效果。对木质纤维素车用燃料乙醇的研究开发主要集中在两个方面，一是从木质纤维素水解中得到高浓度的糖和较低浓度发酵抑制剂的水解糖液，二是水解糖液的高效乙醇发酵，包括高效利用葡萄糖和木糖产乙醇，并抗或分解发酵抑制剂的微生物菌种。

目前已知至少22种酵母能够转化D-木糖成乙醇，但是只有六种酵母菌（*Brettanomyces naardenensis*，*Candida shehatae*，*Candida tenuis*，*Pachysolen tannophilus*，*Pichia segobiensis*，*Pichia stipitis*）能产生相当多的乙醇。其中研究较为深入的只有三种酵母（*C. shehatae*，*P. tannophilus*，*P. stipitis*）。酵母木糖代谢途径比葡萄糖代谢途径复杂得多，首先是在依赖NADPH的木糖还原酶（XR）的作用下还原木糖为木糖醇，随后在依赖NAD^+的木糖醇脱氢酶（XDH）的作用下氧化形成木酮糖，再经木酮糖激酶磷酸化形成5-磷酸木酮糖，由此进入磷酸戊糖途径（PPP）。PPP途径的中间产物6-磷酸葡萄糖及3-磷酸甘油醛通过酵解途径形成丙酮酸。丙酮酸或是经丙酮酸脱羧酶、乙醇脱氢酶还原为乙醇；或是在好氧的条件下，通过TCA循环及呼吸链彻底氧化成CO_2。

经济有效地将木糖转化为酒精，依赖于纤维素水解原料的成本以及有效的木糖发酵菌株。Jeffries等人曾经预测只有当木糖的酒精发酵率在最初36h之内到达0.42～0.43g乙醇/g木糖，利用木糖生产酒精才有商业价值。现在虽然通过菌株的筛选以及基因工程等手段使酒精的产量得到提高，但是纤维素原料的水解以及发酵木糖生产酒精的工业化仍存在许多挑战性的问题。如在纤维素的同步糖化发酵中，酶的最适温度和酵母菌生长以及发酵的最适温度的不一致性，以及酵母菌的酒精耐受能力等严重影响发酵木糖生产酒精的工业化。随着研究的深入，发酵木糖生产酒精必将具有广阔的应用前景。

二、生物柴油

生物柴油是由动物、植物或微生物油脂与小分子醇类经过酯交换反应而得到的脂肪酸酯类物质，可以替代柴油作为柴油发动机的燃料使用。由于动植物或微生物油脂属于可再生资源，因此，生物柴油的生产具有重大的意义。和普通柴油相比，生物柴油具有以下优点：以可再生的动物及植物脂肪酸单酯为原料，可减少对石油的需求量和进口量；环境友好，采用生物柴油的尾气中的有毒有机物、颗粒物和CO_2+CO的排放量分别为普通柴油的10%、20%和10%，无SO_2和铅等有毒物的排放；混合生物柴油可将排放物的含硫体积分数从5×10^{-4}降低到5×10^{-6}。

欧盟无疑是全球生物柴油生产的领跑者，2007年欧盟的生物柴油产量为570万吨，年增长率为16%；2008年为780万吨，年增长率为35%；2009年则超过了900万吨，年增长率为16.6%。2009年欧盟生物柴油产量居前4位的国家分别是德国、法国、西班牙和意大利。

2011年全球生物柴油产量突破了2000万吨，已建和在建的生物柴油装置的年产能接近4000万吨，生物柴油迅猛发展，成为21世纪正在崛起的新兴产业。我国目前生物柴油产量只有100万吨左右，远远不能满足市场需求。统计数据显示，2012年全国柴油产量为

17063.6万吨，按照生物柴油B5标准，大约需要850万吨的生物柴油。但目前生物柴油的产量只有100万吨左右。关键问题出在原料上。当前，我国生物柴油原料的供应问题十分突出，资源没有得到合理的引导和配置。以地沟油为代表的废弃油脂原本是生物柴油的主要原料，却在高额利润的诱惑下，大量流向食用油市场。虽然国内餐饮废油每年潜在的供应量已达到1000万吨，生产生物柴油的企业已超过50家，但装置的开工率不到30%。中石化正在积极地推广生物柴油新技术，加快工业装置的建设速度，2013年在江苏建设一套10万吨/年生物柴油示范装置，同时还筹划在秦皇岛建设一套10万吨/年生物柴油示范装置。为了长远解决生物柴油的原料来源问题，中石化与中国科学院还在2010年启动了“微藻生物柴油成套技术的研发”项目。

生物柴油可以用化学方法生产，采用生物油脂与甲醇或乙醇等小分子醇类，并使用氢氧化钠或甲醇钠（Sodium methoxide）作为催化剂，在酸性或者碱性催化剂和高温（230～250℃）下发生酯交换反应，生成相应的脂肪酸甲酯或乙酯，再经洗涤干燥即得生物柴油。化学法合成生物柴油有很多缺点：反应温度较高、工艺复杂；反应过程中使用过量的甲醇，后续工艺必须有相应的醇回收装置，处理过程繁复、能耗高；油脂原料中的水和游离脂肪酸会严重影响生物柴油的得率及质量；产品纯化复杂，酯化产物难于回收；反应生成的副产物难于去除，而且使用酸碱催化剂产生大量的废水、废碱（酸）液排放，容易对环境造成二次污染等。

为了解决化学方法的弊端，人们开始研究用生物酶法合成生物柴油。在有机介质中，脂肪酶或酯酶可以催化油脂与小分子醇类进行酯交换反应，制备相应的脂肪酸甲酯或乙酯。酶法合成生物柴油具有条件温和、醇用量小、无污染排放的优点，具有环境友好性。所使用的脂肪酶或酯酶可以制成固定化酶，使酯交换反应连续进行。日本的Yuji Shimada等人利用Novozym 435（*Candida antarctica*）脂肪酶在分段反应器中通过流加甲醇生产生物柴油，产品中脂肪酸甲酯的体积分数可以达到93%以上，并且经过100d的反应，酶不会失活。我国目前酶法生产生物柴油的工作也有重要进展，其中北京化工大学采用自已开发的酵母脂肪酶进行酶法合成生物柴油研究，其生物柴油转化率已达到96%，固定化酶的半衰期达200h以上。但利用生物酶法制备生物柴油目前存在着一些亟待解决的问题，反应物甲醇容易导致酶失活、副产物甘油影响酶反应活性及稳定性、酶的使用寿命过短等，这些问题是生物酶法工业化生产生物柴油的主要瓶颈。

脂肪酶费用高是酶法生产生物柴油的一个主要障碍，脂肪酶的固定化使酶可以回收并重复使用，因此降低了酶法生产生物柴油的成本。固定化也可以提高脂肪酶的热稳定性、pH值稳定性、储存稳定性、操作稳定性及化学试剂耐受力。吸附法制备固定化酶的反应条件温和、酶活力损失小、载体可回收并重复使用、固定化酶的成本低，因而吸附法制备的固定化酶是生物柴油生产中普遍采用的酶固定化方法，很多有机及无机材料已被用作吸附脂肪酶的载体。吸附法制备固定化酶的缺点是酶与载体结合较弱，使用过程中酶容易自载体上脱落，因而包埋法制备的固定化酶也被用于生物柴油的生产，但迄今为止，包埋法固定化酶的生物柴油转化率较低，可能与长链脂肪酸难以通过载体扩散至酶的活性中心及酶易自支持载体腐蚀脱落等原因有关。近来还出现了在生物柴油生产中用共价结合固定化酶为催化剂的趋势，原因是这种方法制备的固定化酶与载体结合牢固，制得的固定化酶稳定性好。

酶法生产生物柴油的另一个主要障碍是甲醇对脂肪酶的毒性。早期研究中采用逐步加入甲醇的办法降低它对脂肪酶的毒性，逐步加入甲醇至今仍然是减少脂肪酶失活、提高生物柴油产量首选的简单办法，但该法并不能完全消除甲醇对脂肪酶的毒性。消除甲醇对脂肪酶毒性的第2种方法是改变酯酰基受体，研究人员分别用乙酸甲酯、乙酸乙酯替代甲醇及乙醇，将生产生物柴油的转酯反应转化为酯交换反应。最近替代甲醇生产生物柴油的酯酰基受体还有碳酸二甲酯，虽然酯交换法消除了甲醇对脂肪酶的毒性，但是酯酰基受体与油脂的高摩尔比（>10）导致的高成本限制了方法的实际应用。

由于受到全球石油资源日渐枯竭和化石燃料燃烧导致的环境污染等一系列问题的困扰，作为绿色可再生燃料的生物柴油因其环境友好、安全环保、燃烧性能优良等特性受到人类的广泛关注，近年来全球生物柴油产量迅速增长。随着酶法生产生物柴油研究的推进及产业化进程的加快，固定化酶生物柴油生产技术将以其高效、安全、节能、环保、低成本等优势得以推广应用。

三、氢气

在未来的新能源中，氢作为一种不引起环境污染的、清洁的燃料，正引起人们极大的注意。生物制氢技术是以废糖液、纤维素废液和污泥废液为原料，采用微生物培养的方法制取氢气。在微生物产生氢气的最终阶段起着重要作用的酶是氢化酶。氢化酶极不稳定，例如在氧的存在下就容易失活。因此，生物制氢的关键是要提高氢化酶的稳定性，以便能采取通常的发酵方法连续地、较高水平地生产氢气。微生物可利用体内巧妙的光合机构转化太阳能为氢能，故其产氢研究远较非光合生物深入。细菌的产氢分为两类，一类是固氮酶催化的产氢，另一类是氢化酶催化的产氢。

1. 固氮酶产氢

固氮酶遇氧失活，对于产氢同时放氧的细菌来说，固氮放氢机制因种而异。*A. cylindrina* 是一种丝状好氧固氮菌，细胞具有营养细胞和异形胞两种类型。营养细胞含光系统Ⅰ和Ⅱ，可进行 H_2O 的光解和 CO_2 的还原，产生 O_2 和还原性物质。产生的还原性物质可通过厚壁孔道运输到异形胞作为氢供体用于异形胞的固氮和产氢。异形胞只含有光合系统Ⅰ和具有较厚细胞壁的特性，为异形胞提供了一个局部厌氧或低氧分压环境，从而使固氮放氢过程顺利进行（图11-6）。无异形胞单细胞好氧固氮菌，其产氢也由固氮酶催化。由于没有防氧保护机构，产氢只能发生在光照与黑暗交替的情况下。光照条件下，细胞固定 CO_2 储存多糖并释放氧气，黑暗厌氧条件下，储存的多糖被降解为固氮产氢所需的电子供体。

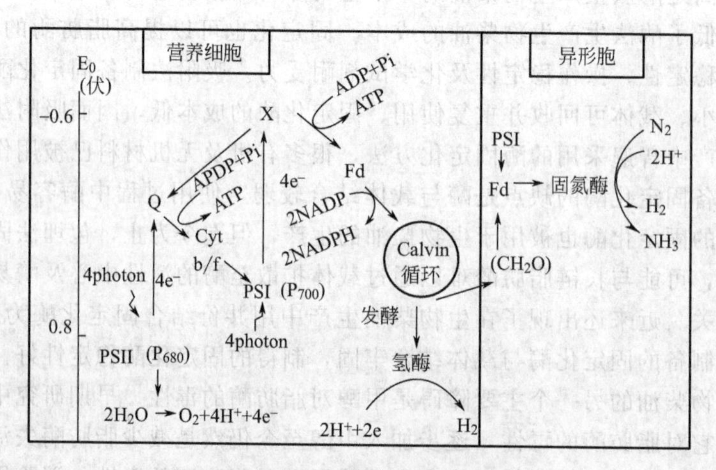

图11-6 细菌的固氮产氢与氢化酶产氢

2. 氢化酶产氢

沼泽颤藻（*Oscillatoria limnetica*）是一类无异形胞兼性好氧固氮丝状蓝细菌，其光照产氢过程由氢化酶催化，白天光合作用积累的糖原在光照通氩气或厌氧条件下水解产氢。钝顶螺旋藻（*Spirulina platensis*）可在黑暗厌氧条件下通过氢化酶产氢。绿藻在光照和厌氧条件下的产氢是由氢酶介导的。现研究表明，光照条件下，氢酶所需的还原力除水以外，内源性有机物（淀粉）也可作产氢还原力。绿藻白天进行光合作用积累的有机物在黑暗条件下也可通过氢酶发酵产氢，但产氢效率较低。

目前国外的研究主要集中在固定化微生物制氢技术上。Karube等人利用聚丙烯酰胺凝胶包埋丁酸梭状芽孢杆菌（*Clostridium butyricum* IFO_{3847}）菌株，能够连续生产氢。这种固定化细胞通过多酶反应可以利用葡萄糖生成氢气。有报道指出，用琼脂固定化细胞，其生成氢气的速度约为前者的3倍。利用氢产生菌多酶体系的催化作用，可以从工业废水中有效地生产氢气，氢气的转化率为30%。

3. 无细胞组合酶催化体系制氢

美国弗吉利亚理工大学、橡树岭国家实验室、佐治亚大学研究用淀粉和葡萄糖等为材料，直接从生物质生产低价的氢，希望实现生物质氢的高效率和低成本生产。无细胞组合酶催化途径产氢理论的提出以及实际应用仅十多年，该体系融合了生物化学、酶工程和代谢工程的内容，在体外重构葡萄糖磷酸化、磷酸戊糖途径、NADPH脱氢氧化和$NADP^+$还原循环途径，通过氢酶将循环途径中的NADPH氧化为$NADP^+$，同时释放出氢。

尽管利用组合酶途径产氢具有转化效率高、设备要求简单、能耗低等优点，但酶成本偏高以及酶催化反应缓慢直接影响生物质氢气的大规模工业化开发。酶的固定化，酶纯化效率，耐高温且稳定性强的酶的应用和采用基因工程技术大规模生产重组蛋白是解决酶成本过高的主要措施，此外，优化关键酶的比例、提高底物浓度以及酶装载量都能够有效提高氢转化效率，降低运营成本。

由于无细胞组合酶催化体系中至少需要13种不同的酶协同进行，由于酶来源、活性、催化机制不同，工业化生产难度较大。采用基因工程技术，构建高效表达菌株，有助于降低各酶的提取成本，提高酶的纯化效率。在大量合成各酶的基础上，参考试剂盒的制备原理，优化各酶的反应条件，构建具有可操作意义的反应体系，对实现该体系的实际应用意义重大。此外，高通量、可回收的高效反应装备的研发也是酶法制氢急需解决的重要问题。

四、 生物电池

生物主要利用营养物氧化产生的化学能来维持生命活动。这类反应主要涉及富含电子的物质（营养物）转变成含电子少的物质（代谢产物）。如果一部分电子转移系统可以用于电极反应，那么化学能就可以转变成电能，因而就可以制造生物电池。早在20世纪60年代初，就有人进行了用葡萄糖和氨基酸等与生物体有关的有机物为能源来获得电能的尝试。生物催化剂在此反应中是必不可少的。根据生物催化剂的来源，又可将生物电池分为酶电池和微生物电池两种。将燃料的化学能转化为容易进行电化学反应的形式，有如下两种方法：

① 用酶氧化燃料，所得的酶反应生成物再进行电极反应的方式（电子传递系统不配对的体系）[图11-7(a)]。

② 用具有辅酶的酶氧化燃料，使在燃料氧化过程中结合而还原的辅酶再在电极上进行氧化的方式（电子传递系统配对的体系）[图11-7(b)]。

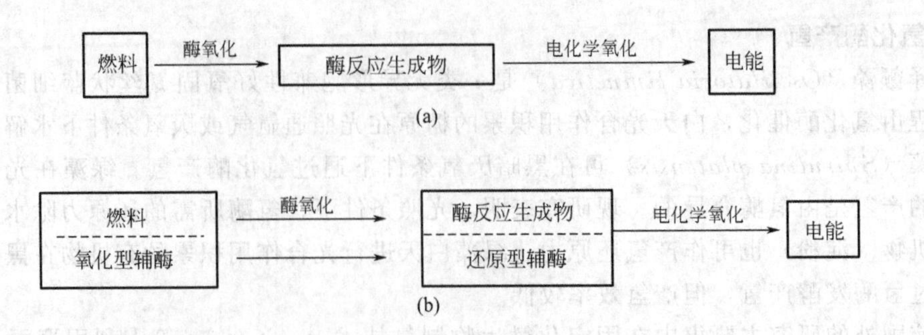

图 11-7 生物电池的产电方式

用葡萄糖为燃料的酶电池是模仿线粒体的反应机构而制成的，线粒体是以葡萄糖为燃料的酶电池的理想模型。除葡萄糖外，有人用其他有机物为燃料也制成了酶电极，如利用固定化木瓜蛋白酶，将无电荷的 *N*-乙酰-L-谷氨酸二酰胺水解成氨和 *N*-乙酰-L-谷氨酰胺的过程中放出电子，现已设计出有关的装置；利用聚丙烯酰胺凝胶包埋葡萄糖氧化酶，与铂电极结合起来，组成酶电极；利用各种废水作为固定化氢产生菌的营养源，可以制造微生物电池。该电池系统由两部分组成：①装有固定化氢产生菌的反应器；②电池由铂金阳极和炭棒阴极组成。将工厂排出的废水引入第一部分，在固定化氢产生菌的作用下，有机物分解产生氢气和有机酸。氢气引入第二部分，和空气中的氧气组成电池，产生的最大电流为 40mA。

总之，由于固定化酶和固定化微生物在将化学能转变为电能时十分稳定，易于处理，有可能发展成为新的能源转化系统。随着生物技术和其他相关科学的高速发展，我们相信在不远的将来，生物燃料电池一定会给人类带来可喜的电能，为开发新能源做出贡献。

五、 沼气的生产

近十年来，沼气及其综合利用广泛受到人们的关注。沼气是一种混合气体，其中甲烷 65%，二氧化碳 30%，硫化氢 1%，此外还含有微量的氮、氧、氢和一氧化碳。因此，沼气也称生物气、科拉气等。沼气没有气味，燃烧时不冒烟，呈蓝色火焰。测试表明：$28m^3$ 沼气所产生的能量等于 $16.8m^3$ 的天然气，或 20.8L 石油、或 18.4L 柴油所产生的能量。

沼气的生物发生可分为三个阶段：有机成分的溶解和水解。酸的生成和甲烷的产生。在沼气发酵过程中添加酶制剂，可以增加沼气发酵过程中水解阶段的代谢速率，从而有效提高沼气发酵的原料利用率、产气速率和沼气产量。许多水解酶的酶活与产气量是相关的，例如在沼气发酵过程中添加纤维素酶在沼气发酵中能促进纤维素分解，从而提高沼气的产气率。

第七节 酶在环境保护方面的应用

当前，环境污染已经成为制约人类社会发展的重要因素。我国每年排出大量的废水（416 亿吨）、废气和烟尘（2 000 万吨），以及固体废弃物（1000 亿吨），污染规模达到相当严重的地步。美国也有大量的土地、淡水和海水区域被污染。据估计，仅治理被污染的土地一项，就需耗资 4500 亿美元。原先人们常用的化学方法和物理方法，已经很难达到完全清除污染物的目的。微生物酶在环境治理方面发挥了十分巨大的作用，最常用、最成熟的活性污泥废水处理技术，就是依靠了微生物的作用。同样，各种微生物酶能够分解糖类、脂肪、蛋白质、纤维素、木质素、环烃、芳香烃、有机磷农药、氰化物、某些人工合成的聚合物等，正成为环境保护领域研究的一个热点课题。

人们研究的用于环境治理的微生物酶包括如下几类：①处理食品工业废水，如淀粉酶、糖化酶、蛋白酶、脂肪酶、乳糖酶、果胶酶、几丁质酶等；②处理造纸工业废水，如木聚糖酶、纤维素酶、漆酶等；③处理芳香族化合物，如各种过氧化物酶、酪氨酸酶、萘双氧合酶（naphthalene dioxygenase）等；④处理氰化物，如氰化酶、腈水解酶、氰化物水合酶等；⑤处理有机磷农药，如对硫磷水解酶、甲胺磷降解酶等；⑥处理重金属，如汞还原酶、磷酸酶等；⑦其他，如能够完全降解烷基硫酸酯和烷基乙基硫酸酯，以及部分降解芳基磺酸酯的烷基硫酸酯酶（alkylsulfatase）等。

一、 水净化

水与人类的生活息息相关，离开水的滋养，人类将不复存在，因此，世界范围的水污染问题是目前人类最关心的环境主题。水源污染常常是由那些剧毒，而且抗生物降解的化学品造成的。这些化合物很容易在体内组织中浓缩聚集，使人产生疾病。为了保护水资源及人类的健康，除去这些有毒的化合物以消除污染是至关重要的。实践证明，用酶处理这些污染物是行之有效的。早在20世纪70～80年代，固定化酶已被用于水和空气的净化。法国工业研究所积极开展利用固定化酶处理工业废水的研究，将能处理废水的酶制成固定化酶，其形式有酶布、酶片、酶粒或酶柱等。处理静止废水时，可以直接用酶布或酶片。处理流动废水时，可以根据废水所含的污物种类和数量，确定玻璃酶柱或塑料酶柱的高度和内径。根据所处理物质的不同，选用不同的固定化酶。也可以装成多酶酶柱，以弥补单一酶的局限性。例如，可以将分解氰化物的固定化酶和除去酚的固定化酶同时装入一个柱内，既能除去氰，又能除去酚。如果某些酶不能并存，就各自单独装柱。

芳香族化合物，包括酚和芳香胺，属于优先控制的污染物，塑料厂、树脂厂、染料厂等企业的废水中都含有这类污染物，很多酶已用于这类废水处理。辣根过氧化物酶（HRP）的应用集中在含酚污染物的处理方面，使用HRP处理的污染物包括苯胺、羟基喹啉、致癌芳香族化合物等。HRP可以与一些难以去除的污染物一起沉淀，形成多聚物而使难处理物质的去除率增大。如多氯联苯可以与酚一起从溶液中沉淀下来。用磁性CS-M固定化HRP处理含酚废水，不仅有较高的酚去除率，并可利用其磁响应性简便地回收磁性酶。用壳聚糖固定化漆酶，通过共价结合，壳聚糖固定化漆酶获得了较高的酶活性回收率，在25℃的条件下半连续处理酚类污染物，连续操作12次后固定化酶的活性仍保留60%以上，漆酶的使用效率比简单的物理吸附明显提高。来源于 *Pyricularia oryzae* 的漆酶固定在溴化氰活化的Sepharose 4B上，其固定化效率为100%，固定酶的活性为63%，可以有效地去除酚类化合物。墨西哥科学家从萝卜中提炼出一种能清除工业废水中酚类混合物的酶，经这种萝卜素酶处理过的工业废水可以循环再利用。

在造纸和纸浆工业的污染处理上，应用酶法也是有效的。①造纸厂废水中，含有大量的淀粉和白土混悬的胶态物，用固定化α-淀粉酶，可以连续水解这种废水中的胶态悬浮淀粉，使原先悬浮着的纤维很容易沉淀下来，分离除去。制得的固定化α-淀粉酶，可以用分批法或装柱法连续处理纸厂废水。用分批法处理时，同时添加100mg/L明矾，可以除去废水中悬浮物的80%。用装柱法处理时，将固定化α-淀粉酶置于有机玻璃反应器中，使废水自下而上流过反应器，可以除去废水中78%的悬浮物。②在纸张漂白过程中加入氯和氯化物，导致环境污染。芬兰技术研究中心和芬兰木浆和纸研究中心共同研究用酶法处理纸浆，使排水管道中含氯的有机化合物的数量减少。加拿大应用木霉 *Trichoderma longibranchiatum* 中的木聚糖酶对纸张进行漂白，对芬兰造纸工厂每天排放的1000t废水进行检验，结果表明纸浆用酶处理后，氯的用量减少25%，废水中氯有机化合物的含量减少40%。

利用固定化热带假丝酵母（*Atelosaccharomyces tropicalis*）的复合酶系能够分解酚，可以用来处理含酚废水。美国采用化学方法将高活性的酚氧化酶结合到玻璃珠上，用于处理冶金工业的含酚废水。利用固定化丁酸梭菌（*Clostridium butyricum*）的酶系，分解乙醇产生氢，已被用来处理酒精厂的生产废水，而氢又是重要的能源物质，这就起了变废为宝的作用。溶菌酶是一种能够催化裂解某些细菌细胞壁的酶，这一特性也可被应用于污水处理，日本学者采用固定化溶菌酶技术，成功地处理了废水中生物难降解的黑腐酸以及与黑腐酸结构类似的有机物质。

农药的大量使用，迫切需要发展有效的处理农药污染的技术。德国用共价结合法将可以降解对硫磷等九种农药的酶固定在多孔玻璃珠上，制得的固定化酶的活力可提高350倍。制成酶柱后用于处理含有对硫磷的废水，去除率可以达到90%以上。该酶柱能够连续工作70d，其酶活性无明显的损失。这一多酶系统不需要辅助因子或特殊的盐类就能发挥作用，因此使用起来相当经济。在此基础上，还可以将分解不同农药的酶同时固定在同一载体上，这样就能够处理多种农药废水。

二、 石油和工业废油

每年排入海中的200万吨石油也是不容忽视的环境问题，如不及时处理，不仅会造成鱼类的大量死亡，而且石油中的有害物质也会通过食物链进入我们人体。人们通常用假单胞杆菌（*Pseudomonas*）、分枝杆菌（*Mycobacterium*）和分节孢子杆菌（*Arthrobacterium*）来降解引起污染的石油。然而，这些微生物在低温海水中繁殖时受到营养物质的限制，因此，细菌的繁殖率很低。人们用含有酶及其他成分的复合制剂处理海中的石油，可以将石油降解成适合微生物的营养成分，为浮在油表面的细菌提供优良的养料，使得这些分解石油的细菌迅速繁殖，以达到快速降解石油的目的。

同样的，对工业废油的处理也需要酶的参与。如果存在氮化合物，微生物对废油的破坏是非常迅速的，加入粗蛋白及蛋白水解酶会加速微生物对废油的生物降解。这是因为此系统会为微生物提供氮源和浓培养液，有利于微生物的生长繁殖。蛋白酶的选择要根据整个系统的pH值，还要克服重金属对酶的抑制。

脂肪酶生物技术应用于被污染环境的生物修复以及废物处理是一个新兴的领域。石油开采和炼制过程中产生的油泄漏，脂肪加工过程中产生的含脂肪废物以及饮食业产生的废物，都可以用不同来源的脂肪酶进行有效的处理。例如，脂肪酶被广泛应用于废水处理。Dauber和Boehnke研究出一种技术，利用酶的混合物，包括脂肪酶，将脱水污泥转化为沼气。脂肪酶的另一重要应用是降解聚酯以产生有用物质，特别是用于生产非酯化的脂肪酸和内酯。脂肪酶在生物修复受污染环境中获得了广泛的应用。一项欧洲专利报道了利用脂肪酶抑制和去除冷却水系统中的生物膜沉积物。脂肪酶还用于制造液体肥皂，提高废脂肪的应用价值，净化工厂排放的废气，降解棕榈油生产废水中的污染物等。利用米曲霉（*Aspergillus oryzae*）产生的脂肪酶从废毛发生产胱氨酸，更加显示出了脂肪酶应用的诱人前景。利用亲脂微生物，特别是酵母菌，从工业废水产生单细胞蛋白，显示了脂肪酶在废物治理应用中的另一诱人前景。脂肪酶在环境污染物的治理中的应用总结于表11-12。

表 11-12 脂肪酶在环境污染物的治理中的应用总结

脂肪酶来源	处理对象	脂肪酶来源	处理对象
米曲霉	废毛发	微生物	脱水污泥
假单胞菌	石油污染土壤	微生物	聚合物废物
假单胞菌	有毒气体	微生物	废水
米根霉	棕榈油厂废物	微生物	废食用油
酵母	食品加工废水	微生物	生物膜沉积物

三、 白色污染

当前在各个领域中使用的各种高分子材料，绝大多数都是非生物降解或不完全生物降解的材料，这些材料已经成为人们生活的必需品。但是，它们被使用后给人们的日常生活及社会带来了诸多的不便和危害，如外科手术的拆线、塑料的环境污染等。据统计，全世界每年有 2500 万吨这样的材料用后丢弃，严重污染了自然环境。为了解决这些问题，世界各国特别是工业发达国家十分重视研究与开发可生物降解的高分子功能材料，并将其视为面向 21 世纪生命保护的重大课题之一。据保守的估计，到 2000 年全世界对可生物降解高分子材料的市场需求将达到每年 140 万吨，并且还会增加。

可生物降解高分子材料，简单地说是指在一定条件下，能被生物体侵蚀或代谢而降解的材料。随着人们对可生物降解高分子材料研究的不断深入，现已对可生物降解高分子材料的概念做了非常科学的定义。Graham 设想了需氧和厌氧两种降解环境：

$$Ct=CO_2+H_2O+Cr+Cb \quad 需氧环境$$

$$Ct=CO_2+CH_4+H_2O+Cr+Cb \quad 厌氧环境$$

某种材料的可生物降解性，可以用上式中的几个参数来衡量，CO_2是这种材料被环境降解所生成的二氧化碳，Cr 是这种材料存留在环境中的未被降解的含碳残留物，Cb 是同化入生物代谢过程中的碳。Cr =0 时是完全生物降解（如矿物化）；$0<Cr<Ct$ 时是不完全生物降解；Cr =Ct 时是完全不能生物降解（非生物降解）。

可生物降解高分子材料在各个领域的应用前景非常广阔，这里仅举几个代表性的领域（表 11-13）。

表 11-13 可生物降解高分子材料的应用

领　域	应　用
医疗	外科手术的缝合线、肘钉等 伤口涂料 人造血管制品 控制药物的释放体系 骨骼替代品和固定物
工业	无污染可生物降解的包装材料 除锈剂、抗真菌剂的载体
农业	可降解的农用地膜 肥料、杀虫剂、除草剂的释放控制材料

一般认为，除了一些天然高分子化合物（如纤维素、淀粉）外，只含有碳原子链的高分子（如聚乙烯醇）是可生物降解的。另外，聚环氧乙烷、聚乳酸和聚己内酯以及脂肪族的多羧酸和多功能基醇所形成的聚合物也是可生物降解的。这里包括聚酯类和聚糖类高分子。

开发可生物降解高分子材料的传统方法包括天然高分子的改造法、化学合成法等。天然高分子的改造法是通过化学修饰和共聚等方法，对淀粉、纤维素、甲壳素、木质素、透明质酸、海藻酸等天然高分子进行改性，制备可生物降解的高分子材料。化学合成法是模拟天然高分子的化学结构，从简单的小分子出发，制备分子链上连有酯基、酰胺基、肽基的聚合物。这些高分子化合物结构单元中含有被生物降解的化学结构或是在高分子链中嵌入易生物降解的链段。一旦结构中嵌入了易生物降解的链段，则原来即使非生物降解的结构也能或快或慢地被降解。

可生物降解高分子的传统开发方法虽然各有特点，并且有些已投入小规模的生产和应用，但它们各自的缺点也是显而易见的。天然高分子的改造法虽然原料来源充足，但一般不易加工成型，大多数受热熔化前已开始分解，只能通过溶液法加工，而且产量小，限制了它们的应用；化学合成法的反应条件苛刻（高温、高压等），副产品多，有时需使用有毒的催化剂，而且工艺复杂，成本较高，有些产品的生物相容性也不太好；由于生物合成法是利用生物体的代谢产物来合成目标产品，因此，产品的生物相容性好，能弥补上述方法的缺陷。生物合成法已在高分子合成中崭露头角，它包括微生物发酵法和酶催化合成法。用酶法合成可生物降解高分子材料，实际上得益于非水酶学的发展。用酶促合成法开发的可生物降解高分子材料主要包括聚酯类、聚糖类、聚酰胺类等等。

可生物降解高分子材料的开发由于它重要的社会意义，已越来越得到世界各国的重视。利用生物法合成可生物降解的高分子材料，是开发可生物降解高分子材料的重要途径之一。

四、 环境监测

环境保护重在预防，只有从源头阻断污染源才会从根本上解决环境问题。因此，环境监测是环境保护的一个重要而又必需的手段。酶在这方面也发挥了日益突出的作用。早在20世纪50年代末，Weiss等就用鱼脑乙酰胆碱酶活力受抑制程度来监测水中极低浓度的有机磷农药。80年代初，杨瑞等以四大家鱼（青、草、鲢、鳙）血清乳酸脱氢酶（SLDH）同工酶谱带及活力成功地检测了农药厂废物污染的危害情况，如低剂量镉、铅可使SLDH同工酶中的$SLDH_5$活性升高，低剂量汞使$SLDH_1$活性升高，低剂量铜使$SLDH_4$活性降低。最新的研究发现，以蛋白磷酸酶活性来检测微囊藻毒素量，最低检出限量可达0.01mg/L，灵敏度极高，可用来监测水体的富营养化。利用固定化酶可以检测有机磷、有机氯农药和其他痕剂量的环境污染物，具有灵敏度高、性能稳定、可以连续测定等优点。例如，利用固定化的胆碱脂肪酶，能够检测空气或水中的微量酶抑制剂（如有机磷农药），灵敏度可达0.1×10^{-6}。由淀粉凝胶-胆碱脂肪酶和尼龙管-胆碱脂肪酶组成的毒物警报器已经使用。由固定化酶和灵敏的电位滴定法或连续的荧光测定法相结合，可以用来测定空气中和水中可能存在的有机磷杀虫剂的毒害。此外，固定化硫氰酸酶也可用于检测氰化物的存在。酶传感器在环境监测中也已取得诱人的成就，并将继续扩大其应用范围。

第八节 极端酶的应用

应用生物酶进行催化反应，有着很多优越之处。但是，通常我们熟悉的生物酶是在相对稳定、温和的条件下发挥作用的，在高温、强酸、强碱和高渗等极端条件下很难发挥理想的催化作用；因此，限制了酶的应用。解决这些矛盾目前有两种常用的思路：一是对我们较为熟悉的酶分子进行改造，如通过化学修饰、定点突变、定向进化、杂合进化等手段，获得我们期待的生物酶，应用在特殊的反应环境中；二是从极端微生物中寻找极端酶，通过现代生物技术的改造和生产，应用到反应条件比较苛刻的环境中。本节重点讲述来源于极端微生物的极端酶的应用。

一、 极端微生物与极端酶

地球上的极端环境，指的是普通微生物很难或不能生存的环境条件，如高温、低温、低pH、高pH、高盐度、高辐射、含抗代谢物、有机溶剂、低营养、重金属或有毒有害物等环境条件。能在这种极端环境中生长的微生物叫作极端微生物或嗜极菌。极端微生物由于长期生活在极端的环境条件下，为适应环境，在其细胞内形成了多种具有特殊功能的酶，也就是极端酶。

极端微生物是天然极端酶的主要来源，其生活在生命边缘（高温温泉、海底、南北极、碱湖、火山口、死海等处），包括嗜热菌、嗜冷菌、嗜盐菌、嗜碱菌、嗜酸菌、嗜压菌、耐有机溶剂、耐辐射的菌类等。极端酶能在多种极端环境中起生物催化作用，它是极端微生物在极其恶劣的环境中生存和繁衍的基础，根据极端酶所耐受的环境条件不同，可分为嗜热酶、嗜冷酶、嗜盐酶、嗜碱酶、嗜酸酶、嗜压酶、耐有机溶剂酶、抗代谢物酶及耐重金属酶等。从极端微生物中可以筛选人们所需要的极端酶，但培养天然极端微生物的设备、生产条件往往比较特殊，而且酶产量比较低。为了解决这一问题，现在通常是将极端酶的基因或是改造后的酶基因在发酵工业中常用的菌种中进行表达、生产，获得合乎要求的极端酶制剂，进行应用（见表 11-14）

表 11-14 主要极端酶及其应用

酶	应用	优点	来源
DNA 聚合酶	PCR、DNA 测序，DNA 标记等	高温稳定，使 PCR 自动化得以实现	嗜热菌
脱氢酶	生物传感器		嗜热菌
α-淀粉酶	水解淀粉制备可溶性糊精、麦芽糖糊精和玉米糖浆，减少面包焙烤时间	稳定性高、耐酸、耐高温	嗜热菌
蛋白酶	食品工业、酿酒、清洁剂	高温下稳定	嗜热菌
中性蛋白酶	奶酪、奶制品工业	高温下稳定	嗜热菌
木聚糖酶	纸张漂白清洗剂	减少漂白剂用量	嗜热菌
蛋白酶、淀粉酶、脂肪酶	清洁剂 手性合成	增强清洁剂去污力 高 pH 下稳定	嗜热菌
纤维素酶、蛋白酶、淀粉酶、脂肪酶	水解乳糖合成寡糖	增强稳定性，高温下减少微生物的生长，有较好的底物溶解性	嗜热菌
乙醇脱氢酶	合成烷基配糖清洁剂	可与有机溶剂共存	嗜热菌
糖苷酶	分子生物学标记探针	高温下稳定	嗜热菌
碱性磷酸酶	造纸业清洁剂	高温下稳定	嗜热菌
环糊精糖基转移酶	生产环糊精	高 pH 下稳定	嗜热菌
连接酶	连接酶链反应	高温下稳定	嗜热菌
支链淀粉酶	生产高葡糖糖浆	可在高温下反应	嗜热菌
木糖/葡萄糖异构酶	生产糖浆	高温下稳定，高温移动（反应）平衡	嗜热菌

下面简要介绍一些极端酶的应用。

二、嗜热酶的应用

人们从嗜热菌中已分离得到多种嗜热酶（55～80℃）及超嗜热酶（>80℃），包括淀粉酶、蛋白酶、葡萄糖苷酶、木聚糖酶及DNA聚合酶等，在75～100℃之间具有良好的热稳定性。

1. 耐热DNA聚合酶

耐热DNA聚合酶（Taq DNA polymerase）应用于PCR反应，是嗜热酶最早成功应用的例子之一。Taq DNA聚合酶是一种耐热的依赖于DNA的DNA聚合酶。该酶最初是从极度嗜热的栖热水生菌（*Thermus aquaticus*）中纯化而来的，目前已经以基因工程的方式生产并出售。这种酶的最佳作用温度是75～80℃，经历90℃以上的温度仍能保持大部分活力，正是由于这类嗜热酶的发现，才使现有的PCR连续反应成为现实。

2. 降解淀粉类的嗜热酶

对淀粉进行加工时，通常要在较高的温度下进行。因为高浓度的淀粉溶液或糖浆，黏度都比较大，不利于搅拌、流动、输送等加工操作，高温有利于降低黏度。高温的反应环境下，就需要应用耐高温的淀粉加工酶。

热稳定的耐高温淀粉酶，又称高温α-淀粉酶或高温液化酶，可以将长链淀粉分子内切水解成短链分子、糊精等，大大降低淀粉溶液的黏度，使淀粉溶液由原来的糊状物成为流动液，所以这一过程也叫做淀粉的液化。耐高温淀粉酶已在制糖工业、啤酒和酒精发酵工业、纺织业和食品工业等领域产生了极大的经济效益。目前耐高温的淀粉酶已在世界范围内大量生产，成为重要的工业酶制剂。

热稳定的糖化酶是一种外切性的酶，从非还原端开始逐个水解α-1,4或α-1,6葡萄糖苷键，每次释放出一个β-D葡萄糖分子，使多糖完全转化为葡萄糖，是葡萄糖糖浆生产中最重要的酶。目前已经从热解糖梭菌等嗜热微生物中分离和纯化到了耐热的糖化酶，并尝试应用于工业生产。

热稳定的环糊精糖基转移酶在工业上可以用来生产环糊精。目前，环糊精的生产需要多步反应，首先，淀粉通过热稳定的淀粉酶被液化，然后通过CGTase来环化，CGTase一般来源于芽孢杆菌。这种CGTase的活性很低而且容易热变性，这个过程必须在两种不同的温度下进行。如采用热稳定的CGTase，则可能使这个过程连续性地一步完成。目前也已从极端嗜热的细菌和古细菌中分离到了热稳定的环糊精糖基转移酶。

3. 热稳定的木聚糖酶

木聚糖酶（xylanase）和其他半纤维素酶作为生物助漂剂在纸浆造纸工业中，可以改善浆料的可漂性，提高纸浆的白度和强度，同时可减少有机氯的用量，从而大大减少漂白废水中氯代有机物的排放。但这一工序是在高温和碱性环境中进行的，目前所用的半纤维素酶和木聚糖酶来源于细菌，属于中温型，在70℃以上很快失去活性，因此限制了它们的应用。所以，研究和开发无纤维素酶活性的耐高温碱性木聚糖酶就显得十分有意义。到目前为止，已陆续发现多种嗜热微生物能产生热稳定的木聚糖酶。主要是栖热袍菌属（*Thermotoga*）的一些种。其中热稳定性较好的是从*Thermotoga* sp. FjSS3-B. 1、*Thermotoga neapolitana*、*Thermotoga maritime*和*Thermotoga thermarum*分离的酶，它们的稳定性在80～105℃。Novo Nordisk公司开发了一种最适pH为10，最适温度为70～80℃的木聚糖酶。这样的酶用于纸浆漂白时无需调节浆料的 pH 值和温度，有利于漂白操作，更为重要的是，酶处理后，可将溶解在洗涤废水中大量的木质素、木聚糖等提取后送到回收锅炉中燃烧，从而降低废水的色度及 COD 等。

4. 嗜高温酶应用于钻井中提高油和气的流动性

通常为迫使产品流出井口需要开裂周围矿床，用瓜尔豆树脂和沙粒水溶液灌注井，将井封盖，使矿床受压并断裂，黏性聚合物通过裂隙携带沙子，支撑开口使油气流出，为此需用 *β*-甘露糖酶和 *α*-半乳糖酶水解瓜尔豆树脂的糖连接键，但这些酶在 80℃以上变性，因此对深井内 100℃以上的环境不适用。现在已获得了嗜高温微生物中的半纤维素酶，该酶在 100℃是稳定的，可在较高温度的情况下水解树脂。

三、 嗜冷酶的应用

从嗜冷微生物中分离的嗜冷酶具有低温活性，并且在常温下失活。例如：来自南极细菌的 *α*-淀粉酶、枯草杆菌蛋白酶和磷酸丙糖异构酶等。通过对嗜冷酶的蛋白质模型和 X 射线衍射分析的结果表明，酶分子间的作用力减弱，与溶剂的作用加强，使具有比常温同工酶更柔软的结构，使酶在低温下容易被底物诱导产生催化作用，温度提高，嗜冷酶的弱键容易被破坏，变性失活。对具有低温活性的柠檬酸合成酶结构的分析表明，其活性部位的柔软性来自于酶扩展的表面电荷环和酶表面上脯氨酸残基的减少。嗜冷菌分泌的低温葡聚糖酶催化亚基上较小的氨基酸可以增加酶的柔韧性，活性与溶液的离子强度有关。较柔软的活性中心可以更容易地进入底物，进行酶反应。另外，嗜冷酶也必须进行结构调整以避免蛋白质的低温变性，通常是通过减少低温下的疏水相互作用。

嗜冷酶的特殊性质使其在工业生产应用中具有一些优势：低温下催化反应可防止污染；经过温和的热处理即可使嗜冷酶的活力丧失，而低温或适温处理不会影响产品的品质，在食品工业和洗涤剂中具有很大的应用潜力。嗜冷碱性蛋白酶应用于洗涤剂工业，可能改变传统的热水洗涤方式，节约能源。例如某些嗜冷酶如蛋白酶、酯酶、*α*-淀粉酶等作为洗涤剂添加物，是其广泛和重要的用途。好处是减少能量消耗和对衣物的磨损；不利之处是它的不稳定性给添加和保存带来了困难。但工业上应用的酶一般是重组体酶，使嗜冷酶在低温下既保持高催化效率又提高稳定性。嗜冷性纤维素酶可以用于生物抛光和石洗工艺过程，能降低温度上的工艺难度和所需酶的浓度，而且嗜冷酶的快速自发失活可提高产品的机械抗性。嗜冷乳糖酶和淀粉酶为乳品和淀粉加工提供了新的工艺，对保持食品营养和风味起着重要的作用，将嗜冷性的 *β*-半乳糖苷酶用于牛奶工业中，将乳糖分解为葡萄糖和半乳糖，不仅可简化工艺、缩短水解时间，还能有效控制细菌污染、提高奶制品的质量；还有一些嗜冷酶可用于啤酒、面包、奶酪和其他乳制品的低温发酵，据报道，有人用 *β*-淀粉酶来部分代替啤酒工艺中的大麦麦芽，以降低啤酒的生产成本，提高啤酒的香度。对嗜冷酶蛋白结构和稳定性的研究将有利于食品加工中食品的冷冻成型、冷干和浓缩操作等，如根据对嗜冷菌的冷激蛋白（cold shock proteins）结构（含有三个结构域：N 端的疏水域、C 端的亲水域以及具有重复八肽序列的中央域）的了解，其有望在冰淇淋生产中得到应用。低温发酵也可生产许多风味食品及减少中温菌的污染。在果汁提取工业，嗜冷的果胶酶在果汁提取的过程中，能够起到降低黏度、澄清终产品等作用。

四、 嗜盐酶的应用

嗜盐酶多存在于中度嗜盐的古细菌和极度嗜盐的真菌中，从嗜盐微生物中分离的极端酶可以在很高的离子强度下保持稳定性和活性，这对菌体的生长是极为重要的。1980 年 Onishi 等报道从太平洋腐烂木材上分离的 1 株革兰氏阳性中度嗜盐菌，该菌产胞外核酸酶，在盐培养基中，形成芽孢，严格好氧。氨基酸序列的分析比较表明，嗜盐酶蛋白质比普通的同工酶含酸性氨基酸更多，过量的酸性氨基酸残基在蛋白表面与溶液中的阳离子形成离子对，对整个蛋白形成负电屏蔽，促进蛋白在高盐环境中的稳定。

嗜盐菌利用的碳源十分广泛，其中包括难降解的有机物，加之其对渗透压的调节能力较强，体内嗜盐酶的适应能力较强，故将其应用于海产品、酱制品及化工、制药、石油、发酵等工业部门排放的含高浓度无机盐废水以及海水淡化等。海藻嗜盐氧化酶在催化结合卤素进入海藻体内代谢中起重要作用，对化学工业的卤化过程有潜在的价值。同时还具有可利用的胞外核酸酶、淀粉酶、木聚糖酶等。有的菌体内类胡萝卜素、γ-亚油酸等成分的含量较高，可用于食品工业；有的菌体能大量积累聚羟基丁酸酯（PHB），用于可降解生物材料的开发。

五、 嗜碱酶的应用

碱性纤维素酶在碱性 pH 范围内具有较高的活性和稳定性，其酶活性不受去污剂和其他洗涤添加剂的影响，不降解天然纤维素，具备洗涤剂用酶的条件。据分析，90%的污染附着在棉纤维之间，碱性纤维素酶作用于织物非结晶区，能有效地软化、水解纤维素分子与水、污垢结合形成的凝胶状结构，使封闭在凝胶结构中的污垢较容易地从纤维非结晶区中分离出来，最终达到令人满意的洗涤效果。碱性纤维素酶已经被成功地应用于洗涤剂工业。日本、美国、欧洲某些国家的加酶洗涤剂已占市场洗涤剂的 80%～90%。我国是洗涤剂消费大国，所以碱性纤维素酶有更广阔的市场前景。

在高碱性环境中存在有一类放线菌，嗜碱放线菌。其能产生多种碱性酶和生物活性物质，如抗生素和酶的抑制剂在食品工业、造纸工业中有广阔的应用前景。1998 年有人对嗜碱放线菌 *Streptomyces thremoviolaceus* 产生的木聚糖酶在造纸工业上的应用做了深入的研究，发现该酶在 65℃具有高酶活性和热稳定性等优点，同时可以提高纸质。

嗜碱酶在食品中的应用比较广泛，这类酶不仅具有比较强的耐碱性，而且还具有一定的耐热性。如耐热的 CGTase 是从 pH9.5～10.3 生长的嗜碱芽孢杆菌中分离得到的，用于降解马铃薯淀粉生产环化糊精，pH 值为 4.7 时产率为 60%，pH 值为 8.5 时产率为 75%；pH 值为 9 左右，固定于玻璃圆柱体和 0.4g/mL 淀粉底物中（Tris 缓冲液 pH 值为 8.5），可将 63%的可溶性淀粉转换为环化糊精。

嗜碱菌和碱性纤维素酶在碱性废水处理、化妆品、皮革和食品等方面具有独特的用途。例如碱性废水如能用嗜碱菌进行处理，不仅经济简便并可变废为宝，在环境保护方面嗜碱菌可发挥巨大的作用；也可将碱性淀粉酶用于纺织品退浆及淀粉作粘接剂时的黏度调节剂；用于皮革工业中的脱毛工艺以提高脱毛效率和质量，利用嗜碱菌进行苎麻脱胶。碱性果胶酶主要是由芽孢杆菌属（*Bacillus*）产生的，目前已经用在几个传统的食品工业加工过程中，如已在咖啡和茶的发酵、油的提取中得到应用。

六、 嗜酸酶的应用

嗜酸菌分泌的胞外酶往往是相应的嗜酸酶。嗜酸菌不能在中性环境生长，可能是由于嗜酸菌细胞含有较多的酸性氨基酸，有大量 H^+ 环境，在中性 pH 时 H^+ 大量减少，以致造成细胞溶解。与中性酶相比，嗜酸酶在酸性环境的稳定性是由于酶分子所含的酸性氨基酸的比率高，尤其是在酶分子表面。嗜酸菌已广泛用于低品位矿生物沥滤回收贵重金属、硫氢化酶系参与原煤脱硫及环境保护等方面。

七、 其他嗜极酶的应用

极端嗜压菌能耐70.9～81.1MPa，最高达104.8MPa，但气压降至50.6MPa时便不能生长。极端嗜压菌的酶必须将其蛋白质分子进行折叠，使受压力的影响减至最少。嗜压酶在高压作用下往往有良好的立体专一性，在化学工业上有潜在的应用前景。但是当压力超过一定的范围时，酶的弱键产生破坏，酶的构象解体而失活。日本 Chiakikato 等人从深海分离的耐有机溶剂菌 *Psendomonas putida* 变种，能耐甲苯体积分数超过50%的有机溶剂。迄今发现在有机溶剂中起催化作用的酶有10多种，这些酶能催化硝基转移、硝化、硫代硝基转移、酚类的选择性氧化、醇类的氧化作用。耐有机溶剂和有毒物质的细菌及其极端酶，可用于降解原油、聚芳香烃、烃等环境污染和有毒物质。

在废水处理中应用的其他极端酶还有耐重金属酶。经过筛选的耐铜、耐镍真菌应用于电镀废水的处理。真菌表面的连接酶将溶于水中的重金属吸附在微生物表面，在能出入细胞壁传输营养物的酶的作用下，将重金属离子带入细胞内，在细胞内耐重金属酶的作用下进行生化反应。

极端酶对传统酶制剂工业的影响和推动是毫无疑问的，至今只有一小部分极端酶被分离纯化，应用于生产实践的极端酶则更少，随着越来越多的极端微生物被分离鉴定，极端酶被分离纯化和极端酶工程研究的进展，极端酶在生物催化和生物转化中的应用将会更进一步得到拓展。

总结与展望

与化学催化剂相比，酶以其高底物选择性、高效性和环境友好性在食品、医药和精细化工等领域得到了广泛的应用。现代分子生物学、基因组学、微生物学等学科的发展为我们提供了新的技术手段，使我们一方面从自然界中获得丰富的新酶源，另一方面能够对现有酶进行分子改造，从而获得适于工业应用的、具有优良性能的工程酶，因此，生物催化成为生物工程的核心内容之一。全球范围内酶制剂工业技术发展迅速，应用领域正在不断扩大。加快酶制剂的研发进程，将有利于生物经济的发展。

随着酶学研究工作的不断深入，酶的应用会越来越广泛，加上固定化酶技术和酶分子修饰技术的发展，使酶的各种特性变得更加符合人们的愿望。酶必将在工业、医药、农业、化学分析、环境保护、能源开发和生命科学研究以及在食品、造纸、石油化工、纺织、印染、冶金、制药、煤炭、采矿、电镀、橡胶等各种工业废水以及生活污水的治理中发挥越来越大的作用。

参考文献

[1] 闵恩泽等．绿色化学与化工．北京：化学工业出版社，2000.
[2] 黎海彬，郭宝江．酶工程的研究进展．现代化工，2006，Z1：25-29.
[3] Bornscheuer U T. Trends and challenges in enzyme technology. Advances in Biochemical Engineering/Biotechnology,

2005，100 (100)：181-203.
[4] 宋思扬等．生物技术概论．第4版．北京：科学出版社，2014.
[5] Angelov A，Liebl W. Insights into extreme thermoacidophily based on genome analysis of *Picrophilus torridus* and other thermoacidophilic archaea. Journal of Biotechnology，2006，126 (1)：3-10.
[6] 胡学智．酶制剂工业概况及其应用进展．工业微生物，2003，12 (4)：33-41.
[7] Ha S，Lan M，Lee S，et al. Lipase-catalyzed biodiesel production from soybean oil in ionic liquids. Enzyme and Microbial Technology，2007，41 (4)：480-483.
[8] 孙娜，杨丰科，刘均洪．酶催化技术在工业上的应用进展．工业催化，2003，11 (6)：7-10.
[9] Yasohara Y，Kizaki N，Hasegawa J，et al. Synthesis of optically active ethyl 4-chloro -3-hydroxybutanoate by microbial reduction. Appllied Microbiology and Biotechnology，1999，51 (6)：847-851.
[10] 翁梁，冯雁．极端酶的研究进展．生物化学与生物物理进展，2002，29 (6)：847-850.
[11] 李淑彬．嗜热菌——工业用酶的新来源．中国生物工程杂志，2003，23 (7)：69-71.
[12] 华洋林．嗜碱菌的特性及其应用前景．生命的化学，2004，24 (4)：358-360.
[13] 刘爱民．极端酶的研究．微生物学杂志，2004，24 (6)：47-50.
[14] Paljevac M，Primozic M，Habulin M，et al. Hydrolysis of carboxymethyl cellulose catalyzed by cellulase immobilized on silica gels at low and high pressures. The Journal of Supercritical Fluids，2007，43 (1)：74-80.
[15] 顾觉奋．极端微生物活性物质的研究进展．中国天然药物，2003，1 (4)：252-256.
[16] 唐雪明．具有工业应用价值的高热稳定性极端酶．食品与发酵工业，2001，27 (5)：65-70.
[17] Yeom S J，Oh K D K K. Enantioselective production of 2，2-dimethylcyclopropane carboxylic acid from 2，2-dimethylcyclopropane carbonitrile using the nitrile hydratase and amidase of *Rhodococcus erythropolis* ATCC 25544. Enzyme and Microbial Technology，2007，41 (6)：842-848.
[18] 唐忠海，饶力群．酶工程技术在食品工业中的应用．食品研究与开发，2004，8 (25)：10-13.
[19] 刘传富，董海州，侯汉学．淀粉酶和蛋白酶及其在焙烤食品中作用．粮食与油脂，2002，6：38-39.
[20] Anto H，Trivedi U B，Patel K C. Glucoamylase production by solid-state fermentation using rice flake manufacturing waste products as substrate. Bioresource Technology，2006，97 (10)：1161-1166.
[21] 侯炳炎．饲料工业用酶进展．动物科学与动物医学，2001，18 (3)：4-5.
[22] 汪儆．饲用酶制剂在我国畜禽生产中的应用效果．今日畜牧兽医，2007，4：56.
[23] 尹兆正，钱利纯．高麸加酶替代玉米饲粮对肉鸡生长性能的影响．浙江农业学报，2005，17 (4)：191-195.
[24] 王继强，张波，刘福柱．小麦基础日粮中添加酶制剂对蛋鸡生产性能和蛋品质的影响．中国饲料，2004，21：5210.
[25] Zhou H，Yu H M，Luo H，et al. Inducible and constitutive expression of glutaryl- 7- aminocephalosporanic acid acylase by fusion to maltose-binding protein. Enzyme and Microbial Technology，2007，40 (4)：555-562.
[26] 刘志恒等．现代微生物学．第2版．北京：北京科学出版社，2002.
[27] 钱伯章，夏磊．国外生物化工的新进展．现代化工，2002，22 (9)：53-57.
[28] 张志军，温明浩，王克文，等．核苷酸生产技术现状及展望．现代化工，2004，24 (11)：19-23.
[29] 刘环宇，林森，梅德胜．酶在精细有机化工中的应用综述．江西化工，2003，3：1-4.
[30] 夏良树，聂长明，郑裕显．洗涤剂用复合酶组分间配伍性能研究．东华大学学报（理工版），2001，1 (52)：55-58.
[31] Jamai L，Ettayebi K，Yamani J，et al. Production of ethanol from starch by free and immobilized *Candida tropicalis* in the presence of α-amylase. Bioresource Technology，2007，98 (14)：2765-2770.
[32] Watanabe Y，Shimada Y，Sugihara A，et al. Continuous production of biodiesel fuel from vegetable oil using immobilized *Candida antarctica* lipase. Journal of American Oil Chemists Society，2000，77 (4)：355-360.
[33] 谭天伟，王芳，邓立．生物柴油的生产和应用．现代化工，2002，22 (2)：4-7.
[34] Xu Xuebing. Handbook of Lipid Enzymology. London：Marcel Dekker Press，2003.
[35] Irimescu R，Hata K，Iwaski Y，et al. Comparison of acyldonors for lipase-catalyzed production of 1，3-dicapry-Loyl-2-eicos apentaenoylglycerol. Journal of American Oil Chemists Society，2001，78：65-70.
[36] Shimada Yuji，Watanabe Yomi，Sugihara Akio，et al. Enzymatic Alcoholysis for Biodiesel Fuel Production and Application of the Reaction to Oil Processing. Journal of Molecular Catalysis B，2002，17 (3-5)：133-142.
[37] Vrushali D，Datta M. Novel approach for the synthesis of ethyl isovalerate using surfactant coated Candida rugosa

lipase immobilized in microemulsion based organogels. Enzyme and Microbial Technology, 2007, 41: 265-270.

[38] Kaieda M, Samukawa T, Kondo A, et al. Effect of Methanol and water contents on production of biodiesel fuel from plant oil catalyzed by various lipases in a solvent-free system. Journal of Bioscience and Bioengineering, 2001, 91 (1): 12-15.

[39] Enevoldsena A D, Hansena E B, Jonsson G. Electro-ultrafiltration of amylase enzymes: Process design and economy. Chemical Engineering Science, 2007, 62 (23): 6716-6725.

[40] Ban K, Hame S, Nishizuka K. Repeated use of whole-cell biocatalysts immobilized within biomass support particles for biodiesel fuel production. Journal of Molecular Catalysis B, 2002, 17 (3-5): 157-165.

[41] Papanikolaou S, Sanchez P, et al. High Production of 1, 3-Propanediol from Industrial Glycerol by a Newly Isolated *Clostridium butyricum* Strain. Journal of Biotechnology, 2000, 77 (2-3): 191- 208.

[42] 孙旭东，于慧敏，史悦，等．折射法与定时进样气相色谱法快速测定丙烯酰胺和丙烯腈．分析化学，2005，33 (12)：1737-1739.

[43] 杨树萍，赵春贵，曲音波，等．生物产氢研究与进展．中国生物工程杂志，2002，22 (4)：44-48.

[44] 谭天伟，王芳，邓利．生物能源的研究现状及展望．现代化工，2003， 23 (9)： 8-12.

[45] 帅玉英，孙怡，吴晓花，等．低热量甜味剂 D-阿洛酮糖的生产应用研究进展．中国食品添加剂，2014，9：159-163.

[46] 李仲福，卞涛．L-天冬氨酸的生产与应用进展．天津化工， 2015，29 (1)：13-15.

[47] 候炳炎．饲料酶制剂的生产和应用．工业微生物，2015，4 (1)：62-66.

[48] 李志敏，黎婉斌，邹玲，等．医用加酶清洗剂在临床的应用．中华医院感染学杂志，2004，14 (2)：225.

[49] 刘淑鑫，李苌清，袁新华，等．溶菌酶医学应用研究概况．中国医药指南，2011，9 (7)：226-228.

[50] 杨琳，廖明芳，季欣然，等．超氧化物歧化酶在医学领域的研究现状．现代生物医学进展，2010，10 (2)：396-398.

[51] 楼锦芳，张建国．酶法合成 L(＋)-酒石酸的研究进展．食品添加剂，2006，11：162-164.

[52] 李莹，陈斌，何正波．溶栓剂的研发现状及展望．重庆师范大学学报，2010，27 (1)：69-73.

[53] 杨培周，姜绍通，郑志．组合酶催化体系产氢气的研究进展．农业工程学报，2011，27 (增刊 1)：189-193.

[54] Global biofuels-an overview. http: //www. biofuelstp. eu/country/global _ overview. html.

[55] Mendes A A, Giordano R C, Giordano R, et al. Immobilization and stabilization of microbial lipases by multipoint covalent attachment on aldehyde-resin affinity: Application of the biocatalysts in biodiesel synthesis. Journal of Molecular Catalysis B: Enzymatic, 2011, 68 (1): 109-115.

[56] Y ü cel Y. Biodiesel production from pomace oil by using lipase immobilized onto olive pomace . Bioresource Technology, 2011, 102: 3977-3980.

[57] Zhang Y H P, Sun J B, Zhong J J. Biofuel production by in vitro synthetic enzymatic pathway biotransformation. Current Opinion in Biotechnology, 2010, 21 (5): 663-669.

[58] Zhang YHP. Production of biocommodities and bioelectricity by cell-free synthetic enzymatic pathway biotransformations: challenges and opportunities. Biotechnology and Bioengineering, 2010, 105 (4): 663-677.

[59] Shimada Y, Watanabe Y, Samukawa T, et al. Conversion of vegetable oil to biodiesel using immobilized*Candida antarctica* lipase. Journal of American Oil Chemists Society, 1999, 76: 789-793.

[60] Xu Y, Du W, Liu D, et al. A novel enzymatic route for biodiesel production from renewable oils in a solvent-free medium. Biotechnology Letters, 2003, 25: 1239-1241.

[61] Modi M K, Reddy J C, et al. Lipase-catalyzed mediated conversion of vegetable oils into biodiesel using ethyl acetate as acyl acceptor. Bioresource Technology, 2007, 98: 1260-1264.

[62] Zhang L, Sun S, Xin Z, et al. Synthesis and component confirmation of biodiesel from palm oil and dimethyl carbonate catalyzed by immobilized-lipase in solvent-free system. Fuel, 2010, 89: 3960-3965.

[63] Woodward J, Orr M, Cordray K, et al. Biotechnology enzymatic production of biohydrogen. Nature, 2000, 405 (6790): 1014-1015.

[64] Woodward J, Mattingly S M, Danson M, et al. In vitro hydrogen production by glucose dehydrogenase and hydrogenase. Nature Biotechnology, 1996, 14 (7): 872-874.

[65] Zhang Y H P, Evans B R, Mielenz J R, et al. High-Yield hydrogen production from starch and water by a synthetic enzymatic pathway. Plos One, 2007, 2 (5): 456-459.

[66] Moehlenbrock M J, Minteer SD. Extended lifetime biofuel cells. Chemical Society Reviews, 2008, 37 (6): 1188-1196.

[67] Zhang X Z, Zhang Z M, Zhu Z G, et al. The noncellulosomal family 48 cellobiohydrolase from *Clostridium phytofermentans* ISDg: heterologous expression, characterization and processivity. Applied Microbiology and Biotechnology, 2010, 86 (2): 525-533.

[68] Conrado R J, Varner J D, DeLisa M P. Engineering the spatial organization of metabolic enzymes: mimicking nature's synergy. Current Opinion in Biotechnology, 2008, 19 (5): 492-499.

[69] 龚仁敏，代苗苗，何所惧，等．固定化酶生产生物柴油的现状及展望．化工进展，2011，30 (8)：1706-1710.

[70] 丁斌．酶制剂的应用现状及发展趋势．广西轻工业，2011，7 (152)：11-12.

[71] 邵风琴，韩庆祥．酶工程在污染治理中的应用．石油化工高等学校学报，2003，16 (2)：36-40.

[72] 马秀玲，陈盛，黄丽梅，等．磁性固定化酶处理含酚废水的研究．广州化学，2003，28 (1)：17-22.

[73] 肖亚中，张书祥，胡桥彦．壳聚糖固定化真菌漆酶及其用于处理酚类污染物的研究．微生物学报，2003，43 (2)：245-250.

[74] Lante A, Crapisi A, Pasini G, et al. Immobilized laccase for must and wine processing. Annals of the New York Academy Sciences, 1992, 672 (1): 558-562.

[75] Onishi H, Mori T, Takeuchi S, et al. Halophilc nuclease of a moderately Halophilic *Bacillus* sp.: Production, purification and characterization. Applied and Environmental Microbiology, 1983, 45: 24-30.

[76] Vertosa A, M-rquez MC, Garabito MJ, et al. Moderately halophilc gram- positive bacterial diversity in hypersaline environments. Extremophiles, 1998, 2 (3): 297-304.

[77] 刘铁汉，周培瑾．极端嗜盐硫解菌基因的克隆和氨基酸组成分析．微生物学报，2002，42 (4)：406- 410.

[78] Hahn-Hagerdal B, Jeppsson H, Skoog K, et al. Biochemistry and physiology of xylose fermentation by yeasts. Enzyme Microb Technol, 1994, 16 (11): 933-943.

[79] Noureddini H, Gao X, Philkana R S. Immobilized Pseudomonas cepacia lipase for biodiesel fuel production from soybean oil. Bioresour Technol, 2005, 96 (7): 769-777.

[80] 刘富兵，刘延琳．酶在葡萄酒生产中的应用．食品科学，2013，34 (9)：392-398.

（解桂秋　罗毅　高仁钧）